U0353571

国防工业出版社

国防科技图书出版基金

解永春 陈长青 刘 涛 王 敏 著

航天器交会对接制导导航控制原理和方法

Theory and Methods of Guidance, Navigation and Control for Spacecraft Rendezvous and Docking

National Defense Industry Press

图书在版编目（CIP）数据

航天器交会对接制导导航控制原理和方法/解永春
等著 . —北京:国防工业出版社,2018.1
（航天器和导弹制导、导航与控制丛书）
ISBN 978 – 7 – 118 – 11407 – 2

Ⅰ.①航⋯　Ⅱ.①解⋯　Ⅲ.①交会对接—会合制导—
控制方法　Ⅳ.①V448.234

中国版本图书馆 CIP 数据核字（2017）第 267403 号

航天器交会对接制导导航控制原理和方法

著　　　　者　解永春　陈长青　刘涛　王敏
责 任 编 辑　肖姝　王华
出 版 发 行　国防工业出版社（010 – 88540717　010 – 88540777）
地 址 邮 编　北京市海淀区紫竹院南路23 号,100048
经　　　　售　新华书店
印　　　　刷　三河市腾飞印务有限公司
开　　　　本　710 × 1000　1/16
印　　　　张　31¼
印　　　　数　1 – 2000 册
字　　　　数　494 千字
版 印　次　2018 年 1 月第 1 版第 1 次印刷

定　　　价　158.00 元　　　　　　（本书如有印装错误,我社负责调换）

致读者

本书由中央军委装备发展部**国防科技图书出版基金**资助出版。

为了促进国防科技和武器装备发展,加强社会主义物质文明和精神文明建设,培养优秀科技人才,确保国防科技优秀图书的出版,原国防科工委于1988年初决定每年拨出专款,设立国防科技图书出版基金,成立评审委员会,扶持、审定出版国防科技优秀图书。这是一项具有深远意义的创举。

国防科技图书出版基金资助的对象是:

1. 在国防科学技术领域中,学术水平高,内容有创见,在学科上居领先地位的基础科学理论图书;在工程技术理论方面有突破的应用科学专著。

2. 学术思想新颖,内容具体、实用,对国防科技和武器装备发展具有较大推动作用的专著;密切结合国防现代化和武器装备现代化需要的高新技术内容的专著。

3. 有重要发展前景和有重大开拓使用价值,密切结合国防现代化和武器装备现代化需要的新工艺、新材料内容的专著。

4. 填补目前我国科技领域空白并具有军事应用前景的薄弱学科和边缘学科的科技图书。

国防科技图书出版基金评审委员会在中央军委装备发展部的领导下开展工作,负责掌握出版基金的使用方向,评审受理的图书选题,决定资助的图书选题和资助金额,以及决定中断或取消资助等。经评审给予资助的图书,由中央军委装备发展部国防工业出版社出版发行。

国防科技和武器装备发展已经取得了举世瞩目的成就,国防科技图书承担着记载和弘扬这些成就,积累和传播科技知识的使命。开展好评审工作,使有限的基金发挥出巨大的效能,需要不断摸索、认真总结和及时改进,更需要国防科技和武器装备建设战线广大科技工作者、专家、教授,以及社会各界朋友的热情支持。

让我们携起手来,为祖国昌盛、科技腾飞、出版繁荣而共同奋斗!

国防科技图书出版基金
评审委员会

国防科技图书出版基金
第七届评审委员会组成人员

主 任 委 员　潘银喜

副主任委员　吴有生　傅兴男　杨崇新

秘 书 长　杨崇新

副 秘 书 长　邢海鹰　谢晓阳

委员（按姓氏笔画排序）

才鸿年	马伟明	王小谟	王群书	甘茂治
甘晓华	卢秉恒	巩水利	刘泽金	孙秀冬
芮筱亭	李言荣	李德仁	李德毅	杨　伟
肖志力	吴宏鑫	张文栋	张信威	陆　军
陈良惠	房建成	赵万生	赵凤起	郭云飞
唐志共	陶西平	韩祖南	傅惠民	魏炳波

《航天器和导弹制导、导航与控制》丛书编委会

顾　　　问　陆元九*　屠善澄*　梁思礼*

主 任 委 员　吴宏鑫*

副主任委员　房建成*
（执行主任）

委员（按姓氏笔画排序）

马广富	王　华	王　辉	王　巍*	王子才*
王晓东	史忠科	包为民*	邢海鹰	任　章
任子西	刘　宇	刘良栋	刘建业	汤国建
孙承启	孙柏林	孙敬良*	孙富春	孙增圻
严卫钢	李俊峰	李济生*	李铁寿	杨树兴
杨维廉	吴　忠	吴宏鑫*	吴森堂	余梦伦*
张广军*	张天序	张为华	张春明	张弈群
张履谦*	陆宇平	陈士橹*	陈义庆	陈定昌*

陈祖贵　　周　军　　周东华　　房建成 *　　孟执中 *

段广仁　　侯建文　　姚　郁　　秦子增　　夏永江

徐世杰　　殷兴良　　高晓颖　　郭　雷 *　　郭　雷

唐应恒　　黄　琳 *　　黄培康 *　　黄瑞松 *　　曹喜滨

崔平远　　梁晋才 *　　韩　潮　　曾广商 *　　樊尚春

魏春岭

常务委员 （按姓氏笔画排序）

任子西　　孙柏林　　吴　忠　　吴宏鑫 *　　吴森堂

张天序　　陈定昌 *　　周　军　　房建成 *　　孟执中 *

姚　郁　　夏永江　　高晓颖　　郭　雷　　黄瑞松 *

魏春岭

秘　书　　全　伟　　宁晓琳　　崔培玲　　孙津济　　郑　丹

注：人名有 * 者均为院士。

总　序

航天器(Spacecraft)是指在地球大气层以外的宇宙空间(太空),按照天体力学的规律运行,执行探索、开发或利用太空及天体等特定任务的飞行器,例如人造地球卫星、飞船、深空探测器等。导弹(Guided Missile)是指携带有效载荷,依靠自身动力装置推进,由制导和导航系统导引控制飞行航迹,导向目标的飞行器,如战略/战术导弹、运载火箭等。

航天器和导弹技术是现代科学技术中发展最快,最引人注目的高新技术之一。它们的出现使人类的活动领域从地球扩展到太空,无论是从军事还是从和平利用空间的角度都使人类的认识发生了极其重大的变化。

制导、导航与控制(Guidance Navigation and Control,GNC)是实现航天器和导弹飞行性能的系统技术,是飞行器技术最复杂的核心技术之一,是集自动控制、计算机、精密机械、仪器仪表以及数学、力学、光学和电子学等多领域于一体的前沿交叉科学技术。

中国航天事业历经50多年的努力,在航天器和导弹的制导、导航与控制技术领域取得了辉煌的成就,达到了世界先进水平。这些成就不仅为增强国防实力和促进经济发展起了重大作用,而且也促进了相关领域科学技术的进步和发展。

1987年出版的《导弹与航天丛书》以工程应用为主,体现了工程的系统性和实用性,是我国航天科技队伍30年心血凝聚的精神和智慧成果,是多种专业技术工作者通力合作的产物。此后20余年,我国航天器和导弹的制导、导航与控制技术又有了突飞猛进的发展,取得了许多创新性成果,这些成果是航天器和导弹的制导、导航与控制领域的新理论、新方法和新技术的集中体现。为适应新形势的需要,我们决定组织撰写出版《航天器和导弹制导、导航与控制》丛书。本丛书以基础性、前瞻性和创新性研究成果为主，突出工程应用中的关键技术。这套丛书不仅是新理论、新方法、新技术的总结与提炼，而且希望推动这些理论、方法和技术在工程中推广应用，更希望通过"产、学、研、用"相结合的方式使我国制导、导航与控制技术研究取得更大进步。

本丛书分两个部分：第一部分是制导、导航与控制的理论和方法；第二部分是制导、导航与控制的系统和器部件技术。

本丛书的作者主要来自北京航空航天大学、哈尔滨工业大学、西北工业大学、国防科学技术大学、清华大学、北京理工大学、华中科技大学和南京航空航天大学等高等学校，中国航天科技集团公司和中国航天科工集团公司所属的研究院所，以及"宇航智能控制技术""空间智能控制技术""飞行控制一体化技术""惯性技术""航天飞行力学技术"等国家级重点实验室，而且大多为该领域的优秀中青年学术带头人及其创新团队的成员。他们根据丛书编委会总体设计要求，从不同角度将自己研究的创新成果，包括一批获国家和省部级发明奖与科技进步奖的成果撰写成书，每本书均具有鲜明的创新特色和前瞻性。本丛书既可为从事相关专业技术研究和应用领域的工程技术人员提供参考，也可作为相关专业的高年级本科生和研究生的教材及参考书。

为了撰写好本丛书，特别聘请了本领域德高望重的陆元九院士、屠善澄院士和梁思礼院士担任丛书编委会顾问。编委会由本领域各方面的知名专家和学者组成，编著人员在组织和技术工作上付出了很多心血。本丛书得到了中央军委装备发展部国防科技图书出版基金资助和国防工业出版社的大力支持。在此一并表示衷心感谢！

期望这套丛书能对我国航天器和导弹的制导、导航与控制技术的人才培养及创新性成果的工程应用发挥积极作用，进一步促进我国航天事业迈向新的更高的目标。

丛书编委会
2010 年 8 月

前　言

航天器交会对接是完成诸如空间站在轨组建、航天器在轨服务、天体采样返回、载人空间探测等复杂空间任务的关键步骤,而交会对接制导、导航与控制技术是实施航天器交会对接的核心技术之一。交会对接的制导是考虑燃料消耗以及交会时间等约束,规划合理的交会运动轨迹,并给出实现该运动轨迹的变轨速度增量;交会对接的导航是利用测量敏感器的测量信息,结合航天器的运动模型,通过设计滤波算法,得到制导与控制环节所需要的平动和转动参数的估计值;交会对接的控制是基于导航信息,依据制导和姿态控制要求,通过一定的算法计算得到需要施加在航天器(通常是追踪器)上的控制力和控制力矩,并通过发动机等执行机构实施控制作用。交会对接制导、导航与控制的最终目标是在两航天器对接机构接触前,通过控制追踪器相对于目标器的位置、速度、姿态角和姿态角速度,满足两对接机构对接需要的初始条件。

本书作者团队从事交会对接制导、导航与控制领域研究近 20 年,并参与了中国载人航天工程和探月工程的研制工作。本书是作者在交会对接制导、导航与控制理论方法研究和工程实践中所取得的成果总结。基于这些成果设计的交会对接制导、导航与控制方案已成功应用于中国"神舟"八号、"神舟"九号、"神舟"十号与"天宫"一号的交会对接任务,这些成果对于中国后续的载人登月、深空探测、在轨服务等任务的工程研制具有重要借鉴意义。全书共计 10 章:第 1 章概述交会对接的基本概念和交会对接飞行方案;第 2 章介绍交会对接运动学和动力学;第 3 章介绍交会对接导航方法及方案设计;第 4 章介绍交会对接制导方法及方案设计;第 5 章介绍交会对接自动控制方法及方案设计;第 6 章介绍交会对接人工控制方法及方案设计;第 7 章介绍发动机配置及控制指令分配理论与设计;第 8 章介绍交会对接的安全性设计;第 9 章介绍交会对接地面仿真;第 10 章介绍交会对接在轨飞行验证。

本书由解永春、陈长青、刘涛、王敏进行策划。解永春负责第 5 章、第 6 章、第 10 章的撰写,并参加了第 1 章至第 4 章、第 9 章的撰写;陈长青负责第 2 章、第 4 章和第 8 章的撰写;刘涛负责第 1 章和第 3 章的撰写;王敏负责第 7 章和第 9 章的撰写。此外,北京控制工程研究所的胡海霞、张昊、王勇、于欣欣、胡勇、梁静静、石磊、唐宁、辛优美、王颖等参与了本书相关内容的研究工作,并对本书撰写给予了大力支持。

在本书的撰写过程中,得到了中国空间技术研究院相关领导、专家和同事的大力支持和帮助,特别是"神舟"载人飞船研制团队的大力支持。衷心感谢吴宏鑫院士长期以来给予的鼓励和指导;衷心感谢屠善澄院士、周建平院士、戚发轫院士、杨保华研究员、张柏楠研究员、尚志研究员、刘良栋研究员、孙承启研究员、王南华研究员、陈祖贵研究员、胡军研究员、罗谷清研究员等专家在作者多年的研究工作中所给予的指导和帮助;衷心感谢张笃周研究员和袁利研究员对本书提出的宝贵意见。成稿后,国防科学技术大学汤国建教授对书稿做了详细的审阅并提出宝贵意见,在此表示衷心感谢。

本书的研究内容得到多项"国家自然科学基金"项目、"国家重点基础研究发展计划"项目(批准号:2013CB733100)的支持;本书的出版得到了国防科技图书出版基金的资助,国防工业出版社在本书的出版过程中给予了大力支持。在此,作者深表谢意。

由于作者水平有限,书中难免有不妥和错误之处,敬请读者指正。

作者
2017 年 6 月

目　录
CONTENTS

第 1 章
绪　论

▶1.1　交会对接的基本概念

　　航天器交会对接也称空间交会对接,是两个航天器在轨道上按预定的位置、速度和时间会合(交会),然后经姿态对准、靠拢直至在结构上连接成一体(对接)的全部飞行动作过程[1]。进行空间交会对接的两个航天器,通常一个称作目标航天器(简称目标器),另一个称作追踪航天器(简称追踪器)。在交会对接过程中,通常追踪器是主动的,一般通过改变追踪器相对于目标器的位置和姿态分阶段实现两个航天器的交会对接。

　　空间交会对接技术是航天领域中的一项十分复杂、难度相当大、应用非常广的技术,包括空间站组建、航天员定期轮换、空间往返运输、天体采样返回、载人登月、载人登火星、在轨服务等空间任务都需要空间交会对接技术。

　　空间交会对接技术是多种航天高技术的集成,涉及多个技术领域,其中交会对接制导、导航与控制技术是实现交会对接的一项极其重要的关键技术。交会对接的制导是根据交会对接任务要求,考虑燃料消耗以及交会时间等约束,依据轨道运动模型,规划合理的交会运动轨迹,并依据一定的算法,给出实现该运动轨迹的变轨速度增量;交会对接的导航是利用测量敏感器的测量信息,结合航天器运动学和动力学模型,通过设计滤波算法,得到制导与控制环节所需的平动和转动参数的估计值;交会对接的控制是根据导航信息、制导和姿态控制要求,按照一定的算法计算需要施加在航天器(通常是追踪器)上的控制力和控制力矩,并通过该航天器上的发动机等执行机构实现控制作用。交会对接制导、导航与控制的最终目标是在两航天器对接机构接触前,通过控制追踪器相对于目标器的位置、速度、姿态角和姿态角速度,满足两对接机构对接需要的初始条件。

1.2 交会对接的阶段划分

对于一项完整的交会对接任务,追踪器的飞行阶段通常包含以下阶段:待发段、发射段、远距离导引段、近距离自主控制段、对接段、组合体运行段、撤离段、返回再入段等。

中国"神舟"载人飞船所执行的与近地轨道目标器间的交会对接,是具有代表性的空间交会对接任务,图 1-1 给出了其交会对接飞行阶段划分[2]。

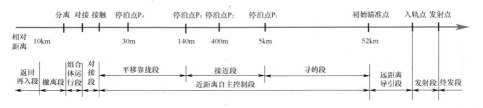

图 1-1 "神舟"载人飞船交会对接飞行阶段划分示意图

下面对交会对接各飞行阶段制导、导航与控制(Guidance, Navigation and Control, GNC)系统的任务和要求进行简要说明。

1.2.1 待发段

待发段是指追踪器发射前 GNC 系统通电至运载火箭起飞的阶段。

追踪器 GNC 系统在待发段的主要任务是进行捷联惯导系统调平,为发射段进行位置和姿态导航提供初始参数。

1.2.2　发射段

发射段是指从运载火箭起飞至追踪器正常入轨的阶段。

发射段的任务是把追踪器送入预定的轨道。发射入轨后,要求远地点、近地点、与目标器的相位角差、轨道倾角和升交点赤经等轨道参数必须满足一定范围的约束。

追踪器 GNC 系统在发射段的主要任务是进行捷联惯性导航计算,实时给出追踪器在惯性坐标系中的位置、速度以及本体坐标系相对惯性坐标系的方向余弦阵。

1.2.3　远距离导引段

远距离导引段是指将追踪器从入轨初始轨道导引到近距离自主控制段所要求的预定轨道,并满足一定相对运动约束的飞行阶段。

远距离导引段主要任务包括:提高追踪器轨道高度,调整两航天器的相位差,缩短相对距离以及消除两航天器轨道面外偏差。远距离导引段可采用遥测遥控的方式实现,即由地面测控中心负责测定轨并操纵追踪器实施轨道控制,也可以采用自主控制方式,即由追踪器自主进行轨道确定和轨控策略的计算和实施。

1.2.4　近距离自主控制段

近距离自主控制段是指从相对导航建立开始,追踪器自主实施姿态和轨道控制,逐步接近目标器直至对接的飞行阶段。近距离自主控制段需要充分考虑两航天器间的相对运动特性,所采用的制导、导航和控制策略有别于其他阶段,最能体现交会对接技术的特点,并且整个交会对接任务对该阶段控制系统的性能要求最多也最为严格,所以近距离自主控制段一直是交会对接制导、导航与控制理论方法研究的热点和工程设计的重点。根据不同的任务功能和性能要求,近距离自主控制段又可以进一步细分为寻的段、接近段、平移靠拢段等子阶段,必要时还需包括绕飞段。

1. 寻的段

寻的段从远距离导引段结束且追踪器上的相对测量敏感器捕获合作目标

建立相对导航开始,直到追踪器到达寻的段终端瞄准点结束。寻的段是近距离自主控制段的初始飞行阶段,作为与远距离导引段的衔接阶段,寻的段需要消除远距离导引段测定轨误差以及制导和控制误差所造成的轨道控制误差,使追踪器接近目标器并降低接近速度。

寻的段的初始位置是寻的段飞行阶段设计的关键点之一。寻的段的初始位置是远距离导引段与近距离自主控制段的交接位置,其选择主要取决于相对测量敏感器的作用范围、远距离导引控制精度以及近距离自主控制段对初始位置和速度的要求等因素。经远距离导引段,必须将追踪器导引到相对测量敏感器的作用范围之内,保证在远距离导引段的控制误差范围内,相对轨道构型均能够满足相对测量敏感器捕获目标并有效测量;同时,寻的段的初始轨道应该尽量为近距离自主控制段创造较好的初始相对运动条件;此外,寻的段初始位置的设计还与追踪器轨道控制能力以及寻的段相对制导策略有关,具体将在第 4 章进行分析。

寻的段的主要制导、导航与控制功能可概括为:追踪器自主完成姿态确定、相对导航信息处理、制导律解算以及控制量实施。经过若干次轨道控制后,追踪器最终进入与目标器相同轨道,但位于目标器后方一定距离的停泊点,必要时进行相对位置保持控制,以进行状态检查。

2. 接近段

接近段从寻的段终端瞄准点开始,直到将追踪器导引至接近段终端瞄准点结束。接近段任务是使追踪器进一步接近目标器,并捕获目标器上要对接的对接口所对应的对接走廊。对接走廊定义为以目标器对接轴为中心、半锥角一般为 8° 的一个圆锥,用于约束平移靠拢段相对运动控制策略设计。

整个接近段飞行过程的相对距离一般从数千米缩小至数百米,为适应相对测量敏感器的测量范围,并使飞行轨迹的安全性更好,在接近段通常会设置过渡停泊点,并经由停泊点间的转移最终捕获对接走廊,图 1 - 1 中选择停泊点 P_2 作为接近段的过渡停泊点。

接近段的终端瞄准点是平移靠拢段的起点,要确保接近段结束时相对位置和姿态满足平移靠拢段使用的相对测量敏感器(通常为成像式交会对接敏感器)的工作条件,以建立稳定的相对导航,同时接近段还应该为平移靠拢段尽量提供好的初始相对运动条件。图 1 - 1 中选择停泊点 P_3 作为接近段的终端瞄准点。

3. 绕飞段

在交会对接过程中,若接近段结束后,追踪器能够捕获目标器的对接口,则经平移靠拢段就可完成最终交会和对接。若接近段不能直接捕获对接走廊,或者追踪器需要完成不同对接口之间转移,则要增加绕飞段。在绕飞段追踪器围绕目标器进行相对飞行,直至捕获目标对接走廊。绕飞一般在停泊点间进行。

由于对接口可能位于目标器的任意位置和方位,所以绕飞会有多种类型,但最为常见的是轨道面内的前、后向对接口间的绕飞,以及前、后向对接口与径向对接口间的绕飞。绕飞轨迹的设计视具体任务而定,绕飞轨迹的起始点和终点的选择由相对测量敏感器安装、目标器和追踪器构型、轨迹的安全性、绕飞制导策略等因素决定。

4. 平移靠拢段

平移靠拢段从接近段终点或绕飞段终点开始,直至两航天器的对接机构接触为止。平移靠拢段 GNC 系统的任务就是控制追踪器沿对接走廊向目标器逼近,在两航天器的对接机构接触时满足对接初始条件。对接初始条件通常用相对位置、速度、姿态和姿态角速度描述。平移靠拢段的相对位置和姿态通常均采用闭环控制方式,使追踪器以设定的状态接近目标器。该阶段两航天器相距非常近,并且需要进行频繁的姿态和位置控制,从控制精度、轨迹安全、系统可靠性等方面对 GNC 系统的性能都有严格的要求,是整个交会对接任务设计的重中之重。

1.2.5　对接段

对接段是指追踪器和目标器的对接机构接触碰撞实现捕获,经过缓冲过程耗散掉撞击能量并消除对接初始偏差,对接机构拉紧并进行刚性连接,组合体间电、气、液路实现连接并导通的阶段。

对于采用机械臂捕获完成对接的任务,交会对接任务通过追踪器在目标器附近停泊,然后由目标器采用机械臂捕获追踪器,从而实现两个航天器的对接。

对接任务的完成需要相对状态满足一定的条件,即要求接近速度、横向位置、横向速度、相对姿态和姿态角速度等在一定范围内。具体的约束条件由对接口所在位置(如前向、后向、径向对接口)、对接机构的性能、控制能力、导航精度、航天器质量和惯量等多个条件决定。

1.2.6　组合体运行段

组合体运行段为从对接机构完成对接起,经两个航天器组合飞行,一直到追踪器和目标器分离为止的飞行阶段。

1.2.7　撤离段

撤离段为追踪器与目标器分离后,追踪器撤离至目标器安全区之外的飞行阶段。撤离飞行段分为正常撤离和紧急撤离两种情况。正常撤离是指在追踪器和目标器控制系统均工作正常的情况下,追踪器从目标器逐步撤离至安全区外;紧急撤离是指追踪器或目标器控制系统出现异常,追踪器实施异常处理策略迅速撤离至目标器安全区外,并转入正常运行模式。

1.2.8　返回再入段

追踪器完成撤离后,对于载人航天器或需要回收的航天器可通过返回再入控制返回地球。

1.3　交会对接技术发展概况

1.3.1　概述

截至2014年,人类已经进行了300多次空间交会对接,分别由美国、苏联/俄罗斯、日本、欧空局、中国等国家和空间组织实施。表1-1按照空间组织和时间顺序总结了已实施的主要交会对接任务概况[2-9]。

表 1-1　交会对接任务实施情况概览

飞行计划	时间	追踪器	目标器	对接机构	相对测量敏感器	制导策略	对接控制方式
"双子座"计划（Gemini）	1965—1966	Gemini	Titan II 第二级 REP Gemini Agena ATDA	Cone & Latches （Agena，ATDA） Latch receptacles （Gemini）	(1) 交会雷达； (2) 光学瞄准镜（Crew Optical Alignment Sight，COAS）； (3) 六分仪（Sextant）	(1) 共椭圆交会策略； (2) 60m 以内，航天员手动控制实施对接	人控
"阿波罗"登月计划（Apollo）	1969—1972	CSM/LM	CSM/LM	Probe（CSM） Drogue（LM）	(1) CSM 采用超高频测距（Very High Frequency，VHF），六分仪,光学瞄准镜（COAS）； (2) LM 采用交会雷达,光学瞄准镜（COAS）	(1) 共椭圆交会策略/直接交会策略； (2) 航天员手动控制实施对接	人控
"阿波罗"轨道服务舱与天空实验室（Skylab）	1973—1974	CSM	Skylab	Probe（CSM） Drogue（Skylab）	(1) VHF 测距； (2) 光学瞄准镜（COAS）； (3) 六分仪（Sextant）	在 Apollo 共椭圆交会策略基础上进行了部分修改	人控
"阿波罗"轨道服务舱与"联盟"号飞船（Apollo - Soyuz）	1975	CSM	Soyuz	Probe（CSM） APAS-75（Soyuz）	(1) VHF 测距； (2) 六分仪（Sextant）； (3) 光学瞄准镜（COAS）	在 Apollo 共椭圆交会策略基础上进行了部分修改	人控

（续）

飞行计划	时间	追踪器	目标器	对接机构	相对测量敏感器	制导策略	对接控制方式
航天飞机 (Space Shuttle)	1981—2011	Space Shuttle	SPAS	RMS	(1) 微波雷达; (2) 星跟踪仪 (Star Tracker); (3) 光学瞄准镜 (COAS); (4) 轨迹控制敏感器 (TCS Lidar); (5) 手持激光仪 (HHL Lidar); (6) 闭路电视测距仪 (CCTV Camera Ranging Ruler); (7) GPS 接收机	(1) 1973—1983:双共椭圆交会制导; (2) 1983—1997:共停泊轨道交会; (3) 1997—2011:优化 + R - bar 交会策略; (4) 采用 Lambert 制导	自动/人控
			IRT	none			
			Solar Max	TPAD, RMS			
			Palapa - B2	Stinger			
			Westar - VI	Stinger			
			SYNCOM IV - 3	RMS, Grapple Bar			
			SPARTAN	RMS, Hands			
			PDP	RMS			
			Radar Reflector	none			
			LDEF	RMS			
			GRO	RMS (deploy)			
			IBSS - SPAS II	RMS			
			INTELSAT VI	Capture Bar, Hands			
			EURECA	RMS			
			ORFEUS - SPAS	RMS			
			Hubble	RMS			
			CRISTA - SPAS	RMS			
			WSF	RMS			
			SFU	RMS			
			OAST - Flyer	RMS			
			PAMS - STU	none			
			Mir	APAS - 95			
			ISS	APAS - 99, RMS			

（续）

飞行计划	时间	追踪器	目标器	对接机构	相对测量敏感器	制导策略	对接控制方式
试验卫星系统-11 (XSS-11)	2003	XSS-11	Minotaur I Upper Stage 以及其他目标	—	(1) 激光雷达(LIDAR)； (2) 可见光相机(VCS)	CW 制导	自动
"自主交会技术验证"系统 (DART)	2005	DART	MUBLCOM	—	(1) GPS 接收机； (2) 先进视频制导敏感器 (AVGS)	(1) 寻的段采用 CW 制导机动至目标后方 3km 的稳定停泊点； (2) 接近段采用 CW 制导机动到目标后方 1km 处； (3) 1km 以内进行跟踪和各种复杂形式的交会试验	自动
"轨道快车"验证系统 (Orbital Express)	2007	ASTRO	NextSat	机械爪	"自主交会捕获敏感器系统"(Autonomous Rendezvous and Capture Sensor System, ARCSS)	(1) CW 制导； (2) 受迫圆绕飞	自动
"联盟"号载人飞船 Soyuz (7K-OK)	1967 1968 1968 1969 1969	Cosmos 188 Cosmos 212 Soyuz 3 Soyuz 4 Soyuz 8	Cosmos 186 Cosmos 213 Soyuz 2 Soyuz 5 Soyuz 7	"锥杆"式对接机构	"针"式交会对接系统(Igla Rendezvous System)	(1) 基于 CW 方程的综合变轨策略； (2) 绕飞机动； (3) 视线制导	自动/人控

（续）

飞行计划	时间	追踪器	目标器	对接机构	相对测量敏感器	制导策略	对接控制方式
"联盟"渡船型飞船 Soyuz Ferry (7K-T)	1971 1974 1975 1976—1977 1977—1981	10~11 14~15 17~20 21,23,24 25~40	Salyut 1 Salyut 3 Salyut 4 Salyut 5 Salyut 6	"锥杆"式对接机构	"针"式交会对接系统	(1) 基于CW方程的综合变轨策略; (2) 绕飞机动; (3) 视线制导	自动/人控
"联盟"-T飞船 Soyuz T (7K-ST)	1979—1981 1982—1986 1986	T-T4 T5-T15 T15	Salyut 6 Salyut 7 Mir	"锥杆"式对接机构	"针"式交会对接系统	(1) 基于CW方程的综合变轨策略; (2) 绕飞机动; (3) 视线制导	自动/人控
"联盟"-TM飞船 Soyuz TM	1986—2000 2000—2002	TM-TM30 TM31-TM34	Mir ISS	"锥杆"式对接机构	"航向"交会对接系统（Kurs Rendezvous System)	(1) 基于CW方程的综合变轨策略; (2) 绕飞机动; (3) 视线制导	自动/人控
"联盟"-TMA飞船 Soyuz TMA	2002—	TMA-1 to 10	ISS	"锥杆"式对接机构	"航向"交会对接系统	(1) 基于CW方程的综合变轨策略; (2) 绕飞机动; (3) 视线制导	自动/人控
"联盟"-TMA-M飞船 Soyuz TMA-M	2011—	TMA-08M TMA-09M TMA-10M	ISS	"锥杆"式对接机构	"航向"交会对接系统	(1) 基于CW方程的综合变轨策略; (2) 快速交会对接策略	自动/人控

（续）

飞行计划	时间	追踪器	目标器	对接机构	相对测量敏感器	制导策略	对接控制方式
"进步"号货运飞船 Progress （7K－TG）	1978—1981 1982—1985 1986—1990	Progress 1－12 Progress 13－24 Cosmos 1669 Progress 25－42	Salyut 6 Salyut 7 Mir	"锥杆"式对接机构	"针"式交会对接系统	(1) 基于 CW 方程的综合变轨策略； (2) 绕飞机动； (3) 视线制导	自动
"进步"－M 货运飞船 Progress M	1989—2001 2001—	Progress M	Mir ISS	"锥杆"式对接机构	"航向"交会对接系统	(1) 基于 CW 方程的综合变轨策略； (2) 绕飞机动； (3) 视线制导	自动
"进步"－M1 货运飞船 Progress M1	2000—2001 2000—	Progress M1	Mir ISS	"锥杆"式对接机构	"航向"交会对接系统	(1) 基于 CW 方程的综合变轨策略； (2) 绕飞机动； (3) 视线制导	自动
技术试验卫星－Ⅶ（ETS－Ⅶ）	1997—1999	Hikoboshi	Orihime	机械爪	(1) GPS 接收机； (2) 激光交会雷达； (3) 相机型邻近敏感器（PXS）	(1) 接近段采用 CW 制导； (2) 平移靠拢段采用 6 自由度闭环控制	自动

（续）

飞行计划	时间	追踪器	目标器	对接机构	相对测量敏感器	制导策略	对接控制方式
H－Ⅱ转移飞行器（HTV）	2009—	HTV	ISS	机械臂	（1）GPS接收机； （2）激光交会雷达	（1）寻的段采用Hohmann变轨，加中途修正脉冲； （2）接近段采用CW制导； （3）平移靠拢段采用R－Bar直线接近方式	自动
自动转移飞行器（ATV）	2008—	ATV	ISS	"锥杆"式对接机构	（1）RGPS； （2）视频仪（Vediometer）	（1）寻的段采用霍曼（Hohmann）变轨，加中途修正脉冲； （2）接近段采用CW制导； （3）平移靠拢段采用6自由度闭环控制	自动
"神舟"系列飞船（SZ－X）	2011—	SZ	TG－1	"异体同构周边"式对接机构	（1）卫星导航设备； （2）微波雷达； （3）激光雷达； （4）成像式交会对接敏感器	（1）寻的段采用Hohmann变轨，加中途修正脉冲； （2）接近段采用CW制导加视线制导； （3）平移靠拢段采用基于6自由度相平面的控制	自动/人控

1.3.2 交会对接任务分类

1. **按照交会轨道分类**

按照轨道中心天体区分,人类已进行的空间交会对接任务,可分为地球轨道交会对接和月球轨道交会对接两类。

1）地球轨道交会对接

20世纪60年代是交会对接技术的探索阶段,美国和苏联各自突破了交会对接动力学与制导控制方面的理论难题,并通过实施Gemini计划(美国),"阿波罗"(Apollo)计划(美国),"东方"号飞船(苏联),"联盟"号飞船(苏联),解决了交会对接工程实现的技术难题,各自形成了一套交会对接方案[10]。

（1）美国的交会对接方案:由于认识到航天员智能的强大作用,美国形成了一套人控交会对接方案,称为共椭圆交会(Coelliptic Rendezvous)方案。该方案首次通过若干次远距离导引,使得追踪器的轨道和目标器的轨道共面、拱线重合,并且追踪器轨道略低于目标器轨道,该轨道高度差由近距离交会光照条件以及轨道控制能力决定;在轨道上漂移一定距离后,追踪器对目标器定向,当两者视线角达到27.2°时实施终端交会初始化机动,该机动脉冲基于两脉冲制导策略设计,并在交会过程中施加数次修正;当追踪器到达目标器附近时,实现刹车控制,转由航天员手动控制完成最终对接。

共椭圆交会的优点:交会过程阶段明确,便于对航天员实施训练以及提前生成交会处理预案,并且减轻了交会对接参数监视难度。

共椭圆交会的不足:无法控制具体到达的时间;由于近距离依赖人控,所以在轨迹设计中没有过多地考虑轨迹安全等问题,不适合向自主控制推广。

（2）苏联的交会对接方案:苏联形成了一套自动交会对接技术。自动交会对接技术较人控交会对接技术的复杂程度高,相对于美国交会对接中采用比较简单的相对测量敏感器,苏联的"航向"测量系统要复杂得多。该测量系统不但可以测量相对距离、相对视线角及其变化率,在近距离还可以提供相对姿态测量信息。完备的相对导航信息,为自动交会对接提供了保障。在制导策略方面,远距离采用Hohmann双脉冲交会,5km以内采用视线制导是其主要的特点。

苏联交会方案的优点:自动交会降低了对航天员的要求,交会策略稳健。

苏联交会方案的缺点:相对测量系统的重量和功耗很大,交会过程中还要求目标器进行必要的姿态机动配合相对测量。

20世纪70年代至90年代是交会对接技术的成熟阶段。美国和苏联/俄罗斯开始大力发展空间实验室和空间站。美国研制了"天空"实验室,主导研制了国际空间站,苏联俄罗斯则研制了"礼炮"号空间实验室和"和平"号空间站,并参与了国际空间站的研制。从交会对接技术方面看,两国都基本沿用所形成的成熟技术,只是随着技术的发展多种新型相对测量敏感器被应用于交会对接任务。

从20世纪90年代中期开始,自主、自动以及多任务交会对接技术逐渐成为发展的主流,除了美国和俄罗斯外,欧空局和日本也积极开展了相关研制。自主、自动交会对接任务中由于缺少人的干预,所以在交会对接制导、导航与控制系统的设计上必须稳健。这一方面要求相对导航系统能够提供完备的相对导航信息并构成冗余;另一方面,要求制导方案尽量考虑轨迹安全、敏感器视场、紧急情况处理以及再次交会的准备等问题。

各国所研制的用于自主、自动交会对接的相对测量敏感器大致有以下几种:卫星导航设备、微波雷达、激光雷达、可见光相机/红外相机/星追踪仪、激光测距仪、成像式交会对接敏感器。

从各国进行的在轨交会对接试验来看,所采用的自主、自动交会对接技术可总结为:追踪器通过远距离导引进入与目标器共面的近圆轨道,且追踪器轨道略低;寻的段追踪器采用多脉冲变轨机动至目标器后方的稳定停泊点,制导策略通常采用时间优化、燃料优化准则设计,可采用Hohmann交会和Lambert制导;接近段追踪器通过CW制导完成停泊点间的过渡,必要时通过实施绕飞捕获对接轴;最后几百米采用直线逼近闭环控制方式完成对接。

上述方案适用于目标器轨道是近圆的交会对接任务,其特点是追踪器通过停泊点间的转移逐渐靠近目标器,便于安全轨迹的设计以及紧急情况的处理,使得交会过程比较稳健。但也存在不足,如制导策略对初始轨道高度差比较敏感、交会时间比较长、对相对导航系统的要求高等。

2)月球轨道交会对接

除了地球轨道交会对接外,美国在20世纪六七十年代实施的"阿波罗"计划中成功进行了6次载人环月轨道交会对接。

载人登月任务由于需要生命保障系统,所以要求交会时间不能过长。以月面上升器作为追踪器,采用快速交会对接方案,整个交会过程持续时间为数小时。

美国的"阿波罗"计划先后采用了两套交会对接方案:共椭圆交会方案和直接交会方案。"阿波罗"11/12 的交会对接基本沿用了"双子座"的共椭圆交会方案,整个交会过程持续大约 4h,最后由航天员接手通过人控方式实现对接。"阿波罗"14/15/16/17 采用了直接交会方案,该方案去除了共椭圆交会方案中的前三次脉冲,登月舱动力上升入轨后直接实施终端交会初始化脉冲,使得整个交会过程压缩到 2h 以内。

2. 按照交会时间分类

交会对接任务按照交会过程持续时间可以分为三类:早期小相位角快速交会对接、2~3 天交会对接和新的快速交会对接[11]。

1)早期小相位角快速交会对接

载人航天的早期,受制于生命维持系统的能力,美国、苏联都采用了小相位角快速交会方案,追踪器通常经过 1~5 圈的绕地飞行就可以完成交会任务。通过协调目标器和追踪器的发射时间,可以形成两航天器间特定的初始相对距离或者相位角条件,从而实现快速交会。这种交会方案的制定和发射场的位置密切相关。

苏联早期的小相位角快速交会方案采用如下步骤:

(1)目标器被发射到一个周期为 1 天的回归轨道,轨道高度 200~230km。

(2)通常 1 天后,追踪器被发射到相同的轨道。

(3)在追踪器进入轨道时,它已经在目标器的邻近位置,该位置的确定取决于其相对测量敏感器的最大作用距离。

美国卡纳维拉尔角发射场地理位置良好,所以 Gemini 和 Agena 第三级可以采用相同平面上 1 天进行 2 次方位角不同的发射方案,从而实现追踪器与目标器的共面发射,且恰好在追踪器入轨时,小相位角(约为 15°)快速交会需要的相位角条件得到满足。美国在 Gemini 成功交会经验的基础上,将小相位角快速交会方案推广应用于 Skylab 计划的 3 次交会任务中。在这些任务中调相需要 5 个轨道周期,从"阿波罗"飞船发射到与 Skylab 对接成功大约需要 8.5h,"阿波罗"飞船入轨时刻两航天器初始相位角 40°~50°。

2)2~3 天交会对接

当空间任务从载人空间探索过渡到需要向空间站进行密集发射的空间应

用阶段后,由于空间站位置的不确定性,在发射追踪器时提供特定的相位角条件就变得非常困难。这样就需要利用较长时间,以完成初始相位角在一定范围内的交会。这使得当前制定的交会对接任务通常需要 2～3 天的时间。目前,2～3 天交会对接方案被广泛应用到各国所进行的空间交会对接任务中。下面以"联盟"– TMA 飞船与国际空间站为例,对多圈交会对接方案进行简单介绍。

在"联盟"– TMA 飞船与国际空间站 2～3 天交会对接方案中,初始相位角可达到 170°～320°。一般情况下,"联盟"– TMA 飞船从拜科努尔发射场发射入轨,入轨参数为近地点高度 200km、远地点高度 242km、轨道周期 88.64min,轨道倾角 51.6°、入轨精度 ±22s。在第 2 圈,对 GNC 系统进行检查,莫斯科测控中心利用地面测控站的数据进行轨道计算,算出前两次调相喷气脉冲量,然后执行这两次机动,这两次机动把"联盟"– TMA 转移到主调相轨道上。直到下次机动前,"联盟"– TMA 保持太阳定向姿态,绕着本体坐标主轴以 2(°)/s 的速度旋转,转轴垂直于太阳帆板平面并指向太阳。飞船飞过从第 6 圈到第 11 圈的"聋子"轨道(地面测控站对航天器不可测)后,在第 12 圈到第 16 圈,第三次调相喷气脉冲量被计算出来,在第 17 圈开始时候执行,幅值大约是 2m/s,这次喷气的目的是修正第一天飞行的积累误差。之后"联盟"– TMA 保持太阳定向姿态直到下次喷气。在第 32 圈轨道时,状态量被上传到"联盟"– TMA 飞船的星上计算机,根据这些上传的数据,GNC 可以计算最后一次的喷气脉冲量,这次喷气被自主执行,使飞船在第 34 圈轨道完成对接。图 1 – 2 给出了调相过程中发生的主要事件的时间。

3)新的快速交会对接

近年来,随着空间任务日趋复杂化和多样化,一些空间任务对交会的快速性提出了新的要求。例如:空间救援和在轨服务等任务中,需要以尽可能快的速度完成交会,以赢得宝贵时间;在载人飞行中,快速交会可以极大地减少航天员的疲劳度,使其节省体力以更好地完成空间任务,并能够节省生命维持系统的消耗。因此,以俄罗斯为代表的航天大国重新着力研制新的快速交会对接方案。俄罗斯目前已经在"进步"号货运飞船与国际空间站的交会对接任务以及"联盟"号载人飞船与国际空间站的交会对接任务中采用了新的快速交会

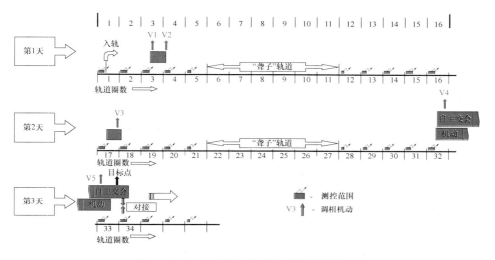

图1-2 2~3天调相主要事件的时间序列

对接方案。这种新的快速交会对接方案的最初测试是通过"进步"M-16M货运飞船与国际空间站的交会对接进行的,之后除了"进步"M-21M货运船因为要测试Kurs-NA对接系统而没有执行快速交会外,其余的所有货运飞船都计划按此方案执行。载人飞船首次快速交会任务是由"联盟"TMA-08M执行的,后续的"联盟"号飞船都执行了此方案。

3.按照目标器类型分类

在人类目前所进行的大部分交会对接任务中目标器均是合作目标。与合作目标的交会任务通常具有以下特点:

(1)目标器具备主动姿态和轨道控制能力,交会前处于设定的目标轨道并保持要求的姿态指向。

(2)为与追踪器上安装的相对测量敏感器相适应,目标器通常安装有合作目标,如GPS接收机、雷达应答机、角反射器等。

(3)目标器与追踪器间可建立稳定的通信链路。

(4)目标器安装有与追踪器相适应的对接机构,以便完成最终对接,通过刚性连接形成组合体。

但是,诸如失效卫星维修,空间碎片清理等交会抓捕任务,目标器不再具有以上特点,这些交会对接任务称为非合作目标交会对接。

4.按照接触方式分类

交会对接任务的最终目的,是实现追踪器与目标器间的结构连接并组成组合体航天器。完成近距离交会后,最终的结构连接操作可以采用两种方式:对接方式和停靠捕获方式[12,13]。

1）对接方式

采用对接方式时,完成近距离交会任务后,追踪器的 GNC 系统需要控制追踪器状态,以确保追踪器对接口与目标器对接口间的相对状态,通常包括相对位置、速度、姿态角、姿态角速度等满足对接的初始条件,最终由对接机构拉近并完成锁紧动作,实现两航天器间的机构连接。

表 1-2 给出了典型空间交会对接任务对接时要满足的主要技术指标。

在交会对接发展过程中所使用的对接机构主要包括:

（1）"锥—杆"式对接机构,苏联"联盟"号飞船采用;

（2）"异体同构周边"式对接机构,"阿波罗"和"联盟"号飞船的对接过程中首次使用;

（3）弱撞击式对接机构,日本工程试验卫星-Ⅶ首次使用。

表 1-2　典型空间交会对接任务对接技术指标

飞行计划	接近方式	对接技术指标
"阿波罗"飞船 （Apollo）	+ R - bar、V - bar 对接	接近速度 0.03 ~ 0.3m/s; 横向速度 ≤0.15m/s; 横向位置 ≤0.3cm; 角速度 ≤1(°)/s; 相对姿态 ≤10°
航天飞机 （Space Shuttle）	人控 R - bar 对接	接近速度 $0.01m/s \leqslant V_x \leqslant 0.10m/s$; 横向速度 ≤0.045m/s; 横向位置 ≤0.11m; 角速度 ≤0.2(°)/s; 相对姿态 ≤4°
"联盟"号/"进步"号 （Soyuz/Progress）	V - bar 对接	接近速度 $0.1m/s \leqslant V_x \leqslant 0.35m/s$; 横向速度 ≤0.10m/s; 横向位置 ≤0.34m; 角速度 ≤1(°)/s; 相对姿态 ≤7°

（续）

飞行计划	接近方式	对接技术指标
自动转移飞行器（ATV）	V-bar 对接	接近速度 $0.05\mathrm{m/s} \leqslant V_x \leqslant 0.1\mathrm{m/s}$； 横向位置 $\leqslant 0.1\mathrm{m}$； 相对姿态 $\leqslant 5°$
工程试验卫星-Ⅶ（ETS-Ⅶ）	V-bar 对接	接近速度 $0.01\mathrm{m/s} \leqslant V_x \leqslant 0.05\mathrm{m/s}$； 横向位置 $\leqslant 0.1\mathrm{m}$； 相对姿态 $\leqslant 2°$

2）停靠捕获方式

停靠捕获方式是指：追踪器 GNC 系统以零标称相对速度和相对姿态角速度将追踪器停靠在距离目标器很近的停泊点，之后安装于目标器或追踪器上的机械臂捕获另外一个航天器上与之配套的捕获装置，机械臂将捕获的航天器转至停靠区的最终位置上，并使两个航天器通过相应的机械装置完成结构连接。表 1-3 给出了典型空间交会对接任务停靠要满足的主要技术指标。

由加拿大 MDRobotics 公司设计制造的航天飞机遥操作机械臂（Shuttle Remote Manipulator System，SRMS）是世界上第一个实用的空间机械臂，它服务于航天飞机，其主要功能是卫星的捕获和投放，并可作为宇航员出舱的辅助设备[4]。该公司还为国际空间站设计了移动服务系统机械臂（Mobile Serving System，MSS），日本 HTV 与国际空间的对接就由该机械臂实施。

表 1-3 典型空间交会对接任务停靠技术指标[6,9]

飞行计划	接近方式	对接技术指标
H-Ⅱ转移飞行器（HTV）	停靠捕获	在机械臂抓捕范围内：平动速度 $\leqslant 0.024\mathrm{m/s}$，姿态角速度 $\leqslant 0.08(°)/s$
龙飞船（Dragon）	停靠捕获	在机械臂抓捕范围内：姿态角 $\leqslant 0.012°$，姿态角速度 $\leqslant 0.02(°)/s$

1.3.3 典型的交会对接飞行案例

1. 地球轨道载人交会对接——"神舟"飞船与"天宫"一号的交会对接[7]

2011 年 11 月，由"神舟"八号载人飞船和"天宫"一号空间实验室进行了中国首次空间交会对接(图 1 – 3);2012 年 6 月由"神舟"九号载人飞船和"天宫"一号空间实验室进行了中国首次载人空间交会对接,并进行首次航天员手动交会对接;2013 年 6 月发射升空的"神舟"十号飞船满载 3 名航天员与"天宫"一号空间实验室完成了三次交会、两次对接、1 次绕飞,再次成功验证了交会对接方案。这标志着中国已全面掌握了空间交会对接技术。

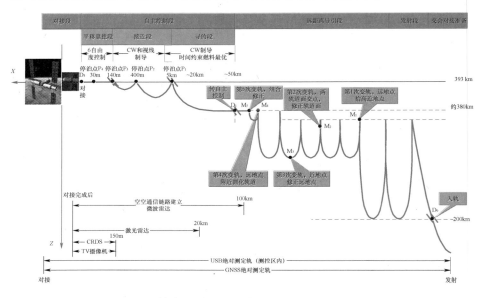

图 1 – 3   "神舟"飞船与"天宫"一号交会对接飞行流程

根据任务要求、轨道设计、地面测控站的配置以及飞船上交会对接测量部件的性能,飞船交会对接过程可划分为以下四个阶段:交会段、对接段、组合体运行段、撤离段。交会段又分为远距离导引段和自主控制段。远距离导引段的变轨通过地面注入指令实施。自主控制段的交会对接任务依靠船上 GNC 分系统自主完成。自主控制段又分为寻的段、接近段、平移和靠拢段。自主控制段设计了 5km,400m,140m,30m 四个停泊点,用于交会对接敏感器切换和交会对接状态检查。

远距离导引段的主要任务是由地面测量飞船和目标器的轨道数据,在地面测控网的导引下,飞船经过五次变轨机动,完成半长轴调整、相对相位调整、轨道倾角和升交点误差修正,从初始轨道变为与目标器共面,且其高度略低于目标器的近圆轨道。

寻的段的主要任务是飞船根据船上相对测量敏感器的输出数据完成相对导航计算、制导律计算和控制量计算，自主完成轨道控制。经过若干次轨道控制后，飞船进入与目标器相同的轨道上，但在目标器后方5km处。寻的段采用差分卫星导航设备、微波雷达和激光雷达进行相对导航；采用基于CW方程的多脉冲最优制导策略实施轨控。

接近段的任务是捕获对接走廊。对接走廊是以目标器对接轴为中心的一个圆锥，半锥角8°。接近段安排了400m和140m处的两个停泊点。联合使用CW制导和视线制导设计停泊点间转移的轨控策略。

平移靠拢段的任务是为对接提供初始条件。平移靠拢段安排了30m处的一个停泊点，采用成像式交会对接敏感器(Camera – Type Rendezvous and Docking Sensor, CRDS)进行相对位姿测量和估计。针对帆板挠性大、羽流干扰严重、系统时延大、姿态和轨道耦合的问题，基于特征模型的智能自适应控制理论，设计了基于特征模型的相平面自适应控制方案，飞行试验结果表明该方案可实现对接前两航天器相对位置和相对姿态的高精度控制。

2. 地球轨道无人交会对接——ATV飞船与空间站的交会对接

自动转移飞行器(ATV)是欧空局研制的无人航天器，旨在为国际空间站提供货物运输、推进剂补加、轨道提升、姿态控制以及垃圾运送等服务。2008年3月，首艘ATV发射升空并与国际空间站成功对接[8]。

ATV的控制系统配置有下列测量设备：

（1）4台2轴"陀螺仪组件"(GYRA)；

（2）2台"恒星跟踪器"(STR)；

（3）3台2轴"加速度计"(ACCA)；

（4）2台"全球定位系统"(GPS)接收机(ISS上还有2台GPS接收机)；

（5）2台"视频仪"(VDM)；

（6）2台"远距测向仪"(TGM)；

（7）2台"太阳敏感器单元"(SSU)。

ATV与ISS的交会对接飞行过程如图1-4所示[14]。

1）调相阶段

在这一阶段，ATV实施轨道机动，逐步提升轨道高度，接近ISS。调相阶段终点在最后一次调相机动点 $S_{-1/2}$ 处，这一点位于ISS之后39km，之下5km。

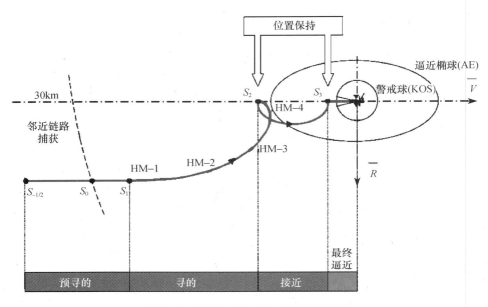

图 1 - 4　ATV 与 ISS 交会对接飞行流程

最后一次调相机动是轨道圆化机动,使 ATV 相对 ISS 做直线漂移。在 S $_{-1/2}$ 点,ATV 与 ISS 之间的"邻近链路"(Proximity Link)开始接通。

　　2)交会阶段

　　该阶段从直线漂移轨道起点 S $_{-1/2}$ 开始,直至 ATV 与 ISS 对接。沿交会轨道有航向点 S $_{-1/2}$,S0,S1,以及 V - bar 上的位置停泊点 S2,S3,S4,S41。

　　S $_{-1/2}$ 至 S0 的漂移阶段为绝对 GPS(AGPS)向相对 GPS(RGPS)转换的过渡阶段。在 S0,RGPS 已建立,并达到预期精度,可投入使用。交会阶段可划分为远距交会(Far Rendezvous)与近距交会(Close Rendezvous)两部分。远距交会采用 RGPS,近距交会应用光学敏感器"视频仪"(VDM)。远距交会包括预寻的(Pre - Homing)(S $_{-1/2}$ 至 S1)、寻的(Homing)(S1 至 S2)以及接近(Closing)(S2 至 S3)三段飞行过程。近距交会即最终逼近(Final Approach),从 S3 至 ATV 与 ISS 对接。保持(Hold)与受控后撤(Retreat)机动,可在这一阶段的任何时刻执行。最终逼近包含最终逼近 1(S3 至 S4)与最终逼近 2(S4 至 ATV 与 ISS 对接)两段;而最终逼近 2 又可分为两部分,即最终逼近 21(S4 至 S41)与最终逼近 22(S41 至对接)。

3. 地球轨道快速交会对接——"联盟"飞船/"进步"货船与空间站的快速交会对接

新型快速交会对接方案的执行始于 2012 年 8 月"进步"M－16M 货运飞船与国际空间站的交会对接。经过"进步"M－16M,M－17M 和 M－18M 三次对快速交会对接方案的成功测试后,2013 年 3 月 28 日,俄罗斯发射的"联盟"TMA－08M 载人飞船,经过不到 6h 抵达国际空间站并完成对接,这表明快速交会方案已经成熟进入实用阶段[15-17],具体飞行流程见表 1－4。

表 1－4 "联盟"TMA－08M 载人飞船快速交会执行流程

事件	时间(莫斯科时间)	飞行圈次
发射	00:43:20	0
星箭分离	00:52:08	1
轨道修正 1	01:25:32	1
轨道修正 2	02:05:35	2
轨道修正 3	02:46:44	2
轨道修正 4	03:16:41	2
开启自主交会	04:26:29	4
开启空间站飞跃和最终接近	06:11:24	4
对接	06:32:13	4
总耗时	5h48min53s	—

采用快速交会对接,要使燃料消耗最少,交会轨迹必须要满足这样两个约束:① 运载工具必须要把追踪器送入和目标轨道共面的稳定轨道;② 追踪器和目标器的初始相角必须符合调相策略的限制。

通常来说,由于地球的旋转和发射方向扇面的限制,每天只有一次能满足第一个条件的机会。要满足第二个条件,需要合理选择发射时间,或者针对给定的发射时间,进行空间站的轨道高度机动。对于一个调相策略,如果选择了一组较差的初始相位角,则会导致追踪器减速喷气,产生额外的燃料消耗。如果考虑两到三天的交会对接方案,初始相位角度的选择余地会很大,为 170° ~ 320°。要实现四圈交会对接方案,初始相位角范围较小,20° ~ 40°。如此短的交会时间,需要依靠追踪器星载计算机计算所有交会点火时间。考虑到以上的交会约束,四圈快速交会需要依次执行如下的方案:

（1）使"联盟"-TMA飞船在第一圈进入空间站轨道平面,第一个轨道周期的升交点经度为西经20°,滞后于升交点经度更靠东的轨道。这样,在第二个轨道周期内,通过下一个俄罗斯地面站区域的时候,轨道参数将会被上传到追踪器星载计算机上,用来计算四圈快速交会前两次点火时间,进行调相。在进行第三和第四圈的调相喷气时,追踪器位于在俄罗斯地面站的测控范围之外。第三次和第四次喷气的脉冲量是固定的,在追踪器到达一个特定目标点前,分别要经过一个轨道和半个轨道。这里提到的特定目标点是指在第五圈（自南向北通过赤道的时刻）前的 8～13min。

（2）在第三圈,追踪器通过俄罗斯地面站的测控范围时,会把所执行的调相脉冲量通过遥测信号发给地面站,和地面计算的结果进行比对。如果第三和第四次脉冲量和"联盟"-TMA飞船的既定方案相符,就做出决策——执行交会最后阶段的方案。

（3）在第五圈,对接将会在俄罗斯地面站的测控范围内进行。

采用四圈快速交会,从入轨到对接的时间约为6h。图1-5给出了四圈快速交会方案中主要事件的过程。1～5是五圈轨道,V_1,V_2,V_3,V_4是交会喷气脉冲,轨道线下方是追踪器的高度变化。

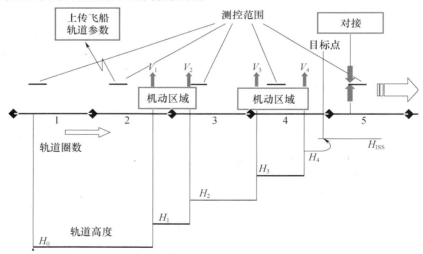

图1-5 "联盟"-TMA飞船快速交会方案

4. 月球轨道交会对接——阿波罗月球轨道快速交会对接

美国于 20 世纪 60 年代和 70 年代实施的"阿波罗"计划共成功进行了 6 次载人登月飞行,均由指令服务舱(CSM)作为目标器,登月舱(LM)作为追踪器[2]。在"阿波罗"登月的发展过程中,先后论证过三种交会对接策略,分别为直接上升交会策略(Direct - Ascent Rendezvous)、共椭圆交会策略(Coelliptic Rendezvous)和直接交会策略(Direct Rendezvous),其中后两种交会策略在"阿波罗"登月工程中得到实际应用[18,19]。

1)直接上升交会策略

最初提出的交会策略是"直接上升交会策略",其研究始于对硬件特性和工程误差还未深入研究的 20 世纪 60 年代初期。图 1 - 6 和表 1 - 5 分别给出了直接上升交会的示意图和机动数据。

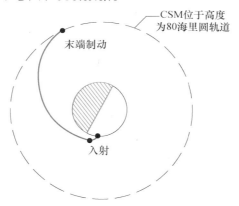

图 1 - 6　直接上升交会示意图

表 1 - 5　直接上升交会关键点参数

标称交会机动	与前一机动的时间间隔/min	ΔV/(m/s)	目标轨道远月点/km	近月点/km
入轨	7	—	153.716	16.668
末段制动	45	45.72	148.16	148.16

直接上升交会策略的最大优点是从动力上升到完成交会对接持续的时间较短。但是其存在以下致命的缺点:①最后逼近段(Terminal Phase)的速度增量 ΔV 需求超出了反作用控制系统的能力范围;②动力上升阶段的误差增加了航天员在最后逼近段工作程序和技术的复杂性。

2）共椭圆交会策略

为克服各种误差带来的不利影响,从 1964 年底开始,通过几个阶段的发展,最终形成一套可行的交会策略,即共椭圆交会策略,并在"阿波罗"11 和"阿波罗"12 上成功应用。共椭圆交会策略通过 3 个脉冲完成远程交会任务,实现对入轨误差和轨道平面外误差的修正,并为最终逼近提供标准的初始条件。

LM 从月球表面发射,经过 7min 左右的动力上升,进入 17km × 83km 的椭圆轨道。在发射后 60min,进行共椭圆交会序列初始化机动(Coelliptic Sequence Initiation,CSI),使 LM 进入 83km 的圆轨道。在发射后 90min,根据情况可进行轨道面修正。在发射后 120min,进行固定高度抬升(Constant Delta Height,CDH)机动,通过该机动使得 LM 保持与 CSM 高度差恒定。在发射后 160min,开始标准的最后逼近段初始化机动(Terminal Phase Initiation,TPI)。在发射后 175min,可进行一次中途修正。在发射后 205min,进行最后逼近段的减速制动(Terminal Phase Final,TPF),制动结束后两个航天器在同一轨道上且相对距离为几百米,最终由航天员手控完成对接。"阿波罗"轨道机动数据见表 1 - 6,共椭圆交会的飞行过程如图 1 - 7 所示。

表 1 - 6　CSI/CDH 共面椭圆交会关键点参数

标称交会机动	与前一机动的时间间隔/min	$\Delta V/(m/s)$	目标轨道远月点/km	近月点/km
入轨	7	—	83.34	16.668
CSI	50	15.24	83.34	83.34
CDH	59	1.524	83.34	83.34
TPI	40	7.62	112.972	83.34
末段制动	43	13.716	111.12	111.12

3）直接交会策略

直接交会策略在 LM 入轨后马上进入最后逼近段,可以减少近 2h 的交会时间。直接交会策略一方面具有直接上升交会策略的快速交会特性,另一方面也保留了共椭圆交会策略高概率达到最后逼近段条件的优点。LM 入轨后在第一次远月点附近直接启动最后逼近程序,大大缩短了交会时间。由于"阿波罗"11 和"阿波罗"12 交会对接系统出色地完成任务,并积累了一定的经验,从"阿波罗"14 开始,直接交会策略得到应用。由于该策略缺少应对意外的灵

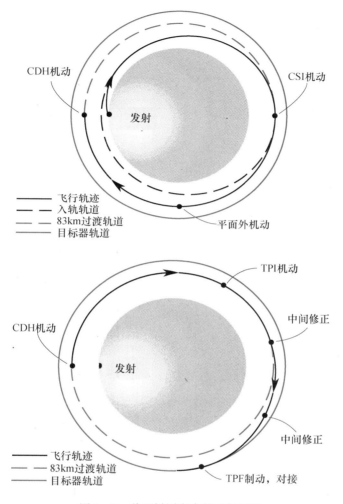

图 1 - 7　共面椭圆交会的飞行过程

活性,在飞行任务中,共椭圆交会策略作为一种备份交会策略,以便能在意外情况下仍然提供一个标准的最后逼近过程。直接交会的飞行过程如图 1 - 8 所示。

　　LM 从月球表面发射,经过 7min 左右的动力上升,进入 17km×83km 的椭圆轨道。在发射后 40min,开始标准最后逼近段初始化机动 TPI。在发射后 55min,如果需要,可进行一次的最后逼近段的中途修正。在发射后 85min,进行最后逼近

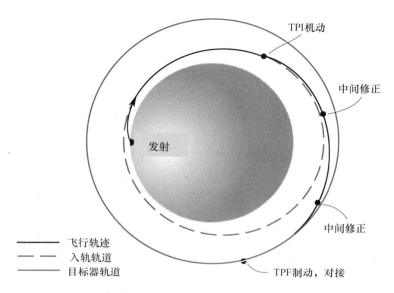

图 1 - 8　直接交会的飞行过程

段的减速制动(TPF),制动结束后两个航天器在同一个轨道上且相对距离为几百米,最终由航天员手控完成最终对接。表 1 - 7 给出直接交会轨道机动数据。

表 1 - 7　直接交会关键点参数

标称交会机动	与前一机动的时间间隔/min	$\Delta V/(m/s)$	主推进系统	目标轨道	
				远月点/km	近月点/km
入轨	7	—	APS	85. 192	16. 668
TPI	45	22. 2504	APS	112. 972	83. 34
末段制动	43	13. 716	RCS	111. 12	111. 12

1.3.4　交会对接技术未来发展趋势

交会对接在相当一段时期内主要应用于维持载人空间站/空间实验室的正常运行。近年来,随着人类空间探索活动的深入,各国已经开始着力研制针对诸如空间在轨服务、空间安全等新任务的交会对接技术;不仅限于地球和月球轨道,人类已将探索的触角投向了更为浩瀚的深空,火星探测也已进入工程实践阶段。在此类任务中,交会对接是实现取样返回所必需的关键技术。

纵观国际航天领域:从任务对象的角度,交会对接技术要面对位于多种类型轨道,包括椭圆轨道/圆轨道和地球轨道/深空天体轨道以及类型各异的目标器,包括合作目标/非合作目标;从时间和空间的角度,交会对接技术要具备全天时和全方位完成任务的能力;从系统安全的角度,由于涉及近距离相对运动,交会对接任务特别是载人交会对接任务,对交会对接的轨迹安全性提出了很高的要求;从对接方式的角度,轻小型化的弱撞击式对接机构以及机械臂将得到广泛的应用。

空间交会对接难度大、风险高,是一项综合的、多学科交叉的技术。要针对多种轨道不同类型目标器,实现全天时、全方位、多形式、安全的交会对接,这对制导、导航与控制理论和方法,对计算机技术,对测量技术等各学科发展都带来了挑战。深入开展交会对接技术的研究具有极其重要的科学意义和工程应用价值。

1.4 交会对接制导、导航与控制系统

交会对接 GNC 系统具备如下制导、导航与控制功能:

(1)制导的任务是产生使追踪器达到预定交会点所需的轨控速度增量;

(2)导航的任务是利用敏感器测量信息,结合位置/姿态动力学和运动学模型,估计制导和控制功能所需要的位置和姿态参数;

(3)控制的任务是由星上计算机解算控制指令,并通过驱动执行机构,如发动机以及角动量交换装置等,以对航天器施加指令作用力和力矩。

要实现这些功能,需要配置相应的测量敏感器、星载计算机、控制执行机构等硬件设备,并研制导、导航与控制策略以及算法软件。本节从系统组成的角度对一般的交会对接 GNC 系统进行介绍。图 1-9 为交会对接 GNC 系统组成。

1.4.1 测量敏感器

1. 姿态和惯性测量敏感器

1)红外地球敏感器

红外地球敏感器利用地球红外辐射场在红外地平(地球与空间的交界处)附近有极高的梯度这一特性,可以确定卫星地心矢量在卫星本体系中的方位,由此可确定卫星相对轨道系的滚动角和俯仰角。

2)太阳敏感器

太阳敏感器是通过敏感太阳光而获得卫星姿态信息的仪器[20]。根据太

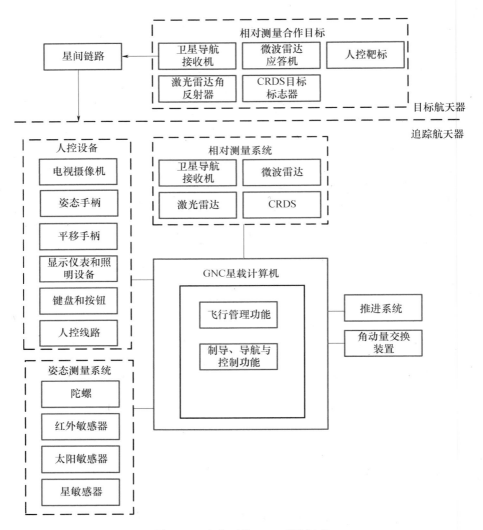

图 1-9 交会对接 GNC 系统组成

阳敏感器探头输出信号的形式可将太阳敏感器分为两类:模拟太阳敏感器和数字太阳敏感器。其中,模拟太阳敏感器的输出信号是太阳角变化的连续函数,而数字式太阳敏感器输出的信号是离散的编码数字信号。

3)星敏感器

星敏感器通过敏感恒星辐射来测定卫星相对天球坐标系(惯性系)的三轴姿态。由于恒星的张角很小,可以认为是点光源目标,而且有很高的位置稳定性,所以星敏感器的测量精度可以很高;但是由于恒星光是弱光,容易受到杂散光干扰,所以星敏感器的视场较小,对太阳光以及反射光干扰有严格的抑制要求。

4)陀螺

陀螺是惯性导航单元的重要组成部分,习惯上把惯性导航单元中可完成角速度或角位移测量功能的装置称为陀螺。依据测量体制的不同,陀螺可分为机械转子陀螺、光学陀螺(光纤陀螺和激光陀螺)、静电陀螺以及挠性陀螺等多种类型。不同类型的陀螺其测量原理差别明显,但其均可用于测量航天器相对于惯性空间的角速度。

5)加速度计

加速度计是惯性测量单元的重要组成部分。单位质量上作用的非引力外力称为比力。加速度计通过测量加速度产生的惯性力来获得加速度,从本质上讲加速度计就是测力计,其可以测量除引力加速度以外的比力所产生的加速度。

2. 相对测量敏感器

1)卫星导航接收设备

卫星导航,是接收导航卫星发送的导航定位信号,并以导航卫星作为动态已知点,实时地测定运动载体的位置和速度,进而完成导航。卫星导航系统可为地球表面和近地空间的各类用户提供全天候、全天时、高精度的导航和时间服务。目前世界主要有 4 种卫星导航系统,分别是美国的 GPS 卫星导航系统,俄罗斯的 GLONSS 卫星导航系统,欧盟成员研制的 Galileo 卫星导航系统和中国的北斗导航系统。卫星导航接收设备是运动载体接收导航卫星导航电文并进行信号处理的设备。

2)微波雷达以及目标应答机

微波雷达利用电磁波来探测目标器相对于雷达的距离和方位。雷达天线把发射机提供的电磁波对目标器进行发射,这些电磁波碰到目标,被反射回来或由目标器上的应答机发射回来,再由雷达上的天线接收后送至信号处理设备进行数据处理,提取所需要的相对距离、相对距离变化率和方位角等信息。

3)激光雷达以及合作角反射器

激光雷达是以激光作为载波的雷达,由于激光是光波波段电磁辐射,波长比微波和毫米波短得多,因此与微波雷达相比,激光雷达不仅体积、质量小,而且角分辨率和测角精度高,测距分辨率和测距精度高。与微波雷达需要在目标器上安装应答机不同,激光雷达需要在目标器上安装合作目标角反射器,以将投射到目标器上的激光反射回激光雷达。

4)成像式交会对接敏感器(CRDS)以及合作目标

CRDS用于数百米以内追踪器与目标器之间相对运动参数的测量。在CRDS的目标标志器上安装3个以上的特征光点,CRDS相机对这些特征光点成像,经信息处理器进行图像处理,完成光点提取和识别,得到像点在相机坐标系下的坐标值,最后通过测量算法解算出目标标志器坐标系与相机坐标系之间的相对位置和相对姿态,再依据敏感器安装可以得到航天器间的相对位置和姿态参数。

5)电视摄像机(TV)和靶标

TV和靶标是追踪器与目标器人控交会对接的主要光学测量设备。TV一般安装在追踪器上,与其配套使用的靶标安装在目标器上。TV提供从追踪器上观察目标器和靶标的图像,并传送到追踪器上的显示器上。航天员通过观察显示器上显示的目标器和/或靶标的图像,估计目标器相对于追踪器的相对运动状态。

1.4.2 执行机构

1.推进系统

推进系统是一类质量排出型的卫星轨道和姿态控制执行机构。推进系统主要可分为四类:①冷气推进系统。该系统采用压缩气体作为工质,有效比冲低,主要用于寿命较短的卫星。②单组元推进系统。单组元推进系统多采用无水肼作为推进剂,由于比冲较低一般适用于中小型卫星。③双组元推进系统。双组元推进系统多采用四氧化二氮和甲基肼作为推进剂。由于比冲较高,适用于大型航天器。④电推进系统。电推进的比冲比化学推进高得多,但其推力小,技术比较复杂,是正在发展中的新型推进系统。

在交会对接任务中,目前主要采用双组元和单组元推进系统进行姿态和轨道控制。

2.角动量交换装置

角动量交换装置是一类常用的航天器姿态控制执行机构,主要包括固定安装的动量轮、控制力矩陀螺、框架动量轮等三类惯性执行机构。卫星安装的角动量交换装置,当其角动量数值与方向按照一定规律变化时,会产生作用于星体上所需要的反作用力矩,从而实行对卫星姿态的连续控制。

角动量交换装置主要用于交会对接过程非轨控阶段的姿态稳定控制。

3. 平移控制手柄

平移控制手柄是航天员直接控制飞船平动的主要工具,具备独立的三自由度输出,用于控制飞船质心的前后、垂直和横向运动,其中前后方向的运动单独控制,垂直和横向两轴运动可以单独或同时控制。

4. 姿态控制手柄

姿态控制手柄是航天员直接控制飞船姿态的主要工具,具备独立的 3 个自由度的输出,在一定的外力作用下可单独或同时绕 2 个或 3 个正交轴转动,并分别输出相应于所绕各个轴的转角电压。三轴输出的电压用于控制飞船的俯仰、滚动和偏航姿态。

5. 键盘和按钮

仪表板上设置相对独立的用于航天员人工控制的 GNC 专用控制面板区,包括:矩阵式按钮、双位开关、仪表编码指令板和手持控制单元,用于发出启动命令、进行控制模式选择、数据输入、显示选择、故障检查和初始化等。

1.4.3 控制器

1. 制导、导航与控制计算机

制导、导航与控制计算机(GNCC)的主要功能是采集各敏感器信息并作处理,根据处理结果,向能源和推进分系统发出控制信号,完成正常模式和故障模式下制导、导航与控制任务;接收和处理数据管理分系统和地面测控分系统发来的航天器轨道数据和系统参数修正等信息;接收数据管理分系统和遥控(和航天员)命令和指令,据此决定控制器工作模式,并给出相应信息;向数据管理分系统和遥测发出 GNC 分系统的状态及数据信息。

2. 人控线路

人控线路是载人飞船航天员实施人控的核心设备,完成手动控制和人控交会对接时的姿态信息处理、手动控制信息处理和控制规律的生成。人控线路接收控制手柄的输出信号,根据控制要求计算控制指令,将发动机控制指令送到推进分系统的驱动线路,控制喷气执行机构。

参 考 文 献

[1] 周建平. 空间交会对接技术[M]. 北京:国防工业出版社,2013.

[2] 张柏楠. 航天器交会对接任务分析与设计[M]. 北京:科学出版社,2011.

[3] John L. Goodman, Jack P. Brazzel, David A. Chart. Challenges of orion rendezvous development[C]. AIAA Guidance, Navigation and Control Conference and Exhibit,2007:1 – 30.

[4] John L. Goodman. History of space shuttle rendezvous[R]. 2011:JSC – 63400.

[5] 朱仁璋,王鸿芳,肖清,等. 苏/俄交会对接技术研究[J]. 航天器工程,2011,20 (6):16 – 31.

[6] 朱仁璋,王鸿芳,徐宇杰,等. 美国航天器交会技术研究[J]. 航天器工程. 2011,20 (5):11 – 36.

[7] 胡军,解永春,张昊,等. 神舟八号飞船交会对接制导、导航与控制系统及其飞行结果评价[J]. 空间控制技术与应用,2011,37(6):1 – 5.

[8] B. Cavrois, S. Reynaud, G. Personne, S. Chavy. ATV GNC and safety functions synthesis:overall design, main performances and operations[C]. AIAA Guidance, Navigation and Control Conference and Exhibit,2008: 1 – 22.

[9] Satoshi Ueda, Toru Kasai, Hirohiko Uematsu. HTV rendezvous technique and GN&C design evaluation based on 1st flight on – orbit operation result[C]. AIAA/AAS Astrodynamics Specialist Conference ,2010:1 – 12.

[10] 唐国金,罗亚中,张进. 空间交会对接任务规划[M]. 北京:国防工业出版社,2008.

[11] 解永春,胡勇. 空间交会策略回顾及自主快速交会方案研究[J]. 空间控制技术与应用,2014,40 (4):1 – 8.

[12] Wigbert Fehse. Automated rendezvous and docking of spacecraft[M]. London：Cambridge University Press. 2003.

[13] 朱仁章. 航天器交会对接技术[M]. 北京:国防工业出版社,2007.

[14] E. de Pasquale, M. Bonnet and D. Caluwaerts. In – flight demonstration of safety critical operations of ATV Jules Verne GNC[C]. AIAA Guidance, Navigation and Control Conference and Exhibit,2008.

[15] Rafail Murtazin, NikolayPetrov. Usage of pre – flight data in short rendezvous mission of Soyuz – TMA spacecrafts[J]. Acta Astronaut,2014,93:71 – 76.

[16] Rafail Murtazin, Nikolay Petrov. Short profile for the human spacecraft Soyuz – TMA rendezvous mission to the ISS[J]. Acta Astronaut, 2012, 77:77 – 82.

[17] Anatoly Zak. Soyuz TMA – 08M【EB/OL】(2013 – 9 – 23) http://www. russianspaceweb. com/iss_soyuz_tma08m. html.

[18] Young, K. A. , Alexander, J. D. Apollo lunar rendezvous[J]. Journal of Spacecraft and Rockets,1970,7(9): 1083 – 1086.

[19] Jumes D. Alexunder und Robert We Becker. Apollo Experience report – evolution of the rendezvous – maneuver plan for lunar – landing missions[R]. NASA technical note D – 7388,1973.

[20] 屠善澄. 卫星姿态动力学与控制(3)[M]. 北京:宇航出版社,2003.

第 2 章
交会对接运动学和动力学

交会对接运动学方程和动力学方程包括轨道方程、姿态方程和相对运动方程，其中相对运动包含相对位置和相对姿态方程。

本章主要介绍动力学方程，包括坐标系定义、轨道动力学方程、姿态运动学和动力学方程、相对位置动力学方程、相对姿态运动方程等。

2.1 坐标系定义

象限的定义：从航天器后端沿其纵轴向前看，按顺时针方向的象限线依次为Ⅰ、Ⅱ、Ⅲ、Ⅳ。各象限线间隔90°，正常在轨飞行时Ⅰ象限线指向对地方向。

本书中涉及的坐标系包括轨道方面、姿态方面、相对运动方面，具体如下：

1）地心赤道惯性坐标系 $O_E X_I Y_I Z_I$（惯性坐标系）

原点 O_E 为地球的质心，$O_E X_I$ 轴指向 2000.0 平春分点，$O_E Z_I$ 轴垂直于 2000.0 平赤道面，与地球自转角速度方向一致，$O_E Y_I$ 轴与 $O_E X_I$、$O_E Z_I$ 轴构成右手坐标系。

2）圆柱坐标系 $O_E r\theta z$

地心圆柱坐标系 $O_E r\theta z$：原点位于地心 O_E，$O_E r$ 方向为航天器地心矢量方向在基准轨道平面内的投影方向，$O_E\theta$ 方向为基准平面内的逆时针方向，$O_E z$ 方向与 $O_E r$ 方向、$O_E\theta$ 方向满足右手定则。

目标器圆柱坐标系 $O_Tr\theta z$:原点位于目标器航天器质心 O_T,O_Tr 方向为航天器地心矢量方向在基准轨道平面内的投影方向,$O_T\theta$ 方向为基准平面内的逆时针方向,O_Tz 方向与 O_Tr 方向、$O_T\theta$ 方向满足右手定则。

3）轨道坐标系 $O_oX_oY_oZ_o$

原点 O_o 为航天器的质心,O_oZ_o 轴指向地球的质心,O_oY_o 轴垂直于 O_oZ_o 轴,指向轨道角速度的负方向,O_oX_o 轴与 O_oZ_o、O_oY_o 轴构成右手坐标系。

4）WGS – 84 坐标系 $O_{W84}X_{W84}Y_{W84}Z_{W84}$

原点 O_{W84} 在地心,$O_{W84}Z_{W84}$ 轴指向 BIH1984.0 协议地极,$O_{W84}X_{W84}$ 轴指向 BIH1984.0 的零子午面与协议赤道的交点,$O_{W84}Y_{W84}$ 轴与 $O_{W84}X_{W84}$、$O_{W84}Z_{W84}$ 构成右手坐标系。

5）RVD 坐标系 $O_TX_rY_rZ_r$

原点 O_T 为目标器的质心,O_TZ_r 轴指向地球的质心,O_TY_r 轴垂直于 O_TZ_r 轴,指向轨道角速度方向,O_TX_r 轴与 O_TZ_r、O_TY_r 轴构成右手坐标系。

6）TH 坐标系 $O_TX_oY_oZ_o$

在目标器质心建立参考坐标系 $O_TX_oY_oZ_o$,O_TX_o 轴方向为地心指向航天器方向,O_TY_o 轴方向为航天器飞行方向,O_TX_o 轴、O_TY_o 轴、O_TZ_o 轴满足右手定则。

7）视线坐标系 $O_T\xi\eta\zeta$

原点 O_T 在目标器质心,$O_T\xi$ 的方向是从目标器到追踪器的视线方向,$O_T\eta$ 的方向为沿视线在空间转动角动量方向,$O_T\zeta$ 轴和 $O_T\xi$ 轴构成交会平面,并与 $O_T\eta$ 轴构成右手坐标系。

8）航天器本体系 $O_oX_bY_bZ_b$

原点 O_o 是追踪器质心,O_oX_b 沿航天器几何纵轴指向航天器头部为正,O_oZ_b 垂直于 O_oX_b,指向航天器纵对称面的 I 象限线,O_oY_b 轴与 O_oZ_b 和 O_oX_b 构成右手坐标系。

9）目标器对接面坐标系 $O_{Td}X_dY_dZ_d$

原点 O_{Td} 在目标器对接机构对接框端面的中心,$O_{Td}X_d$ 轴与目标器对称纵轴重合,指向目标器后端,$O_{Td}Y_d$ 轴沿目标器的横向,垂直于纵轴,指向 II 象限线,$O_{Td}Z_d$ 轴与 $O_{Td}X_d$、$O_{Td}Y_d$ 轴构成右手坐标系。

2.2　航天器轨道动力学

交会对接任务的远距离段,两个航天器距离比较远,一般把追踪器当作独立的航天器进行绝对轨道控制,或把追踪器控制到预定的目标位置上。

2.2.1　二体运动

在航天器轨道分析中,常假设航天器在地球中心引力场运动,忽略其他各种摄动力,即把航天器轨道运动当作二体问题分析。二体问题是指只有中心物体与轨道物体 2 体构成的力学系统,除了它们间互相吸引的万有引力再没有其他外力。

在地心赤道惯性坐标系 $O_E X_I Y_I Z_I$ 下描述航天器运动,地球质量为 M,航天器质量为 m。由牛顿定律知:

$$m\ddot{\boldsymbol{r}}_m = -\frac{GMm}{r^2}\left(\frac{\boldsymbol{r}}{r}\right) \tag{2-1}$$

$$M\ddot{\boldsymbol{r}}_M = \frac{GMm}{r^2}\left(\frac{\boldsymbol{r}}{r}\right) \tag{2-2}$$

式(2-1)与式(2-2)相减,得

$$\ddot{\boldsymbol{r}} = -\frac{G(M+m)}{r^3}\boldsymbol{r} \tag{2-3}$$

式中:G 为万有引力常数,$G = 6.672 \times 10^{-11}\left(\dfrac{\mathrm{m}^3}{\mathrm{kgs}^2}\right)$。

描述地球轨道卫星和地球的二体运动时,航天器质量远小于地球质量,有 $G(M+m) \approx GM$,记为 $\mu = GM = 398600.5\left(\dfrac{\mathrm{km}^3}{\mathrm{s}^2}\right)$。则二体运动方程为

$$\ddot{\boldsymbol{r}} + \frac{\mu}{r^3}\boldsymbol{r} = 0 \tag{2-4}$$

2.2.2　轨道根数

一般用轨道根数来描述航天器运动,6 个轨道根数分别为半长轴 a、偏心率 e、轨道倾角 i、升交点赤经 Ω、近地点幅角 ω 和真近地点 f。

地心赤道惯性坐标系 $O_E X_I Y_I Z_I$ 中,升交点赤经 Ω 与轨道倾角 i 确定轨道

在惯性空间的方位。在轨道平面内,拱线在轨面的方位用近地点幅角 ω 描述。a,e 描述椭圆形状;f 反映航天器在轨道上随时间的运动情况(图 2-1)。

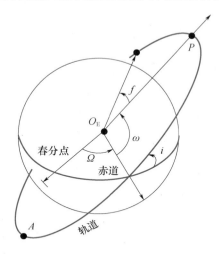

图 2-1　轨道根数描述示意图

2.2.3　轨道摄动方程

实际飞行中航天器受力是复杂的,把中心体引力外的其他力称为摄动力,在摄动力作用下,航天器轨道根数将逐渐变化,摄动方程就是描述扰动力与轨道根数之间的关系。

摄动加速度在轨道坐标系 $O_oX_oY_oZ_o$ 中的分量表示,径向分量 a_r,横向分量 a_u 和负法向分量 a_h。轨道六根数的摄动方程为

$$\frac{\mathrm{d}a}{\mathrm{d}t}=\frac{2}{\omega_o\sqrt{1-e^2}}\left[\,a_r e\sin f+a_u(1+e\cos f)\,\right] \tag{2-5}$$

$$\frac{\mathrm{d}e}{\mathrm{d}t}=\frac{2\sqrt{1-e^2}}{\omega_o a}\left[\,a_r\sin f+a_u(\cos f+\cos E)\,\right] \tag{2-6}$$

$$\frac{\mathrm{d}\Omega}{\mathrm{d}t}=\frac{r\sin(\omega+f)}{\omega_o a^2\sqrt{1-e^2}\sin i}a_h \tag{2-7}$$

$$\frac{\mathrm{d}i}{\mathrm{d}t}=\frac{r\cos(\omega+f)}{\omega_o a^2\sqrt{1-e^2}}a_h \tag{2-8}$$

$$\frac{\mathrm{d}\omega}{\mathrm{d}t} = \frac{\sqrt{1-e^2}}{\omega_o a e}\left[-a_r \cos f + a_u \sin f\left(1 + \frac{r}{p}\right)\right] - \cos i\,\frac{r\sin(\omega + f)}{\omega_o a^2\sqrt{1-e^2}\sin i}a_h$$

$$(2-9)$$

$$\frac{\mathrm{d}f}{\mathrm{d}t} = \frac{\sqrt{\mu p}}{r^2} + \frac{\cos f}{e}\sqrt{\frac{p}{\mu}}a_r - \frac{\sin f}{e}\left(1 + \frac{r}{p}\right)\sqrt{\frac{p}{\mu}}a_u \qquad (2-10)$$

式(2-5)~式(2-10)中:$\omega_o = \sqrt{\mu/a^3}$,$p = a(1-e^2)$,$r = \dfrac{a(1-e^2)}{1+e\cos f}$,

$\cos E = \dfrac{e + \cos f}{1 + e\cos f}$。

2.2.4　摄动加速度

　　航天器受到的摄动力包括:地球引力场摄动、大气阻力摄动、日月引力摄动、太阳辐射压力摄动等。对于近地轨道交会主要考虑地球引力摄动和大气阻力摄动。

1. 由地球引力场非中心性引起的轨道摄动

　　考虑包含带形谐函数的地球引力势的影响,包含带形谐函数的地球摄动引力势的表达式如下:

$$\Delta U = -\mu\sum_{n=2}^{\infty}J_n R_E^n r^{-(n+1)}P_n(\sin\phi) \qquad (2-11)$$

式中:$P_n(\sin\phi)$ 为 n 次 Legendre 多项式;ϕ 为地心纬度;R_E 为地球赤道半径;$P_n(x)$ 的表达式为

$$P_n(x) = \frac{1}{2^n n!}\frac{\mathrm{d}^n}{\mathrm{d}x^n}(x^2-1)^n \qquad (2-12)$$

　　由此得到摄动引力加速度的径向分量(向上为正):

$$\Delta g_r = \frac{\partial\Delta U}{\partial r} = \mu\sum_{n=2}^{\infty}J_n R_E^n(n+1)r^{-(n+2)}P_n(\sin\phi) \qquad (2-13)$$

子午向分量为(向北为正)

$$\Delta g_m = \frac{1}{r}\frac{\partial\Delta U}{\partial\phi} = -\mu\sum_{n=2}^{\infty}J_n R_E^n r^{-(n+2)}P_n'\sin\phi\cos\phi \qquad (2-14)$$

纬线向分量为(向东为正)

$$\Delta g_p = \frac{1}{r\cos\phi}\frac{\partial\Delta U}{\partial\lambda} = 0$$

把 Δg_r、Δg_m、Δg_p 变换成摄动分量 a_r, a_u, a_h，令 σ 为当地子午面与轨道平面之间的角度，则有：

$$a_r = \Delta g_r = \mu \sum_{n=2}^{\infty} J_n R_E^n (n+1) r^{-(n+2)} P_n(\sin\phi) \qquad (2-15)$$

$$a_u = \Delta g_m \cos(\sigma) + \Delta g_p \sin(\sigma)$$
$$= -\mu \sum_{n=2}^{\infty} J_n R_E^n r^{-(n+2)} P'_n(\sin\phi) \cos\phi \cos(\sigma) \qquad (2-16)$$

$$a_h = \Delta g_m \sin(\sigma) - \Delta g_p \cos(\sigma)$$
$$= -\mu \sum_{n=2}^{\infty} J_n R_E^n r^{-(n+2)} P'_n(\sin\phi) \cos\phi \sin(\sigma) \qquad (2-17)$$

2. 由大气阻力引起的轨道摄动

在大气中运动的航天器受到的空气阻力为

$$D = C_D \frac{1}{2} \rho v_a^2 S \qquad (2-18)$$

式中：C_D 为阻力系数；ρ 为大气密度；S 为迎风面积；v_a 为航天器质心相对于大气的速度。

不考虑大气不随地球旋转，假定航天器的迎风面积不变，大气阻力带来的加速度如下：

$$a_t = -C_D \frac{1}{2m} \rho v^2 S \qquad (2-19)$$

▶ 2.3 航天器姿态运动学和动力学

航天器本体坐标系 $O_o x_b y_b z_b$ 相对参考坐标系的方向确定其姿态。描述姿态的形式有方向余弦阵欧拉角四元数等。其中，欧拉法和四元数法是方案设计分析和工程设计最常用的 2 种方法。

✎ 2.3.1 姿态运动学方程

1. 欧拉角法

欧拉角是一种简便、直观，且具有明显几何意义的姿态参数。根据欧拉原理，刚体绕固定点的角位移可以看作是绕该点的若干次有限转动的合成。

在欧拉转动中,将参考坐标系转动三次得到本体坐标系。在三次转动中每次的旋转轴是被转动坐标系的某一坐标轴,每次的转动角即为欧拉角。因此,用欧拉角确定的姿态矩阵是三次坐标转换矩阵的乘积,这些坐标转换矩阵为

$$\boldsymbol{C}_x(\varphi) = \begin{bmatrix} 1 & 0 & 0 \\ 0 & \cos\varphi & \sin\varphi \\ 0 & -\sin\varphi & \cos\varphi \end{bmatrix}, \boldsymbol{C}_y(\theta) = \begin{bmatrix} \cos\theta & 0 & -\sin\theta \\ 0 & 1 & 0 \\ \sin\theta & 0 & \cos\theta \end{bmatrix},$$

$$\boldsymbol{C}_z(\psi) = \begin{bmatrix} \cos\psi & \sin\psi & 0 \\ -\sin\psi & \cos\psi & 0 \\ 0 & 0 & 1 \end{bmatrix} \tag{2-20}$$

最常用的 3 - 1 - 2 转动顺序,各次转角依次为 ψ、φ、θ,它们描述了航天器本体坐标系与参考坐标系之间的关系。

用欧拉角确定的姿态方向余弦阵是三次坐标转换矩阵的乘积

$$\boldsymbol{C}_{312}(\psi,\varphi,\theta) = \boldsymbol{C}_y(\theta)\boldsymbol{C}_x(\varphi)\boldsymbol{C}_z(\psi)$$

$$= \begin{bmatrix} \cos\psi\cos\theta - \sin\psi\sin\varphi\sin\theta & \sin\psi\cos\theta + \cos\psi\sin\varphi\sin\theta & -\cos\varphi\sin\theta \\ -\sin\psi\cos\varphi & \cos\psi\cos\varphi & \sin\varphi \\ \cos\psi\sin\theta + \sin\psi\sin\varphi\cos\theta & \sin\psi\sin\theta - \cos\psi\sin\varphi\cos\theta & \cos\varphi\cos\theta \end{bmatrix}$$

$$\tag{2-21}$$

3 - 1 - 2 欧拉角与姿态方向余弦阵元素的关系为

$$\begin{cases} \psi = -\arctan\left(\dfrac{C_{21}}{C_{22}}\right) \\ \varphi = \arcsin C_{23} \\ \theta = -\arctan\left(\dfrac{C_{13}}{C_{33}}\right) \end{cases} \tag{2-22}$$

式中: $C_{ij}(i,j=1,2,3)$ 为姿态矩阵 $\boldsymbol{C}_{312}$ 的第 i 行第 j 列元素。此类欧拉转动的奇异发生在 $\varphi = 90°$ 的情况,ψ 角和 θ 角在同一平面转动,不能唯一确定。

如果参考坐标系为轨道坐标系 $O_oX_oY_oZ_o$,欧拉角 φ、θ、ψ 分别为滚动角、俯仰角、偏航角。

卫星姿态相对于参考坐标系的转动角速度 $\boldsymbol{\omega}$ 在航天器本体坐标系中表示为

$$\boldsymbol{\omega} = \begin{bmatrix} \omega_x & \omega_y & \omega_z \end{bmatrix}^{\mathrm{T}} \tag{2-23}$$

此转速可视为三次欧拉角转动的合成。对于 3 - 1 - 2 的转动顺序,有

$$\boldsymbol{\omega}_{312} = \boldsymbol{C}_y(\theta)\boldsymbol{C}_x(\varphi)\boldsymbol{C}_z(\psi)\begin{bmatrix} 0 \\ 0 \\ \dot{\psi} \end{bmatrix} + \boldsymbol{C}_y(\theta)\boldsymbol{C}_x(\varphi)\begin{bmatrix} \dot{\varphi} \\ 0 \\ 0 \end{bmatrix} + \boldsymbol{C}_y(\theta)\begin{bmatrix} 0 \\ \dot{\theta} \\ 0 \end{bmatrix}$$

$$\tag{2-24}$$

可得姿态欧拉角的运动学方程:

$$\begin{bmatrix} \dot{\varphi} \\ \dot{\theta} \\ \dot{\psi} \end{bmatrix} = \frac{1}{\cos\varphi}\begin{bmatrix} (\omega_x\cos\theta + \omega_z\sin\theta)\cos\varphi \\ \omega_y\cos\varphi + (\omega_x\sin\theta - \omega_z\cos\theta)\sin\varphi \\ \omega_z\cos\theta - \omega_x\sin\theta \end{bmatrix} \tag{2-25}$$

上述方程为非线性方程,$\varphi = 90°$ 是奇异点。在大角度机动下,采用欧拉角描述的姿态运动学方程可能存在奇异点。

2. 四元数法

四元数是具有 4 个元素的超复数,它可以描述一个坐标系或一个矢量相对于某一坐标系的旋转,定义为

$$\bar{\boldsymbol{q}} = \begin{bmatrix} \boldsymbol{q} \\ q_4 \end{bmatrix} \tag{2-26}$$

式中:$\boldsymbol{q}$ 为四元数的矢量部分;q_4 为实数,是四元数的标量部分,且

$$\boldsymbol{q} = \begin{bmatrix} q_1 \\ q_2 \\ q_3 \end{bmatrix} = \boldsymbol{e}\sin\left(\frac{\phi}{2}\right) \tag{2-27}$$

$$q_4 = \cos\left(\frac{\phi}{2}\right) \tag{2-28}$$

式中:$\boldsymbol{e}$ 为旋转轴方向的单位向量;ϕ 为旋转角。

四元数与姿态方向姿态矩阵的关系为

$$\boldsymbol{q} = \frac{1}{4q_4}\begin{bmatrix} C_{23} - C_{32} \\ C_{31} - C_{13} \\ C_{12} - C_{21} \end{bmatrix} \tag{2-29}$$

$$q_4 = \pm\frac{1}{2}(\mathrm{tr}\,\boldsymbol{C}_{312} + 1)^{\frac{1}{2}}$$

四元数表示的运动学方程为

$$
\begin{bmatrix} \dot{q}_1 \\ \dot{q}_2 \\ \dot{q}_3 \\ \dot{q}_4 \end{bmatrix} = \frac{1}{2} \begin{bmatrix} 0 & \omega_z & -\omega_y & \omega_x \\ -\omega_z & 0 & \omega_x & \omega_y \\ \omega_y & -\omega_x & 0 & \omega_z \\ -\omega_x & -\omega_y & -\omega_z & 0 \end{bmatrix} \begin{bmatrix} q_1 \\ q_2 \\ q_3 \\ q_4 \end{bmatrix}
\qquad (2-30)
$$

可简写为

$$
\dot{\bar{q}} = \frac{1}{2} \boldsymbol{\Omega}(\boldsymbol{\omega}) \bar{\boldsymbol{q}} = \frac{1}{2} \boldsymbol{\Xi}(\bar{\boldsymbol{q}}) \boldsymbol{\omega}
\qquad (2-31)
$$

其中

$$
\boldsymbol{\Omega}(\boldsymbol{\omega}) = \begin{bmatrix} -\begin{bmatrix} \boldsymbol{\omega}^{\times} \end{bmatrix} & \boldsymbol{\omega} \\ -\boldsymbol{\omega}^{\mathrm{T}} & 0 \end{bmatrix}, \boldsymbol{\Xi}(\bar{\boldsymbol{q}}) = \begin{bmatrix} q_4 \boldsymbol{I}_3 + \begin{bmatrix} \boldsymbol{q}^{\times} \end{bmatrix} \\ -\boldsymbol{q}^{\mathrm{T}} \end{bmatrix}
\qquad (2-32)
$$

$$
\boldsymbol{\omega}^{\times} = \begin{bmatrix} 0 & -\omega_z & \omega_y \\ \omega_z & 0 & -\omega_x \\ -\omega_y & \omega_x & 0 \end{bmatrix}, \boldsymbol{q}^{\times} = \begin{bmatrix} 0 & -q_3 & q_2 \\ q_3 & 0 & -q_1 \\ -q_2 & q_1 & 0 \end{bmatrix}
\qquad (2-33)
$$

四元数运动学方程中,不含三角函数,无奇点问题,并且方程的解满足约束条件,因此广泛应用于姿态控制系统中。

2.3.2　姿态动力学方程

航天器姿态动力学方程包括刚体姿态动力学方程和带挠性帆板的姿态动力学方程。

1.刚体姿态动力学方程

刚体姿态动力学方程是由刚体的动量矩定理导出的:刚体对惯性空间固定点的角动量的变化率等于作用于刚体的所有外力对此点力矩的总和。在本体系下动量矩定理为

$$
\dot{\boldsymbol{H}} + \boldsymbol{\omega} \times \boldsymbol{H} = \boldsymbol{T}
\qquad (2-34)
$$

式中:$\boldsymbol{H}$ 为航天器角动量;$\boldsymbol{\omega}$ 为航天器相对于惯性坐标系的角速度;$\boldsymbol{T}$ 为作用在航天器的外力矩,包括控制力矩、扰动力矩和空间环境力矩等。

角动量矢量 $\boldsymbol{H}$ 满足 $\boldsymbol{H} = \boldsymbol{I}_s \boldsymbol{\omega}$,考虑惯量矩阵为对角矩阵 $\boldsymbol{I}_s = \begin{bmatrix} I_x & 0 & 0 \\ 0 & I_y & 0 \\ 0 & 0 & I_z \end{bmatrix}$

时,式(2-34)的成标量形式为

$$\begin{cases} I_x \dot{\omega}_x + (I_z - I_y) \omega_y \omega_z = T_x \\ I_y \dot{\omega}_y + (I_x - I_z) \omega_x \omega_z = T_y \\ I_z \dot{\omega}_z + (I_y - I_x) \omega_y \omega_x = T_z \end{cases}$$

2. **带挠性帆板的姿态动力学方程**

航天器一般带有对称的两翼太阳帆板,在航天器受到外力矩时帆板会弹性振动,帆板振动不做主动控制。一般建立中心刚体 + 柔性帆板的动力学方程,方程包括中心刚体姿态动力学方程和帆板振动方程,具体如下:

$$\boldsymbol{M}\ddot{\boldsymbol{X}} + \boldsymbol{F}_{trs}\ddot{\boldsymbol{\eta}}_{rs} + \boldsymbol{F}_{tls}\ddot{\boldsymbol{\eta}}_{ls} = \boldsymbol{P}_s \tag{2-35}$$

$$\boldsymbol{I}_s \dot{\boldsymbol{\omega}}_s + \widetilde{\boldsymbol{\omega}}_s \boldsymbol{I}_s \boldsymbol{\omega}_s + \boldsymbol{F}_{sls}\ddot{\boldsymbol{\eta}}_{ls} + \boldsymbol{F}_{srs}\ddot{\boldsymbol{\eta}}_{rs} + \boldsymbol{R}_{asls}\dot{\boldsymbol{\omega}}_{als} + \boldsymbol{R}_{asrs}\dot{\boldsymbol{\omega}}_{ars} = \boldsymbol{T}_s \tag{2-36}$$

$$\boldsymbol{I}_{als}\dot{\boldsymbol{\omega}}_{als} + \boldsymbol{F}_{als}\ddot{\boldsymbol{\eta}}_{ls} + \boldsymbol{R}_{asls}^{T}\dot{\boldsymbol{\omega}}_s = \boldsymbol{T}_{als} \tag{2-37}$$

$$\boldsymbol{I}_{ars}\dot{\boldsymbol{\omega}}_{ars} + \boldsymbol{F}_{ars}\ddot{\boldsymbol{\eta}}_{rs} + \boldsymbol{R}_{asrs}^{T}\dot{\boldsymbol{\omega}}_s = \boldsymbol{T}_{ars} \tag{2-38}$$

$$\ddot{\boldsymbol{\eta}}_{ls} + 2\boldsymbol{\xi}_{ls}\boldsymbol{\Omega}_{als}\dot{\boldsymbol{\eta}}_{ls} + \boldsymbol{\Omega}_{als}^{2}\boldsymbol{\eta}_{ls} + \boldsymbol{F}_{tls}^{T}\ddot{\boldsymbol{X}} + \boldsymbol{F}_{sls}^{T}\dot{\boldsymbol{\omega}}_s + \boldsymbol{F}_{als}^{T}\dot{\boldsymbol{\omega}}_{als} = 0 \tag{2-39}$$

$$\ddot{\boldsymbol{\eta}}_{rs} + 2\boldsymbol{\xi}_{rs}\boldsymbol{\Omega}_{ars}\dot{\boldsymbol{\eta}}_{rs} + \boldsymbol{\Omega}_{ars}^{2}\boldsymbol{\eta}_{rs} + \boldsymbol{F}_{trs}^{T}\ddot{\boldsymbol{X}} + \boldsymbol{F}_{srs}^{T}\dot{\boldsymbol{\omega}}_s + \boldsymbol{F}_{ars}^{T}\dot{\boldsymbol{\omega}}_{ars} = 0 \tag{2-40}$$

式(2-35)~式(2-40)中,式(2-35)为系统质心平动运动方程;式(2-36)为系统绕质心的转动运动方程;式(2-37)和式(2-38)为太阳翼控制方程,式(2-39)和式(2-40)为太阳翼振动方程。式(2-37)和式(2-38)以姿控坐标系为基准,式(2-39)和式(2-40)分别以太阳翼局部坐标系为基准。式(2-35)~式(2-40)中:$\boldsymbol{\omega}_s$ 为中心刚体的角速度阵,$\in 3 \times 1$;$\widetilde{\boldsymbol{\omega}}_s$ 为角速度列阵的反对称阵,$\in 3 \times 3$;$\boldsymbol{M}$ 为中心刚体总质量阵,$\in 3 \times 3$;$\boldsymbol{I}_s$ 为中心刚体相对系统质心惯量阵,$\in 3 \times 3$;$\boldsymbol{P}_s$ 为作用在中心刚体上的外力阵,$\in 3 \times 1$;$\boldsymbol{T}_s$ 为作用在中心刚体上的外力矩阵,$\in 3 \times 1$;$\boldsymbol{T}_{als}$、$\boldsymbol{T}_{ars}$ 为作用在左、右太阳翼上的控制力矩阵,$\in 3 \times 1$;$\boldsymbol{I}_{als}$、$\boldsymbol{I}_{ars}$ 为左、右太阳翼相对各自连接点的惯量阵,$\in 3 \times 3$;$\boldsymbol{\omega}_{als}$、$\boldsymbol{\omega}_{ars}$ 为左、右太阳翼的转动角速度列阵,$\in 3 \times 1$;$\boldsymbol{\Omega}_{als}$、$\boldsymbol{\Omega}_{ars}$ 为左、右太阳翼的模态频率对角阵,$\in m \times m$;$\boldsymbol{\eta}_{ls}$、$\boldsymbol{\eta}_{rs}$ 为左、右太阳翼的模态坐标阵,$\in m \times 1$;$\boldsymbol{\zeta}_{ls}$、$\boldsymbol{\zeta}_{rs}$ 为左、右太阳翼的模态阻尼系数,一般取 0.005;$\boldsymbol{F}_{tls}$、$\boldsymbol{F}_{trs}$ 为左、右太阳翼振动

对中心刚体平动的柔性耦合系数阵，$\in 3 \times m$；F_{sls}、F_{srs} 为左、右太阳翼振动对中心刚体转动的柔性耦合系数阵，$\in 3 \times m$；F_{als}、F_{ars} 为左、右太阳翼振动对自身转动的柔性耦合系数阵，$\in 3 \times m$；R_{asls}、R_{asrs} 为左、右太阳翼转动与卫星转动的刚性耦合系数阵，$\in 3 \times 3$；m 为模态阶数。

2.3.3 空间环境力矩

航天器受到的环境力矩是影响其控制精度和在轨控制频率的一个因素。环境干扰力矩有重力梯度力矩、气动力矩、剩磁力矩和太阳光压等，在近地轨道交会对接任务中一般考虑重力梯度力矩和气动力矩。

1. 重力梯度力矩

重力梯度力矩除了与航天器质量分布、地球质量分布有关外，还受航天器所处的位置和姿态约束。工程上一般求重力梯度力矩的表达式为

$$T_g = \frac{3\mu}{r^3} E I_s E$$

式中：μ 为地球引力常数；r 为地心到航天器质心的距离；E 为航天器质心指向地心方向的单位矢量，$E = -\dfrac{r}{r}$。

在卫星对地稳定飞行模式下，且惯量为对角阵 $I_s = \begin{bmatrix} I_x & 0 & 0 \\ 0 & I_y & 0 \\ 0 & 0 & I_z \end{bmatrix}$ 时，重力梯度力矩在航天器本体系下可以表示为

$$\begin{cases} T_x^g = \dfrac{3\mu}{r^3}(I_z - I_y)\cos\theta\cos\varphi\sin\varphi \\[2mm] T_y^g = \dfrac{3\mu}{r^3}(I_x - I_z)\sin\theta\cos\theta\cos^2\varphi \\[2mm] T_z^g = \dfrac{3\mu}{r^3}(I_y - I_x)\sin\theta\sin\varphi\cos\varphi \end{cases} \tag{2-41}$$

2. 气动力矩

气动力矩与航天器所在轨道大气特性、地球旋转产生的大气运动、航天器的气体动力学特性和质量特性、航天器和大气的相互作用以及对大气的相对速度等相关，工程上一般计算方式如下：

$$T_a = \frac{\rho V_R^2}{2} C_D \sum_i \mathbf{r}_i \times | \mathbf{S}_i \cdot \mathbf{v}_r | \mathbf{v}_r \qquad (2-42)$$

式中:ρ 为大气密度;C_D 为阻力系数;$\mathbf{S}_i$ 为航天器第 i 块板的面积,方向为该面积的法线方向;$\mathbf{r}_i$ 为卫星质心到第 i 块板的压心的距离;$\mathbf{v}_r$ 为来流方向的单位矢量;V_R 为大气相对于卫星的速率。

▶ 2.4   相对位置运动描述

✍ 2.4.1   圆轨道直角坐标系下的相对运动

1. CW 方程

CW 方程是 20 世纪 60 年代由 W. H. Clohessy 和 R. S. Wiltshire 在研究航天器交会对接时提出的航天器近距离相对运动的线性化方程,其成立的前提是:两个航天器的相对距离远小于目标器的地心距,目标器在圆轨道上运动,以及对重力场的一次近似[1]。

两个航天器的相对运动在惯性坐标系下做近似处理后可表示为

$$\ddot{\boldsymbol{\rho}} + \frac{\mu}{R_T^3}\left(\boldsymbol{\rho} - 3\frac{\mathbf{R}_T \cdot \boldsymbol{\rho}}{R_T^2}\mathbf{R}_T\right) = \mathbf{a} \qquad (2-43)$$

式中:$\boldsymbol{\rho}$ 为两个航天器的相对距离矢量;R_T 为目标器到地心的距离;$\mathbf{R}_T$ 为目标器到地心距离的矢量;$\mathbf{a}$ 为追踪器上受到的除重力外其他外力的合力产生的加速度;$\mathbf{R}_T$ 和 $\mathbf{a}$ 在 RVD 坐标系下分别表示为 $\mathbf{R}_T = \begin{bmatrix} 0 & 0 & -R_T \end{bmatrix}^T$ 和 $\mathbf{a} = \begin{bmatrix} a_x & a_y & a_z \end{bmatrix}^T$。

对 $\boldsymbol{\rho}$ 在 RVD 坐标系下求导有

$$\ddot{\boldsymbol{\rho}}_I = \ddot{\boldsymbol{\rho}}_T + 2\boldsymbol{\omega} \times \dot{\boldsymbol{\rho}}_T + \dot{\boldsymbol{\omega}} \times \boldsymbol{\rho}_T + \boldsymbol{\omega} \times (\boldsymbol{\omega} \times \boldsymbol{\rho}_T) \qquad (2-44)$$

式中:$\ddot{\boldsymbol{\rho}}_T, \dot{\boldsymbol{\rho}}_T, \boldsymbol{\rho}_T$ 分别为相对距离矢量 $\boldsymbol{\rho}$ 在 RVD 坐标系下的二阶、一阶、零阶导数;$\ddot{\boldsymbol{\rho}}_I, \dot{\boldsymbol{\rho}}_I$ 为相对距离矢量 $\boldsymbol{\rho}$ 在惯性坐标系下的二阶、一阶导数;$\boldsymbol{\omega}$ 为 RVD 坐标系相对惯性系的角速度在 RVD 坐标系下的表示;ω_{oT} 为目标器的轨道角速度,则

$$\boldsymbol{\omega} = \begin{bmatrix} 0 & \omega_{oT} & 0 \end{bmatrix}^T \qquad (2-45)$$

记 x, y, z 为两个航天器相对位置在 RVD 坐标系下的分量：

$$\boldsymbol{\rho}_{\mathrm{T}} = \begin{bmatrix} x & y & z \end{bmatrix}^{\mathrm{T}} \tag{2-46}$$

可以得到 CW 方程为

$$\begin{cases} \ddot{x} + 2\omega_{\mathrm{oT}}\dot{z} = a_x \\ \ddot{y} + \omega_{\mathrm{oT}}^2 y = a_y \\ \ddot{z} - 2\omega_{\mathrm{oT}}\dot{x} - 3\omega_{\mathrm{oT}}^2 z = a_z \end{cases} \tag{2-47}$$

当式（2-47）右边的加速度为零时，即 $\boldsymbol{a} = \boldsymbol{0}$，且初始相对状态 x_0, y_0, z_0，$\dot{x}_0, \dot{y}_0, \dot{z}_0$ 已知时，可以得到如下的解析解：

$$\begin{cases} x(t) = \left(\dfrac{4\dot{x}_0}{\omega_{\mathrm{oT}}} + 6z_0 \right) \sin(\omega_{\mathrm{oT}}t) + \dfrac{2\dot{z}_0}{\omega_{\mathrm{oT}}}\cos(\omega_{\mathrm{oT}}t) - (6\omega_{\mathrm{oT}}z_0 + 3\dot{x}_0)t + \left(x_0 - \dfrac{2\dot{z}_0}{\omega_{\mathrm{oT}}} \right) \\ y(t) = \dfrac{\dot{y}_0}{\omega_{\mathrm{oT}}}\sin(\omega_{\mathrm{oT}}t) + y_0\cos(\omega_{\mathrm{oT}}t) \\ z(t) = -\left(\dfrac{2\dot{x}_0}{\omega_{\mathrm{oT}}} + 3z_0 \right)\cos(\omega_{\mathrm{oT}}t) + \dfrac{\dot{z}_0}{\omega_{\mathrm{oT}}}\sin(\omega_{\mathrm{oT}}t) + \left(4z_0 + \dfrac{2\dot{x}_0}{\omega_{\mathrm{oT}}} \right) \\ \dot{x}(t) = -6\omega_{\mathrm{oT}}z_0 - 3\dot{x}_0 + (6\omega_{\mathrm{oT}}z_0 - 4\dot{x}_0)\cos(\omega_{\mathrm{oT}}t) - 2\dot{z}_0\sin(\omega_{\mathrm{oT}}t) \\ \dot{y}(t) = \dot{y}_0\cos(\omega_{\mathrm{oT}}t) - y_0\omega_{\mathrm{oT}}\sin(\omega_{\mathrm{oT}}t) \\ \dot{z}(t) = (3\omega_{\mathrm{oT}}z_0 + 2\dot{x}_0)\sin(\omega_{\mathrm{oT}}t) + \dot{z}_0\cos(\omega_{\mathrm{oT}}t) \end{cases} \tag{2-48}$$

从式（2-47）和式（2-48）可以看到，利用 CW 方程描述的相对运动其轨道平面内的运动和平面外的运动是解耦的，可以分别对平面内相对运动和平面外相对运动进行分析。

轨道平面内的状态方程为

$$\begin{bmatrix} \dot{x} \\ \dot{z} \\ \ddot{x} \\ \ddot{z} \end{bmatrix} = \begin{bmatrix} 0 & 0 & 1 & 0 \\ 0 & 0 & 0 & 1 \\ 0 & 0 & 0 & -2\omega_{\mathrm{oT}} \\ 0 & 3\omega_{\mathrm{oT}}^2 & 2\omega_{\mathrm{oT}} & 0 \end{bmatrix} \begin{bmatrix} x \\ z \\ \dot{x} \\ \dot{z} \end{bmatrix} + \begin{bmatrix} 0 & 0 \\ 0 & 0 \\ 1 & 0 \\ 0 & 1 \end{bmatrix} \begin{bmatrix} a_x \\ a_z \end{bmatrix} \tag{2-49}$$

其状态转移矩阵为

$$\boldsymbol{\Phi}(t) = \begin{bmatrix} 1 & -6\omega_{oT}t + 6\sin\omega_{oT}t & -3t + \dfrac{4\sin\omega_{oT}t}{\omega_{oT}} & -\dfrac{2}{\omega_{oT}}(1 - \cos\omega_{oT}t) \\ 0 & 4 - 3\cos\omega_{oT}t & \dfrac{2}{\omega_{oT}}(1 - \cos\omega_{oT}t) & \dfrac{1}{\omega_{oT}}\sin\omega_{oT}t \\ 0 & 6\omega_{oT}\cos\omega_{oT}t - 6\omega_{oT} & -3 + 4\cos\omega_{oT}t & -2\sin\omega_{oT}t \\ 0 & 3\omega_{oT}\sin\omega_{oT}t & 2\sin\omega_{oT}t & \cos\omega_{oT}t \end{bmatrix}$$

$$(2-50)$$

轨道平面外的状态方程为

$$\begin{bmatrix} \dot{y} \\ \ddot{y} \end{bmatrix} = \begin{bmatrix} 0 & 1 \\ -\omega_{oT}^2 & 0 \end{bmatrix} \begin{bmatrix} y \\ \dot{y} \end{bmatrix} + \begin{bmatrix} 0 \\ 1 \end{bmatrix} a_y \qquad (2-51)$$

其状态转移矩阵为

$$\boldsymbol{\Phi}_y(t) = \begin{bmatrix} \cos\omega_{oT}t & \dfrac{1}{\omega_{oT}}\sin\omega_{oT}t \\ -\omega_{oT}\sin\omega_{oT}t & \cos\omega_{oT}t \end{bmatrix} \qquad (2-52)$$

2. 相对运动分析

对于轨道平面内的相对运动,可从式(2-48)中消去时间量 t,得到以下相对运动的普遍表达式:

$$\frac{(x - a_1 + 3a_2\omega_{oT}t)^2}{(2a_3)^2} + \frac{(z - 2a_2)^2}{(a_3)^2} = 1$$

式中: $a_1 = x_0 - \dfrac{2\dot{z}_0}{\omega_{oT}}$; $a_2 = 2z_0 + \dfrac{\dot{x}_0}{\omega_{oT}}$; $a_3 = \sqrt{\left(\dfrac{2\dot{x}_0}{\omega_{oT}} + 3z_0\right)^2 + \left(\dfrac{\dot{z}_0}{\omega_{oT}}\right)^2}$

这是一个椭圆轨迹方程式,其运动轨迹由三个参数: a_1, a_2 和 a_3 共同决定。其中椭圆中心 $(a_1 - 3a_2\omega_{oT}t, 2a_2)$ 随时间平行于 X 轴移动; a_1, a_2 决定 $t = 0$ 初始时刻椭圆中心位置 $(a_1, 2a_2)$; a_2 同时决定椭圆圆心随时间平行于 X 轴移动的方向和速度; a_3 决定椭圆大小。

不同的参数 a_1, a_2 和 a_3 组合将形成不同的相对运动轨迹,可综合归纳为两大类:封闭椭圆运动轨迹和非封闭滚动椭圆运动轨迹。表 2-1 列出了不同初始条件下对应的相对运动轨迹,并对运动特性进行了总结[2]。

表 2-1　轨道平面内的自由运动特性

类别	初始条件		轨迹图	说明
封闭椭圆运动轨迹	$a_2 = 0$	$a_1 > 2a_3$		$a_2 = 0$，即 $\dot{x}_0 = -2\omega_{oT} z_0$ 是相对运动轨迹为封闭椭圆的充分必要条件； 满足 $a_2 = 0$，同时满足 $a_1 > 2a_3$，$a_1 < -2a_3$ 或 $\lvert a_1 \rvert < 2a_3$ 时，追踪器后方、前方或围绕目标器做封闭椭圆运动。 特别地，当 $a_2 = 0$ 且 $a_1 = 0$ 时，封闭椭圆圆心为目标器质心
		$a_1 < -2a_3$		
		$\lvert a_1 \rvert < 2a_3$		
		$a_1 = 0$		
	$\dot{x}_0 = 0$ $z_0 = 0$	$\dot{z}_0 > 0$		这是 $a_2 = 0$ 的特殊情况，运动轨迹为封闭椭圆； 初始追踪器位于 $x(0) = x_0$，且在 x 轴向没有初始速度，Z 轴方向的初始速度确定了三种运动轨迹；由于此时 $a_3 = \left\lvert \dfrac{\dot{z}_0}{\omega_{oT}} \right\rvert$，则椭圆大小仅取决于 $\dot{z}_0$，环绕方向取决于 $\dot{z}_0$ 的正负； $\dot{z}_0 = 0$ 时理想情况下追踪器将稳定于 x 轴上的保持点 $x = x_0$，这也是自由运动时满足被动保持点的充分必要条件
		$\dot{z}_0 < 0$		
		$\dot{z}_0 = 0$		

（续）

类别	初始条件	轨迹图	说明
非封闭滚动椭圆运动轨迹	$a_2 \neq 0,$ $\begin{cases} \dot{x}_0 = -1.5\omega_{oT}z_0 \\ \dot{z}_0 = 0 \end{cases}$		此时 $a_2 \neq 0$ 即 $\dot{x}_0 \neq -2\omega_{oT}z_0$，相对运动轨迹为非封闭滚动椭圆轨迹；特别地，当 $\begin{cases} \dot{x}_0 = -1.5\omega_{oT}z_0 \\ \dot{z}_0 = 0 \end{cases}$ 时相对运动轨迹为直线 $\begin{cases} x = x_0 - 1.5\omega_{oT}z_0t \\ z = z_0 \end{cases}$

⊿ 2.4.2　椭圆轨道直角坐标系下的相对运动

1965 年，Tschauner 和 Hempel 在椭圆轨道航天器交会的研究中，推导出 TH 方程，并得到了与偏心率和真近点角相关的解析解，此后 TH 方程广泛用于交会对接和编队飞行的研究中。

TH 坐标系中，假设目标器运行于椭圆轨道，追踪器与目标器的距离远小于目标器的轨道半径。$\mu, \boldsymbol{\rho}, \boldsymbol{R}_T, a, \boldsymbol{\omega}, \boldsymbol{R}_T$ 的定义与 2.4.1 节中相同，同样可以得到

$$\ddot{\boldsymbol{\rho}} + \frac{\mu}{R_T^3}\left(\boldsymbol{\rho} - 3\,\frac{\boldsymbol{R}_T \cdot \boldsymbol{\rho}}{R_T^2}\boldsymbol{R}_T\right) = \boldsymbol{a} \tag{2-53}$$

式中：k_x, k_y, k_z 为坐标系各轴的单位矢量，则各矢量的分量表示为

$$\boldsymbol{\rho} = x\boldsymbol{k}_x + y\boldsymbol{k}_y + z\boldsymbol{k}_z \tag{2-54}$$

$$\boldsymbol{R}_T = R_T\boldsymbol{k}_x = \frac{a(1-e^2)}{1+e\cos\theta}\boldsymbol{k}_x \tag{2-55}$$

$$\boldsymbol{\omega} = \dot{\theta}\boldsymbol{k}_z = \frac{\omega_{oT}(1+e\cos\theta)^2}{(1-e^2)^{\frac{3}{2}}}\boldsymbol{k}_z \tag{2-56}$$

与 CW 方程的推导类似，同样有

$$\ddot{\boldsymbol{\rho}}_I = \ddot{\boldsymbol{\rho}}_T + 2\boldsymbol{\omega} \times \dot{\boldsymbol{\rho}}_T + \dot{\boldsymbol{\omega}} \times \boldsymbol{\rho}_T + \boldsymbol{\omega} \times (\boldsymbol{\omega} \times \boldsymbol{\rho}_T)$$

可以求得

$$\dot{\boldsymbol{\rho}}_I = \dot{\boldsymbol{\rho}}_T + \boldsymbol{\omega} \times \boldsymbol{\rho}_T = [\dot{x} - \dot{\theta}y \quad \dot{y} - \dot{\theta}x \quad \dot{z}]^T \tag{2-57}$$

$$\ddot{\boldsymbol{\rho}}_I = [\ddot{x} - 2\dot{\theta}\dot{y} - \ddot{\theta}y - \dot{\theta}^2x \quad \ddot{y} + 2\dot{\theta}\dot{x} + \ddot{\theta}x - \dot{\theta}^2y \quad \ddot{z}]^T \tag{2-58}$$

$$\frac{\mu}{R_{\mathrm{T}}^3}\left(\boldsymbol{\rho} - 3\,\frac{\boldsymbol{R}_{\mathrm{T}} \cdot \boldsymbol{\rho}}{R_{\mathrm{T}}^2}\boldsymbol{R}_{\mathrm{T}}\right) = \frac{\mu}{a^3}\left(\frac{1 + e\cos\theta}{1 - e^2}\right)^3 \begin{bmatrix} x \\ y \\ z \end{bmatrix} - 3\,\frac{x}{R_{\mathrm{T}}}\begin{bmatrix} R_{\mathrm{T}} \\ 0 \\ 0 \end{bmatrix}$$

$$(2-59)$$

$$= \omega_{\mathrm{oT}}^2\left(\frac{1 + e\cos\theta}{1 - e^2}\right)^3 \begin{bmatrix} -2x \\ y \\ z \end{bmatrix}$$

可以得到

$$\begin{cases} \ddot{x} = 2\dot{\theta}\dot{y} + \left[\dot{\theta}^2 + 2\omega_{\mathrm{oT}}^2\left(\dfrac{1 + e\cos\theta}{1 - e^2}\right)^3\right]x + \ddot{\theta}y + a_x \\[3mm] \ddot{y} = -2\dot{\theta}\dot{x} - \ddot{\theta}x + \left[\dot{\theta}^2 - \omega_{\mathrm{oT}}^2\left(\dfrac{1 + e\cos\theta}{1 - e^2}\right)^3\right]y + a_y \\[3mm] \ddot{z} = -\omega_{\mathrm{oT}}^2\left(\dfrac{1 + e\cos\theta}{1 - e^2}\right)^3 z + a_z \end{cases} \qquad (2-60)$$

把式（2 – 60）写成矩阵形式为

$$\frac{\mathrm{d}}{\mathrm{d}t}\begin{bmatrix} \dot{x} \\ \dot{y} \\ \dot{z} \end{bmatrix} = -2\begin{bmatrix} 0 & -\dot{\theta} & 0 \\ \dot{\theta} & 0 & 0 \\ 0 & 0 & 0 \end{bmatrix}\begin{bmatrix} \dot{x} \\ \dot{y} \\ \dot{z} \end{bmatrix} + \begin{bmatrix} \dot{\theta}^2 & \ddot{\theta} & 0 \\ -\ddot{\theta} & \dot{\theta}^2 & 0 \\ 0 & 0 & 0 \end{bmatrix}\begin{bmatrix} x \\ y \\ z \end{bmatrix}$$

$$(2-61)$$

$$+ \omega_{\mathrm{oT}}^2\left(\frac{1 + e\cos\theta}{1 - e^2}\right)^3\begin{bmatrix} 2x \\ -y \\ -z \end{bmatrix} + \begin{bmatrix} a_x \\ a_y \\ a_z \end{bmatrix}$$

式（2 – 60）、式（2 – 61）是理想二体假设下 TH 方程的时域表示，可以用来描述追踪器相对目标器的运动，当 $e = 0$ 时，其退化成式（2 – 47）所示的 CW 方程。式（2 – 60）的右边分别是哥氏加速度，与旋转坐标转动有关的向心加速度，与旋转坐标转速变化有关的加速度，虚拟重力梯度项，以及包含摄动和控制的加速度。

从式（2 – 60）可知，轨道平面的运动与轨道平面外的运动是解耦的，在一般研究中，可以分轨道平面内和轨道平面外两个问题进行研究。

⊿ 2.4.3　视线坐标系下的相对运动

推导过程中假设：两个航天器都是刚体，且与地球的运动近似用二体运动来描述,两个航天器之间的距离远小于它们分别与地球球心的距离,目标器在圆轨道上运动[3]。

视线相对运动方程推导过程,涉及的主要参数为 ρ,α,β,其中,ρ 为追踪器与目标器之间的相对距离;α 为视线与其在目标器轨道平面上的投影之间的夹角,称为偏离角;β 为该投影与目标器飞行方向之间的夹角,称为视线角。

两个航天器的相对运动在惯性坐标系下做近似处理后表示为

$$\ddot{\boldsymbol{\rho}} + \frac{\mu}{R_T^3}\left(\boldsymbol{\rho} - 3\frac{\boldsymbol{R}_T \cdot \boldsymbol{\rho}}{R_T^2}\boldsymbol{R}_T\right) = a \tag{2-62}$$

式中:$\boldsymbol{\rho}$ 为两个航天器的相对距离矢量;R_T 为目标器到地心的距离;$\boldsymbol{R}_T$ 为目标器到地心距离的矢量;a 为追踪器上受到的除重力外其他外力的合力产生的加速度,a 在视线坐标系下表示为 $a = \begin{bmatrix} a_\xi & a_\eta & a_\zeta \end{bmatrix}^T$。

对 $\boldsymbol{\rho}$ 在惯性坐标系下求导有

$$\ddot{\boldsymbol{\rho}}_I = \ddot{\boldsymbol{\rho}}_T + 2\boldsymbol{\omega} \times \dot{\boldsymbol{\rho}}_T + \dot{\boldsymbol{\omega}} \times \boldsymbol{\rho}_T + \boldsymbol{\omega} \times (\boldsymbol{\omega} \times \boldsymbol{\rho}_T) \tag{2-63}$$

式中:$\boldsymbol{\omega}$ 为视线坐标系相对惯性坐标系的角速度在视线坐标系下表示为

$$\boldsymbol{\omega} = \begin{bmatrix} \omega_\xi & \omega_\eta & \omega_\zeta \end{bmatrix}^T \tag{2-64}$$

两个航天器相对位置在视线坐标系下的分量:

$$\boldsymbol{\rho}_T = \begin{bmatrix} \rho & 0 & 0 \end{bmatrix}^T \tag{2-65}$$

可以得到

$$\dot{\boldsymbol{\rho}}_I = \dot{\boldsymbol{\rho}}_T + \boldsymbol{\omega} \times \boldsymbol{\rho}_T = \begin{bmatrix} \dot{\rho} \\ 0 \\ 0 \end{bmatrix} + \begin{bmatrix} 0 & -\omega_\zeta & \omega_\eta \\ \omega_\zeta & 0 & -\omega_\xi \\ -\omega_\eta & \omega_\xi & 0 \end{bmatrix}\begin{bmatrix} \rho \\ 0 \\ 0 \end{bmatrix} = \begin{bmatrix} \dot{\rho} \\ \rho\omega_\zeta \\ -\rho\omega_\eta \end{bmatrix} \tag{2-66}$$

$$\ddot{\boldsymbol{\rho}}_I = \begin{bmatrix} \ddot{\rho} - \rho\omega_\zeta^2 - \rho\omega_\eta^2 \\ 2\dot{\rho}\omega_\zeta + \rho\dot{\omega}_\zeta + \rho\omega_\xi\omega_\eta \\ -2\dot{\rho}\omega_\eta - \rho\dot{\omega}_\eta + \rho\omega_\xi\omega_\zeta \end{bmatrix} \tag{2-67}$$

目标器轨道坐标系 $O_o X_o Y_o Z_o$ 到视线坐标系 $O_T \xi\eta$ 的方向余弦阵 $(3\beta - 2\alpha)$,可以求得

$$\boldsymbol{C}(\alpha,\beta) = \begin{bmatrix} \cos\alpha\cos\beta & \cos\alpha\sin\beta & -\sin\alpha \\ -\sin\beta & \cos\beta & 0 \\ \sin\alpha\cos\beta & \sin\alpha\sin\beta & \cos\alpha \end{bmatrix} \tag{2-68}$$

视线坐标系 $O\xi\zeta\eta$ 相对惯性空间的角速度在视线坐标系下表示为

$$\begin{bmatrix} \omega_\xi \\ \omega_\eta \\ \omega_\zeta \end{bmatrix} = \begin{bmatrix} -\dot{\beta}\sin\alpha \\ \dot{\alpha} \\ \dot{\beta}\cos\alpha \end{bmatrix} + \boldsymbol{C}(\alpha,\beta)\begin{bmatrix} 0 \\ 0 \\ \omega_{oT} \end{bmatrix} = \begin{bmatrix} -(\dot{\beta}+\omega_{oT})\sin\alpha \\ \dot{\alpha} \\ (\dot{\beta}+\omega_{oT})\cos\alpha \end{bmatrix} \quad (2-69)$$

可以求得矢量 $\boldsymbol{R}_T$ 在视线坐标系中的

$$\boldsymbol{R}_T = \begin{bmatrix} \cos\alpha\cos\beta & \cos\alpha\sin\beta & -\sin\alpha \\ -\sin\beta & \cos\beta & 0 \\ \sin\alpha\cos\beta & \sin\alpha\sin\beta & \cos\alpha \end{bmatrix}\begin{bmatrix} 0 \\ R_T \\ 0 \end{bmatrix} = \begin{bmatrix} R_T\cos\alpha\sin\beta \\ R_T\cos\beta \\ R_T\sin\alpha\sin\beta \end{bmatrix} \quad (2-70)$$

进一步可以求得

$$\frac{\mu}{R_T^3}\left(\boldsymbol{\rho} - 3\frac{\boldsymbol{R}_T \cdot \boldsymbol{\rho}}{R_T^2}\boldsymbol{R}_T\right) = \omega_{oT}^2\rho\begin{bmatrix} 1 - 3\cos^2\alpha\sin^2\beta \\ -3\cos\alpha\sin\beta\cos\beta \\ -3\sin\alpha\cos\alpha\sin^2\beta \end{bmatrix} \quad (2-71)$$

所以视线坐标系下的相对运动方程为

$$\begin{cases} \ddot{\rho} - \rho(\omega_\zeta^2 + \omega_\eta^2) + \omega_{oT}^2\rho(1 - 3\cos^2\alpha\sin^2\beta) = a_\xi \\ 2\dot{\rho}\omega_\zeta + \rho\dot{\omega}_\zeta + \rho\omega_\xi\omega_\eta - 3\omega_{oT}^2\rho\cos\alpha\sin\beta\cos\beta = a_\eta \\ -2\dot{\rho}\omega_\eta - \rho\dot{\omega}_\eta + \rho\omega_\xi\omega_\zeta - 3\omega_{oT}^2\rho\sin\alpha\cos\alpha\sin^2\beta = a_\zeta \end{cases} \quad (2-72)$$

在近距离交会段,两个航天器可以近似认为在同一个轨道平面内,即有 $\alpha = 0$,则

$$\boldsymbol{C}(\alpha,\beta) = \begin{bmatrix} \cos\beta & \sin\beta & 0 \\ -\sin\beta & \cos\beta & 0 \\ 0 & 0 & 1 \end{bmatrix} \quad (2-73)$$

$$\begin{bmatrix} \omega_\xi \\ \omega_\eta \\ \omega_\zeta \end{bmatrix} = \begin{bmatrix} -\dot{\beta}\sin\alpha \\ \dot{\alpha} \\ \dot{\beta}\cos\alpha \end{bmatrix} + \boldsymbol{C}(\alpha,\beta)\begin{bmatrix} 0 \\ 0 \\ \omega_{oT} \end{bmatrix} = \begin{bmatrix} -(\dot{\beta}+\omega_{oT})\sin\alpha \\ \dot{\alpha} \\ (\dot{\beta}+\omega_{oT})\cos\alpha \end{bmatrix} = \begin{bmatrix} 0 \\ 0 \\ \dot{\beta}+\omega_{oT} \end{bmatrix}$$

$$(2-74)$$

则式(2-72)可以简化成

$$\begin{cases} \ddot{\rho} - \rho\omega_\zeta^2 + \omega_{oT}^2\rho(1 - 3\sin^2\beta) = a_\xi \\ 2\dot{\rho}\omega_\zeta + \rho\dot{\omega}_\zeta - 3\omega_{oT}^2\rho\sin\beta\cos\beta = a_\eta \end{cases} \quad (2-75)$$

考虑 ω_{oT} 为小量,式(2-75)可以近似写成

$$\begin{cases} \ddot{\rho} - \rho\omega_\zeta^2 = a_\xi \\ 2\dot{\rho}\omega_\zeta + \rho\dot{\omega}_\zeta = a_\eta \end{cases} \qquad (2-76)$$

把式(2-74)代入式(2-76)有

$$\begin{cases} \ddot{\rho} - \rho(\dot{\beta} + \omega_{oT})^2 = a_\xi \\ \rho\ddot{\beta} + 2\dot{\rho}(\dot{\beta} + \omega_{oT}) = a_\eta \end{cases} \qquad (2-77)$$

2.4.4　圆柱坐标系下的相对运动

1. 航天器在地心圆柱坐标系下的运动描述

在惯性坐标系下描述航天器的运动有[4,5]

$$\begin{cases} \ddot{x}_s + \dfrac{\mu}{R_s^3}x_s = 0 \\ \ddot{y}_s + \dfrac{\mu}{R_s^3}y_s = 0 \\ \ddot{z}_s + \dfrac{\mu}{R_s^3}z_s = 0 \end{cases} \qquad (2-78)$$

式中：x_s，y_s，z_s 为航天器的地心矢量在惯性系中的 3 个分量；$R_s = \sqrt{x_s^2 + y_s^2 + z_s^2}$。$x_s$，$y_s$，$z_s$ 与地心圆柱坐标系中的坐标分量的关系为 $x_s = r_s\cos\theta_s$，$y_s = r_s\sin\theta_s$，$z_s = z_s$，$R_s = \sqrt{r_s^2 + z_s^2}$。则式(2-78)可以写成如下形式：

$$\begin{cases} \ddot{r}_s - r_s\dot{\theta}_s^2 + \dfrac{\mu r_s}{R_s^3} = 0 \\ r_s\ddot{\theta}_s + 2\dot{r}_s\dot{\theta}_s = 0 \\ \ddot{z}_s + \dfrac{\mu}{R_s^3}z_s = 0 \end{cases} \qquad (2-79)$$

当基准平面为航天器的轨道平面，即满足 $z_s = 0$，$r_s = R_s$ 时，式(2-79)变成：

$$\begin{cases} \ddot{r}_s - r_s\dot{\theta}_s^2 + \dfrac{\mu}{r_s^2} = 0 \\ r_s\ddot{\theta}_s + 2\dot{r}_s\dot{\theta}_s = 0 \end{cases} \qquad (2-80)$$

2. 航天器相对圆参考轨道的运动描述

考虑航天器相对圆参考轨道的相对运动，参考轨道的轨道半径为 a_r，真近

点角为 θ_r，则有 $\dot{a}_r = 0, \dot{\theta}_r = \omega_r = \sqrt{\mu / a_r^3}, \ddot{\theta}_r = 0$，取参考系的原点为 $(a_r, \theta_r, 0)$，参考系的三个坐标轴方向与地心圆柱坐标系的三个坐标轴平行。则航天器的运动参数可表示成 $r_s = a_r + \Delta r, \theta_s = \theta_r + \Delta\theta, z_s = \Delta z$，其中，$\Delta r, \Delta\theta, \Delta z$ 为航天器相对参考系原点在圆柱坐标系下三个方向的实际偏差。则有 $\dot{r}_s = \Delta\dot{r}, \dot{\theta}_s = \dot{\theta}_r + \Delta\dot{\theta}, \dot{z}_s = \Delta\dot{z}, \ddot{r}_s = \Delta\ddot{r}, \ddot{\theta}_s = \Delta\ddot{\theta}, \ddot{z}_s = \Delta\ddot{z}$。当 $\Delta r / a_r$，$\Delta z / a_r$ 为小量时，对式 $(2-79)$ 等号左边的式子进行泰勒（Taylor）展开，取其线性部分可以得到

$$\begin{cases} \Delta\ddot{r} - (2a_r\omega_r\Delta\dot{\theta} + 3\omega_r^2\Delta r) = 0 \\ a_r\Delta\ddot{\theta} + 2\omega_r\Delta\dot{r} = 0 \\ \Delta\ddot{z} + \omega_r^2\Delta z = 0 \end{cases} \quad (2-81)$$

式 $(2-81)$ 描述的相对运动方程中，三个式子都包含参考轨道的角速度 ω_r。对式 $(2-81)$ 进行归一化表示后，新的动力学方程中不包含 ω_r，形式会变得更简单。

记 $\Delta r = a_r\delta r, \Delta\theta = \delta\theta, \Delta z = a_r\delta z, \tau = \omega_r(t - t_0)$，则有 $\dfrac{\mathrm{d}\tau}{\mathrm{d}t} = \omega_r$，进一步有

$$\frac{\mathrm{d}\Delta r}{\mathrm{d}t} = \frac{\mathrm{d}(a_r\delta r)}{\mathrm{d}t} = a_r\frac{\mathrm{d}\tau}{\mathrm{d}t}\frac{\mathrm{d}(\delta r)}{\mathrm{d}\tau} = a_r\omega_r\frac{\mathrm{d}(\delta r)}{\mathrm{d}\tau}$$

$$\frac{\mathrm{d}^2\Delta r}{\mathrm{d}t^2} = a_r\omega_r^2\frac{\mathrm{d}^2(\delta r)}{\mathrm{d}\tau^2}$$

$$\frac{\mathrm{d}\Delta\theta}{\mathrm{d}t} = \frac{\mathrm{d}(\delta\theta)}{\mathrm{d}t} = \frac{\mathrm{d}\tau}{\mathrm{d}t}\frac{\mathrm{d}(\delta\theta)}{\mathrm{d}\tau} = \omega_r\frac{\mathrm{d}(\delta\theta)}{\mathrm{d}\tau}$$

$$\frac{\mathrm{d}^2\Delta\theta}{\mathrm{d}t^2} = \omega_r^2\frac{\mathrm{d}^2(\delta\theta)}{\mathrm{d}\tau^2}$$

$$\frac{\mathrm{d}\Delta z}{\mathrm{d}t} = \frac{\mathrm{d}(a_r\delta z)}{\mathrm{d}t} = \frac{\mathrm{d}\tau}{\mathrm{d}t}\frac{\mathrm{d}(a_r\delta z)}{\mathrm{d}\tau} = a_r\omega_r\frac{\mathrm{d}(\delta z)}{\mathrm{d}\tau}$$

$$\frac{\mathrm{d}^2\Delta z}{\mathrm{d}t^2} = a_r\omega_r^2\frac{\mathrm{d}^2(a_r\delta z)}{\mathrm{d}\tau^2}$$

进一步考虑存在重力加速度外的其他加速度影响时，式 $(2-81)$ 可以写成：

$$\begin{cases} \delta\ddot{r} = 3\delta r + 2\delta\dot{\theta} + a_{yr} \\ \delta\ddot{\theta} = -2\delta\dot{r} + a_{y\theta} \\ \delta\ddot{z} = -\delta z + a_{yz} \end{cases} \quad (2-82)$$

式中:a_{yr},$a_{y\theta}$,a_{yz}分别为除重力加速度外,其他加速度在圆轨道参考系三个坐标轴方向的分量。该方程中的导数项都是对无量纲化后的时间 τ 进行求导的。式(2-82)和式(2-47)除状态变量不同外,在形式上是一样的。利用式(2-82)描述的相对运动,其轨道平面内的运动和轨道平面外的运动也是解耦的。

记状态变量 $\boldsymbol{x}_3 = \begin{bmatrix} \delta r & \delta\theta & \delta z & \delta\dot{r} & \delta\dot{\theta} & \delta\dot{z} \end{bmatrix}^{\mathrm{T}}$,把式(2-82)写成状态方程有

$$
\begin{bmatrix} \delta\dot{r} \\ \delta\dot{\theta} \\ \delta\dot{z} \\ \delta\ddot{r} \\ \delta\ddot{\theta} \\ \delta\ddot{z} \end{bmatrix} = \begin{bmatrix} 0 & 0 & 0 & 1 & 0 & 0 \\ 0 & 0 & 0 & 0 & 1 & 0 \\ 0 & 0 & 0 & 0 & 0 & 1 \\ 3 & 0 & 0 & 0 & 2 & 0 \\ 0 & 0 & 0 & -2 & 0 & 0 \\ 0 & 0 & -1 & 0 & 0 & 0 \end{bmatrix} \begin{bmatrix} \delta r \\ \delta\theta \\ \delta z \\ \delta\dot{r} \\ \delta\dot{\theta} \\ \delta\dot{z} \end{bmatrix} + \begin{bmatrix} 0 \\ 0 \\ 0 \\ a_{yr} \\ a_{y\theta} \\ a_{yz} \end{bmatrix} \tag{2-83}
$$

式(2-83)的状态转移矩阵为

$$
\boldsymbol{\Phi}_3(\tau) = \begin{bmatrix} 4-3\cos\tau & 0 & 0 & \sin\tau & 2(1-\cos\tau) & 0 \\ -6\tau+6\sin\tau & 1 & 0 & -2(1-\cos\tau) & 4\sin\tau-3\tau & 0 \\ 0 & 0 & \cos\tau & 0 & 0 & \sin\tau \\ 3\sin\tau & 0 & 0 & \cos\tau & 2\sin\tau & 0 \\ 6\cos\tau-6 & 0 & 0 & -2\sin\tau & -3+4\cos\tau & 0 \\ 0 & 0 & -\sin\tau & 0 & 0 & \cos\tau \end{bmatrix}
$$
$$\tag{2-84}$$

3. 小偏心率椭圆轨道交会中的动力学方程

本节给出第 4 章小偏心率椭圆轨道航天器相对圆轨道航天器最优脉冲交会的动力学方程。在目标器质心建立圆柱坐标系 $O_{\mathrm{T}}r\theta z$,利用式(2-82)的无量纲化动力学方程描述相对运动,并给出相对运动状态的求解方法。

1)基于圆柱坐标系的动力学方程

目标器轨道半径为 a_{r},真近点角为 θ_{r}。追踪器的轨道半径为 $r = a_{\mathrm{r}} + \Delta r$,真近点为 $\theta = \theta_{\mathrm{r}} + \Delta\theta + \beta_{\mathrm{r}}$,其中,$\beta_{\mathrm{r}}$ 为航天器与参考系的初始相位角差;$\Delta\theta$ 为航天器与参考系在运动过程中的相位角差积累,在初始时刻满足 $\Delta\theta = 0$,航天器与参考轨道的轨道面外的距离为 $z = \Delta z$。

采用式(2-82)和式(2-83)描述相对运动过程。

2）相对运动状态

如图 2-2 所示,O_E 为地球球心,追踪器所在平面 $O_E AS$ 与目标器所在轨道平面 $O_E AR$ 的交线为 $O_E A$,夹角为 θ,γ 为追踪器所在时刻与地心连线和参考轨道平面的夹角,则有

$$\sin\gamma = \sin u \sin\theta \qquad (2-85)$$

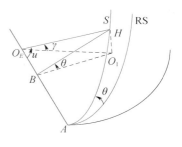

图 2-2　相对运动状态的描述

当航天器的升交点赤经与参考系的升交点赤经一致时,从图 2-2 可知 u 为纬度幅角,有

$$u = \omega + f \qquad (2-86)$$

当两个航天器轨道面外偏差不大时,可以近似认为两个航天器的升交点赤经一致,则有

$$\Delta z = r\sin\gamma = r\sin u\sin\theta \qquad (2-87)$$

$$\Delta\dot{z} = \dot{r}\sin u\sin\theta + r\dot{f}\cos u\sin\theta \qquad (2-88)$$

记 $\delta a = (a - a_r)/a_r$,因为两个航天器的轨道半径相差不大,轨道面外距离也不大,且追踪器轨道为小偏心率椭圆,所以在推导相对运动状态变量的过程中,认为 e、$\sin\theta$、δa 均为小量,在忽略高阶小量时可近似得到相对状态变量在轨道平面外的分量为

$$\delta z = \Delta z/a_r = (1 + \delta a)(1 - e^2)(1 + e\cos f)^{-1}\sin u\sin\theta \approx \sin u\sin\theta$$

$$\delta\dot{z} = \frac{\Delta\dot{z}}{a_r\omega} = \frac{\dot{r}\sin u\sin\theta}{a_r\omega} + \frac{r\dot{f}\cos u\sin\theta}{a_r\omega} \approx \cos u\sin\theta$$

类似地,平面内的相对状态也可以通过忽略高阶小量,线性化得到,有

$$\delta r = \frac{\Delta r}{a_r} = (1 + \delta a)(1 - e^2)(1 + e\cos f)^{-1}(1 - \sin^2 u\sin^2\theta)^{-1/2} - 1 \approx \delta a - e\cos f$$

$$\delta\theta = (\theta_r + \Delta\theta + \beta_r) - \theta_r = \beta_r + \Delta\theta$$

$$\delta\dot{r} = \frac{\Delta\dot{r}}{a_r\omega} = \left(1 - \frac{1}{2}\delta a\right)(1 + e)e\sin f(1 - \sin^2 u\sin^2\theta)^{-1/2} \approx e\sin f$$

$$\delta\dot{\theta} = \dot{f}/\sqrt{\frac{\mu}{a_r^3}} - 1 \approx -\frac{3}{2}\delta a + 2e\cos f + \frac{3}{2}e - \frac{3}{2}e = -\frac{3}{2}\delta a + 2e\cos f$$

3）小偏心率椭圆轨道交会中的相对运动状态

可以得到初始的相对运动状态为

$$\boldsymbol{x}_{30} = \begin{bmatrix} \delta a - e\cos f & \beta_r & \sin u\sin\theta & e\sin f & -1.5\delta a + 2e\cos f & \cos u\sin\theta \end{bmatrix}^{\mathrm{T}}$$

$$(2-89)$$

由式(2-84)中的状态转移矩阵$\boldsymbol{\Phi}_3(\tau)$可以得到$\tau$时刻的相对运动状态为

$$x_3(\tau)=\boldsymbol{\Phi}_3(\tau)x_{30}=\begin{bmatrix}\delta a-e\cos(\tau+f)\\\beta_r-1.5\tau\delta a+2e\sin(\tau+f)-2e\sin f\\\sin(\tau+u)\sin\theta\\e\sin(\tau+f)\\-1.5\delta a+2e\cos(\tau+f)\\\cos(\tau+u)\sin\theta\end{bmatrix}\quad(2-90)$$

当航天器运动的轨道平面与参考轨道在同一平面即$\theta=0$时,平面外的分量为零,只考虑平面内的分量,可以得到相应的相对状态:

$$x_0=\begin{bmatrix}\delta a-e\cos f & \beta_r & e\sin f & -1.5\delta a+2e\cos f\end{bmatrix}^T\quad(2-91)$$

经过时间τ后,同样可以得到

$$x(\tau)=\begin{bmatrix}\delta a-e\cos(\tau+f)\\\beta_r-1.5\tau\delta a+2e\sin(\tau+f)-2e\sin f\\e\sin(\tau+f)\\-1.5\delta a+2e\cos(\tau+f)\end{bmatrix}\quad(2-92)$$

▶ 2.5 相对姿态运动描述

一般在很近距离时考虑两个航天器的相对姿态,相对姿态的基准坐标系为目标器对接面坐标系。

✍ 2.5.1 目标姿态小角度相对姿态动力学方程

当目标器小角度稳定运动时,可把目标器近似为不动目标。

1.相对姿态

理想情况下目标器关于惯性基准的姿态运动方程为

$$\begin{cases}\dot{\theta}_T=-\omega_{oT}=\text{const}\\\dot{\psi}_T=0\\\dot{\phi}_T=0\end{cases}\quad(2-93)$$

式中:$\dot{\psi}_T,\dot{\phi}_T,\dot{\theta}_T$分别为目标器关于惯性基准的偏航、滚动和俯仰的角速度;ω_{oT}为目标器的轨道角速度。

追踪器的欧拉动力学方程为

$$\begin{cases} I_{xC}\dot{\omega}_{xC} + (I_{zC} - I_{yC})\omega_{yC}\omega_{zC} = T_{xC} \\ I_{yC}\dot{\omega}_{yC} + (I_{xC} - I_{zC})\omega_{zC}\omega_{xC} = T_{yC} \\ I_{zC}\dot{\omega}_{zC} + (I_{yC} - I_{xC})\omega_{xC}\omega_{yC} = T_{zC} \end{cases} \quad (2-94)$$

式中：I_{xC}, I_{yC}, I_{zC} 为追踪器的三个主惯性矩；T_{xC}, T_{yC}, T_{zC} 为追踪器姿态发动机提供的控制力矩；姿态角速度 $\omega_{xC}, \omega_{yC}, \omega_{zC}$ 为追踪器相对惯性基准的转动角速度在追踪器本体坐标系下的分量。依据相对转动的关系，追踪器相对于目标器的转动角速度 $\boldsymbol{\omega}_r = \boldsymbol{\omega}_C - \boldsymbol{\omega}_T$，$\boldsymbol{\omega}_C$ 和 $\boldsymbol{\omega}_T$ 分别为追踪器和目标器相对于惯性空间的角速度。

又 $\boldsymbol{\omega}_r = \dot{\boldsymbol{\psi}}_r + \dot{\boldsymbol{\varphi}}_r + \dot{\boldsymbol{\theta}}_r$，$\boldsymbol{\omega}_r$ 为追踪器相对目标器本体坐标系的转动角速度；$\dot{\boldsymbol{\varphi}}_r, \dot{\boldsymbol{\psi}}_r, \dot{\boldsymbol{\theta}}_r$ 分别为关于相对滚动，偏航和俯仰的欧拉角速度，则

$$\boldsymbol{\omega}_r = \boldsymbol{\omega}_C - \boldsymbol{\omega}_T = \begin{bmatrix} \omega_{xC} \\ \omega_{yC} \\ \omega_{zC} \end{bmatrix} - \boldsymbol{C}_{312}\boldsymbol{C}_{boT} \begin{bmatrix} 0 \\ -\omega_{oT} \\ 0 \end{bmatrix}$$

则可得[6]

$$\begin{bmatrix} \omega_{xC} \\ \omega_{yC} \\ \omega_{zC} \end{bmatrix} - \boldsymbol{C}_{312}\boldsymbol{C}_{boT} \begin{bmatrix} 0 \\ -\omega_{oT} \\ 0 \end{bmatrix} = \begin{bmatrix} \dot{\varphi}_r\cos\theta_r - \dot{\psi}_r\sin\theta_r\cos\varphi_r \\ \dot{\theta}_r + \dot{\psi}_r\sin\varphi_r \\ \dot{\varphi}_r\sin\theta_r + \dot{\psi}_r\cos\theta_r\cos\varphi_r \end{bmatrix}$$

记 $\boldsymbol{C}_{boT} = \begin{bmatrix} C_{11} & C_{12} & C_{13} \\ C_{21} & C_{22} & C_{23} \\ C_{31} & C_{32} & C_{33} \end{bmatrix}$，则可以推导得

$$\begin{cases} \dot{\varphi}_r = \omega_{zC}\sin\theta_r + \cos\theta_r\omega_{xC} + \omega_{oT}(C_{22}\sin\psi_r + C_{12}\cos\psi_r) \\ \dot{\theta}_r = [\omega_{yC}\cos\varphi_r - \sin\phi_r\cos\theta_r\omega_{zC} + \sin\phi_r\sin\theta_r\omega_{xC} + \omega_{oT}(C_{22}\cos\psi_r - C_{12}\sin\psi_r)]/\cos\varphi_r \\ \dot{\psi}_r = [\cos\theta_r\omega_{zC} - \omega_{xC}\sin\theta_r + \omega_{oT}(-C_{22}\sin\varphi_r\cos\psi_r + C_{32}\cos\varphi_r)]/\cos\varphi_r \end{cases}$$

$$(2-95)$$

在相对姿态确定的状态估计模式中，状态方程选用上述姿态的运动学方程。姿态运动学方程仅包括两类参数：一是待估计的姿态；二是姿态角速率。后者可由陀螺精确测得。

2. 相对姿态与相对位置的耦合

由于相对位置的控制力一般并不是基于追踪器本体坐标系设计的，在实

施该控制律之前必须要通过坐标转换到追踪器的本体,考虑目标器处于被动的对地定向姿态,那么控制律得到的施加在追踪器本体的推力加速度表达为[7]

$$a_{Cb} = C_{Cbd}C_{312}(\hat{\theta}_r, \hat{\varphi}_r, \hat{\psi}_r)a_{Cd} \qquad (2-96)$$

式中:$\hat{\theta}_r, \hat{\varphi}_r, \hat{\psi}_r$ 为瞬时的相对姿态角,来源于测量敏感器;C_{Cbd} 为实施在追踪器上的对接面坐标系到本体坐标系的坐标转换。

由作用于追踪器本体的推力产生的随本体姿态角变化的追踪器轨道摄动力(a_r, a_u, a_h)为

$$\begin{bmatrix} a_r \\ a_u \\ a_h \end{bmatrix} = C_{Cob}a_{Cb} \qquad (2-97)$$

式中:C_{Cob} 为追踪器本体到轨道坐标系的姿态矩阵。由于在一个相对位置控制周期内追踪器本体姿态角的变化以及相对姿态角测量误差的存在,使得姿态影响了相对位置控制。

相反,由于位置控制执行机构可能存在偏心安装,同时由于航天器质心位置的变化,使得在进行相对位置控制的过程中,产生力矩影响相对姿态的控制,造成相对位置和相对姿态的耦合。

2.5.2　旋转目标相对姿态动力学方程

当目标器为失控状态的航天器、空间碎片或小行星等,其运动比较复杂,一般伴随有相对的姿态旋转甚至机动,而且其动力学参数和几何形状一般是不确定的,这些约束给安全逼近进行交会对接带来较大的控制难度。这些情况下姿态不在零度附近,一般采用四元数描述。

目标器的姿态动力学方程为

$$\begin{cases} \dot{q}_T = \dfrac{1}{2}\Omega(\omega_T)q_T \\ I_T\dot{\omega}_T + \omega_T \times I_T\omega_T = T_T \end{cases} \qquad (2-98)$$

追踪器的姿态动力学方程为

$$\begin{cases} \dot{q}_C = \dfrac{1}{2}\Omega(\omega_C)q_C \\ I_C\dot{\omega}_C + \omega_C \times I_C\omega_C = T_C \end{cases} \qquad (2-99)$$

式中: $\boldsymbol{q}_T$ 和 $\boldsymbol{q}_C$ 分别为目标器和追踪器的姿态四元数; $\boldsymbol{\omega}_T$ 和 $\boldsymbol{\omega}_C$ 分别为目标器和追踪器的姿态角速度; $\boldsymbol{I}_T$ 和 $\boldsymbol{I}_C$ 分别为目标器和追踪器的转动惯量阵; $\boldsymbol{T}_T$ 和 $\boldsymbol{T}_C$ 分别为目标器和追踪器的控制力矩; $\boldsymbol{\Omega}(\boldsymbol{\omega}) = \begin{bmatrix} -[\boldsymbol{\omega} \times] & \boldsymbol{\omega} \\ -\boldsymbol{\omega}^T & 0 \end{bmatrix}$。

定义目标器和追踪器的相对姿态四元数为 $\boldsymbol{q} = \boldsymbol{q}_T^{-1} \otimes \boldsymbol{q}_C$,相对姿态角速度为 $\boldsymbol{\omega}_r = \boldsymbol{\omega}_C - \boldsymbol{C}_{CT}(\boldsymbol{q})\boldsymbol{\omega}_T$,其中, $\boldsymbol{C}_{CT}(\boldsymbol{q})$ 为从目标器本体系到追踪器本体系的坐标转换矩阵,则相对姿态运动动力学方程为

$$\dot{\boldsymbol{q}} = \frac{1}{2}\boldsymbol{\Omega}(\boldsymbol{\omega}_r)\boldsymbol{q}$$

$$\dot{\boldsymbol{\omega}}_r = -\boldsymbol{I}_C^{-1}(\boldsymbol{\omega}_r + \boldsymbol{C}_{CT}(\boldsymbol{q})\boldsymbol{\omega}_T) \times \boldsymbol{I}_C(\boldsymbol{\omega}_r + \boldsymbol{C}_{CT}(\boldsymbol{q})\boldsymbol{\omega}_T)$$
$$+ \boldsymbol{\omega}_r \times \boldsymbol{C}_{CT}(\boldsymbol{q})\boldsymbol{\omega}_T + \boldsymbol{C}_{CT}(\boldsymbol{q})\boldsymbol{I}_T^{-1}(\boldsymbol{\omega}_T \times \boldsymbol{I}_T\boldsymbol{\omega}_T - \boldsymbol{T}_T) + \boldsymbol{I}_C^{-1}\boldsymbol{T}_C$$

$$(2-100)$$

针对旋转目标的交会对接需要使目标器和追踪器的姿态运动趋向于同步,也就是说其相对姿态四元数 $\boldsymbol{q}$ 趋于一个常值。

2.6　坐标系和动力学方程选择

本章介绍工程上常用的坐标系和动力学方程。交会对接过程坐标系和动力学方程的选择与两个航天器之间的距离,以及飞行阶段有关,在不同的飞行段测量敏感器不同,对位置和姿态控制的精度要求也不同。

在交会对接的远距离段,一般把两个航天器当作独立的航天器进行位置和姿态控制。位置控制一般采用轨道根数描述,姿态一般考虑航天器本体系相对轨道系的姿态。

在交会对接的中近距离,位置控制需要引入相对导航信息,姿态控制两个航天器可以独立处理。根据距离的不同,可以选择基于圆柱坐标系的相对运动方程、视线方程、CW 方程等进行制导策略的设计。

在交会对接的最后逼近阶段,需要同时考虑两个航天器的相对位置和相对姿态。由于两个航天器最后要实现对接机构的对接,一般把参考坐标系建立在对接面上,以便精确地描述最后逼近和对接的过程。相对位置控制可以采用建立在对接面坐标系下的 CW 方程描述,相对姿态也建立在对接面坐标

系下。

在不同的飞行段,动力学方程选择和坐标系选择总结如表 2-2 所列。

表 2-2 在不同飞行段,动力学方程及坐标选择总结表

飞行阶段	姿态控制		位置控制	
	坐标系	动力学方程	坐标系	动力学方程
远距离导引段	本体坐标系 轨道坐标系	带挠性帆板姿态动力学方程	地心惯性系	轨道六根数、摄动方程
寻的段	本体坐标系 轨道坐标系	带挠性帆板姿态动力学方程	地心惯性系 RVD 坐标系	轨道六根数 CW 方程
接近段	本体坐标系 轨道坐标系	带挠性帆板姿态动力学方程	RVD 坐标系 视线坐标系	CW 方程 视线方程
平移靠拢段	对接面坐标系	相对姿态方程	对接面坐标系	CW 方程

参考文献

[1] 林来兴. 空间交会对接技术[M]. 北京:国防工业出版社,1995.

[2] 辛优美. 空间交会对接绕飞段控制方法研究[D]. 北京:北京控制工程研究所硕士论文,2005.

[3] 胡海霞. 智能自主交会对接控制方法研究[D]. 北京:北京控制工程研究所硕士论文,2002

[4] Prussing J E. Optimal multiple - impulse orbital rendezvous. Sc. D. thesis,Sept. 1967,Dept. of Aeronautics and Astronautics Massachusetts Institute of Technology.

[5] 陈长青. 交会对接中轨迹安全和轨迹优化研究[D]. 北京:北京控制工程研究所博士论文,2008.

[6] 张昊. 基于 CCD 光学成像敏感器的交会对接自主导航研究[D]. 北京:北京控制工程研究所博士论文,2007.

[7] 刘忠汉. 自主对接控制方法的研究及其地面仿真试验[D]. 北京:北京控制工程研究所博士论文,2001.

第 3 章
交会对接导航方法及方案设计

▶ 3.1 概述

要想成功实现交会对接,必须由相对导航系统精确确定追踪器和目标器在空间的相对平动、相对转动等制导和控制功能所需要的相对状态。相对导航系统由相对测量系统和相对导航算法两部分组成[1]。

✍ 3.1.1 相对测量系统

相对测量敏感器能够提供与相对状态相关的测量信息,是获取相对运动信息的硬件手段。

1. 苏联/俄罗斯采用的相对测量系统

苏联/俄罗斯所使用相对导航系统是一套自动相对导航系统,主要是基于微波雷达进行的。这种无线电交会对接导航系统包括:追踪器上的微波雷达,以及为捕获目标器并测量追踪器与目标器之间的相对姿态而安装在两个航天器上的多部天线。追踪器利用从目标器上的应答机返回信号的时间延迟确定相对距离,利用返回信号的多普勒频移确定接近速率,通过对接天线得到的信号还可以得到相对姿态。这套导航系统工作可靠,在苏联/俄罗斯所进行的自动交会对接和航天员手动交会对接中都得到成功应用。但是,该相对导航系统设备比较复杂,质量和体积较大,功耗较高。

苏联早期的"联盟"号载人飞船与"进步"号货运飞船均采用"针"式(Igla)交会对接导航系统;从 20 世纪 80 年代开始,苏联采用新的"航向"(Kurs)系统替代了"针"系统,应用于其交会对接相对任务。与"针"系统相比,"航向"系统具有两方面优势:①"针"系统作用距离仅几十千米,而"航向"系统可在相对距离几百千米范围内捕获目标;②"针"系统在对准之后才能进行逼近运作,即两个航天器的对接面之间保持视线瞄准。为实现对准,就需要目标器参与姿态机动,或追踪器跟踪目标器的对接口。若目标器质量较小(如卫星或飞船),姿态机动不难实现;若目标器质量较大(如空间站),姿态机动不易实现,在这种情况下,追踪器不得不绕飞跟踪目标器的对接口。相比之下,"航向"系统可补偿目标器意外的偏离,支持与非机动目标器的交会对接运作,动力消耗较小[2]。

此外,苏联/俄罗斯的交会任务中还配置了摄像机(追踪器)以及目标靶标(目标器),可作为载人飞船上的航天员实施手动交会时的测量手段,该设备也可用于空间站航天员以"遥控操作"方式控制货运飞船进行对接。

2.美国采用的相对测量系统

从 20 世纪 60 年代初进行的"双子座"飞船的交会对接,到"阿波罗"月球探测计划,再到 80 年代开始进行的航天飞机交会任务,微波交会雷达一直是美国交会对接相对导航系统的主要测量手段(表 3-1)。随着航天飞机和国际空间站研究工作的深入开展,美国致力于发展不需要地面参与的自主交会对接技术,激光测距仪、GPS、激光雷达和成像式交会对接敏感器等性能更加优越的测量敏感器,在美国的交会对接相对导航中逐渐得到应用[3-5]。

表 3-1   美国交会对接任务所使用的相对测量系统

飞行计划	时间/年	相对测量敏感器
"双子座" (Gemini)	1965—1966	(1) 干涉型微波雷达测量距离、视线角、距离变化率; (2) 光学瞄准镜(Crew Optical Alignment Sight,COAS)
"阿波罗" 登月舱(LM)	1969—1971	(1) 微波雷达测量距离、视线角、距离变化率

（续）

飞行计划	时间/年	相对测量敏感器
"阿波罗"飞船 （Apollo）	1969—1975	（1）超高频测距（Very High Frequency,VHF）； （2）六分仪（Sextant）测角； （3）光学瞄准镜（COAS）测角
航天飞机 （Space Shuttle）	1981—2011	（1）Ku 波段微波雷达测量距离、视线角、距离变化率； （2）星跟踪仪（Star Tracker）测量视线角； （3）光学瞄准镜（COAS）测量视线角； （4）轨迹控制敏感器（Trajectory Control Sensor,TCS）； （5）手持激光雷达（Hand – Held Lidar,HHL）； （6）闭路电视（Closed Circuit Television,CCTV）
试验卫星系统 – 11 （XSS – 11）	2005	（1）可见光相机系统（Visible Camera System ,VCS）用于对目标器成像以测量视线角； （2）光检与测距设备（Light Detection and Ranging,LIDAR）用于测角和测距
"自主交会技术验证" 系统（DART）	2005	（1）两个 GPS 接收机； （2）先进视频制导敏感器（AVGS），200～500m 可测量相对距离和视线角,200m 以内还可提供相对姿态测量信息
轨道快车 （Orbital Express）	2007	（1）自主交会捕获敏感器系统（Autonomous Rendezvous and Capture Sensor System,ARCSS）采用窄视场捕获与跟踪敏感器、中短距离宽视场可视跟踪敏感器、红外敏感器进行目标捕获和测角,激光测距仪进行测距； （2）AVGS 用于近距离测量相对位置和相对姿态
"龙"飞船 （Dragon）	2012	（1）星跟踪仪用于测角； （2）RGPS 用于 200m～35km 的相对导航； （3）光检与测距（LIDAR）组件用于相对距离 200m 至对接的相对测量
"天鹅座"飞船 （Cygnus）	2013	（1）空间集成 GPS/INS（SIG1）用于 700m～50km 范围内的相对测量； （2）光检与测距组件用于 700m 至对接的相对测量

（续）

飞行计划	时间/年	相对测量敏感器
"猎户座"飞船（Orion）	2014—	（1）两个 GPS 接收机； （2）两个星跟踪仪（Star Tracker）； （3）通信系统中的 S 频段转发器,提供交会期间的距离与距离变化率； （4）激光视觉导航敏感器（VNS）在 5km 到对接的交会过程,可提供测距与相对方位测量;最后 15m 到对接期间,还可提供相对姿态

3. 日本采用的相对测量系统

日本的自主交会对接导航系统已经在1998年 ETS - Ⅶ 的交会对接试验中得到成功应用。ETS - Ⅶ 配备有三种相对测量敏感器,根据两航天器间的相对距离自动地选择所需敏感器进行相对导航。在 500m 以外,采用相对 GPS 作为主导航敏感器,在 2 ~ 500m 范围内采用可以测量相对距离、视线方位的激光雷达作为主导航敏感器;在 2m 内采用可以测量相对距离、视线方位和相对姿态的光学敏感器 PXS 作为主导航敏感器。此外,日本最新研制的与国际空间站实施交会对接的 HTV 货运飞船在近程导引段采用 RGPS 作为主导航敏感器,在近距离采用一种激光雷达（Rendezvous Sensor,RVS）测量相对位置[6]。

4. 欧空局采用的相对测量系统

为向国际空间站（ISS）提供服务,欧洲空间局（ESA）研制了自动运输飞船（ATV）,ATV 已于 2008 年 3 月进行了第一次发射,并成功进行了与 ISS 的交会对接。ATV 与 ISS 交会对接中所使用的相对导航测量系统由相对 GPS 和视频测量设备（Videometer）组成。其中,相对 GPS 作为 250m ~ 30km 的主导航敏感器,视频测量设备作为 0 ~ 250m 的主导航敏感,视频测量设备在 30m 以外仅提供相对位置测量,30m 以内可提供相对位置和相对姿态测量[7]。

5. 中国采用的相对测量系统

中国载人二期工程采用由差分卫星导航设备、微波雷达、激光雷达、成像式交会对接敏感器（CRDS）构建由远及近的相对测量系统,其中差分卫星导航设备作为自主控制段直至 140m 的主导航敏感器,微波雷达和激光雷达作为备份;140m 以内由成像式交会对接敏感器作为主导航敏感,测量相对位置和相对姿态[8]。

目前,交会对接任务中常用的相对导航测量敏感器主要包括差分卫星导航设备(如 GPS)、激光雷达、微波雷达、成像式交会对接敏感器、红外相机等。就敏感器性能而言,差分卫星导航设备、微波雷达和激光雷达均作为中远距离主要的测量手段,可提供相对位置和相对速度信息。差分卫星导航设备的特点是可全天时、全天候应用,并且测量精度较高,测量误差基本不含系统偏差,但是差分卫星导航设备只能算半自主测量手段;微波雷达和激光雷达的特点是作用距离较远,为自主测量手段,不足是测量误差中通常包含系统偏差,而且测量噪声呈现厚尾分布以及其他形式的非高斯分布形式;成像式交会对接敏感器是近距离的主要测量手段,特点是精度高、信息量丰富,不足是作用距离比较近、技术难度比较高。有关测量的问题可以分为两个方面:①搜索、识别与跟踪目标;②如何提高测量精度。

3.1.2　相对导航算法

相对导航算法利用相对测量敏感器的测量,结合运动学/动力学模型,通过一定的信息提取算法确定两航天器间的相对位置、速度、姿态和姿态变化率等相对状态,是获取相对运动信息的软件手段。综合利用测量信息和物理模型信息对状态进行估计,需要采用适当的信息提取方法,通常也称为导航滤波方法。工程实践中,普遍采用卡尔曼滤波、扩展卡尔曼滤波甚至观测器进行相对导航算法设计。从实际效果看,所得到的状态估计精度,一定程度上能够满足实际工程应用的需要。但是,随着交会对接技术向着自主、自动、全天时、全方位交会对接方向发展,为满足在轨服务以及非合作目标交会对接等新型任务的要求,相对导航算法设计中必须考虑以下问题:

(1)导航算法设计中只能采用简化的动力学/运动学模型,不可避免地存在模型误差,并且模型误差通常与相对距离相关,呈现非平稳噪声性质。

(2)所采用的相对测量敏感器通常存在系统偏差。

(3)测量敏感器测量噪声通常呈现非高斯分布。

3.2　测量敏感器

3.2.1　惯性测量敏感器

惯性导航是基于惯性技术的惯性系统,可为载体提供相对于参考系的位姿信息,实现自主姿态测量和位置速度导航。惯性导航敏感器主要包括陀螺和加速度计。

1. 陀螺

从广义上讲,能够测量角速度或者角位移的仪表均可统称为陀螺仪。按照一个陀螺测量角速度或角位移的数量可以将陀螺分为单自由度陀螺和二自由度陀螺。图 3-1 为工程中最常使用的单自由度液浮速率积分陀螺的工作原理图[9]。

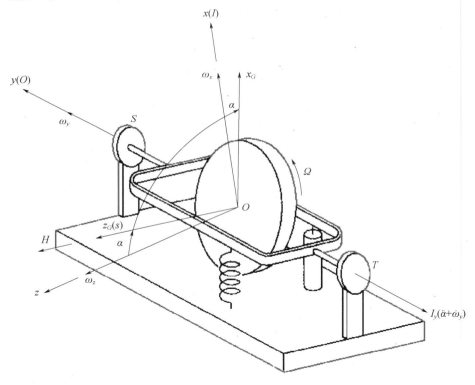

图 3-1　单自由度液浮速率积分陀螺的工作原理图

图 3-1 中的 $O-xyz$ 系为测量坐标系, $O-x_{G}y_{G}z_{G}$ 系为陀螺组件坐标系, Ox 轴对应于陀螺的输入轴 I, Oy 轴对应于陀螺的输出轴 O, Oz_{G} 轴对应转子的自转轴。

当载体绕 Ox 轴转动时,陀螺组件受到 Ox 轴方向的力矩,该力矩使得陀螺转子绕 Oy 轴转动,转动角为 α。依据角动量方程容易得到

$$-H(\omega_x - \alpha\omega_z) + I_o(\dot{\omega}_y + \ddot{\alpha}) = M_O^C \tag{3-1}$$

式中：M_O^C 为沿着陀螺输出轴的外作用力，存在弹性约束和阻尼的情况下 $M_O^C = -k\alpha - D\dot{\alpha}$。若忽略非敏感轴方向上角速度的影响

$$I_o \ddot{\alpha} + D\dot{\alpha} + k\alpha = H\omega_x \tag{3-2}$$

若不考虑弹性约束，也就是 $k = 0$，则有

$$I_o \ddot{\alpha} + D\dot{\alpha} = H\omega_x \tag{3-3}$$

当陀螺达到稳态时，$\ddot{\alpha} = 0$，$\dot{\alpha} = \dfrac{H}{D}\omega_x$，$\alpha = \dfrac{H}{D}\int\omega_x \mathrm{d}t$。显然转角 α 与角速率积分成正比，该类单自由度陀螺称为速率积分陀螺，是空间航天器上使用最多的一类惯性角速度测量敏感器。

2. 加速度计

加速度计是惯性导航系统中的核心元件之一。加速度计可以测量运动载体的加速度。载体所受的力可分为两类：天体引力和非引力外力。单位质量上作用的非引力外力称为比力，天体引力加速度是无法直接测量的，利用加速度计测量得到的正是比力。下面对挠性摆式加速度计的原理进行简单介绍[9]。

图 3-2 为挠性摆组件的示意图。图 3-3 为挠性摆的系统原理图。垂直纸面向内为重力方向，也是加速度计的输出轴。I_A 轴是加速度计的输入轴。当载体沿着 I_A 轴的加速度为 a_1 时，摆质量块由于惯性会产生角位移，由于挠性杆弹性力矩以及液浮阻尼力矩的作用，角位移趋于稳定，即质量块的加速度与载体加速度相同，而角位移可反映加速度 a_1 的大小。

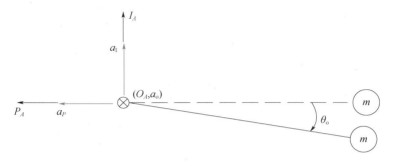

图 3-2　挠性摆组件的示意图

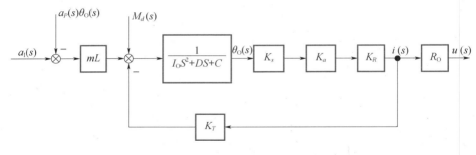

图 3 - 3　挠性摆的系统原理图

$$i_{ss} = \frac{mLK_sK_aK_R}{C + K_sK_aK_RK_T}a_1 \qquad (3-4)$$

式中：i_{ss} 为稳态时的力反馈电流，其与稳定角位移成正比。可见 i_{ss} 即反映了 a_1 的大小，实际测量中测量得到是与该电流对应的电压值 u。

☑ 3.2.2　卫星导航设备

卫星导航是接收导航卫星发送的导航定位信号，并以导航卫星作为动态已知点，实时地测定运动载体的位置和速度，进而完成导航[10]。卫星导航系统可为地球表面和近地空间的各类用户提供全天候、全天时、高精度的导航和时间服务。目前世界主要有 4 种卫星导航系统，分别是美国的 GPS 卫星导航系统，俄罗斯的 GLONSS 卫星导航系统，欧盟成员研制的 GALILEO 卫星导航系统，以及中国的北斗卫星导航系统。卫星导航接收设备是运动载体接收导航卫星信号并进行信号处理的设备。以下以美国 GPS 系统为例对卫星导航的基本原理进行介绍。

GPS 的测量信息主要为伪距测量和载波相位测量。

1）伪距测量

伪距测量是通过计算 GPS 信号由导航卫星到用户接收机的传播时间，进而确定用户接收机距离导航星的距离，以此作为定位的测量信息。GPS 导航系统中存在三种时间系统[11]：

（1）各颗 GPS 卫星的时间标准；

（2）各台 GPS 信号接收机的时间标准；

（3）统一上述两种时间标准的 GPS 时间系统（简称 GPS 时系）。

在相关接收机中,GPS 信号接收机振荡产生与 GPS 卫星播发信号相同的一组 P 码(或 CA 码),通过延迟器与接收到的卫星信号进行相关,测出本机信号延迟量,即为卫星信号的传播时间。

第 k 个接收机的钟差为

$$\delta t_k = t_k - T_k \tag{3-5}$$

式中:t_k 为接收机时钟读数;T_k 为相对 GPS 时的理想接收时。

第 j 颗导航星的钟差为

$$\delta t^j = t^j - T^j \tag{3-6}$$

式中,t^j 为第 j 颗导航星发射信号时的星钟钟面读数;T^j 为相对 GPS 时的理想信号发射时。

信号理想的传播时间为 $\tau = T_k - T^j$。可以得到伪距与理想距离间的关系为

$$\tilde{\rho}_k^j = C(t_k - t^j) = \rho_k^j + C(\delta t_k - \delta t^j) = \rho_k^j + C\delta t_k^j \tag{3-7}$$

式中:$\delta t_k^j = \delta t_k - \delta t^j$,C 为光速。

由于大气以及电离层对测码伪距的影响,即实际的传播时间要比相对真实距离的传播时间长,将时间延迟考虑为距离误差,对伪距模型进行修正得到

$$\tilde{\rho}_k^j(t_i) = \rho_k^j(t_i) + C\delta t_k^j(t_i) + \delta\rho_{\text{ion}}(t_i) + \delta\rho_{\text{trop}}(t_i) \tag{3-8}$$

式中:(t_i) 为对应测量历元 t_i 的测量值,$\delta\rho_{\text{ion}}(t_i)$ 和 $\delta\rho_{\text{trop}}(t_i)$ 分别为电离层和对流层时延造成的距离误差。

2)载波相位测量

载波相位观测是通过测量 GPS 卫星发射的载波信号从导航星到 GPS 接收机传播路径上的相位变化 φ,从而确定传播距离,即 $\rho = \lambda\varphi$,其中 $\lambda = \dfrac{C}{f}$,f 为光波频率。

设第 k 个接收机在 t_i 时刻的基准载波相位为 $\phi_k(t_i)$,而第 j 颗导航星在发射时刻 t^j(与接收时刻 t_i 相对应)的相位为 $\phi_k^j(t^j)$,两信号的初始频率和相位均完全相同。而 GPS 导航星发射出的信号 $\phi_k^j(t^j)$ 在发射后其相位不变,当该信号被接收后,通过比较接收时刻接收机参考信号相位 $\phi_k(t_i)$ 与接收信号 $\phi_k^j(t^j)$ 间的相位,相位差 $\varphi_k^j(t_i) = \phi_k(t_i) - \phi_k^j(t^j)$ 就反映了信号的传播时间,也就反映出了传播距离 $\rho = \lambda\varphi_k^j(t_i)$。

直接比较信号的相位通常只能得到两信号间小于一个周期的相位差 $F_k^j(t_i)$，相位差还存在整周期数 $N_k^{*j}(t_i)$，实际的相位差应该表示为

$$\varphi_k^{*j}(t_i) = N_k^{*j}(t_i) + F_k^j(t_i) \qquad (3-9)$$

其中，真实的 $N_k^{*j}(t_i)$ 很难获得。

不同时刻的相位测量值表示为

$$\varphi_k^j(t_i) = N_k^{*j}(t_i) + N_k^j(t_1) + F_k^j(t_i) = \varphi_k^{*j}(t_i) + N_k^j(t_1) \qquad (3-10)$$

式中：$N_k^j(t_1)$ 为历元 t_1 时刻的整周期模糊数。若接收机对第 j 颗导航星 t_1 时刻后不失锁，则接收机对第 j 颗卫星相位测量的整周期模糊数始终为 $N_k^j(t_1)$。

相位与时间相关，由于时间系统之间的偏差，以及载波在电离层的延迟，使得相位差分测量同样存在偏差。测量相位测量得到距离测量信息为

$$\lambda\varphi_k^j(t_i) = \rho_k^j(t_i, t_i - \tau_k^j) + \lambda N_k^j(t_1) + C\delta t_k^j + C\delta\tau_{\text{trop}}(t_i) + C\delta\tau_{\text{ion}}(t_i)$$

$$(3-11)$$

式中：$\delta t_k^j = \delta t_k - \delta t^j$；$C\delta\tau_{\text{trop}}(t_i)$ 为对流层延迟造成的距离误差；$C\delta\tau_{\text{ion}}(t_i)$ 为电离层延迟造成的距离误差。

与伪距测量相比，相位差分测量多了整周模糊数 $N_k^j(t_1)$ 相关项。

3）定位方法

伪距和相位差分测量值本质上都提供了接收机与导航星间距离的测量信息。实际定位计算中采用的方式主要有以下两类。

（1）依据距离测量信息，构建与待估计状态相关的测量方程。可见导航星不少于 4 颗时，在初始位置处进行线性化，采用最小二乘估计可得到位置修正量，结合初始位置即得到位置估计；利用伪距率测量，采用相同的方法还可以得到速度估计值；

（2）依据距离测量信息，构建与待估计状态相关的测量方程，可见导航星不少于 4 颗；同时，利用运动体的动力学模型作为状态方程，基于最优滤波方法设计滤波器，估计得到载体的位置和速度。

由于测量得到的伪距以及相位差分测量含有多种误差，如钟差、电离层延迟、对流层延迟等，为提高测量信息的精度，可对测量信息进行差分处理以消除部分测量误差。

3.2.3 微波雷达

微波雷达利用电磁波来探测目标器相对于雷达的距离和方位。雷达天线

把发射机提供的电磁波对目标器进行发射,这些电磁波碰到目标,被反射回来或由目标器上的应答机发射回来,再由雷达上的天线接收后送至信号处理设备进行数据处理,提取所需要的相对距离、相对距离变化率和方位角等信息。微波雷达所采用的电磁波波长范围可从分米波直至毫米波。其中,分米波段包括 L 波段和 S 波段,厘米波段包括 X 波段、Ku 波段、K 波段和 Ka 波段[11,12]。

微波雷达适用于交会对接中远距离的相对测量。在美国早期的交会对接任务中,微波雷达占据了重要地位。"双子座"计划采用了 L 波段脉冲体制、干涉仪测角原理的微波雷达;"阿波罗"飞船登月采用 X 波段单脉冲比幅连续波雷达,侧音测距、载波多普勒测速、单脉冲测角;航天飞机上采用 Ku 波段脉冲多普勒交会雷达,采用脉冲多普勒测速,脉冲测距、单脉冲比幅测角[13]。

1. 微波雷达的组成

微波雷达的组成及作用如下。

（1）发射机:发射机的功能是产生某一所需功率电平的射频波形。

（2）接收机:接收机的作用是将雷达发射出去的电磁波经目标反射后返回的微弱回波从伴随的噪声和干扰中选择处理,通过适当的滤波和放大到一定电平,供信号处理器使用。

（3）天线:在发射时,天线把电磁波能量集中会聚在确定的波束范围内并将波束指向预定的方向;接收时,天线又在特定的方向上形成波束,收集由目标反射回的电磁波能量,然后经传输线传送到接收机。目标相对雷达角坐标的测量,主要由天线的波瓣形状和运动方式来决定。

（4）数字信号处理器:雷达信号处理器主要完成①数字脉冲压缩;②回波信号处理;③恒虚警检测;④数字滤波;⑤闭环跟踪;⑥距离、速度、角度和角速率提取;⑦系统标校、故障检测、显示。

2. 距离测量原理

距离测量原理包括如下几种。

1）调频法测量

调频连续波测量方法的原理是通过电压振荡器产生等幅的、频率调制的连续波,通过测量发射信号和接收信号的差频以及多普勒频移测得两个航天器之间的相对距离和相对距离变化率。其中相对距离表达为

$$R = \frac{f_b C}{4\Delta f} T \qquad\qquad (3-12)$$

式中：f_b 为发射信号和接收信号的差频；C 为光速；Δf 为调频带宽；T 为连续波的周期。

2）脉冲法测量

脉冲测量方法分非相干脉冲法和相干脉冲法。

（1）非相干脉冲法。脉冲测量方法是脉冲雷达最基本的方法，电磁波在空间以光速传播，遇到目标后部分能量返回雷达，由雷达接收机放大并检波。通过测量发射脉冲和接收回波之间的时延 τ 可以得到相对距离，即

$$R = \frac{C}{2}\tau \qquad (3-13)$$

非相干法测量简单，但是精度不高。

（2）相干脉冲法。与非相干脉冲法相比，相干脉冲的发射信号和接收回波的相位都是已知的，因为雷达系统使用了唯一的标准振荡源，雷达各种信号无论如何变换相位都是确定的。对于固定目标，回波的相位也只是增加一个固定量，即

$$\phi = 2\pi f\tau = 2\pi f \frac{2R}{C} \qquad (3-14)$$

由此可得径向距离

$$R = \frac{\phi C}{4\pi f} \qquad (3-15)$$

3. 距离变化率测量原理

距离变化率测量方法一般分多普勒测速法和微分法，介绍如下。

1）多普勒测速法

当目标与雷达之间存在相对速度时，接收到回波信号的载频相对于发射信号的载频会产生一个频移，这个频移在物理学上称为多普勒频移。当目标向着雷达运动时，相对速度大于零，回波载频提高；反之，相对速度小于零，回波载频降低。雷达只要能测量出回波信号的多普勒频移，就可以确定目标与雷达之间的相对径向速度。

当多普勒频移为 f_d 时，相对速度为

$$V = \frac{\lambda f_d}{2} \qquad (3-16)$$

式中：λ 为连续波的波长。

2）微分法

相对速度的测量也可以利用微分法得到

$$V = \frac{R_2 - R_1}{T} \tag{3-17}$$

式中：T 为脉冲重复周期；R_2、R_1 为前后两次相邻回波测得的距离。

利用微分测速算法简单，但是测量精度不高。

4. 角度测量

角度测量分相位法和振幅法。

1）相位法

相位法测角也称干涉仪测角，它是利用两个或多个天线所接收的回波相位差进行测角。若两副天线之间的间隔为 d，当目标与雷达天线法线之间的夹角为 θ 时，两副天线接收到的目标回波信号波程差为 $\Delta R = d\sin\theta$。将波程差转换为相位差 $\Delta\varphi$，由相位比较器测得 $\Delta\varphi$ 为：

$$\Delta\varphi = 2\pi\Delta R/\lambda = 2\pi d\sin\theta/\lambda \tag{3-18}$$

式中：λ 为雷达工作波长；由相位比较器测出相位差 $\Delta\varphi$ 后，根据式（3-18）就可以求出 θ。

2）振幅法

由于天线波束有一定的方向图，在雷达天线波束照射目标的驻留时间内，可收到 N 个目标回波，从这些目标回波信号中找出信号幅度最大处所对应的角度，即雷达天线波束中心指向目标的时刻，它就是目标的方位角。

3.2.4　激光雷达

激光雷达是一种主动式的现代光学遥感技术，是雷达技术与激光技术相结合的产物。激光雷达以激光作为载波，激光具有高亮度性、高方向性、高单色性和高相干性等特点，因此激光雷达具有一系列独特的优点：角分辨率高、距离分辨率高、速度分辨率高、测速范围广、能获得目标的多种图像、抗干扰能力强。同时激光雷达的体积和质量都比微波雷达小，使用方便灵活。

用于空间交会对接的激光雷达可以测量相对距离、相对距离的变化率、视线方位角和仰角及两个角度的变化率，作用距离远端从数十千米开始，近端可到 1m 以内。

下面对激光雷达的测量原理进行介绍[11]:

1) 测距原理

激光雷达测距有两种体制:相干探测体制和非相干探测体制(又称直接探测体制)。激光雷达相干检测系统原理和微波雷达相同,由于频段提高得很多,所以使测距精度大大提高。而直接测量体制根据探测波的不同又可以分为相位测量方式和脉冲测量方式。

(1) 相位测量方式。

相位测量是发射连续调制的激光束,测量返回信号与本振信号的相位差,再根据相位差与距离差的关系式得到相对距离

$$L = \frac{C\phi}{4\pi f} \tag{3-19}$$

式中:C 为真空中光速;ϕ 为本振信号与回波信号的相位差;f 为激光调制频率;L 为目标到激光雷达的距离。

(2) 脉冲直接测量方式。

脉冲直接测量方式是通过发射激光脉冲信号,照射到目标后返回,目标到激光雷达的距离 L 为

$$L = \frac{CT}{2} \tag{3-20}$$

式中:T 为激光发射脉冲与接收到回波脉冲的时间间隔。

2) 测角原理

测角常用的体制有四象限跟踪法、单脉冲法、圆锥扫描法、扫描成像法。其中四象限跟踪法和扫描成像法应用的最为广泛,四象限跟踪测角是利用四象限跟踪方法跟踪目标器的同时,通过安装在带动激光雷达转动的伺服电机上的角编码器,测得视线方位角和俯仰角;扫描成像测角是通过对激光扫描探测所得到信息,利用图像处理方法,找出目标器的位置,从而实现对目标器的角度测量。

3) 距离变化率测量体制

距离变化率的直接测量采用基于多普勒原理的激光外差测速和音频测速,间接测量方法采用相对距离微分,前者的精度要优于后者。

4) 视线角变化率测量体制

四象限跟踪测角方式下,可以通过伺服平台测速电机,测得视线角的变化

率;其他方式下,可以通过角度微分方式间接得到角度的变化率。

5) 扫描体制

激光的波束窄,为实现大范围捕获,需要引入光束扫描,主要的方法有双光楔扫描、双振镜扫描、转鼓加振镜扫描、计算机全系光栅扫描。

3.2.5　成像式交会对接敏感器

不同的交会对接任务其阶段划分虽有差别,但在数百米直至对接的范围,为获得高精度的相对位置和相对姿态信息,均将成像式交会对接敏感器(CRDS)作为主要测量设备[11,14,15]。

1.基本原理

在 CRDS 的目标标志器上安装三个以上的特征光点 $A,B,C,\cdots$,CRDS 的相机对这些特征光点成像,对应像点为 $a,b,c,\cdots$,经信息处理器进行图像处理,完成光点提取和识别,得到像点在相机坐标系下的坐标值,最后通过测量算法解算出标志器坐标系 $O_\mathrm{T}X_\mathrm{T}Y_\mathrm{T}Z_\mathrm{T}$ 与相机坐标系 $O_\mathrm{C}X_\mathrm{C}Y_\mathrm{C}Z_\mathrm{C}$ 之间的相对位置和姿态(测量原理如图 3 - 4 所示)。由于目标标志器和相机在目标器和追踪器上的安装位置及安装方位为已知,因此可通过坐标系转换将上述测量量转换为所需的相对测量信息。

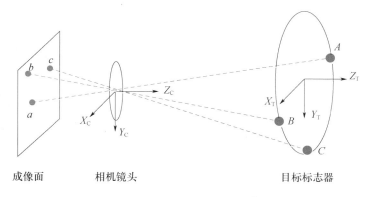

图 3 - 4　成像式交会对接测量敏感器测量原理示意图

设第 i 个光点在目标标志器坐标系下的坐标为 $\boldsymbol{p}_i = \left[X_{\mathrm{T}i}, Y_{\mathrm{T}i}, Z_{\mathrm{T}i} \right]_{|\mathrm{T}|}^{\mathrm{T}}$,在相机坐标系下的坐标为 $\boldsymbol{r}_i = \left[X_{\mathrm{C}i}, Y_{\mathrm{C}i}, Z_{\mathrm{C}i} \right]_{|\mathrm{C}|}^{\mathrm{T}}$,其在相机成像面上的对应像点在相机坐标系下的坐标为 $\boldsymbol{I}_i = \left[x_i^t, y_i^t, -f \right]_{|\mathrm{C}|}^{\mathrm{T}}$,$\boldsymbol{C}_{\mathrm{CaTar}}$ 为相机坐标系相对于目标标

志器坐标系的姿态阵,对应的姿态角为 $\boldsymbol{\theta}_1,\boldsymbol{\theta}_2,\boldsymbol{\theta}_3$,$\boldsymbol{M}=[x_M,y_M,z_M]^T$ 为目标标志器坐标系原点在相机坐标系下的位置坐标,则有

$$\begin{bmatrix} X_{Ci} \\ Y_{Ci} \\ Z_{Ci} \end{bmatrix} = \boldsymbol{C}_{CaTar}(\boldsymbol{\theta}_1,\boldsymbol{\theta}_2,\boldsymbol{\theta}_3)\begin{bmatrix} X_{Ti} \\ Y_{Ti} \\ Z_{Ti} \end{bmatrix} + \boldsymbol{M}(i=1,\cdots,N) \qquad (3-21)$$

根据相机成像原理可得

$$\begin{cases} x_i^t = -X_{Ci}f/Z_{Ci} \\ y_i^t = -Y_{Ci}f/Z_{Ci} \end{cases} \qquad (3-22)$$

2.单目测量算法

根据以上测量原理,可以得到一组非线性方程组,n 个光点都满足如下方程:

$$f_{i1}(\boldsymbol{\theta}_1,\boldsymbol{\theta}_2,\boldsymbol{\theta}_3,x_M,y_M,z_M) = x_i^t + X_{Ci}f/Z_{Ci} = 0,(i=1,\cdots,n) \quad (3-23)$$

$$f_{i2}(\boldsymbol{\theta}_1,\boldsymbol{\theta}_2,\boldsymbol{\theta}_3,x_M,y_M,z_M) = y_i^t + Y_{Ci}f/Z_{Ci} = 0,(i=1,\cdots,n) \quad (3-24)$$

式中:x_i^t,y_i^t 为直接测量信息;f 为常量;待估计量为 $\boldsymbol{\theta}_1,\boldsymbol{\theta}_2,\boldsymbol{\theta}_3,x_M,y_M,z_M$。通过求解该非线性方程组可以得到估计量[16]。

将以上问题归结为一般形式的非线性方程组:

$$\begin{cases} f_1(x_1,x_2,\cdots,x_n)=0 \\ \qquad\vdots \qquad\qquad\qquad m\geqslant n \\ f_m(x_1,x_2,\cdots,x_n)=0 \end{cases} \qquad (3-25)$$

其中,$f_i(i=1,2,\cdots,m)$ 是定义在 n 维 Euclid 空间 R^n 中开域 D 上的非线性实值函数。若用矢量记号,令 $\boldsymbol{F}(\boldsymbol{x})=\begin{bmatrix} f_1(\boldsymbol{x}) \\ \vdots \\ f_m(\boldsymbol{x}) \end{bmatrix},\boldsymbol{x}=\begin{bmatrix} x_1 \\ \vdots \\ x_n \end{bmatrix},\boldsymbol{0}=\begin{bmatrix} 0 \\ \vdots \\ 0 \end{bmatrix}$

则方程组(3-25)可改写为 $\boldsymbol{F}(\boldsymbol{x})=\boldsymbol{0}$

$\boldsymbol{F}(\boldsymbol{x})$ 的雅可比(Jacobi)矩阵为 $\boldsymbol{F}'(\boldsymbol{x})=\begin{bmatrix} \dfrac{\partial f_1}{\partial x_1} & \dfrac{\partial f_1}{\partial x_2} & \cdots & \dfrac{\partial f_1}{\partial x_n} \\ \dfrac{\partial f_2}{\partial x_1} & \dfrac{\partial f_2}{\partial x_2} & \cdots & \dfrac{\partial f_2}{\partial x_n} \\ \vdots & \vdots & \cdots & \vdots \\ \dfrac{\partial f_m}{\partial x_1} & \dfrac{\partial f_m}{\partial x_2} & \cdots & \dfrac{\partial f_m}{\partial x_n} \end{bmatrix}$。

由此可得计算非线性方程组最小二乘解的迭代公式为

$$\boldsymbol{x}_{k+1} = \boldsymbol{x}_k + \alpha_k^* \boldsymbol{p}_k \tag{3-26}$$

式中：$\boldsymbol{p}_k$ 为线性代数方程组 $\boldsymbol{F}_k' \boldsymbol{p}_k = -\boldsymbol{F}_k$ 的最小二乘解，即 $\boldsymbol{p}_k = -(\boldsymbol{F}_k')^+ \boldsymbol{F}_k$，其中 $(\boldsymbol{F}_k')^+$ 为第 k 次迭代值 $\boldsymbol{x}_k$ 的雅可比矩阵的广义逆矩阵；$\boldsymbol{F}_k$ 为第 k 次迭代值的左端函数值，即 $\boldsymbol{F}_k = [\boldsymbol{f}_1(\boldsymbol{x}_k), \boldsymbol{f}_2(\boldsymbol{x}_k), \cdots, \boldsymbol{f}_m(\boldsymbol{x}_k)]^{\mathrm{T}}$；$\alpha_k^*$ 为使 α_k 的一元函数（3-27）式达到极小值的自变量值：

$$g(\alpha_k) = \sum_{i=1}^{m} \boldsymbol{f}_i^2(\boldsymbol{x}_k + \alpha_k \boldsymbol{p}_k) \tag{3-27}$$

3. 双目测量算法

采用双目测量算法，可直接得到光点位置在相机坐标系中坐标的最小二乘解析解，再利用双矢量定姿原理可计算两航天器之间的相对姿态，进而求得相对位置[16]。

双目测量算法是一种利用立体视觉的方法确定两个航天器的相对位置和姿态的方法，属于计算机视觉理论，其方法已经在很多领域得到了应用。其基本原理是利用同一点在不同相机中的成像视差计算出该点的空间坐标。

图 3-5 给出了双目测距原理。

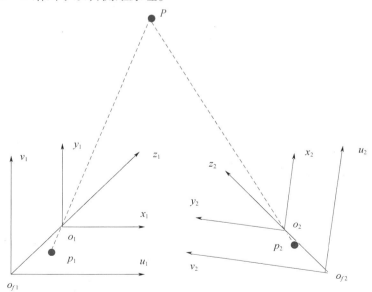

图 3-5　双目测距原理

图 3-5 中 $O_1X_1Y_1Z_1$ 为主相机坐标系统,即左相机系坐标系,原点 O_1 为投影中心,O_1Z_1 轴与主光轴重合,$O_{f_1}U_1V_1$ 为像平面坐标系,$O_1O_{f_1}=f$,相机的像平面位于相机的焦距处,$O_2X_2Y_2Z_2$ 为右相机坐标系,原点 O_2 为投影中心,主光轴与 O_2Z_2 轴重合,$O_2O_{f_2}=f$,相机的像平面位于相机的焦距处。

设两相机之间相对位置用 ΔR 表示,相对姿态用姿态旋转矩阵 CR 表示,则有

$$\Delta R = \begin{bmatrix} \Delta x \\ \Delta y \\ \Delta z \end{bmatrix}, CR = \begin{bmatrix} r_{11} & r_{12} & r_{13} \\ r_{21} & r_{22} & r_{23} \\ r_{31} & r_{32} & r_{33} \end{bmatrix}$$

设第 i 个光点在第 1 台相机(主相机)坐标系下的坐标为 $r_i^1 = [X_{C1i}, Y_{C1i}, Z_{C1i}]_{|C1|}^T$,则其在第 2 台相机(副相机)坐标系下的坐标 $r_i^2 = [X_{C2i}, Y_{C2i}, Z_{C2i}]_{|C2|}^T$ 满足如下表达式:

$$\begin{bmatrix} X_{C2i} \\ Y_{C2i} \\ Z_{C2i} \end{bmatrix}_{|C2|} = C_{|C2||C1|} \left(\begin{bmatrix} X_{C1i} \\ Y_{C1i} \\ Z_{C1i} \end{bmatrix}_{|C1|} - M_{C2|C1|} \right) \tag{3-28}$$

式中:$C_{|C2||C1|} \triangleq [c_{ij}]$ 为第 2 台相机坐标系相对于第 1 台相机坐标系的姿态矩阵;$M_{C2|C1|} \triangleq [x_{c2}, y_{c2}, z_{c2}]^T$ 为第 2 台相机坐标系原点在第 1 台相机坐标系下的坐标;$C_{|C2||C1|}$、$M_{C2|C1|}$ 可由两台相机的安装方位和安装位置确定。

由测量原理可知第 i 个光点在两台相机坐标系下的坐标分别为

$$\begin{cases} x_i^{t1} = -X_{C1i}f/Z_{C1i} \\ y_i^{t1} = -Y_{C1i}f/Z_{C1i} \end{cases} \tag{3-29}$$

$$\begin{cases} x_i^{t2} = -X_{C2i}f/Z_{C2i} \\ y_i^{t2} = -Y_{C2i}f/Z_{C2i} \end{cases} \tag{3-30}$$

式中:像点坐标 $[x_i^{t1}, y_i^{t1}]$、$[x_i^{t2}, y_i^{t2}]$ 可由两相机分别成像提取得到。将式(3-28)代入式(3-29)和式(3-30),化简可得

$$\begin{cases} x_i^{t1}Z_{C1i} + X_{C1i}f = 0 \\ y_i^{t1}Z_{C1i} + Y_{C1i}f = 0 \\ x_i^{t2}[c_{31}(X_{C1i} - x_{c2}) + c_{32}(Y_{C1i} - y_{c2}) + c_{33}(Z_{C1i} - z_{c2})] \\ \quad + [c_{11}(X_{C1i} - x_{c2}) + c_{12}(Y_{C1i} - y_{c2}) + c_{13}(Z_{C1i} - z_{c2})]f = 0 \\ y_i^{t2}[c_{31}(X_{C1i} - x_{c2}) + c_{32}(Y_{C1i} - y_{c2}) + c_{33}(Z_{C1i} - z_{c2})] \\ \quad + [c_{21}(X_{C1i} - x_{c2}) + c_{22}(Y_{C1i} - y_{c2}) + c_{23}(Z_{C1i} - z_{c2})]f = 0 \end{cases} \tag{3-31}$$

$$\text{令} A = \begin{bmatrix} f & 0 & x_i^{t1} \\ 0 & f & y_i^{t1} \\ c_{31}x_i^{t2}+c_{11}f & c_{32}x_i^{t2}+c_{12}f & c_{33}x_i^{t2}+c_{13}f \\ c_{31}y_i^{t2}+c_{21}f & c_{32}y_i^{t2}+c_{22}f & c_{33}y_i^{t2}+c_{23}f \end{bmatrix}$$

$$B = \begin{bmatrix} 0 \\ 0 \\ x_i^{t2}(c_{31}x_{c2}+c_{32}y_{c2}+c_{33}z_{c2})+f(c_{11}x_{c2}+c_{12}y_{c2}+c_{13}z_{c2}) \\ y_i^{t2}(c_{31}x_{c2}+c_{32}y_{c2}+c_{33}z_{c2})+f(c_{21}x_{c2}+c_{22}y_{c2}+c_{23}z_{c2}) \end{bmatrix}$$

则式(3-31)可改写为：$Ar_i^1 = B$。当 A 为列满秩矩阵时，利用最小二乘法求解可得

$$r_i^1 = (A^{\mathrm{T}}A)^{-1}A^{\mathrm{T}}B \tag{3-32}$$

由式(3-32)即可得到第 i 个光点在第 1 台相机坐标系下的准确坐标。当求出全部 N 个光点在主相机坐标系下的坐标后，由于光点在目标标志器下的安装位置已知，通过多矢量定姿即可得到目标标志器相对于主相机坐标系的相对姿态，具体计算方法如下。

对于全部 N 个光点分别满足测量原理，消去 $M_{\mathrm{T|C|}}$ 可得

$$(r_i - r_1) = C_{\mathrm{|C||T|}}(p_i - p_1) \quad (i = 2,\cdots,N) \tag{3-33}$$

定义参考矢量阵为 $V = [p_2 - p_1, p_3 - p_1, \cdots, p_N - p_1]$，观测矢量阵为 $U = [r_2^1 - r_1^1, r_3^1 - r_1^1, \cdots, r_N^1 - r_1^1]$，则由式(3-33)可得 $U = C_{\mathrm{|C||T|}} V$ 或改写为 $V = C_{\mathrm{|T||C|}} U$。范数最小解为

$$C_{\mathrm{|T||C|}} = VU^+ \tag{3-34}$$

由于所有光点不共线，因此观测矢量矩阵 U 的秩为 2 或 3。

（1）若矩阵 U 的秩为 3：此时矩阵 U 为行满秩矩阵，可取矩阵 $B = I, C = U$，此时 $U^+ = U^{\mathrm{T}}(UU^{\mathrm{T}})^{-1}$，代入式(3-34)可得

$$C_{\mathrm{|T||C|}} = VU^{\mathrm{T}}(UU^{\mathrm{T}})^{-1} \tag{3-35}$$

一般情况下，通过上式求解得到的相对姿态矩阵 $C_{\mathrm{|T||C|}}$ 为非正交矩阵，若直接将姿态矩阵 $C_{\mathrm{|T||C|}}$ 正交化，则又不满足观测方程，因此可将观测矢量误差阵 ΔU 作为优化极值指标，在最优化情况下对姿态矩阵 $C_{\mathrm{|T||C|}}$ 正交化，最终可得相对姿态矩阵 $C_{\mathrm{|T||C|}}$ 的最优解为

$$C^*_{\{T\}\{C\}} = \frac{1}{2} C_{\{T\}\{C\}} (3I - C^T_{\{T\}\{C\}} C_{\{T\}\{C\}}) \qquad (3-36)$$

式中：$C_{\{T\}\{C\}}$ 由式(3-35)确定。

得到相对姿态矩阵 $C^*_{\{T\}\{C\}}$ 后，根据测量原理，可得到相对位置：

$$M_{T\{C\}} = \frac{1}{N} \sum_{i=1}^{N} (r_i^1 - C^*_{\{T\}\{C\}} p_i) \qquad (3-37)$$

（2）若矩阵 U 的秩为 2：此时全部光点共面，利用双矢量定姿的相关原理，可以引入与平面垂直的法线矢量作为辅助测量，即在参考矢量矩阵 V 中增加列向量：

$$\frac{(p_2 - p_1) \times (p_3 - p_1)}{\| (p_2 - p_1) \times (p_3 - p_1) \|} \qquad (3-38)$$

在观测矢量矩阵 U 相应的增加列向量：

$$\frac{(r_2^1 - r_1^1) \times (r_3^1 - r_1^1)}{\| (r_2^1 - r_1^1) \times (r_3^1 - r_1^1) \|} \qquad (3-39)$$

由此得到的新的观测矢量阵 U 为行满秩矩阵；进而可利用式(3-36)和式(3-37)求解相对姿态旋转矩阵和相对位置。

4. 光点布局问题

CRDS 目标标志器上的光点个数选取和光点布局设计与具体测量方案有关，设计时主要考虑测量算法、测量精度、光点识别、冗余能力和可靠性、重量、功耗以及安装条件等，对于采用单目迭代测量算法的成像式交会对接测量敏感器，在选择光点个数、设计光点布局时还必须考虑测量方程组求解的有效性问题[14]。

1）光点数选择

根据双矢量定姿的相关原理，为了获得两航天器的相对位置和姿态，至少需要 3 个特征光点。对于最基本的三光点布局，像点坐标 I_i 由成像式交会对接敏感器成像提取得到，其提取误差为 $\sigma_{I_i} = (\sigma_{I_{ix}}, \sigma_{I_{iy}})$，利用测量精度分析方法可以得到相对位置和姿态解算误差 $\sigma = (\sigma_{x_M}, \sigma_{y_M}, \sigma_{z_M}, \sigma_{\alpha_1}, \sigma_{\alpha_2}, \sigma_{\alpha_3})$ 与像点提取误差 σ_{I_i} 之间的误差传递关系，其传递系数由目标标志器与相机之间的相对位置、相对姿态、像点坐标以及光点在标志器坐标系下的坐标决定。

当特征光点数大于 3 个时，为分析相对位置和姿态的解算精度，可将该光点布局分解成若干个三光点子布局，对每一个三光点子布局分别求解相对位置和姿态,最后对这些解算量取算术平均值,可得需要的相对位置和姿态,相对位置和姿态的解算精度可由上述求解过程得到。

若对每个三光点子布局的测量过程都是独立的,且通过每一个三光点子布局解算得到的相对位置和姿态标准差 σ_i 都相同,均为 σ,那么算术平均值的标准差 $\bar{\sigma}$ 与单次测量的标准差 σ 有如下关系:

$$\bar{\sigma} = \sqrt{D(\bar{x})} = \sqrt{D\left(\frac{1}{n}\sum_{i=1}^{n} x_i\right)} = \sqrt{\frac{1}{n^2}\sum_{i=1}^{n}\sigma_i^2} = \frac{1}{\sqrt{n}}\sigma \qquad (3-40)$$

对于 4 光点布局,其三光点子布局的个数为 $n = C_4^3 = 4$;

对于 5 光点布局为 $n = C_5^3 = 10$;

对于 6 光点布局为 $n = C_6^3 = 20$;

对于 7 光点布局为 $n = C_7^3 = 35$;依次类推……。

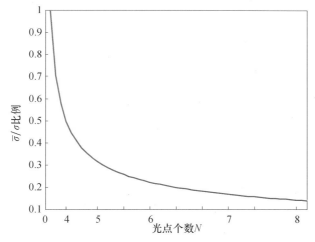

图 3-6　$\bar{\sigma}/\sigma$ 与光点个数 N 的对应关系曲线

由此可见,光点个数越多,N 值越大,算术平均值的标准差越小,精度可以提高,图 3-6 给出了 $\bar{\sigma}/\sigma$ 与光点个数 N 的关系曲线。图中,当光点个数 N 增加时,$\bar{\sigma}/\sigma$ 逐渐减小,测量精度提高,但当光点个数达到一定数目时,再增加光点数量,精度提高得却很慢。因此,要提高相对位置和姿态的解算精度,不能只简单地增加特征光点数目,还要从其他方面考虑。综合考虑功耗、故障冗余及光点识别的复杂程度等因素,最终确定目标标志器上光点个数的最佳选取范围是 4~6 个。

2）四光点平面布局求解有效性分析

四光点平面布局，特别是正方形光点布局，是一种较为常见的光点布局形式。一般说来，对于只考虑正解的情况，通过四光点平面布局求解可得唯一的相对位置和姿态。但对于采用迭代测量算法的测量方案，由于迭代算法为单值算法，若初值选取不当，仍然会得到伪解。

定理 3.1[14]　若光点数量为 4 个，光点布局和成像条件分别满足：①4 个光点组成共面四边形，且位于目标标志器坐标系 xy 平面内；②4 个像点不重合且不共线；对该四光点布局成像求解相对位置和相对姿态时，测量方程组始终存在两组解 $C^1_{\{C\}\{T\}}$、$M^1_{T\{C\}}$ 和 $C^2_{\{C\}\{T\}}$、$M^2_{T\{C\}}$，其中一组是真解，另一组是伪解，且这两组解存在如下确定的转换关系：

$$C^1_{\{C\}\{T\}} = C^2_{\{C\}\{T\}} \cdot \begin{bmatrix} -1 & 0 & 0 \\ 0 & -1 & 0 \\ 0 & 0 & 1 \end{bmatrix}, M^1_{T\{C\}} = -M^2_{T\{C\}} \qquad (3-41)$$

3）五光点布局求解有效性分析

五光点布局是在四光点平面布局的基础上增加一个突出光点，分析五光点布局的求解有效性，可以给出定理 3.2。

定理 3.2[14]　若光点数量为 5 个，光点布局和成像条件分别满足：①4 个光点组成共面四边形，另 1 个光点在平面外，且共面 4 光点位于目标标志器坐标系 xy 平面内；②5 个像点不重合，且共面 4 个光点的像点不共线；对该五光点布局成像求解得到唯一相对位置和相对姿态的充分必要条件是：相机与目标标志器之间的相对位置和姿态旋转矩阵的各元素满足式（3-42）或式（3-43）：

$$(c_{11}X_{T5} + c_{12}Y_{T5} + c_{13}Z_{T5} + x_M)(-c_{31}X_{T5} - c_{32}Y_{T5} + c_{33}Z_{T5} - z_M) \neq$$
$$(c_{31}X_{T5} + c_{32}Y_{T5} + c_{33}Z_{T5} + z_M)(-c_{11}X_{T5} - c_{12}Y_{T5} + c_{13}Z_{T5} - x_M)$$

$$(3-42)$$

$$(c_{21}X_{T5} + c_{22}Y_{T5} + c_{23}Z_{T5} + y_M)(-c_{31}X_{T5} - c_{32}Y_{T5} + c_{33}Z_{T5} - z_M) \neq$$
$$(c_{31}X_{T5} + c_{32}Y_{T5} + c_{33}Z_{T5} + z_M)(-c_{21}X_{T5} - c_{22}Y_{T5} + c_{23}Z_{T5} - y_M)$$

$$(3-43)$$

式中：$C_{\{C\}\{T\}} \triangleq [c_{ij}]$，$i = 1 \cdots 3$，$j = 1 \cdots 3$。

4）六光点布局求解有效性分析

分析六光点布局的求解有效性，可以给出定理 3.3。

定理 3.3[14] 若光点数量为 6 个,光点布局和成像条件分别满足:①4 个光点组成共面四边形,另 2 个光点在平面外;②六个像点不重合,且共面 4 个光点的像点不共线;对该六光点布局成像求解相对位置和姿态时,测量方程组始终存在唯一解。

5.光点识别问题

由于在空间交会对接的最后逼近阶段,追踪器是在对接走廊内逐渐接近目标器,同时追踪器上的各种相对测量敏感器需要始终保持对目标器的捕获,这就要求 2 个航天器的相对位置和姿态在最后逼近阶段需限制在一定的范围内,因此对于光点识别方法而言,只需要在这种距离和姿态的限制条件下完成光点的正确识别,即可满足交会对接任务要求。目前主要有下述三种光点识别方法[15]。

(1)闪烁法:不同的光点以不同的频率闪烁,闪烁频率一定要低于测量频率。但这种方法会增加硬件设计方面的困难,降低光点的可靠性。

(2)几何法:设置特定的光点布局,根据光点之间特殊的几何关系对光点进行识别。采用该方法当考虑光点故障情况进行识别时存在一定难度。

(3)特征匹配法:利用特征光点的几何形状信息和约束条件,以及投影变换中的约束条件,实现特征光点的识别和匹配。

3.3 导航滤波方法

利用测量敏感器可以得到与需要估计状态相关的测量信息,而这些测量信息不可避免地存在测量误差;此外,通过分析系统运动规律建立系统的运动模型,也可提供有关待估计状态的信息。综合利用测量信息和运动模型信息对状态进行估计,就需要采用适当的信息提取方法,通常也称为导航滤波方法。

3.3.1 贝叶斯估计理论

一般离散随机系统可描述为

$$X_{k+1} = f(X_k) + w_k \tag{3-44}$$

$$Z_{k+1} = h(X_{k+1}) + v_{k+1} \tag{3-45}$$

式中:$X \in R^n$ 为系统状态;$Z \in R^m$ 为敏感器测量;w_k, v_k 分别为过程噪声和测量噪声,满足 $E[\boldsymbol{w}_k]=\boldsymbol{0}$,$\mathrm{Cov}(\boldsymbol{w}_k,\boldsymbol{w}_k)=\boldsymbol{Q}_k$,$E[\boldsymbol{v}_k]=\boldsymbol{0}$,$\mathrm{Cov}(\boldsymbol{v}_k,\boldsymbol{v}_k)=\boldsymbol{R}_k$,$\mathrm{Cov}(\boldsymbol{w}_i,\boldsymbol{v}_j)=\boldsymbol{0}$。

1964 年,Ho 和 Lee 基于贝叶斯理论,对一般性的统计滤波问题进行了阐述,并推导了一个理论闭环解,由此形成了贝叶斯估计理论[17]。贝叶斯估计理论认为,状态后验概率密度包含了有关状态的所有统计信息,可作为状态的统计描述。

设定状态序列为一阶马尔可夫随机序列,则贝叶斯估计可按照以下形式递推得到状态的后验概率密度

$$p(\boldsymbol{X}_{0:k+1}\mid\boldsymbol{Z}_{1:k+1})=p(\boldsymbol{X}_{0:k}\mid\boldsymbol{Z}_{1:k})\frac{p(\boldsymbol{Z}_{k+1}\mid\boldsymbol{X}_{k+1})p(\boldsymbol{X}_{k+1}\mid\boldsymbol{X}_k)}{p(\boldsymbol{Z}_{k+1}\mid\boldsymbol{Z}_{1:k})}\quad(3-46)$$

其中,

$$p(\boldsymbol{Z}_{k+1}\mid\boldsymbol{Z}_{1:k})=\int p(\boldsymbol{Z}_{k+1}\mid\boldsymbol{X}_{k+1})p(\boldsymbol{X}_{k+1}\mid\boldsymbol{X}_k)p(\boldsymbol{X}_k\mid\boldsymbol{Z}_{1:k})\mathrm{d}\boldsymbol{X}_{k:k+1}$$

$$(3-47)$$

若仅考虑对 $k+1$ 时刻的状态进行估计,这相当于对式(3-46)求取边缘分布

$$\begin{aligned}p(\boldsymbol{X}_{k+1}\mid\boldsymbol{Z}_{1:k+1})&=\int p(\boldsymbol{X}_{0:k+1}\mid\boldsymbol{Z}_{1:k+1})\mathrm{d}\boldsymbol{X}_{0:k}\\&=\frac{p(\boldsymbol{Z}_{k+1}\mid\boldsymbol{X}_{k+1})}{p(\boldsymbol{Z}_{k+1}\mid\boldsymbol{Z}_{1:k})}p(\boldsymbol{X}_{k+1}\mid\boldsymbol{Z}_{1:k})\end{aligned}\quad(3-48)$$

其中,

$$p(\boldsymbol{X}_{k+1}\mid\boldsymbol{Z}_{1:k})=\int p(\boldsymbol{X}_{k+1}\mid\boldsymbol{X}_k)p(\boldsymbol{X}_k\mid\boldsymbol{Z}_{1:k})\mathrm{d}\boldsymbol{X}_k\quad(3-49)$$

贝叶斯估计中必须进行如式(3-47)和式(3-49)所示的高维积分,而对一般非线性系统很难得到精确的解析解,只能进行近似。典型的近似贝叶斯估计方法包括线性最小方差估计、粒子滤波、高斯和滤波、插值滤波、栅格滤波等[18],这些方法的出发点均是从简化概率密度的描述,以及近似求解高维积分的角度得到近似形式的系统贝叶斯估计。

3.3.2　线性最小方差估计

线性最小方差估计的特点是:①估计算法结构为线性;②在线性结构滤波器中其估计方差最小;③算法中仅涉及状态/测量的均值、方差以及协方差。

对于如式（3－44）和式（3－45）所示的非线性系统，递推形式的状态线性最小方差估计描述如下[19]：

$$\hat{X}_{k+1} = \hat{X}_{k+1|k} + K_{k+1}(Z_{k+1} - \hat{Z}_{k+1|k}) \tag{3-50}$$

$$P_{k+1} = P_{k+1|k} - K_{k+1}P_{zz,k+1|k}K_{k+1}^{\mathrm{T}} \tag{3-51}$$

其中，

$$\hat{X}_{k+1|k} = E[X_{k+1}|Z_{1:k}] \tag{3-52}$$

$$P_{k+1|k} = E[(X_{k+1} - \hat{X}_{k+1|k})(X_{k+1} - \hat{X}_{k+1|k})^{\mathrm{T}}|Z_{1:k}] \tag{3-53}$$

$$P_{xz,k+1|k} = E[(X_{k+1} - \hat{X}_{k+1|k})(Z_{k+1} - \hat{Z}_{k+1|k})^{\mathrm{T}}|Z_{1:k}] \tag{3-54}$$

$$\hat{Z}_{k+1|k} = E[Z_{k+1}|Z_{1:k}] \tag{3-55}$$

$$P_{zz,k+1|k} = E[(Z_{k+1} - \hat{Z}_{k+1|k})(Z_{k+1} - \hat{Z}_{k+1|k})^{\mathrm{T}}|Z_{1:k}] \tag{3-56}$$

$$K_{k+1} = P_{xz,k+1|k}(P_{zz,k+1|k})^{-1} \tag{3-57}$$

为求解式（3－52）～式（3－56），首先需要得到预测概率密度 $p(X_{k+1}|Z_{1:k})$ 和 $p(Z_{k+1}|Z_{1:k})$。线性最小方差估计的设计重点存为：①如何获取概率密度 $p(X_k|Z_{1:k})$ 和 $p(X_{k+1}|Z_{1:k})$；②如何求解均值、方差和协方差计算时的高维积分。对以上两个重点问题处理方式的不同，又衍生出不同的线性最小方差滤波方法，如卡尔曼滤波、确定性采样滤波等。

☑ 3.3.3　卡尔曼滤波

若状态和测量的联合分布为高斯分布，则线性最小方差估计等价于贝叶斯估计意义下的最小方差估计。对于线性/高斯系统，线性最小方差估计即为熟知的卡尔曼滤波。对于一般非线性系统，应用线性最小方差估计设计滤波器时，通常很难获得状态/测量的均值、方差和协方差等统计参数的精确解析解，只能进行近似求解。

EKF 于 20 世纪 60 年代提出。EKF 应用一阶 Taylor 展开对状态的非线性函数进行线性化近似，利用近似得到的线性系统求得均值、方差以及协方差，从而构成近似形式的线性最小方差估计。50 年来，EKF 在非线性系统滤波器设计中广泛使用。但是，EKF 所固有的不足也早已被认识：①由于需要应用 Taylor 展式进行线性近似，所以 EKF 对于不可微的非线性系统无法应用；②对非线性函数尤其是高维非线性函数的线性化过程非常繁琐；③由于仅对非线性函数进行了一阶近似，所以对强非线性系统 EKF 的估计效果往往不够理想。

有关 EKF 方法的改进从提出 EKF 就一直是统计滤波研究领域的热点,典型的改进方法如:二阶 EKF(SEKF)方法和迭代 EKF 方法(IEKF)。但 SEKF 需要求解非线性函数的 Hessians 矩阵,IEKF 则需要系统状态本质完全可观。除了这些苛刻的应用条件外,这些方法很多情况下对估计精度的改善往往有限,同时还会带来较 EKF 大得多的计算量。

3.3.4 确定性采样滤波

确定性采样滤波是一类近似形式的线性最小方差估计,其主要特点是选择适当的采样点(Sigma 点),通过采样点非线性映射加权,得到状态非线性函数的均值、方差和协方差估计,而其采样点的选择采用确定性方式,而非如粒子滤波所采用的随机方式。

1.典型的确定性采样滤波方法

典型的确定性采样滤波方法主要包括无味卡尔曼滤波、分离插值滤波方法、高斯 – 厄米特滤波和容积卡尔曼滤波等。

1)无味卡尔曼滤波

无味卡尔曼滤波(Unscented Kalman Filtering,UKF)由英国学者 Simon Julier 和 Jeffrey Uhlmann 于 20 世纪 90 年代中期提出[20]。UKF 基于"对概率密度的近似较对非线性函数的近似更容易"的思想,采用 UT(Unscented Transformation)变换,按照状态的统计信息(通常为均值和方差)设置一定的采样点(即 Sigma 点)和相应的权值,通过采样点的非线性映射对状态非线性函数的统计参数进行近似求解,从而构成近似形式的线性最小方差估计。UKF 的优势在于:首先,UKF 不需要对非线性函数进行线性化,所以理论上对任意非线性系统均适用;另外,UKF 所得到的状态非线性函数统计参数的估值较 EKF 准确,可得到更为精确的状态估计结果。

2)分离插值滤波

分离插值滤波(Divided Difference Filter,DDF)由丹麦学者 Magnus Norgaar 于 20 世纪 90 年代提出[21]。DDF 利用 Sterling 多项式插值公式对非线性函数进行近似,结合状态的统计信息,进而获得状态非线性函数均值、方差以及协方差的近似估计值,从而构成近似形式的线性最小方差估计。按照对非线性函数近似的精度,DDF 可分为一阶 DDF(DDF1)和二阶 DDF(DDF2)两种方式。DDF

中所采用的非线性函数近似方式无需对非线性函数求解微分,因此对任意非线性函数均适用;另外,DDF2 所采用的非线性函数近似方法的精度较一阶 Taylor 展开式精确,所得到的状态非线性函数统计参数估计也较 EKF 精确。

3）高斯－厄米特滤波

若始终设定状态服从高斯分布,则线性最小方差估计中所涉及的均值、方差和协方差求解,可归结为非线性函数的高斯积分求解,对此可以采用数值积分方法进行近似求解。日本学者 K. Itoti 提出利用高斯－厄米特数值积分方法近似计算高斯积分[22]。运用高斯－厄米特积分律进行高斯积分运算时,算法形式归结为选定若干采样点和相应的权值,通过采样点的非线性映射加权近似得到状态非线性函数的均值等统计参数估值,由此构成一种近似形式的线性最小方差估计,称为高斯—厄米特滤波（Gauss － Hermite Filter，GHF）。

4）容积卡尔曼滤波

Arasaranam 将容积积分律引入到滤波算法设计中,提出一种基于高斯数值积分的近似形式线性最小方差估计方法,即容积卡尔曼滤波（Cubature Kalman Filter，CKF）[23]。该方法将非线性函数的高斯积分分解为球面积分和径向积分两部分,对球面积分部分利用容积积分律,通过选取积分点和相应的权值进行近似求解,对径向积分部分利用一阶 Gauss － Laguerre 积分律进行近似求解。将两部分对应的积分点和权值分别相乘,即得到最终的积分点和相应的权值。利用相应的积分点和权值对线性最小方差估计中所涉及的均值等统计参数进行近似,即构成了近似形式的线性最小方差估计。

2. 确定性采样滤波的统一框架

总体来看确定性采样滤波具有以下特点:

（1）均基于线性最小方差估计框架,设计均是围绕如何根据已知的随机状态 X 统计信息,近似计算状态非线性函数的均值、方差和协方差。

（2）所形成的算法均归结为利用 X 的统计信息选择适当的采样点,通过采样点非线性映射加权,得到状态非线性函数的均值、方差和协方差估计值。

（3）滤波算法中均不涉及求解 Jacobi 阵等微分运算,所以不要求系统必须满足可微条件,应用范围较 EKF 广泛。

（4）仅知 X 的均值和方差信息时,四种方法对非线性函数的均值的估计均较 EKF 高,可达到 2 阶,对方差和协方差的估计精度与 EKF 相当,达到一阶。当 X 满足高斯分布时,四种方法还可以达到更高的估计精度。

粒子滤波中的粒子选择需要根据概率分布随机采样,而以上四种方法中采样点则根据确定方式进行选择。正是基于此特点,将以上四种方法统一称为确定性采样滤波方法。可将确定性采样滤波方法归结为以下统一框架。

(1)产生确定性采样点。根据 k 时刻的状态和误差协方差估计值 $\hat{X}_k, \hat{P}_k$,产生采样点 $\boldsymbol{\chi}_{i,k}$ 以及相应的权值 $w_i, i = 1, \cdots, N$,其中,N 为所取的确定性采样点数。

(2)时间更新。

$$\hat{X}_{k+1|k} = \sum_{i=1}^{N} w_i \boldsymbol{f}(\boldsymbol{\chi}_{i,k}) \tag{3-58}$$

$$\hat{P}_{k+1|k} = \sum_{i=1}^{N} w_i (\hat{X}_{k+1|k} - \boldsymbol{f}(\boldsymbol{\chi}_{i,k})) (\hat{X}_{k+1|k} - \boldsymbol{f}(\boldsymbol{\chi}_{i,k}))^{\mathrm{T}} + \boldsymbol{Q}_k \tag{3-59}$$

(3)重新生成确定性采样点。根据 $\hat{X}_{k+1|k}, \hat{P}_{k+1|k}$ 以步骤(1)相同的方式重新产生采样点,记为 $\boldsymbol{\chi}_{i,k+1|k}, i = 1, \cdots, N$。

(4)预测测量量均值、方差和协方差。

$$\hat{Z}_{k+1|k} = \sum_{i=1}^{N} w_i \boldsymbol{h}(\boldsymbol{\chi}_{i,k+1|k}) \tag{3-60}$$

$$\hat{P}_{zz,k+1|k} = \sum_{i=1}^{N} w_i (\boldsymbol{h}(\boldsymbol{\chi}_{i,k+1|k}) - \hat{Z}_{k+1|k}) (\boldsymbol{h}(\boldsymbol{\chi}_{i,k+1|k}) - \hat{Z}_{k+1|k})^{\mathrm{T}} + \boldsymbol{R}_{k+1}$$
$$\tag{3-61}$$

$$\hat{P}_{xz,k+1|k} = \sum_{i=1}^{N} w_i (\hat{X}_{k+1|k} - \boldsymbol{\chi}_{i,k+1|k}) (\hat{Z}_{k+1|k} - \boldsymbol{h}(\boldsymbol{\chi}_{i,k+1|k}))^{\mathrm{T}} \tag{3-62}$$

(5)测量更新。

$$\hat{X}_{k+1} = \hat{X}_{k+1|k} + \boldsymbol{K}_{k+1} (\boldsymbol{Z}_{k+1} - \hat{Z}_{k+1|k}) \tag{3-63}$$

$$\boldsymbol{K}_{k+1} = \hat{P}_{xz,k+1|k} \hat{P}_{zz,k+1|k}^{-1} \tag{3-64}$$

$$\hat{P}_{k+1} = \hat{P}_{k+1|k} - \boldsymbol{K}_{k+1} \hat{P}_{zz,k+1|k} \boldsymbol{K}_{k+1}^{\mathrm{T}} \tag{3-65}$$

3. 确定性采样滤波的稳定性分析

稳定性是滤波器正常工作的基本要求。一般认为,如果随着滤波时间的增长,估计值逐渐不受其初值设置的影响,则滤波器是稳定的。关于线性/高斯系统卡尔曼滤波器的稳定性已经有明确的结论,即只要系统随机可观并随机可控,则卡尔曼滤波器是一致渐近稳定的。有关非线性系统统计滤波方法的稳定性分析是相当困难的。

本节以 UKF 为例,对确定性采样滤波方法的稳定性进行分析。对 UKF 方法应用于状态方程为线性,而测量方程为非线性对象时的稳定性问题,将根据随机过程有界性定理,利用伪线性化方法,给出一个 UKF 滤波器保持稳定的充分条件。所采用的研究思路可推广应用于对其他确定性采样滤波方法的稳定性分析。

1）状态方程为线性时的 UKF 算法描述

随机离散非线性系统描述如下:

$$X_{k+1} = F_k X_k + w_k \tag{3-66}$$

$$Z_{k+1} = h(X_{k+1}) + v_{k+1} \tag{3-67}$$

式中:$X_k \in \boldsymbol{R}^n$ 为系统状态;$Z_{k+1} \in \boldsymbol{R}^m$ 为敏感器测量;F_k 为状态矩阵;设定 $h(\cdot)$ 在 X_k 处连续可微。w_k, v_k 分别为过程噪声和测量噪声,设定噪声均为零均值高斯白噪声,且满足:$\mathrm{Cov}(w_k, w_k) = Q_k, \mathrm{Cov}(v_k, v_k) = R_k, \mathrm{Cov}(w_i, v_j) = \boldsymbol{0}$。

针对如式（3-66）和式（3-67）所描述的系统,UKF 滤波器设计步骤如下。

（1）利用状态方程进行时间更新:

$$\hat{X}_{k+1|k} = F_k \hat{X}_k \tag{3-68}$$

$$\hat{P}_{k+1|k} = F_k \hat{P}_k F_k^{\mathrm{T}} + \hat{Q}_k \tag{3-69}$$

（2）根据 $\hat{X}_{k+1|k}$ 和 $\hat{P}_{k+1|k}$,选取采样点:

$$\begin{cases} \chi_{i,k+1|k} = \hat{X}_{k+1|k}, w_i = \kappa/(n+\kappa) & (i=0) \\ \chi_{i,k+1|k} = \hat{X}_{k+1|k} + (\sqrt{(n+\kappa)\hat{P}_{k+1|k}})_i, w_i = 1/(2(n+\kappa)) & (i=1,\cdots,n) \\ \chi_{i,k+1|k} = \hat{X}_{k+1|k} - (\sqrt{(n+\kappa)\hat{P}_{k+1|k}})_{i-n}, w_i = 1/(2(n+\kappa)) & (i=n+1,\cdots,2n) \end{cases} \tag{3-70}$$

（3）对测量量均值,方差和协方差进行预测:

$$Z_{i,k+1|k} = h(\chi_{i,k+1|k}) \tag{3-71}$$

$$\hat{Z}_{k+1|k} = \sum_{i=0}^{2n} w_i Z_{i,k+1|k} \tag{3-72}$$

$$\hat{P}_{zz,k+1|k} = \sum_{i=0}^{2n} w_i (Z_{i,k+1|k} - \hat{Z}_{k+1|k})(Z_{i,k+1|k} - \hat{Z}_{k+1|k})^{\mathrm{T}} + \hat{R}_{k+1} \tag{3-73}$$

$$\hat{P}_{xz,k+1|k} = \sum_{i=0}^{2n} w_i (\chi_{i,k+1|k} - \hat{X}_{k+1|k})(Z_{i,k+1|k} - \hat{Z}_{k+1|k})^{\mathrm{T}} \tag{3-74}$$

（4）测量更新：

$$\hat{\boldsymbol{X}}_{k+1} = \hat{\boldsymbol{X}}_{k+1|k} + \boldsymbol{K}_{k+1}(\boldsymbol{Z}_{k+1} - \hat{\boldsymbol{Z}}_{k+1|k}) \tag{3-75}$$

$$\hat{\boldsymbol{P}}_{k+1} = \hat{\boldsymbol{P}}_{k+1|k} - \hat{\boldsymbol{P}}_{xz,k+1|k}\hat{\boldsymbol{P}}_{zz,k+1|k}^{-1}\hat{\boldsymbol{P}}_{xz,k+1|k}^{\mathrm{T}} \tag{3-76}$$

$$\hat{\boldsymbol{K}}_{k+1} = \hat{\boldsymbol{P}}_{xz,k+1|k}\hat{\boldsymbol{P}}_{zz,k+1|k}^{-1} \tag{3-77}$$

式中：$\hat{\boldsymbol{Q}}_k$ 和 $\hat{\boldsymbol{R}}_{k+1}$ 为滤波器设计中，过程噪声和测量噪声的方差阵设置值。

2）无味卡尔曼滤波算法表示形式的简化

为便于理论分析，利用伪线性化方法给出一种 UKF 的简洁表示形式。定义两种估计误差如下：$\tilde{\boldsymbol{X}}_{k+1|k} = \boldsymbol{X}_{k+1} - \hat{\boldsymbol{X}}_{k+1|k}$，$\tilde{\boldsymbol{Z}}_{k+1|k} = \boldsymbol{Z}_{k+1} - \hat{\boldsymbol{Z}}_{k+1|k}$。

将 $\boldsymbol{Z}_{k+1}$ 在 $\hat{\boldsymbol{X}}_{k+1|k}$ 处进行 Taylor 展开，有

$$\boldsymbol{Z}_{k+1} = \boldsymbol{h}(\hat{\boldsymbol{X}}_{k+1|k}) + H_{k+1}\tilde{\boldsymbol{X}}_{k+1|k} + \cdots + \boldsymbol{v}_{k+1} \tag{3-78}$$

式中：$H_{k+1} = \dfrac{\partial \boldsymbol{h}}{\partial \boldsymbol{X}}\Big|_{\boldsymbol{X} = \hat{\boldsymbol{X}}_{k+1|k}}$。

将 $\boldsymbol{Z}_{i,k+1|k} = \boldsymbol{h}(\chi_{i,k+1|k})$ 在 $\hat{\boldsymbol{X}}_{k+1|k}$ 处进行 Taylor 展开，有

$$\hat{\boldsymbol{Z}}_{k+1|k} = \boldsymbol{h}(\hat{\boldsymbol{X}}_{k+1|k}) + \frac{1}{2}\nabla_x^{\mathrm{T}}\hat{\boldsymbol{P}}_{k+1|k}\nabla_x \boldsymbol{h}(\hat{\boldsymbol{X}}_{k+1|k}) + \cdots \tag{3-79}$$

式中：$\nabla_x = \begin{pmatrix} \dfrac{\partial}{\partial X_1} & \cdots & \dfrac{\partial}{\partial X_n} \end{pmatrix}^{\mathrm{T}}$。

式（3-78）与式（3-79）相减有

$$\tilde{\boldsymbol{Z}}_{k+1|k} = \boldsymbol{\beta}_{k+1}H_{k+1}\tilde{\boldsymbol{X}}_{k+1|k} + \boldsymbol{v}_{k+1} \tag{3-80}$$

式中：$\boldsymbol{\beta}_{k+1}$ 为 m 维的对角阵，并且各元素均为 $\tilde{\boldsymbol{X}}_{k+1|k}$ 的函数，所以 $\boldsymbol{\beta}_{k+1}$ 为一随机矩阵。进而得到

$$\tilde{\boldsymbol{X}}_{k+1|k} = (\boldsymbol{F}_k - \boldsymbol{F}_k\boldsymbol{K}_k\boldsymbol{\beta}_k\boldsymbol{H}_k)\tilde{\boldsymbol{X}}_{k|k-1} + \boldsymbol{w}_k - \boldsymbol{F}_k\boldsymbol{K}_k\boldsymbol{v}_k \tag{3-81}$$

真实的时间更新状态估计方差阵可表示为

$$\boldsymbol{P}_{k+1|k} = E[\tilde{\boldsymbol{X}}_{k+1|k}\tilde{\boldsymbol{X}}_{k+1|k}^{\mathrm{T}}|\boldsymbol{Z}_{1:k}]$$

$$= (\boldsymbol{F}_k - \boldsymbol{F}_k\boldsymbol{K}_k\boldsymbol{\beta}_k\boldsymbol{H}_k)\hat{\boldsymbol{P}}_{k|k-1}(\boldsymbol{F}_k - \boldsymbol{F}_k\boldsymbol{K}_k\boldsymbol{\beta}_k\boldsymbol{H}_k)^{\mathrm{T}} \tag{3-82}$$

$$+ \boldsymbol{Q}_k + \boldsymbol{F}_k\boldsymbol{K}_k\boldsymbol{R}_k\boldsymbol{K}_k^{\mathrm{T}}\boldsymbol{F}_k^{\mathrm{T}} + \Delta\boldsymbol{P}_{k+1|k}$$

式中：$\Delta\boldsymbol{P}_{k+1|k}$ 为去除等式右端第一项的均值符号所产生的差值。设：

$$\delta\boldsymbol{P}_{k+1|k} = \boldsymbol{F}_k\hat{\boldsymbol{P}}_k\boldsymbol{F}_k^{\mathrm{T}} + \hat{\boldsymbol{Q}}_k - \boldsymbol{P}_{k+1|k} \tag{3-83}$$

由式（3-82）和式（3-83）得到

$$\hat{\boldsymbol{P}}_{k+1|k} = (\boldsymbol{F}_k - \boldsymbol{F}_k\boldsymbol{K}_k\boldsymbol{\beta}_k\boldsymbol{H}_k)\hat{\boldsymbol{P}}_{k|k-1}(\boldsymbol{F}_k - \boldsymbol{F}_k\boldsymbol{K}_k\boldsymbol{\beta}_k\boldsymbol{H}_k)^{\mathrm{T}} + \boldsymbol{Q}_k^* \tag{3-84}$$

其中,

$$Q_k^* = Q_k + \Delta P_{k+1|k} + \delta P_{k+1|k} + F_k K_k R_k K_k^T F_k^T \qquad (3-85)$$

利用类似的方法,真实的协方差阵 $P_{xz,k+1|k}$ 可表达为

$$P_{xz,k+1|k} = \hat{P}_{k+1|k} (\beta_{k+1} H_{k+1})^T + \Delta P_{xz,k+1|k} \qquad (3-86)$$

式中: $\Delta P_{xz,k+1|k}$ 为相应的差值。

设 $\delta P_{xz,k+1|k} = \hat{P}_{xz,k+1|k} - P_{xz,k+1|k}$,由式(3-86)可以得到

$$\hat{P}_{xz,k+1|k} = \hat{P}_{k+1|k} H_{k+1}^T \beta_{k+1} + \Delta P_{xz,k+1|k} + \delta P_{xz,k+1|k} \qquad (3-87)$$

为了得到更为简洁的表达形式,引入 n 维的时变方阵 φ_{k+1} 使得

$$\hat{P}_{xz,k+1|k} = \hat{P}_{k+1|k} \varphi_{k+1} H_{k+1}^T \beta_{k+1} \qquad (3-88)$$

通常系统均满足 $n \geq m$,所以 φ_{k+1} 可由下式求得

$$\varphi_{k+1} H_{k+1}^T \beta_{k+1} = \hat{P}_{k+1|k}^{-1} [\hat{P}_{k+1|k} H_{k+1}^T \beta_{k+1} + \Delta P_{xz,k+1|k} + \delta P_{xz,k+1|k}] \qquad (3-89)$$

真实的方差阵 $P_{zz,k+1|k}$ 可表达为

$$P_{zz,k+1|k} = (\beta_{k+1} H_{k+1}) \hat{P}_{k+1|k} (\beta_{k+1} H_{k+1})^T + R_{k+1} + \Delta P_{zz,k+1|k} \qquad (3-90)$$

其中, $\Delta P_{zz,k+1|k}$ 表示相应的差值。设

$$\delta P_{zz,k+1|k} = \sum_{i=0}^{2n} w_i (Z_{i,k+1|k} - \hat{Z}_{k+1|k}) (Z_{i,k+1|k} - \hat{Z}_{k+1|k})^T + \hat{R}_{k+1} - P_{zz,k+1|k}$$

$$(3-91)$$

则有

$$\hat{P}_{zz,k+1|k} = (\beta_{k+1} H_{k+1}) \hat{P}_{k+1|k} (\beta_{k+1} H_{k+1})^T + R_{k+1}^* \qquad (3-92)$$

其中,

$$R_{k+1}^* = R_{k+1} + \Delta P_{k+1|k} + \delta P_{zz,k+1|k} \qquad (3-93)$$

将式(3-88)和式(3-92)带入式(3-76)和式(3-77)有

$$K_{k+1} = \hat{P}_{k+1|k} \varphi_{k+1} H_{k+1}^T \beta_{k+1} [(\beta_{k+1} H_{k+1}) \hat{P}_{k+1|k} (\beta_{k+1} H_{k+1})^T + R_{k+1}^*]^{-1}$$

$$(3-94)$$

$$\hat{P}_{k+1} = \hat{P}_{k+1|k} - (\hat{P}_{k+1|k} \varphi_{k+1} H_{k+1}^T \beta_{k+1}) [(\beta_{k+1} H_{k+1}) \hat{P}_{k+1|k} (\beta_{k+1} H_{k+1})^T$$
$$+ R_{k+1}^*]^{-1} (\hat{P}_{k+1|k} \varphi_{k+1} H_{k+1}^T \beta_{k+1})^T$$

$$(3-95)$$

3) 随机过程有界性定义

定义 3.1[24]　　若存在实数 $\eta, v > 0$ 以及 $0 < v < 1$,使得随机过程 ζ_k 满足:

$$E[\|\zeta_k\|^2] \leq \eta \|\zeta_0\|^2 \vartheta^k + v, \ \forall k > 0$$

则称随机过程 ζ_k 均方意义下指数有界。

4）无味卡尔曼滤波稳定的充分条件

对由式（3-66）和式（3-67）所描述的离散随机非线性系统，利用 UKF 设计滤波器，本节将以定理 3-1 的形式给出一个保证 UKF 稳定的充分条件。

条件 3.1 对于如式（3-66）和式（3-67）所描述的系统和式（3-68）和式（3-77）所示的滤波算法，设其满足以下 4 个条件

（1）存在正常数 $\bar{f},\bar{h},\bar{\beta},\bar{\phi} > 0$ 使得以下矩阵范数不等式在 $k \geq 0$ 情况下始终成立

$$\| \boldsymbol{F}_k \| \leq \bar{f}, \| \boldsymbol{H}_k \| \leq \bar{h}, \| \boldsymbol{\beta}_k \| \leq \bar{\beta}, \| \boldsymbol{\varphi}_{k+1} \| \leq \bar{\phi} \qquad (3-96)$$

（2）存在正常数 $\underline{f},\underline{h},\underline{\beta} > 0$ 使得以下不等式在 $k \geq 0$ 情况下始终成立

$$\underline{f}^2 \boldsymbol{I} \leq \boldsymbol{F}_k \boldsymbol{F}_k^{\mathrm{T}}, \underline{h}^2 \boldsymbol{I} \leq \boldsymbol{H}_k \boldsymbol{H}_k^{\mathrm{T}}, \underline{\beta}^2 \boldsymbol{I} \leq \boldsymbol{\beta}_k \boldsymbol{\beta}_k^{\mathrm{T}} \qquad (3-97)$$

（3）存在正常数 $\underline{q},\bar{q},\bar{\hat{q}},q^*,\bar{r},\underline{r}^*,\underline{p},\bar{p} > 0$ 使得以下不等式在 $k \geq 0$ 情况下成立

$$\begin{cases} \underline{q}\boldsymbol{I} \leq \boldsymbol{Q}_k \leq \bar{q}\boldsymbol{I}, 0 \leq \hat{\boldsymbol{Q}}_k \leq \bar{\hat{q}}\boldsymbol{I}, \underline{q}^* \boldsymbol{I} \leq \boldsymbol{Q}_k^*, \boldsymbol{R}_k \leq \bar{r}\boldsymbol{I}, \\ \hat{\boldsymbol{R}}_k > 0, \underline{r}^* \boldsymbol{I} \leq \boldsymbol{R}_{k+1}^*, \underline{p}\boldsymbol{I} \leq \hat{\boldsymbol{P}}_k \leq \bar{p}\boldsymbol{I} \end{cases} \qquad (3-98)$$

（4）$\boldsymbol{F}_k - \boldsymbol{F}_k \boldsymbol{K}_k \boldsymbol{\beta}_k \boldsymbol{H}_k$ 任意时刻可逆，且存在 $\bar{f}^* > 0$ 使得以下不等式在 $k \geq 0$ 情况下始终成立

$$\| \boldsymbol{F}_k^{-1} \| \leq \bar{f}^* \qquad (3-99)$$

引理 3.1[24] 对于如式（3-66）和式（3-67）所描述的系统和式（3-68）和式（3-67）所示的滤波算法，若满足条件 3-1，则有下式成立

$$\underline{p}\underline{f}^2 \boldsymbol{I} \leq \hat{\boldsymbol{P}}_{k+1|k} \leq (\bar{p}\bar{f}^2 + \bar{\hat{q}})\boldsymbol{I} \qquad \forall k \geq 0 \qquad (3-100)$$

引理 3.2[24] 对于如式（3-66）和式（3-67）所描述的系统和式（3-68）和式（3-77）所示的滤波算法，若满足条件 3.1，则存在常数 $0 < \lambda < 1$，使得

$$\left[\boldsymbol{F}_k - \boldsymbol{F}_k \boldsymbol{K}_k \boldsymbol{\beta}_k \boldsymbol{H}_k\right]^{\mathrm{T}} \hat{\boldsymbol{P}}_{k+1|k}^{-1} \left[\boldsymbol{F}_k - \boldsymbol{F}_k \boldsymbol{K}_k \boldsymbol{\beta}_k \boldsymbol{H}_k\right] \leq (1-\lambda)\hat{\boldsymbol{P}}_{k|k-1}^{-1}$$

$$(3-101)$$

成立。

引理 3.3[24] 对于如式（3-66）和式（3-67）所描述的系统和式（3-68）和式（3-77）所示的滤波算法，若满足条件 3.1，则存在常数 $\mu > 0$，使得

$$E\left[\boldsymbol{w}_k^{\mathrm{T}} \hat{\boldsymbol{P}}_{k+1|k}^{-1} \boldsymbol{w}_k + \boldsymbol{v}_k^{\mathrm{T}} \boldsymbol{K}_k^{\mathrm{T}} \boldsymbol{F}_k^{\mathrm{T}} \hat{\boldsymbol{P}}_{k+1|k}^{-1} \boldsymbol{F}_k \boldsymbol{K}_k \boldsymbol{v}_k \mid \tilde{\boldsymbol{X}}_{k|k-1}\right] \leq \mu \qquad (3-102)$$

成立。

引理 3.4[24]　若 $\boldsymbol{w}_k$ 为 n 维高斯白噪声,均值为零方差为 $\boldsymbol{Q}_k$,且满足 $\underline{q}\boldsymbol{I} \leqslant \boldsymbol{Q}_k \leqslant \bar{q}\boldsymbol{I}$,则 $\boldsymbol{w}_k$ 均方意义下指数有界,满足

$$E[\parallel \boldsymbol{w}_k \parallel^2] \leqslant \frac{\bar{q}}{\underline{q}}E[\parallel \boldsymbol{w}_0 \parallel^2](1 - \lambda_w)^k + n\bar{q}\sum_{i=1}^{k-1}(1 - \lambda_w)^i$$

$$(3-103)$$

引理 3.5[24]　对于如式(3-66)和式(3-67)所描述的系统和式(3-68)和式(3-77)所示的滤波算法,若满足条件3-1,则 UKF 滤波器得到的预测估计误差 $\widetilde{\boldsymbol{X}}_{k+1|k}$ 均方意义下指数有界,并且依概率1有界,满足

$$E[\parallel \widetilde{\boldsymbol{X}}_{k+1|k} \parallel^2] \leqslant \frac{\overline{p\bar{f}^2} + \bar{q}}{\underline{p\underline{f}^2}}E[\parallel \widetilde{\boldsymbol{X}}_{1|0} \parallel^2](1 - \lambda)^k + \mu(\overline{p\bar{f}^2} + \bar{q})\sum_{i=1}^{k-1}(1 - \lambda)^i$$

$$(3-104)$$

定理 3.4　对于如式(3-66)和式(3-67)所描述的系统和式(3-68)和式(3-77)所示的滤波算法,若满足条件3-1,则 UKF 滤波器得到的估计误差 $\widetilde{\boldsymbol{X}}_k$ 均方意义下指数有界。

证明:由式(3-104)可以进一步推出:

$$E[\parallel \widetilde{\boldsymbol{X}}_{k+1|k} \parallel^2] \leqslant \frac{\overline{p\bar{f}^2} + \bar{q}}{\underline{p\underline{f}^2}}(2\bar{f}^2 E[\parallel \widetilde{\boldsymbol{X}}_0 \parallel^2] + 2E[\parallel \boldsymbol{w}_0 \parallel^2])(1 - \lambda)^k$$

$$+ \mu(\overline{p\bar{f}^2} + \bar{q})\sum_{i=1}^{k-1}(1 - \lambda)^i \qquad (3-105)$$

由状态方程得到

$$\widetilde{\boldsymbol{X}}_k = \boldsymbol{F}_k^{-1}(\widetilde{\boldsymbol{X}}_{k+1|k} - \boldsymbol{w}_k) \qquad (3-106)$$

对式(3-106)取范数并利用式(3-96)计算得

$$\parallel \widetilde{\boldsymbol{X}}_k \parallel^2 \leqslant 2\bar{f}^{*2}(\parallel \widetilde{\boldsymbol{X}}_{k+1|k} \parallel^2 + \parallel \boldsymbol{w}_k \parallel^2) \qquad (3-107)$$

两边取均值

$$E[\parallel \widetilde{\boldsymbol{X}}_k \parallel^2] \leqslant 2\bar{f}^{*2}(E[\parallel \widetilde{\boldsymbol{X}}_{k+1|k} \parallel^2] + E[\parallel \boldsymbol{w}_k \parallel^2]) \qquad (3-108)$$

将式(3-103)和式(3-105)带入式(3-108),并利用等比级数的性质进行整理得到

$$E[\parallel \widetilde{\boldsymbol{X}}_k \parallel^2] \leqslant \eta E[\parallel \widetilde{\boldsymbol{X}}_0 \parallel^2]\vartheta^k + v \qquad (3-109)$$

其中,

$$\eta = 4\bar{f}^{*2}\bar{f}^2\frac{\overline{p\bar{f}^2} + \bar{q}}{\underline{p\underline{f}^2}} \qquad (3-110)$$

$$\vartheta = 1 - \lambda \qquad (3-111)$$

$$v = 2\bar{f}^{*2} n\bar{q} \frac{1-\lambda_w}{\lambda_w} + 2\bar{f}^{*2} \mu(\overline{p\bar{f}^2} + \bar{\bar{q}}) \frac{1-\lambda}{\lambda} \qquad (3-112)$$

$$+ \left(4\bar{f}^{*2} \frac{\overline{p\bar{f}^2} + \bar{\bar{q}}}{\underline{p\bar{f}^2}} + 2\bar{f}^{*2} \frac{\bar{q}}{\underline{q}} \right) E[\ \|\boldsymbol{w}_0\|^2]$$

由定义 3.1 可知 $\tilde{\boldsymbol{X}}_k$ 均方意义下指数有界,定理 3.4 得证。

4. 确定性采样滤波的自适应改进

实际系统中,噪声统计参数通常是变化的,而且很难准确获得。采用不适当的噪声统计参数设置值会造成滤波性能的下降,甚至使滤波发散。克服以上不足的一种有效方式,就是采用自适应方式在线估计噪声统计特性参数并调节滤波器,从而形成自适应滤波方法[25]。

本节以线性最小方差估计为基础,推导得到适用于一般非线性系统非平稳噪声统计参数估计的算法,并将确定性采样滤波方法作为线性最小方差估计的近似实现形式,给出一类自适应确定性采样滤波方法[26]。

离散随机非线性系统描述如下:

$$\boldsymbol{X}_{k+1} = f(\boldsymbol{X}_k) + \boldsymbol{w}_k \qquad (3-113)$$

$$\boldsymbol{Z}_{k+1} = \boldsymbol{h}(\boldsymbol{X}_{k+1}) + \boldsymbol{v}_{k+1} \qquad (3-114)$$

式中:$\boldsymbol{X} \in \boldsymbol{R}^n$ 为系统状态;$\boldsymbol{Z} \in \boldsymbol{R}^m$ 为敏感器测量;$\boldsymbol{w}_k$、$\boldsymbol{v}_k$ 分别为过程噪声和测量噪声,满足 $E[\boldsymbol{w}_k] = \boldsymbol{q}_k$,$\mathrm{Cov}(\boldsymbol{w}_k, \boldsymbol{w}_k) = \boldsymbol{Q}_k$,$E[\boldsymbol{v}_k] = \boldsymbol{0}$,$\mathrm{Cov}(\boldsymbol{v}_k, \boldsymbol{v}_k) = \boldsymbol{R}_k$,$\mathrm{Cov}(\boldsymbol{w}_i, \boldsymbol{v}_j) = \boldsymbol{0}$。

1)平稳噪声统计参数估计

设定过程噪声为平稳噪声,$\boldsymbol{q}_k \equiv \boldsymbol{q}$,$\boldsymbol{Q}_k \equiv \boldsymbol{Q}$。线性最小方差估计公式可以写为

$$\hat{\boldsymbol{X}}_{k+1|k} = E[f(\boldsymbol{X}_k) | \boldsymbol{Z}_{1:k}] + \boldsymbol{q} \qquad (3-115)$$

$$\boldsymbol{P}_{k+1|k} = E[(f(\boldsymbol{X}_k) - E[f(\boldsymbol{X}_k)])(f(\boldsymbol{X}_k) - E[f(\boldsymbol{X}_k)])^{\mathrm{T}} | \boldsymbol{Z}_{1:k}] + \boldsymbol{Q} \qquad (3-116)$$

(1)噪声统计参数估计算法。

设 j 时刻的状态估计为 $\hat{\boldsymbol{X}}_j$,构造如下变量:

$$\boldsymbol{q}_j = \hat{\boldsymbol{X}}_j - E[f(\boldsymbol{X}_{j-1})] = \hat{\boldsymbol{X}}_j - \bar{f}(\boldsymbol{X}_{j-1}) \qquad (3-117)$$

由于噪声为平稳过程,且满足各态历经,选择时间窗口为 $N > 0$,则噪声均值可

近似为

$$\hat{\boldsymbol{q}}_N = \frac{1}{N} \sum_{j=1}^{N} \boldsymbol{q}_j \qquad (3-118)$$

方差近似为

$$\hat{\boldsymbol{C}}_\gamma = \frac{1}{N-1} \sum_{j=1}^{N} (\boldsymbol{\gamma}_j - \hat{\boldsymbol{\gamma}}_N)(\boldsymbol{\gamma}_j - \hat{\boldsymbol{\gamma}}_N)^{\mathrm{T}} = \frac{1}{N} \sum_{j=1}^{N} (\boldsymbol{\gamma}_j \boldsymbol{\gamma}_j^{\mathrm{T}}) \qquad (3-119)$$

式中：$\boldsymbol{\gamma}_j = \hat{\boldsymbol{X}}_j - \hat{\boldsymbol{X}}_{j|j-1}$；$\hat{\boldsymbol{\gamma}}_N = \frac{1}{N} \sum_{j=1}^{N} \boldsymbol{\gamma}_j$。

构造 $\tilde{\boldsymbol{X}}_j = \hat{\boldsymbol{X}}_j - \boldsymbol{X}_j$，进而有

$$E\big[(\boldsymbol{\gamma}_j - \tilde{\boldsymbol{X}}_j)(\boldsymbol{\gamma}_j - \tilde{\boldsymbol{X}}_j)^{\mathrm{T}}\big]$$
$$= E\big[(\boldsymbol{f}(\boldsymbol{X}_{j-1}) - E[\boldsymbol{f}(\boldsymbol{X}_{j-1})])(\boldsymbol{f}(\boldsymbol{X}_{j-1}) - E[\boldsymbol{f}(\boldsymbol{X}_{j-1})])^{\mathrm{T}}\big] + \boldsymbol{Q}$$
$$(3-120)$$

另外，

$$E\big[\boldsymbol{\gamma}_j \tilde{\boldsymbol{X}}_j^{\mathrm{T}}\big] = E\big[\tilde{\boldsymbol{X}}_j \tilde{\boldsymbol{X}}_j^{\mathrm{T}}\big] - E\big[(\boldsymbol{X}_j - \hat{\boldsymbol{X}}_{j|j-1})(\boldsymbol{X}_j - \hat{\boldsymbol{X}}_{j|j-1})^{\mathrm{T}}\big]$$
$$+ E\big[(\boldsymbol{X}_j - \hat{\boldsymbol{X}}_{j|j-1})(\boldsymbol{Z}_j - \hat{\boldsymbol{Z}}_{j|j-1})^{\mathrm{T}}\big]\boldsymbol{K}_j^{\mathrm{T}} \qquad (3-121)$$

利用式(3-121)可以得到式(3-120)的另外一种表达：

$$E\big[(\boldsymbol{\gamma}_j - \tilde{\boldsymbol{X}}_j)(\boldsymbol{\gamma}_j - \tilde{\boldsymbol{X}}_j)^{\mathrm{T}}\big] = E\big[\boldsymbol{\gamma}_j \boldsymbol{\gamma}_j^{\mathrm{T}}\big] - E\big[\tilde{\boldsymbol{X}}_j \tilde{\boldsymbol{X}}_j^{\mathrm{T}}\big]$$
$$+ 2E\big[(\boldsymbol{X}_j - \hat{\boldsymbol{X}}_{j|j-1})(\boldsymbol{X}_j - \hat{\boldsymbol{X}}_{j|j-1})^{\mathrm{T}}\big]$$
$$- E\big[(\boldsymbol{X}_j - \hat{\boldsymbol{X}}_{j|j-1})(\boldsymbol{Z}_j - \hat{\boldsymbol{Z}}_{j|j-1})^{\mathrm{T}}\big]\boldsymbol{K}_j^{\mathrm{T}}$$
$$- \boldsymbol{K}_j E\big[(\boldsymbol{Z}_j - \hat{\boldsymbol{Z}}_{j|j-1})(\boldsymbol{X}_j - \hat{\boldsymbol{X}}_{j|j-1})^{\mathrm{T}}\big]$$
$$(3-122)$$

由式(3-120)与式(3-122)相等可以得到

$$\boldsymbol{Q} = E\big[\boldsymbol{\gamma}_j \boldsymbol{\gamma}_j^{\mathrm{T}}\big] - E\big[\tilde{\boldsymbol{X}}_j \tilde{\boldsymbol{X}}_j^{\mathrm{T}}\big] + 2E\big[(\boldsymbol{X}_j - \hat{\boldsymbol{X}}_{j|j-1})(\boldsymbol{X}_j - \hat{\boldsymbol{X}}_{j|j-1})^{\mathrm{T}}\big]$$
$$- E\big[(\boldsymbol{X}_j - \hat{\boldsymbol{X}}_{j|j-1})(\boldsymbol{Z}_j - \hat{\boldsymbol{Z}}_{j|j-1})^{\mathrm{T}}\big]\boldsymbol{K}_j^{\mathrm{T}} - \boldsymbol{K}_j E\big[(\boldsymbol{Z}_j - \hat{\boldsymbol{Z}}_{j|j-1})(\boldsymbol{X}_j - \hat{\boldsymbol{X}}_{j|j-1})^{\mathrm{T}}\big]$$
$$- E\big[(\boldsymbol{f}(\boldsymbol{X}_{j-1}) - \bar{\boldsymbol{f}}(\boldsymbol{X}_{j-1}))(\boldsymbol{f}(\boldsymbol{X}_{j-1}) - \bar{\boldsymbol{f}}(\boldsymbol{X}_{j-1}))^{\mathrm{T}}\big]$$
$$(3-123)$$

由于 $\boldsymbol{Q}$ 阵是常阵，并利用式(3-119)的结果，可以得到

$$Q_N = \frac{1}{N-1} \left\{ \begin{array}{l} \displaystyle\sum_{j=1}^{N} (\boldsymbol{\gamma}_j - \hat{\boldsymbol{\gamma}}_N)(\boldsymbol{\gamma}_j - \hat{\boldsymbol{\gamma}}_N)^{\mathrm{T}} \\ + \frac{N-1}{N} \displaystyle\sum_{j=1}^{N} \left[\begin{array}{l} 2E[(\boldsymbol{X}_j - \hat{\boldsymbol{X}}_{j|j-1})(\boldsymbol{X}_j - \hat{\boldsymbol{X}}_{j|j-1})^{\mathrm{T}}] - E[\tilde{\boldsymbol{X}}_j \tilde{\boldsymbol{X}}_j^{\mathrm{T}}] - \\ E[(\boldsymbol{X}_j - \hat{\boldsymbol{X}}_{j|j-1})(\boldsymbol{Z}_j - \hat{\boldsymbol{Z}}_{j|j-1})^{\mathrm{T}}]\boldsymbol{K}_j^{\mathrm{T}} - \\ \boldsymbol{K}_j E[(\boldsymbol{Z}_j - \hat{\boldsymbol{Z}}_{j|j-1})(\boldsymbol{X}_j - \hat{\boldsymbol{X}}_{j|j-1})^{\mathrm{T}}] - \\ E[(\boldsymbol{f}(\boldsymbol{X}_{j-1}) - \bar{\boldsymbol{f}}(\boldsymbol{X}_{j-1}))(\boldsymbol{f}(\boldsymbol{X}_{j-1}) - \bar{\boldsymbol{f}}(\boldsymbol{X}_{j-1}))^{\mathrm{T}}] \end{array} \right] \end{array} \right\}$$

$$(3-124)$$

（2）递推形式的噪声统计参数估计算法。

对于过程噪声均值，容易得到 k 时刻和 $k+1$ 时刻估计值间的关系为

$$\hat{\boldsymbol{q}}_{k+1} = \hat{\boldsymbol{q}}_k - \frac{1}{k+1}(\hat{\boldsymbol{q}}_k - \boldsymbol{q}_{k+1}) \tag{3-125}$$

同样，

$$\hat{\boldsymbol{\gamma}}_{k+1} = \hat{\boldsymbol{\gamma}}_k - \frac{1}{k+1}(\hat{\boldsymbol{\gamma}}_k - \boldsymbol{\gamma}_{k+1}) \tag{3-126}$$

当 k 比较大时，$(k+1)(k-1) \approx k^2$，可以得到

$$Q_{k+1} = \frac{k}{k+1} Q_k + \frac{1}{k+1}(\boldsymbol{\gamma}_{k+1} - \hat{\boldsymbol{\gamma}}_k)(\boldsymbol{\gamma}_{k+1} - \hat{\boldsymbol{\gamma}}_k)^{\mathrm{T}}$$

$$+ \frac{1}{k+1} \left[\begin{array}{l} -E[\tilde{\boldsymbol{X}}_{k+1} \tilde{\boldsymbol{X}}_{k+1}^{\mathrm{T}}] + 2E[(\boldsymbol{X}_{k+1} - \hat{\boldsymbol{X}}_{k+1|k})(\boldsymbol{X}_{k+1} - \hat{\boldsymbol{X}}_{k+1|k})^{\mathrm{T}}] \\ -E[(\boldsymbol{X}_{k+1} - \hat{\boldsymbol{X}}_{k+1|k})(\boldsymbol{Z}_{k+1} - \hat{\boldsymbol{Z}}_{k+1|k})^{\mathrm{T}}]\boldsymbol{K}_{k+1}^{\mathrm{T}} \\ -\boldsymbol{K}_{k+1} E[(\boldsymbol{Z}_{k+1} - \hat{\boldsymbol{Z}}_{k+1|k})(\boldsymbol{X}_{k+1} - \hat{\boldsymbol{X}}_{k+1|k})^{\mathrm{T}}] \\ -E[(\boldsymbol{f}(\boldsymbol{X}_k) - \bar{\boldsymbol{f}}(\boldsymbol{X}_k))(\boldsymbol{f}(\boldsymbol{X}_k) - \bar{\boldsymbol{f}}(\boldsymbol{X}_k))^{\mathrm{T}}] \end{array} \right]$$

$$(3-127)$$

整理得到

$$Q_{k+1} = Q_k + \frac{1}{k+1} [(\boldsymbol{\gamma}_{k+1} - \hat{\boldsymbol{\gamma}}_k)(\boldsymbol{\gamma}_{k+1} - \hat{\boldsymbol{\gamma}}_k)^{\mathrm{T}} - \boldsymbol{K}_{k+1} \boldsymbol{P}_{xz,k+1|k}^{\mathrm{T}}] \tag{3-128}$$

2）非平稳噪声统计参数估计

实际过程噪声是非平稳的，其统计参数为时变。本节给出三种递推形式的时变噪声统计参数估计算法。

（1）限制记忆估计算法。

选定一定的时间窗口，仅仅利用窗口内的数据进行噪声统计特性的估计，

则可以对时变的统计参数进行估计。取窗口长度为 L，则噪声均值的递推式为

$$\hat{\boldsymbol{q}}_{k+1} = \frac{1}{L} \sum_{j=k+2-L}^{k+1} \boldsymbol{q}_j = \hat{\boldsymbol{q}}_k + \frac{1}{L}(\boldsymbol{q}_{k+1} - \boldsymbol{q}_{k-L+1}) \qquad (3-129)$$

可以得到

$$\hat{\boldsymbol{\gamma}}_{k+1} = \hat{\boldsymbol{\gamma}}_k + \frac{1}{L}(\boldsymbol{\gamma}_{k+1} - \boldsymbol{\gamma}_{k-L+1}) \qquad (3-130)$$

$k+1$ 时刻过程噪声方差为

$$\hat{\boldsymbol{Q}}_{k+1} = \hat{\boldsymbol{Q}}_k + \frac{1}{L-1} \begin{bmatrix} (\boldsymbol{\gamma}_{k+1} - \hat{\boldsymbol{\gamma}}_{k+1})(\boldsymbol{\gamma}_{k+1} - \hat{\boldsymbol{\gamma}}_{k+1})^{\mathrm{T}} - \\ (\boldsymbol{\gamma}_{k-L+1} - \hat{\boldsymbol{\gamma}}_{k+1})(\boldsymbol{\gamma}_{k-L+1} - \hat{\boldsymbol{\gamma}}_{k+1})^{\mathrm{T}} - \\ \frac{1}{L}(\boldsymbol{\gamma}_{k+1} - \boldsymbol{\gamma}_{k-L+1})(\boldsymbol{\gamma}_{k+1} - \boldsymbol{\gamma}_{k-L+1})^{\mathrm{T}} \end{bmatrix}$$
$$+ \frac{1}{L}[\hat{\boldsymbol{Q}}_k - \boldsymbol{P}_{xz,k+1|k}\boldsymbol{K}_{k+1}^{\mathrm{T}}] - \frac{1}{L}[\hat{\boldsymbol{Q}}_{k-L} - \boldsymbol{P}_{xz,k-L+1|k-L}\boldsymbol{K}_{k-L+1}^{\mathrm{T}}]$$
$$(3-131)$$

（2）带渐消因子的估计算法。

引入渐消因子的主要作用是在求取噪声统计参数时，根据各值距离当前时刻值设置不同的权值，离当前时刻越近的值相应的权值也越大。引入渐消因子，有

$$\beta_j = d_{k+1} b^j, \quad j = 0, 1, 2 \cdots k \qquad (3-132)$$

式中：$d_{k+1} = (1-b)/(1-b^{k+1})$，$0 < b \leqslant 1$ 为遗忘率。则噪声均值的求解如下：

$$\hat{\boldsymbol{q}}_{k+1} = \sum_{j=1}^{k+1} \beta_{k+1-j} \boldsymbol{q}_j = (1 - d_{k+1}) \hat{\boldsymbol{q}}_k + d_{k+1} \boldsymbol{q}_{k+1} \qquad (3-133)$$

类似的方法可以得到

$$\hat{\boldsymbol{\gamma}}_{k+1} = (1 - d_{k+1}) \hat{\boldsymbol{\gamma}}_k + d_{k+1} \boldsymbol{\gamma}_{k+1} \qquad (3-134)$$

对于方差，可以得到

$$\hat{\boldsymbol{Q}}_{k+1} = \sum_{j=1}^{k+1} \beta_{k+1-j} \left\{ \begin{bmatrix} [(\boldsymbol{\gamma}_j - \hat{\boldsymbol{\gamma}}_k) + d_{k+1}(\hat{\boldsymbol{\gamma}}_k - \boldsymbol{\gamma}_{k+1})][(\boldsymbol{\gamma}_j - \hat{\boldsymbol{\gamma}}_k) + d_{k+1}(\hat{\boldsymbol{\gamma}}_k - \boldsymbol{\gamma}_{k+1})]^{\mathrm{T}} + \\ E[(\boldsymbol{X}_j - \hat{\boldsymbol{X}}_{j|j-1})(\boldsymbol{X}_j - \hat{\boldsymbol{X}}_{j|j-1})^{\mathrm{T}}] - \\ \boldsymbol{K}_j E[(\boldsymbol{Z}_j - \hat{\boldsymbol{Z}}_{j|j-1})(\boldsymbol{X}_j - \hat{\boldsymbol{X}}_{j|j-1})^{\mathrm{T}}] - \\ E[(\boldsymbol{f}(\boldsymbol{X}_{j-1}) - \bar{\boldsymbol{f}}(\boldsymbol{X}_{j-1}))(\boldsymbol{f}(\boldsymbol{X}_{j-1}) - \bar{\boldsymbol{f}}(\boldsymbol{X}_{j-1}))^{\mathrm{T}}] \end{bmatrix} \right\}$$

$$= \hat{\boldsymbol{Q}}_k + d_{k+1} \big[(\boldsymbol{\gamma}_{k+1} - \hat{\boldsymbol{\gamma}}_k)(\boldsymbol{\gamma}_{k+1} - \hat{\boldsymbol{\gamma}}_k)^{\mathrm{T}}$$
$$- \boldsymbol{K}_{k+1} E \big[(\boldsymbol{Z}_{k+1} - \hat{\boldsymbol{Z}}_{k+1|k})(\boldsymbol{X}_{k+1} - \hat{\boldsymbol{X}}_{k+1|k})^{\mathrm{T}} \big] \big]$$
$$- d_{k+1}^2 (\boldsymbol{\gamma}_{k+1} - \hat{\boldsymbol{\gamma}}_k)(\boldsymbol{\gamma}_{k+1} - \hat{\boldsymbol{\gamma}}_k)^{\mathrm{T}} \tag{3-135}$$

（3）带渐消因子的限制记忆估计算法。

为更加有效地利用采样信息，以跟踪时变参数，可将限制记忆方法和渐消因子方法相结合，具体实现如下。

对均值进行估计

$$\hat{\boldsymbol{q}}_{k+1} = \sum_{j=k+2-L}^{k+1} \beta_{k+1-j} \boldsymbol{q}_j = b \hat{\boldsymbol{q}}_k + d_L (\boldsymbol{q}_{k+1} - b^L \boldsymbol{q}_{k+1-L}) \tag{3-136}$$

式中：$d_L = (1-b)/(1-b^L)$。

进而得到

$$\hat{\boldsymbol{\gamma}}_{k+1} = b \hat{\boldsymbol{\gamma}}_k + d_L (\boldsymbol{\gamma}_{k+1} - b^L \boldsymbol{\gamma}_{k+1-L}) \tag{3-137}$$

$$\hat{\boldsymbol{Q}}_{k+1} = b \hat{\boldsymbol{Q}}_k - (\hat{\boldsymbol{\gamma}}_{k+1} - \hat{\boldsymbol{\gamma}}_k)(\hat{\boldsymbol{\gamma}}_{k+1} - \hat{\boldsymbol{\gamma}}_k)^{\mathrm{T}}$$
$$+ d_L \begin{bmatrix} (\boldsymbol{\gamma}_{k+1} - \hat{\boldsymbol{\gamma}}_k)(\boldsymbol{\gamma}_{k+1} - \hat{\boldsymbol{\gamma}}_k)^{\mathrm{T}} + \hat{\boldsymbol{Q}}_k - \\ \boldsymbol{K}_{k+1} E \big[(\boldsymbol{Z}_{k+1} - \hat{\boldsymbol{Z}}_{k+1|k})(\boldsymbol{X}_{k+1} - \hat{\boldsymbol{X}}_{k+1|k})^{\mathrm{T}} \big] \end{bmatrix}$$
$$- d_L b^L \begin{bmatrix} (\boldsymbol{\gamma}_{k-L+1} - \hat{\boldsymbol{\gamma}}_k)(\boldsymbol{\gamma}_{k-L+1} - \hat{\boldsymbol{\gamma}}_k)^{\mathrm{T}} + \hat{\boldsymbol{Q}}_{k-L} - \\ \boldsymbol{K}_{k-L+1} E \big[(\boldsymbol{Z}_{k-L+1} - \hat{\boldsymbol{Z}}_{k-L+1|k-L})(\boldsymbol{X}_{k-L+1} - \hat{\boldsymbol{X}}_{k-L+1|k-L})^{\mathrm{T}} \big] \end{bmatrix}$$
$$\tag{3-138}$$

噪声方差阵的估计均涉及矩阵减法运算，由此可能造成过程噪声协方差阵失去半正定性。可对估计得到的 $\hat{\boldsymbol{Q}}_k$ 进行特征分解，将负特征值设置为零，从而保证所得到的 $\hat{\boldsymbol{Q}}_k \geq 0$。

3）自适应确定性采样滤波方法

将参数估计算法中所涉及的均值、方差和协方差近似为确定性采样滤波方法的计算结果，并将参数估计结果代入确定性采样滤波方法，由此就构成了自适应确定性采样滤波方法。具体算法如下。

（1）产生确定性采样点。

根据 k 时刻的状态和误差协方差估计值 $\hat{\boldsymbol{X}}_k, \hat{\boldsymbol{P}}_k$ 产生采样点 $\boldsymbol{\chi}_{i,k}$ 以及相应的权值为 $w_i, i = 1, \cdots, N$。

（2）时间更新

$$\hat{\boldsymbol{X}}_{k+1|k} = \sum_{i=1}^{N} w_i \boldsymbol{f}(\boldsymbol{\chi}_{i,k}) + \hat{\boldsymbol{q}}_k \tag{3-139}$$

$$\hat{\boldsymbol{P}}_{k+1|k} = \sum_{i=1}^{N} w_i (\hat{\boldsymbol{X}}_{k+1|k} - \boldsymbol{f}(\boldsymbol{\chi}_{i,k})) (\hat{\boldsymbol{X}}_{k+1|k} - \boldsymbol{f}(\boldsymbol{\chi}_{i,k}))^{\mathrm{T}} + \hat{\boldsymbol{Q}}_k$$

$$\tag{3-140}$$

式中：$\hat{\boldsymbol{q}}_k$ 和 $\hat{\boldsymbol{Q}}_k$ 为噪声参数估计算法 k 时刻给出的过程噪声均值和方差估计值。

（3）重新生成确定性采样点。

根据 $\hat{\boldsymbol{X}}_{k+1|k}$，$\hat{\boldsymbol{P}}_{k+1|k}$ 以步骤（1）相同的方式重新产生积分点，记为 $\boldsymbol{\chi}_{i,k+1|k}$，$i = 1,\cdots,N$。

（4）预测测量均值 $\hat{\boldsymbol{Z}}_{k+1|k}$，方差 $\hat{\boldsymbol{P}}_{zz,k+1|k}$ 和协方差 $\hat{\boldsymbol{P}}_{xz,k+1|k}$。

（5）测量更新得到 $\hat{\boldsymbol{X}}_{k+1}$、$\boldsymbol{K}_{k+1}$、$\hat{\boldsymbol{P}}_{k+1}$。

（6）按照所给出的噪声参数估计算法，估计噪声均值和方差：

首先构造如下变量：

$$\boldsymbol{q}_{k+1} = \hat{\boldsymbol{X}}_{k+1} - \sum_{i=0}^{2n} w_i \boldsymbol{\chi}_{i,k+1|k} \tag{3-141}$$

$$\boldsymbol{\gamma}_{k+1} = \hat{\boldsymbol{X}}_{k+1} - \hat{\boldsymbol{X}}_{k+1|k} \tag{3-142}$$

进而得到

$$\hat{\boldsymbol{q}}_{k+1} = \hat{\boldsymbol{q}}_k + \frac{1}{L}(\boldsymbol{q}_{k+1} - \boldsymbol{q}_{k-L+1}) \tag{3-143}$$

$$\hat{\boldsymbol{\gamma}}_{k+1} = \hat{\boldsymbol{\gamma}}_k + \frac{1}{L}(\boldsymbol{\gamma}_{k+1} - \boldsymbol{\gamma}_{k-L+1}) \tag{3-144}$$

$$\hat{\boldsymbol{Q}}_{k+1} = \hat{\boldsymbol{Q}}_k + \frac{1}{L-1}\begin{bmatrix} (\boldsymbol{\gamma}_{k+1} - \hat{\boldsymbol{\gamma}}_k)(\boldsymbol{\gamma}_{k+1} - \hat{\boldsymbol{\gamma}}_k)^{\mathrm{T}} - \\ (\boldsymbol{\gamma}_{k-L+1} - \hat{\boldsymbol{\gamma}}_k)(\boldsymbol{\gamma}_{k-L+1} - \hat{\boldsymbol{\gamma}}_k)^{\mathrm{T}} - \\ \frac{1}{L}(\boldsymbol{\gamma}_{k+1} - \boldsymbol{\gamma}_{k-L+1})(\boldsymbol{\gamma}_{k+1} - \boldsymbol{\gamma}_{k-L+1})^{\mathrm{T}} \end{bmatrix}$$

$$+ \frac{1}{L}[\hat{\boldsymbol{Q}}_k - \hat{\boldsymbol{P}}_{xz,k+1|k}\boldsymbol{K}_{k+1}^{\mathrm{T}}] - \frac{1}{L}[\hat{\boldsymbol{Q}}_{k-L} - \hat{\boldsymbol{P}}_{xz,k-L+1|k-L}\boldsymbol{K}_{k-L+1}^{\mathrm{T}}]$$

$$\tag{3-145}$$

5. 确定性采样滤波的鲁棒性改进

当系统模型中存在显著模型误差时，尤其是模型误差呈现较强的确定性变化规律时,采用鲁棒滤波方法是改善滤波估计精度的合理途径。与最优滤波的设计理念不同,鲁棒滤波将克服模型误差对估计精度的影响作为滤波器设计的重要指标之一[27]。

针对相对导航问题的特点,本节针对一类状态方程为线性,测量方程为非线性且存在显著模型误差的非线性系统,以 UKF 为例,通过对确定性采样滤波方法进行鲁棒性改进,给出一种鲁棒 UKF 方法[28,29]。

1)不确定系统描述及相关假设

离散随机非线性系统描述如下:

$$\boldsymbol{X}_{k+1} = \boldsymbol{F}_k \boldsymbol{X}_k + \boldsymbol{w}_k \tag{3-146}$$

$$\boldsymbol{Z}_{k+1} = \boldsymbol{h}(\boldsymbol{X}_{k+1}) + \boldsymbol{\Delta}_{\mathrm{h}} + \boldsymbol{v}_{k+1} \tag{3-147}$$

式(3-146)和式(3-147)中:$\boldsymbol{X}_k \in \boldsymbol{R}^n$ 为系统状态;$\boldsymbol{Z}_{k+1} \in \boldsymbol{R}^m$ 为敏感器测量;$\boldsymbol{F}_k$ 为状态转移矩阵;设定 $\boldsymbol{h}(\boldsymbol{X})$ 在 $\boldsymbol{X}$ 处连续可微;$\boldsymbol{w}_k$ 和 $\boldsymbol{v}_{k+1}$ 分别为过程噪声和测量噪声,且设定噪声均为零均值高斯白噪声,满足 $\mathrm{Cov}(\boldsymbol{w}_k, \boldsymbol{w}_k) = \boldsymbol{Q}_k$,$\mathrm{Cov}(\boldsymbol{v}_{k+1}, \boldsymbol{v}_{k+1}) = \boldsymbol{R}_{k+1}$,$\mathrm{Cov}(\boldsymbol{w}_i, \boldsymbol{v}_j) = \boldsymbol{0}$;$\boldsymbol{\Delta}_{\mathrm{h}}$ 为模型误差。

设定系统满足以下 5 点。

(1)设定模型误差满足如下限制

$$\boldsymbol{0} \leqslant E[\boldsymbol{\Delta}_{\mathrm{h}} \boldsymbol{\Delta}_{\mathrm{h}}^{\mathrm{T}}] \leqslant \boldsymbol{M}_{\mathrm{h}} \tag{3-148}$$

式中:$\boldsymbol{M}_{\mathrm{h}}$ 为已知半正定阵。

(2)设定 $\boldsymbol{h}(X)$ 为三维列向量函数,且 $\boldsymbol{h}(X)$ 中每个元素均满足 Lipschitz 条件,即存在正常数 L_{h1}、L_{h2} 和 L_{h3} 满足

$$\|\boldsymbol{h}_1(\boldsymbol{X}_{k+1}) - \boldsymbol{h}_1(\hat{\boldsymbol{X}}_{k+1|k})\| \leqslant L_{\mathrm{h1}} \|\boldsymbol{X}_{k+1} - \hat{\boldsymbol{X}}_{k+1|k}\| \tag{3-149}$$

$$\|\boldsymbol{h}_2(\boldsymbol{X}_{k+1}) - \boldsymbol{h}_2(\hat{\boldsymbol{X}}_{k+1|k})\| \leqslant L_{\mathrm{h2}} \|\boldsymbol{X}_{k+1} - \hat{\boldsymbol{X}}_{k+1|k}\| \tag{3-150}$$

$$\|\boldsymbol{h}_3(\boldsymbol{X}_{k+1}) - \boldsymbol{h}_3(\hat{\boldsymbol{X}}_{k+1|k})\| \leqslant L_{\mathrm{h3}} \|\boldsymbol{X}_{k+1} - \hat{\boldsymbol{X}}_{k+1|k}\| \tag{3-151}$$

并构造如下矩阵:

$$\boldsymbol{M}_1 = \begin{pmatrix} 3L_{\mathrm{h1}}^2 & 0 & 0 \\ 0 & 3L_{\mathrm{h2}}^2 & 0 \\ 0 & 0 & 3L_{\mathrm{h3}}^2 \end{pmatrix} \tag{3-152}$$

(3)UKF 计算中的采样点表示方式不便于理论分析,设

$$\boldsymbol{h}(\boldsymbol{X}_{k+1}) = \boldsymbol{h}_{\mathrm{s}}(\boldsymbol{X}_{k+1}, \hat{\boldsymbol{X}}_{k+1|k}) + \boldsymbol{\Delta}_{\mathrm{t}} \tag{3-153}$$

式中:$\boldsymbol{h}_{\mathrm{s}}(\boldsymbol{X}_{k+1}, \hat{\boldsymbol{X}}_{k+1|k})$ 为 $\boldsymbol{h}(\boldsymbol{X}_{k+1})$ 在 $\hat{\boldsymbol{X}}_{k+1|k}$ 处的二阶 Taylor 近似表达;$\boldsymbol{\Delta}_{\mathrm{t}}$ 为三阶

以上高阶项,表征 UKF 算法造成的模型信息损失。则 UKF 得到的测量估计可表达为

$$\hat{Z}_{k+1|k} = E[h_s(X_{k+1}, \hat{X}_{k+1|k}) + v_{k+1}] \quad (3-154)$$

另外,由于 UT 变换所得到的方差估计只能得到部分二阶信息,为此,引入时变参数 $\vartheta_{k+1} > 0$ 使得到以下不等式成立:

$$E[(\hat{Z}_{k+1|k} - h_s(X_{k+1}, \hat{X}_{k+1|k}) - v_{k+1})(\hat{Z}_{k+1|k} - h_s(X_{k+1}, \hat{X}_{k+1|k}) - v_{k+1})^T]$$
$$\leqslant \vartheta_{k+1} \hat{P}_{zz,k+1|k} \quad (3-155)$$

(4) 设定以下等式成立:

$$\boldsymbol{\Pi}_{k+1} \boldsymbol{\Xi}_{k+1} = E[(\boldsymbol{\Delta}_t + \boldsymbol{\Delta}_h)(X_{k+1} - \hat{X}_{k+1|k})^T] \hat{P}_{k+1|k}^{-1} \quad (3-156)$$

式中:$\hat{P}_{k+1|k}$ 为滤波算法得到的预测状态估计方差,满足 $\underline{p}I \leqslant \hat{P}_{k+1|k}$;$\boldsymbol{\Pi}_{k+1}$ 为 $m \times n$ 维已知刻度矩阵,$\boldsymbol{\Xi}_{k+1}$ 为 $n \times n$ 维的未知时变矩阵,满足 $\underline{a}I \leqslant \boldsymbol{\Xi}_{k+1} \boldsymbol{\Xi}_{k+1}^T \leqslant I$,其中 $0 \leqslant \underline{a} < 1$。

(5) 设定预测概率密度和后验概率均可由高斯分布进行描述,则 UT 变化对协方差 $\boldsymbol{P}_{xz}$ 的近似精度可以达到 2 阶。

2) 无味卡尔曼滤波器状态估计方差有界性定理

引理 3.6[30] 设 A 为 n 维对称阵,b 为 n 维列向量,则有

$$A - bb^T > 0 \Leftrightarrow A > 0, b^T A^{-1} b < 1 \quad (3-157)$$

引理 3.7[31] 给定矩阵 A、H、E 和 F,如果 $FF^T \leqslant I$,并且对于对称正定阵 U 和任意常数 $a > 0$,满足条件 $a^{-1}I - EUE^T > 0$,那么以下矩阵不等式成立:

$$(A + HFE)U(A + HFE)^T \leqslant A(U^{-1} - aE^TE)^{-1}A^T + a^{-1}HH^T \quad (3-158)$$

定理 3.5[28] 对如式(3-146)和式(3-147)所示的非线性不确定系统设计 UKF 滤波器,并利用式(3-164)计算滤波增益,如果存在正常数 γ,在滤波计算中,使得下列离散方程,

$$\hat{P}_0 \geqslant P_0 \quad (3-159)$$

$$\hat{P}_{k+1|k} = F_k \hat{P}_k F_k^T + Q_k \quad (3-160)$$

$$\hat{P}_{k+1} = [\hat{P}_{k+1|k}^{-1} - \gamma^{-1}I]^{-1} - [\hat{P}_{xz,k+1|k}K_{k+1}^T + K_{k+1}\hat{P}_{xz,k+1|k}^T]$$
$$+ K_{k+1}[\lambda_{k+1}\hat{P}_{zz,k+1|k} + a_{k+1}M_l + 3M_h - 12R_{k+1} + (\gamma - \underline{p}\,\underline{a})\boldsymbol{\Pi}_{k+1}\boldsymbol{\Pi}_{k+1}^T]K_{k+1}^T \quad (3-161)$$

当 $k \geqslant 0$ 时,始终有正定解 $\hat{P}_{k+1|k} > 0$,$\hat{P}_{k+1} > 0$,且

$$\gamma \boldsymbol{I} - \hat{\boldsymbol{P}}_{k+1|k} > 0 \tag{3-162}$$

则状态估计方差必定满足有界性条件

$$\boldsymbol{P}_{k+1} = E\big[(\boldsymbol{X}_{k+1} - \hat{\boldsymbol{X}}_{k+1}) (\boldsymbol{X}_{k+1} - \hat{\boldsymbol{X}}_{k+1})^{\mathrm{T}} \big] \leqslant \hat{\boldsymbol{P}}_{k+1} \tag{3-163}$$

并且,当滤波增益取为

$$\boldsymbol{K}_{k+1} = \hat{\boldsymbol{P}}_{xz,k+1|k} \big[\lambda_{k+1} \hat{\boldsymbol{P}}_{zz,k+1|k} + a_{k+1} \boldsymbol{M}_{l} + 3\,\boldsymbol{M}_{h} - 12\,\boldsymbol{R}_{k+1} + (\gamma - \underline{p}\,\underline{a})\boldsymbol{\Pi}_{k+1}\boldsymbol{\Pi}_{k+1}^{\mathrm{T}} \big]^{-1}$$
$$\tag{3-164}$$

可使得 $\hat{\boldsymbol{P}}_{k+1}$ 最小化。其中,

$$\lambda_{k+1} = 15\vartheta_{k+1} \tag{3-165}$$

$$a_{k+1} = \frac{12}{n+\kappa} \Big(\sum_{i=1}^{n} \| (\sqrt{\hat{\boldsymbol{P}}_{k+1|k}})_{i} \| \Big)^{2} + 6\mathrm{trace}(\boldsymbol{P}_{k+1|k}) \tag{3-166}$$

证明:证明定理 3.5 分为三个步骤。

第 1 步:构造 $\boldsymbol{P}_{zz,k+1|k}$ 的上界

经过 UKF 计算后得到 $\hat{\boldsymbol{X}}_{k+1|k}$、$\hat{\boldsymbol{P}}_{k+1|k}$、$\hat{\boldsymbol{Z}}_{k+1|k}$ 和 $\hat{\boldsymbol{P}}_{zz,k+1|k}$。设滤波新息为

$$\tilde{\boldsymbol{Z}}_{k+1|k} = \boldsymbol{Z}_{k+1} - \hat{\boldsymbol{Z}}_{k+1|k} \tag{3-167}$$

利用式(3-153)可以得到

$$\tilde{\boldsymbol{Z}}_{k+1|k} = (\boldsymbol{h}_{s}(\boldsymbol{X}_{k+1}, \hat{\boldsymbol{X}}_{k+1|k}) + \boldsymbol{v}_{k+1} - \hat{\boldsymbol{Z}}_{k+1|k}) + (\boldsymbol{\Delta}_{t} + \boldsymbol{\Delta}_{h})$$
$$= \tilde{\boldsymbol{Z}}_{s,k+1|k} + (\boldsymbol{\Delta}_{t} + \boldsymbol{\Delta}_{h}) \tag{3-168}$$

进而得到测量估计方差为

$$\boldsymbol{P}_{zz,k+1|k} = E\big[(\tilde{\boldsymbol{Z}}_{k+1|k})(\tilde{\boldsymbol{Z}}_{k+1|k})^{\mathrm{T}} \big]$$
$$= E\big[(\tilde{\boldsymbol{Z}}_{s,k+1|k})(\tilde{\boldsymbol{Z}}_{s,k+1|k})^{\mathrm{T}} \big] + E\big[(\tilde{\boldsymbol{Z}}_{s,k+1|k})\boldsymbol{\Delta}_{h}^{\mathrm{T}} + \boldsymbol{\Delta}_{h}(\tilde{\boldsymbol{Z}}_{s,k+1|k})^{\mathrm{T}} \big]$$
$$+ E\big[(\tilde{\boldsymbol{Z}}_{s,k+1|k})\boldsymbol{\Delta}_{t}^{\mathrm{T}} + \boldsymbol{\Delta}_{t}(\tilde{\boldsymbol{Z}}_{s,k+1|k})^{\mathrm{T}} \big] + E\big[(\boldsymbol{\Delta}_{h} + \boldsymbol{\Delta}_{t})(\boldsymbol{\Delta}_{h} + \boldsymbol{\Delta}_{t})^{\mathrm{T}} \big]$$
$$\tag{3-169}$$

上式右端共有四项,分别求取各项的上界。

(1)对第 1 项,由式(3-155)易得

$$E\big[(\tilde{\boldsymbol{Z}}_{s,k+1|k})(\tilde{\boldsymbol{Z}}_{s,k+1|k})^{\mathrm{T}} \big] \leqslant \vartheta_{k+1} \hat{\boldsymbol{P}}_{zz,k+1|k} \tag{3-170}$$

(2)对第 2 项,容易得到

$$E\big[\tilde{\boldsymbol{Z}}_{s,k+1|k}\boldsymbol{\Delta}_{h}^{\mathrm{T}} + \boldsymbol{\Delta}_{h}\tilde{\boldsymbol{Z}}_{s,k+1|k}^{\mathrm{T}} \big] \leqslant E\big[\tilde{\boldsymbol{Z}}_{s,k+1|k}\tilde{\boldsymbol{Z}}_{s,k+1|k}^{\mathrm{T}} + \boldsymbol{\Delta}_{h}\boldsymbol{\Delta}_{h}^{\mathrm{T}} \big]$$
$$\leqslant \vartheta_{k+1} \hat{\boldsymbol{P}}_{zz,k+1|k} + \boldsymbol{M}_{h} \tag{3-171}$$

(3)分析第 3 项,易得

$$E\big[\tilde{\boldsymbol{Z}}_{s,k+1|k}\boldsymbol{\Delta}_{t}^{\mathrm{T}} + \boldsymbol{\Delta}_{t}\tilde{\boldsymbol{Z}}_{s,k+1|k}^{\mathrm{T}} \big] \leqslant E\big[\tilde{\boldsymbol{Z}}_{s,k+1|k}\tilde{\boldsymbol{Z}}_{s,k+1|k}^{\mathrm{T}} \big] + E\big[\boldsymbol{\Delta}_{t}\boldsymbol{\Delta}_{t}^{\mathrm{T}} \big] \tag{3-172}$$

由于

$$E[\Delta_t \Delta_t^T] \leqslant 2E[(h(X_{k+1}) - h(\hat{X}_{k+1|k}))(h(X_{k+1}) - h(\hat{X}_{k+1|k}))^T]$$
$$+ 4[(h_s(\hat{X}_{k+1|k}, \hat{X}_{k+1|k}) - \hat{Z}_{k+1|k})(h_s(\hat{X}_{k+1|k}, \hat{X}_{k+1|k}) - \hat{Z}_{k+1|k})^T]$$
$$+ 4E[(\hat{Z}_{k+1|k} - h_s(X_{k+1}, \hat{X}_{k+1|k}))(\hat{Z}_{k+1|k} - h_s(X_{k+1}, \hat{X}_{k+1|k}))^T]$$

$$(3-173)$$

利用式(3-152)和引理 3.6 可得

$$E[(h(X_{k+1}) - h(\hat{X}_{k+1|k}))(h(X_{k+1}) - h(\hat{X}_{k+1|k}))^T] < M_1 \text{trace}(P_{k+1|k})$$

$$(3-174)$$

另外

$$h_s(\hat{X}_{k+1|k}, \hat{X}_{k+1|k}) - \hat{Z}_{k+1|k} = \frac{-1}{2(n+\kappa)} \sum_{i=1}^{2n} (h(\chi_{i,k+1|k}) - h(\hat{X}_{i,k+1|k}))$$

$$(3-175)$$

利用假设式(3-149)~(3-151)逐项分析可以得到

$$\| (h_s(\hat{X}_{k+1|k}, \hat{X}_{k+1|k}) - \hat{Z}_{k+1|k})_j \| \leqslant \frac{1}{2(n+\kappa)} \sum_{i=1}^{2n} \| (h(\chi_{i,k+1|k}) - h(\hat{X}_{i,k+1|k}))_j \|$$

$$\leqslant \frac{1}{\sqrt{n+\kappa}} L_{hj} \sum_{i=1}^{n} \| (\sqrt{\hat{P}_{k+1|k}})_i \| \qquad (3-176)$$

式中:$j = 1, 2, 3$。

再次应用引理 3.6 可以得到

$$(h_s(\hat{X}_{k+1|k}, \hat{X}_{k+1|k}) - \hat{Z}_{k+1|k})(h_s(\hat{X}_{k+1|k}, \hat{X}_{k+1|k}) - \hat{Z}_{k+1|k})^T$$

$$\leqslant \frac{1}{n+\kappa} (\sum_{i=1}^{n} \| (\sqrt{\hat{P}_{k+1|k}})_i \|)^2 M_l \qquad (3-177)$$

将式(3-155)、式(3-174)和式(3-177)代入式(3-173)可以得到

$$E[\Delta_t \Delta_t^T] \leqslant [2\text{trace}(P_{k+1|k}) + \frac{4}{n+\kappa}(\sum_{i=1}^{n} \| (\sqrt{\hat{P}_{k+1|k}})_i \|)^2] M_l$$
$$+ 4(\vartheta_{k+1} \hat{P}_{zz,k+1|k} - R_{k+1}) \qquad (3-178)$$

继而可以得到

$$E[(\tilde{Z}_{s,k+1|k})\Delta_t^T + \Delta_t (\tilde{Z}_{s,k+1|k})^T] \leqslant$$

$$5\vartheta_{k+1} \hat{P}_{zz,k+1|k} + \{2\text{trace}(P_{k+1|k}) + \frac{4}{n+\kappa}(\sum_{i=1}^{n} \| (\sqrt{\hat{P}_{k+1|k}})_i \|)^2\} M_1 - 4R_{k+1}$$

$$(3-179)$$

（4）对第 4 项，由式（3 – 148）和式（3 – 178）可以得到

$$E\left[\left(\boldsymbol{\Delta}_{h} + \boldsymbol{\Delta}_{t}\right)\left(\boldsymbol{\Delta}_{h} + \boldsymbol{\Delta}_{t}\right)^{T}\right] \leqslant 2E\left[\boldsymbol{\Delta}_{h}\boldsymbol{\Delta}_{h}^{T}\right] + 2E\left[\boldsymbol{\Delta}_{t}\boldsymbol{\Delta}_{t}^{T}\right]$$

$$\leqslant 2\boldsymbol{M}_{h} + \left\{4\mathrm{trace}(\boldsymbol{P}_{k+1|k}) + \frac{8}{n+\kappa}\left(\sum_{i=1}^{n}\parallel(\sqrt{\hat{\boldsymbol{P}}_{k+1|k}})_{i}\parallel\right)^{2}\right\}\boldsymbol{M}_{1}$$

$$+ 8(\vartheta_{k+1}\hat{\boldsymbol{P}}_{zz,k+1|k} - \boldsymbol{R}_{k+1})$$

$$(3-180)$$

将以上四项结果代入式（3 – 169）后，可以得到

$$\boldsymbol{P}_{zz,k+1|k} \leqslant 15\vartheta_{k+1}\hat{\boldsymbol{P}}_{zz,k+1|k} + \left\{6\mathrm{trace}(\boldsymbol{P}_{k+1|k}) + \frac{12}{n+\kappa}\left(\sum_{i=1}^{n}\parallel(\sqrt{\hat{\boldsymbol{P}}_{k+1|k}})_{i}\parallel\right)^{2}\right\}\boldsymbol{M}_{1}$$

$$+ 3\boldsymbol{M}_{h} - 12\boldsymbol{R}_{k+1}$$

$$(3-181)$$

对上式简记为

$$\boldsymbol{P}_{zz,k+1|k} \leqslant \lambda_{k+1}\hat{\boldsymbol{P}}_{zz,k+1|k} + a_{k+1}\boldsymbol{M}_{1} + 3\boldsymbol{M}_{h} - 12\boldsymbol{R}_{k+1} \qquad (3-182)$$

并设

$$\boldsymbol{P}_{zz,k+1|k}^{u} = \lambda_{k+1}\hat{\boldsymbol{P}}_{zz,k+1|k} + a_{k+1}\boldsymbol{M}_{1} + 3\boldsymbol{M}_{h} - 12\boldsymbol{R}_{k+1} \qquad (3-183)$$

第 2 步：构造 $\boldsymbol{P}_{k+1}$ 的上界

估计误差可表示为

$$\boldsymbol{X}_{k+1} - \hat{\boldsymbol{X}}_{k+1} = \boldsymbol{X}_{k+1} - \hat{\boldsymbol{X}}_{k+1|k} - \boldsymbol{K}_{k+1}(\boldsymbol{Z}_{k+1} - \hat{\boldsymbol{Z}}_{k+1|k}) \qquad (3-184)$$

可得到

$$\boldsymbol{P}_{k+1} = \begin{bmatrix} E\left[(\boldsymbol{X}_{k+1} - \hat{\boldsymbol{X}}_{k+1|k})(\boldsymbol{X}_{k+1} - \hat{\boldsymbol{X}}_{k+1|k})^{T}\right] \\ - E\left[(\boldsymbol{X}_{k+1} - \hat{\boldsymbol{X}}_{k+1|k})(\boldsymbol{\Delta}_{t} + \boldsymbol{\Delta}_{h})^{T}\right]\boldsymbol{K}_{k+1}^{T} \\ - \boldsymbol{K}_{k+1}E\left[(\boldsymbol{\Delta}_{t} + \boldsymbol{\Delta}_{h})(\boldsymbol{X}_{k+1} - \hat{\boldsymbol{X}}_{k+1|k})^{T}\right] \end{bmatrix}$$

$$- \begin{bmatrix} E\left[(\boldsymbol{X}_{k+1} - \hat{\boldsymbol{X}}_{k+1|k})(\boldsymbol{h}_{s}(\boldsymbol{X}_{k+1}, \hat{\boldsymbol{X}}_{k+1|k}) + \boldsymbol{v}_{k+1} - \hat{\boldsymbol{Z}}_{k+1|k})^{T}\right]\boldsymbol{K}_{k+1}^{T} + \\ \boldsymbol{K}_{k+1}\left\{E\left[(\boldsymbol{X}_{k+1} - \hat{\boldsymbol{X}}_{k+1|k})(\boldsymbol{h}_{s}(\boldsymbol{X}_{k+1}, \hat{\boldsymbol{X}}_{k+1|k}) + \boldsymbol{v}_{k+1} - \hat{\boldsymbol{Z}}_{k+1|k})^{T}\right]\right\}^{T} \end{bmatrix}$$

$$+ \boldsymbol{K}_{k+1}E\left[(\boldsymbol{Z}_{k+1} - \hat{\boldsymbol{Z}}_{k+1|k})(\boldsymbol{Z}_{k+1} - \hat{\boldsymbol{Z}}_{k+1|k})^{T}\right]\boldsymbol{K}_{k+1}^{T}$$

$$(3-185)$$

上式右端可分为三项，以下分别进行分析。

（1）分析第一项。若 $\boldsymbol{P}_{k} \leqslant \hat{\boldsymbol{P}}_{k}$，则有

$$E\left[(\boldsymbol{X}_{k+1} - \hat{\boldsymbol{X}}_{k+1|k})(\boldsymbol{X}_{k+1} - \hat{\boldsymbol{X}}_{k+1|k})^{T}\right] \leqslant \hat{\boldsymbol{P}}_{k+1|k} \qquad (3-186)$$

另外，利用式（3 – 156）有

$$E\big[\,(X_{k+1}-\hat{X}_{k+1|k})(\Delta_{\mathrm t}+\Delta_{\mathrm h})^{\mathrm T}\big]K_{k+1}^{\mathrm T}+K_{k+1}E\big[\,(X_{k+1}-\hat{X}_{k+1|k})(\Delta_{\mathrm t}+\Delta_{\mathrm h})^{\mathrm T}\big]^{\mathrm T}$$

$$=\hat{P}_{k+1|k}(\boldsymbol{\Pi}_{k+1}\boldsymbol{\Xi}_{k+1})^{\mathrm T}K_{k+1}^{\mathrm T}+K_{k+1}\boldsymbol{\Pi}_{k+1}\boldsymbol{\Xi}_{k+1}\hat{P}_{k+1|k} \tag{3-187}$$

进而得到

$$E\big[\,(X_{k+1}-\hat{X}_{k+1|k})(X_{k+1}-\hat{X}_{k+1|k})^{\mathrm T}\big]-E\big[\,(X_{k+1}-\hat{X}_{k+1|k})(\Delta_{\mathrm t}+\Delta_{\mathrm h})^{\mathrm T}\big]K_{k+1}^{\mathrm T}$$

$$-K_{k+1}E\big[\,(\Delta_{\mathrm t}+\Delta_{\mathrm h})(X_{k+1}-\hat{X}_{k+1|k})^{\mathrm T}\big]$$

$$\leqslant\big[\,I-K_{k+1}(\boldsymbol{\Pi}_{k+1}\boldsymbol{\Xi}_{k+1})\,\big]\hat{P}_{k+1|k}\big[\,I-K_{k+1}(\boldsymbol{\Pi}_{k+1}\boldsymbol{\Xi}_{k+1})\,\big]^{\mathrm T}$$

$$-K_{k+1}\big[\,(\boldsymbol{\Pi}_{k+1}\boldsymbol{\Xi}_{k+1})\hat{P}_{k+1|k}(\boldsymbol{\Pi}_{k+1}\boldsymbol{\Xi}_{k+1})^{\mathrm T}\,\big]K_{k+1}^{\mathrm T}$$

$$\tag{3-188}$$

利用条件式(3-162),并根据引理3.7可以得到

$$\big[\,I-(K_{k+1}\boldsymbol{\Pi}_{k+1})\boldsymbol{\Xi}_{k+1}I\,\big]\hat{P}_{k+1|k}\big[\,I-(K_{k+1}\boldsymbol{\Pi}_{k+1})\boldsymbol{\Xi}_{k+1}I\,\big]^{\mathrm T}$$

$$\leqslant\big[\,\hat{P}_{k+1|k}^{-1}-\gamma^{-1}I\,\big]^{-1}+\gamma\,K_{k+1}\boldsymbol{\Pi}_{k+1}\boldsymbol{\Pi}_{k+1}^{\mathrm T}K_{k+1}^{\mathrm T} \tag{3-189}$$

将式(3-189)代入式(3-188)则可以得到

$$E\big[\,(X_{k+1}-\hat{X}_{k+1|k})(X_{k+1}-\hat{X}_{k+1|k})^{\mathrm T}\big]-E\big[\,(X_{k+1}-\hat{X}_{k+1|k})(\Delta_{\mathrm t}+\Delta_{\mathrm h})^{\mathrm T}\big]K_{k+1}^{\mathrm T}$$

$$-K_{k+1}E\big[\,(\Delta_{\mathrm t}+\Delta_{\mathrm h})(X_{k+1}-\hat{X}_{k+1|k})^{\mathrm T}\big]\leqslant\big[\,\hat{P}_{k+1|k}^{-1}-\gamma^{-1}I\,\big]^{-1}+\gamma\,K_{k+1}\boldsymbol{\Pi}_{k+1}\boldsymbol{\Pi}_{k+1}^{\mathrm T}K_{k+1}^{\mathrm T}$$

$$-K_{k+1}\big[\,\underline{p}\,\underline{a}\,\boldsymbol{\Pi}_{k+1}\boldsymbol{\Pi}_{k+1}^{\mathrm T}\,\big]K_{k+1}^{\mathrm T}$$

$$\tag{3-190}$$

(2) 利用设定条件(5)可知对P_{xz}的近似精度可达二阶的设定,容易得到

$$E\big[\,(X_{k+1}-\hat{X}_{k+1|k})(h_{\mathrm s}(X_{k+1},\hat{X}_{k+1|k})-\hat{Z}_{k+1|k})^{\mathrm T}\,\big]K_{k+1}^{\mathrm T}+$$

$$K_{k+1}E\big[\,(h_{\mathrm s}(X_{k+1},\hat{X}_{k+1|k})-\hat{Z}_{k+1|k})(X_{k+1}-\hat{X}_{k+1|k})^{\mathrm T}\,\big] \tag{3-191}$$

$$=\hat{P}_{xz,k+1|k}K_{k+1}^{\mathrm T}+K_{k+1}\hat{P}_{xz,k+1|k}^{\mathrm T}$$

(3) 分析式第三项。

$$K_{k+1}E\big[\,(Z_{k+1}-\hat{Z}_{k+1|k})(Z_{k+1}-\hat{Z}_{k+1|k})^{\mathrm T}\,\big]K_{k+1}^{\mathrm T}\leqslant K_{k+1}P_{zz,k+1|k}^{u}K_{k+1}^{\mathrm T}$$

$$\tag{3-192}$$

将以上三项带入式(3-185)得到

$$P_{k+1}\leqslant\hat{P}_{k+1} \tag{3-193}$$

其中

$$\hat{P}_{k+1}=\big[\,\hat{P}_{k+1|k}^{-1}-\gamma^{-1}I\,\big]^{-1}-\hat{P}_{xz,k+1|k}K_{k+1}^{\mathrm T}-K_{k+1}\hat{P}_{xz,k+1|k}^{\mathrm T}$$

$$+K_{k+1}\big[\,\lambda_{k+1}\hat{P}_{zz,k+1|k}+a_{k+1}M_{\mathrm l}+3M_{\mathrm h}-12R_{k+1}+(\gamma-\underline{p}\,\underline{a})\boldsymbol{\Pi}_{k+1}\boldsymbol{\Pi}_{k+1}^{\mathrm T}\,\big]K_{k+1}^{\mathrm T}$$

$$\tag{3-194}$$

第3步:确定滤波增益

利用上界进行滤波器设计保证了滤波算法的一致性,但若上界取的过大则会损失状态估计所包含的信息量,降低估计的精度,所以滤波增益应当使 $\hat{\boldsymbol{P}}_{k+1}$ 最小化。

根据 $\dfrac{\partial \text{trace}(\hat{\boldsymbol{P}}_{k+1})}{\partial \boldsymbol{K}_{k+1}} = 0$,由式(3-194)可以得到

$$\boldsymbol{K}_{k+1} = \hat{\boldsymbol{P}}_{xz,k+1|k} \left[\lambda_{k+1} \hat{\boldsymbol{P}}_{zz,k+1|k} + a_{k+1} \boldsymbol{M}_1 + 3 \boldsymbol{M}_{\mathrm{h}} - 12 \boldsymbol{R}_{k+1} + (\gamma - \underline{p}\,\underline{a}) \boldsymbol{\varPi}_{k+1} \boldsymbol{\varPi}_{k+1}^{\mathrm{T}} \right]^{-1}$$
$$(3-195)$$

容易看到,若将 $\hat{\boldsymbol{X}}_{k+1}$ 和 $\hat{\boldsymbol{P}}_{k+1}$ 用于 $k+2$ 时刻的时间更新,则有

$$\hat{\boldsymbol{X}}_{k+2|k+1} = \boldsymbol{F}_{k+1} \hat{\boldsymbol{X}}_{k+1} \qquad (3-196)$$

$$\hat{\boldsymbol{P}}_{k+2|k+1} = \boldsymbol{F}_{k+1} \hat{\boldsymbol{P}}_{k+1} \boldsymbol{F}_{k+1} + \boldsymbol{Q}_{k+1} \qquad (3-197)$$

而

$$\boldsymbol{P}_{k+2|k+1} = \boldsymbol{F}_{k+1} E\left[(\boldsymbol{X}_{k+1} - \hat{\boldsymbol{X}}_{k+1})(\boldsymbol{X}_{k+1} - \hat{\boldsymbol{X}}_{k+1})^{\mathrm{T}} \right] \boldsymbol{F}_{k+1}^{\mathrm{T}} + \boldsymbol{Q}_{k+1}$$
$$(3-198)$$

显然有

$$\boldsymbol{P}_{k+2|k+1} \leqslant \hat{\boldsymbol{P}}_{k+2|k+1} \qquad (3-199)$$

由数学归纳法可知,只要定理3.5中的条件满足时,可以保证式(3-199)成立,并且式(3-195)所示的增益使得 $\hat{\boldsymbol{P}}_{k+1}$ 最小化。定理3.5得证。

3)鲁棒无味卡尔曼滤波方法

(1)鲁棒无味卡尔曼滤波方法的算法描述。

定理3.5的结论实际上给出了一种鲁棒滤波方法的设计思路,本节给出所提出鲁棒无味卡尔曼滤波方法的算法公式。

① 利用状态方程进行时间更新得到 $\hat{\boldsymbol{X}}_{k+1|k}$、$\hat{\boldsymbol{P}}_{k+1|k}$;

② 根据 $\hat{\boldsymbol{X}}_{k+1|k}$ 和 $\hat{\boldsymbol{P}}_{k+1|k}$,选取采样点 $\boldsymbol{\chi}_{i,k+1|k}(i=0,\cdots,2n)$;

③ 依据采样点对测量量的均值 $\hat{\boldsymbol{Z}}_{k+1|k}$、方差 $\hat{\boldsymbol{P}}_{zz,k+1|k}$ 和协方差 $\hat{\boldsymbol{P}}_{xz,k+1|k}$ 进行预测;

④ 测量更新

$$\hat{\boldsymbol{X}}_{k+1} = \hat{\boldsymbol{X}}_{k+1|k} + \boldsymbol{K}_{k+1}(\boldsymbol{Z}_{k+1} - \hat{\boldsymbol{Z}}_{k+1|k}) \qquad (3-200)$$

$$\hat{\boldsymbol{P}}_{k+1} = \big[\hat{\boldsymbol{P}}_{k+1|k}^{-1} - \gamma^{-1}\boldsymbol{I} \big]^{-1} - \hat{\boldsymbol{P}}_{xz,k+1|k}\boldsymbol{K}_{k+1}^{\mathrm{T}} - \boldsymbol{K}_{k+1}\hat{\boldsymbol{P}}_{xz,k+1|k}^{\mathrm{T}}$$
$$+ \boldsymbol{K}_{k+1}\big[\lambda_{k+1}\hat{\boldsymbol{P}}_{zz,k+1|k} + a_{k+1}\boldsymbol{M}_1 + 3\boldsymbol{M}_{\mathrm{h}} - 12\boldsymbol{R}_{k+1} \quad (3-201)$$
$$+ (\gamma - \underline{p}\,\underline{a})\boldsymbol{\Pi}_{k+1}\boldsymbol{\Pi}_{k+1}^{\mathrm{T}} \big]\boldsymbol{K}_{k+1}^{\mathrm{T}}$$

$$\boldsymbol{K}_{k+1} = \hat{\boldsymbol{P}}_{xz,k+1|k}\big[\lambda_{k+1}\hat{\boldsymbol{P}}_{zz,k+1|k} + a_{k+1}\boldsymbol{M}_1 + 3\boldsymbol{M}_{\mathrm{h}} - 12\boldsymbol{R}_{k+1} + (\gamma - \underline{p}\,\underline{a})\boldsymbol{\Pi}_{k+1}\boldsymbol{\Pi}_{k+1}^{\mathrm{T}} \big]^{-1}$$
$$(3-202)$$

其中，

$$\lambda_{k+1} = 15\vartheta_{k+1} \qquad (3-203)$$

$$a_{k+1} = 6\mathrm{trace}(\hat{\boldsymbol{P}}_{k+1|k}) + \frac{12}{n+\kappa}\Big(\sum_{i=1}^{n} \| (\sqrt{\hat{\boldsymbol{P}}_{k+1|k}})_i \| \Big)^2 \qquad (3-204)$$

（2）鲁棒无味卡尔曼滤波方法的特点

① 鲁棒 UKF 滤波方法中，测量模型误差的影响由 $\boldsymbol{M}_{\mathrm{h}}$ 项表征，而 $\boldsymbol{\Pi}_{k+1}\boldsymbol{\Pi}_{k+1}^{\mathrm{T}}$ 描述 UKF 算法所造成的模型信息损失和测量模型误差的综合影响。可见，鲁棒 UKF 滤波方法中充分考虑了测量模型误差以及滤波算法所造成的模型信息损失等对滤波估计算法的影响，这是一般 UKF 滤波方法所不具备的。

② 容易看出，当不考虑模型误差和算法所损失的模型信息等不确定性项时，若使 $\gamma \to \infty$，鲁棒 UKF 就退变为 UKF。

（3）鲁棒无味卡尔曼滤波方法的参数选择

① 参数 λ 的确定。λ 的取值应保证 $\boldsymbol{P}_{zz,k+1|k}^u \geqslant \boldsymbol{P}_{zz,k+1|k}$ 的前提下尽量使 $\boldsymbol{P}_{zz,k+1|k}^u$ 接近 $\boldsymbol{P}_{zz,k+1|k}$。$\boldsymbol{P}_{zz,k+1|k}$ 可通过在线估计得到[32]

$$\boldsymbol{P}_{zz,k+1|k} \approx \begin{cases} \boldsymbol{\delta}_{k+1}\boldsymbol{\delta}_{k+1}^{\mathrm{T}} & k=0 \\ \dfrac{\rho^* \boldsymbol{P}_{zz,k+1|k} + \boldsymbol{\delta}_{k+1}\boldsymbol{\delta}_{k+1}^{\mathrm{T}}}{1+\rho^*} & k>0 \end{cases}$$

$$\boldsymbol{\delta}_{k+1} = \boldsymbol{Z}_{k+1} - \hat{\boldsymbol{Z}}_{k+1|k}$$

式中：$0.95 \leqslant \rho^* < 1$ 为遗忘因子。λ 的取值设定为

$$\lambda_{k+1} = \max(1, \mathrm{trace}(\boldsymbol{P}_{zz,k+1|k} - a_{k+1}\boldsymbol{M}_1 - 3\boldsymbol{M}_{\mathrm{h}} + 12\boldsymbol{R}_{k+1})/\mathrm{trace}(\hat{\boldsymbol{P}}_{zz,k+1|k}))$$
$$(3-205)$$

若测量噪声方差阵不准确时，可以将上式中的 $\boldsymbol{R}_{k+1}$ 项去掉。

② 刻度阵 $\boldsymbol{\Pi}$ 的选取。设 $\boldsymbol{\Pi}_{k+1}\boldsymbol{\Xi}_{k+1} = \boldsymbol{M}$，一般来说，$m \leqslant n$，$\boldsymbol{M}$ 为列满秩。对 $\boldsymbol{M}$ 进行 QR 分解，并进行适当列变换，使得 $\boldsymbol{M} = (\tau\boldsymbol{R})\left(\dfrac{1}{\tau}\boldsymbol{Q} \right)$，而 $\boldsymbol{R} =$

$(I\quad 0)$,其中 τ 为一正常数。可设 $\boldsymbol{\Pi}=\tau\boldsymbol{R}$, $\boldsymbol{\Xi}=\dfrac{1}{\tau}\boldsymbol{Q}$,通过设定适当的 τ,则容易保证 $\boldsymbol{\Xi}\boldsymbol{\Xi}^{\mathrm{T}}<\boldsymbol{I}$。所以,在设计滤波器时,可以取

$$\boldsymbol{\Pi}\boldsymbol{\Pi}^{\mathrm{T}}=\tau^2\boldsymbol{I} \tag{3-206}$$

通常 M 的量级比较小,可调节参数 τ 满足 $0\leqslant\tau<1$。如果测量模型误差与相对状态的相关性很弱,且测量模型 h 的 3 阶以上高阶项很小时,则 $\boldsymbol{\Pi}\boldsymbol{\Pi}^{\mathrm{T}}$ 的影响会很小,可以忽略。

③ 参数 γ 的确定:γ 的选取应该保证 $\hat{\boldsymbol{P}}_{k+1}>0$,显然 γ 越大越有利于保证 $\hat{\boldsymbol{P}}_{k+1}>0$,但 γ 过大又会使得估计过于保守。γ 的在线选取[33]:

$$\gamma_{k+1}=\varepsilon\cdot\max(\mathrm{eig}(\hat{\boldsymbol{P}}_{k+1|k})) \tag{3-207}$$

式中:$\varepsilon\geqslant 1$ 为一常数,可人为设置。

④ $\underline{a}$ 和 $\underline{p}$ 可根据先验信息设定,在无先验信息的情况下可以认为 $\underline{a}=0$, $\underline{p}=0$。

6. 基于鲁棒统计的确定性采样滤波改进

空间相对运动测量多使用光学敏感器(如红外相机,激光雷达以及可见光相机等),其测量噪声通常并非服从高斯分布,而是呈现厚尾分布形式。厚尾分布概率密度可表示为 $p(x)=(1-\varepsilon)p_{\mathrm{G}}(x)+\varepsilon p_{\mathrm{t}}(x)$,其中,$0\leqslant\varepsilon\leqslant 1$, $p_{\mathrm{G}}(x)$ 为高斯分布,$p_{\mathrm{t}}(x)$ 可为拉普拉斯分布、柯西分布、大方差的高斯分布等。图 3-7 比较了高斯分布和厚尾分布的密度函数。若用高斯分布近似描述厚尾分布,带来的问题就是测量中离群数据(Outlier)的频繁出现。

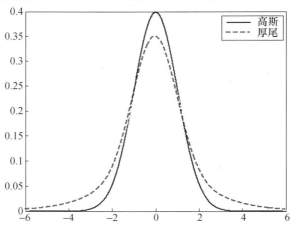

图 3-7 高斯分布与后尾分布的密度函数

美国学者 Huber 创建了鲁棒统计方法,可通过选择不同的损失函数实现不同的鲁棒性能。本节将该方法称为 Huber 鲁棒统计算法[34]。利用 Huber 鲁棒统计算法对滤波算法进行改进,能够有效克服离群数据的影响[35,36]。

本节针对一般非线性系统,将 Huber 鲁棒统计算法与确定性采样滤波方法相结合,改进确定性采样滤波方法对测量离群数据的鲁棒性。

1)基于 Huber 鲁棒统计的状态估计算法

设已由先验信息得到状态的预测值 $\hat{\boldsymbol{X}}_{k+1|k}$ 和估计方差 $\hat{\boldsymbol{P}}_{k+1|k}$,并且与状态相关的测量方程为线性

$$\boldsymbol{Z}_{k+1} = \boldsymbol{H}_{k+1}\boldsymbol{X}_{k+1} + \boldsymbol{v}_{k+1} \quad (3-208)$$

式中:$\boldsymbol{X}_k \in \boldsymbol{R}^n$ 为系统状态;$\boldsymbol{Z}_{k+1} \in \boldsymbol{R}^m$ 为敏感器测量;$\boldsymbol{v}_{k+1}$ 为测量噪声。

若将状态预测结果也看做测量信息,与敏感器的测量信息结合,可构造得到新的测量方程为

$$\begin{pmatrix} \boldsymbol{Z}_{k+1} \\ \hat{\boldsymbol{X}}_{k+1|k} \end{pmatrix} = \begin{pmatrix} \boldsymbol{H}_{k+1} \\ \boldsymbol{I} \end{pmatrix} \boldsymbol{X}_{k+1} + \begin{pmatrix} \boldsymbol{v}_{k+1} \\ \tilde{\boldsymbol{X}}_{k+1|k} \end{pmatrix} \quad (3-209)$$

式中:$\tilde{\boldsymbol{X}}_{k+1|k} = \hat{\boldsymbol{X}}_{k+1|k} - \boldsymbol{X}_{k+1}$。设

$$\boldsymbol{T}_{k+1} = \begin{pmatrix} \boldsymbol{R}_{k+1}^{-1/2} & 0 \\ 0 & \hat{\boldsymbol{P}}_{k+1|k}^{-1/2} \end{pmatrix} \quad (3-210)$$

将 $\boldsymbol{T}_{k+1}$ 左乘式(3-209)两端,进行统计解耦有

$$\boldsymbol{T}_{k+1}\begin{pmatrix} \boldsymbol{Z}_{k+1} - \hat{\boldsymbol{Z}}_{k+1|k} + \boldsymbol{H}_{k+1}\hat{\boldsymbol{X}}_{k+1|k} \\ \hat{\boldsymbol{X}}_{k+1|k} \end{pmatrix} = \boldsymbol{T}_{k+1}\begin{pmatrix} \boldsymbol{H}_{k+1} \\ \boldsymbol{I} \end{pmatrix} \boldsymbol{X}_{k+1} + \boldsymbol{T}_{k+1}\begin{pmatrix} \boldsymbol{v}_{k+1} \\ \tilde{\boldsymbol{X}}_{k+1|k} \end{pmatrix}$$

$$(3-211)$$

将式(3-211)记为

$$\boldsymbol{Y}_{k+1} = \boldsymbol{G}_{k+1}\boldsymbol{X}_{k+1} + \boldsymbol{v}_{k+1} \quad (3-212)$$

若测量噪声 $\boldsymbol{v}_k \sim N(\boldsymbol{v}_k|\boldsymbol{0},\boldsymbol{R}_k)$,而 $\tilde{\boldsymbol{X}}_{k+1|k} \sim N(\tilde{\boldsymbol{X}}_{k+1|k}|\boldsymbol{0},\hat{\boldsymbol{P}}_{k+1|k})$ 时,则有 $\boldsymbol{v}_{k+1} \sim N(\boldsymbol{v}_{k+1}|\boldsymbol{0},\boldsymbol{I})$,即统计解耦后各个分量的权重相同,可以按照最小二乘估计方法求得状态的估计值。当测量噪声为厚尾分布时,测量离群数据的频繁出现,会使最小二乘估计的估计性能会大幅下降。基于 Huber 鲁棒统计算法的状态估计方法将估计性能指标取为 M 估计子:

$$J_{\text{huber}} = \sum_{i=1}^{n+m} \lambda(\zeta_i) \quad (3-213)$$

其中

$$\zeta_i = (G_{k+1} X_{k+1} - Y_{k+1})_i \qquad (3-214)$$

$$\lambda(\zeta_i) = \begin{cases} \dfrac{1}{2}\zeta_i^2, & |\zeta_i| < \gamma \\[2mm] \gamma|\zeta_i| - \dfrac{1}{2}\gamma^2, & |\zeta_i| \geqslant \gamma \end{cases} \qquad (3-215)$$

Huber 鲁棒统计算法根据信息 ζ_i 的范围,采用不同的性能指标:当 $|\zeta_i| < \gamma$ 时,认为噪声符合所设定的高斯分布,故采用标准的最小二乘估计指标;而当 $|\zeta_i| \geqslant \gamma$ 时,认为噪声为离群数据,此时采用最小绝对值估计指标,以削弱离群数据对估计的影响。γ 为可调节参数,调节原则是当噪声确为高斯分布时,估计算法不过多的损失估计精度,例如,若噪声确为高斯分布时,为使鲁棒统计算法的精度损失仅为 5% ,则对应的参数为 $\gamma = 1.345$。

M 估计子的最小化取决于下式的求解:

$$\sum_{i=1}^{n+m} \varphi(\zeta_i)\, \zeta_i\, \frac{\partial \zeta_i}{\partial X_{k+1}} = 0 \qquad (3-216)$$

式中:$\varphi(\zeta_i) = \dfrac{1}{\zeta_i} \dfrac{\partial \lambda}{\partial \zeta_i}$,具体由下式给出

$$\varphi(\zeta_i) = \begin{cases} 1 & |\zeta_i| < \gamma \\ \gamma/|\zeta_i| & |\zeta_i| \geqslant \gamma \end{cases} \qquad (3-217)$$

显然,对于正常数据,权重为 1,而对于离群数据权重 $\gamma/|\zeta_i| < 1$。

由式(3-216)容易得到

$$G_{k+1}^{\mathrm{T}} \Psi G_{k+1} X_{k+1} = G_{k+1}^{\mathrm{T}} \Psi Y_{k+1} \qquad (3-218)$$

Ψ 为 $n+m$ 维对角阵,对角线元素为 $\varphi(\zeta_i)$。由于 Ψ 与 X_{k+1} 有关,所以需要利用迭代的方法求取式(3-218),具体方式如下

$$\hat{X}_{k+1}^{(i+1)} = (G_{k+1}^{\mathrm{T}} \Psi^{(i)} G_{k+1})^{-1} G_{k+1}^{\mathrm{T}} \Psi^{(i)} Y_{k+1} \qquad (3-219)$$

$i = 0, \cdots, N_s$,N_s 为迭代步数。迭代初始值由下式确定

$$\hat{X}_{k+1}^{(0)} = (G_{k+1}^{\mathrm{T}} G_{k+1})^{-1} G_{k+1}^{\mathrm{T}} Y_{k+1} \qquad (3-220)$$

估计误差方差为

$$\hat{P}_{k+1} = (G_{k+1}^{\mathrm{T}} \Psi^{(N_s)} G_{k+1})^{-1} \qquad (3-221)$$

2)基于 Huber 鲁棒统计的改进确定性采样滤波算法

利用 Huber 鲁棒统计算法对确定性采样滤波方法的测量更新部分进行改

进,即构成基于 Huber 鲁棒统计的改进确定性采样滤波方法。具体算法阐述如下。

（1）产生确定性采样点。根据 k 时刻的状态和误差协方差估计值 $\hat{X}_k$,$\hat{P}_k$ 产生积分点:$\boldsymbol{\chi}_{i,k}$,$i=1,\cdots,N$ 以及相应的权值为 w_i。

（2）时间更新得到 $\hat{X}_{k+1|k}$,$\hat{P}_{k+1|k}$。

（3）重新生成采样点。根据 $\hat{X}_{k+1|k}$,$\hat{P}_{k+1|k}$ 以步骤（1）相同的方式重新产生采样点,记为 $\boldsymbol{\chi}_{i,k+1|k}$,$i=1,\cdots,N$。

（4）预测测量量均值 $\hat{Z}_{k+1|k}$,方差 $\hat{P}_{zz,k+1|k}$ 和协方差 $\hat{P}_{xz,k+1|k}$;

（5）测量更新。

测量方程可以近似为

$$\boldsymbol{Z}_{k+1}\approx\hat{\boldsymbol{Z}}_{k+1|k}+\boldsymbol{H}_{k+1}(\boldsymbol{X}_{k+1}-\hat{\boldsymbol{X}}_{k+1|k})+\boldsymbol{v}_{k+1} \qquad (3-222)$$

式中:$\boldsymbol{H}_{k+1}=\hat{\boldsymbol{P}}_{xz,k+1|k}^{\mathrm{T}}\hat{\boldsymbol{P}}_{k+1|k}^{-1}$。

构造以下等式:

$$\begin{pmatrix}\boldsymbol{Z}_{k+1}-\hat{\boldsymbol{Z}}_{k+1|k}+\boldsymbol{H}_{k+1}\hat{\boldsymbol{X}}_{k+1|k}\\ \hat{\boldsymbol{X}}_{k+1|k}\end{pmatrix}=\begin{pmatrix}\boldsymbol{H}_{k+1}\\ \boldsymbol{I}\end{pmatrix}\boldsymbol{X}_{k+1}+\begin{pmatrix}\boldsymbol{v}_{k+1}\\ \tilde{\boldsymbol{X}}_{k+1|k}\end{pmatrix} \qquad (3-223)$$

式中:$\tilde{\boldsymbol{X}}_{k+1|k}=\hat{\boldsymbol{X}}_{k+1|k}-\boldsymbol{X}_{k+1}$。

利用 $\boldsymbol{R}_{k+1}$ 和 $\hat{\boldsymbol{P}}_{k+1|k}$ 进行统计解耦得到

$$\boldsymbol{Y}_{k+1}=\boldsymbol{G}_{k+1}\boldsymbol{X}_{k+1}+\boldsymbol{v}_{k+1} \qquad (3-224)$$

对式（3-224）即可采用 Huber 鲁棒统计算法进行设计。

3.3.5　粒子滤波

粒子滤波利用蒙特卡罗数值积分方法,可根据状态的概率密度,通过随机采样方式获得采样点（称为粒子,Particle）,将连续形式的概率密度用离散形式的粒子和相应权值表示,从而将贝叶斯估计中所涉及的高维积分转变为离散粒子间的时间递推,以及加权值的递推求解,再通过采用序列重要性采样以克服后验概率密度未知而无法进行随机采样的不足,由此就构成递推形式的近似贝叶斯估计[37]。粒子滤波的主要优势在于对一般非线性/非高斯系统均适用,并且理论上可以获得任意精度的估计结果。

1.蒙特卡罗数值积分

对于密度函数 $p(\boldsymbol{X}_{0:k}|\boldsymbol{Z}_{1:k})$,若从其中独立采样得到 N 个粒子 $\boldsymbol{X}_{0:k}^i\sim$

$p(\boldsymbol{X}_{0:k} \mid \boldsymbol{Z}_{1:k})$，$i = 1, \cdots, N$，则可以将 $p(\boldsymbol{X}_{0:k} \mid \boldsymbol{Z}_{1:k})$ 近似表示为

$$p(\boldsymbol{X}_{0:k} \mid \boldsymbol{Z}_{0:k}) \approx \frac{1}{N} \sum_{i=1}^{N} \delta(\boldsymbol{X}_{0:k} - \boldsymbol{X}_{0:k}^{i}) \tag{3-225}$$

式中：$\delta(\cdot)$ 为 Dirac delta 函数。

对于任意函数 $\varphi(\boldsymbol{X}_{0:k})$ 的期望可近似为

$$\boldsymbol{I}(\varphi(\boldsymbol{X}_{0:k})) = \int \varphi(\boldsymbol{X}_{0:k}) p(\boldsymbol{X}_{0:k} \mid \boldsymbol{Z}_{0:k}) \mathrm{d}\boldsymbol{X}_{0:k} \approx \frac{1}{N} \sum_{i=1}^{N} \varphi(\boldsymbol{X}_{0:k}^{i}) \tag{3-226}$$

可以证明，蒙特卡洛数值积分的估计误差量级为 $o(1/N)$，且估计精度与状态的维数无关。应用蒙特卡洛数值积分方法主要存在两个难点[38]：

（1）$p(\boldsymbol{X}_{0:k} \mid \boldsymbol{Z}_{0:k})$ 通常未知，很难直接从 $p(\boldsymbol{X}_{0:k} \mid \boldsymbol{Z}_{0:k})$ 进行采样；

（2）随着时间的增长，状态序列 $\boldsymbol{X}_{0:k}^{i}$ 维数会增加，使得计算量随时间增长。

2. 重要性采样

为了解决蒙特卡洛数值积分方法中的第一个难点，重要性采样（Importance Sampling，IS）方法被引入到蒙特卡洛数值积分问题中。IS 方法的关键是引入了重要性密度（Proposal Distribution，PD）$q(\boldsymbol{X}_{0:k} \mid \boldsymbol{Z}_{1:k})$，其中 $q(\boldsymbol{X}_{0:k} \mid \boldsymbol{Z}_{1:k})$ 必须与 $p(\boldsymbol{X}_{0:k} \mid \boldsymbol{Z}_{1:k})$ 尽量相似，至少满足

$$p(\boldsymbol{X}_{0:k} \mid \boldsymbol{Z}_{1:k}) > 0 \Rightarrow q(\boldsymbol{X}_{0:k} \mid \boldsymbol{Z}_{1:k}) > 0 \tag{3-227}$$

并且，所选择的重要性密度，应该容易按照其进行采样。

采用 IS 方法后蒙特卡洛数值积分可以写为

$$\boldsymbol{I}(\varphi(\boldsymbol{X}_{0:k})) = \frac{\displaystyle\int \varphi(\boldsymbol{X}_{0:k}) \widetilde{W}(\boldsymbol{X}_{0:k}) q(\boldsymbol{X}_{0:k} \mid \boldsymbol{Z}_{1:k}) \mathrm{d}\boldsymbol{X}_{0:k}}{\displaystyle\int \widetilde{W}(\boldsymbol{X}_{0:k}) q(\boldsymbol{X}_{0:k} \mid \boldsymbol{Z}_{1:k}) \mathrm{d}\boldsymbol{X}_{0:k}} \tag{3-228}$$

其中，

$$\widetilde{W}(\boldsymbol{X}_{0:k}) = \frac{p(\boldsymbol{Z}_{1:k}) p(\boldsymbol{X}_{0:k} \mid \boldsymbol{Z}_{1:k})}{q(\boldsymbol{X}_{0:k} \mid \boldsymbol{Z}_{1:k})} \tag{3-229}$$

式中：$\widetilde{W}(\boldsymbol{X}_{0:k})$ 为归一化之前的权值。

设 $\boldsymbol{X}_{0:k}^{i} \sim q(\boldsymbol{X}_{0:k} \mid \boldsymbol{Z}_{1:k})$，$i = 1, \cdots, N$，则式（3-228）可近似为

$$\boldsymbol{I}(\varphi(\boldsymbol{X}_{0:k})) \approx \sum_{i=1}^{N} W(\boldsymbol{X}_{0:k}^{i}) \varphi(\boldsymbol{X}_{0:k}^{i}) \tag{3-230}$$

其中

$$W(\boldsymbol{X}_{0:k}^{i}) = \frac{\widetilde{W}(\boldsymbol{X}_{0:k}^{i})}{\sum_{j=1}^{N} \widetilde{W}(\boldsymbol{X}_{0:k}^{j})} \qquad (3-231)$$

式中:W 为归一化之后的权值。

式(3-230)的计算过程相当于对后验概率密度进行了如下离散近似:

$$p(\boldsymbol{X}_{0:k} \mid \boldsymbol{Z}_{1:k}) \approx \sum_{i=1}^{N} W(\boldsymbol{X}_{0:k}^{i})\delta(\boldsymbol{X}_{0:k} - \boldsymbol{X}_{0:k}^{i}) \qquad (3-232)$$

3. 序列重要性采样

为了解决蒙特卡洛数值积分方法时的第 2 个难点,可对 IS 方法进行序列化改进,构成序列重要性采样(SIS)。为此,选择重要性密度函数满足:

$$q_{k+1}(\boldsymbol{X}_{0:k+1} \mid \boldsymbol{Z}_{1:k+1}) = q_{k+1}(\boldsymbol{X}_{k+1} \mid \boldsymbol{X}_{0:k}, \boldsymbol{Z}_{1:k+1})q_k(\boldsymbol{X}_{0:k} \mid \boldsymbol{Z}_{1:k}) \qquad (3-233)$$

从而使得 $k+1$ 时刻仅需要根据 $q_{k+1}(\boldsymbol{X}_{k+1} \mid \boldsymbol{X}_{0:k}^{i}, \boldsymbol{Z}_{1:k+1})$ 采样获得 $\boldsymbol{X}_{k+1}^{i}$,而无需重新对整个状态序列 $\boldsymbol{X}_{0:k+1}$ 进行采样。完成采样后,相应的权值通过递推得到

$$\widetilde{W}_{k+1}(\boldsymbol{X}_{0:k+1}^{i}) = W_k(\boldsymbol{X}_{0:k}^{i})\frac{p(\boldsymbol{Z}_{k+1} \mid \boldsymbol{X}_{0:k+1}^{i})p(\boldsymbol{X}_{k+1}^{i} \mid \boldsymbol{X}_{0:k}^{i})}{q(\boldsymbol{X}_{k+1}^{i} \mid \boldsymbol{X}_{0:k}^{i}, \boldsymbol{Z}_{1:k+1})} \qquad (3-234)$$

由此可见,采用 SIS 方法使得计算量与时间增长无关。SIS 的缺点在于:SIS 仅仅是 IS 的一种特殊情况,所以和 IS 一样存在着粒子退化的问题。

4. 重要性密度的选择

克服 SIS 方法粒子退化的有效方法之一就是选择适合的重要性密度。通常重要性密度的选择应该遵循以下几点:

(1)支集应该不小于 $p(\boldsymbol{X}_{0:k+1} \mid \boldsymbol{Z}_{1:k+1})$ 的支集;

(2)应该满足递推计算的要求;

(3)应该使得权值的方差最小化,克服粒子退化问题。

可以证明,使得权值方差最小的最优重要性分布为 $p(\boldsymbol{X}_{k+1} \mid \boldsymbol{X}_{0:k}^{i}, \boldsymbol{Z}_{k+1})$。但是,最优重要性密度通常很难获得。对最优重要性密度的近似是粒子滤波重要的研究方向。

5. 重采样

克服粒子退化的另一重要方法就是粒子重采样。重采样的基本思想是抑制或剔除小权值粒子,对于大权值粒子则依其权值大小进行复制,从而把处理资源按照粒子权值的大小进行分配。重采样的方法主要有[39]:多项式重采样(Multinomial Resampling)、剩余重采样(Residual Resampling)、最小方差采样

（Minimum Variance Sampling）和系统重采样（Systematic Resampling）。其中系统重采样方法应用最为广泛。重采样在克服粒子退化的同时会带来粒子多样性降低的贫化问题，克服重采样后的粒子贫化问题也是粒子滤波的重要研究方向。

6.粒子滤波算法

将蒙特卡洛数值积分方法和 SIS 方法引入贝叶斯估计，就构成了粒子滤波算法。目前，已衍生出多种性能各异的粒子滤波方法[40]。各种具体粒子滤波方法的主要不同在于：①选择不同的重要性密度；②采用不同形式的重采样步骤；③为减小计算量，以及克服粒子贫化而采取相应的改进措施。虽然各种粒子滤波方法的算法形式存在差异，但各种方法基于蒙特卡洛数值积分和序列重要性采样的本质是相同的。下面对粒子滤波方法的具体计算过程进行介绍。

若状态为一阶 Markov 过程，状态已知条件下的观测相互独立，并且设定重要性密度满足：

$$q(\boldsymbol{X}_{k+1} \mid \boldsymbol{X}_{0:k}^{i}, \boldsymbol{Z}_{1:k+1}) = q(\boldsymbol{X}_{k+1} \mid \boldsymbol{X}_{k}^{i}, \boldsymbol{Z}_{k+1}) \quad (3-235)$$

$k+1$ 时刻粒子滤波的一般计算步骤如下：

（1）从重要性密度中进行采样得到粒子 $\boldsymbol{X}_{k+1}^{i} \sim q(\boldsymbol{X}_{k+1} \mid \boldsymbol{X}_{k}^{i}, \boldsymbol{Z}_{k+1})$，$i = 1, \cdots, N$；

（2）权值由递推公式得到

$$\widetilde{W}_{k+1}(\boldsymbol{X}_{0:k+1}^{i}) = W_{k}(\boldsymbol{X}_{0:k}^{i}) \frac{p(\boldsymbol{Z}_{k+1} \mid \boldsymbol{X}_{k+1}^{i}) p(\boldsymbol{X}_{k+1}^{i} \mid \boldsymbol{X}_{k}^{i})}{q(\boldsymbol{X}_{k+1}^{i} \mid \boldsymbol{X}_{k}^{i}, \boldsymbol{Z}_{k+1})}, i = 1, \cdots, N$$

$$(3-236)$$

（3）依据式（3-231）对权值进行归一化，得到 $W_{k+1}(\boldsymbol{X}_{0:k+1}^{i})$；

（4）将后验概率密度近似为

$$p(\boldsymbol{X}_{k+1} \mid \boldsymbol{Z}_{1:k+1}) \approx \sum_{i=1}^{N} W_{k+1}(\boldsymbol{X}_{0:k+1}^{i}) \delta(\boldsymbol{X}_{k+1} - \boldsymbol{X}_{k+1}^{i}) \quad (3-237)$$

3.4 导航方案设计

3.4.1 概述

导航方案的设计需要综合考虑制导控制方案的需求、测量敏感器的性能、星载计算机的处理能力进行制定。具体来讲,需要进行以下几个方面的分析。

1）导航坐标系的选择

制导和控制系统的设计均首先需要设定制导（控制）坐标系,然后建立相应的动力学/运动学方程开展分析与设计。制导（控制）坐标系通常就决定了制导（控制）系统所需的参数形式,而这些参数由导航系统提供。导航坐标系通常应该与制导（控制）系一致。导航坐标系的选择要考虑目标器的类型、交会轨道的类型,以及所采用的制导律的特点。

2）导航状态量的选择

导航状态量通常必须包括制导（控制）系统所需的参数,此外还可包括敏感器测量偏差等导航系统自有的相关参数。

3）导航算法的设计

（1）状态方程的选择。

状态方程描述导航状态量的运动变化规律,需要对导航状态量进行动力学或运动学建模,并根据需要进行必要的近似和简化,以便于滤波器设计。

（2）测量方程的选择

测量方程建立状态量与测量信息间的关系。测量方程的建立需要考虑测量敏感器的具体性能,测量量的形式,并根据滤波器的设计进行必要的近似。

（3）滤波器的设计

导航算法需要依据最优指标,利用一定的统计估计方法,综合利用状态方程和测量量给出状态量的统计最优估计值。最优指标和统计估计方法的选择与设计是滤波器设计的关键;同时,计算量与数值稳定性也是必须考虑的设计因素。

3.4.2　绝对轨道参数估计

交会对接近程自主控制段多采用 Lambert 制导和 CW 制导,Lambert 制导需要已知两航天器的绝对轨道参数,而 CW 制导需要已知两航天器间的相对位置参数。本质上,若两航天器的绝对轨道参数已知,则容易计算得到两者间的相对参数。采用 Lambert 制导进行近程自主控制段的轨道控制设计时,通常直接将两航天器的绝对轨道参数作为状态量,利用多种敏感器测量信息设计导航方案[41]。

1. 状态量的选择

状态变量选择为

$$\boldsymbol{X} = \begin{bmatrix} \boldsymbol{r}_C & \boldsymbol{v}_C & \boldsymbol{r}_T & \boldsymbol{v}_T & b_\rho & b_\alpha & b_\beta \end{bmatrix} \tag{3-238}$$

式中:$\boldsymbol{r}_C$ 为追踪器在惯性系中的位置矢量;$\boldsymbol{v}_C$ 为追踪器在惯性系中的速度矢量;$\boldsymbol{r}_T$ 为目标器在惯性系中的位置矢量;$\boldsymbol{v}_T$ 为目标器在惯性系中的速度矢量;b_ρ 为交会雷达距离测量偏差量;b_α 为交会雷达仰角测量偏差量;b_β 为交会雷达方位角测量偏差量。

2. 状态方程

1）追踪器轨道动力学方程

$$\begin{cases} \dot{\boldsymbol{r}}_C = \boldsymbol{v}_C \\ \dot{\boldsymbol{v}}_C = \boldsymbol{g}(\boldsymbol{r}_C) + \boldsymbol{a}_C + \boldsymbol{w}_C \end{cases} \tag{3-239}$$

式中:$\boldsymbol{g}(\boldsymbol{r}_C)$ 为引力加速度;$\boldsymbol{a}_C$ 为加速度计测量到的比力。

2）目标器轨道动力学方程

$$\begin{cases} \dot{\boldsymbol{r}}_T = \boldsymbol{v}_T \\ \dot{\boldsymbol{v}}_T = \boldsymbol{g}(\boldsymbol{r}_T) + \boldsymbol{w}_T \end{cases} \tag{3-240}$$

3）敏感器测量误差模型

交会雷达测量误差满足:

$$\begin{cases} b_\rho(k) = \mathrm{e}^{-1/\tau_\rho(t_k - t_{k-1})} b_\rho(k-1) + w_{b_\rho}(k-1) \\ b_\alpha(k) = \mathrm{e}^{-1/\tau_\alpha(t_k - t_{k-1})} b_\alpha(k-1) + w_{b_\alpha}(k-1) \\ b_\beta(k) = \mathrm{e}^{-1/\tau_\beta(t_k - t_{k-1})} b_\beta(k-1) + w_{b_\beta}(k-1) \end{cases} \tag{3-241}$$

若相关系数 $\tau \to \infty$,则可以认为

$$\begin{cases} b_\rho(k) = b_\rho(k-1) + w_{b_\rho}(k-1) \\ b_\alpha(k) = b_\alpha(k-1) + w_{b_\alpha}(k-1) \\ b_\beta(k) = b_\beta(k-1) + w_{b_\beta}(k-1) \end{cases} \tag{3-242}$$

式中:$\boldsymbol{w}_C, \boldsymbol{w}_T, w_{b_\rho}, w_{b_\alpha}, w_{b_\beta}$ 为过程噪声。

3. 测量方程

对近地轨道交会任务而言,追踪器可通过卫星导航设备实时确定自身的轨道位置和速度;同时,利用相对测量敏感器(如微波雷达/激光雷达等)可以直接测量两航天器间的相对状态。综合利用卫星导航设备和相对测量敏感器

的测量量进行导航解算。

1）惯性状态测量量

利用 GPS 伪距测量可以确定追踪器的惯性位置和速度,对应的测量方程为

$$h_{\mathrm{gps}}(X) = \begin{bmatrix} r_{\mathrm{C}} \\ v_{\mathrm{C}} \end{bmatrix} \tag{3-243}$$

2）相对测量量

若采用交会雷达(微波雷达或激光雷达)等相对测量敏感器,则测量方程为

$$h_{\mathrm{radar}} = \begin{bmatrix} \rho \\ \alpha \\ \beta \end{bmatrix} = \begin{bmatrix} \sqrt{x_{\mathrm{radar}}^2 + y_{\mathrm{radar}}^2 + z_{\mathrm{radar}}^2} + b_\rho \\ \arcsin\left(\dfrac{-z_{\mathrm{radar}}}{\sqrt{x_{\mathrm{radar}}^2 + y_{\mathrm{radar}}^2 + z_{\mathrm{radar}}^2}} \right) + b_\alpha \\ \arctan\left(\dfrac{y_{\mathrm{radar}}}{x_{\mathrm{radar}}} \right) + b_\beta \end{bmatrix} + \begin{bmatrix} v_\rho \\ v_\alpha \\ v_\beta \end{bmatrix} \tag{3-244}$$

其中,$\begin{bmatrix} x_{\mathrm{radar}} \\ y_{\mathrm{radar}} \\ z_{\mathrm{radar}} \end{bmatrix} = C_{\mathrm{radar\_Cb}} C_{\mathrm{Cb\_I}}(r_{\mathrm{T}} - r_{\mathrm{C}}) - C_{\mathrm{radar\_Cb}} l_{\mathrm{radar}} + C_{\mathrm{radar\_Cb}} C_{\mathrm{Cb\_I}} C_{\mathrm{Tb\_I}}^{\mathrm{T}} l_{\mathrm{Ref}} \circ \ C_{\mathrm{radar\_Cb}}$

为交会雷达在追踪器本体系中的安装阵;$C_{\mathrm{Cb\_I}}$ 为追踪器本体系相对惯性系的姿态阵;l_{radar} 为交会雷达在追踪器本体中的安装位置;$C_{\mathrm{Tb\_I}}$ 为目标器本体系相对惯性系的姿态阵;l_{Ref} 为交会雷达合作目标在目标器本体中的安装位置。

4.滤波器设计

由于轨道动力学方程和相对测量方程均为非线性,同时考虑到星载计算机的计算能力,可采用 EKF 或者确定性采样滤波方法设计滤波器。

3.4.3 相对位置参数估计

对近圆轨道交会对接任务,CW 制导是最为常用的制导方法,CW 制导需要的导航信息主要是制导坐标系下两航天器间的相对位置和相对速度。直接将相对位置和相对速度作为状态量,采用 CW 方程作为状态方程,并利用交会雷达、卫星导航设备等相对测量敏感器的测量信息,可以设计相对导航算法。

该方案在 20 世纪 90 年代之后的自主自动交会对接任务中被广泛采用。典型任务如日本的 ETS - Ⅶ 和 HTV,欧空局的 ATV,美国的 DART,以及中国的

"神舟"飞船等。

1.状态量的选择

选择 RVD 坐标系下追踪器相对目标器的相对位置和速度作为状态量

$$\boldsymbol{X} = \begin{pmatrix} x & y & z & \dot{x} & \dot{y} & \dot{z} \end{pmatrix}^{\mathrm{T}} \tag{3-245}$$

2.状态方程

采用 CW 方程作为状态方程：

$$\begin{cases} \ddot{x} + 2\omega_{\mathrm{oT}}\dot{z} = u_x + w_x \\ \ddot{y} + \omega_{\mathrm{oT}}^2 y = u_y + w_y \\ \ddot{z} - 2\omega_{\mathrm{oT}}\dot{x} - 3\omega_{\mathrm{oT}}^2 z = u_z + w_z \end{cases} \tag{3-246}$$

以相对位置和相对速度为状态量,将 CW 方程写成状态空间形式：

$$\begin{pmatrix} \dot{x} \\ \dot{y} \\ \dot{z} \\ \ddot{x} \\ \ddot{y} \\ \ddot{z} \end{pmatrix} = \begin{pmatrix} 0 & 0 & 0 & 1 & 0 & 0 \\ 0 & 0 & 0 & 0 & 1 & 0 \\ 0 & 0 & 0 & 0 & 0 & 1 \\ 0 & 0 & 0 & 0 & 0 & -2\omega_{\mathrm{oT}} \\ 0 & -\omega_{\mathrm{oT}}^2 & 0 & 0 & 0 & 0 \\ 0 & 0 & 3\omega_{\mathrm{oT}}^2 & 2\omega_{\mathrm{oT}} & 0 & 0 \end{pmatrix} \begin{pmatrix} x \\ y \\ z \\ \dot{x} \\ \dot{y} \\ \dot{z} \end{pmatrix} + \begin{pmatrix} 0 & 0 & 0 \\ 0 & 0 & 0 \\ 0 & 0 & 0 \\ 1 & 0 & 0 \\ 0 & 1 & 0 \\ 0 & 0 & 1 \end{pmatrix} \begin{pmatrix} u_x \\ u_y \\ u_z \end{pmatrix} + \begin{pmatrix} 0 & 0 & 0 \\ 0 & 0 & 0 \\ 0 & 0 & 0 \\ 1 & 0 & 0 \\ 0 & 1 & 0 \\ 0 & 0 & 1 \end{pmatrix} \begin{pmatrix} w_x \\ w_y \\ w_z \end{pmatrix}$$

$$\tag{3-247}$$

即

$$\dot{\boldsymbol{X}} = \boldsymbol{FX} + \boldsymbol{Bu} + \boldsymbol{\Gamma w} \tag{3-248}$$

以上状态方程为线性定常系统,进行离散化得到

$$\boldsymbol{X}(k+1) = \boldsymbol{\Phi}(k+1,k)\boldsymbol{X}(k) + \boldsymbol{G}(k+1,k)\boldsymbol{u}(k) + \boldsymbol{w}(k) \tag{3-249}$$

$$\boldsymbol{\Phi}(k+1,k) = \begin{pmatrix} 1 & 0 & 6(\sin\phi-\phi) & (4\sin\phi-3\phi)/\omega_{\mathrm{oT}} & 0 & -2(1-\cos\phi)/\omega_{\mathrm{oT}} \\ 0 & \cos\phi & 0 & 0 & \sin\phi/\omega_{\mathrm{oT}} & 0 \\ 0 & 0 & 4-3\cos\phi & 2(1-\cos\phi)/\omega_{\mathrm{oT}} & 0 & \sin\phi/\omega_t \\ 0 & 0 & -6\omega_{\mathrm{oT}}(1-\cos\phi) & 4\cos\phi-3 & 0 & -2\sin\phi \\ 0 & -\omega_{\mathrm{oT}}\sin\phi & 0 & 0 & \cos\phi & 0 \\ 0 & 0 & 3\omega_t\sin\phi & 2\sin\phi & 0 & \cos\phi \end{pmatrix}$$

$$\tag{3-250}$$

$$\boldsymbol{G}(k+1,k) = \begin{pmatrix} (-4\cos\phi/\omega_{oT}+4/\omega_{oT}-3\omega_{oT}T^2/2)/\omega_t & 0 & 2\sin\phi/\omega_{oT}^2-2T/\omega_{oT} \\ 0 & -(\cos\phi-1)/\omega_{oT}^2 & 0 \\ 2T/\omega_{oT}-2\sin\phi/\omega_t^2 & 0 & (1-\cos\phi)/\omega_{oT}^2 \\ 4\sin\phi/\omega_{oT}-3T & 0 & 2(\cos\phi-1)/\omega_{oT} \\ 0 & \sin\phi/\omega_{oT} & 0 \\ (2-2\cos\phi)/\omega_{oT} & 0 & \sin\phi/\omega_{oT} \end{pmatrix}$$

$$(3-251)$$

其中, $\phi = \omega_{oT}T$, T 为离散化周期,过程噪声方差阵为

$$\boldsymbol{Q}(k) = E[\boldsymbol{w}(k)\boldsymbol{w}(k)^{\mathrm{T}}]$$

$$= \begin{bmatrix} \sigma_x^2\dfrac{T^3}{3} & 0 & 0 & \sigma_x^2\dfrac{1}{2}T^2 & 0 & 2\sigma_x^2\omega_{oT}\dfrac{T^3}{3} \\ & \sigma_y^2\dfrac{T^3}{3} & 0 & 0 & \sigma_y^2\dfrac{T^2}{2} & 0 \\ & & \sigma_z^2\dfrac{T^3}{3} & -2\sigma_z^2\omega_{oT}\dfrac{T^3}{3} & 0 & \sigma_z^2\dfrac{T^2}{2} \\ & & & \sigma_x^2 T+4\sigma_z^2\omega_{oT}^2\dfrac{T^3}{3} & 0 & (\sigma_x^2-\sigma_z^2)\omega_{oT}T^2 \\ & & & & \sigma_y^2 T & 0 \\ & & & & & \sigma_z^2 T+4\sigma_x^2\omega_{oT}^2\dfrac{T^3}{3} \end{bmatrix}$$

$$(3-252)$$

式中: σ_x、σ_y、σ_z 分别为各轴过程噪声的均方差,由 CW 方程线性化误差、轨道摄动误差以及加速度测量误差决定。

3. 基于卫星导航设备的导航方案

对近地轨道合作交会任务,利用两航天器间卫星导航设备的测量值进行差分,所得到伪距差分或载波相位差分测量量中含有相对位置信息,可作为相对测量量。

1）伪距单差测量方程

设定追踪器和目标器在同一时刻对第 j 颗导航星的伪距测量值为

$$
\begin{cases}
\tilde{\rho}_{\mathrm{C}}^{j}(t) = \rho_{\mathrm{C}}^{j}(t) + C\delta t_{\mathrm{C}}^{j}(t) + \delta\rho_{\mathrm{ion,C}}(t) + \delta\rho_{\mathrm{trop,C}}(t) + v_{\rho,\mathrm{C}} \\
\tilde{\rho}_{\mathrm{T}}^{j}(t) = \rho_{\mathrm{T}}^{j}(t) + C\delta t_{\mathrm{T}}^{j}(t) + \delta\rho_{\mathrm{ion,T}}(t) + \delta\rho_{\mathrm{trop,T}}(t) + v_{\rho,\mathrm{T}}
\end{cases} \qquad (3-253)
$$

若采用伪距单差，则有

$$
\begin{aligned}
\nabla\tilde{\rho}_{\mathrm{CT}}^{j}(t) = {}& \rho_{\mathrm{C}}^{j}(t) - \rho_{\mathrm{T}}^{j}(t) + C(\delta t_{\mathrm{C}}^{j}(t) - \delta t_{\mathrm{T}}^{j}(t)) \\
& + \delta\rho_{\mathrm{ion,C}}(t) - \delta\rho_{\mathrm{ion,T}}(t) + \delta\rho_{\mathrm{trop,C}}(t) - \delta\rho_{\mathrm{trop,T}}(t) + v_{\rho,\mathrm{C}} - v_{\rho,\mathrm{T}}
\end{aligned}
$$

$$(3-254)$$

由此，$\delta t_{\mathrm{C}}^{j}(t) - \delta t_{\mathrm{T}}^{j}(t) = \delta t_{\mathrm{C}}(t) - \delta t_{\mathrm{T}}(t)$，即导航星钟差被抵消；另外，由于两航天器相距较近，与 GPS 导航星间的空间路径基本相同，所以电离层等引起的光速传播误差也接近，可以通过差分削弱这些误差源的影响。

利用目标器 GPS 伪距测量信号可以确定目标器的轨道位置，通过坐标转换得到 RVD 系中坐标为 $(x_{\mathrm{T}} \quad y_{\mathrm{T}} \quad z_{\mathrm{T}})^{\mathrm{T}}$，再由 GPS 导航星历可以计算得到第 j 颗导航星的轨道位置在 RVD 系的坐标为 $(x_{\mathrm{g}}^{j} \quad y_{\mathrm{g}}^{j} \quad z_{\mathrm{g}}^{j})^{\mathrm{T}}$，从而可以得到测量方程为[42]

$$
\begin{aligned}
Z_{j} = {}& \sqrt{(x_{\mathrm{T}} + x - x_{\mathrm{g}}^{j})^{2} + (y_{\mathrm{T}} + y - y_{\mathrm{g}}^{j})^{2} + (z_{\mathrm{T}} + z - z_{\mathrm{g}}^{j})^{2}} \\
& - \sqrt{(x_{\mathrm{T}} - x_{\mathrm{g}}^{j})^{2} + (y_{\mathrm{T}} - y_{\mathrm{g}}^{j})^{2} + (z_{\mathrm{T}} - z_{\mathrm{g}}^{j})^{2}} \\
& + C(\delta t_{\mathrm{C}} - \delta t_{\mathrm{T}}) + v_{\rho} \qquad j = 1, \cdots, n_{\mathrm{gps}}
\end{aligned}
$$

$$(3-255)$$

测量方程中，$v_{\rho} = \delta\rho_{\mathrm{ion,C}}(t) - \delta\rho_{\mathrm{ion,T}}(t) + \delta\rho_{\mathrm{trop,C}}(t) - \delta\rho_{\mathrm{trop,T}}(t)$ 可看作测量噪声，两接收机钟差项 $C(\delta t_{\mathrm{C}} - \delta t_{\mathrm{T}})$ 应作为待估计状态量，设 $C(\delta t_{\mathrm{C}} - \delta t_{\mathrm{T}}) = d$，其满足如下关系式：

$$
\begin{cases}
\dot{d} = f + w_{d} \\
\dot{f} = w_{f}
\end{cases} \qquad (3-256)
$$

式中：w_{d} 和 w_{f} 为高斯白噪声。

2）载波相位单差测量方程

目标器和追踪器相对第 j 颗导航星的载波相位测量单差为

$$
\begin{aligned}
\lambda\nabla\varphi^{j}(t) = {}& \lambda\varphi_{\mathrm{C}}^{j}(t) - \lambda\varphi_{\mathrm{T}}^{j}(t) \\
= {}& (\rho_{\mathrm{C}}^{j}(t) + \lambda N_{\mathrm{C}}^{j}(t) + C\delta t_{\mathrm{C}}^{j} + C\delta\tau_{\mathrm{trop,C}}(t) + C\delta\tau_{\mathrm{ion,C}}(t) + v_{\varphi,\mathrm{C}}) \\
& - (\rho_{\mathrm{T}}^{j}(t) + \lambda N_{\mathrm{T}}^{j}(t) + C\delta t_{\mathrm{T}}^{j} + C\delta\tau_{\mathrm{trop,T}}(t) + C\delta\tau_{\mathrm{ion,T}}(t) + v_{\varphi,\mathrm{T}}) \\
= {}& \rho_{\mathrm{C}}^{j}(t) - \rho_{\mathrm{T}}^{j}(t) + C(\delta t_{\mathrm{C}}^{j} - \delta t_{\mathrm{T}}^{j}) + \lambda\nabla N_{\mathrm{CT}}^{j} + v_{\varphi}
\end{aligned}
$$

$$(3-257)$$

载波相位单差与伪距单差的主要区别在于,后者多出一项 $\lambda \nabla N_{CT}^j$,即 2 接收机对导航星 j 的整周模糊数之差。整周模糊数需要采用专门的算法进行确定,一旦确定后,其为已知量。

对应的测量方程写作

$$
\begin{aligned}
Z_j &= \sqrt{(x_T + x - x_g^j)^2 + (y_T + y - y_g^j)^2 + (z_T + z - z_g^j)^2} \\
&\quad - \sqrt{(x_T - x_g^j)^2 + (y_T - y_g^j)^2 + (z_T - z_g^j)^2} \\
&\quad + C(\delta t_C - \delta t_T) + \lambda \nabla N_{CT}^j + v_\varphi \qquad (j = 1, \cdots, n_{gps})
\end{aligned}
\tag{3-258}
$$

3）伪距双差测量方程

对不同导航星的伪距离单差结果再次进行差,则可以得到伪距双差结果:

$$
\begin{aligned}
\Delta \nabla \tilde{\rho}_{CT}^{jk}(t) &= \begin{pmatrix} \rho_C^j(t) - \rho_T^j(t) + C(\delta t_C^j(t) - \delta t_T^j(t)) + \\ \delta \rho_{ion,C}^j(t) - \delta \rho_{ion,T}^j(t) + \delta \rho_{trop,C}^j(t) - \delta \rho_{trop,T}^j(t) + v_{\rho,C}^j - v_{\rho,T}^j \end{pmatrix} \\
&\quad - \begin{pmatrix} \rho_C^k(t) - \rho_T^k(t) + C(\delta t_C^k(t) - \delta t_T^k(t)) + \\ \delta \rho_{ion,C}^k(t) - \delta \rho_{ion,T}^k(t) + \delta \rho_{trop,C}^k(t) - \delta \rho_{trop,T}^k(t) + v_{\rho,C}^k - v_{\rho,T}^k \end{pmatrix} \\
&= \rho_C^j(t) - \rho_T^j(t) - (\rho_C^k(t) - \rho_T^k(t)) + v_\rho^j - v_\rho^k
\end{aligned}
\tag{3-259}
$$

双差结果中钟差项被消去。若两航天器同时可观测 n_{gps} 颗导航星,则可以得到相互独立的 $n_{gps} - 1$ 个相位双差测量值:

$$
\begin{aligned}
Z_{jk} &= \sqrt{(x_T + x - x_g^j)^2 + (y_T + y - y_g^j)^2 + (z_T + z - z_g^j)^2} \\
&\quad - \sqrt{(x_T - x_g^j)^2 + (y_T - y_g^j)^2 + (z_T - z_g^j)^2} \\
&\quad - \left(\sqrt{(x_T + x - x_g^k)^2 + (y_T + y - y_g^k)^2 + (z_T + z - z_g^k)^2} \right. \\
&\quad - \left. \sqrt{(x_T - x_g^k)^2 + (y_T - y_g^k)^2 + (z_T - z_g^k)^2} \right) + v_\rho^{jk} \quad j,k = 1, \cdots, n_{gps}
\end{aligned}
\tag{3-260}
$$

4）载波相位双差测量方程

对不同导航星的载波相位单差结果再次进行差,则可以得到载波相位双差结果:

$$
\lambda \Delta \nabla \varphi^j(t) = (\lambda \varphi_C^j(t) - \lambda \varphi_T^j(t)) - (\lambda \varphi_C^k(t) - \lambda \varphi_T^k(t)) \tag{3-261}
$$

对应的测量方程为

$$Z_{jk} = \sqrt{(x_{\mathrm{T}} + x - x_{\mathrm{g}}^j)^2 + (y_{\mathrm{T}} + y - y_{\mathrm{g}}^j)^2 + (z_{\mathrm{T}} + z - z_{\mathrm{g}}^j)^2}$$

$$- \sqrt{(x_{\mathrm{T}} - x_{\mathrm{g}}^j)^2 + (y_{\mathrm{T}} - y_{\mathrm{g}}^j)^2 + (z_{\mathrm{T}} - z_{\mathrm{g}}^j)^2}$$

$$- \left(\sqrt{(x_{\mathrm{T}} + x - x_{\mathrm{g}}^j)^2 + (y_{\mathrm{T}} + y - y_{\mathrm{g}}^j)^2 + (z_{\mathrm{T}} + z - z_{\mathrm{g}}^j)^2} \right. \tag{3-262}$$

$$\left. - \sqrt{(x_{\mathrm{T}} - x_{\mathrm{g}}^j)^2 + (y_{\mathrm{T}} - y_{\mathrm{g}}^j)^2 + (z_{\mathrm{T}} - z_{\mathrm{g}}^j)^2} + \right)$$

$$+ \lambda \Delta \nabla N_{\mathrm{CT}}^{jk} + v_{\varphi}^{jk}$$

与伪距双差结果一样,载波相位双差可以消去钟差相关项,但是包含整周模糊数双差值。

5) 基于相对位置和速度的测量方程

在 WGS 84 坐标系中,利用两航天器相对共视星的位置测量信息:伪距测量/载波相位测量/载波相位平滑伪距,以及速度测量信息:伪距率,采用单差或者双差方式,基于最小二乘迭代可以得到追踪器相对目标器的相对位置和速度$(x_{\mathrm{WGS84}} \quad y_{\mathrm{WGS84}} \quad z_{\mathrm{WGS84}} \quad \dot{x}_{\mathrm{WGS84}} \quad \dot{y}_{\mathrm{WGS84}} \quad \dot{z}_{\mathrm{WGS84}})^{\mathrm{T}}$,将其转换到 RVD 坐标系同样可作为测量量。

$$\begin{bmatrix} \hat{x} \\ \hat{y} \\ \hat{z} \end{bmatrix} = \boldsymbol{C}_{\mathrm{r\_To}} \boldsymbol{C}_{\mathrm{To\_I}} \boldsymbol{C}_{\mathrm{CD}}^{\mathrm{T}} \boldsymbol{C}_{\mathrm{z}}^{\mathrm{T}}(\theta_{\mathrm{G}}) \begin{bmatrix} x_{\mathrm{WGS84}} \\ y_{\mathrm{WGS84}} \\ z_{\mathrm{WGS84}} \end{bmatrix} \tag{3-263}$$

$$\begin{bmatrix} \dot{\hat{x}} \\ \dot{\hat{y}} \\ \dot{\hat{z}} \end{bmatrix} = \boldsymbol{C}_{\mathrm{r\_To}} \boldsymbol{C}_{\mathrm{To\_I}} \boldsymbol{C}_{\mathrm{CD}}^{\mathrm{T}} \boldsymbol{C}_{\mathrm{z}}^{\mathrm{T}}(\theta_{\mathrm{G}}) \begin{bmatrix} \dot{x}_{\mathrm{WGS84}} - y_{\mathrm{WGS84}} \omega_{\mathrm{e}} \\ \dot{y}_{\mathrm{WGS84}} + x_{\mathrm{WGS84}} \omega_{\mathrm{e}} \\ \dot{z}_{\mathrm{WGS84}} \end{bmatrix} \tag{3-264}$$

式中:θ_{G} 为实时的格林威治恒星时角;$\boldsymbol{C}_{\mathrm{CD}}$ 为 J2000 平赤道惯性系到瞬时赤道惯性系的姿态阵;$\boldsymbol{C}_{\mathrm{To\_I}}$ 为目标器轨道系相对惯性系的姿态阵;$\boldsymbol{C}_{\mathrm{r\_To}}$ 为目标轨道系到 RVD 系的姿态阵;$\boldsymbol{C}_{\mathrm{z}}$ 为绕 Z 轴的姿态阵。

以 $\boldsymbol{Z} = (\hat{x} \quad \hat{y} \quad \hat{z} \quad \dot{\hat{x}} \quad \dot{\hat{y}} \quad \dot{\hat{z}})^{\mathrm{T}}$ 为测量量,则测量方程为

$$\boldsymbol{Z} = \begin{pmatrix} 1 & & & & & \\ & 1 & & & & \\ & & 1 & & & \\ & & & 1 & & \\ & & & & 1 & \\ & & & & & 1 \end{pmatrix} \begin{pmatrix} x \\ y \\ z \\ \dot{x} \\ \dot{y} \\ \dot{z} \end{pmatrix} + \boldsymbol{v}_{\mathrm{gps}} \tag{3-265}$$

式中：v_{gps} 为测量噪声。

6）滤波器设计

若采用基于相对位置和速度的测量方程，则测量方程为线性，可采用卡尔曼（Kalman）滤波设计滤波器；对于其他情况由于测量方程为非线性，需要采用非线性滤波方法设计滤波器，如 EKF 或确定性采样滤波。

4. 基于激光雷达测量的导航方案

激光雷达可提供相对距离 ρ_{lr} 和相对视线仰角 α_{lr} 以及方位角 β_{lr}。构造相对导航滤波器的测量方程，可以采用直接将激光雷达的测量值作为观测量的直接滤波方式；或将激光雷达测量值转换为 RVD 坐标系中的相对位置，以此作为观测量的间接滤波方式。

1）直接测量模型

若直接将相对距离 ρ_{lr}，相对视线仰角 α_{lr} 以及视线方位角 β_{lr} 作为测量信息，则测量方程为

$$Z = \begin{pmatrix} \sqrt{x_{lr}^2 + y_{lr}^2 + z_{lr}^2} \\ \arcsin\left(-z_{lr} / \sqrt{x_{lr}^2 + y_{lr}^2 + z_{lr}^2}\right) \\ \arctan(y_{lr} / x_{lr}) \end{pmatrix} + v_{lr} \qquad (3-266)$$

其中，

$$\begin{pmatrix} x_{lr} \\ y_{lr} \\ z_{lr} \end{pmatrix} = -\left(C_{lr\_Cb} C_{Cb\_I} C_{rI}^T \left[\begin{pmatrix} x \\ y \\ z \end{pmatrix} - C_{Tb\_r}^T l_{ref} \right] + C_{lr\_Cb} l_{lr} \right) \qquad (3-267)$$

式中：C_{rI} 为惯性系到 RVD 坐标系的姿态阵；C_{Cb_I} 为惯性系到追踪器本体系的姿态阵；C_{lr_Cb} 为追踪器本体系到激光雷达安装系的姿态阵；l_{ref} 为安装在目标器上的角反射器在目标器本体系中的位置矢量；l_{lr} 为激光雷达在追踪器本体系中的安装位置；v_{lr} 为激光雷达的测量噪声，噪声方差满足：

$$R = \begin{pmatrix} \sigma_\rho^2 & 0 & 0 \\ 0 & \sigma_\alpha^2 & 0 \\ 0 & 0 & \sigma_\beta^2 \end{pmatrix} \qquad (3-268)$$

式中：σ_ρ、σ_α、σ_β 分别为距离和视线角测量噪声的均方差。

2）间接测量模型

利用激光雷达的测量信息,可以得到激光雷达角反射器在激光雷达测量坐标系中的位置为

$$\begin{cases} x_{lrm} = \rho_{lr}\cos\alpha_{lr}\cos\beta_{lr} \\ y_{lrm} = \rho_{lr}\cos\alpha_{lr}\sin\beta_{lr} \\ z_{lrm} = -\rho_{lr}\sin\alpha_{lr} \end{cases} \quad (3-269)$$

根据激光雷达的安装以及姿态和轨道参数可以转换得到 RVD 系中两航天器质心间的相对位置:

$$\begin{pmatrix} x_m \\ x_m \\ x_m \end{pmatrix} = -\boldsymbol{C}_{rl}\boldsymbol{C}_{Cb\_I}^T \left(\boldsymbol{C}_{lr\_Cb}^T \begin{pmatrix} x_{lrm} \\ y_{lrm} \\ z_{lrm} \end{pmatrix} + \boldsymbol{l}_{lr} \right) + \boldsymbol{C}_{Tb\_r}^T \boldsymbol{l}_{ref} \quad (3-270)$$

式中:$\boldsymbol{C}_{Tb\_r}$ 为目标器本体系相对 RVD 系的姿态阵。

间接测量方程为

$$\boldsymbol{Z} = \begin{pmatrix} 1 & 0 & 0 & 0 & 0 & 0 \\ 0 & 1 & 0 & 0 & 0 & 0 \\ 0 & 0 & 1 & 0 & 0 & 0 \end{pmatrix} \begin{pmatrix} x \\ y \\ z \\ \dot{x} \\ \dot{y} \\ \dot{z} \end{pmatrix} + \tilde{\boldsymbol{v}}_{lr} \quad (3-271)$$

式中:$\boldsymbol{Z} = (x_m \quad y_m \quad z_m)^T$;$\tilde{\boldsymbol{v}}_{lr}$ 为测量噪声。

可以推得间接观测噪声方差阵为[43]

$$\boldsymbol{R} = \boldsymbol{C}_{r\_lr}\boldsymbol{C}_{m\rho\alpha\beta}\boldsymbol{R}_{\rho\alpha\beta}\boldsymbol{C}_{m\rho\alpha\beta}^T\boldsymbol{C}_{r\_lr}^T \quad (3-272)$$

其中,

$$\boldsymbol{C}_{m\rho\alpha\beta} = \begin{pmatrix} c\alpha_{lr} \cdot c\beta_{lr} & -\rho_{lr} \cdot s\alpha_{lr} \cdot c\beta_{lr} & -\rho_{lr} \cdot c\alpha_{lr} \cdot s\beta_{lr} \\ c\alpha_{lr} \cdot s\beta_{lr} & -\rho_{lr} \cdot s\alpha_{lr} \cdot s\beta_{lr} & \rho_{lr} \cdot c\alpha_{lr} \cdot c\beta_{lr} \\ -s\alpha_{lr} & -\rho_{lr} \cdot c\alpha_{lr} & 0 \end{pmatrix};$$

$$\boldsymbol{R}_{\rho\alpha\beta}(k) = \begin{pmatrix} \sigma_\rho^2 & 0 & 0 \\ 0 & \sigma_\alpha^2 & 0 \\ 0 & 0 & \sigma_\beta^2 \end{pmatrix}$$

$$\boldsymbol{C}_{\mathrm{r\_lr}} = \boldsymbol{C}_{\mathrm{rl}}\boldsymbol{C}_{\mathrm{Cb\_I}}^{\mathrm{T}}\boldsymbol{C}_{\mathrm{lr\_Cb}}^{\mathrm{T}}, c\alpha_{\mathrm{lr}} = \cos\alpha_{\mathrm{lr}}, s\alpha_{\mathrm{lr}} = \sin\alpha_{\mathrm{lr}}, c\beta_{\mathrm{lr}} = \cos\beta_{\mathrm{lr}}, s\beta_{\mathrm{lr}} = \sin\beta_{\mathrm{lr}}$$

3）滤波器设计

系统的状态方程为线性方程,若采用间接测量方程,则测量方程也是线性方程,可采用卡尔曼滤波设计滤波器;若采用直接方式构造测量方程,则测量方程为非线性,需要采用非线性滤波算法设计滤波器,如 EKF 或确定性采样滤波器等。

5. 基于微波雷达测量的导航方案

微波雷达可以测量相对距离 ρ_{wr}、视线仰角 α_{wr} 和方位角 β_{wr},以及距离变化率 $\dot{\rho}_{\mathrm{wr}}$。与激光雷达一样,构造相对导航滤波器的观测方程,可以采用将微波雷达测量值转换为 RVD 坐标系中的相对位置,以此作为观测量的间接滤波方式;或采用直接将微波雷达的测量值作为观测量的直接滤波方式。

1）直接测量方程

测量量为相对距离 ρ_{wr}、视线仰角 α_{wr} 和方位角 β_{wr},以及距离变化率 $\dot{\rho}_{\mathrm{wr}}$,测量方程为

$$\boldsymbol{Z} = \begin{pmatrix} \sqrt{(x_{\mathrm{wr}}^2 + y_{\mathrm{wr}}^2 + z_{\mathrm{wr}}^2)} \\ \arcsin(-z_{\mathrm{wr}}/\sqrt{(x_{\mathrm{wr}}^2 + y_{\mathrm{wr}}^2 + z_{\mathrm{wr}}^2)}) \\ \arctan(y_{\mathrm{wr}}/x_{\mathrm{wr}}) \\ (x_{\mathrm{wr}}\dot{x}_{\mathrm{wr}} + y_{\mathrm{wr}}\dot{y}_{\mathrm{wr}} + z_{\mathrm{wr}}\dot{z}_{\mathrm{wr}})/\sqrt{(x_{\mathrm{wr}}^2 + y_{\mathrm{wr}}^2 + z_{\mathrm{wr}}^2)} \end{pmatrix} + \boldsymbol{v}_{\mathrm{wr}} \quad (3-273)$$

其中,

$$\begin{pmatrix} x_{\mathrm{wr}} \\ y_{\mathrm{wr}} \\ z_{\mathrm{wr}} \end{pmatrix} = -\left(\boldsymbol{C}_{\mathrm{wr\_Cb}}\boldsymbol{C}_{\mathrm{Cb\_I}}\boldsymbol{C}_{\mathrm{rI}}^{\mathrm{T}}\left[\begin{pmatrix} x \\ y \\ z \end{pmatrix} - \boldsymbol{C}_{\mathrm{Tb\_r}}^{\mathrm{T}}\boldsymbol{l}_{\mathrm{rec}}\right] + \boldsymbol{C}_{\mathrm{wr\_Cb}}\boldsymbol{l}_{\mathrm{wr}} \right) \quad (3-274)$$

$$\begin{pmatrix} \dot{x}_{\mathrm{wr}} \\ \dot{y}_{\mathrm{wr}} \\ \dot{z}_{\mathrm{wr}} \end{pmatrix} = -\boldsymbol{C}_{\mathrm{wr\_Cb}}\boldsymbol{C}_{\mathrm{Cb\_I}}\boldsymbol{C}_{\mathrm{rI}}^{\mathrm{T}}\begin{pmatrix} \dot{x} \\ \dot{y} \\ \dot{z} \end{pmatrix} - \boldsymbol{C}_{\mathrm{wr\_Cb}}\boldsymbol{C}_{\mathrm{Cb\_I}}\boldsymbol{C}_{\mathrm{rI}}^{\mathrm{T}}\boldsymbol{\omega}_{\mathrm{rI}}^{\times}\begin{pmatrix} x \\ y \\ z \end{pmatrix}$$

$$- \boldsymbol{C}_{\mathrm{wr\_Cb}}\boldsymbol{C}_{\mathrm{Cb\_I}}\boldsymbol{C}_{\mathrm{rI}}^{\mathrm{T}}\boldsymbol{\omega}_{\mathrm{rI}}^{\times}\boldsymbol{C}_{\mathrm{Tb\_r}}^{\mathrm{T}}\boldsymbol{l}_{\mathrm{rec}} + \boldsymbol{\omega}_{\mathrm{Cb}}^{\times}\boldsymbol{l}_{\mathrm{wr}} - \boldsymbol{\omega}_{\mathrm{Cb}}^{\times}\begin{pmatrix} x_{\mathrm{wr}} \\ y_{\mathrm{wr}} \\ z_{\mathrm{wr}} \end{pmatrix} \quad (3-275)$$

式中：C_{wr_Cb} 为追踪器本体系到微波雷达安装系的方向余弦阵；$\boldsymbol{\omega}_{Cb}$ 为追踪器本体系相对于惯性系的角速度；$\boldsymbol{\omega}_{H}$ 为 RVD 系相对于惯性系的角速度；$\boldsymbol{l}_{wr}$ 为发射天线在追踪器本体坐标系下的坐标；$\boldsymbol{l}_{rec}$ 为应答天线在目标器本体系下的坐标。

式（3-275）中忽略了目标器本体系相对 RVD 系的角速度。

2）间接测量方程

利用微波雷达的测量信息，可以得到微波雷达角反射器在微波雷达测量坐标系中的位置为

$$\begin{cases} x_{wrm} = \rho_{wr}\cos\alpha_{wr}\cos\beta_{wr} \\ y_{wrm} = \rho_{wr}\cos\alpha_{wr}\sin\beta_{wr} \\ z_{wrm} = -\rho_{wr}\sin\alpha_{wr} \end{cases} \qquad (3-276)$$

由于微波雷达无法直接获得视线角变化率，所以无法直接求取相对速度。

根据微波雷达的安装以及姿态和轨道参数可以转换得到 RVD 系中两航天器质心间的相对位置：

$$\begin{pmatrix} x_m \\ x_m \\ x_m \end{pmatrix} = -\boldsymbol{C}_{rI}\boldsymbol{C}_{Cb\_I}^{T}\left(\boldsymbol{C}_{wr\_Cb}^{T}\begin{pmatrix} x_{wrm} \\ y_{wrm} \\ z_{wrm} \end{pmatrix} + \boldsymbol{l}_{wr}\right) + \boldsymbol{C}_{Tb\_r}^{T}\boldsymbol{l}_{rec} \qquad (3-277)$$

间接测量方程为

$$\boldsymbol{Z} = \begin{pmatrix} 1 & 0 & 0 & 0 & 0 & 0 \\ 0 & 1 & 0 & 0 & 0 & 0 \\ 0 & 0 & 1 & 0 & 0 & 0 \end{pmatrix}\begin{pmatrix} x \\ y \\ z \\ \dot{x} \\ \dot{y} \\ \dot{z} \end{pmatrix} + \breve{\boldsymbol{v}}_{wr} \qquad (3-278)$$

式中：$\boldsymbol{Z} = (x_m \quad y_m \quad z_m)^{T}$；$\breve{\boldsymbol{v}}_{wr}$ 为测量噪声。间接观测噪声方差阵的求解与激光雷达相同。

3）滤波器设计

由以上分析可以看到，系统的状态方程为线性方程，若采用间接测量方程，则测量方程也是线性方程，可采用卡尔曼滤波设计滤波器；若采用直接方式构造测量方程，则测量方程为非线性，需要采用非线性滤波算法设计滤波器，如 EKF 或确定性采样滤波等。

3.4.4 相对姿态参数估计

1.相对姿态运动学方程

1）采用欧拉角描述的相对姿态运动学方程

追踪器相对于目标器的转动角速度为 $\boldsymbol{\omega}_r = \boldsymbol{\omega}_C - \boldsymbol{C}_r \boldsymbol{\omega}_T$，其中，$\boldsymbol{\omega}_C$ 和 $\boldsymbol{\omega}_T$ 分别为追踪器本体和目标器本体相对于惯性空间的角速度。

利用欧拉角速度与角速度间的关系，按照 312 转序容易得到

$$\boldsymbol{\omega}_r = \boldsymbol{C}_2(\theta_r)\boldsymbol{C}_1(\varphi_r)\begin{pmatrix} 0 \\ 0 \\ \dot{\psi}_r \end{pmatrix} + \boldsymbol{C}_2(\theta_r)\begin{pmatrix} 0 \\ \dot{\varphi}_r \\ 0 \end{pmatrix} + \begin{pmatrix} \dot{\theta}_r \\ 0 \\ 0 \end{pmatrix} \qquad (3-279)$$

进而得到

$$\begin{pmatrix} \dot{\varphi}_r \\ \dot{\theta}_r \\ \dot{\psi}_r \end{pmatrix} = \frac{1}{\cos\varphi_r}\begin{pmatrix} \omega_{rx}\cos\theta_r\cos\varphi_r + \omega_{rz}\sin\theta_r\cos\varphi_r \\ \omega_{rx}\sin\theta_r\sin\varphi_r + \omega_{ry}\cos\varphi_r - \omega_{rz}\cos\theta_r\sin\varphi_r \\ -\omega_{rx}\sin\theta_r + \omega_{rz}\cos\theta_r \end{pmatrix} \qquad (3-280)$$

交会过程中，目标器始终保持对地定向，则目标器本体相对于惯性系的姿态角速度可近似为

$$\boldsymbol{\omega}_{oT} = \begin{pmatrix} 0 & -\omega_{oT} & 0 \end{pmatrix}^{\mathrm{T}} \qquad (3-281)$$

则

$$\begin{pmatrix} \omega_{rx} \\ \omega_{ry} \\ \omega_{rz} \end{pmatrix} = \begin{pmatrix} \omega_{Cx} + \cos\theta_r\sin\psi_r\omega_{oT} + \sin\varphi_r\sin\theta_r\cos\psi_r\omega_{oT} \\ \omega_{Cy} + \cos\varphi_r\cos\psi_r\omega_{oT} \\ \omega_{Cz} + \sin\theta_r\sin\psi_r\omega_{oT} - \sin\varphi_r\cos\theta_r\cos\psi_r\omega_{oT} \end{pmatrix} \qquad (3-282)$$

将上式代入式（3-280）可得到姿态运动学方程。

在相对姿态为小角度的情况下，忽略相对姿态运动学方程中的二阶以上高阶项，得到

$$\begin{pmatrix} \dot{\varphi}_r \\ \dot{\theta}_r \\ \dot{\psi}_r \end{pmatrix} = \begin{pmatrix} 0 & \omega_{Cz} & \omega_{oT} \\ -\omega_{Cz} & 0 & 0 \\ -\omega_{oT} & -\omega_{Cx} & 0 \end{pmatrix}\begin{pmatrix} \varphi_r \\ \theta_r \\ \psi_r \end{pmatrix} + \begin{pmatrix} \omega_{Cx} \\ \omega_{Cy} + \omega_{oT} \\ \omega_{Cz} \end{pmatrix} \qquad (3-283)$$

2）采用四元数描述的相对姿态运动学方程

（1）相对姿态四元数描述表达式。

姿态四元数形式为 $\boldsymbol{q} = \begin{pmatrix} \overline{\boldsymbol{q}} \\ q_4 \end{pmatrix}$，其中 $\overline{\boldsymbol{q}}$ 为矢量部分，q_4 为标量部分。设 $\boldsymbol{q}_C, \boldsymbol{q}_T$ 分别为追踪器和目标器本体相对惯性坐标系的姿态四元数，$\boldsymbol{q}_r$ 为追踪器相对目标器的姿态四元数，即

$$\boldsymbol{C}(\boldsymbol{q}_r) = \boldsymbol{C}(\boldsymbol{q}_C)\boldsymbol{C}(\boldsymbol{q}_T)^T \qquad (3-284)$$

（2）相对姿态递推方程一。

以下对式（3-284）进行离散化，设由 k 时刻相对姿态 $\boldsymbol{q}_r(k)$ 到 $k+1$ 时刻相对姿态四元数的误差四元数为 $\delta\boldsymbol{q}_r(k+1,k)$，满足 $\boldsymbol{C}(\boldsymbol{q}_r(k+1)) = \boldsymbol{C}(\delta\boldsymbol{q}_r(k+1,k))$ $\boldsymbol{C}(\boldsymbol{q}_r(k))$

则有

$$\boldsymbol{q}_r(k+1) = \boldsymbol{M}_r(k+1,k) \cdot \boldsymbol{q}_r(k) \qquad (3-285)$$

其中，$\boldsymbol{M}_r(k+1,k) = \delta\boldsymbol{q}_{r,4}(k+1,k) \cdot \boldsymbol{I}_4 + \begin{bmatrix} -\delta\overline{\boldsymbol{q}}_r(k+1,k)^\times & \delta\overline{\boldsymbol{q}}_r(k+1,k) \\ -\delta\overline{\boldsymbol{q}}_r(k+1,k)^T & 0 \end{bmatrix}$。

当时间间隔很小时，可以得到角速度与欧拉轴角参数间近似的关系

$$\boldsymbol{M}_r(k+1,k) = \cos\frac{\theta_r(k+1,k)}{2} \cdot \boldsymbol{I}_4$$

$$+ \frac{\sin\dfrac{\theta_r(k+1,k)}{2}}{\theta_r(k+1,k)}\begin{bmatrix} -\boldsymbol{\theta}_r(k+1,k)^\times & \boldsymbol{\theta}_r(k+1,k) \\ -\boldsymbol{\theta}_r(k+1,k)^T & 0 \end{bmatrix}$$

$$(3-286)$$

其中，$\boldsymbol{\theta}_r(k+1,k) = \boldsymbol{\omega}_r(k+1,k)\Delta t$。

（3）相对姿态递推方程二。

由姿态运动学方程可以得到

$$\dot{\boldsymbol{q}}_r = \frac{1}{2}\begin{pmatrix} q_{r,4}\boldsymbol{I}_3 + \overline{\boldsymbol{q}}_r^\times \\ -\overline{\boldsymbol{q}}_r^T \end{pmatrix}\boldsymbol{\omega}_r \qquad (3-287)$$

若设

$$\boldsymbol{\Xi}(\boldsymbol{q}) = \begin{pmatrix} q_4\boldsymbol{I}_3 + \overline{\boldsymbol{q}}^\times \\ -\overline{\boldsymbol{q}}^T \end{pmatrix}, \boldsymbol{\Omega}(\boldsymbol{\omega}) = \begin{pmatrix} -\boldsymbol{\omega}^\times & \boldsymbol{\omega} \\ -\boldsymbol{\omega}^T & 0 \end{pmatrix},$$

$$\boldsymbol{\Psi}(\boldsymbol{q}) = \begin{pmatrix} q_4\boldsymbol{I}_3 - \overline{\boldsymbol{q}}^\times \\ -\overline{\boldsymbol{q}}^T \end{pmatrix}, \boldsymbol{\Gamma}(\boldsymbol{\omega}) = \begin{pmatrix} \boldsymbol{\omega}^\times & \boldsymbol{\omega} \\ -\boldsymbol{\omega}^T & 0 \end{pmatrix}$$

则有

$$\dot{\boldsymbol{q}}_r = \frac{1}{2}\boldsymbol{\Xi}(\boldsymbol{q}_r)\,\boldsymbol{\omega}_r$$

$$= \frac{1}{2}\boldsymbol{\Xi}(\boldsymbol{q}_r)(\boldsymbol{\omega}_C - \boldsymbol{\Xi}^T(\boldsymbol{q}_r)\boldsymbol{\Psi}(\boldsymbol{q}_r)\,\boldsymbol{\omega}_T) \qquad (3-288)$$

$$= \frac{1}{2}(\boldsymbol{\Omega}(\boldsymbol{\omega}_C) - \boldsymbol{\Gamma}(\boldsymbol{\omega}_T))\boldsymbol{q}_r$$

上式推导中,用到了以下关系式:

$$\boldsymbol{C}_r = \boldsymbol{\Xi}^T(\boldsymbol{q}_r)\boldsymbol{\Psi}(\boldsymbol{q}_r)\,,\boldsymbol{\Xi}(\boldsymbol{q}_r)\boldsymbol{\Xi}^T(\boldsymbol{q}_r) = \boldsymbol{I}_4 - \boldsymbol{q}_r\boldsymbol{q}_r^T\,,$$

$$\boldsymbol{q}_r^T\boldsymbol{\Psi}(\boldsymbol{q}_r) = 0\,,\boldsymbol{\Psi}(\boldsymbol{q}_r)\boldsymbol{\omega}_T = \boldsymbol{\Gamma}(\boldsymbol{\omega}_T)\boldsymbol{q}_r$$

该方程为线性时变系统,为设计滤波器,需要对该方程进行离散化处理。

$$\boldsymbol{q}_r(k+1,k) = \exp\left(\frac{1}{2}(\boldsymbol{\Omega}(\boldsymbol{\omega}_C(k)) - \boldsymbol{\Gamma}(\boldsymbol{\omega}_T(k)))\Delta t\right)\boldsymbol{q}_r(k)$$

$$= \exp\left(\frac{1}{2}\boldsymbol{\Omega}(\boldsymbol{\omega}_C(k))\Delta t\right)\exp\left(-\frac{1}{2}\boldsymbol{\Gamma}(\boldsymbol{\omega}_T(k))\Delta t\right)\boldsymbol{q}_r(k)$$

$$(3-289)$$

可以得到[44]

$$\widetilde{\boldsymbol{\Omega}}(\boldsymbol{\omega}_C(k)) = \exp\left(\frac{1}{2}\boldsymbol{\Omega}(\boldsymbol{\omega}_C(k))\Delta t\right)$$

$$= \begin{pmatrix} \cos\left(\frac{1}{2}\parallel\boldsymbol{\omega}_C\parallel\Delta t\right)\boldsymbol{I}_3 - \dfrac{\sin\left(\frac{1}{2}\parallel\boldsymbol{\omega}_C\parallel\Delta t\right)}{\parallel\boldsymbol{\omega}_C\parallel}\boldsymbol{\omega}_C^\times & \dfrac{\sin\left(\frac{1}{2}\parallel\boldsymbol{\omega}_C\parallel\Delta t\right)}{\parallel\boldsymbol{\omega}_C\parallel}\boldsymbol{\omega}_C \\[4mm] -\dfrac{\sin\left(\frac{1}{2}\parallel\boldsymbol{\omega}_C\parallel\Delta t\right)}{\parallel\boldsymbol{\omega}_C\parallel}\boldsymbol{\omega}_C^T & \cos\left(\frac{1}{2}\parallel\boldsymbol{\omega}_C\parallel\Delta t\right) \end{pmatrix}$$

$$(3-290)$$

$$\widetilde{\boldsymbol{\Gamma}}(\boldsymbol{\omega}_T(k)) = \exp\left(-\frac{1}{2}\boldsymbol{\Gamma}(\boldsymbol{\omega}_T(k))\Delta t\right)$$

$$= \begin{pmatrix} \cos\left(\frac{1}{2}\parallel\boldsymbol{\omega}_T\parallel\Delta t\right)\boldsymbol{I}_3 - \dfrac{\sin\left(\frac{1}{2}\parallel\boldsymbol{\omega}_T\parallel\Delta t\right)}{\parallel\boldsymbol{\omega}_T\parallel}\boldsymbol{\omega}_T^\times & -\dfrac{\sin\left(\frac{1}{2}\parallel\boldsymbol{\omega}_T\parallel\Delta t\right)}{\parallel\boldsymbol{\omega}_T\parallel}\boldsymbol{\omega}_T \\[4mm] \dfrac{\sin\left(\frac{1}{2}\parallel\boldsymbol{\omega}_T\parallel\Delta t\right)}{\parallel\boldsymbol{\omega}_T\parallel}\boldsymbol{\omega}_T^T & \cos\left(\frac{1}{2}\parallel\boldsymbol{\omega}_T\parallel\Delta t\right) \end{pmatrix}$$

$$(3-291)$$

从而

$$q_r(k+1) = \tilde{\boldsymbol{\Omega}}(\boldsymbol{\omega}_C(k))\tilde{\boldsymbol{\Gamma}}(\boldsymbol{\omega}_T(k))q_r(k) \quad (3-292)$$

（4）误差四元数的递推关系。

姿态的自由度为三,四元数有 4 个参数,姿态四元数必须满足模值为 1 的约束,这对滤波器的设计带来不便,为此实际滤波器设计中,采用误差四元作为直接待估状态。通过近似可以认为误差四元数的标量部分恒为 1,从而将 4 个待估参数变换为 3 个。

由方向余弦阵关系

$$\boldsymbol{C}(\boldsymbol{q}_r) = \boldsymbol{C}(\delta\boldsymbol{q}_r)\boldsymbol{C}(\hat{\boldsymbol{q}}_r) \quad (3-293)$$

可定义误差四元数为[45]

$$\delta\boldsymbol{q}_r = \boldsymbol{q}_r \otimes \hat{\boldsymbol{q}}_r^{-1} \quad (3-294)$$

由姿态运动学方程可以得到

$$
\begin{aligned}
\delta\dot{\boldsymbol{q}}_r &= \boldsymbol{q}_r \otimes \frac{\mathrm{d}\hat{\boldsymbol{q}}_r^{-1}}{\mathrm{d}t} + \frac{\mathrm{d}\boldsymbol{q}_r}{\mathrm{d}t} \otimes \hat{\boldsymbol{q}}_r^{-1} \\
&= \frac{1}{2}\boldsymbol{q}_r \otimes \hat{\boldsymbol{q}}_r^{-1} \otimes \hat{\boldsymbol{\omega}}_r^{-1} + \frac{1}{2}\boldsymbol{\omega}_r \otimes \boldsymbol{q}_r \otimes \hat{\boldsymbol{q}}_r^{-1} \\
&= \frac{1}{2}\delta\boldsymbol{q}_r \otimes \hat{\boldsymbol{\omega}}_r^{-1} + \frac{1}{2}\boldsymbol{\omega}_r \otimes \delta\boldsymbol{q}_r \\
&= \frac{1}{2}\begin{bmatrix} -(\hat{\boldsymbol{\omega}}_r + \boldsymbol{\omega}_r)^{\times}\delta\bar{\boldsymbol{q}}_r + (\boldsymbol{\omega}_r - \hat{\boldsymbol{\omega}}_r)\delta\boldsymbol{q}_{r,4} \\ (\hat{\boldsymbol{\omega}}_r - \boldsymbol{\omega}_r)^{\mathrm{T}}\delta\bar{\boldsymbol{q}}_r \end{bmatrix}
\end{aligned} \quad (3-295)
$$

相对角速度确定精度较高,故可以认为 $\boldsymbol{\omega}_r \approx \hat{\boldsymbol{\omega}}_r$,则有

$$\delta\dot{\boldsymbol{q}}_r = \begin{bmatrix} -\hat{\boldsymbol{\omega}}_r^{\times}\delta\bar{\boldsymbol{q}}_r \\ 0 \end{bmatrix} \quad (2-296)$$

可见,$\delta\dot{\boldsymbol{q}}_{r,4}$ 可以看做是常值,不需要进行时间更新,仅需对矢量部分进行估计即可

$$\delta\dot{\bar{\boldsymbol{q}}}_{r,4} = -\hat{\boldsymbol{\omega}}_r^{\times}\delta\bar{\boldsymbol{q}}_{r,4} \quad (3-297)$$

估计得到 $\delta\bar{\boldsymbol{q}}_r$,依据下式进行相对姿态更新:

$$\boldsymbol{q}_r = \hat{\boldsymbol{q}}_r + \begin{bmatrix} -\delta\bar{\boldsymbol{q}}_r^{\times} & \delta\bar{\boldsymbol{q}}_r \\ -\delta\bar{\boldsymbol{q}}_r^{\mathrm{T}} & 0 \end{bmatrix}\hat{\boldsymbol{q}}_r \quad (3-298)$$

3）采用修正罗格里格参数描述相对姿态

由欧拉轴/角演化而来的修正罗格里格参数（Modified Rodrigues Parameteres，MRP）仅有三个量。若相对四元数表示为$\boldsymbol{q}_\mathrm{r} = (\overline{\boldsymbol{q}}_\mathrm{r}^\mathrm{T} \quad q_{\mathrm{r},4})^\mathrm{T}$，则相对四元数与 MRP 间的关系为[45]

$$\boldsymbol{p}_\mathrm{r} = \frac{\overline{\boldsymbol{q}}_\mathrm{r}}{1 + q_{\mathrm{r},4}} \qquad (3-299)$$

$$\boldsymbol{q}_\mathrm{r} = \frac{1}{1 + |\boldsymbol{p}_\mathrm{r}|^2} \begin{pmatrix} 2\boldsymbol{p}_\mathrm{r} \\ 1 - |\boldsymbol{p}_\mathrm{r}|^2 \end{pmatrix} \qquad (3-300)$$

MRP 对应的微分方程为

$$\begin{aligned} \dot{\boldsymbol{p}}_\mathrm{r} &= \frac{1}{4}(2(\boldsymbol{\omega}_\mathrm{r}^\mathrm{T} \boldsymbol{p}_\mathrm{r})\boldsymbol{p}_\mathrm{r} - 2\boldsymbol{\omega}_\mathrm{r}^\times \boldsymbol{p}_\mathrm{r} + \boldsymbol{\omega}_\mathrm{r}(1 - |\boldsymbol{p}_\mathrm{r}|^2)) \\ &= \frac{1}{4}(2\boldsymbol{p}_\mathrm{r}\boldsymbol{p}_\mathrm{r}^\mathrm{T} + 2\boldsymbol{p}_\mathrm{r}^\times + (1 - |\boldsymbol{p}_\mathrm{r}|^2))\boldsymbol{\omega}_\mathrm{r} \end{aligned} \qquad (3-301)$$

MRP 与欧拉轴/角间的关系为$\boldsymbol{p} = \tan(\varphi/4)\overline{\boldsymbol{e}}$，当$\varphi = \pm 2\pi$时，$\boldsymbol{p}$会趋向无穷大。对合作目标间的相对姿态运动，通常相对姿态为小角度，可以直接采用 MRP 描述相对姿态运动进行滤波器设计，以估计相对姿态。

2. 采用欧拉角描述的相对姿态确定方案

1）状态量的选择

对合作目标而言，两航天器对接口系间的相对姿态变化范围不大，便于采用欧拉角参数进行描述。成像式交会对接敏感器利用单目视觉或者双目视觉算法，可以直接解算得到相对姿态参数。由于采用相对姿态运动学方程作为状态方程，所以仅将相对姿态角作为待估计量：

$$\boldsymbol{X} = (\varphi_\mathrm{r} \quad \theta_\mathrm{r} \quad \psi_\mathrm{r})^\mathrm{T} \qquad (3-302)$$

2）时间更新

相对姿态运动方程为非线性时变方程，精确起见可采用龙格—库塔求解微分方程。实际应用时，由于滤波周期比较小，而相对姿态运动角速度也比较小，可以近似采用一阶近似进行时间更新：

$$\begin{pmatrix} \dot{\varphi}_\mathrm{r} \\ \dot{\theta}_\mathrm{r} \\ \dot{\psi}_\mathrm{r} \end{pmatrix}_k = \left(\frac{1}{\cos\varphi_\mathrm{r}} \begin{pmatrix} \omega_{\mathrm{rx}}\cos\theta_\mathrm{r}\cos\varphi_\mathrm{r} + \omega_{\mathrm{rz}}\sin\theta_\mathrm{r}\cos\varphi_\mathrm{r} \\ \omega_{\mathrm{rx}}\sin\theta_\mathrm{r}\sin\varphi_\mathrm{r} + \omega_{\mathrm{ry}}\cos\varphi_\mathrm{r} - \omega_{\mathrm{rz}}\cos\theta_\mathrm{r}\sin\varphi_\mathrm{r} \\ -\omega_{\mathrm{rx}}\sin\theta_\mathrm{r} + \omega_{\mathrm{rz}}\cos\theta_\mathrm{r} \end{pmatrix} \right)_{k-1} \qquad (3-303)$$

$$
\begin{pmatrix} \varphi_{\mathrm{r}} \\ \theta_{\mathrm{r}} \\ \psi_{\mathrm{r}} \end{pmatrix}_k = \begin{pmatrix} \varphi_{\mathrm{r}} \\ \theta_{\mathrm{r}} \\ \psi_{\mathrm{r}} \end{pmatrix}_{k-1} + \begin{pmatrix} \dot{\varphi}_{\mathrm{r}} \\ \dot{\theta}_{\mathrm{r}} \\ \dot{\psi}_{\mathrm{r}} \end{pmatrix}_k \Delta t \tag{3-304}
$$

3）测量方程

以 CRDS 输出的相对姿态角作为测量量进行滤波器设计,其测量方程为

$$
\boldsymbol{Z} = \begin{bmatrix} 1 & & \\ & 1 & \\ & & 1 \end{bmatrix} \begin{bmatrix} \varphi_{\mathrm{r}} \\ \theta_{\mathrm{r}} \\ \psi_{\mathrm{r}} \end{bmatrix} + \boldsymbol{v} \tag{3-305}
$$

4）滤波器设计

由于姿态运动学方程为非线性方程,所以采用非线性滤波方法进行滤波器设计。

3. 采用四元数描述的相对姿态估计方案

1）状态量

控制系统需要的状态为 $\boldsymbol{q}_{\mathrm{r}}$,为避免四元数模值为 1 的约束,滤波器直接估计状态为 $\delta \bar{\boldsymbol{q}}_{\mathrm{r}}$。

2）状态方程

相对姿态四元数采用式(3-285)进行相对姿态更新:

$$
\hat{\boldsymbol{q}}_{\mathrm{r}}(k+1,k) = \boldsymbol{M}_{\mathrm{r}}(k+1,k) \cdot \hat{\boldsymbol{q}}_{\mathrm{r}}(k) \tag{3-306}
$$

作为滤波器设计估计的直接状态量,相对姿态误差四元数满足状态方程为

$$
\delta \dot{\bar{\boldsymbol{q}}}_{\mathrm{r}} = -\hat{\boldsymbol{\omega}}_{\mathrm{r}}^{\times} \delta \bar{\boldsymbol{q}}_{\mathrm{r}} \tag{3-307}
$$

由于每一滤波周期均会利用相对误差四元数修正得到 $\boldsymbol{q}_{\mathrm{r}}$,所以认为每一周期 $\delta \bar{\boldsymbol{q}}_{\mathrm{r}}(k+1,k) = \begin{bmatrix} 0 & 0 & 0 \end{bmatrix}^{\mathrm{T}}$。

3）测量方程

以星敏定姿类似的方法构建测量方程[46]。直接测量量为目标标志器坐标系到相机测量系的姿态四元数 $\boldsymbol{q}_{\mathrm{catf}}$(下标 ca 表示相机,tf 表示目标标志器),根据目标标志器在目标器对接面系中的安装阵 $\boldsymbol{C}_{\mathrm{tfdt}}$ 和估计得到的对接面间相对姿态 $\hat{\boldsymbol{C}}_{\mathrm{dcdt}}$,可以得到相机测量系各轴在追踪器对接面系中的坐标为

$$\hat{\boldsymbol{Z}}_{\mathrm{ca}}^{\mathrm{dc}} = \hat{\boldsymbol{C}}_{\mathrm{dcdt}} \boldsymbol{C}_{\mathrm{tfdt}}^{\mathrm{T}} \hat{\boldsymbol{Z}}_{\mathrm{ca}}^{\mathrm{tf}}$$

$$= (\boldsymbol{I} + 2\delta\bar{\boldsymbol{q}}_{\mathrm{r}}^{\times}) \boldsymbol{C}_{\mathrm{dcdt}} \boldsymbol{C}_{\mathrm{tfdt}}^{\mathrm{T}} (\boldsymbol{Z}_{\mathrm{ca}}^{\mathrm{tf}} + \Delta\boldsymbol{Z}_{\mathrm{ca}}^{\mathrm{tf}})$$

$$= \boldsymbol{C}_{\mathrm{dcdt}} \boldsymbol{C}_{\mathrm{tfdt}}^{\mathrm{T}} (\boldsymbol{Z}_{\mathrm{ca}}^{\mathrm{tf}} + \Delta\boldsymbol{Z}_{\mathrm{ca}}^{\mathrm{tf}}) + 2\delta\bar{\boldsymbol{q}}_{\mathrm{r}}^{\times} \boldsymbol{C}_{\mathrm{dcdt}} \boldsymbol{C}_{\mathrm{tfdt}}^{\mathrm{T}} (\boldsymbol{Z}_{\mathrm{ca}}^{\mathrm{tf}} + \Delta\boldsymbol{Z}_{\mathrm{ca}}^{\mathrm{tf}})$$

$$\approx \boldsymbol{C}_{\mathrm{dcdt}} \boldsymbol{C}_{\mathrm{tfdt}}^{\mathrm{T}} \boldsymbol{Z}_{\mathrm{ca}}^{\mathrm{tf}} + \boldsymbol{C}_{\mathrm{dcdt}} \boldsymbol{C}_{\mathrm{tfdt}}^{\mathrm{T}} \Delta\boldsymbol{Z}_{\mathrm{ca}}^{\mathrm{tf}} + 2\delta\bar{\boldsymbol{q}}_{\mathrm{r}}^{\times} \boldsymbol{C}_{\mathrm{dcdt}} \boldsymbol{C}_{\mathrm{tfdt}}^{\mathrm{T}} \boldsymbol{Z}_{\mathrm{ca}}^{\mathrm{tf}} \tag{3-308}$$

同理

$$\hat{\boldsymbol{X}}_{\mathrm{ca}}^{\mathrm{dc}} \approx \boldsymbol{C}_{\mathrm{dcdt}} \boldsymbol{C}_{\mathrm{tfdt}}^{\mathrm{T}} \boldsymbol{X}_{\mathrm{ca}}^{\mathrm{tf}} + \boldsymbol{C}_{\mathrm{dcdt}} \boldsymbol{C}_{\mathrm{tfdt}}^{\mathrm{T}} \Delta\boldsymbol{X}_{\mathrm{ca}}^{\mathrm{tf}} + 2\delta\bar{\boldsymbol{q}}_{\mathrm{r}}^{\times} \boldsymbol{C}_{\mathrm{dcdt}} \boldsymbol{C}_{\mathrm{tfdt}}^{\mathrm{T}} \boldsymbol{X}_{\mathrm{ca}}^{\mathrm{tf}} \tag{3-309}$$

相机测量系安装轴坐标与实际安装进行点积计算,可以得到

$$m_1 = (\boldsymbol{Y}_{\mathrm{ca}}^{\mathrm{dc}})^{\mathrm{T}} \hat{\boldsymbol{Z}}_{\mathrm{ca}}^{\mathrm{dc}}$$

$$= (\boldsymbol{Y}_{\mathrm{ca}}^{\mathrm{dc}})^{\mathrm{T}} (\boldsymbol{C}_{\mathrm{dcdt}} \boldsymbol{C}_{\mathrm{tfdt}}^{\mathrm{T}} \boldsymbol{Z}_{\mathrm{ca}}^{\mathrm{tf}} + \boldsymbol{C}_{\mathrm{dcdt}} \boldsymbol{C}_{\mathrm{tfdt}}^{\mathrm{T}} \Delta\boldsymbol{Z}_{\mathrm{ca}}^{\mathrm{tf}} + 2\delta\bar{\boldsymbol{q}}_{\mathrm{r}}^{\times} \boldsymbol{C}_{\mathrm{dcdt}} \boldsymbol{C}_{\mathrm{tfdt}}^{\mathrm{T}} \boldsymbol{Z}_{\mathrm{ca}}^{\mathrm{tf}})$$

$$= (\boldsymbol{Y}_{\mathrm{ca}}^{\mathrm{dc}})^{\mathrm{T}} \boldsymbol{C}_{\mathrm{dcdt}} \boldsymbol{C}_{\mathrm{tfdt}}^{\mathrm{T}} \Delta\boldsymbol{Z}_{\mathrm{ca}}^{\mathrm{tf}} + (\boldsymbol{Y}_{\mathrm{ca}}^{\mathrm{dc}})^{\mathrm{T}} 2\delta\bar{\boldsymbol{q}}_{\mathrm{r}}^{\times} \boldsymbol{C}_{\mathrm{dcdt}} \boldsymbol{C}_{\mathrm{tfdt}}^{\mathrm{T}} \boldsymbol{Z}_{\mathrm{ca}}^{\mathrm{tf}} \tag{3-310}$$

$$= -2(\boldsymbol{X}_{\mathrm{ca}}^{\mathrm{dc}})^{\mathrm{T}} \delta\bar{\boldsymbol{q}}_{\mathrm{r}} + (\boldsymbol{Y}_{\mathrm{ca}}^{\mathrm{dc}})^{\mathrm{T}} \boldsymbol{C}_{\mathrm{dcdt}} \boldsymbol{C}_{\mathrm{tfdt}}^{\mathrm{T}} \Delta\boldsymbol{Z}_{\mathrm{ca}}^{\mathrm{tf}}$$

$$m_2 = (\boldsymbol{X}_{\mathrm{ca}}^{\mathrm{dc}})^{\mathrm{T}} \hat{\boldsymbol{Z}}_{\mathrm{ca}}^{\mathrm{dc}}$$

$$= 2(\boldsymbol{Y}_{\mathrm{ca}}^{\mathrm{dc}})^{\mathrm{T}} \delta\bar{\boldsymbol{q}}_{\mathrm{r}} + (\boldsymbol{X}_{\mathrm{ca}}^{\mathrm{dc}})^{\mathrm{T}} \boldsymbol{C}_{\mathrm{dcdt}} \boldsymbol{C}_{\mathrm{tfdt}}^{\mathrm{T}} \Delta\boldsymbol{Z}_{\mathrm{ca}}^{\mathrm{tf}} \tag{3-311}$$

$$m_3 = (\boldsymbol{Z}_{\mathrm{ca}}^{\mathrm{dc}})^{\mathrm{T}} \hat{\boldsymbol{X}}_{\mathrm{ca}}^{\mathrm{dc}}$$

$$= -2(\boldsymbol{Y}_{\mathrm{ca}}^{\mathrm{dc}})^{\mathrm{T}} \delta\bar{\boldsymbol{q}}_{\mathrm{r}} + (\boldsymbol{Z}_{\mathrm{ca}}^{\mathrm{dc}})^{\mathrm{T}} \boldsymbol{C}_{\mathrm{dcdt}} \boldsymbol{C}_{\mathrm{tfdt}}^{\mathrm{T}} \Delta\boldsymbol{X}_{\mathrm{ca}}^{\mathrm{tf}} \tag{3-312}$$

$$m_4 = (\boldsymbol{Y}_{\mathrm{ca}}^{\mathrm{dc}})^{\mathrm{T}} \hat{\boldsymbol{X}}_{\mathrm{ca}}^{\mathrm{dc}}$$

$$= 2(\boldsymbol{Z}_{\mathrm{ca}}^{\mathrm{dc}})^{\mathrm{T}} \delta\bar{\boldsymbol{q}}_{\mathrm{r}} + (\boldsymbol{Y}_{\mathrm{ca}}^{\mathrm{dc}})^{\mathrm{T}} \boldsymbol{C}_{\mathrm{dcdt}} \boldsymbol{C}_{\mathrm{tfdt}}^{\mathrm{T}} \Delta\boldsymbol{X}_{\mathrm{ca}}^{\mathrm{tf}} \tag{3-313}$$

以 $\boldsymbol{Z} = \begin{bmatrix} m_1 & m_2 & m_3 & m_4 \end{bmatrix}^{\mathrm{T}}$ 作为测量量,则测量方程为

$$\boldsymbol{Z} = \begin{bmatrix} -2(\boldsymbol{X}_{\mathrm{ca}}^{\mathrm{dc}})^{\mathrm{T}} \\ 2(\boldsymbol{Y}_{\mathrm{ca}}^{\mathrm{dc}})^{\mathrm{T}} \\ -2(\boldsymbol{Y}_{\mathrm{ca}}^{\mathrm{dc}})^{\mathrm{T}} \\ 2(\boldsymbol{Z}_{\mathrm{ca}}^{\mathrm{dc}})^{\mathrm{T}} \end{bmatrix} \delta\bar{\boldsymbol{q}}_{\mathrm{r}} + \begin{bmatrix} 0 & (\boldsymbol{Y}_{\mathrm{ca}}^{\mathrm{dc}})^{\mathrm{T}} \boldsymbol{C}_{\mathrm{dcdt}} \boldsymbol{C}_{\mathrm{tfdt}}^{\mathrm{T}} \\ 0 & (\boldsymbol{X}_{\mathrm{ca}}^{\mathrm{dc}})^{\mathrm{T}} \boldsymbol{C}_{\mathrm{dcdt}} \boldsymbol{C}_{\mathrm{tfdt}}^{\mathrm{T}} \\ (\boldsymbol{Z}_{\mathrm{ca}}^{\mathrm{dc}})^{\mathrm{T}} \boldsymbol{C}_{\mathrm{dcdt}} \boldsymbol{C}_{\mathrm{tfdt}}^{\mathrm{T}} & 0 \\ (\boldsymbol{Y}_{\mathrm{ca}}^{\mathrm{dc}})^{\mathrm{T}} \boldsymbol{C}_{\mathrm{dcdt}} \boldsymbol{C}_{\mathrm{tfdt}}^{\mathrm{T}} & 0 \end{bmatrix} \begin{bmatrix} \Delta\boldsymbol{X}_{\mathrm{ca}}^{\mathrm{tf}} \\ \Delta\boldsymbol{Z}_{\mathrm{ca}}^{\mathrm{tf}} \end{bmatrix} \tag{3-314}$$

4)滤波器设计

系统为线性时变方程,采用卡尔曼滤波即可进行滤波器的设计。

5)相对姿态更新

$$\hat{\boldsymbol{q}}_{\mathrm{r}}(k+1) = \hat{\boldsymbol{q}}_{\mathrm{r}}(k+1,k) + \begin{bmatrix} -\delta\bar{\boldsymbol{q}}_{\mathrm{r}}^{\times} & \delta\bar{\boldsymbol{q}}_{\mathrm{r}} \\ -\delta\bar{\boldsymbol{q}}_{\mathrm{r}}^{\mathrm{T}} & 0 \end{bmatrix} \hat{\boldsymbol{q}}_{\mathrm{r}}(k+1,k) \tag{3-315}$$

4. 采用相对 MRP 的相对姿态确定方案

修正罗格里格参数(MRP)可以描述欧拉轴角转动 $\pm 2\pi$ 范围内的姿态运动,不会出现奇异,可直接用于相对姿态滤波器的设计。

1)状态量的选择

将 MRP 表示的相对姿态作为状态待估计量 $\boldsymbol{p}_r = \begin{bmatrix} \boldsymbol{p}_{r,1} & \boldsymbol{p}_{r,2} & \boldsymbol{p}_{r,3} \end{bmatrix}^T$。

2)状态方程

$$\dot{\boldsymbol{p}}_r = \frac{1}{4}(2\boldsymbol{p}_r\boldsymbol{p}_r^T + 2\boldsymbol{p}_r^\times + (1 - |\boldsymbol{p}_r|^2))\boldsymbol{\omega}_r \qquad (3-316)$$

3)测量方程

成像式交会对接敏感器可以直接给出目标标志器坐标到相机测量系的姿态,转换为 MRP 形式,则测量方程为

$$\boldsymbol{Z} = \begin{bmatrix} 1 & & \\ & 1 & \\ & & 1 \end{bmatrix}\begin{bmatrix} p_{r,1} \\ p_{r,2} \\ p_{r,3} \end{bmatrix} + \boldsymbol{v} \qquad (3-317)$$

4)滤波器设计

由于状态方程为非线性方程,所以需要采用非线性滤波方法,可采用 EKF 或确定性采样滤波方法进行设计。

3.4.5 相对位姿参数联合估计

本节给出一种直接将成像式交会对接敏感器测得的相对多个目标标志器的视线作为测量量,采用非线性滤波方法设计滤波器,同时对相对位置和相对姿态进行估计的方法[47]。

1. 状态量的选择

将相对位置、相对速度和相对姿态四元数作为状态量:

$$\boldsymbol{X} = (x \quad y \quad z \quad \dot{x} \quad \dot{y} \quad \dot{z} \quad q_1 \quad q_2 \quad q_3 \quad q_4)^T$$
$$= (\boldsymbol{X}_p^T \quad \boldsymbol{X}_q^T)^T \qquad (3-318)$$

2. 状态方程

将式(3-249)和式(3-292)联立作为状态方程

$$\begin{cases} \boldsymbol{X}_p(k+1,k) = \boldsymbol{\Phi}(k+1,k)\boldsymbol{X}_p(k) + \boldsymbol{G}(k+1,k)\boldsymbol{U}_k + \boldsymbol{W}_p(k) \\ \boldsymbol{q}_r(k+1,k) = \widetilde{\boldsymbol{\Omega}}(\boldsymbol{\omega}_{c,k})\widetilde{\boldsymbol{\Gamma}}(\boldsymbol{\omega}_{t,k})\boldsymbol{q}_r(k) + \boldsymbol{W}_q(k) \end{cases} \qquad (3-319)$$

3. 测量方程

利用主动光源或者被动光源,将安装在目标器上的多个标志器成像到敏感器的成像面,然后通过对目标器上的标志器在敏感器成像面上像和有关坐标系的转换与数据处理,获得目标器相对追踪器的相对位置和相对姿态信息。成像式交会对接敏感器的测量原理如图 3 - 8 所示。

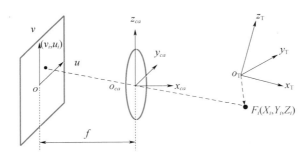

图 3 - 8　成像式交会对接敏感器的测量原理

其中, $o_{ca}x_{ca}y_{ca}z_{ca}$ 为相机测量坐标系, ouv 为成像面坐标系, $o_Tx_Ty_Tz_T$ 为目标器固联坐标系, $F_i(X_i,Y_i,Z_i)$ 为第 $i(i=1,\cdots,n)$ 个光学目标在目标器固联坐标系中的坐标, (v_i,u_i) 为该光点在成像面上的坐标, f 为相机焦距。

容易分析像点在相机坐标系 $o_{ca}x_{ca}y_{ca}z_{ca}$ 中的位置 $B_i^T = \begin{bmatrix} -f & u_i & v_i \end{bmatrix}^T$。若设相机测量坐标系原点在 $o_Tx_Ty_Tz_T$ 中的位置为 $\begin{bmatrix} x & y & z \end{bmatrix}^T$,由成像原理可以得到

$$\begin{pmatrix} -f \\ u_i \\ v_i \end{pmatrix} = k\,\boldsymbol{C}_r \begin{pmatrix} x - X_i \\ y - Y_i \\ z - Z_i \end{pmatrix} \tag{3-320}$$

式中: k 为比例系数; $\boldsymbol{C}_r$ 为追踪器本体相对目标器本体系的姿态方向余弦阵,消除 k 后进而可以得

$$\begin{cases} u_i = -f\dfrac{c_{21}(x-X_i)+c_{22}(y-Y_i)+c_{23}(z-Z_i)}{c_{11}(x-X_i)+c_{12}(y-Y_i)+c_{13}(z-Z_i)} \\[3mm] v_i = -f\dfrac{c_{31}(x-X_i)+c_{32}(y-Y_i)+c_{33}(z-Z_i)}{c_{11}(x-X_i)+c_{12}(y-Y_i)+c_{13}(z-Z_i)} \end{cases} \tag{3-321}$$

将 $\boldsymbol{B}_i^T = \begin{bmatrix} -f & u_i & v_i \end{bmatrix}^T$ 化为单位矢量,可以得到

$$
\begin{pmatrix}
\dfrac{-f}{\sqrt{f^2 + u_i{}^2 + v_i{}^2}} \\[4mm]
\dfrac{u_i}{\sqrt{f^2 + u_i{}^2 + v_i{}^2}} \\[4mm]
\dfrac{v_i}{\sqrt{f^2 + u_i{}^2 + v_i{}^2}}
\end{pmatrix}
= C_r
\begin{pmatrix}
\dfrac{x - X_i}{\sqrt{(x - X_i)^2 + (y - Y_i)^2 + (z - Z_i)^2}} \\[4mm]
\dfrac{y - Y_i}{\sqrt{(x - X_i)^2 + (y - Y_i)^2 + (z - Z_i)^2}{}_i} \\[4mm]
\dfrac{z - Z_i}{\sqrt{(x - X_i)^2 + (y - Y_i)^2 + (z - Z_i)^2}}
\end{pmatrix}
$$

$$(3-322)$$

将上式记为

$$
\boldsymbol{l}_i =
\begin{pmatrix}
\dfrac{-f}{\sqrt{f^2 + u_i{}^2 + v_i{}^2}} \\[4mm]
\dfrac{u_i}{\sqrt{f^2 + u_i{}^2 + v_i{}^2}} \\[4mm]
\dfrac{v_i}{\sqrt{f^2 + u_i{}^2 + v_i{}^2}}
\end{pmatrix}
, \quad
\boldsymbol{m}_i = C_r
\begin{pmatrix}
\dfrac{x - X_i}{\sqrt{(x - X_i)^2 + (y - Y_i)^2 + (z - Z_i)^2}} \\[4mm]
\dfrac{y - Y_i}{\sqrt{(x - X_i)^2 + (y - Y_i)^2 + (z - Z_i)^2}{}_i} \\[4mm]
\dfrac{z - Z_i}{\sqrt{(x - X_i)^2 + (y - Y_i)^2 + (z - Z_i)^2}}
\end{pmatrix}
, (i = 1, \cdots, n)
$$

为方便设计滤波器,将视线单位矢量对应的视线仰角 α 和方位角 β 作为测量信息。若设 $\boldsymbol{l}_i = (l_{i,x} \quad l_{i,y} \quad l_{i,z})^{\mathrm{T}}$,则视线角定义为

$$
\begin{cases}
\alpha_i = \arcsin(-l_{i,z} / \| l_i \|) \\
\beta_i = \arctan(l_{i,y} / l_{i,x})
\end{cases}
\quad (i = 1, \cdots, n) \qquad (3-323)
$$

以视线角作为测量量,则测量方程写作

$$
\begin{bmatrix}
\alpha_1 \\
\beta_1 \\
\vdots \\
\alpha_n \\
\beta_n
\end{bmatrix}
=
\begin{bmatrix}
\arcsin(-m_{1,z} / \| m_1 \|) \\
\arctan(m_{1,y} / m_{1,x}) \\
\vdots \\
\arcsin(-m_{n,z} / \| m_n \|) \\
\arctan(m_{n,y} / m_{n,x})
\end{bmatrix}
+ \boldsymbol{v}
\qquad (3-324)
$$

4.滤波器设计

系统状态方程为线性,但测量方程为非线性,可采用 UKF 设计相对导航滤波器。

姿态四元数必须满足模值为 1,由于 UKF 采用加权和的形式估计状态均值,很难保证姿态四元数保持单位模值,所以必须采用间接方式估计相对姿态

四元数。以下采用 MRP 替代误差姿态四元数。若误差四元数表示为 $\delta q = (\delta \bar{q}^{\mathrm{T}} \quad \delta q_4)^{\mathrm{T}}$，则对应的 MRP 为

$$\delta \boldsymbol{p} = \frac{1}{a + \delta q_4} \delta \bar{\boldsymbol{q}} \qquad (3-325)$$

式中:$0 < a \leqslant 1$ 为一设置参数;f 为一标度因子,通常满足 $f = 2(a+1)$,取 $a = 1$,$f = 4$。MRP 转换为误差四元数:

$$\begin{cases} \delta q_4 = \dfrac{-a \parallel \delta \boldsymbol{p} \parallel^2 + f \sqrt{f^2 + (1 + a^2) \parallel \delta \boldsymbol{p} \parallel^2}}{f^2 + \parallel \delta \boldsymbol{p} \parallel^2} \\ \delta \bar{\boldsymbol{q}} = f^{-1}(1 + \delta q_4) \delta \boldsymbol{p} \end{cases} \qquad (3-326)$$

将 MRP 表示的姿态参数和相对位置,相对速度作为状态变量,记为 $\tilde{\boldsymbol{X}} = (\hat{\boldsymbol{X}}_{\mathrm{p}}^{\mathrm{T}} \quad \delta \hat{\boldsymbol{p}}^{\mathrm{T}})^{\mathrm{T}}$。以下对基于 UKF 滤波的相对状态估计滤波步骤进行阐述。

第一步:$k+1$ 时刻初始 Sigma 点选取。

根据 k 时刻 $\hat{\boldsymbol{P}}_{\tilde{X}}(k)$ 和 $\hat{\tilde{\boldsymbol{X}}}(k)$,采样得到 19 个 Sigma 点 $\hat{\tilde{\boldsymbol{X}}}^i(k) = (\hat{\boldsymbol{X}}_{\mathrm{p}}^{i\mathrm{T}}(k) \quad \delta \hat{p}^{i\mathrm{T}}(k))^{\mathrm{T}}, i = 0, \cdots, 18$。

设 $\hat{\boldsymbol{q}}_{\mathrm{r}}(k)$ 为 k 时刻相对姿态的估计值,则相对姿态四元数的 Sigma 采样点:

$$\begin{cases} \hat{\boldsymbol{q}}_{\mathrm{r}}^0(k) = \hat{\boldsymbol{q}}_{\mathrm{r}}(k) \\ \hat{\boldsymbol{q}}_{\mathrm{r}}^i(k) = \delta \boldsymbol{q}_{\mathrm{r}}^i(k) \otimes \hat{\boldsymbol{q}}_{\mathrm{r}}(k) \end{cases} \qquad i = 1, \cdots, 18 \qquad (3-327)$$

其中,$\delta \hat{\boldsymbol{q}}_{\mathrm{r}}^i(k)$ 由 $\delta \hat{p}^{i\mathrm{T}}(k)$ 按照式(3-326)求得。

第二步:预测更新。

将 $\hat{\boldsymbol{X}}_{\mathrm{p}}^i(k)$ 和 $\hat{\boldsymbol{q}}_{\mathrm{r}}^i(k)$ 分别代入式(3-319)得到 $\hat{\boldsymbol{X}}_{\mathrm{p}}^i(k+1)$ 和 $\hat{\boldsymbol{q}}_{\mathrm{r}}^i(k+1)$。

更新后的 MRP 采样点:

$$\delta \hat{\boldsymbol{q}}_{\mathrm{r}}^i(k) = \hat{\boldsymbol{q}}_{\mathrm{r}}^i(k+1) \otimes (\hat{\boldsymbol{q}}_{\mathrm{r}}^0(k))^{-1} \qquad i = 1, \cdots, 18 \qquad (3-328)$$

利用 $\delta \hat{\boldsymbol{q}}_{\mathrm{r}}^i(k)$ 按照式(3-325)求得 $\delta \hat{\boldsymbol{p}}^i(k+1)$($i = 1, \cdots, 18$),而 $\delta \hat{\boldsymbol{p}}^0(k+1) = (0 \quad 0 \quad 0)^{\mathrm{T}}$。

利用 $\delta \hat{\boldsymbol{p}}^i(k+1)$ 和 $\hat{\boldsymbol{X}}_p^i(k+1)$ 求得 $\hat{\tilde{\boldsymbol{X}}}(k+1, k)$ 和 $\hat{\tilde{\boldsymbol{P}}}(k+1, k)$。

第三步:测量更新。

利用 $\hat{\boldsymbol{X}}_{\mathrm{p}}^i(k+1)$ 和 $\hat{\boldsymbol{q}}_{\mathrm{r}}^i(k+1)$ 按照测量更新得到 $\hat{\boldsymbol{Z}}(k+1)$、$\boldsymbol{K}(k+1)$、$\hat{\tilde{\boldsymbol{X}}}(k+$

1）和$\hat{\tilde{\boldsymbol{P}}}(k+1)$。测量更新后的相对姿态四元数估计值：

$$\hat{\boldsymbol{q}}_r(k+1) = \delta\hat{\boldsymbol{q}}_r(k+1) \otimes \hat{\boldsymbol{q}}_r^0(k+1) \tag{3-329}$$

其中，$\delta\hat{\boldsymbol{q}}_r(k+1)$由$\delta\hat{\boldsymbol{p}}_{k+1}$按式（3-326）求得。

最后置$\delta\hat{p}_{k+1} = (0\ \ 0\ \ 0)^T$用于下一时刻的滤波运算。

5.数学仿真结果

将相对导航方法应用于月球轨道交会对接任务的平移靠拢段。设定目标器的初始轨道根数为：$a_T = 1938\text{km}$，$e_T = 0.0003$，$i_T = 25°$，$\Omega_T = 180°$，$w_T = 240°$，$f_T = 0°$。设定光学成像敏感器安装在追踪器质心处，测量坐标系与追踪器本体系重合，测量噪声为零均值高斯白噪声，$3\sigma = 0.01°$。

目标航天器上共安装有4个目标标志器，采用四面锥安装方式，各目标标志器在目标器本体坐标系下的位置分别为：$(0\ \ 0\ \ 1.5)^T$，$(-0.5\ \ 0\ \ 0)^T$，$(0\ \ 1.5\cos 30°\ \ -1.5\sin 30°)^T$，$(0\ \ -1.5\cos 30°\ \ -1.5\sin 30°)^T$。

飞行过程为：追踪器从目标器后方约150m处开始以恒定速度直线接近目标器，接近至4m仿真结束。

仿真结果如图3-9～图3-11。

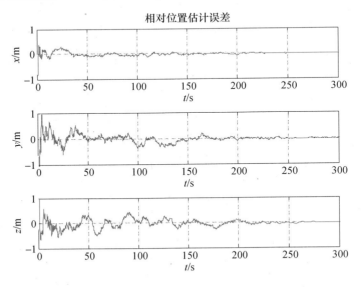

图3-9　相对位置估计误差

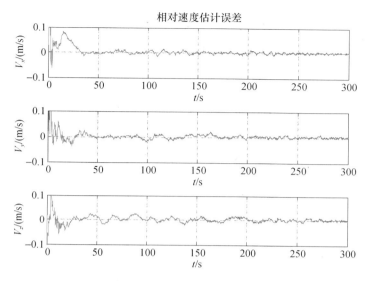

图 3 - 10　相对速度估计误差

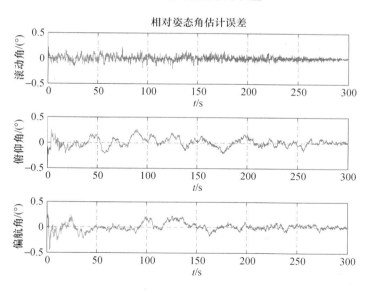

图 3 - 11　相对姿态角估计误差

可以看到,整个平移靠拢段相对位置估计精度达到 0.1m 量级,相对速度估计精度达到 0.01m/s 量级,相对姿态估计精度达到 0.1°量级。并且随着相对距离的接近相对导航精确也相应提高。

▶ 3.5　导航系统设计要点

　　导航系统是交会对接系统的关键组成部分,其对制导和控制系统的性能具有重要影响。在测量敏感器研制方面,敏感器规模的轻小型化是发展趋势;此外,激光成像式敏感器由于其测量信息丰富,作用距离范围大,适用于合作/非合作等不同类型目标,各国均积极开展了相关研究。在导航算法方面,由于配置多种敏感器,测量信息丰富存在冗余。利用冗余信息有望提高导航精度以及导航系统的可靠性。为真正有效利用冗余信息以提高导航系统性能,需研究性能更加优越的冗余信息融合算法。

参 考 文 献

[1] 周建平. 空间交会对接技术[M]. 北京:国防工业出版社,2013.

[2] 朱仁璋,王鸿芳,肖清,等. 苏/俄交会对接技术研究[J]. 航天器工程. 2011,20(6):16−31.

[3] 朱仁璋,王鸿芳,徐宇杰,等. 美国航天器交会技术研究[J]. 航天器工程. 2006,20(5):11−35.

[4] David Charles Woffinden. Angles−only navigation for autonomous orbital rendezvous[D]. Utah State University,2008.

[5] John L. Goodman. History of space shuttle rendezvous[R]. 2006,JSC−63400.

[6] 朱仁璋,王鸿芳,徐宇杰. 从 ETS−VII 到 HTV—日本交会对接/停靠技术研究[J]. 航天器工程. 2011,20(4):6−30.

[7] Cavrois B,Reynaud S,Personne G,et al. ATV GNC and safety functions synthesis:overall design,main performances and operations[C]. AIAA Guidance,Navigation and Control Conference and Exhibit,2008:1−22.

[8] 胡军,解永春,张昊,等. 神舟八号飞船交会对接制导、导航与控制系统及其飞行结果评价[J]. 空间控制技术与应用,2011,37(6):1−5.

[9] 秦永元. 惯性导航[M]. 北京:科学出版社,2006.

[10] 刘基余. GPS 卫星导航定位原理与方法[M]. 北京:科学出版社,2008.

[11] 张淑琴,等. 空间交会对接测量技术及工程应用[M]. 北京:中国宇航出版社,2005.

[12] 林来兴. 空间交会对接技术[M]. 北京:国防工业出版社,1995.

[13] 刘嘉兴. 空间微波交会雷达综述[J]. 电讯技术. 2001,41(1):13−18.

[14] 张昊,解永春,吴宏鑫. 交会对接光学成像敏感器光点布局求解有效性研究[J]. 航天控制. 2008,26(3):44−58.

[15] 解永春,张昊,石磊,等. 交会对接光学成像敏感器设计中的关键问题[J]. 航天控制. 2006,24(5):35-39.

[16] 张昊,石磊,涂俊峰,等. 基于交会对接 CCD 光学成像敏感器的双目测量算法[J]. 空间控制技术与应用,2011,37(6):66-71.

[17] Ho Y C,Lee R C K. A bayesian approach to problems in stochastic estimation and control [J]. IEEE Transactions on Automatic Control. 1964,9:333-339.

[18] Anton J. Haug. Bayesian estimation and tracking:a practical guide[M]. John Wiley & Sons,2012.

[19] Frank. Lewis. Optimal and Robust Estimation[M]. CRC Press. 2007.

[20] Julier S J,Ulhmann J K,Durrant Whyte H F. A new method for the nonlinear transformation of means and covariances in filters and estimators[J]. IEEE Transactions on Automatic Control,2000,45(3):472-482.

[21] Magnus Noraard,Niels K. Poulsen. New developments in state estimation for nonlinear systems[J]. Automatica,2000,36:1627-1638.

[22] Ito K,Xiong K. Gaussian filters for nonlinear filtering problems[J]. IEEE Transactions on Automatic Control,2000,45(5):910-927.

[23] Ienkaran Arasaratnam,Simon Haykin. Cubature Kalman Filters[J]. IEEE Transactions on Automatic Control,2009,54(6):1254-1269.

[24] 刘涛,解永春. UKF 稳定性研究及其在相对导航中的应用[J]. 宇航学报,2010,31(3):739-747.

[25] Leathrum J F. On sequential estimation of state noise variances[J]. IEEE Transactions on Automatic Control,1981,26(3):745-746.

[26] 刘涛,解永春. 一种自适应确定性采样滤波方法[J]. 信息与控制. 2010,39(6):673-680.

[27] Niranjan Subrahmanya,Yung C. Shin. Adaptive divided difference filtering for simultaneous state and parameter estimation. Automatica. 2009,45:1686-1693.

[28] 刘涛,解永春. 鲁棒 UKF 方法及其在相对导航中的应用[C]. 北京:中国宇航学会学术年会,2012.

[29] 刘涛. 新型滤波方法及其在交会对接相对导航中的应用研究[D]. 中国空间技术研究院博士论文,2010.

[30] 王松桂,吴迷霞,贾忠贵. 矩阵不等式[M]. 北京:科学出版社,2006.

[31] Lihua Xie,Yeng Chai Soh,Souza E de. Robust Kalman Filtering for uncertain discrete-time systems. [J] IEEE Transactions on Automatic Control. 1994,39(6):1310-1314.

[32] 周东华,叶银根. 现代故障诊断与容错控制[M]. 北京:清华大学出版社,2000.

[33] 熊凯. 基于脉冲星的空间飞行器自主导航技术研究[D]. 中国空间技术研究院博士后研究报告,2008.

[34] Huber P J. Robust statistics[M]. New York:Wiley,1981.

[35] Christopher D. Karlgaard, Huber – Based divided difference filtering[J]. Journal of Guidance, Control, and Dynamics. 2007,30(3):885 – 891.

[36] 刘涛,解永春. 空间非合作机动目标跟踪相对导航方法研究[J]. 宇航学报,2010, 31(5):1338 – 1344.

[37] Gordon N, Salmond D, Smith A F. Novel approach to nonlinear/non – Gaussian Bayesian state estimation[J]. IEE Proc. F. Radar Signal Process. 1993,140(2):107 – 113.

[38] Zhe Chen. Bayesian Filtering:from Kalman Filters to Particle Filters,and beyond[R]. McMaster University,2003.

[39] 程水英,张剑云. 粒子滤波评述[J]. 宇航学报. 2008,29(4):1099 – 1111.

[40] 刘涛,解永春,胡海霞. 粒子滤波及其在航天器交会对接相对导航中的应用[J]. 空间控制技术与应用,2011,37(6):19 – 27.

[41] Chad Hanak, Renato Zanetti. Relative Navigation For the Orion Vehicle[C]. AAS 08 – 306, 2008.

[42] 刘涛,解永春. 基于 GPS 相对伪距差分的相对导航方法研究[J]. 中国空间科学技术. 2007 27(1):1 – 8.

[43] 何英姿,谌颖,韩冬. 基于交会雷达测量的相对导航滤波器[J]. 航天控制,2004,22 (6):17 – 20.

[44] Son – Goo Kim, John L. Crassidis, Yang Cheng, et al. Kalman Filtering for relative spacecraft attitude and position estimation[J]. Journal of Guidance, Control, and Dynamics. 2007,30 (1):133 – 143.

[45] Shuster M D. A Survey of attitude representations[J]. Journal of the Astronautical Sciences, 1993,41(4):439 – 517.

[46] 刘一武,陈义庆. 星敏感器测量模型及其在卫星姿态确定系统中的应用[J]. 宇航学报,2003,24(2):162 – 167.

[47] 刘涛,胡海霞,王颖,等. 一种基于光学成像敏感器多目标视线角测量的相对导航方法[J]. 航天控制,2012,30(5):42 – 48.

第 4 章
交会对接制导方法及方案设计

▶ 4.1 引言

在第 1 章,把一次飞行任务交会对接过程按不同的距离分为远距离导引段、近距离自主控制段,近距离自主控制段又分寻的段、接近段、平移靠拢段和绕飞段。在不同的交会对接阶段,对飞行时间、控制精度、燃料消耗和安全性的要求不同,测量敏感器提供的测量信息也不同,所以相应的制导策略也不同。在远距离导引段,两个航天器相对距离比较远,燃料优化是主要目的,同时由于两个航天器相对距离比较远,相对敏感器一般还无法工作,可以采用轨道控制的方法或采用相对轨道根数的方法设计制导策略。在中近距离自主控制段,控制精度、飞行时间和任务安全性随着距离的接近,重要性逐步提高,一般采用相对敏感器提供的测量信息进行制导和控制。在平移靠拢段,除进行两个航天器之间的位置控制外,还需要进行姿态控制即六自由度控制,这部分内容将在后续章节介绍。另外,在中近距离控制段,当采用的是脉冲制导策略时,需要对脉冲个数、交会时间、燃料消耗、交会初始末端状态进行设计,最优脉冲交会模式分布理论为这些设计提供理论基础。

本章从工程实际出发,介绍工程应用中的交会对接制导方法,以及工程上的交会方案设计。4.2 节介绍轨道控制交会制导策略,主要是单个航天器的制导方法。4.3 节介绍多脉冲最优制导方法,给出最优脉冲交会模式的分布。4.4 节、4.5 节结合工程应用介绍常用的交会对接制导策略,包括 CW 制导、视线制导等,探讨这些交会策略理论研究和工程应用中需要注意的问题。4.6 节、4.7 节、4.8 节根据第 1 章对交会对接的阶段划分,讨论交会策略在不同的交会对接段工程设计上的应用。

4.2 轨道控制交会制导

在交会对接的远距离导引段,两个航天器的距离比较远,没有相对导航敏感器,一般采用轨道控制的策略,把追踪器导引到预定的位置上。轨道面内控制和轨道面外控制是相对独立的。轨道面内控制方法采用 Hohmann 交会变轨策略,半长轴、偏心率和近地点幅角协同控制等方法。

4.2.1 Hohmann 交会

利用 Hohmann 变轨原理来实现空间交会。此方法特点:共面圆轨道,双脉冲,推力机动为当地水平方向,燃料最省[1]。如图 4 – 1 所示,目标器轨道高度为 R_B,追踪器的轨道高度为 R_A。追踪器沿 Hohmann 转移轨道越过的地心角为 $180°$,时间等于 Hohmann 轨道的半个轨道周期,有

$$\tau_A = 0.5 T_H = \pi \sqrt{\frac{[0.5(R_A + R_B)]^3}{\mu}} \qquad (4 - 1)$$

式中:参数 μ 为地球引力常数,且 $\mu = 398600.44 \text{km}^3/\text{s}^2$。

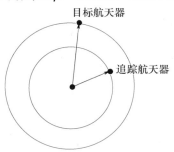

图 4 – 1 Hohmann 交会

在此时间内,目标器转过的地心角为

$$\theta_{t} = 0.5\omega_{oT}T_{H} = \pi\left(\frac{R_{A}+R_{B}}{2R_{B}}\right)^{1.5} \tag{4-2}$$

所以,为保证采用 Hohmann 交会策略,两个航天器初始的相位角差 β 应该满足:

$$\beta = \pi\left[1 - \left(\frac{R_{A}+R_{B}}{2R_{B}}\right)^{1.5}\right] \tag{4-3}$$

考虑 $R_{B} - R_{A} \ll 2R_{B}$ 对式(4-3)近似分析有

$$\beta = \pi\left[1 - \left(1 - \frac{R_{B}-R_{A}}{2R_{B}}\right)^{1.5}\right] \approx \pi\left[1 - \left(1 - \frac{1.5(R_{B}-R_{A})}{2R_{B}}\right)\right] = \frac{3\pi(R_{B}-R_{A})}{4R_{B}}$$

与 Hohmann 变轨类似,可以求得采用 Hohmann 交会策略把追踪器导引到目标器附近,导引的两个脉冲如下:

$$\Delta v_{1} = \sqrt{\frac{\mu}{R_{A}}}\left[\sqrt{\frac{2R_{B}}{R_{A}+R_{B}}} - 1\right]$$

$$\Delta v_{2} = \sqrt{\frac{\mu}{R_{B}}}\left[1 - \sqrt{\frac{2R_{A}}{R_{A}+R_{B}}}\right] \tag{4-4}$$

Hohmann 交会具备燃料消耗少,机动过程操作简单,变轨过程追踪器可保持对地定向等特点。但 Hohmann 交会只能实现轨道平面内的交会对接,且对两个航天器初始相位角差 β、交会时间、交会时机有严格的约束,导航和制导误差对交会精度影响较大。

✍ 4.2.2　Lambert 交会

在交会对接研究的初期,一般利用 Lambert 方程描述在给定交会时间下,从追踪器轨道转移到目标器轨道的交会过程中的脉冲求解问题。两脉冲 Lambert 交会可以应用于非共面的两个椭圆轨道之间的固定点交会。

如图 4-2 所示,追踪器初始点的位置矢量为 $\boldsymbol{r}_{1}$,目标点的位置矢量为 $\boldsymbol{r}_{2}$,两个矢量之间的夹角为 θ,则可以求得两个位置之间的弦长为 c,转移时间为 $t_{F} - t_{0}$,则采用 Lambert 定理可以求得转移轨

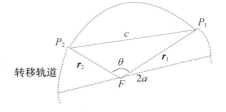

图 4-2　Lambert 交会

道的半长轴 a。

在求出转移轨道的半长轴后,进一步可以求得半通径 p,然后确定在交会转移轨道初末两点 p_1,p_2 上所具有的速度 V_1,V_2,由此可以得到交会过程所需要的速度增量:

$$\Delta v_1 = V_1 - V_c(t_0)$$
$$\Delta v_2 = V_t(t_F) - V_2$$

其中,$V_c(t_0)$ 为追踪器在交会起始时刻 t_0 在原运行轨道上处于 p_1 点的速度;$V_t(t_F)$ 为目标器在目标轨道上交会终点时刻 t_F 在交会相遇点 p_2 的速度。

Lambert 交会可以解决不共面非圆轨道交会问题,适用性强。但是 Lambert 交会制导策略,在求解转移轨道半长轴和半通径时,算法复杂,所得到的推力大小和方向一般也比较复杂。

4.2.3 基于轨道根数的交会

1. 半长轴、偏心率和近地点幅角协同控制策略

在交会对接远距离导引段,主要通过调整追踪器的远地点和近地点,即调整追踪器的半长轴和偏心率把追踪器导引到目标器附近。远距离导引段终端一般采用相对位置和相对速度考核制导效果。同样的目标器轨道,追踪器同样的半长轴和偏心率下,由于近地点幅角不同相对位置可能相差比较大。所以在远距离导引段轨道控制中还需要对近地点幅角进行控制,即半长轴、偏心率和近地点幅角联合控制。

在偏心率比较小时,记 $e_x = e\cos\omega, e_y = e\sin\omega$,则在纬度幅角 u 处施加脉冲 ΔV,对半长轴、偏心率和近地点幅角的改变如下:

$$\begin{cases} \dfrac{\Delta a}{a} = \dfrac{2}{\omega_o a}\Delta V \\[2mm] \Delta e_x = \dfrac{2}{\omega_o a}\Delta V \cos u \\[2mm] \Delta e_y = \dfrac{2}{\omega_o a}\Delta V \sin u \end{cases} \tag{4-5}$$

在 $u = \text{atan2}(\Delta e_y, \Delta e_x)$ 的相位角处施加脉冲,则单脉冲能同时改变半长轴、偏心率大小和近地点幅角。

在远距离导引任务中,由于目标器的近地点幅角不固定,采用上述对脉冲

施加时刻要求严格的策略同时实现半长轴、偏心率和近地点幅角的调整,往往无法满足在拱点变轨节省燃料的要求。

可采用两脉冲 aew 协调控制方法。两脉冲 aew 协调控制策略能放开对脉冲施加时刻的限制,有

$$
\begin{cases}
\dfrac{\Delta a}{a} = \dfrac{2}{\omega_\circ a}(\Delta V_1 + \Delta V_2) \\[2mm]
\Delta e_x = \dfrac{2}{\omega_\circ a}(\Delta V_1 \cos u_1 + \Delta V_2 \cos u_2) \\[2mm]
\Delta e_y = \dfrac{2}{\omega_\circ a}(\Delta V_1 \sin u_1 + \Delta V_2 \sin u_2)
\end{cases}
\tag{4-6}
$$

写成矢量的形式:

$$
\begin{cases}
\Delta V_1 + \Delta V_2 = \dfrac{\omega_\circ \Delta a}{2} \\[2mm]
\Delta V_1\, \boldsymbol{r}_1 + \Delta V_2\, \boldsymbol{r}_2 = \dfrac{\omega_\circ a \Delta \boldsymbol{e}}{2}
\end{cases}
\tag{4-7}
$$

其中 $\boldsymbol{r}_1 = (\cos u_1, \sin u_1)$,$\boldsymbol{r}_2 = (\cos u_2, \sin u_2)$,$\Delta \boldsymbol{e}$ 为偏心率矢量。

在一般的轨道控制、轨道维持或编队飞行中,只关心半长轴变化、偏心率和近地点幅角,体现在三个变量 Δa、Δe_x 和 Δe_y 上。通过四个变量 ΔV_1,ΔV_2,u_1,u_2 改变半长轴、偏心率和近地点幅角,理论上有无穷多解。

(1) 当 $\Delta e > \left| \dfrac{\Delta a}{a} \right|$ 时,满足 $|\Delta V_1| + |\Delta V_2| = |\Delta e|$ 为燃料消耗最优解,则可以得到

$$
\begin{cases}
\boldsymbol{r}_1 = -\boldsymbol{r}_2 \\[2mm]
\Delta V_1 = \dfrac{\omega_\circ a}{4}\left(\Delta e + \dfrac{\Delta a}{a} \right) \\[2mm]
\Delta V_2 = \dfrac{\omega_\circ a}{4}\left(-\Delta e + \dfrac{\Delta a}{a} \right)
\end{cases}
\tag{4-8}
$$

且满足脉冲施加时刻满足:

$$
\begin{cases}
u_1 = \operatorname{atan2}(\Delta e_y, \Delta e_x) \\[2mm]
u_2 = \operatorname{atan2}(-\Delta e_y, -\Delta e_x)
\end{cases}
\tag{4-9}
$$

u_1 和 u_2 相差 $180°$。

（2）当 $\Delta e \leqslant \left|\dfrac{\Delta a}{a}\right|$ 时，只要满足 $|\Delta V_1| + |\Delta V_2| = \dfrac{n\Delta a}{2}$ 且 $\Delta V_1, \Delta V_2$ 同号，则所求的解为最优解，理论上最优解有无穷多组，下面是三个典型的最优解。

① 增加约束：u_1 指定。

可以得到最优解如下：$u_1 = \mathrm{atan2}(\Delta e_y, \Delta e_x)$，记 $V = \omega_o a$，则有

$$\begin{cases} \Delta V_1 = \dfrac{V}{4}\dfrac{\left(\dfrac{\Delta a}{a}\right)^2 - (\Delta e_x^2 + \Delta e_y^2)}{\dfrac{\Delta a}{a} - (\Delta e_x \cos u_1 + \Delta e_y \sin u_1)} \\[4mm] \Delta V_2 = \dfrac{V\Delta a}{2a} - \Delta V_1 \end{cases} \qquad (4-10)$$

$$\begin{cases} \cos u_2 = \dfrac{\dfrac{V\Delta e_x}{2} - \Delta V_1 \cos u_1}{\Delta V_2} \\[4mm] \sin u_2 = \dfrac{\dfrac{V\Delta e_y}{2} - \Delta V_1 \sin u_1}{\Delta V_2} \end{cases} \qquad (4-11)$$

② 增加约束：$\Delta V_1 = \Delta V_2$，两个脉冲在作用点位于偏心率增量两侧，可以得到最优交会解如下：

$$\begin{cases} \Delta V_1 = \Delta V_2 = \dfrac{\omega_o a}{4}\dfrac{\Delta a}{a} \\[4mm] u_1 = u_0 - \arccos \dfrac{a\Delta e}{\Delta a}, u_1 = u_0 + \arccos \dfrac{a\Delta e}{\Delta a} \\[4mm] u_0 = \mathrm{atan2}(\Delta e_y, \Delta e_x) \end{cases} \qquad (4-12)$$

③ 增加约束：u_1 指定在远地点 $u_1 = \pi$，记 $u_0 = \mathrm{atan2}(\Delta e_y, \Delta e_x)$，$\Delta V = \dfrac{\omega_o \Delta a}{2}$

可以得到最优交会解如下：

$$\begin{cases} \Delta V_1 = \dfrac{\omega_o a}{4}\left(\dfrac{4}{\omega_o^2 a^2}\Delta V^2 - \Delta e^2\right) \Big/ \left(\dfrac{2}{\omega_o a}\Delta V - \Delta e \cos(u_1 - u_0)\right) \\[4mm] \Delta V_2 = \Delta V - \Delta V_1 \\[4mm] u_2 = u_1 + \arccos \dfrac{\Delta e^2\left(\dfrac{\omega_o a}{2}\right)^2 - \Delta V_1^2 - \Delta V_2^2}{2\Delta V_1 \Delta V_2} \end{cases} \qquad (4-13)$$

2.轨道面外偏差修正策略

交会对接的轨道面外修正,主要是指追踪器通过轨道面外的轨道控制,使其轨道面与目标器运行的轨道面重合。面外控制相对比较独立。

设目标器轨道和追踪器轨道相交于点 F,其升交点赤经和轨道倾角如图 4 - 3 所示。

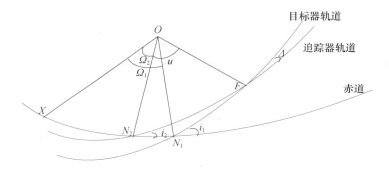

图 4 - 3　面外控制示意图

在球面三角形 N_1N_2F 中,由球面余弦角定理有

$$\cos\Delta = \cos i_1 \cos i_2 + \sin i_1 \sin i_2 \cos(\Omega_1 - \Omega_2)$$

由此可以求需要改变的轨道面角度 Δ,根据球面三角正弦定理有

$$\frac{\sin u}{\sin i_1} = \frac{\sin(\Omega_1 - \Omega_2)}{\sin\Delta}$$

上式可以求得进行机动时的升交点幅角 u。

1)仅修轨道倾角的情况

仅修倾角的情况,即 $\Omega_1 = \Omega_2$,

$$\cos\Delta = \cos i_1 \cos i_2 + \sin i_1 \sin i_2 = \cos(i_1 - i_2) = \cos\Delta i$$

$\sin u = 0$,即 $u = 0$ 或 π,在升交点或降交点施加脉冲。轨道倾角修正应在升交点或降交点,修正量为

$$\Delta i = i_1 - i_2$$

2)仅修升交点赤经的情况

仅修 Ω 的情况,即 $i_1 = i_2 = i$,公式变为 $\cos\Delta = \cos^2 i + \sin^2 i \cos(\Delta\Omega)$

$u = \pi/2$ 或 $-\pi/2$,在纬度最高点或最低点施加,修正量为

$$\Delta\Omega = \Omega_1 - \Omega_2$$

式中：$\Delta\Omega$ 为远距离导引终端时刻，两者轨道的升交点赤经之差。由于 Ω 在地球扁率的影响下会产生变化，且变化的速度与 a、e、i 有关，而施加 Ω 修正脉冲后还可能进行轨道平面内的修正，故需根据整体方案计算修正量 $\Delta\Omega$ 的大小。

升交点赤经的变化规律如下

$$\dot{\Omega} = \frac{\mathrm{d}\Omega}{\mathrm{d}t} = -\frac{3}{2}\omega_o J_2 \left(\frac{R_e}{a}\right)^2 \frac{\cos i}{(1-e^2)^2}$$

抬高轨道引起的偏心率和半长轴的变化如下。

$$\text{抬高近地点：} e_1 = \frac{a_0 e_0 - \delta a}{a_0 + \delta a}$$

$$\text{抬高远地点：} e_1 = \frac{a_0 e_0 + \delta a}{a_0 + \delta a}$$

$$\text{半长轴变化：} a_1 = a_0 + \delta a$$

需要修正的升交点赤经：

$$\Delta\Omega = \Omega_1 - \dot{\Omega}_T T_T - (\Omega_2 - \dot{\Omega}_0 T_0 - \dot{\Omega}_1 T_1 - \cdots - \dot{\Omega}_n T_n)$$

其中，Ω_1 和 Ω_2 为当前时刻目标和追踪器的升交点赤经；$\dot{\Omega}_T$ 为目标升交点赤经的漂移速度；T_T 为当前时刻到远导终点的时间；$\dot{\Omega}_0$ 为追踪器当前的漂移速率；T_0 为当前时刻到后续第一次面内脉冲前经历的时间；$\dot{\Omega}_k$ 为追踪器后续第 $k(k=1,\cdots,n)$ 次轨道面内脉冲后的升交点赤经漂移速率；T_k 为第 k 次面内脉冲后到 $k+1$ 次面内脉冲前经历的时间，$k=n$ 时为 $n-1$ 次脉冲后到远导终点时刻所经历的时间。

3）综合修正

综合修正为同时修正 i 和 Ω，同时考虑升交点赤经漂移，依次求解 Δ，u。

综上，从轨道摄动方程看，在纬度幅角 0°、180° 处调整轨道倾角推进剂消耗较少；在纬度幅角 90°、270° 处调整轨道升交点赤经推进剂消耗较少。对于轨道倾角偏差和升交点赤经偏差同时存在的情况，可以计算选择合适的纬度幅角进行一次轨道面外机动，同时修正上述两个偏差。

4）速度增量求解

轨道摄动方程有

$$\frac{\mathrm{d}\Omega}{\mathrm{d}t} = \frac{r\sin(\omega+f)}{\omega_o a^2 \sqrt{1-e^2}\sin i}a_n \qquad \frac{\mathrm{d}i}{\mathrm{d}t} = \frac{r\cos(\omega+f)}{\omega_o a^2 \sqrt{1-e^2}}a_n$$

根据上式可得,仅修轨道倾角的情况下有 $\Delta v = \dfrac{\Delta i \omega_o a^2 \sqrt{1-e^2}}{r\cos u}$

仅修升交点赤经的情况下, $\Delta v = \dfrac{\Delta \Omega \omega_o a^2 \sqrt{1-e^2} \sin i}{r\sin u}$

综合修正的情况下,在求出 Δ, u 后,轨道平面外的制导脉冲为

$$\Delta v = 2\sqrt{\frac{\mu\left[\sin^2 f + (e+\cos f)^2\right]}{a(1-e^2)}}\sin\frac{\Delta}{2}$$

4.3　多脉冲最优交会制导方法

对于一个特定的最优交会问题,可以通过不同的方法获得最优交会解。如果交会时间、交会的初始和末端状态设计的不合理,即使得到最优交会解,也可能消耗比较多的燃料。需要从全局的角度,设计交会问题,给出合适的初始和末端状态以及交会时间,确定具体要几个脉冲解决交会问题等,多脉冲最优制导中最优交会模式的分布能解决该问题[2,3]。

20 世纪 60 年代,Prussing 的邻近圆轨道最优脉冲交会问题给出半长轴相差不大的两个圆轨道交会中,四脉冲、三脉冲、二脉冲等最优交会模式在不同飞行时间、初始和末端状态下的分布[4,5]。在载人二期的研制过程中发展了该理论,得到小偏心率椭圆轨道航天器到圆轨道航天器交会中的最优脉冲交会分布结果[6]。

4.3.1　邻近圆轨道最优脉冲交会模式分布

1.问题描述

如图 4 - 4 所示,追踪器和目标器在共面圆轨道上运动,且两个航天器的轨道半径相差不大,该交会问题称为邻近圆轨道交会问题。

在第 2 章中给出了一种基于圆柱坐标系的无量纲化动力学方程(2 - 79),当航天器与参考系在同一个轨道平面即 $\delta z = 0$ 时,其相对运动为

$$\begin{cases} \delta\ddot{r} = 3\delta r + 2\delta\dot{\theta} + a_{yr} \\ \delta\ddot{\theta} = -2\delta\dot{r} + a_{y\theta} \end{cases} \qquad (4-14)$$

记状态变量 $\boldsymbol{x} = [\,\delta r \quad \delta\theta \quad \delta\dot{r} \quad \delta\dot{\theta}\,]^{\mathrm{T}}$,式(4 - 14)写成状态方程的形式:

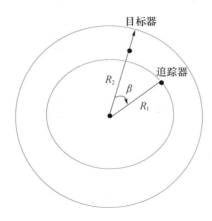

图 4 - 4 邻近圆轨道交会

$$\begin{bmatrix} \delta \dot{r} \\ \delta \dot{\theta} \\ \delta \ddot{r} \\ \delta \ddot{\theta} \end{bmatrix} = \begin{bmatrix} 0 & 0 & 1 & 0 \\ 0 & 0 & 0 & 1 \\ 3 & 0 & 0 & 2 \\ 0 & 0 & -2 & 0 \end{bmatrix} \begin{bmatrix} \delta r \\ \delta \theta \\ \delta \dot{r} \\ \delta \dot{\theta} \end{bmatrix} + \begin{bmatrix} 0 & 0 \\ 0 & 0 \\ 1 & 0 \\ 0 & 1 \end{bmatrix} \begin{bmatrix} a_{yr} \\ a_{y\theta} \end{bmatrix} \qquad (4-15)$$

式中:记 $\boldsymbol{A} = \begin{bmatrix} 0 & 0 & 1 & 0 \\ 0 & 0 & 0 & 1 \\ 3 & 0 & 0 & 2 \\ 0 & 0 & -2 & 0 \end{bmatrix}$, $\boldsymbol{B} = \begin{bmatrix} 0 & 0 \\ 0 & 0 \\ 1 & 0 \\ 0 & 1 \end{bmatrix}$。用式(4-14)和式(4-15)来描述

邻近圆轨道交会过程。图 4 - 4 中,设追踪器和目标器的轨道半径分别为 R_1,R_2,目标器与追踪器的纬度幅角差即相位角差为 β,交会时间为 τ_F。

当选择中间参考轨道建立参考系时,参考轨道的轨道半径 $R_r = (R_1 + R_2)/2$,记 $\delta R = (R_2 - R_1)/R_r$,参考系的初始原点在追踪器和地心的连线上。可以得到邻近圆轨道交会问题的初始状态为

$$\boldsymbol{x}_0 = \begin{bmatrix} -0.5\delta R & 0 & 0 & 0.75\delta R \end{bmatrix}^T \qquad (4-16)$$

类似地其末端状态为

$$\boldsymbol{x}_F = \begin{bmatrix} 0.5\delta R & \beta - 0.75\tau_F \delta R & 0 & -0.75\delta R \end{bmatrix}^T \qquad (4-17)$$

定义 $\delta\theta_F$ 为邻近圆轨道交会中的特征相位角差,且满足

$$\delta\theta_F = \beta - 0.75\tau_F \delta R \qquad (4-18)$$

利用动力学方程式(4-14)以及由式(4-16)~式(4-18)确定的初末相

对状态来研究邻近圆轨道最优脉冲交会问题,通过最优脉冲模式的求解和最优脉冲模式分布的求解得到由交会时间和初末状态确定的最优交会模式分布。

2. 多脉冲最优交会模式分布确定

通过对二脉冲、带漂移二脉冲、三脉冲、带漂移三脉冲、四脉冲、带漂移Hohmann交会模式这些典型交会模式脉冲求解和最优交会模式边界的求解,可以得到各种最优交会模式的分布图如图4－5(a)所示。当纵坐标选择 $\left|\dfrac{\delta\theta_F}{\delta R}\right|$ 时,通过类似的分析和仿真可以得到如图4－5(b)所示的最优交会模式分布图。图4－5(a)和(b)表明最优交会模式的分布具有对称性。

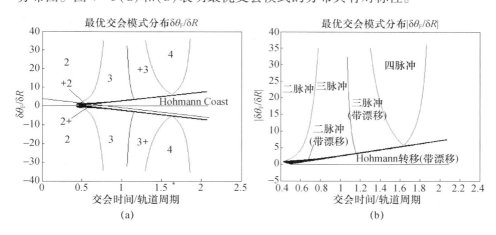

图4－5 最优交会模式分布图

$$(a) = \frac{\delta\theta_F}{\delta R};(b) = \left|\frac{\delta\theta_F}{\delta R}\right|。$$

4.3.2 小偏心率椭圆轨道到圆轨道最优脉冲交会模式分布

1. 问题描述

利用第2章中基于圆柱坐标系的无量纲化动力学方程研究小偏心率椭圆轨道航天器到圆轨道航天器的最优脉冲交会模式分布问题。由于两个航天器在同一个轨道平面内,所以可以选择与这两个航天器在同一个轨道平面内的参考轨道建立参考坐标系,有

$$\begin{cases} \delta\ddot{r} = 3\delta r + 2\delta\dot{\theta} + a_{yr} \\ \delta\ddot{\theta} = -2\delta\dot{r} + a_{y\theta} \end{cases} \tag{4-19}$$

式(4-19)写成状态空间的形式为

$$\begin{bmatrix} \delta\dot{r} \\ \delta\dot{\theta} \\ \delta\ddot{r} \\ \delta\ddot{\theta} \end{bmatrix} = \begin{bmatrix} 0 & 0 & 1 & 0 \\ 0 & 0 & 0 & 1 \\ 3 & 0 & 0 & 2 \\ 0 & 0 & -2 & 0 \end{bmatrix} \begin{bmatrix} \delta r \\ \delta\theta \\ \delta\dot{r} \\ \delta\dot{\theta} \end{bmatrix} + \begin{bmatrix} 0 & 0 \\ 0 & 0 \\ 1 & 0 \\ 0 & 1 \end{bmatrix} \begin{bmatrix} a_{yr} \\ a_{y\theta} \end{bmatrix} \tag{4-20}$$

其状态转移矩阵为

$$\boldsymbol{\Phi}(\tau) = \begin{bmatrix} 4-3\cos\tau & 0 & \sin\tau & 2(1-\cos\tau) \\ -6\tau+6\sin\tau & 1 & -2(1-\cos\tau) & 4\sin\tau-3\tau \\ 3\sin\tau & 0 & \cos\tau & 2\sin\tau \\ 6\cos\tau-6 & 0 & -2\sin\tau & -3+4\cos\tau \end{bmatrix} \tag{4-21}$$

两个航天器在同一个轨道平面内,目标器的轨道半径为 R ,追踪器的半长轴为 a ,偏心率为 e ,真近点角为 f ,目标器与追踪器的纬度幅角差即初始相位角差为 β ,交会时间为 τ_F 。把参考系建立在目标器的质心,记 $\delta a = (R-a)/R$ 。根据式(2-91)和式(2-92)可以得到最优交会的初始状态和末端状态为

$$\begin{aligned} \boldsymbol{x}_0 &= \begin{bmatrix} -\delta a - e\cos f & -\beta & e\sin f & 1.5\delta a + 2e\cos f \end{bmatrix}^{\mathrm{T}} \\ \boldsymbol{x}_F &= \begin{bmatrix} 0 & 0 & 0 & 0 \end{bmatrix}^{\mathrm{T}} \end{aligned} \tag{4-22}$$

本章将利用式(4-19)和式(4-22)描述的动力学方程研究椭圆轨道航天器的最优脉冲交会问题。

可以得到椭圆轨道航天器到圆轨道航天器交会中最优交会的必要条件:①基向量 $\boldsymbol{p}$ 必须连续且一阶导数连续;②在整个交会过程中 $|\boldsymbol{p}| \leqslant 1$,且在施加脉冲时刻有 $|\boldsymbol{p}| = 1$;③施加脉冲的方向 $\boldsymbol{u}$ 与基向量 $\boldsymbol{p}$ 的方向一致;④除初末脉冲外,在其他的脉冲时刻满足 $|\dot{\boldsymbol{p}}| = 0$ 。

因为利用的线性方程式(4-19)来研究问题,由文献[4]有如下两个结论成立:

(1)利用线性方程式(4-19)描述最优脉冲交会过程,满足最优交会必要条件的脉冲解必然是该交会问题的最优交会解,所以最优交会的必要条件同时也是最优交会的充分条件。

(2)利用线性方程式(4-19)描述的最优脉冲交会中,因为只存在4个状态变量,所以最优交会模式中最大的脉冲个数为4。

由以上两个结论可知：由式（4-19）、式（4-22）描述的最优脉冲交会中存在二脉冲、二脉冲带漂移、三脉冲、三脉冲带漂移和四脉冲等几种交会模式，且它们的分布是独立的。

定义与交会时间相关的相位角差的改变量 $\delta\theta_F$ 如下：

$$\delta\theta_F = \beta - 0.75\tau_F\delta a - e\sin(\tau_F + f) + e\sin f \tag{4-23}$$

最优脉冲交会的边界值问题满足：

$$\boldsymbol{x}_F = \boldsymbol{\varPhi}(\tau_F)\boldsymbol{x}_0 + \sum_i \boldsymbol{\varPhi}(\tau_{Fi})\boldsymbol{B}\boldsymbol{u}_i\Delta V_i \tag{4-24}$$

$$\delta\boldsymbol{x}_F = \boldsymbol{W}\Delta\boldsymbol{V} \tag{4-25}$$

其中 $\tau_{Fi} = \tau_F - \tau_{i0}$，$\tau_{i0} = \tau_i - \tau_0$ 为第 i 个脉冲时刻，τ_0 为初始时刻的相位角，ΔV_i 为第 i 个脉冲的幅值；$\delta\boldsymbol{x}_F = \boldsymbol{x}_F - \boldsymbol{\varPhi}(\tau_F)\boldsymbol{x}_0$，$\Delta\boldsymbol{V} = \begin{bmatrix} \Delta V_1 & \Delta V_2 & \Delta V_3 & \Delta V_4 \end{bmatrix}^T$，$\boldsymbol{W} = \begin{bmatrix} \boldsymbol{\varPhi}(\tau_{F1})\boldsymbol{B}\boldsymbol{u}_1 & \boldsymbol{\varPhi}(\tau_{F2})\boldsymbol{B}\boldsymbol{u}_2 & \boldsymbol{\varPhi}(\tau_{F3})\boldsymbol{B}\boldsymbol{u}_3 & \boldsymbol{\varPhi}(\tau_{F4})\boldsymbol{B}\boldsymbol{u}_4 \end{bmatrix}$。

2.多脉冲最优交会模式解算

最优交会模式的求解过程分二脉冲、二脉冲带漂移、三脉冲、三脉冲带漂移和四脉冲等几种交会模式的求解。四脉冲最优交会由于具有对称性可以独立求得基向量解，所以先求得基向量信息和脉冲时刻对应的相位角，再利用中间时刻的信息构造边界值问题获得脉冲的幅值。三脉冲最优交会的求解通过求一个综合基向量信息和边界值问题的复杂非线性方程组获得。二脉冲最优交会由于脉冲的信息只有 4 个，可以通过边界值问题直接求得，然后求得基向量信息，再通过最优交会的必要条件来验证是否为二脉冲最优交会解。带漂移交会模式的求解可以在对应的不带漂移的交会模式的求解基础上得到。

1）四脉冲最优交会模式

由于四脉冲最优交会模式具有对称性，在交会时间 τ_F 已知的情况下，利用基向量方程可以得到的 4 个脉冲时刻对应的相位角 $\tau_1,\tau_2,\tau_3,\tau_4$ 以及相应脉冲时刻的脉冲方向 $\boldsymbol{u}_i$。四脉冲最优交会模式的边界值问题可以利用中间时刻的信息进行求解，可以得到

$$\delta\boldsymbol{x}_H = \boldsymbol{H}\Delta\boldsymbol{V} \tag{4-26}$$

其中，

$$\delta\boldsymbol{x}_H = \boldsymbol{\varPhi}(\tau_H - \tau_F)\boldsymbol{x}_F - \boldsymbol{\varPhi}(\tau_H - \tau_F)\boldsymbol{\varPhi}(\tau_F)\boldsymbol{x}_0 \tag{4-27}$$

$$\boldsymbol{H} = \boldsymbol{\varPhi}(\tau_H - \tau_F)\boldsymbol{W} \tag{4-28}$$

$\tau_H = 0.5\tau_F$。由式（4-21）~式（4-23）式和式（4-27）可以求得

$$\delta \boldsymbol{x}_{\mathrm{H}} = \begin{bmatrix} \delta a + e\cos(\tau_{\mathrm{H}} + f) \\ \beta - 1.5\tau_{\mathrm{H}}\delta a - 2e\sin(\tau_{\mathrm{H}} + f) + 2e\sin f \\ -e\sin(\tau_{\mathrm{H}} + f) \\ -1.5\delta a - 2e\cos(\tau_{\mathrm{H}} + f) \end{bmatrix} \tag{4-29}$$

记 $l = h_{11}h_{41} - h_{12}h_{41}$，$h = h_{22}h_{31} - h_{21}h_{32}$，$q_j = 2h_{4j} + 3h_{1j}$ $(j=1,2)$，并记 $\delta\theta_\beta$ 为

$$\delta\theta_\beta = \beta - 1.5\tau_{\mathrm{H}}\delta a - 2e\sin(\tau_{\mathrm{H}} + f) + 2e\sin f \tag{4-30}$$

则由式（4-26）和式（4-28）得

$$\Delta \boldsymbol{V} = \frac{1}{4}\begin{bmatrix} -2\dfrac{h_{32}}{h}\delta\theta_\beta + \dfrac{q_2}{l}\delta a + \dfrac{2h_{42}}{l}e\cos(\tau_{\mathrm{H}} + f) + \dfrac{4h_{12}}{l}e\cos(\tau_{\mathrm{H}} + f) - \dfrac{2h_{22}}{h}e\sin(\tau_{\mathrm{H}} + f) \\ 2\dfrac{h_{31}}{h}\delta\theta_\beta - \dfrac{q_1}{l}\delta a - \dfrac{2h_{41}}{l}e\cos(\tau_{\mathrm{H}} + f) - \dfrac{4h_{11}}{l}e\cos(\tau_{\mathrm{H}} + f) + \dfrac{2h_{21}}{h}e\sin(\tau_{\mathrm{H}} + f) \\ 2\dfrac{h_{31}}{h}\delta\theta_\beta + \dfrac{q_1}{l}\delta a + \dfrac{2h_{41}}{l}e\cos(\tau_{\mathrm{H}} + f) + \dfrac{4h_{11}}{l}e\cos(\tau_{\mathrm{H}} + f) + \dfrac{2h_{21}}{h}e\sin(\tau_{\mathrm{H}} + f) \\ -2\dfrac{h_{32}}{h}\delta\theta_\beta - \dfrac{q_2}{l}\delta a - \dfrac{2h_{42}}{l}e\cos(\tau_{\mathrm{H}} + f) - \dfrac{4h_{12}}{l}e\cos(\tau_{\mathrm{H}} + f) - \dfrac{2h_{22}}{h}e\sin(\tau_{\mathrm{H}} + f) \end{bmatrix}$$

$$\tag{4-31}$$

ΔV_i 必须满足 $\Delta V_i \geqslant 0$ 时才存在四脉冲最优交会解。

2）三脉冲最优交会模式

交会时间为 τ_{F} 时，不带漂移的三脉冲最优交会满足下面几个方程组：

$$\delta \boldsymbol{x}_{\mathrm{F}} = \boldsymbol{W}\Delta\boldsymbol{V} \tag{4-32}$$

$$|[\delta \boldsymbol{x}_{\mathrm{F}} \quad \boldsymbol{w}_1 \quad \boldsymbol{w}_2 \quad \boldsymbol{w}_3]| = 0 \tag{4-33}$$

$$|\boldsymbol{p}_i| = 1, i = 1,2,3 \tag{4-34}$$

$$|\dot{\boldsymbol{p}}_2| = 0 \tag{4-35}$$

$$\tau_3 - \tau_1 = \tau_{\mathrm{F}} \tag{4-36}$$

上述 5 个方程（组）分别包含 3、1、3、1、1 个方程，其中式（4-32）和式（4-33）由边界值问题式（4-24）、式（4-25）得到，$\boldsymbol{w}_1$，$\boldsymbol{w}_2$，$\boldsymbol{w}_3$ 为三脉冲最优交会模式中 $\boldsymbol{W}$ 的三个列向量；式（4-34）和式（4-35）由最优交会的必要条件确定；式（4-36）由交会时间 τ_{F} 确定。通过上述 9 个方程组成的综合基向量信息和边界值问题的复杂非线性方程组可以得到基向量解的三个待定系数 A，B，C，三个脉冲时刻对应的相位角 τ_i 及其对应的脉冲幅值 $\Delta\boldsymbol{V}$。

3）二脉冲最优交会模式

记 $S_\tau = \sin\tau_F, C_\tau = \cos\tau_F$，由式（4-24）、式（4-25）可以得到二脉冲最优交会的边界值问题满足

$$\delta \boldsymbol{x}_F = \begin{bmatrix} \boldsymbol{B}_{21} & \boldsymbol{B}_{22} \end{bmatrix} \begin{bmatrix} \Delta \boldsymbol{V}_1 \\ \Delta \boldsymbol{V}_2 \end{bmatrix} \tag{4-37}$$

其中 $\boldsymbol{B}_{22} = \begin{bmatrix} 0 \\ I \end{bmatrix}, \boldsymbol{B}_{21} = \begin{bmatrix} \boldsymbol{N}_{21} \\ \boldsymbol{T}_{21} \end{bmatrix}, \boldsymbol{N}_{21} = \begin{bmatrix} S_\tau & 2(1-C_\tau) \\ -2(1-C_\tau) & 4S_\tau - 3\tau_F \end{bmatrix}, \boldsymbol{T}_{21} = \begin{bmatrix} C_\tau & 2S_\tau \\ -2S_\tau & -3+4C_\tau \end{bmatrix}$。

当 $\boldsymbol{N}_{21}$ 非奇异时，可以得到两组脉冲的四个分量为

$$\begin{bmatrix} \Delta \boldsymbol{V}_1 \\ \Delta \boldsymbol{V}_2 \end{bmatrix} = \frac{1}{|N_{21}|} \begin{bmatrix} 4S_\tau - 3\tau_F & 2(C_\tau - 1) & 0 & 0 \\ 2(1-C_\tau) & S_\tau & 0 & 0 \\ 3\tau_F C_\tau - 4S_\tau & 2(C_\tau - 1) & 8(1-C_\tau) - 3\tau_F C_\tau & 0 \\ 14(1-C_\tau) - 6\tau_F C_\tau & S_\tau & 0 & 8(1-C_\tau) - 3\tau_F C_\tau \end{bmatrix} \delta \boldsymbol{x}_F \tag{4-38}$$

基向量由式（4-38）确定的两组速度增量决定，有

$$\lambda_{v1i} = \frac{\Delta V_{ir}}{\Delta V_i}, \lambda_{v2i} = \frac{\Delta V_{i\theta}}{\Delta V_i}, i = 1,2 \tag{4-39}$$

基向量解写成如下的形式：

$$\begin{cases} \lambda_{v1i} = A^\# \cos\tau + B^\# \sin\tau + 2C^\# \\ \lambda_{v2i} = 2B^\# \cos\tau - 2A^\# \sin\tau - 3C^\# \tau + D^\# \end{cases} \tag{4-40}$$

则由式（4-38）～式（4-40）得

$$\begin{bmatrix} A^\# \\ B^\# \\ C^\# \\ D^\# \end{bmatrix} = \frac{1}{|N_{21}|} \begin{bmatrix} 4(1-C_\tau) - 3\tau_F C_\tau & 2S_\tau & -4(1-C_\tau) & -2S_\tau \\ 3\tau_F C_\tau - 4S_\tau & 2(1-C_\tau) & 4S_\tau - 3\tau_F & 2(C_\tau - 1) \\ 2(1-C_\tau) & -S_\tau & 2(1-C_\tau) & S_\tau \\ 8S_\tau - 6\tau_F C_\tau & 4(1-C_\tau) - 3\tau_F C_\tau & 6\tau_F - 8\tau_F S_\tau & 4(1-C_\tau) \end{bmatrix} \begin{bmatrix} \lambda_{v11} \\ \lambda_{v21} \\ \lambda_{v12} \\ \lambda_{v22} \end{bmatrix} \tag{4-41}$$

在求出基向量解的系数后，可以验证由这些系数组成的基向量是否满足最优交会的必要条件。即判断在 $(0, \tau_F)$ 区间内基向量模值的最大值是否均小于 1，如果所有的基向量模值都小于 1，则所求解为二脉冲最优交会解；否则不是二脉冲最优交会解。

4）带漂移的最优交会模式

带漂移二脉冲最优交会模式的求解是建立在满足二脉冲最优交会模式的基础上的，如果在第一脉冲时刻前的相位角为 τ_- 的基向量模值等于1，且在 (τ_-, τ_1) 之间的所有基向量模值都小于1，则存在二脉冲带初始漂移的最优交会模式。相应的，在第二个脉冲时刻后的相位角为 τ_+ 的基向量模值等于1，且在 (τ_F, τ_+) 之间的基向量模值都小于1，则存在二脉冲带末端漂移的最优交会模式。如果这两点都满足则为初始和末端都存在漂移的二脉冲最优交会模式。

带漂移三脉冲最优交会模式的求解是建立在第一个脉冲或第四个脉冲幅值为零的四脉冲最优交会模式基础上的。当四脉冲最优交会中第一个脉冲的幅值为零，且交会时间介于 $\tau_{F4} + \tau_1 - \tau_2$ 与 τ_{F4} 之间（其中 τ_{F4} 为满足第一个脉冲幅值为零的四脉冲最优交会模式中的交会时间，τ_1，τ_2 为前两个脉冲时刻对应的相位角）时，存在三脉冲带初始漂移的最优交会模式。相应的，当四脉冲最优交会中第四个脉冲幅值为零，且交会时间介于 $\tau_{F4} + \tau_3 - \tau_4$ 与 τ_{F4} 之间（其中 τ_{F4} 为满足第四个脉冲幅值为零的四脉冲最优交会模式中的交会时间，τ_3，τ_4 为后两个脉冲时刻对应的相位角）时，存在三脉冲带末端漂移的最优交会模式。

3. 多脉冲最优交会模式分布确定

在邻近圆轨道最优交会中，以交会时间 τ_F 为横坐标，$\delta\theta_F/\delta R = \beta/\delta R - 0.75\tau_F$ 为纵坐标探讨最优交会模式的分布，最优交会模式的分布只与 τ_F 和 $\beta/\delta R$ 有关。

在椭圆轨道航天器到圆轨道航天的交会中，我们选择交会时间 τ_F 为横坐标，$\delta\theta_F/\delta a$ 为纵坐标，$\delta\theta_F$ 由式（4 – 23）表示。记 $E\_\delta a = e/\delta a$，则椭圆轨道航天器到圆轨道航天器交会中最优交会模式的分布除了与 τ_F 和 $\beta/\delta a$ 相关外，还与 f 和 $E\_\delta a$ 有关。仿真结果表明当 $E\_\delta a$ 较小时，其最优交会模式的分布如图 4 – 6 所示，从图 4 – 6 可以看到最优交会模式的分布与图 4 – 5 所示的邻近圆轨道最优交会模式的分布类似。由于 $\delta a > 0$ 与 $\delta a < 0$ 两种情况下最优交会模式分布的求解过程类似，所以下面仅以 $\delta a > 0$ 为例分析图 4 – 6 中各种最优交会模式分布区域边界的确定。

1）四脉冲最优交会模式

记 $Ef\_bu = -\sin(\tau_F + f) + 2\sin(\tau_H + f) - \sin f$，则由式（4 – 23）和式（4 – 30）

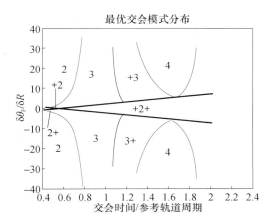

图 4-6　最优交会模式分布图

可以得到 $\delta\theta_F$ 与 $\delta\theta_\beta$ 的关系：

$$\delta\theta_F = \delta\theta_\beta + e \cdot Ef\_bu \tag{4-42}$$

由 $\Delta V_i \geqslant 0$ 可以得到

$$\begin{cases} -2\dfrac{h_{32}}{h}\delta\theta_\beta + \dfrac{q_2}{l}\delta a + \dfrac{2h_{42}}{l}e\cos(\tau_H+f) + \dfrac{4h_{12}}{l}e\cos(\tau_H+f) - \dfrac{2h_{22}}{h}e\sin(\tau_H+f) \geqslant 0 \\[2mm] 2\dfrac{h_{31}}{h}\delta\theta_\beta - \dfrac{q_1}{l}\delta a - \dfrac{2h_{41}}{l}e\cos(\tau_H+f) - \dfrac{4h_{11}}{l}e\cos(\tau_H+f) + \dfrac{2h_{21}}{h}e\sin(\tau_H+f) \geqslant 0 \\[2mm] 2\dfrac{h_{31}}{h}\delta\theta_\beta + \dfrac{q_1}{l}\delta a + \dfrac{2h_{41}}{l}e\cos(\tau_H+f) + \dfrac{4h_{11}}{l}e\cos(\tau_H+f) + \dfrac{2h_{21}}{h}e\sin(\tau_H+f) \geqslant 0 \\[2mm] -2\dfrac{h_{32}}{h}\delta\theta_\beta - \dfrac{q_2}{l}\delta a - \dfrac{2h_{42}}{l}e\cos(\tau_H+f) - \dfrac{4h_{12}}{l}e\cos(\tau_H+f) - \dfrac{2h_{22}}{h}e\sin(\tau_H+f) \geqslant 0 \end{cases}$$

记

$$\begin{cases} LL1 = \dfrac{2h_{42}}{l}\cos(\tau_H+f) + \dfrac{4h_{12}}{l}\cos(\tau_H+f) - \dfrac{2h_{22}}{h}\sin(\tau_H+f) \\[2mm] LL2 = -\dfrac{2h_{41}}{l}\cos(\tau_H+f) - \dfrac{4h_{11}}{l}\cos(\tau_H+f) + \dfrac{2h_{21}}{h}\sin(\tau_H+f) \\[2mm] LL3 = \dfrac{2h_{41}}{l}\cos(\tau_H+f) + \dfrac{4h_{11}}{l}\cos(\tau_H+f) + \dfrac{2h_{21}}{h}\sin(\tau_H+f) \\[2mm] LL4 = -\dfrac{2h_{42}}{l}\cos(\tau_H+f) - \dfrac{4h_{12}}{l}\cos(\tau_H+f) - \dfrac{2h_{22}}{h}\sin(\tau_H+f) \end{cases},\ 则有$$

$$\begin{cases} -2\dfrac{h_{32}}{h}\big[\delta\theta_\mathrm{F} - e\cdot Ef\_bu\big] + \dfrac{q_2}{l}\delta a + e\cdot LL1 \geqslant 0 \\[2mm] 2\dfrac{h_{31}}{h}\big[\delta\theta_\mathrm{F} - e\cdot Ef\_bu\big] - \dfrac{q_1}{l}\delta a + e\cdot LL2 \geqslant 0 \\[2mm] 2\dfrac{h_{31}}{h}\big[\delta\theta_\mathrm{F} - e\cdot Ef\_bu\big] + \dfrac{q_1}{l}\delta a + e\cdot LL3 \geqslant 0 \\[2mm] -2\dfrac{h_{32}}{h}\big[\delta\theta_\mathrm{F} - e\cdot Ef\_bu\big] - \dfrac{q_2}{l}\delta a + e\cdot LL4 \geqslant 0 \end{cases}$$

$$\begin{cases} -2\dfrac{h_{32}}{h}\dfrac{\delta\theta_\mathrm{F}}{\delta a} \geqslant -\dfrac{q_2}{l} - 2\dfrac{h_{32}}{h}Ef\_bu\cdot E\_\delta a - E\_\delta a\cdot LL1 \\[2mm] 2\dfrac{h_{31}}{h}\dfrac{\delta\theta_\mathrm{F}}{\delta a} \geqslant \dfrac{q_1}{l} + 2\dfrac{h_{31}}{h}Ef\_bu\cdot E\_\delta a - E\_\delta a\cdot LL2 \\[2mm] 2\dfrac{h_{31}}{h}\dfrac{\delta\theta_\mathrm{F}}{\delta a} \geqslant -\dfrac{q_1}{l} + 2\dfrac{h_{31}}{h}Ef\_bu\cdot E\_\delta a - E\_\delta a\cdot LL3 \\[2mm] -2\dfrac{h_{32}}{h}\dfrac{\delta\theta_\mathrm{F}}{\delta a} \geqslant \dfrac{q_2}{l} - 2\dfrac{h_{32}}{h}Ef\_bu\cdot E\_\delta a - E\_\delta a\cdot LL4 \end{cases} \tag{4-43}$$

可以验证四脉冲最优交会模式的基向量满足：

$$\frac{h_{31}}{h}\frac{h_{32}}{h} < 0 \tag{4-44}$$

当 $\dfrac{h_{31}}{h} > 0$ 时，则 $\dfrac{h_{32}}{h} < 0$，由式（4-43）可以得到

$$\begin{cases} \dfrac{\delta\theta_\mathrm{F}}{\delta a} \geqslant \dfrac{q_2 h}{2h_{32}l} + Ef\_bu\cdot E\_\delta a + \dfrac{hE\_\delta a}{2h_{32}}\cdot LL1 \\[3mm] \dfrac{\delta\theta_\mathrm{F}}{\delta a} \geqslant \dfrac{q_1 h}{2h_{31}l} + Ef\_bu\cdot E\_\delta a - \dfrac{hE\_\delta a}{2h_{31}}\cdot LL2 \\[3mm] \dfrac{\delta\theta_\mathrm{F}}{\delta a} \geqslant -\dfrac{q_1 h}{2h_{31}l} + Ef\_bu\cdot E\_\delta a - \dfrac{hE\_\delta a}{2h_{31}}\cdot LL3 \\[3mm] \dfrac{\delta\theta_\mathrm{F}}{\delta a} \geqslant -\dfrac{q_2 h}{2h_{32}l} + Ef\_bu\cdot E\_\delta a + \dfrac{hE\_\delta a}{2h_{32}}\cdot LL4 \end{cases} \tag{4-45}$$

类似地当 $\dfrac{h_{31}}{h} < 0$ 时，则 $\dfrac{h_{32}}{h} > 0$，同样由式（4-43）可以得到

$$
\begin{cases}
\dfrac{\delta\theta_F}{\delta a} \leqslant \dfrac{q_2 h}{2h_{32}l} + Ef\_bu \cdot E\_\delta a + \dfrac{hE\_\delta a}{2h_{32}} \cdot LL1 \\[3mm]
\dfrac{\delta\theta_F}{\delta a} \leqslant \dfrac{q_1 h}{2h_{31}l} + Ef\_bu \cdot E\_\delta a - \dfrac{hE\_\delta a}{2h_{31}} \cdot LL2 \\[3mm]
\dfrac{\delta\theta_F}{\delta a} \leqslant -\dfrac{q_1 h}{2h_{31}l} + Ef\_bu \cdot E\_\delta a - \dfrac{hE\_\delta a}{2h_{31}} \cdot LL3 \\[3mm]
\dfrac{\delta\theta_F}{\delta a} \leqslant -\dfrac{q_2 h}{2h_{32}l} + Ef\_bu \cdot E\_\delta a + \dfrac{hE\_\delta a}{2h_{32}} \cdot LL4
\end{cases}
\tag{4-46}
$$

通过式(4-45)和式(4-46)可以确定满足四脉冲最优交会模式的分布区域。当满足式(4-45)时,通过选择式(4-45)等号右边四个式子中的最大值确定最优交会模式的边界;当满足式(4-46)时,通过选择式(4-46)等号右边四个式子中的最小值确定最优交会模式的边界。

2)三脉冲带漂移最优交会模式

对于第一个脉冲幅值为零的四脉冲最优交会模式,记其特征相位角差为 $\delta\theta_{F42}$,前两个脉冲的脉冲时刻对应的相位角为 τ_1,τ_2,交会时间为 τ_{F4}。当交会时间为 τ_{F3},记 $\tau_{43}=\tau_{F4}-\tau_{F3}$,则当 τ_{F3} 介于 $\tau_{F4}+\tau_1-\tau_2$ 和 τ_{F4} 之间且特征相位角差满足 $\delta\theta_F=\delta\theta_{F42}-0.75\tau_{43}\delta a - esin(\tau_{43}+f) + esinf$ 时存在三脉冲带初始漂移的最优交会模式。三脉冲带初始漂移的最优交会模式的左边界为横坐标为 $\tau_{F4}+\tau_1-\tau_2$,纵坐标满足:

$$
\frac{\delta\theta_F}{\delta a} = \frac{\delta\theta_{F42}}{\delta a} - 0.75(\tau_2-\tau_1) - E\_\delta a sin(\tau_2-\tau_1+f) + E\_\delta a sinf \tag{4-47}
$$

它的右边界为四脉冲最优交会模式的左边界。带初始漂移的三脉冲最优交会模式的下边界为横坐标轴上方四脉冲最优交会模式中最低点(记其特征相位角差为 $\delta\theta_{F4+}$)开始的一段曲线,有

$$
\frac{\delta\theta_F}{\delta a} = \frac{\delta\theta_{F4+}}{\delta a} - 0.75(\tau_{F4}-\tau_{F3+}) - E\_\delta a sin(\tau_{F4}-\tau_{F3+}+f) + E\_\delta a sinf
$$

$$\tag{4-48}$$

其中 τ_{F3+} 介于 $\tau_{F4}+\tau_1-\tau_2$ 和 τ_{F4} 之间。

类似地对于存在末端漂移的三脉冲最优交会模式,其对应的第四个脉冲幅值为零的四脉冲最优交会模式的特征相位角为 $\delta\theta_{F43}$,该交会模式中第三和第四个脉冲对应的相位角为 τ_3,τ_4,则其右边界为四脉冲最优交会模式,左边

界为横坐标为 $\tau_{F4} + \tau_3 - \tau_4$，纵坐标满足式（4-49）的点的组合：

$$\frac{\delta\theta_F}{\delta a} = \frac{\delta\theta_{F43}}{\delta a} + 0.75(\tau_4 - \tau_3) + E\_\delta a\sin(\tau_4 - \tau_3 + f) - E\_\delta a\sin f \qquad (4-49)$$

其上边界为横坐标轴下方四脉冲最优交会模式中的最高点开始的一段曲线，且满足：

$$\frac{\delta\theta_F}{\delta a} = \frac{\delta\theta_{F4-}}{\delta a} + 0.75(\tau_{F4} - \tau_{F3-}) + E\_\delta a\sin(\tau_{F4} - \tau_{F3-} + f) - E\_\delta a\sin f$$

$$(4-50)$$

其中 $\delta\theta_{F4-}$ 为横坐标轴下方四脉冲最优交会模式的最高点对应的特征相位角差，τ_{F3-} 介于 $\tau_{F4} + \tau_3 - \tau_4$ 和 τ_{F4} 之间。

3）三脉冲最优交会模式

三脉冲最优交会模式的计算比较复杂，可以通过其他的最优交会模式来确定三脉冲交会模式的分布区域。三脉冲最优交会模式的左边界为二脉冲最优交会模式的右边界；其右边界为带漂移三脉冲最优交会模式的左边界；在横坐标轴上方的下边界为带初始漂移的二脉冲最优交会模式，在横坐标轴下方的上边界为带末端漂移的二脉冲最优交会模式。

4）二脉冲最优交会模式和带漂移的二脉冲最优交会模式

从仿真可以看到，二脉冲最优交会模式只有在交会时间比较短时成立，且对于确定的 $\frac{\delta\theta_F}{\delta a}$，存在一个满足二脉冲最优交会模式的最大交会时间，通过搜索该最大的交会时间可以确定二脉冲最优交会的分布区域。

带漂移二脉冲最优交会模式分布的求解是建立在二脉冲最优交会模式的求解上的。对于带初始漂移的二脉冲最优交会模式，需要在二脉冲最优交会模式的判断基础上增加对第一个脉冲时刻基向量的判断，即判断该时刻的基向量模值的导数是否为零。若导数为零，则存在带初始漂移的二脉冲最优交会模式，通过求满足 $|\boldsymbol{p}| = 1$ 且小于 τ_1 的最大相位角，可以得到初始漂移开始时对应的相位角 τ_-，则带初始漂移的二脉冲最优交会模式成立的区域满足曲线束：

$$\frac{\delta\theta_F}{\delta a} = \frac{\delta\theta_{F2}}{\delta a} + 0.75(\tau_1 - \tau) + E\_\delta a\sin(\tau_1 - \tau + f) - E\_\delta a\sin f \qquad (4-51)$$

其中 $\delta\theta_{F2}$ 为对应的二脉冲最优交会模式中的特征相位角差，$\tau \in (\tau_-, \tau_1)$。

对于带末端漂移的二脉冲最优交会模式，需要在二脉冲最优交会模式的

判断基础上增加对第二个脉冲时刻基向量的判断,即判断该时刻的基向量模值的导数是否为零。若导数为零,则存在带末端漂移的二脉冲最优交会模式,通过求满足 $|\mathbf{p}| = 1$ 且大于 τ_2 的最小相位角,可以得到末端漂移结束时对应的相位角 τ_+。则带末端漂移的二脉冲最优交会模式成立的区域满足曲线束:

$$\frac{\delta\theta_F}{\delta a} = \frac{\delta\theta_{F2}}{\delta a} - 0.75(\tau - \tau_2) - E\_\delta a \sin(\tau - \tau_2 + f) + E\_\delta a \sin f \quad (4-52)$$

其中 $\delta\theta_{F2}$ 为对应的二脉冲最优交会模式中的特征相位角差,$\tau \in (\tau_2, \tau_+)$。

当初始和末端都存在漂移时为满足初末都存在漂移的最优交会模式。两端都存在漂移的二脉冲最优交会模式介于带初始漂移和带末端漂移的二脉冲最优交会模式的分布之间。

5)最优交会模式分布图

仿真分析椭圆轨道航天器到圆轨道航天器交会中的最优交会模式的分布,包含两部分:①与邻近圆轨道交会中最优交会模式的分布进行比较;②比较在同样的 $E\_\delta a$ 下,椭圆轨道航天器在不同的真近点角处最优交会模式分布的异同。

(1)与邻近圆轨道交会中最优交会模式分布的仿真比较。

比较椭圆轨道航天器到圆轨道航天器交会中最优交会模式的分布与图 4-5 所示的邻近圆轨道交会中最优交会模式分布的异同。

图 4-7(a)和(b)分别给出 $f = 0°$,$E\_\delta a = 0.1$ 时的椭圆轨道航天器到圆轨道航天器交会中最优交会模式分布图和邻近圆轨道交会中的最优交会模式分布图。两个分布图中的横坐标均为交会时间,单位是参考轨道的轨道周期,图 4-7(a)中的纵坐标为 $\frac{\delta\theta_F}{\delta a} = \frac{\beta}{\delta a} - 0.75\tau_F - E\_\delta a \sin(\tau_F + f) + E\_\delta a \sin f$,

图 4-7(b)中的纵坐标为 $\frac{\delta\theta_F}{\delta R} = \frac{\beta}{\delta R} - 0.75\tau_F$。

图 4-7(a)和(b)中 2、3、4 分别表示二脉冲、三脉冲和四脉冲最优交会模式,数字前面带 + 号表示带初始漂移的最优交会模式,数字后面带 + 号表示带末端漂移的最优交会模式。从图 4-7(a)和(b)的最优交会模式分布图可以看出:①两种交会中最优交会模式的分布总体结构大致相同,都存在四脉冲、三脉冲带漂移、三脉冲、二脉冲带漂移和二脉冲这几种最优交会模式,且这些交会模式的分布结构大致相同。②对图 4-7(a)进行放大可以看到,椭圆轨道航天器到圆轨道航天器交会中最优交会模式的分布没有邻近圆轨道交会中

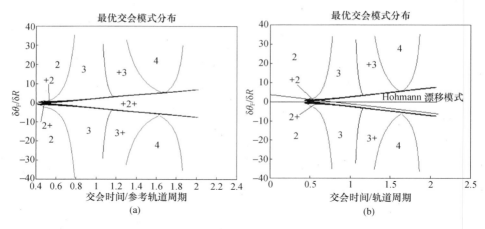

图 4-7　邻近圆轨道交会的交会模式分布

(a)$f = 0°$, $E\_\delta\alpha = 0.1$ 时的交会模式公布；(b)邻近圆轨道交会的交会模式分布。

最优交会模式分布关于横坐标轴对称的性质。③介于二脉冲带初始漂移最优交会模式和二脉冲带末端漂移最优交会模式之间的区域，在邻近圆轨道交会中是 Hohmann 类最优交会模式，而在椭圆轨道航天器到圆轨道航天器的交会中，其最优交会模式是初末都存在漂移的二脉冲最优交会模式，且消耗燃料不全为 $0.5\delta a$，两个脉冲之间的时间间隔也不全是半个轨道周期，关于横坐标轴也不存在对称性。④在轨迹的自由漂移方面，邻近圆轨道交会中纵坐标随时间的变化曲线为由式(4-53)和式(4-54)确定的两条直线之一：

$$\frac{\delta\theta_{\mathrm{F}}}{\delta R} = \frac{\delta\theta_{\mathrm{FN}}}{\delta R} - 0.75\tau_{\mathrm{FN}} \qquad (4-53)$$

$$\frac{\delta\theta_{\mathrm{F}}}{\delta R} = \frac{\delta\theta_{\mathrm{FN}}}{\delta R} + 0.75\tau_{\mathrm{FN}} \qquad (4-54)$$

其中，$\delta\theta_{\mathrm{FN}}$漂移前的邻近圆轨道交会中的特征相位角差；$\tau_{\mathrm{FN}}$为漂移时间。在椭圆轨道航天器到圆轨道航天器的交会中其漂移曲线为式(4-55)和式(4-56)所确定的曲线之一：

$$\frac{\delta\theta_{\mathrm{F}}}{\delta a} = \frac{\delta\theta_{\mathrm{FN}}}{\delta a} - 0.75(\tau_{\mathrm{F}} - \tau_{\mathrm{N}}) - \frac{e}{\delta a}\sin(\tau_{\mathrm{F}} - \tau_{\mathrm{N}} + f) + \frac{e}{\delta a}\sin f \qquad (4-55)$$

$$\frac{\delta\theta_{\mathrm{F}}}{\delta a} = \frac{\delta\theta_{\mathrm{FN}}}{\delta a} + 0.75(\tau_{\mathrm{F}} - \tau_{\mathrm{N}}) + \frac{e}{\delta a}\sin(\tau_{\mathrm{F}} - \tau_{\mathrm{N}} + f) - \frac{e}{\delta a}\sin f \qquad (4-56)$$

其中 $\delta\theta_{\mathrm{FN}}$ 为漂移前的椭圆轨道航天器到圆轨道航天器交会中的特征相位角

差,τ_N 为漂移时间。⑤两类交会中,各个最优交会模式的边界也存在差别,且在椭圆轨道航天器到圆轨道航天器的交会中,最优交会模式的分布边界与椭圆轨道航天器在不同的真近点角处有关。

(2)椭圆轨道航天器在不同真近点角时最优交会模式分布的仿真比较。

比较椭圆轨道航天器在不同的真近点角时最优交会模式分布的异同。

图 4 - 8 分别给出 $E\_\delta a = 0.1$ 且椭圆轨道航天器的真近点角 f 分别为 $f = 30°$、$f = 90°$、$f = 180°$ 和 $f = 330°$ 时椭圆轨道航天器到圆轨道航天器交会中的最优交会模式分布图。这些图中横坐标均为交会时间,单位是参考轨道的轨道周期,纵坐标为 $\dfrac{\delta \theta_F}{\delta a} = \dfrac{\beta}{\delta a} - 0.75\tau_F - E\_\delta a \sin(\tau_F + f) + E\_\delta a \sin f$。

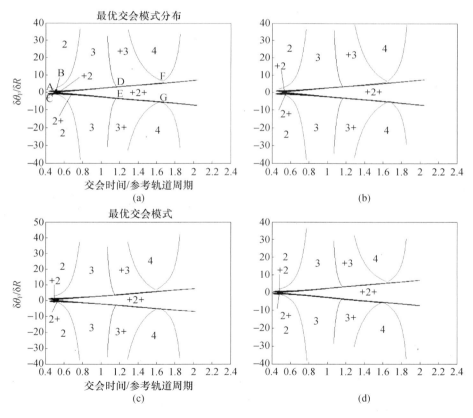

图 4 - 8 最优交会模式分布图

(a)$f = 30°$;(b)$f = 90°$;(c)$f = 180°$;(d)$f = 330°$。

图 4 - 8(a) ~ (d)中 2、3、4 分别表示二脉冲、三脉冲和四脉冲最优交会模式,数字前面带 + 号表示带初始漂移的最优交会模式,数字后面带 + 号表示带末端漂移的最优交会模式。从图 4 - 6、图 4 - 8 可以看到,当 $E\_\delta a = 0.1$ 时,航天器在同一个椭圆轨道上不同真近点角处,最优交会模式的分布大致相似。但是比较不同的最优交会模式的具体边界,可以看到对于椭圆轨道航天器在不同真近点角处的交会问题,其最优交会模式的边界还是有差别的。如图 4 - 8(a)所示,点 A,B,C 为二脉冲最优交会模式与带漂移二脉冲最优模式边界上的三个特殊点;点 D,E 为三脉冲带漂移、二脉冲带漂移及三脉冲这三种最优交会模式的交界点;点 F,G 为四脉冲最优交会模式的两个顶点。表 4 - 1 给出 $E\_\delta a = 0.1$,f 分别满足 $f = 0°$、$f = 30°$、$f = 90°$、$f = 180°$ 和 $f = 330°$ 时的最优交会模式分布图中上述特殊点的坐标值。

从表 4 - 1 可以看出,在同样的 $E\_\delta a = 0.1$ 下,当椭圆轨道航天器的真近点角 f 不同时,椭圆轨道航天器到圆轨道航天器的交会中,其最优交会模式的分布虽然很相似,但是各个最优交会模式的边界还是有一些差别的,例如对于不同的 f,最优交会模式分布图上点 B 纵坐标的符号可能发生变化。

表 4 - 1 $E\_\delta a = 0.1$,近地点 f 不同时分布图中一些特殊点的坐标值

f/点	A	B	C	D	E	F	G
$f = 0°$	(0.42,0.43)	(0.49, −0.27)	(0.41, −0.81)	(1.16,3.27)	(1.15, −3.72)	(1.67,5.5)	(1.63, −5.92)
$f = 30°$	(0.43,0.46)	(0.52, −0.2)	(0.42, −0.94)	(1.17,3.2)	(1.16, −3.5)	(1.68,5.7)	(1.65, −5.95)
$f = 90°$	(0.44,0.74)	(0.53,0.06)	(0.44, −0.96)	(1.16,3.42)	(1.17, −3.1)	(1.66,5.9)	(1.68, −5.6)
$f = 180°$	(0.43,1)	(0.5,0.2)	(0.44, −0.62)	(1.15,3.6)	(1.16, −3)	(1.61,5.8)	(1.64, −5.4)
$f = 330°$	(0.41,0.5)	(0.48, −0.19)	(0.41, −0.67)	(1.16,3.27)	(1.15, −3.73)	(1.66,5.3)	(1.61, −5.82)

椭圆轨道航天器到圆轨道航天器交会中最优交会模式的分布除与 τ_F 和 $\beta/\delta a$ 相关外,还与 f 和 $E\_\delta a$ 有关。图 4 - 6、图 4 - 8 讨论的是在 $E\_\delta a = 0.1$ 且椭圆轨道航天器的真近点角 f 不同时最优交会模式的分布,在这些图中,不同的交会模式的分布区域与 τ_F 和 $\beta/\delta a$ 有关。当 $E\_\delta a < 0.1$ 时,可以得到类似的最优交会模式的分布图,当 $E\_\delta a > 0.1$ 时,最优交会模式的分布可能与上述的分布图不同,需要进一步研究偏心率比较大时的椭圆轨道交会中的最优交会模式的分布。

4.3.3   多脉冲最优交会制导律设计

根据前面的分析,在交会时间允许,交会初始和末端状态可以自由设计

时,Hohmann 交会是一种节省燃料的交会模式。下面在最优脉冲交会模式分布基础上,给出一种带漂移 Hohmann 交会制导律设计方法。

1. Hohmann 交会燃料分析

如果变轨前后两个轨道都是圆轨道且变轨前后轨道半径比不大于 11.4 时,Hohmann 变轨是最节省燃料的一种变轨模式。

2. 带漂移 Hohmann 交会制导律设计

在最优交会模式分布图中,有一类与 Hohmann 变轨相关的最优交会模式。

当交会时间大于半个轨道周期即 $\tau_F > \pi$ 时,需要通过漂移使得两个航天器的相位角差满足 $\beta = 0.75\pi\delta R$。当 $\beta = 0.75\pi\delta R$ 且交会时间 $\tau_F > \pi$ 时,满足带末端漂移的 Hohmann 交会模式,两个脉冲时刻为 0 和 π,多出的时间 $\tau_F - \pi$ 为末端漂移时间,这时特征相位角差 $\delta\theta_F$ 与交会时间 τ_F 存在如下的直线关系:

$$\delta\theta_F = -0.75\delta R(\tau_F - \pi) \qquad (4-57)$$

当 $\beta = 1.5\tau_F\delta R - 0.75\pi\delta R$,且 $\tau_F > \pi$ 时,追踪器漂移 $\tau_F - \pi$ 时间后,目标器与追踪器的相位角差变为 $\beta = 0.75\pi\delta R$。这种情况满足带初始漂移的 Hohmann 交会模式,且两个脉冲时刻为 $\tau_1 = \tau_F - \pi$,$\tau_2 = \tau_F$。这时特征相位角差 $\delta\theta_F$ 与交会时间 τ_F 存在如下直线关系:

$$\delta\theta_F = 0.75\delta R(\tau_F - \pi) \qquad (4-58)$$

当交会时间 $\tau_F > \pi$,初始相位角差满足 $0.75\pi\delta R < \beta < 1.5\tau_F\delta R - 0.75\pi\delta R$ 时,同时存在初始和末端漂移的 Hohmann 最优交会是最优的交会模式,如图 4-9 所示,它们夹在由式(4-57)和式(4-58)表示的直线中间(阴影部分)。

上述几种交会模式中,两个脉冲的幅值 $\Delta V_1 = \Delta V_2 = 0.25\delta R$,两个脉冲之间的时间间隔为 π,施加第一个脉冲时两个航天器的相位角差为

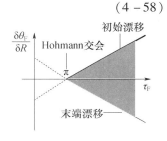

图 4-9 Hohmann 类交会模式

$0.75\pi\delta R$,通过初始漂移、末端漂移以及初始和末端都漂移这三种方式,利用 Hohmann 交会策略实现交会任务。

Hohmann 类最优交会模式存在以下四种交会模式,这些交会模式中两个脉冲的幅值为 $\Delta V_1 = \Delta V_2 = 0.25\delta R$,脉冲方向沿切向方向。

(1) Hohmann 交会模式:满足 $\beta = 0.75\pi\delta R$,$\tau_F = \pi$。两个脉冲时刻为 0

和 π。

（2）带末端漂移的 Hohmann 交会模式：满足 $\beta = 0.75\pi\delta R, \tau_F > \pi$。两个脉冲时刻为 0 和 π，多出的时间 $\tau_F - \pi$ 为末端漂移时间。这时特征相位角差 $\delta\theta_F$ 与交会时间 τ_F 存在式（4-57）所示的直线关系。

（3）带初始漂移的 Hohmann 交会模式：满足 $\beta = 1.5\tau_F\delta R - 0.75\pi\delta R$，$\tau_F > \pi$。追踪器漂移 $\tau_F - \pi$ 时间后，目标器与追踪器的相位角差变为 $\beta = 0.75\pi\delta R$，两个脉冲时刻为 $\tau_F - \pi$ 和 τ_F。这时特征相位角差 $\delta\theta_F$ 与交会时间 τ_F 存在式（4-58）所示的直线关系。

（4）初始和末端都存在漂移的 Hohmann 交会模式：满足 $\tau_F > \pi, 0.75\pi\delta R < \beta < 1.5\tau_F\delta R - 0.75\pi\delta R$。由式（4-57）确定的直线与式（4-58）确定的直线的交点对应的时间记为 τ_{F0}，则由图 4-9 可知 $\tau_{F0} - \pi$ 为该交会模式中初始漂移的时间。当 $\tau_F > \tau_{F0}$ 时，$\tau_F - \tau_{F0}$ 为末端漂移时间，可以求得 τ_{F0} 和两个脉冲时刻 τ_1, τ_2：

$$\tau_{F0} = \frac{\beta + 0.75\pi\delta R}{1.5\delta R}, \tau_1 = \tau_{F0} - \pi, \tau_2 = \tau_{F0} \qquad (4-59)$$

带漂移的 Hohmann 最优交会实际上是通过自由漂移获得 Hohmann 交会应该满足的相位角差和交会时间，两个脉冲之间的时间间隔为半个参考轨道的轨道周期，施加第一个脉冲时，两个航天器的相位角差是固定的，满足 $\beta_H = 0.75\pi\delta R$，其燃料消耗都为 $0.5\delta R$。

▶ 4.4　CW 制导方法

✍ 4.4.1　两脉冲制导策略

CW 制导是建立在 CW 方程上的，一般采用两脉冲 CW 制导策略。在近距离交会段，短时间内采用 CW 方程描述相对运动具有较高的精度。CW 方程是线性的，其轨道平面内运动和轨道平面外运动是解耦的，可以设计简单有效适合在轨运行的制导律，在工程上得到广泛应用。在分析时，一般把轨道平面内和轨道平面外制导律设计分开。

1.轨道平面内制导律

当初始条件已知，采用双脉冲控制，可以得到如下轨道平面内运动的解析解。

令 $\boldsymbol{\rho}(t) = \begin{bmatrix} x(t) \\ z(t) \end{bmatrix}, \dot{\boldsymbol{\rho}}(t) = \begin{bmatrix} \dot{x}(t) \\ \dot{z}(t) \end{bmatrix}$

CW 方程的解：

$$\begin{bmatrix} \boldsymbol{\rho}(t_f) \\ \dot{\boldsymbol{\rho}}(t_f) \end{bmatrix} = \begin{bmatrix} \boldsymbol{A}(t) & \boldsymbol{B}(t) \\ \boldsymbol{C}(t) & \boldsymbol{D}(t) \end{bmatrix} \begin{bmatrix} \boldsymbol{\rho}(t_0) \\ \dot{\boldsymbol{\rho}}(t_0) \end{bmatrix} + \begin{bmatrix} \boldsymbol{B}(t) \\ \boldsymbol{D}(t) \end{bmatrix} \Delta v(t_0) + \begin{bmatrix} 0 \\ \Delta v(t_f) \end{bmatrix}$$

$$(4-60)$$

其中，

$$\boldsymbol{A}(t) = \begin{bmatrix} 1 & 6\sin(\omega_{oT}t) - 6\omega_{oT}t \\ 0 & 4 - 3\cos(\omega_{oT}t) \end{bmatrix}$$

$$\boldsymbol{B}(t) = \begin{bmatrix} 4\sin(\omega_{oT}t)/\omega_{oT} - 3t & -2/\omega_{oT} + 2\cos(\omega_{oT}t)/\omega_{oT} \\ 2/\omega_{oT} - 2\cos(\omega_{oT}t)/\omega_{oT} & \sin(\omega_{oT}t)/\omega_{oT} \end{bmatrix}$$

$$\boldsymbol{C}(t) = \begin{bmatrix} 0 & -6\omega_{oT} + 6\omega_{oT}\cos(\omega_{oT}t) \\ 0 & 3\omega_{oT}\sin(\omega_{oT}t) \end{bmatrix}$$

$$\boldsymbol{D}(t) = \begin{bmatrix} 4\cos(\omega_{oT}t) - 3 & -2\sin(\omega_{oT}t) \\ 2\sin(\omega_{oT}t) & \cos(\omega_{oT}t) \end{bmatrix}$$

在已知初始位置、速度 $[\boldsymbol{\rho}(t_0), \dot{\boldsymbol{\rho}}(t_0)]$，寻求控制脉冲分别作用于初始时刻和终止时刻，使得在给定时间 $t = t_f - t_0$ 内，相对位置、速度达到 $[\boldsymbol{\rho}(t_f), \dot{\boldsymbol{\rho}}(t_f)]$。

当 $8 - 3\omega_{oT}t\sin(\omega_{oT}t) - 8\cos(\omega_{oT}t) \neq 0$ 时，$B(t)$ 可逆，双脉冲控制有解：

$$\Delta v(t_0) = \boldsymbol{B}(t)^{-1}[\boldsymbol{\rho}(t_f) - \boldsymbol{A}(t)\boldsymbol{\rho}(t_0)] - \dot{\boldsymbol{\rho}}(t_0) \qquad (4-61)$$

$$\Delta v(t_f) = \dot{\boldsymbol{\rho}}(t_f) - \boldsymbol{C}(t)\boldsymbol{\rho}(t_0) - \boldsymbol{D}(t)\dot{\boldsymbol{\rho}}(t_0) - \boldsymbol{D}(t)\Delta v(t_0) \qquad (4-62)$$

其中

$$\boldsymbol{B}(t)^{-1} = \frac{1}{8 - 3\omega_{oT}t\sin(\omega_{oT}t) - 8\cos(\omega_{oT}t)} \begin{bmatrix} \omega_{oT}\sin(\omega_{oT}t) & -2\omega_{oT}(\cos(\omega_{oT}t) - 1) \\ 2\omega_{oT}(\cos(\omega_{oT}t) - 1) & \omega_{oT}(4\sin(\omega_{oT}t) - 3\omega_{oT}t) \end{bmatrix}$$

当 $8 - 3\omega_{oT}t\sin(\omega_{oT}t) - 8\cos(\omega_{oT}t) = 0$，$\omega_{oT}t = 0$，$2\pi, 2.814\pi, 4\pi, 4.891\pi, 6\pi, 6.923\pi \cdots$。

进一步可以推导得

$$\Delta v(t_0) = \begin{bmatrix} \Delta V_x \\ \Delta V_z \end{bmatrix} = - \begin{bmatrix} \dot{x}_0 \\ \dot{z}_0 \end{bmatrix}$$

$$+ \frac{\omega_{oT} \begin{bmatrix} (x_f - x_0)\sin(\omega_{oT}t) + z_0(14\cos(\omega_{oT}t) + 6\omega_{oT}t\sin(\omega_{oT}t) - 14) + 2z_f(1 - \cos(\omega_{oT}t)) \\ 2(x_f - x_0)(\cos(\omega_{oT}t) - 1) + z_0(3\omega_{oT}t\cos(\omega_{oT}t) - 4\sin(\omega_{oT}t)) + z_f(4\sin(\omega_{oT}t) - 3\omega_{oT}t) \end{bmatrix}}{8 - 3\omega_{oT}t\sin(\omega_{oT}t) - 8\cos(\omega_{oT}t)}$$

$$\Delta v(t_f) = \begin{bmatrix} \dot{x}_f \\ \dot{z}_f \end{bmatrix}$$

$$- \frac{\omega_{oT} \begin{bmatrix} (x_f - x_0)\sin(\omega_{oT}t) + z_f(14\cos(\omega_{oT}t) + 6\omega_{oT}t\sin(\omega_{oT}t) - 14) + 2z_0(1 - \cos(\omega_{oT}t)) \\ 2(x_f - x_0)(1 - \cos(\omega_{oT}t)) + z_f(4\sin(\omega_{oT}t) - 3\omega_{oT}t\cos(\omega_{oT}t)) + z_0(3\omega_{oT}t - 4\sin(\omega_{oT}t)) \end{bmatrix}}{8 - 3\omega_{oT}t\sin(\omega_{oT}t) - 8\cos(\omega_{oT}t)}$$

$$(4-63)$$

2. 轨道平面外制导律

轨道平面外的方程如下:

$$\begin{cases} y_f = \dfrac{(\dot{y}_0 + \Delta V_{y0})}{\omega_{oT}}\sin(\omega_{oT}t) + y_0\cos(\omega_{oT}t) \\ \dot{y}_f = (\dot{y}_0 + \Delta V_{y0})\cos(\omega_{oT}t) - y_0\omega_{oT}\sin(\omega_{oT}t) + \Delta V_{yf} \end{cases}$$

当 $\sin(\omega_{oT}t) \neq 0$ 时,可以得到

$$\begin{cases} \Delta V_{y0} = \dfrac{\omega_{oT}(y_f - y_0\cos(\omega_{oT}t))}{\sin(\omega_{oT}t)} - \dot{y}_0 \\ \Delta V_{yf} = \dot{y}_f - \dfrac{\omega_{oT}(y_f - y_0\cos(\omega_{oT}t))\cos(\omega_{oT}t)}{\sin(\omega_{oT}t)} + y_0\omega_{oT}\sin(\omega_{oT}t) \end{cases}$$

当 $\sin(\omega_{oT}t) = 0$,满足 $\omega_{oT}t = \pi, 2\pi, 3\pi, 4\pi \cdots$。

⬚ 4.4.2 交会时间和燃料消耗分析

从 4.4.1 节可以看到,CW 两脉冲制导的制导脉冲除与初始相对状态、末端相对状态有关外,还与交会时间有关。轨道平面内当交会时间接近使得 $8 - 3\omega_{oT}t\sin(\omega_{oT}t) - 8\cos(\omega_{oT}t)$ 或 $\sin(\omega_{oT}t) = 0$ 时,制导脉冲很大,且越靠近该值放大得越快。轨道平面外,当交会时间满足 $\sin(\omega_{oT}t) = 0$ 时,求脉冲解中分母为零,制导脉冲很大。

1. 轨道平面内制导燃料消耗分析

当初始相对状态为 $[\boldsymbol{\rho}(t_0) \quad \dot{\boldsymbol{\rho}}(t_0)] = [36809 \quad 13500 \quad -23.23 \quad 0]^T$,末

端状态为$\left[\begin{array}{cc}\boldsymbol{\rho}\left(t_{f}\right) & \dot{\boldsymbol{\rho}}\left(t_{f}\right)\end{array}\right]=\left[\begin{array}{cccc}5000 & 0 & 0 & 0\end{array}\right]^{\mathrm{T}}$,燃料消耗(体现为速度增量)和交会时间的关系如图 4-10 所示。

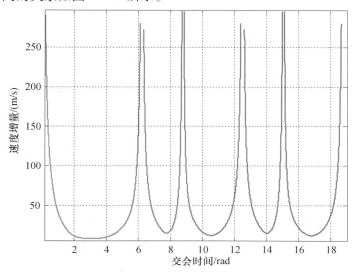

图 4-10　CW 两脉冲制导速度增量和时间的关系

交会时间 $\omega_{\mathrm{oT}}t=0$, 2π,2.814π,4π, 4.891π,6π, 6.923π 时或在这些值附近时,速度增量急剧放大。

当初末状态中 Z 轴的位置为零,会出现当 $\omega_{\mathrm{oT}}t=2\pi,4\pi,6\pi\cdots$ 时,速度增量非奇异的问题。例如,当初始相对状态为 $\left[\begin{array}{cc}\boldsymbol{\rho}\left(t_{0}\right) & \dot{\boldsymbol{\rho}}\left(t_{0}\right)\end{array}\right]=\left[\begin{array}{cccc}5000 & 0 & 0 & 0\end{array}\right]^{\mathrm{T}}$,末端状态为 $\left[\begin{array}{cc}\boldsymbol{\rho}\left(t_{f}\right) & \dot{\boldsymbol{\rho}}\left(t_{f}\right)\end{array}\right]=\left[\begin{array}{cccc}400 & 0 & 0 & 0\end{array}\right]^{\mathrm{T}}$,燃料消耗(体现为速度增量)和交会时间的关系如图 4-11 所示。当 $\omega_{\mathrm{oT}}t=0,2.814\pi,4.891\pi$ 时或附近时,速度增量急剧增大。

同样的算例交会时间取整数个轨道周期,在导航等存在误差时容易使得所求得的脉冲很大。例如因为导航误差初始相对状态为 $\left[\begin{array}{cc}\boldsymbol{\rho}\left(t_{0}\right) & \dot{\boldsymbol{\rho}}\left(t_{0}\right)\end{array}\right]=\left[\begin{array}{cccc}5000 & 10 & 0 & 0\end{array}\right]^{\mathrm{T}}$,末端相对状态与上个算例一致为 $\left[\begin{array}{cc}\boldsymbol{\rho}\left(t_{f}\right) & \dot{\boldsymbol{\rho}}\left(t_{f}\right)\end{array}\right]=\left[\begin{array}{cccc}400 & 0 & 0 & 0\end{array}\right]^{\mathrm{T}}$,则燃料消耗(体现为速度增量)和交会时间的关系如图 4-12 所示。

显然只要初始或末端状态 Z 轴方向有位置偏差,则当交会时间为偶数个周期即 $\omega_{\mathrm{oT}}t=2\pi,4\pi,6\pi\cdots$ 时,速度增量会急剧增加。

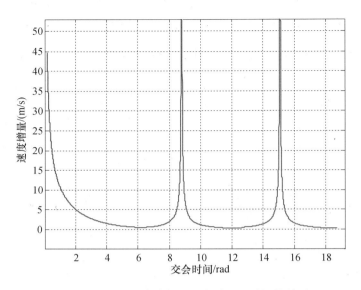

图 4 – 11　CW 两脉冲制导速度增量和时间的关系

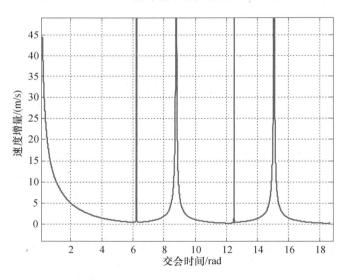

图 4 – 12　CW 两脉冲制导速度增量和时间的关系

从式（4 – 63），可以看到，当 $\omega_{oT}t = 2\pi, 4\pi, 6\pi\cdots$ 时，速度增量分母为零，当初末端 Z 轴的位置均为零时，分子也为零，而只要初末端一个 Z 轴的位置不为零，则分子必然非零，必然会出现速度增量急剧增加的状态。

2. 轨道平面外制导燃料消耗分析

当初始相对状态为 $\begin{bmatrix} y_0 & \dot y_0 \end{bmatrix} = \begin{bmatrix} 1000 & 0.2 \end{bmatrix}^T$,末端状态为 $\begin{bmatrix} y_f & \dot y_f \end{bmatrix} = \begin{bmatrix} 0 & 0 \end{bmatrix}^T$,燃料消耗(体现为速度增量)和交会时间的关系如图 4-13 所示。

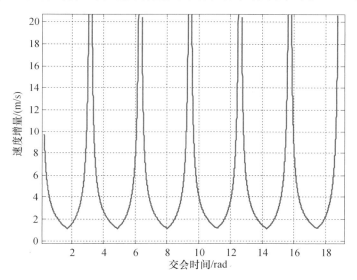

图 4-13 CW 两脉冲制导速度增量和时间的关系

交会时间满足 $\omega_{oT}t = \pi,2\pi,3\pi,4\pi\cdots$ 或附近时,速度增量急剧增大。

4.4.3 两脉冲制导的交会时间确定

从前面两节的分析可以看到,采用 CW 两脉冲制导策略方法简单,可实现性强。对于近距离交会,CW 方程的描述精度比较高,采用 CW 两脉冲制导策略计算量小,非常适合星上自主计算。

但是 CW 两脉冲制导在求脉冲的过程中存在矩阵求逆或除以正弦函数,使得当交会时间选择某些参数时会出现奇异的情况。

在近距离交会段,一般要求交会时间不会很长,如不超过一个轨道周期或两个轨道周期。CW 两脉冲制导时,为提高制导精度,一般会在中间增加修正脉冲,为减少修正脉冲求解时奇异,确定交会时间时若只有轨道平面内控制,一般选择交会时间不超过一个轨道周期,如果包含轨道面外控制时,交会时间选择不超过半个轨道周期。

从图4-10～图4-13中可以看到,如果采用CW两脉冲制导,当交会时间比较小到接近零时制导脉冲的速度增量急剧放大。

▶ 4.5　视线制导方法

☑ 4.5.1　视线制导策略

视线制导能保证追踪器一直对着目标器,适合近距离自主交会对接。

视线制导两个目的:①使得相对距离在空间的转动速度为零;②在视线方向上相对距离速率为负。把视线转动角速度方向的控制称为横向控制,把沿视线方向的控制称为纵向控制。

视线制导针对基于视线坐标系的动力学方程设计控制律,动力学方程见式(2-76),即

$$\begin{cases} \ddot{\rho} - \rho\omega_\zeta^2 = a_\xi \\ 2\dot{\rho}\omega_\zeta + \rho\dot{\omega}_\zeta = a_\eta \end{cases} \qquad (4-64)$$

1. 横向控制

横向控制采用开关控制,控制目的是消除视线转动的角速度。

图4-14中ω_{on}、ω_{off}为开关阀值,由测量精度、开启次数、推进剂消耗、最小工作时间确定。

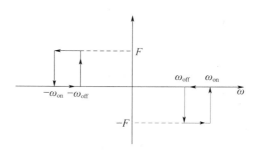

图4-14　转动角速度的死区控制

2. 纵向控制

在横向控制的基础上,纵向控制的目的是使两个航天器按设定的轨迹或设定的走廊逐步接近。

式(4-64)的第一式子,在消除视线转率后,可以近似地得到:$\ddot{\rho} = a_\xi$,这是一个二阶积分环节。因为执行机构为开关方式,采用变结构控制策略,设计滑动模态为

$$S_\rho = \rho^2 \mathrm{sgn}(\dot{\rho}) + k_1\rho + k_2\dot{\rho} \tag{4-65}$$

其中 $k_1 > 0, k_2 > 0$。控制律为

$$a_\xi = -A_\xi \mathrm{sgn}(S_\rho) \tag{4-66}$$

✍ 4.5.2 稳定性分析

1. 横向控制系统的滑动模态存在区域及稳定性分析

1)横向控制系统的滑动模态存在区域

横向控制系统的滑动模态为 $S_\beta = k\rho\dot{\beta} + \beta, k > 0$,控制律为 $a_\eta = -A_\eta\mathrm{sgn}(S_\beta)$。根据可达条件 $S_\beta\dot{S}_\beta < 0$,求解滑动模态存在时满足的条件。对 S_β 求导有

$$\dot{S}_\beta = k\dot{\rho}\dot{\beta} + k\rho\ddot{\beta} + \dot{\beta} = (k\dot{\rho} + 1)\dot{\beta} + k(a_\eta - 2\dot{\rho}(\dot{\beta} + \omega_{oT})) \tag{4-67}$$

(1)当 $S_\beta > 0$ 时,$\dot{S}_\beta < 0, a_\eta = -A_\eta$,有

$$\dot{S}_\beta = (k\dot{\rho} + 1)\dot{\beta} + k(-A_\eta - 2\dot{\rho}(\dot{\beta} + \omega_{oT})) < 0$$

由于 $k > 0$,可以求得

$$A_\eta > \frac{k\dot{\rho} + 1}{k}\dot{\beta} - 2\dot{\rho}(\dot{\beta} + \omega_{oT}) \tag{4-68}$$

(2)当 $S_\beta < 0$ 时,$\dot{S}_\beta > 0, a_\eta = A_\eta$。有

$$\dot{S}_\beta = (k\dot{\rho} + 1)\dot{\beta} + k(A_\eta - 2\dot{\rho}(\dot{\beta} + \omega_{oT})) > 0$$

则有

$$A_\eta > -\frac{k\dot{\rho} + 1}{k}\dot{\beta} + 2\dot{\rho}(\dot{\beta} + \omega_{oT}) \tag{4-69}$$

综合式(4-68)和式(4-69),当满足

$$A_\eta > \left| -\frac{k\dot{\rho} + 1}{k}\dot{\beta} + 2\dot{\rho}(\dot{\beta} + \omega_{oT}) \right| \tag{4-70}$$

时,横向控制系统的滑动模态存在。

2)横向控制系统的稳定性分析

(1)先分析在滑动模态外闭环系统的稳定性。设 Lyapunov 函数为

$$V = 1 + S_\beta^2 \qquad (4-71)$$

则有 $V > 0$，且

$$\dot{V} = 2S_\beta \dot{S}_\beta \qquad (4-72)$$

因为当 $S_\beta > 0$ 时，有 $\dot{S}_\beta < 0$；当 $S_\beta < 0$ 时，满足 $\dot{S}_\beta > 0$；所以 $\dot{V} = 2S_\beta \dot{S}_\beta < 0$ 恒成立，根由 Lyapunov 定理，在滑动模态外横向控制系统是渐近稳定。

（2）在滑动模态上满足 $S_\beta = 0, \dot{S}_\beta = 0$。可以求得等效控制 u_{eg} 满足

$$u_{eg} = a_\eta = -\frac{k\dot{\rho} + 1}{k}\dot{\beta} + 2\dot{\rho}(\dot{\beta} + \omega_{oT}) \qquad (4-73)$$

则可以得到等效的系统

$$\rho\ddot{\beta} + (k\dot{\rho} + 1)\dot{\beta}/k = 0 \qquad (4-74)$$

选择 Lyapunov 函数

$$V_\beta = 1 + \frac{1}{2}k(\rho\dot{\beta})^2 \qquad (4-75)$$

则有 $V_\beta > 0$，可以求得

$$\dot{V}_\beta = k\rho\dot{\beta}(\rho\ddot{\beta} + \dot{\rho}\dot{\beta}) = \rho\dot{\beta}(-\dot{\beta}) = -\rho(\dot{\beta})^2 \qquad (4-76)$$

因为 $\rho \geq 0, \dot{V}_\beta \leq 0$，等号只能在 $\rho = 0$ 或 $\dot{\beta} = 0$ 这两个孤立点得到，所以等效闭环系统是渐近稳定。

综合以上两点，横向控制闭环系统是渐近稳定的。

2. 纵向控制系统的滑动模态存在区域及稳定性分析

1）纵向控制系统的滑动模态存在区域

纵向控制系统的滑动模态为 $S_\rho = \rho^2 \mathrm{sgn}(\dot{\rho}) + k_1\rho + k_2\dot{\rho}, k_1 > 0, k_2 > 0$，控制律为 $a_\xi = -A_\xi \mathrm{sgn}(S_\rho)$。根据可达条件 $S_\rho \dot{S}_\rho < 0$，求解滑动模态存在时满足的条件。对 S_ρ 求导有

$$\dot{S}_\rho = (2\dot{\rho}\mathrm{sgn}(\dot{\rho}) + k_2)(\rho\omega_\zeta^2 + a_\xi) + k_1\dot{\rho} \qquad (4-77)$$

（1）当 $S_\rho > 0$ 时，$\dot{S}_\rho < 0, a_\xi = -A_\xi$。有

$$\dot{S}_\rho = (2\dot{\rho}\mathrm{sgn}(\dot{\rho}) + k_2)(\rho\omega_\zeta^2 + a_\xi) + k_1\dot{\rho} < 0$$

由 $2\dot{\rho}\mathrm{sgn}(\dot{\rho}) + k_2 > 0$ 可以求得

$$a_\xi < -\frac{k_1\dot{\rho}}{(2\dot{\rho}\mathrm{sgn}(\dot{\rho}) + k_2)} - \rho\omega_\zeta^2 \qquad (4-78)$$

即有

$$A_\xi > \frac{k_1\dot\rho}{(2\dot\rho\mathrm{sgn}(\dot\rho) + k_2)} + \rho\omega_\zeta^2$$

（2）当 $S_\rho < 0$ 时，$\dot S_\rho > 0$，$a_\xi = A_\xi$。有

$$\dot S_\rho = (2\dot\rho\mathrm{sgn}(\dot\rho) + k_2)(\rho\omega_\zeta^2 + a_\xi) + k_1\dot\rho > 0$$

由于 $2\dot\rho\mathrm{sgn}(\dot\rho) + k_2 > 0$，可以求得

$$A_\xi > -\frac{k_1\dot\rho}{(2\dot\rho\mathrm{sgn}(\dot\rho) + k_2)} - \rho\omega_\zeta^2 \tag{4-79}$$

综合上述两点，当 A_ξ 满足

$$A_\xi > \left| \frac{k_1\dot\rho}{(2\dot\rho\mathrm{sgn}(\dot\rho) + k_2)} + \rho\omega_\zeta^2 \right| \tag{4-80}$$

则纵向控制系统的滑动模态存在。

2）纵向控制系统的稳定性分析

（1）先分析在滑动模态外闭环系统的稳定性。设 Lyapunov 函数

$$V = 1 + S_\rho^2 \tag{4-81}$$

则 $V > 0$，进一步有

$$\dot V = 2S_\rho \dot S_\rho \tag{4-82}$$

因为当 $S_\rho > 0$ 时，有 $\dot S_\rho < 0$；当 $S_\rho < 0$ 时，满足 $\dot S_\rho > 0$；所以 $\dot V = 2S_\rho \dot S_\rho < 0$ 恒成立，根据由 Lyapunov 定理，在滑动模态外的纵向控制系统是渐近稳定。

（2）在滑动模态上，满足 $S_\rho = 0$，$\dot S_\rho = 0$。可以求得等效控制 u_{eg} 满足

$$u_{eg} = a_\zeta = -\frac{k_1\dot\rho}{(2\dot\rho\mathrm{sgn}(\dot\rho) + k_2)} - \rho\omega_\zeta^2 \tag{4-83}$$

则可以得到等效的系统

$$\ddot\rho = -\frac{k_1\dot\rho}{(2\dot\rho\mathrm{sgn}(\dot\rho) + k_2)} \tag{4-84}$$

选择 Lyapunov 函数

$$V_\rho = 1 + \frac{1}{2}\dot\rho^2 > 0 \tag{4-85}$$

可以求得

$$\dot V_\rho = \dot\rho\,\ddot\rho = -\frac{k_1}{(2\dot\rho\mathrm{sgn}(\dot\rho) + k_2)}\dot\rho^2 \tag{4-86}$$

因为 $k_1 > 0, 2\dot{\rho}\mathrm{sgn}(\dot{\rho}) + k_2 > 0$，则有 $\dot{V}_\rho \leqslant 0$，等号只能在 $\dot{\rho} = 0$ 这个孤立点得到，所以等效闭环系统是渐近稳定。

综合以上两点，纵向控制闭环系统是渐近稳定的。

▶ 4.6 远距离导引段制导方案设计

远距离导引段一般采用轨道控制的方法把追踪器导引到目标器附近的预定位置上。远距离导引段的主要任务是提高追踪器轨道高度，调整两飞行器的相位差，缩短相对距离，以及消除两飞行器轨道面偏差。

从交会对接的发展看，远距离导引制导策略的发展经历了早期由火箭入轨保证的小相位对接，成熟期的 2~3 天远距离导引策略，以及最近 6h 快速交会对接中的快速导引三个阶段。

下面给出一种 2~3 天长周期远距离导引段变轨方案和一种快速交会对接制导方案。

✍ 4.6.1 长周期远距离导引变轨方案

1.变轨方案

远距离导引段通过 5 次轨道转移，将追踪器从入轨初始轨道导引到自主控制段起点要求的轨道。各次变轨机动安排如表 4 − 2 所列。

表 4 − 2 远距离导引变轨方案

序号	变轨点	机动方向	变轨目的
1	远地点	切向	提高近地点
2	升交点幅角可调	法向	修正轨道面
3	近地点	切向	提高远地点
4	远地点	切向	轨道圆化
5	升交点幅角可调	切向	组合修正

上述机动可以分为轨道面内机动和轨道面外机动。

1）轨道面内机动

轨道面内的轨道（图 4 − 15）变化包括提高轨道高度和调整相位，追踪器从入轨轨道通过一条或多条中间过渡的调相轨道在提高轨道高度的同时，通过调整飞行时间调整相位，相位满足要求后，最后通过轨道圆化到达预定轨道

位置。包括两次抬高近地点和一次抬高远地点的机动,具体如下:

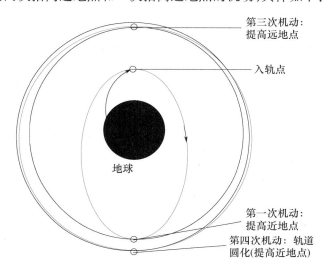

图 4 - 15　轨道平面内机动示意图

2) 轨道面修正

轨道面修正目的主要是修正追踪器和目标器的初始轨道偏差,满足近距离自主控制段起点轨道与目标器共面的精度要求。主要修正量包括轨道面发射瞄准偏差和运载火箭发射追踪器初始轨道面偏差。

轨道面偏差包括轨道倾角偏差和升交点赤经偏差,为节省推进剂,用一次组合轨道机动进行两偏差要素的联合修正。机动执行点为实际轨道和目标轨道的轨道面交点,在机动点施加机动速度矢量,使机动后速度方向沿目标轨道,如图 4 - 16 所示。联合修正的速度增量为

$$|\Delta v_h| = (h/R)\sqrt{(\Delta i)^2 + (\Delta \Omega)^2 \sin^2 i_0}$$

两个节点的位置(纬度幅角)分别为

$$u_1 = \arctan(\Delta \Omega \sin i_0 / \Delta i) \quad u_2 = \pi + \arctan(\Delta \Omega \sin i_0 / \Delta i)$$

3) 综合修正

在分别进行轨道面内机动和轨道面修正机动后,考虑各次机动测定轨偏差、发动机执行偏差,设计一次组合修正机动,消除以上轨道机动偏差,提高控制精度,满足终端条件要求。组合修正的理论机动点与轨道面机动点相同,在轨道面修正的基础上增加对机动后速度大小的控制。组合修正机动需有较高

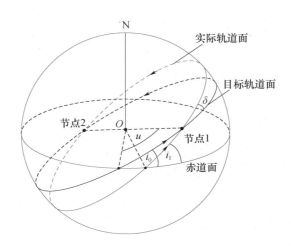

图 4 - 16　轨道面偏差修正示意图

的定轨精度,在飞行方案设计中,设计保证此次机动与上次机动有较长定轨时间。此次机动根据之前实际轨道控制情况,能满足终端控制要求时,可不实施。

2. 仿真分析

远距离导引段飞行时间 65h14min。两个航天器初始轨道如表4-3所列。

表 4 - 3　两个航天器初始轨道

飞行器	半长轴 a/km	偏心率 e	轨道倾角 i/(°)	升交点赤经 Ω/(°)	近地点辐角 ω/(°)	真近点角 f/(°)
目标	6770. 48	0. 000942	42. 299	98. 031	171. 873	45. 0
追踪	6646. 02	0. 011285	42. 35	98. 3	0. 1	0. 1

远距离引段的轨道控制策略如表4-4所列。

表 4 - 4　远距离导引段的轨道控制策略

控制圈次	抬高轨道高度/km	速度增量/(m/s)
5	54. 9871	32. 005
12	—	19. 048
30	21. 174	11. 953
33	35. 359	19. 882
38	—	- 3. 881

远距离导引段结束时两航天器轨道根数如表4－5所列。

表4－5　远距离导引段结束两航天器的轨道根数

飞行器	半长轴 a/km	偏心率 e	轨道倾角 i/(°)	升交点赤经 Ω/(°)	近地点辐角 ω/(°)	真近点角 f/(°)
目标	6769.883	0.000814	42.295	82.286	181.980	38.842
追踪	6751.739	0.000579	42.295	82.289	245.360	334.890

远距离导引段结束时两飞行器的相对位置和相对速度（RVD 坐标系下）如表4－6所列。

表4－6　远距离导引段结束两航天器的相对位置和速度

相对位置/km			相对速度/(m/s)		
x	y	z	$\mathrm{d}x$	$\mathrm{d}y$	$\mathrm{d}z$
67.068	0.1616	17.721	－29.229	－0.204	1.5822

远距离导引过程重要变量的变化趋势如图4－17～图4－20所示。

从仿真上看,通过五次脉冲转移,到远距离导引终端追踪器的轨道倾角、升交点赤经等关键参数与目标器基本接近,半长轴、偏心率在预定的设计范围内,相对位置相对速度满足设计要求。

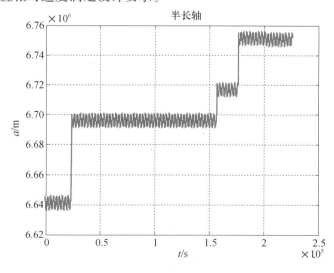

图4－17　远距离导引段追踪器半长轴变化趋势

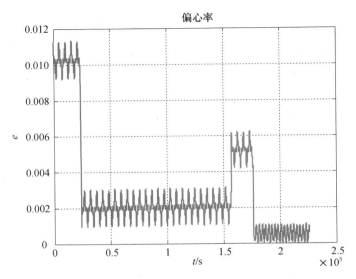

图 4 - 18　远距离导引段追踪器偏心率变化趋势

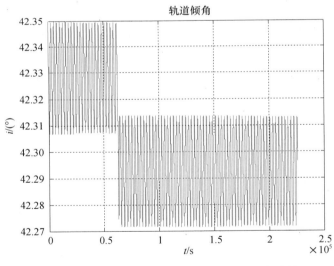

图 4 - 19　远距离导引段追踪器轨道倾角变化趋势

4.6.2　快速交会对接远距离导引变轨方案

2012 年 8 月,俄罗斯"进步"M - 16M 货运飞船与国际空间站完成不大于 6h 快速交会对接任务,其快速交会对接远距离导引段方案是在压缩正常 2～3

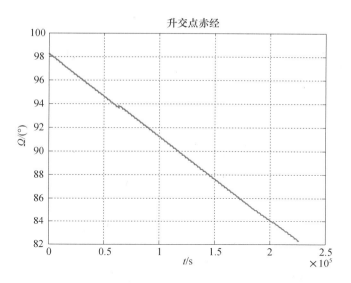

图 4 - 20　远距离导引段追踪器升交点赤经变化趋势

天交会方案基础上得到的。下面给出一种 1.8 圈, 约 10088s 远距离快速交会对接方案。飞行方案包括轨道平面内调相策略和轨道平面外修正策略。

　　轨道平面内调相策略采用四脉冲变轨, 轨道平面外变轨采用 4.2.3 节中的变轨策略。从入轨开始的 10088s, 除入轨外经历了 3 个拱点, 分别为远地点、近地点和远地点。轨道平面内调相前三个脉冲在拱点附近施加, 第四个脉冲在第二个远地点附近施加, 具体如表 4 - 7 所列。

表 4 - 7　快速交会对接远距离导引变轨方案

序号	变轨点	机动方向	变轨目的
第一个脉冲	第 1 圈远地点	切向	提高近地点
第二个脉冲	1500s 后的一个轨道周期内	轨道面外	修正轨道面外偏差
第三个脉冲	第 2 圈近地点	切向	提高远地点
第四个脉冲	第 2 圈远地点	切向	轨道圆化
第五个脉冲	第四个脉冲附近	切向	近地点幅角修正

1.轨道面内调相策略

　　轨道面内调相策略采用四脉冲策略(第一、第三、第四、第五脉冲), 主要的调相脉冲为前三个脉冲, 第五脉冲在第四脉冲附近, 对近地点幅角进行精细调整。

1）第一个脉冲

第一个脉冲：在远地点施加，目的是抬高近地点。

（1）在近地点估计两个航天器在远地点的平根数。

（2）计算两个航天器的相位角差 θ。

（3）计算远地点机动后，追踪器能追的相位角，包括如下：

① 第一个脉冲机动后到第二个脉冲机动前能追的相位角 θ_1 为

$$\theta_1 = \left(1 - \sqrt{\frac{(a_2 + x)^3}{a_1^3}}\right) \times 180$$

② 第三个脉冲机动后到第四个脉冲机动前能追的相位角差 θ_2 为

$$\delta a_2 = (a_1(1 + e_1) - a_2(1 + e_2) - h_0)/2$$

$$\theta_2 = \left(1 - \sqrt{\frac{(a_2 + x + \delta a_2)^3}{a_1^3}}\right) \times 180$$

③ 第四个脉冲机动后到自由漂移远距离导引终端（约半个轨道周期）能追的相位角 θ_3：

$$\theta_3 = (u_{1\_aim} + 360 - u_2) \times \left(1 - \sqrt{\frac{(a_1 - h_0)^3}{a_1^3}}\right) \times 180 + \frac{x_0 \times 1000}{a_1} \times \frac{180}{\pi}$$

④ 通过优化迭代，使得 $(\theta - \theta_1 - \theta_2 - \theta_3)$ 足够小，则得到第一个脉冲需要抬高的半长轴 x。

其中 h_0 为远距离导引终端追踪器在目标器下方的径向高度，x_0 为远距离导引终端迹向的位置。

2）第三个脉冲

第三个脉冲：在近地点施加，目的是抬高远地点，使得远地点在目标器下方约 h_0 处。

（1）在近地点估计两个航天器在远地点的平根数。

（2）计算两个航天器的相位角差 θ。

（3）计算远地点机动后，追踪器能追的相位角，包括：

① 第三个脉冲机动后到第四个脉冲机动前能追的相位角差 θ_2

$$\theta_2 = \left(1 - \sqrt{\frac{(a_2 + x)^3}{a_1^3}}\right) \times 180$$

② 第四个脉冲机动后到自由漂移远距离导引终端（约半个轨道周期）能

追的相位角 θ_3 为

$$\theta_3 = (u_{1\_aim} + 180 - u_2) \times \left(1 - \sqrt{\frac{(a_2(1 + e_2) + 2x)^3}{a_1^3}}\right) \times 180 + \frac{x_0 \times 1000}{a_1} \times \frac{180}{\pi}$$

说明:这里 $+2x$ 表示在第四个脉冲后是以当前远地点位置 + 机动抬高轨道后的圆轨道。

（4）通过优化迭代,使得 $(\theta - \theta_2 - \theta_3)$ 足够小,则得到第三个脉冲需要抬高的半长轴 x。

3）第四个脉冲

第四个脉冲:在远地点施加,目的是抬高近地点,使得追踪器在目标器下方约 h_0 的圆轨道上。

（1）在近地点估计两个航天器在远地点的平根数。

（2）计算两个航天器的相位角差 θ。

（3）计算远地点机动后,追踪器能追的相位角,包括:

第四个脉冲机动后到自由漂移远距离导引终端（约半个轨道周期）能追的相位角 θ_3 为

$$\theta_3 = (u_{1\_aim} + 360 - u_2) \times \left(1 - \sqrt{\frac{(a_2 + x)^3}{a_1^3}}\right) \times 180 + \frac{x_0 \times 1000}{a_1} \times \frac{180}{\pi}$$

（4）通过优化迭代,使得 $\theta - \theta_3$ 足够小,则得到第四个脉冲需要抬高的半长轴 x。

4）第五个脉冲

第五脉冲求解采用 4.2.3 节中半长轴、偏心率、近地点联合控制方法求解。

2. 仿真分析

远距离导引段飞行时间 10088.96s,两个航天器的初始相位角差为 10.9892°。两个航天器初始轨道如表 4 - 8 所列。

表 4 - 8　两个航天器初始轨道

飞行器	半长轴 a/km	偏心率 e	轨道倾角 $i/(°)$	升交点赤经 $\Omega/(°)$	近地点辐角 $\omega/(°)$	真近点角 $f/(°)$
目标	6761.29	0.000599	42.749	9.601	202.94	9.999
追踪	6655.80	0.000119	42.758	9.6118	201.94	0.00979

远距离引段的轨道控制策略如表 4 – 9 所列。

表 4 – 9   远距离导引段的轨道控制策略

脉冲次数	脉冲时间/s	速度增量/（m/s）
第一脉冲	2583. 52	16. 398
第二脉冲	3714. 3999	1. 4368
第三脉冲	5363. 8398	6. 4765
第四脉冲	7895. 2002	35. 5876
第五脉冲	8600. 9600	– 1. 5136

远距离导引段结束时两航天器状态如表 4 – 10 所列。

表 4 – 10   远距离导引段结束两航天器的轨道根数

飞行器	半长轴 a/km	偏心率 e	轨道倾角 i/（°）	升交点赤经 Ω/（°）	近地点辐角 ω/（°）	真近点角 f/（°）
目标	6761. 810	0. 00104	42. 751	8. 8493	127. 78	22. 981
追踪	6754. 829	0. 00181	42. 751	8. 8408	133. 21	17. 153

远距离导引段结束时两飞行器的相对位置和相对速度（RVD 坐标系下）如表 4 – 11 所列。

表 4 – 11   远距离导引段结束两航天器的相对位置和相对速度

相对位置/km			相对速度/（m/s）		
x	y	z	dx	dy	dz
48. 018	– 0. 565	12. 372	– 23. 772	– 0. 425	– 1. 150

远距离导引过程重要变量的变化趋势，如图 4 – 21 ~ 图 4 – 24。

从仿真上看，通过五次脉冲转移，到远距离导引终端追踪器的轨道倾角、升交点赤经等关键参数与目标器基本接近，半长轴、偏心率在预定的设计范围内，相对位置相对速度满足设计要求。

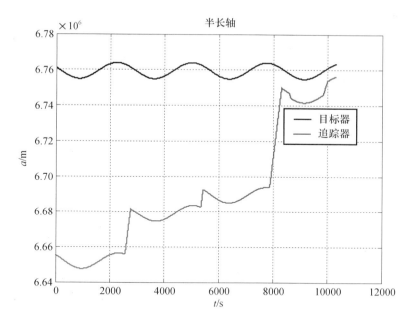

图 4 - 21　远距离导引段追踪器半长轴变化趋势

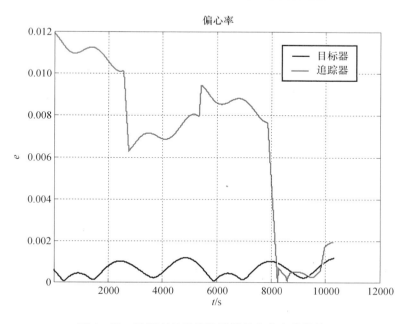

图 4 - 22　远距离导引段追踪器偏心率变化趋势

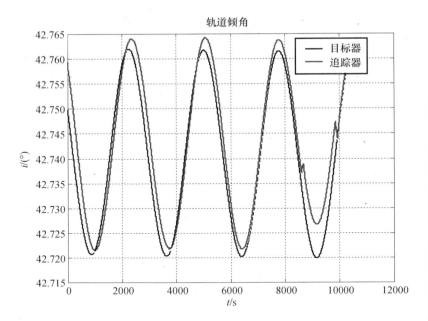

图 4 - 23　远距离导引段追踪器轨道倾角变化趋势

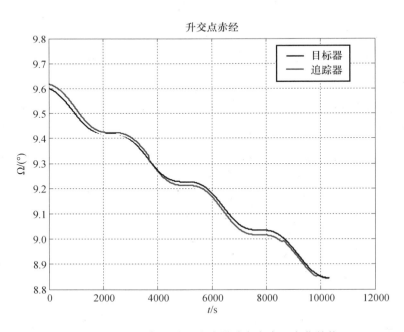

图 4 - 24　远距离导引段追踪器升交点赤经变化趋势

▶ 4.7　寻的段制导方案设计

寻的段是远距离导引段到近距离接近段的过渡,采用相对测量信息消除远距离导引段因轨道控制带来的误差,既具有采用轨道根数进行制导的特点,也具备相对运动控制的特点。

在寻的段飞行轨迹设计和制导方案设计时需要同时考虑轨道控制和相对控制特性。前者要进行燃料优化,选择比较好的初始和末端状态以及制导策略,保证燃料消耗尽量少。后者要考虑控制结束的精度,一般采用简单的制导模型,进行多脉冲控制。

本节寻的段方案设计,先采用4.2.3节带漂移 Hohmann 交会模式对寻的段初始和末段状态进行设计,后给出基于 CW 制导的多脉冲方法,并分析这两种方法的精度差别,最后对寻的段飞行轨迹进行仿真分析。

◁ 4.7.1　寻的段初末状态和寻的时间确定

本节讨论带漂移 Hohmann 交会在寻的段初始和末段状态设计中的应用。

一个轨道周期内完成交会任务,记 $\beta_{\text{Min}} = 0.75\pi\delta R$,$\beta_{\text{Max}} = 2.25\pi\delta R$,则满足 Hohmann 最优交会的初始相位差 β 应满足:

$$\beta_{\text{Min}} \leqslant \beta \leqslant \beta_{\text{Max}} \tag{4-87}$$

下面分析两个航天器的轨道高度差与相对距离 Re_Dis 之间的关系。如图 4-25 所示,点 A,C 分别为目标器和追踪器所在的位置,两者的相位差为 β。β 较小时,三角形 ABC 可近似认为是直角三角形,而 β 可近似用 AB/R_c 表示,有

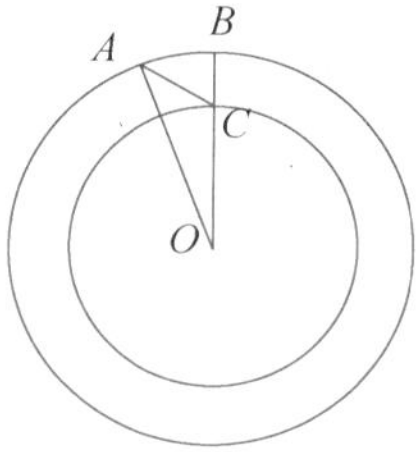

图 4-25　相对运动分析

$$\beta = \sqrt{\left(\frac{\text{Re\_Dis}}{\Delta R}\right)^2 - 1}$$

进一步可以得到

$$\Delta R = \text{Re\_Dis}\Big/\sqrt{\left(\frac{\beta}{\delta R}\right)^2 + 1} \tag{4-88}$$

从式(4-88)进一步可以得到最大高度差、最小高度差与相对距离存在如下线性关系:

$$\begin{cases} \dfrac{\Delta R_{\text{Max}}}{\text{Re\_Dis}} = 1 \Big/ \sqrt{\left(\dfrac{\beta_{\text{Min}}}{\delta R}\right)^2 + 1} \\ \dfrac{\Delta R_{\text{Min}}}{\text{Re\_Dis}} = 1 \Big/ \sqrt{\left(\dfrac{\beta_{\text{Max}}}{\delta R}\right)^2 + 1} \end{cases} \qquad (4-89)$$

通过式(4-89)可以得到给定的相对距离下,满足带漂移 Hohmann 转移的最大最小的轨道高度改变量,且最大最小的轨道高度差与相对距离成比例关系。

4.7.2 多脉冲最优制导策略

实际工程实施时由于测量、导航、制导和控制等误差,远距离导引段的终端未必会正好是寻的段的标称位置,且追踪器和目标器不会是圆轨道。最主要的是在寻的段一般有相对测量敏感器,所提供的导航结果相对位置、相对速度的精度远高于 Hohmann 变轨中轨道根数的确定精度,所以虽然采用带漂移的 Hohmann 变轨策略确定了寻的段的初始和末端状态、以及寻的段飞行时间,但计算制导脉冲的算法并不是 Hohmann 制导策略。

采用综合带漂移 Hohmann 变轨和 CW 制导相结合的多脉冲制导策略。先用带漂移 Hohmann 变轨策略求寻的段的初始和末端状态,以及寻的段飞行时间;再利用带漂移 Hohmann 变轨策略求第一个变轨点时间 th_0 和最后一个变轨点时间 th_f;最后采用 CW 多脉冲制导策略,CW 制导的飞行时间为 $th_f - th_0$,CW 制导可以采用两脉冲制导策略,在精度要求比较高的情况下,可以在两脉冲制导中增加 1~3 个修正脉冲。

4.7.3 制导精度分析

分析在 Hohmann 变轨下采用 CW 制导和 Hohmann 变轨的区别及变轨精度。

1. Hohmann 变轨

满足 Hohmann 变轨的两个航天器都在圆轨道上运动,其中目标器的轨道半径为 r_B,追踪器的轨道半径为 r_A,追踪器与目标器的相位角差 β 满足式(4-3),其交会时间 t_H 满足式(4-1),可以求得 Hohmann 变轨的两个脉冲为式(4-4)。

2. 轨道平面内相对运动的求解

追踪器和目标器的轨道半径分别为 r_A、r_B,两者的相位角差为 β。可以求得轨道平面内的相对位置和相对速度如下:

$$\begin{cases} x = r_A \sin\beta \\ z = r_B - r_A \cos\beta \end{cases} \tag{4-90}$$

$$\begin{cases} \dot{x} = \dot{\beta} r_A \cos\beta = (\omega_B - \omega_A) r_A \cos\beta \\ \dot{z} = \dot{\beta} r_A \sin\beta = (\omega_B - \omega_A) r_A \sin\beta \end{cases} \tag{4-91}$$

3. CW 制导两个脉冲的近似表示

分析在满足 Hohmann 变轨条件下,CW 制导的两个脉冲是否为水平的。首先把 Hohmann 变轨第一个脉冲前的相对状态作为 CW 制导的初始相对状态,然后利用 CW 两脉冲制导法求出两个脉冲,再判断脉冲的性质。

CW 制导的两个脉冲可以近似按如下两个式子计算:

$$\Delta V_1 \approx \frac{1}{16} \begin{bmatrix} -28\omega(r_B - r_A\cos\beta) \\ 4\omega r_A \sin\beta - 3\pi\omega(r_B - r_A\cos\beta) \end{bmatrix} - \begin{bmatrix} (\omega_B - \omega_A) r_A\cos\beta \\ (\omega_B - \omega_A) r_A\sin\beta \end{bmatrix}$$

$$\Delta V_2 \approx \begin{bmatrix} 12\omega(r_B - r_A\cos\beta) \\ 0 \end{bmatrix} + \begin{bmatrix} 7(\omega_B - \omega_A) r_A\cos\beta \\ (\omega_B - \omega_A) r_A\sin\beta \end{bmatrix} + \begin{bmatrix} 7 & 0 \\ 0 & 1 \end{bmatrix} \Delta V_1$$

对于 Hohmann 交会问题,$\cos\beta = 1$ 是近似成立的,则

$$\Delta V_1 \approx \frac{1}{16} \begin{bmatrix} -28\omega(r_B - r_A) \\ 4\omega r_A \sin\beta - 3\pi\omega(r_B - r_A) \end{bmatrix} - \begin{bmatrix} (\omega_B - \omega_A) r_A \\ (\omega_B - \omega_A) r_A\sin\beta \end{bmatrix}$$

$$\Delta V_2 \approx \begin{bmatrix} 12\omega(r_B - r_A) \\ 0 \end{bmatrix} + \begin{bmatrix} 7(\omega_B - \omega_A) r_A \\ (\omega_B - \omega_A) r_A\sin\beta \end{bmatrix} + \begin{bmatrix} 7 & 0 \\ 0 & 1 \end{bmatrix} \Delta V_1$$

进一步可以求得

$$\Delta V_1 \approx \begin{bmatrix} -\dfrac{1}{4}\omega h \\ \dfrac{15}{16}\pi\omega \dfrac{h^2}{r_B} \end{bmatrix}$$

$$\Delta V_2 \approx \begin{bmatrix} \dfrac{3}{2}\omega h \\ -\dfrac{9}{8}\pi\omega \dfrac{h^2}{r_B} \end{bmatrix} + \begin{bmatrix} -\dfrac{7}{4}\omega h \\ \dfrac{15}{16}\pi\omega \dfrac{h^2}{r_B} \end{bmatrix} = \begin{bmatrix} -\dfrac{1}{4}\omega h \\ -\dfrac{3}{16}\pi\omega \dfrac{h^2}{r_B} \end{bmatrix}$$

类拟的 Hohmann 变轨脉冲式(4-4)可简化为:

$$\Delta V_{h1} = \sqrt{\frac{\mu}{R_A}} \left[\sqrt{\frac{2R_B}{R_A + R_B}} - 1 \right] \approx \sqrt{\frac{\mu}{R_A^3}} \frac{h}{2(R_A + R_B)} \cdot R_A \approx \frac{1}{4}\omega h$$

$$\Delta V_{h2} = \sqrt{\frac{\mu}{R_A}} \left[1 - \sqrt{\frac{2R_A}{R_A + R_B}} \right] \approx \sqrt{\frac{\mu}{R_B^3}} \cdot \frac{h}{2(R_A + R_B)} \cdot R_B \approx \frac{1}{4}\omega h$$

CW 制导求得的 X 轴方向速度与 Hohmann 最优脉冲交会中的脉冲表达式一致。

CW 制导两个脉冲的 X 方向和 Z 方向的分量的数量级比为

$$\omega h / \left(\pi\omega \frac{h^2}{r_B} \right) = r_B / (\pi h)$$

这个数约为 100，其对应姿态角约为 $0.57°$。

4. 算例分析

追踪器和目标器的轨道半径分别为 $r_A = 6689\mathrm{km}$，$r_B = 6710\mathrm{km}$，目标器与追踪器的初始相位角差为 $\beta = 0.007371\mathrm{rad}$，这个条件满足 Hohmann 交会，交会时间为 $t_H = 2728.6\mathrm{s}$，$\Delta V_{h_1} = \Delta V_{h_2} = 6.05\mathrm{m/s}$。

可以求得相对状态为 $x = 49.3054\mathrm{km}$，$z = 21.18172\mathrm{km}$，$\dot{x} = -36.2096\mathrm{m/s}$，$\dot{z} = -0.26691\mathrm{m/s}$。利用 CW 两脉冲制导可以求得两个脉冲分别为 $\Delta V_{x1} = -6.368\mathrm{m/s}$，$\Delta V_{z1} = 0.082\mathrm{m/s}$，$\Delta V_{x2} = -6.0828\mathrm{m/s}$，$\Delta V_{z2} = -0.095\mathrm{m/s}$。两个脉冲水平分量与速度方向的夹角分别为 $0.73779°$，$0.89699°$，两个脉冲基本上水平的，不需要调姿，与 Hohmann 变轨的计算结果相当。

4.7.4 仿真分析

寻的段初始时刻两个航天器的轨道如表 4-12 所列。

表 4-12 寻的段初始时刻两个航天器初始轨道

飞行器	半长轴 a/km	偏心率 e	轨道倾角 $i/(°)$	升交点赤经 $\Omega/(°)$	近地点辐角 $\omega/(°)$	真近点角 $f/(°)$
目标	6716.482	0.002	42.7378	359.4392	329.899	90.00
追踪	6702.551	0.00180	42.7444	359.343	318.028	101.382

初始时刻两个航天器的相对位置和相对速度（RVD 坐标系下）如表 4-13 所列。

表 4-13 寻的段仿真两航天器初始相对状态

项目	数据
X/km	58.913
Y/km	0.900

（续）

项目	数据
Z/km	1.18
$dX/(m/s)$	−18.373
$dY/(m/s)$	0
$dZ/(m/s)$	1.6010
相对距离/km	58.9248

寻的段制导策略如表 4 − 14 所列。

表 4 − 14　寻的段轨道控制策略

特征点	相对距离/km	速度增量/(m/s)		
第一次脉冲	39.980	4.2382	0.0071	−3.8206
第二次脉冲	8.5882	−1.0814	−0.3294	0.1638
修正脉冲	2.5998	0.5441	0.2209	0.654
第三次脉冲	4.7490	4.4306	0.9576	−1.2112

寻的段结束时两飞行器的相对位置和相对速度（RVD 坐标系下）如表 4 − 15 所列。

表 4 − 15　寻的结束时两航天器相对状态

数据

项目	数据
X/m	5118.79872
Y/m	53.300
Z/m	43.544
$dX/(m/s)$	−0.4660389
$dY/(m/s)$	−0.020901
$dZ/(m/s)$	0.86397

寻的段典型的仿真曲线如图 4 − 26 ~ 图 4 − 28 所示。

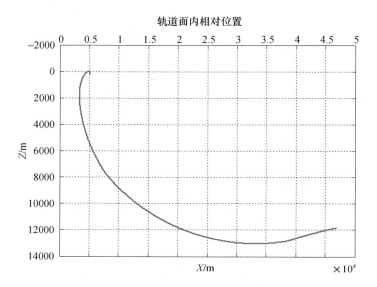

图 4 - 26　寻的段 RVD 坐标系下 $x - z$ 平面的转移曲线

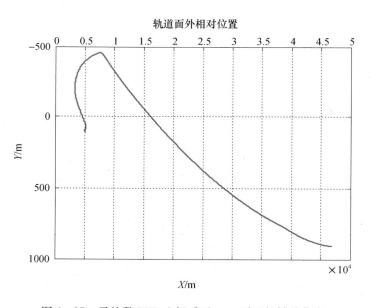

图 4 - 27　寻的段 RVD 坐标系下 $x - y$ 平面的转移曲线

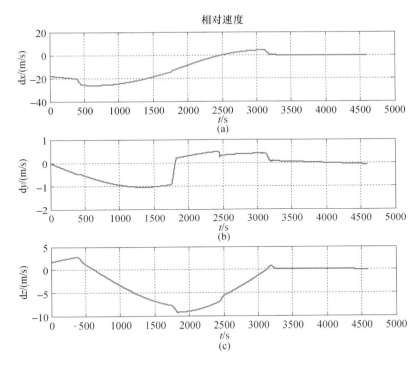

图 4 - 28　寻的段相对速度变化曲线

从上面的仿真可以看到,在所设计的寻的段初始条件下,采用四脉冲 CW 制导可以比较精确地把追踪器导引到预定的位置上。

4.8　接近段制导方案设计

接近段是在相对导航下逐步接近目标器,进而捕获对接走廊,为最后平移靠拢段提供合适的入口。

由于两个航天器比较近,CW 方程可以比较精确地描述两个航天器之间的相对运动,所以接近段一般采用 CW 制导策略。在交会对接过程中,特别是后向对接过程中,采用 CW 制导的轨迹往往会后兜,这容易使得轨迹进入禁飞区。另外 CW 制导最后的脉冲可能比较大,也会带来一定的安全隐患。视线制导根据规划的轨迹逐步逼近目标位置,且越接近目标点修正脉冲越小,能较好地克服 CW 制导带来的问题。

在接近段的工程实施中,采用 CW 制导和视线制导相结合的制导方案。

4.8.1 CW 制导策略

采用 CW 两脉冲制导策略,如 5km ~ 400m 的接近过程,交会时间略小于半个轨道周期。在 400m 的轨道高度上,一个轨道周期的时间为 5553.6s,取略小于半个轨道周期的交会时间 2600s。轨道面内的首末脉冲为:[-0.0297 1.3692]m/s、[0.0297 1.3692]m/s,其轨道面内相对位置变化如图 4-29 所示。

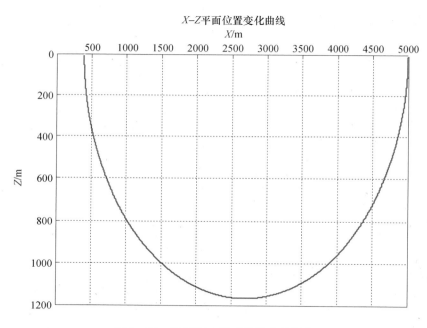

图 4-29 轨道面内相对位置变化轨迹

CW 制导的末端脉冲达到 1.3692m/s,按 0.01m/s^2 的加速度,施行这个脉冲需要时间约为 137s,制动的时间比较长。

4.8.2 视线制导策略

相关的制导律设计见 4.5.1 节、4.5.2 节。

4.8.3　联合制导策略

CW 制导精度较高,但在接近目标器有回兜现象可能不安全,在第二脉冲施加时制动时间比较长。视线制导燃料消耗比较多。所以与视线制导联合使用,解决了上述两个问题。

采用 CW 制导和视线制导联合的控制方法,先采用 CW 制导,当两个航天器的距离小于一定值或交会时间到达一定值,转采用视线制导策略。

图 4-30、图 4-31 中两个做 ⊗ 标记的点一个是时间达到 2000s,另一个是位置小于 1300m,第一个 ⊗ 前的轨迹是 CW 制导其后为视线制导。可以看到,在控制参数设计的比较好的情况下,CW 制导和视线制导衔接得很好,飞行轨迹比较光滑,没有出现突变的情况。

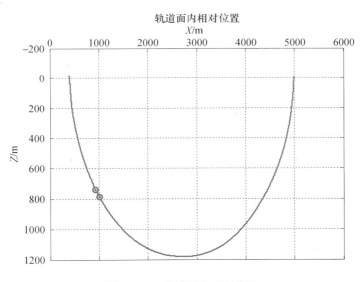

图 4-30　轨道面内相对位置

4.8.4　仿真分析

接近段飞行轨迹,从 5km 保持点开始先接近到 400m 保持点,再接近到 140m 保持点。

寻的段初始时刻两个航天器的初始轨道如表 4-16 所列。

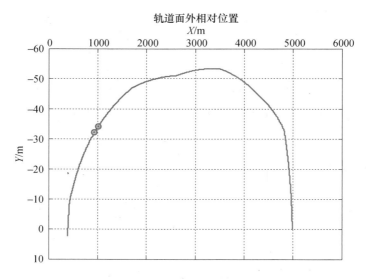

图 4 - 31　轨道面外相对位置

表 4 - 16　两个航天器初始轨道

飞行器	半长轴 a/km	偏心率 e	轨道倾角 $i/(°)$	升交点赤经 $\Omega/(°)$	近地点辐角 $\omega/(°)$	真近点角 $f/(°)$
目标	6718.787	0.00101	42.79	359.065	133.072	18.000
追踪	6716.858	0.00079	42.793	359.068	131.677	19.350

初始时刻两个航天器的相对位置和相对速度(RVD 坐标系下)如表 4 - 17 所列。

表 4 - 17　寻的段仿真两航天器初始相对状态

项目	数据
X/m	5118.79872
Y/m	53.300
Z/m	43.544
$dX/(m/s)$	- 0.4660389
$dY/(m/s)$	- 0.020901
$dZ/(m/s)$	0.86397

接近段典型的仿真曲线如图 4 – 32 ~ 图 4 – 35 所示。

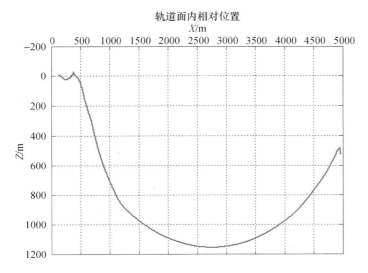

图 4 – 32　接近段在 RVD 坐标系 x – z 平面下的飞行曲线

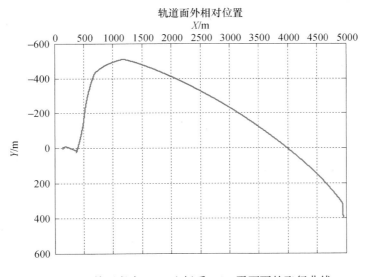

图 4 – 33　接近段在 RVD 坐标系 x – y 平面下的飞行曲线

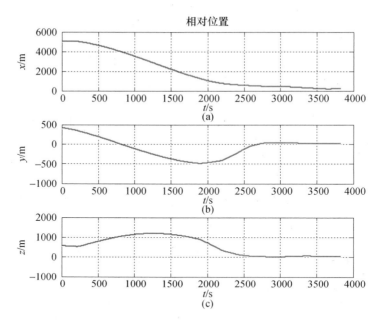

图 4 - 34　接近段单次仿真相对位置变化曲线

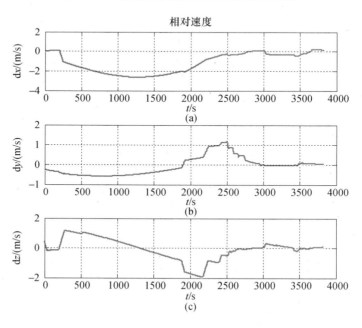

图 4 - 35　接近段单次仿真相对速度变化曲线

各阶段结束时的相对状态(RVD 坐标系下)如表 4-18 所列。

表 4-18 接近过程各飞行阶段结束时的相对状态

阶段	相对位置/m			相对速度/(m/s)		
	x	y	z	dx	dy	dz
400m 接近	421.161	-30.394	3.306	-0.3418	0.418	-0.083
400m 保持	378.260	18.556	-21.527	-0.00175	-0.0418	-0.0203
140m 接近	151.300	-3.996	2.118	-0.2820	0.0382	-0.049

从仿真上看,接近段通过 400m 接近和 140m 接近,使得追踪器逐步逼近目标器,飞行过程轨迹平滑可控,结束时刻位置精度高。

4.9 交会对接制导方案设计要点

交会对接制导策略的选择主要取决于由两个航天器的距离确定的飞行阶段,以及该飞行阶段的测量手段、要达到的制导目的。

在远距离导引段,两个航天器比较远,相对敏感器无法提供相对导航信息,一般采用轨道控制交会制导策略,把追踪器导引到目标器附近。在远距离导引段,燃料消耗和控制精度是主要的考核指标。

在中近距离段,相对导航敏感器可以提供比轨道根数更准确的测量信息,一般以相对状态为控制目标,把追踪器逐步、更精确地导引到目标器更近距离,直至对接。制导方案的设计包括结合燃料消耗、稳定性、鲁棒性等对不同飞行阶段初始、末端状态的设计,CW 制导方法、视线制导方法的应用等。在寻的段燃料消耗、控制精度和寻的初始条件适应能力是主要的考核指标,需要选择合适的初始和末端状态。在接近段,安全性、鲁棒性、制导精度、为相对测量敏感器提供的工作条件等是主要的考核指标,制导方案的设计要保证追踪器沿着标称轨迹逐步靠近目标器,且飞行过程中的制导脉冲随两个航天器的逐步接近应该越来越小。

参考文献

[1] 林来兴. 空间交会对接技术[M]. 北京:国防工业出版社,1995.

[2] Prussing J E. Optimal multiple – Impulse orbital rendezvous. Sc. D. thesis, Dept. of Aeronautics and Astronautics Massachusetts Institute of Technology, 1967.

[3] 陈长青. 交会对接中轨迹安全和轨迹优化研究[D]. 北京:北京控制工程研究所博士论文, 2008.

[4] Prussing J E. Optimal impulsive linear systems:Sufficient conditions and maximum number of impulses[J]. The Journal of the Astronautical Science, 1995, 43(2):195 – 206.

[5] Prussing J E. A class of optimal two – impulse rendezvous using multiple – revolution lambert solutions[J]. The Journal of the Astronautical Sciences, 2000, 46(2):131 – 148.

[6] Changqing Chen, Yongchun Xie. Optimal impulsive ellipse – to – circle coplanar rendezvous [J]. Science in China(Series E), 2009, 52(5):1135 – 1143.

第 5 章
交会对接自动控制方法及方案设计

▶**5.1 引言**

对追踪器而言,交会对接自动控制器设计的难点问题主要体现在三个方面,即追踪器变轨过程中的姿态稳定控制、平移靠拢段高精度相对位置和相对姿态的六自由度控制、保持点的长时间相对位置控制。

追踪器变轨过程中的姿态稳定控制主要是解决变轨发动机开机过程中大干扰力矩情况下追踪器的姿态稳定问题。相对位置和相对姿态的六自由度控制主要用于平移靠拢段,以实现控制的高精度为主要目标。由于保持时间通常比较长,所以保持点的相对位置控制主要在满足相对位置保持精度要求的前提下,如何控制追踪器使推进剂消耗最少。

航天器姿态和位置控制的方法很多,工程上用得较多的是 PID 控制和相平面控制,此外鲁棒 H_∞/H_2 控制、LQR/LQG 控制、自适应控制等也有应用实例[1-4]。

基于特征模型的智能自适应控制方法是从全系数自适应控制方法[5]的基础上推广和发展起来的,现在已经成为一种实用性很强的自适应控制方法。该方法从航天器和工业控制对象的物理机理、动力学特征和环境特征出发,结合控制目标与性能要求,建立对象的特征模型,并依据此模型,结合智能控制和自适应控制的理论,按照被控对象复杂程度和控制性能的要求,对控制器进行设计。理论研究结果表面,在一定条件下,按此方法设计的控制器和原对象构成的闭环系统稳定[6]。

基于特征模型的智能自适应控制方法的主要特点是建立一个全系数之和等于1的特征模型,确定参数范围,从工程应用角度进行自适应控制器的设计。控制器主要包括黄金分割自适应控制律、逻辑微分控制律和逻辑积分控制律。该方法设计简单,使用方便,一般不需要现场试凑和调试。实际应用结果表明该方法不仅对于参数和阶次未知的线性定常系统有效,也适用于一些非线性系统和慢时变系统。特征模型的提出为高阶对象及参数未知对象的控制器设计提供了理论依据,为工程实际应用带来了极大的方便[7-13]。

本章主要介绍交会对接被控对象的特征建模和基于特征模型的智能自适应控制方法在交会对接中的应用。将黄金分割控制和逻辑微分控制与相平面控制相结合,解决了追踪器变轨过程中的姿态稳定控制、平移靠拢段高精度相对位置和相对姿态的六自由度控制问题。

交会对接过程中长时间位置保持问题主要和相对轨道运动特性相关,本章基于相对轨道运动特性的研究结果,给出了一种在保持点长时间进行相对位置控制的策略,具有推进剂消耗少的优点。

▶ 5.2　被控对象的特征建模

⌀ 5.2.1　重要引理

首先引入如下一个重要引理。

引理 5.1[10,14]　考虑如下两个系统:

$$\dot{x} = f(t,x) + \varphi(t,x) + g(t,x)u \qquad (5-1)$$

式中:$f(t,x)$,$g(t,x)$为光滑函数;$\varphi(t,x)$满足 $\| \varphi(t,x) \| \leqslant \int_0^t me^{-\lambda(t-s)}$
$\| x(s) \| \mathrm{d}s$,$x \in \mathbf{R}^{n_1}$;$u \in \mathbf{R}^{n_2}$为任意控制输入;$m > 0$,$\lambda > 0$。

$$\dot{v} = f(t,v) + \psi(t,v) + g(t,v)u \qquad (5-2)$$

式中:$v \in \mathbf{R}^{n_1}$,$u \in \mathbf{R}^{n_2}$,函数 $\psi(t,v)$ 满足 $\| \psi(t,v) \| \leqslant \dfrac{m\sqrt{\tilde{c}_2}}{\lambda\sqrt{\tilde{c}_1}} \| v \|$,$\tilde{c}_2 \geqslant \tilde{c}_1 > 0$。

设紧集 $X_1 \subset R^{n_1}$ 为不变集,如果存在控制器 u 使系统式(5－2)在 X_1 内指数稳定,则系统式(5－1)在紧集 X_1 内也是指数稳定的。

☑ 5.2.2　特征模型

特征建模,就是结合被控对象的动力学特征和控制性能要求进行建模,而不是仅以对象精确的动力学分析来建模。特征建模是针对高阶、参数未知的对象而提出的一种建模方法,对挠性体的建模具有重要的意义。特征模型的特点如下[6]:

(1)在同样输入控制作用下,对象特征模型和实际对象在输出上是等价的(即在动态过程中能保持在允许的输出误差内),在稳定情况下,输出是相等的;

(2)特征模型的形式和阶次除考虑对象特征外,主要取决于控制性能要求;

(3)特征模型建立的形式应比原对象动力学方程简单,工程实现容易、方便;

(4)特征模型与高阶系统的降阶模型不同,它是把高阶模型的有关信息都压缩到几个特征参量之中,并不丢失信息,一般情况下特征模型用慢时变差分方程描述。

追踪器通常带有两个挠性太阳帆板,可以采用式(2－35)～式(2－40)所示的中心刚体加柔性附件的复杂航天器挠性动力学模型描述。以这样的追踪器为被控对象,其特征模型的建立过程分为如下三步:

1. 化为本体与挠性帆板的互联形式

以追踪器本体三个姿态角为输出,以控制力矩为主要输入,并同时考虑作用在追踪器本体的外力和作用于太阳帆板的外力矩,把原动力学模型式(2－35)～式(2－40)转化为一种本体的输入输出模型与挠性帆板互相耦合的互联模型,具体过程如下所述。

把式(2－35)、式(2－37)、式(2－38)带入式(2－39)、式(2－40)可得

$$A_{11} \ddot{\boldsymbol{\eta}}_{ls} + A_{12} \dot{\boldsymbol{\eta}}_{ls} + A_{13} \boldsymbol{\eta}_{ls} + A_{14} \ddot{\boldsymbol{\eta}}_{rs} + A_{15} \dot{\boldsymbol{\omega}}_{s} + T_1 = 0 \qquad (5-3)$$

$$A_{21} \ddot{\boldsymbol{\eta}}_{rs} + A_{22} \dot{\boldsymbol{\eta}}_{rs} + A_{23} \boldsymbol{\eta}_{rs} + A_{24} \ddot{\boldsymbol{\eta}}_{ls} + A_{25} \dot{\boldsymbol{\omega}}_{s} + T_2 = 0 \qquad (5-4)$$

式中: $A_{11} = I_{m \times m} - F_{tls}^T M^{-1} F_{tls} - F_{als}^T I_{als}^{-1} F_{als}$; $A_{12} = 2 \boldsymbol{\xi}_{ls} \boldsymbol{\Omega}_{als}$; $A_{13} = \boldsymbol{\Omega}_{als}^2$; $A_{14} = -F_{tls}^T M^{-1} F_{trs}$; $A_{15} = F_{sls}^T - F_{als}^T I_{als}^{-1} R_{asls}^T$; $T_1 = F_{als}^T I_{als}^{-1} T_{als} + F_{tls}^T M^{-1} P_s$; $A_{21} = I_{m \times m}$

$- F_{\text{trs}}^{\text{T}} M^{-1} F_{\text{trs}} - F_{\text{ars}}^{\text{T}} I_{\text{ars}}^{-1} F_{\text{ars}}; A_{22} = 2\xi_{\text{rs}} \Omega_{\text{ars}}; A_{23} = \Omega_{\text{ars}}^2; A_{24} = - F_{\text{trs}}^{\text{T}} M^{-1} F_{\text{tls}}; A_{25} = F_{\text{srs}}^{\text{T}} - F_{\text{ars}}^{\text{T}} I_{\text{ars}}^{-1} R_{\text{asrs}}^{\text{T}}; T_2 = F_{\text{ars}}^{\text{T}} I_{\text{ars}}^{-1} T_{\text{ars}} + F_{\text{trs}}^{\text{T}} M^{-1} P_{\text{s}} \circ$

把式(2-37)、式(2-38)带入式(2-36)可得

$$A_{31} \dot{\omega}_{\text{s}} + A_{32} \omega_{\text{s}} + A_{33} \eta_{\text{ls}} + A_{34} \eta_{\text{rs}} + T_3 - T_{\text{s}} = 0 \qquad (5-5)$$

式中：$A_{31} = I_{\text{s}} - R_{\text{asls}} I_{\text{als}}^{-1} R_{\text{asls}}^{\text{T}} - R_{\text{asrs}} I_{\text{ars}}^{-1} R_{\text{asrs}}^{\text{T}}, A_{32} = \tilde{\omega}_{\text{s}} I_{\text{s}}, A_{33} = F_{\text{sls}} - R_{\text{asls}} I_{\text{als}}^{-1} F_{\text{als}}, A_{34} = F_{\text{srs}} - R_{\text{asrs}} I_{\text{ars}}^{-1} F_{\text{ars}}, T_3 = R_{\text{asls}} I_{\text{als}}^{-1} T_{\text{als}} + R_{\text{asrs}} I_{\text{ars}}^{-1} T_{\text{ars}} \circ$

将式(5-3)和式(5-4)进一步表述为

$$\overline{A}_1 \begin{bmatrix} \ddot{\eta}_{\text{ls}} \\ \ddot{\eta}_{\text{rs}} \end{bmatrix} + \overline{A}_2 \begin{bmatrix} \dot{\eta}_{\text{ls}} \\ \dot{\eta}_{\text{rs}} \end{bmatrix} + \overline{A}_3 \begin{bmatrix} \eta_{\text{ls}} \\ \eta_{\text{rs}} \end{bmatrix} + \overline{A}_4 \dot{\omega}_{\text{s}} + \begin{bmatrix} T_1 \\ T_2 \end{bmatrix} = 0$$

式中：$\overline{A}_1 = \begin{bmatrix} A_{11} & A_{14} \\ A_{24} & A_{21} \end{bmatrix}; \overline{A}_2 = \begin{bmatrix} A_{12} & 0_{\text{m} \times \text{m}} \\ 0_{\text{m} \times \text{m}} & A_{22} \end{bmatrix}; \overline{A}_3 = \begin{bmatrix} A_{13} & 0_{\text{m} \times \text{m}} \\ 0_{\text{m} \times \text{m}} & A_{23} \end{bmatrix}; \overline{A}_4 = \begin{bmatrix} A_{15} \\ A_{25} \end{bmatrix}$

即

$$\begin{bmatrix} \ddot{\eta}_{\text{ls}} \\ \ddot{\eta}_{\text{rs}} \end{bmatrix} = - \overline{A}_1^{-1} \left(\overline{A}_2 \begin{bmatrix} \dot{\eta}_{\text{ls}} \\ \dot{\eta}_{\text{rs}} \end{bmatrix} + \overline{A}_3 \begin{bmatrix} \eta_{\text{ls}} \\ \eta_{\text{rs}} \end{bmatrix} + \overline{A}_4 \dot{\omega}_{\text{s}} + \begin{bmatrix} T_1 \\ T_2 \end{bmatrix} \right) \qquad (5-6)$$

将式(5-6)带入式(5-5)得

$$(A_{31} - \begin{bmatrix} A_{33} & A_{34} \end{bmatrix} \overline{A}_1^{-1} \overline{A}_4) \dot{\omega}_{\text{s}} + A_{32} \omega_{\text{s}} + (- \begin{bmatrix} A_{33} & A_{34} \end{bmatrix} \overline{A}_1^{-1} \overline{A}_2) \begin{bmatrix} \dot{\eta}_{\text{ls}} \\ \dot{\eta}_{\text{rs}} \end{bmatrix} +$$

$$(- \begin{bmatrix} A_{33} & A_{34} \end{bmatrix} \overline{A}_1^{-1} \overline{A}_3) \begin{bmatrix} \eta_{\text{ls}} \\ \eta_{\text{rs}} \end{bmatrix} + (- \begin{bmatrix} A_{33} & A_{34} \end{bmatrix} \overline{A}_1^{-1}) \begin{bmatrix} T_1 \\ T_2 \end{bmatrix} + T_3 - T_{\text{s}} = 0$$

简写为

$$P_1 \dot{\omega}_{\text{s}} + P_2 \omega_{\text{s}} + P_4 \begin{bmatrix} \dot{\eta}_{\text{ls}} \\ \dot{\eta}_{\text{rs}} \end{bmatrix} + P_3 \begin{bmatrix} \eta_{\text{ls}} \\ \eta_{\text{rs}} \end{bmatrix} + T_4 - T_{\text{s}} = 0 \qquad (5-7)$$

式中：$P_1 = A_{31} - \begin{bmatrix} A_{33} & A_{34} \end{bmatrix} \overline{A}_1^{-1} \overline{A}_4; P_2 = A_{32}; P_3 = - \begin{bmatrix} A_{33} & A_{34} \end{bmatrix} \overline{A}_1^{-1} \overline{A}_3;$

$$P_4 = - \begin{bmatrix} A_{33} & A_{34} \end{bmatrix} \overline{A}_1^{-1} \overline{A}_2, T_4 = (- \begin{bmatrix} A_{33} & A_{34} \end{bmatrix} \overline{A}_1^{-1}) \begin{bmatrix} T_1 \\ T_2 \end{bmatrix} + T_3 \circ$$

从式(5-7)可以看出,原动力学方程(2-36)转化为以 $\boldsymbol{\omega}_s$ 为输出,以 $\boldsymbol{T}_s$(姿态控制力矩)和 $\boldsymbol{T}_4$(包含其他次要控制力和力矩)为输入的输入输出模型,其中包含了挠性帆板的扰动。进一步考虑挠性帆板动力学,作如下处理:

定义 $\boldsymbol{X}_1 = \begin{bmatrix} \boldsymbol{\eta}_{ls} \\ \boldsymbol{\eta}_{rs} \end{bmatrix}$, $\boldsymbol{X}_2 = \begin{bmatrix} \dot{\boldsymbol{\eta}}_{ls} \\ \dot{\boldsymbol{\eta}}_{rs} \end{bmatrix}$, $\boldsymbol{X} = \begin{bmatrix} \boldsymbol{X}_1^T & \boldsymbol{X}_2^T \end{bmatrix}^T$,式(5-6)可写为

$$
\begin{cases}
\dot{\boldsymbol{X}}_1 = \boldsymbol{X}_2 \\
\dot{\boldsymbol{X}}_2 = \begin{bmatrix} -\overline{\boldsymbol{A}}_1^{-1}\overline{\boldsymbol{A}}_3 & -\overline{\boldsymbol{A}}_1^{-1}\overline{\boldsymbol{A}}_2 \end{bmatrix} \begin{bmatrix} \boldsymbol{X}_1 \\ \boldsymbol{X}_2 \end{bmatrix} - \overline{\boldsymbol{A}}_1^{-1}\overline{\boldsymbol{A}}_4\dot{\boldsymbol{\omega}}_s - \overline{\boldsymbol{A}}_1^{-1}\begin{bmatrix} \boldsymbol{T}_1 \\ \boldsymbol{T}_2 \end{bmatrix}
\end{cases}
$$

进一步简写为

$$
\dot{\boldsymbol{X}} = \boldsymbol{P}_5 \boldsymbol{X} + \boldsymbol{B}_1 \dot{\boldsymbol{\omega}}_s + \boldsymbol{B}_2 \begin{bmatrix} \boldsymbol{T}_1 \\ \boldsymbol{T}_2 \end{bmatrix} \tag{5-8}
$$

式中: $\boldsymbol{P}_5 = \begin{bmatrix} \boldsymbol{0}_{2m \times 2m} & \boldsymbol{I}_{2m \times 2m} \\ -\overline{\boldsymbol{A}}_1^{-1}\overline{\boldsymbol{A}}_3 & -\overline{\boldsymbol{A}}_1^{-1}\overline{\boldsymbol{A}}_2 \end{bmatrix}$; $\boldsymbol{B}_1 = \begin{bmatrix} \boldsymbol{0}_{2m \times 3} \\ -\overline{\boldsymbol{A}}_1^{-1}\overline{\boldsymbol{A}}_4 \end{bmatrix}$; $\boldsymbol{B}_2 = \begin{bmatrix} \boldsymbol{0}_{2m \times 3} \\ -\overline{\boldsymbol{A}}_1^{-1} \end{bmatrix}$,则式(5-8)为挠性帆板的状态方程。

由于

$$
\dot{\boldsymbol{\theta}} = \boldsymbol{T}(\boldsymbol{\theta})\boldsymbol{\omega}_s
$$

式中: $\boldsymbol{\theta} = \begin{bmatrix} \varphi & \theta & \psi \end{bmatrix}^T$, $\boldsymbol{T}(\boldsymbol{\theta}) = \begin{bmatrix} \dfrac{\cos\theta}{\cos\psi} & 0 & \dfrac{\sin\theta}{\cos\psi} \\ \tan\psi\cos\theta & 1 & \tan\psi\sin\theta \\ -\sin\theta & 0 & \cos\theta \end{bmatrix}$, $\boldsymbol{\omega}_s = \begin{bmatrix} \omega_x & \omega_y & \omega_z \end{bmatrix}^T$。

则追踪器本体动力学模型可写成

$$
\begin{cases}
\boldsymbol{P}_1 \dot{\boldsymbol{\omega}}_s + \boldsymbol{P}_2 \boldsymbol{\omega}_s + \boldsymbol{P}_3 \boldsymbol{X}_1 + \boldsymbol{P}_4 \boldsymbol{X}_2 + \boldsymbol{T}_4 - \boldsymbol{T}_s = \boldsymbol{0} \\
\dot{\boldsymbol{\theta}} = \boldsymbol{T}(\boldsymbol{\theta})\boldsymbol{\omega}_s \\
\boldsymbol{y} = \boldsymbol{\theta}
\end{cases} \tag{5-9}
$$

可以看出,式(5-8)为挠性帆板的状态方程,式(5-9)为追踪器本体的输入输出方程,两个系统互相耦合:式(5-8)受到 $\dot{\boldsymbol{\omega}}_s$ 的影响,而式(5-9)受到 $\boldsymbol{X}_1, \boldsymbol{X}_2$ 的影响,两者构成互联结构。

2.高阶系统化为低阶系统

由于系统本质上是一个高阶系统,而特征模型为一个低阶系统,因此,必须进行转化。求解式(5-8)可得

$$\begin{bmatrix} X_1(t) \\ X_2(t) \end{bmatrix} = \mathrm{e}^{P_5 t} \begin{bmatrix} X_{10} \\ X_{20} \end{bmatrix} + \int_0^t \mathrm{e}^{P_5(t-\tau)} \boldsymbol{B}_1 \dot{\boldsymbol{\omega}}_s(\tau) \mathrm{d}\tau + \int_0^t \mathrm{e}^{P_5(t-\tau)} \boldsymbol{B}_2 \begin{bmatrix} T_1 \\ T_2 \end{bmatrix} \mathrm{d}\tau$$

利用分步积分可得

$$\begin{bmatrix} X_1(t) \\ X_2(t) \end{bmatrix} = \mathrm{e}^{P_5 t} \begin{bmatrix} X_{10} \\ X_{20} \end{bmatrix} + \boldsymbol{B}_1 \boldsymbol{\omega}_s(t) - \mathrm{e}^{P_5 t} \boldsymbol{B}_1 \boldsymbol{\omega}_s(0)$$

$$+ P_5 \int_0^t \mathrm{e}^{P_5(t-\tau)} \boldsymbol{B}_1 \boldsymbol{\omega}_s(\tau) \mathrm{d}\tau + \int_0^t \mathrm{e}^{P_5(t-\tau)} \boldsymbol{B}_2 \begin{bmatrix} T_1 \\ T_2 \end{bmatrix} \mathrm{d}\tau$$

所以,代入式(5-9)中第一式有

$$\boldsymbol{P}_1 \dot{\boldsymbol{\omega}}_s + \boldsymbol{P}_2 \boldsymbol{\omega}_s + \boldsymbol{P}_3 X_1 + \boldsymbol{P}_4 X_2 + T_4 - T_s$$

$$= \boldsymbol{P}_1 \dot{\boldsymbol{\omega}}_s + (\boldsymbol{P}_2 + [\boldsymbol{P}_3 \quad \boldsymbol{P}_4] \boldsymbol{B}_1) \boldsymbol{\omega}_s + [\boldsymbol{P}_3 \quad \boldsymbol{P}_4] \boldsymbol{P}_5 \int_0^t \mathrm{e}^{P_5(t-\tau)} \boldsymbol{B}_1 \boldsymbol{\omega}_s(\tau) \mathrm{d}\tau$$

$$+ [\boldsymbol{P}_3 \quad \boldsymbol{P}_4] \int_0^t \mathrm{e}^{P_5(t-\tau)} \boldsymbol{B}_2 \begin{bmatrix} T_1 \\ T_2 \end{bmatrix} \mathrm{d}\tau + T_4 - T_s + [\boldsymbol{P}_3 \quad \boldsymbol{P}_4] \mathrm{e}^{P_5 t} \begin{bmatrix} X_{10} \\ X_{20} \end{bmatrix}$$

$$- [\boldsymbol{P}_3 \quad \boldsymbol{P}_4] \mathrm{e}^{P_5 t} \boldsymbol{B}_1 \boldsymbol{\omega}_s(0) = 0$$

由于 T_{als}、T_{ars} 一般为常值,且在一般情况下 $\boldsymbol{P}_s$ 对姿态影响较小,因此,可以假设 T_1、T_2 为常值,则 $\int_0^t \mathrm{e}^{P_5(t-\tau)} \boldsymbol{B}_2 \begin{bmatrix} T_1 \\ T_2 \end{bmatrix} \mathrm{d}\tau$ 可化为更简单的形式 $\int_0^t \mathrm{e}^{P_5(t-\tau)}$

$\boldsymbol{B}_2 \mathrm{d}\tau \begin{bmatrix} T_1 \\ T_2 \end{bmatrix}$。式(5-9)第一式可简写为

$$\overline{\boldsymbol{P}}_1 \dot{\boldsymbol{\omega}}_s + \overline{\boldsymbol{P}}_2 \boldsymbol{\omega}_s + \overline{\boldsymbol{P}}_3 \int_0^t \mathrm{e}^{P_5(t-\tau)} \boldsymbol{B}_1 \boldsymbol{\omega}_s(\tau) \mathrm{d}\tau + \overline{\boldsymbol{P}}_4 \begin{bmatrix} T_1 \\ T_2 \end{bmatrix}$$

$$+ \overline{\boldsymbol{P}}_5 X_0 + \overline{\boldsymbol{P}}_6 \boldsymbol{\omega}_s(0) + T_4 - T_s = \boldsymbol{0} \tag{5-10}$$

式中:$\overline{\boldsymbol{P}}_1 = \boldsymbol{P}_1$;$\overline{\boldsymbol{P}}_2 = \boldsymbol{P}_2 + [\boldsymbol{P}_3 \quad \boldsymbol{P}_4] \boldsymbol{B}_1$;$\overline{\boldsymbol{P}}_3 = [\boldsymbol{P}_3 \quad \boldsymbol{P}_4] \boldsymbol{P}_5$;$\overline{\boldsymbol{P}}_4 = [\boldsymbol{P}_3 \quad \boldsymbol{P}_4]$

$\int_0^t \mathrm{e}^{P_5(t-\tau)} \boldsymbol{B}_2 \mathrm{d}\tau$;$\overline{\boldsymbol{P}}_5 = [\boldsymbol{P}_3 \quad \boldsymbol{P}_4] \mathrm{e}^{P_5 t}$;$\overline{\boldsymbol{P}}_6 = -[\boldsymbol{P}_3 \quad \boldsymbol{P}_4] \mathrm{e}^{P_5 t} \boldsymbol{B}_1$。

注意到挠性帆板本身为稳定系统,则存在对角阵 $\boldsymbol{\Lambda}_1 = -\lambda_1 \boldsymbol{I}$, $\boldsymbol{\Lambda}_2 = -\lambda_2 \boldsymbol{I}$, 其中 $\lambda_1 > \lambda_2 > 0$, 使得 $\boldsymbol{\Lambda}_1 \leqslant \boldsymbol{P}_5 \leqslant \boldsymbol{\Lambda}_2$, 则有 $\mathrm{e}^{\boldsymbol{\Lambda}_1(t-\tau)} \leqslant \mathrm{e}^{\boldsymbol{P}_5(t-\tau)} \leqslant \mathrm{e}^{\boldsymbol{\Lambda}_2(t-\tau)}$。

定义 $\overline{\boldsymbol{P}}_3 \boldsymbol{B}_1 \boldsymbol{\omega}_\mathrm{s}(\tau) = \left[\begin{array}{ccc} \sum\limits_{i=1}^{3} b_{1i}\omega_{\mathrm{s},i}(\tau) & \sum\limits_{i=1}^{3} b_{2i}\omega_{\mathrm{s},i}(\tau) & \sum\limits_{i=1}^{3} b_{3i}\omega_{\mathrm{s},i}(\tau) \end{array}\right]^{\mathrm{T}}$, 则

$$\begin{bmatrix} \sum\limits_{i=1}^{3} \int_0^t \mathrm{e}^{-\lambda_1(t-\tau)} b_{1i}\omega_{\mathrm{s},i}(\tau)\mathrm{d}\tau \\ \sum\limits_{i=1}^{3} \int_0^t \mathrm{e}^{-\lambda_1(t-\tau)} b_{2i}\omega_{\mathrm{s},i}(\tau)\mathrm{d}\tau \\ \sum\limits_{i=1}^{3} \int_0^t \mathrm{e}^{-\lambda_1(t-\tau)} b_{3i}\omega_{\mathrm{s},i}(\tau)\mathrm{d}\tau \end{bmatrix} \leqslant \overline{\boldsymbol{P}}_3 \int_0^t \mathrm{e}^{\boldsymbol{P}_5(t-\tau)} \boldsymbol{B}_1 \boldsymbol{\omega}_\mathrm{s}(\tau)\mathrm{d}\tau \leqslant \begin{bmatrix} \sum\limits_{i=1}^{3} \int_0^t \mathrm{e}^{-\lambda_2(t-\tau)} b_{1i}\omega_{\mathrm{s},i}(\tau)\mathrm{d}\tau \\ \sum\limits_{i=1}^{3} \int_0^t \mathrm{e}^{-\lambda_2(t-\tau)} b_{2i}\omega_{\mathrm{s},i}(\tau)\mathrm{d}\tau \\ \sum\limits_{i=1}^{3} \int_0^t \mathrm{e}^{-\lambda_2(t-\tau)} b_{3i}\omega_{\mathrm{s},i}(\tau)\mathrm{d}\tau \end{bmatrix}$$

由于 $\int_0^t \| \overline{\boldsymbol{P}}_3 \mathrm{e}^{\boldsymbol{P}_5(t-\tau)} \boldsymbol{B}_1 \boldsymbol{\omega}_\mathrm{s}(\tau) \| \mathrm{d}\tau \leqslant 3 |b| \int_0^t \mathrm{e}^{-\lambda_2(t-\tau)} \sum\limits_{i=1}^{3} |\omega_{\mathrm{s},i}(\tau)| \mathrm{d}\tau$, 其中, $|b| = \max\{ |b_{1i}|, |b_{2i}|, |b_{3i}| \}$, $\forall i = 1,2,3$。根据引理 5.1, 可以构建 $\int_0^t \| \overline{\boldsymbol{P}}_3 \mathrm{e}^{\boldsymbol{P}_5(t-\tau)} \boldsymbol{B}_1 \boldsymbol{\omega}_\mathrm{s}(\tau) \| \mathrm{d}\tau$ 的等价上界 $3 \dfrac{|b|}{\lambda_2} \sum\limits_{i=1}^{3} |\omega_{\mathrm{s},i}(t)|$。根据参考文献 [15] 中的处理方式, $3 \dfrac{|b|}{\lambda_2} \sum\limits_{i=1}^{3} |\omega_{\mathrm{s},i}(t)|$ 属于闭凸集 $k(v) \sum \omega_{\mathrm{s},i}(t)$ 内, 其中 $k(v) = -3 \dfrac{|b|}{\lambda_2} + 6(1-v) \dfrac{|b|}{\lambda_2}$, $v \in [0,1]$。

因此,式(5-10)可进一步写为

$$\overline{\boldsymbol{P}}_1 \dot{\boldsymbol{\omega}}_\mathrm{s} + (\overline{\boldsymbol{P}}_2 + \boldsymbol{K}(v)) \boldsymbol{\omega}_\mathrm{s} + \overline{\boldsymbol{P}}_4 \begin{bmatrix} \boldsymbol{T}_1 \\ \boldsymbol{T}_2 \end{bmatrix} + \overline{\boldsymbol{P}}_5 \boldsymbol{X}_0 + \overline{\boldsymbol{P}}_6 \boldsymbol{\omega}_\mathrm{s}(0) + \boldsymbol{T}_4 - \boldsymbol{T}_\mathrm{s} = \boldsymbol{0}$$

其中, $\boldsymbol{K}(v) = (k(v))_{3\times3}$。

由于 $\dot{\boldsymbol{\theta}} = \boldsymbol{T}(\boldsymbol{\theta}) \boldsymbol{\omega}_\mathrm{s}$, 所以

$$\dot{\boldsymbol{\omega}}_\mathrm{s} = \boldsymbol{T}^{-1}(\boldsymbol{\theta}) \ddot{\boldsymbol{\theta}} + \dot{\boldsymbol{T}}^{-1}(\boldsymbol{\theta}) \dot{\boldsymbol{\theta}}^2$$

由式(5-10)可知 $\mathrm{e}^{\boldsymbol{P}_5 t} \to 0$, $\forall t \to \infty$, 因此 $\overline{\boldsymbol{P}}_5$, $\overline{\boldsymbol{P}}_6$ 最终均收敛于 0, 所以忽略初值项 $\overline{\boldsymbol{P}}_5 \boldsymbol{X}_0$, $\overline{\boldsymbol{P}}_6 \boldsymbol{\omega}_\mathrm{s}(0)$, 则有

$$\overline{P}_1\dot{\boldsymbol{\omega}}_s + (\overline{P}_2 + K(\upsilon))\boldsymbol{\omega}_s + \overline{P}_4\begin{bmatrix} T_1 \\ T_2 \end{bmatrix} + T_4 - T_s = \boldsymbol{0}$$

进一步写为

$$\overline{P}_1 T^{-1}(\boldsymbol{\theta})\ddot{\boldsymbol{\theta}} + ((\overline{P}_2 + K(\upsilon))T^{-1}(\boldsymbol{\theta}) + \overline{P}_1\dot{T}^{-1}(\boldsymbol{\theta})\dot{\boldsymbol{\theta}})\dot{\boldsymbol{\theta}} + \overline{P}_4\begin{bmatrix} T_1 \\ T_2 \end{bmatrix} + T_4 - T_s = \boldsymbol{0}$$

简写为

$$\ddot{\boldsymbol{\theta}} + F_1^{-1}(\boldsymbol{\theta})F_2(\boldsymbol{\theta},\dot{\boldsymbol{\theta}},\upsilon)\dot{\boldsymbol{\theta}} + F_1^{-1}(\boldsymbol{\theta})\overline{P}_4\begin{bmatrix} T_1 \\ T_2 \end{bmatrix} + F_1^{-1}(T_4 - T_s) = \boldsymbol{0} \quad (5-11)$$

式中：$F_1(\boldsymbol{\theta}) = \overline{P}_1 T^{-1}(\boldsymbol{\theta})$；$F_2(\boldsymbol{\theta},\dot{\boldsymbol{\theta}},\upsilon) = (\overline{P}_2 + K(\upsilon))T^{-1}(\boldsymbol{\theta}) + \overline{P}_1\dot{T}^{-1}(\boldsymbol{\theta})\dot{\boldsymbol{\theta}}$。

通过以上转化，原动力学模型式(5-8)和式(5-9)进一步转换为控制上等价的低阶输入输出模型式(5-11)，其中包含了高阶系统——帆板挠性对于追踪器本体的影响，从控制输入来说，T_s 为主要控制量，T_4 则综合了其他次要控制量。

3. 精确离散化

系统式(5-11)的状态方程可写为

$$\begin{cases} \dot{z} = A(\boldsymbol{\theta},\dot{\boldsymbol{\theta}},\upsilon)z + B_1(\boldsymbol{\theta})u_1 + B_2(\boldsymbol{\theta},\dot{\boldsymbol{\theta}},\upsilon)u_2 \\ y = z_1 \end{cases} \quad (5-12)$$

式中：$z = [z_1^{\mathrm{T}} \quad z_2^{\mathrm{T}}]^{\mathrm{T}} = [\boldsymbol{\theta}^{\mathrm{T}} \quad \dot{\boldsymbol{\theta}}^{\mathrm{T}}]^{\mathrm{T}}$；$A(\boldsymbol{\theta},\upsilon) = \begin{bmatrix} \boldsymbol{0} & I \\ \boldsymbol{0} & a_2(\boldsymbol{\theta},\dot{\boldsymbol{\theta}},\upsilon) \end{bmatrix}$；$a_2(\boldsymbol{\theta},\dot{\boldsymbol{\theta}},\upsilon) = F_1^{-1}(\boldsymbol{\theta})F_2(\boldsymbol{\theta},\dot{\boldsymbol{\theta}},\upsilon)$，$B_1(\boldsymbol{\theta}) = [\boldsymbol{0} \quad b_1^{\mathrm{T}}(\boldsymbol{\theta})]^{\mathrm{T}}$，$b_1(\boldsymbol{\theta}) = -F_1^{-1}(\boldsymbol{\theta})$；$B_2(\boldsymbol{\theta},\dot{\boldsymbol{\theta}},\upsilon) = [\boldsymbol{0} \quad b_2^{\mathrm{T}}(\boldsymbol{\theta},\dot{\boldsymbol{\theta}},\upsilon)]^{\mathrm{T}}$，$b_2(\boldsymbol{\theta},\dot{\boldsymbol{\theta}},\upsilon) = [F_1^{-1}(\boldsymbol{\theta})F_2(\boldsymbol{\theta},\dot{\boldsymbol{\theta}},\upsilon) \quad F_1^{-1}]$；$u_1 = T_s$；$u_2 = [T_1^{\mathrm{T}} \quad T_2^{\mathrm{T}} \quad T_4^{\mathrm{T}}]^{\mathrm{T}}$。

如果假设系统式(5-11)的状态在某个闭集内变化，即 $\boldsymbol{\theta} \in D_1 \subset \boldsymbol{R}^3$，$\dot{\boldsymbol{\theta}} \in D_2 \subset \boldsymbol{R}^3$，$\upsilon \in [0,1]$，则上述系数矩阵均具有确定的区间。因此，根据参考文献[15]和[16]，其顶点系统可统一写成

$$\begin{cases} \dot{z} = A_i z + B_{1,i} u_1 + B_{2,i} u_2 \\ y = z_1 \end{cases} \quad (5-13)$$

式中：A_i，$B_{1,i}$ 和 $B_{2,i}$，$i = 1, \cdots, 8$，分别为 $a_2(\theta, \dot{\theta}, v)$，$b_1(\theta)$ 和 $b_2(\theta, \dot{\theta}, v)$ 取最小和最大值所对应的矩阵。

下面为了建立特征模型处理方便，统一把 A_i，$B_{1,i}$ 和 $B_{2,i}$ 写成 A，B_1 和 B_2 的形式，把 $a_2(\theta, \dot{\theta}, v)$，$b_1(\theta)$ 和 $b_2(\theta, \dot{\theta}, v)$ 写成 a_2，b_1 和 b_2 的形式。首先把式(5-13)离散化，然后构建特征模型。

式(5-13)的精确解可写为

$$z_{k+1} = e^{Ah} z_k + \int_{t_k}^{t_{k+1}} e^{A(t_{k+1}-s)} \mathrm{d}s (B_1 u_{1,k} + B_2 u_{2,k}) \quad (5-14)$$

由于

$$\int_{\tau_k}^{\tau_{k+1}} e^{A(\tau_{k+1}-s)} \mathrm{d}s = hI + \frac{1}{2} h^2 A + \frac{1}{3!} h^3 A^2 + \cdots$$

并考虑 e^{Ah} 级数展开式，式(5-14)可代为

$$z_{k+1} = \left(I + hA + \frac{1}{2!} h^2 A^2 + \cdots \right) z_k + h \left(I + \frac{1}{2} hA + \frac{1}{3!} h^2 A^2 + \cdots \right) (B_1 u_{1,k} + B_2 u_{2,k})$$

进一步整理有

$$z_{k+1} = \begin{bmatrix} I & hI \\ 0 & I + ha_2 \end{bmatrix} \begin{bmatrix} z_{1,k} \\ z_{2,k} \end{bmatrix} + \begin{bmatrix} 0 \\ hb_1 \end{bmatrix} u_{1,k} + \begin{bmatrix} 0 \\ hb_2 \end{bmatrix} u_{2,k}$$

$$+ h^2 \left(U_k \begin{bmatrix} z_{1,k} \\ z_{2,k} \end{bmatrix} + S_k B_1 u_{1,k} + S_k B_2 u_{2,k} \right)$$

其中，

$$U_k = \frac{1}{2!} A^2 + \frac{1}{3!} hA^3 + \cdots = \begin{bmatrix} U_{1k} & U_{2k} \\ U_{3k} & U_{4k} \end{bmatrix}, S_k = \frac{1}{2} hA + \frac{1}{3!} h^2 A^2 + \cdots = \begin{bmatrix} S_{1k} & S_{2k} \\ S_{3k} & S_{4k} \end{bmatrix}$$

由于 e^{Ah} 为常值并且可计算得到，所以，U_k，S_k 也为常数且与 h 为同阶无穷小。进一步写为

$$\begin{cases} z_{1,k+1} = (I + h^2 U_{1k}) z_{1,k} + (hI + h^2 U_{2k}) z_{2,k} + h^2 S_{2k} b_1 u_{1,k} + h^2 S_{2k} b_2 u_{2,k} \\ z_{2,k+1} = h^2 U_{3k} z_{1,k} + (I + ha_2 + h^2 U_{4k}) z_{2,k} + (hI + h^2 S_{4k}) (b_1 u_{1,k} + b_2 u_{2,k}) \end{cases}$$

把 $z_{1,k+1}$ 平移并把 $z_{1,k+1}$，$z_{2,k+1}$ 代入整理可得

$$z_{1,k+2} = (2I + ha_2 + O(h^2))z_{1,k+1} + (-I - ha_2 + O(h^2))z_{1,k}$$
$$+ (Ih^2 + O(h^3))(b_1 u_{1,k} + b_2 u_{2,k})$$
$$+ h^2 S_{2,k+1}(b_1 u_{1,k+1} + b_2 u_{2,k+1})$$

考虑到 $y = z_1$，取特征变量 z_1，u_1，u_2 构建特征模型：

$$y_{k+2} = F_1 y_{k+1} + F_2 y_k + G_0 u_{1,k+1} + G_1 u_{1,k} + G_2 u_{2,k+1} + G_3 u_{2,k} \quad (5-15)$$

式中：$F_1 = 2I + ha_2 + O(h^2)$；$F_2 = -I - ha_2 + O(h^2)$；$G_0 = h^2 b_1 S_{2,k+1}$；$G_1 = Ib_1 h^2 + O(h^3)$；$G_2 = h^2 b_2 S_{2,k+1}$；$G_3 = Ib_2 h^2 + O(h^3)$。

考虑到 a_2，b_1 和 b_2 的上下界可以构建一个独立于 z 的闭凸集 Ds，即当 $h \ll 1$ 存在与 h 同阶无穷小的连续函数 ε_i 有

$$|F_1 - 2I| < \varepsilon_1(h)$$
$$|F_2 + I| < \varepsilon_2(h)$$
$$I\varepsilon_3(h^2) < G_0 < I\varepsilon_4(h^2)$$
$$I\varepsilon_5(h^2) < G_1 < I\varepsilon_6(h^2)$$
$$I\varepsilon_7(h^2) < G_2 < I\varepsilon_8(h^2)$$
$$I\varepsilon_9(h^2) < G_3 < I\varepsilon_{10}(h^2)$$

式中：u_1 为对航天器姿态起主要作用的控制力矩；u_2 为综合其他起次要作用的控制力和力矩。上述特征模型包含了帆板动力学对航天器系统输入输出方程的影响。

5.2.3　仿真验证

本节以"神舟"载人飞船为例，通过数值仿真验证特征模型式（5-15）中特征参量的变化情况。根据式（5-15）中特征参量 F_1、F_2、G_0 的表达式，得到交会对接从 5km 保持到 140m 保持的接近过程中，参数 F_1，F_2，G_0 随仿真时间的变化情况，具体如图 5-1~图 5-9 所示，图 5-10 为整个过程中追踪器姿态角和姿态角速度变化曲线，其中采样周期 $h = 0.16s$。

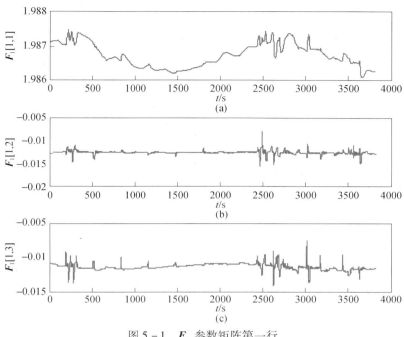

图 5 - 1　$\boldsymbol{F}_1$ 参数矩阵第一行

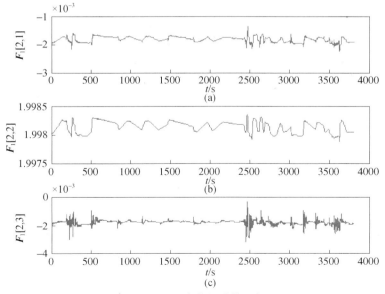

图 5 - 2　$\boldsymbol{F}_1$ 参数矩阵第二行

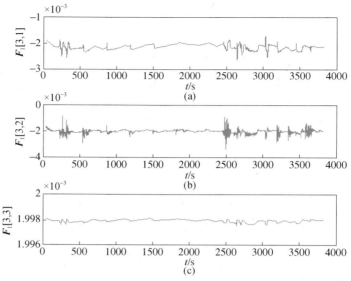

图 5-3　F_1 参数矩阵第三行

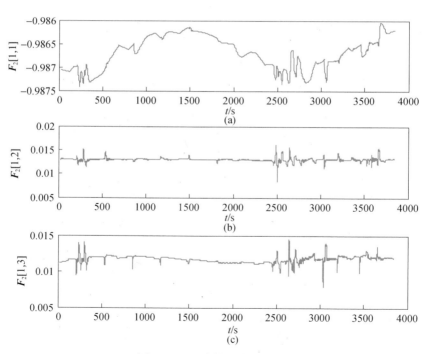

图 5-4　F_2 参数矩阵第一行

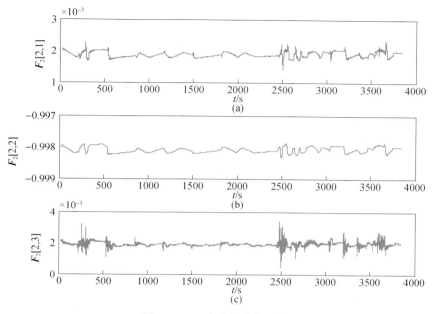

图 5 - 5 F_2 参数矩阵第二行

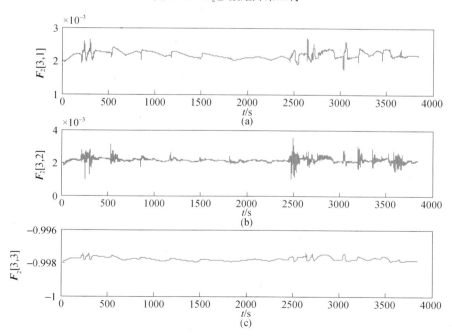

图 5 - 6 F_2 参数矩阵第三行

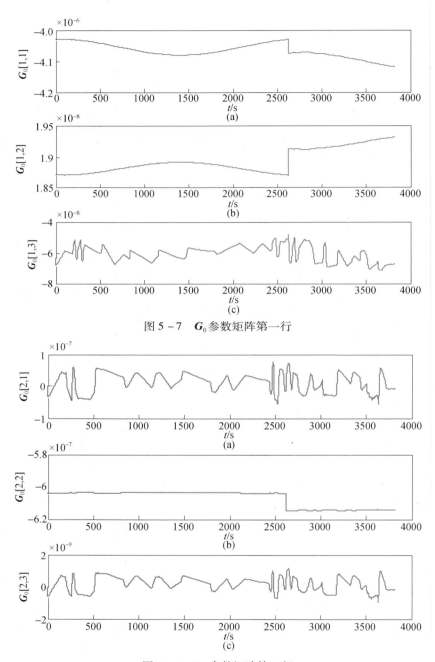

图 5 - 7 G_0 参数矩阵第一行

图 5 - 8 G_0 参数矩阵第二行

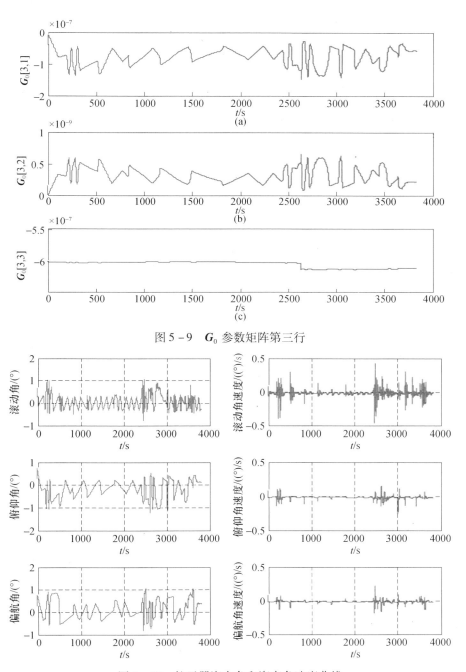

图 5-9　G_0 参数矩阵第三行

图 5-10　航天器姿态角和姿态角速度曲线

从上述数学仿真结果可以看出,特征参量 $\boldsymbol{F}_1$、$\boldsymbol{F}_2$、$\boldsymbol{G}_0$ 的值均为慢时变参数,$\boldsymbol{F}_1$、$\boldsymbol{F}_2$ 主对角元素的值分别在 2 和 -1 之间波动,非主对角元素的值相对于主对角元素的值都很小,工程上可以近似为零,原来高阶挠性航天器动力学模型可以用式(5-15)特征模型来表示,许多信息均被压缩到特征参量中。

5.3　基于特征模型的智能自适应控制方法

根据 5.2.3 的分析,对于滚动、俯仰和偏航的每个通道,特征模型式(5-15)均可用一个二阶慢时变差分方程来描述:

$$y(k+1) = f_1(k)y(k) + f_2(k)y(k-1) + g_0(k)u(k) + g_1(k)u(k-1)$$

$$(5-16)$$

当对象为最小相位系统或某些弱非最小相位系统时,在工程上为了简化和方便,其特征模型的控制输入一般只取一项 $u(k)$,即

$$y(k+1) = f_1(k)y(k) + f_2(k)y(k-1) + g_0(k)u(k) \qquad (5-17)$$

本节采用最小二乘法估计参数 f_1,f_2,g_0。

令观测向量:

$$\boldsymbol{\Phi}_{ls}(k) = [y(k), y(k-1), u(k)]^{\mathrm{T}} \qquad (5-18)$$

待估计参数为

$$\boldsymbol{\theta}_{ls}(k) = [f_1(k), f_2(k), g_0(k)]^{\mathrm{T}} \qquad (5-19)$$

用递推最小二乘法来估计未知参数 $\boldsymbol{\theta}_{ls}$:

$$\hat{\boldsymbol{\theta}}_{ls}(k) = \hat{\boldsymbol{\theta}}_{ls}(k-1) + \boldsymbol{K}_{ls}(k)[y(k) - \boldsymbol{\Phi}^{\mathrm{T}}(k)\hat{\boldsymbol{\theta}}_{ls}(k-1)] \qquad (5-20)$$

其中:

$$\boldsymbol{K}_{ls}(k) = \boldsymbol{P}_{ls}(k-1)\boldsymbol{\Phi}_{ls}(k)[\lambda + \boldsymbol{\Phi}^{\mathrm{T}}(k)\boldsymbol{P}_{ls}(k-1)\boldsymbol{\Phi}_{ls}(k)]^{-1} \quad (5-21)$$

$$\boldsymbol{P}_{ls}(k) = \frac{1}{\lambda}[\boldsymbol{I} - \boldsymbol{K}_{ls}(k)\boldsymbol{\Phi}^{\mathrm{T}}(k)]\boldsymbol{P}_{ls}(k-1) \qquad (5-22)$$

式中:λ 为遗忘因子,$0.95 \leqslant \lambda \leqslant 0.99$;$\boldsymbol{K}_{ls}(k)$ 为参数估计的增益矩阵。

根据全系数自适应控制理论[5],工程上可使标称对象特征模型的参数 $g_0 \in [0.003, 0.3]$。文献[7]已证明当采样周期 Δt 与最小等效时间常数 $T'_{\min}$ 之比满足 $\Delta t/T'_{\min} \in [1/10, 1/3]$ 时,对稳定对象参数 $f_1(k)$、$f_2(k)$ 有确定的取值范围:

$$f_1(k) \in [1.4431, 1.9974]$$

$$f_2(k) \in [-0.9999, -0.5134]$$

$$f_1(k) + f_2(k) \in [0.9196, 0.9999]$$

据此,在参数估计时对 f_1、f_2、g_0 的估计值 $\hat{f_1}$、$\hat{f_2}$、$\hat{g_0}$ 相应地加以限制是合理的。

基于特征模型的智能自适应控制器由黄金分割自适应控制、逻辑微分和逻辑积分等控制律组成。

5.3.1　黄金分割自适应控制

设参数未知的线性定常二阶对象离散化后的差分方程为

$$y(k) = \alpha_1 y(k-1) + \alpha_2 y(k-2) + \beta_0 u(k-1) + e(k) \qquad (5-23)$$

式中:$e(k)$ 为零均白噪声。设计控制律为

$$u(k) = -[L_1 \hat{\alpha}_1 y(k) + L_2 \hat{\alpha}_2 y(k-1)]/\hat{\beta}_0 \qquad (5-24)$$

式中:$0 < L_1 \leqslant 1$;$0 < L_2 \leqslant 1$。

当 $L_1 = 1$,$L_2 = 1$ 时,式(5-24)即为最小方差自校正控制律;当 $L_1 = 0.382$,$L_2 = 0.618$(即黄金分割系数)时,称式(5-24)为黄金分割自适应控制律。采用最小方差自校正控制律,虽然在参数估计值等于真值时闭环系统的特征根 $z_{1,2} = 0$,但是在参数估计值不等于真值时闭环系统可能不稳定,所以在自适应控制系统的起动过程中很难应用。采用黄金分割自适应控制律,虽然在参数估计值等于真值时不能保证闭环系统稳态输出误差的方差最小,但能保证闭环系统有较好的动态品质,而且在参数估计值不等于真值时,闭环系统稳定。因此黄金分割自适应控制器作为一种次优控制器具有重要的实际应用价值。为讨论黄金分割自适应控制器的稳定性和性能,下面给出两个引理[7]。

引理 5.2　设参数未知的线性定常二阶对象离散化后的差分方程为

$$y(k) = \alpha_1 y(k-1) + \alpha_2 y(k-2) + \beta_0 u(k-1) + e(k) \qquad (5-25)$$

$\alpha_1 \in [1.4, 2]$,$\alpha_2 \in [-1, -0.5]$,且 α_1、α_2 满足 $0.9196 \leqslant \alpha_1 + \alpha_2 < 1$,$0.5\beta_0 \leqslant \hat{\beta}_0 < \infty$,若设计控制器

$$u(k) = -[L_1 \hat{\alpha}_1 y(k) + L_2 \hat{\alpha}_2 y(k-1)]/\hat{\beta}_0 \qquad (5-26)$$

当 L_1、L_2 位于图 5-11 所示的三角形 $\triangle ABC$ 内时,则闭环系统稳定。

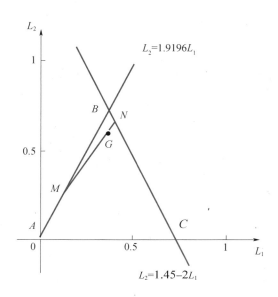

图 5 - 11　控制器参数 L_1，L_2 的取值范围

证明：由题设知道闭环系统的特征方程式为

$$z^2 + \left(\frac{\beta_0}{\hat{\beta}_0}L_1\hat{\alpha}_1 - \alpha_1\right)z + \left(\frac{\beta_0}{\hat{\beta}_0}L_2\hat{\alpha}_2 - \alpha_2\right) = 0 \qquad (5-27)$$

根据 Jury 稳定性判据[17]，当且仅当下列不等式成立时，闭环系统稳定。

$$\left|\frac{\beta_0}{\hat{\beta}_0}L_2\hat{\alpha}_2 - \alpha_2\right| < 1 \qquad (5-28)$$

$$1 + \left(\frac{\beta_0}{\hat{\beta}_0}L_1\hat{\alpha}_1 - \alpha_1\right) + \left(\frac{\beta_0}{\hat{\beta}_0}L_2\hat{\alpha}_2 - \alpha_2\right) > 0 \qquad (5-29)$$

$$1 - \left(\frac{\beta_0}{\hat{\beta}_0}L_1\hat{\alpha}_1 - \alpha_1\right) + \left(\frac{\beta_0}{\hat{\beta}_0}L_2\hat{\alpha}_2 - \alpha_2\right) > 0 \qquad (5-30)$$

假设 $0.5\beta_0 \leqslant \hat{\beta}_0 < \infty$，则有 $0 < \frac{\beta_0}{\hat{\beta}_0} \leqslant 2$ 成立。

根据各个量的取值范围，通过求线性不等式(5 - 28)~式(5 - 30)的相容解，可以推出保证闭环系统稳定的 L_1、L_2 应满足：

$$L_2 < 1.9196L_1 \qquad (5-31)$$

$$L_2 < 1.45 - 2L_1 \qquad (5-32)$$

$$L_2 > 0 \tag{5-33}$$

在 $L_1 - L_2$ 平面上,满足要求的 L_1、L_2 位于如图 5 - 11 所示的三角形 $\triangle ABC$ 内。

引理 5.3 设参数未知、稳定的线性定常二阶对象离散化后的差分方程为式(5 - 23),控制器为式(5 - 24)。当 $L_1 \in (0,1)$,$L_2 = 1 - (1 - L_1)^2$ 时,则在参数估计值收敛于真值以后有:

(1) 在 Z 平面上,闭环极点 z_i 与开环极点 z_{oi} 之间满足

$$z_i = (1 - L_1)z_{oi} \qquad (i = 1,2)$$

闭环极点都在以 $1 - L_1$ 为半径的圆内。

(2) 在 S 平面上,系统开环极点向左平移 $\dfrac{1}{\Delta t} |\ln(1 - L_1)|$ 后,即为闭环极点。若开环系统是欠阻尼系统,记作 $g = \dfrac{T'_{\min}}{\Delta t} \in [3,10]$,则

$$M_p \leqslant M_{po} \mathrm{e}^{2g\pi\ln(1 - L_1)}$$

$$t_s \leqslant \frac{t_{so}}{1 - 2g\ln(1 - L_1)}$$

其中,M_{po} 为开环最大超调量;t_{so} 为开环调整时间;M_p 为闭环最大超调量;t_s 为闭环调整时间。

证明:由题设可知在参数估计值收敛于真值以后,闭环系统的特征方程式为

$$z^2 + (L_1 - 1)\alpha_1 z + (L_2 - 1)\alpha_2 = 0 \tag{5-34}$$

设稳定的二阶连续对象的两个极点分别为 p_1, p_2,则离散化后差分方程式(5 - 23)的系数 $\alpha_1 = \mathrm{e}^{p_1\Delta t} + \mathrm{e}^{p_2\Delta t}$,$\alpha_2 = -\mathrm{e}^{(p_1 + p_2)\Delta t}$,对应开环极点 $z_{oi} = \mathrm{e}^{p_1\Delta t}$ $(i = 1,2)$。若 L_1, L_2 满足 $L_2 = 1 - (1 - L_1)^2$,其中 $L_1 \in (0,1)$,则闭环系统特征方程式(5 - 34)的根为

$$z_i = (1 - L_1)z_{oi} \qquad (i = 1,2) \tag{5-35}$$

对于稳定对象,$|z_{oi}| < 1$ $(i = 1,2)$,所以

$$|z_i| < 1 - L_1 \qquad (i = 1,2) \tag{5-36}$$

由变换关系式 $s = \dfrac{1}{\Delta t}\ln z$ 可以算出 z_1, z_2 所对应的 S 域的两个闭环极点分别为

$$s_i = p_i + \frac{1}{\Delta t}\ln(1 - L_1) \qquad (i = 1,2) \tag{5-37}$$

由于 $0 < 1 - L_1 < 1$,所以 $\ln(1 - L_1) < 0$。因此说在 S 平面上,系统开环极点向

左平移 $\frac{1}{\Delta t}|\ln(1-L_1)|$ 后,即为闭环极点。

若开环系统是欠阻尼系统,则根据系统最大超调量和系统调整时间的定义可以推出

$$M_p \leqslant M_{po}\mathrm{e}^{2g\pi\ln(1-L_1)} \tag{5-38}$$

$$t_s \leqslant \frac{t_{so}}{1-2g\ln(1-L_1)} \tag{5-39}$$

证毕。

根据引理5.2、引理5.3可以证明黄金分割自适应控制律具有特性如下[7]。

定理5.1 设参数未知、稳定的线性定常二阶对象离散化后的差分方程为式(5-23),其中 $\alpha_1 \in [1.4331,1.9974)$, $\alpha_2 \in [-0.9999,-0.5134]$,且 α_1,α_2 满足 $0.9196 \leqslant \alpha_1+\alpha_2 \leqslant 0.9999$, $0.5\beta_0 \leqslant \hat{\beta}_0 < \infty$,控制器为式(5-24)。当 $L_1 = 0.382$, $L_2=0.618$ 时,则有

(1)闭环系统稳定。

(2)在参数估计值收敛于真值以后,在 Z 平面上,闭环极点 z_i 和开环极点 z_{oi} 之间满足 $z_i = 0.618z_{oi}(i=1,2)$,闭环极点都在以 0.618 为半径的圆内。在 S 片面上,系统开环极点向左平移 $\left|\frac{\ln(0.618)}{\Delta t}\right|$ 后,即为闭环极点。特别地,开环系统是欠阻尼系统时,记作 $g = \frac{T'_{\min}}{\Delta t} \in [3,10]$,则闭环最大超调量 $M_p \leqslant \mathrm{e}^{2g\pi\ln(0.618)}M_{po}$,闭环调整时间为

$$t_s \leqslant \frac{t_{so}}{1-2g\ln(0.618)}$$

证明。由引理5.2、引理5.3可知,对于定理5.1给出的二阶对象,采用控制律式(5-24),当 L_1、L_2 取抛物线 $L_2 = 1-(1-L_1)^2$ 在图5-11所示的三角形 $\triangle ABC$ 内的部分($0.080 < L_2 < 0.403$),即图5-11所示曲线弧 $\overset{\frown}{MN}$ 上的点时,闭环系统稳定,且在参数估计值收敛于真值以后,就所有参数未知、稳定的二阶系统而言,闭环系统性能都得到了相同程度的改善,而且 L_1 越大,控制律式(5-24)与最小方差控制律越接近,系统性能越好,即闭环极点离原点越近,闭环最大超调量越小,闭环调整时间越短。当 $L_1 \to 0.403$ 时,$L_1+L_2 \to 1.047$。考虑到为参数估计最坏的情况留5%的稳定裕度,取 $L_1+L_2=1$。$L_1+L_2=1$ 与

$L_2 = 1 - (1 - L_1)^2$ 联立,解得

$$L_1 = \frac{3 - \sqrt{5}}{2} \approx 0.382$$

$$L_2 = \frac{\sqrt{5} - 1}{2} \approx 0.618$$

图 5 – 11 中的点 G 即为黄金分割点。当 $L_1 = 0.382$,$L_2 = 0.618$ 时,题设满足引理 5.2、引理 5.3 的条件,根据引理 5.2、引理 5.3,可以得出定理 5.1 的结论。

下面给出稳定对象的黄金分割自适应跟踪控制器的设计方法及有关特性。

对定理 5.1 中的稳定对象设计跟踪控制器

$$u_0(k) = [T_M(k + 1) - \hat{\alpha}_1 T_M(k) - \hat{\alpha}_2 T_M(k - 1)]/\hat{\beta}_0 \quad (5 - 40)$$

$$u_L(k) = -[L_1 \hat{\alpha}_1 y(k) + L_2 \hat{\alpha}_2 y(k - 1)]/\hat{\beta}_0 \quad (5 - 41)$$

$$u(k) = u_0(k) + u_L(k) \quad (5 - 42)$$

式中:$T(k)$ 为实际输出;$T_M(k)$ 为跟踪模型输出;输出误差 $y(k) = T(k) - T_M(k)$;$u(k)$ 为总控制量;$u_0(k)$ 为维持控制量;$u_L(k)$ 为反馈控制量。

此时闭环系统的特征方程式仍为式(5 – 27),根据引理 5.2、引理 5.3 及定理 5.1 可知:当 $L_1 = 0.382$,$L_2 = 0.618$ 时,闭环系统稳定,且在参数估计值收敛于真值以后,闭环极点 z_i 和开环极点 z_{oi} 之间满足 $z_i = 0.618 z_{oi} (i = 1, 2)$。

进入稳态之后,有

$$T(k + 1) = T_M(k + 1) + y(k)$$

$$y(k) = \frac{1}{1 - (1 - L_1)\alpha_1 - (1 - L_2)\alpha_2} e(k)$$

即 $T(k)$ 能跟踪 $T_M(k)$,且因 $0 < 1 - (1 - L_1)\alpha_1 - (1 - L_2)\alpha_2 < 1$,所以输出误差的方差不是最小方差。这时可将 L_1、L_2 沿 $L_2 = 1 - (1 - L_1)^2 (0 < L_1 \leqslant 1)$ 光滑切换到 $L_1 = 1$,$L_2 = 1$,即最小方差控制。但对于参数慢时变系统不存在切换问题。

关于黄金分割自适应控制器的鲁棒性及理论证明详见参考文献[5]、[8]和[9]。

5.3.2　逻辑微分控制

逻辑微分控制律的作用主要是在系统响应过程中,提供速度负反馈,并且根据系统运行状态和控制要求改变微分策略,以增加系统阻尼,抑制超调,抑制稳态微幅振荡。

1. 控制律的表达形式

逻辑微分控制律的形式灵活多样,在不同的场合可以根据控制任务的需要自行设计。文献[8]介绍了几种常用的逻辑微分形式,本节介绍逻辑微分控制律 Ⅰ 和逻辑微分控制律 Ⅱ。

1) 逻辑微分控制律 Ⅰ

$$u_{d1}(k) = -k_{d1} |\dot{y}(k)|^{e_{d1}} \tag{5-43}$$

式中:

$$k_{d1} = \begin{cases} c_1 \operatorname{sgn}(\dot{y}) & \forall \tau \in [t-T_s, t], \ |y(\tau)| \leqslant r \\ c_1 (0.5|y| + c_{d1})^{-1/2} \operatorname{sgn}(\dot{y}) & \exists \tau \in [t-T_s, t], \ |y(\tau)| > r \end{cases}$$

$$e_{d1} = \rho(\max_{t-T \leqslant \tau < t} [\dot{y}(\tau)])$$

其中,t 为当前时刻;T_s 为正实数,且 $T_s > mT$,m 为自然数,T 为系统输出两次过零点的时间间隔;c_1 为正常数;c_{d1} 是为避免 $|y| = 0$ 时产生奇异而加的小正常数;$\rho(x)$ 为对 x 限幅。

2) 逻辑微分控制律 Ⅱ

$$u_{d2}(k) = -k_{d2} |\dot{y}(k)|^{e_{d2}} \tag{5-44}$$

式中:$k_{d2} = c_2 \sqrt{|y\dot{y}|} \operatorname{sgn}(\dot{y})$;$c_2$ 为正常数。

2. 对噪声的抑制能力分析

为了便于分析,将逻辑微分表达式写成时间 t 的连续函数,则逻辑微分控制律的输入信号为 $y(t)$,其导数为 $\dot{y}(t)$,输出为微分控制量 $u_d(t)$。一般而言,输入信号都是通过测量敏感器获取的。当输入信号包含若干干扰及测量噪声时,可能引起控制量的变化。为了研究逻辑微分控制律对于干扰及测量噪声的鲁棒性,本书将这些干扰及噪声视为系统输入的不确定性,即

$$y = y_0 + \delta_y, \ \dot{y} = \dot{y}_0 + \delta_{\dot{y}} \tag{5-45}$$

式中:δ_y 和 $\delta_{\dot{y}}$ 为不确定量。我们希望输出 $u_d(t)$ 由于输入的不确定性不受到或是受到较小的影响,即希望逻辑微分具有较强的鲁棒性。

针对输入 $y(t)$ 及 $\dot{y}(t)$ 的不确定性,定义敏感度函数:

$$\begin{cases} S_y = \dfrac{\Delta u_d}{\Delta y} = \dfrac{\partial u_d}{\partial y} \\ S_{\dot{y}} = \dfrac{\Delta u_d}{\Delta \dot{y}} = \dfrac{\partial u_d}{\partial \dot{y}} \end{cases} \tag{5-46}$$

敏感度函数反映了输出 u_d 受输入不确定性影响的程度，S_y 和 $S_{\dot{y}}$ 越小，则表示输出受输入不确定性影响越小。下面通过逻辑微分控制律对输入不确定性的敏感度函数来分析逻辑微分对噪声的抑制作用[18]。

1）逻辑微分控制律 I

讨论具有以下形式的逻辑微分 I，并写成连续函数：

$$u_{d1} = -k_{d1} \left| \dot{y}(t) \right|^{e_{d1}} \mathrm{sgn}(\dot{y}) \tag{5-47}$$

式中：$k_{d1} = \begin{cases} c & \forall \tau \in [t - T_s, t], |y(\tau)| \leqslant r \\ c(0.5 |y| + c_1)^{-1/2} & \exists \tau \in [t - T_s, t], |y(\tau)| > r \end{cases}$

为方便求偏导函数，式（5-47）可写为

$$u_{d1} = -k_{d1} \left| \dot{y}(t) \right|^{e_{d1} - 1} \dot{y} \tag{5-48}$$

以下分析中，为了得出不同的增益系数对敏感度函数的影响，不考虑 y 的时间相关性，即认为

$$k_{d1} = \begin{cases} c & |y| \leqslant r \\ c(0.5 |y| + c_1)^{-1/2} & |y| > r \end{cases} \tag{5-49}$$

当 $|y| \leqslant r$ 时，若 y 和 $\dot{y}$ 存在不确定性，输出 u_{d1} 对输入 y 和 $\dot{y}$ 的敏感度函数分别为

$$\begin{cases} S_y = \dfrac{\partial u}{\partial y} = 0 \\ S_{\dot{y}} = \dfrac{\partial u}{\partial \dot{y}} = -c \left| \dot{y} \right|^{e_{d1} - 1} - c(e_d - 1) \dot{y} \left| \dot{y} \right|^{e_{d1} - 2} \mathrm{sgn}(\dot{y}) \end{cases} \tag{5-50}$$

当 $|y| > r$ 时，若 y 和 $\dot{y}$ 存在不确定性，输出 u_{d1} 对输入 y 和 $\dot{y}$ 的敏感度函数分别为

$$\begin{cases} S_y = \dfrac{\partial u}{\partial y} = \dfrac{1}{4} c(0.5 |y| + c_1)^{-1.5} \left| \dot{y} \right|^{e_{d1} - 1} \dot{y} \, \mathrm{sgn}(y) \\ S_{\dot{y}} = \dfrac{\partial u}{\partial \dot{y}} = -c(0.5 |y| + c_1)^{-0.5} \left[\left| \dot{y} \right|^{e_{d1} - 1} + (e_{d1} - 1) \dot{y} \left| \dot{y} \right|^{e_{d1} - 2} \mathrm{sgn}(\dot{y}) \right] \end{cases}$$

$$\tag{5-51}$$

（1）当 $e_{d1} < 1$ 时，分别做出 u_{d1} 和 S_y、$S_{\dot{y}}$ 的图像，如图 5-12 ~ 图 5-14 所示（此处取 $e_{d1} = 0.85$；取 $c = 1$）。

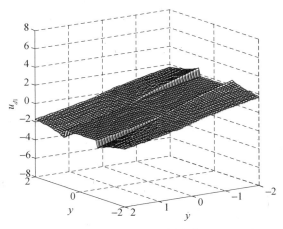

图 5-12　逻辑微分 I 的控制律曲面($e_{d1}<1$)

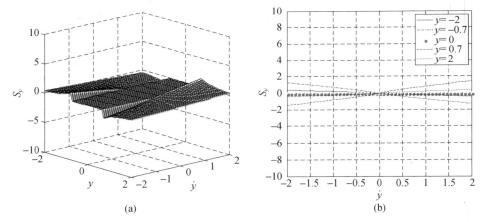

(a)　　　　　　　　　　　　　　(b)

图 5-13　逻辑微分 I 对 y 的不确定性($e_{d1}<1$)

(a)三维图;(b)y 取定值时的截面图。

连续性讨论:

由于 S_y、$S_{\dot{y}}$ 中含有 $|\dot{y}|^{e_{d1}-1}$ 和 $|\dot{y}|^{e_{d1}-2}$ 项,因此 $S_{\dot{y}}$ 的定义域为 $\dot{y}\neq0$,下面讨论 $S_{\dot{y}}$ 在 $\dot{y}=0$ 处的连续性。

当 $|y|\leqslant r$ 时

$$\lim_{\dot{y}\to0}S_y=0$$

$$\lim_{\dot y \to 0} S_{\dot y} = -c \lim_{\dot y \to 0} |\dot y|^{e_{d1}-1} - c(e_{d1}-1) \lim_{\dot y \to 0} \dot y |\dot y|^{e_{d1}-2} \mathrm{sgn}(\dot y)$$

$$= -c \lim_{\dot y \to 0} |\dot y|^{e_{d1}-1} - c(e_{d1}-1) \lim_{\dot y \to 0} \dot y^2 |\dot y|^{e_{d1}-3}$$

$$= -c \lim_{\dot y \to 0} |\dot y|^{e_{d1}-1} - c(e_{d1}-1) \lim_{\dot y \to 0} |\dot y|^{e_{d1}-1} \tag{5-52}$$

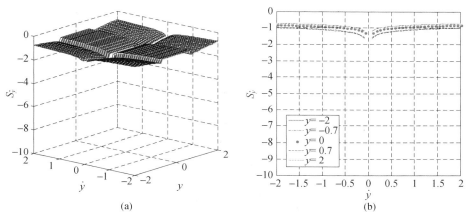

(a)　　　　　　　　　　　(b)

图 5 - 14　逻辑微分 I 对 $\dot y$ 的不确定性($e_{d1} < 1$)

(a)三维图;(b)y 取定值时的截面图。

由于 $e_{d1} < 1$,$e_{d1} - 1 < 0$,因此,有

$$\lim_{\dot y \to 0} S_{\dot y} = -\infty \tag{5-53}$$

当 $|y| > r$ 时

$$\lim_{\dot y \to 0} S_y = \frac{1}{4} c(0.5|y| + c_1)^{-1.5} \mathrm{sgn}(y) \lim_{\dot y \to 0} |\dot y|^{e_{d1}-1} \dot y$$

$$= \frac{1}{4} c(0.5|y| + c_1)^{-1.5} \mathrm{sgn}(y) \mathrm{sgn}(\dot y) \lim_{\dot y \to 0} |\dot y|^{e_{d1}}$$

$$= 0 \tag{5-54}$$

$$\lim_{\dot y \to 0} S_{\dot y} = -c(0.5|y| + c_1)^{-0.5} \left[\lim_{\dot y \to 0} |\dot y|^{e_{d1}-1} + (e_{d1}-1) \lim_{y \to 0} \dot y |\dot y|^{e_{d1}-2} \mathrm{sgn}(\dot y) \right]$$

$$= -c(0.5|y| + c_1)^{-0.5} \left[\lim_{\dot y \to 0} |\dot y|^{e_{d1}-1} + (e_{d1}-1) \lim_{\dot y \to 0} \dot y^2 |\dot y|^{e_{d1}-3} \right]$$

$$= -c(0.5|y| + c_1)^{-0.5} \left[\lim_{\dot y \to 0} |\dot y|^{e_{d1}-1} + (e_{d1}-1) \lim_{\dot y \to 0} |\dot y|^{e_{d1}-1} \right]$$

$$= -\infty \tag{5-55}$$

综上,当 $e_{d1} < 1$ 时,S_y 定义在 **R** 上,具有连续性;而 $S_{\dot y}$ 定义域为 $\dot y \neq 0$,在

$\dot{y} = 0$ 处为无穷大,不具有连续性。

(2)当 $e_{d1} > 1$ 时,分别作出 u_{d1} 和 S_y、$S_{\dot{y}}$ 的图像,如图 5 – 15 ~ 图 5 – 17 所示(此处取 $e_{d1} = 1.85$)。

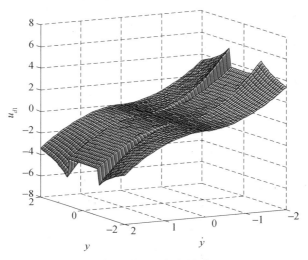

图 5 – 15 逻辑微分 I 的控制律曲面($e_{d1} > 1$)

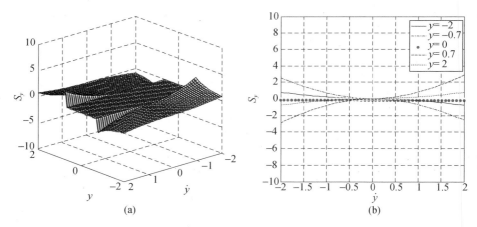

(a)   (b)

图 5 – 16 逻辑微分 I 对 y 的不确定性($e_{d1} > 1$)

(a)三维图;(b)y 取定值时的截面图。

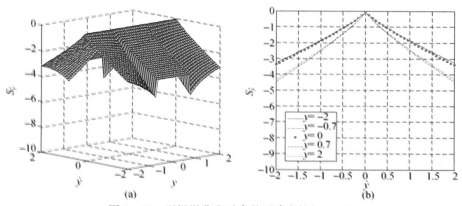

图 5 - 17　逻辑微分 I 对 $\dot{y}$ 的不确定性（$e_{d1} > 1$）

（a）三维图;（b）y 取定值时的截面图。

连续性讨论：

由于 $e_{d1} > 1, e_{d1} - 1 > 0$,因此有

当 $|y| \leqslant r$ 时

$$\lim_{\dot{y} \to 0} S_y = 0$$

$$\begin{aligned}
\lim_{\dot{y} \to 0} S_{\dot{y}} &= -c \lim_{\dot{y} \to 0} |\dot{y}|^{e_{d1} - 1} - c(e_{d1} - 1) \lim_{\dot{y} \to 0} \dot{y} |\dot{y}|^{e_{d1} - 2} \text{sgn}(\dot{y}) \\
&= -c \lim_{\dot{y} \to 0} |\dot{y}|^{e_{d1} - 1} - c(e_{d1} - 1) \lim_{\dot{y} \to 0} \dot{y}^2 |\dot{y}|^{e_{d1} - 3} \\
&= -c \lim_{\dot{y} \to 0} |\dot{y}|^{e_{d1} - 1} - c(e_{d1} - 1) \lim_{\dot{y} \to 0} |\dot{y}|^{e_{d1} - 1} \\
&= 0
\end{aligned}$$

$$(5 - 56)$$

当 $|y| > r$ 时

$$\begin{aligned}
\lim_{\dot{y} \to 0} S_y &= \frac{1}{4} c (0.5 |y| + c_1)^{-1.5} \text{sgn}(y) \lim_{\dot{y} \to 0} |\dot{y}|^{e_{d1} - 1} \dot{y} \\
&= \frac{1}{4} c (0.5 |y| + c_1)^{-1.5} \text{sgn}(y) \text{sgn}(\dot{y}) \lim_{\dot{y} \to 0} |\dot{y}|^{e_{d1}} \\
&= 0
\end{aligned}$$

$$(5 - 57)$$

$$\begin{aligned}
\lim_{\dot{y} \to 0} S_{\dot{y}} &= -c (0.5 |y| + c_1)^{-0.5} \left[\lim_{\dot{y} \to 0} |\dot{y}|^{e_{d1} - 1} + (e_{d1} - 1) \lim_{\dot{y} \to 0} \dot{y} |\dot{y}|^{e_{d1} - 2} \text{sgn}(\dot{y}) \right] \\
&= -c (0.5 |y| + c_1)^{-0.5} \left[\lim_{\dot{y} \to 0} |\dot{y}|^{e_{d1} - 1} + (e_{d1} - 1) \lim_{\dot{y} \to 0} \dot{y}^2 |\dot{y}|^{e_{d1} - 3} \right] \\
&= -c (0.5 |y| + c_1)^{-0.5} \left[\lim_{\dot{y} \to 0} |\dot{y}|^{e_{d1} - 1} + (e_{d1} - 1) \lim_{\dot{y} \to 0} |\dot{y}|^{e_{d1} - 1} \right] = 0
\end{aligned}$$

$$(5 - 58)$$

综上,当 $e_{d1} > 1$ 时, S_y 在 $\forall y, \dot{y} \in \mathbf{R}$ 上均连续; $S_{\dot{y}}$ 在 $\dot{y} = 0$ 处有 $\lim\limits_{\dot{y} \to 0} S_{\dot{y}} = 0$。

2)逻辑微分控制律 II

讨论具有以下形式的逻辑微分 II,并写成连续函数:

$$u_{d2}(t) = -k_{d2} \left| \dot{y}(t) \right|^{e_{d2}} \mathrm{sgn}(\dot{y}) \tag{5-59}$$

式中: $k_{d2} = c \sqrt{|y\dot{y}|} = c |y|^a |\dot{y}|^d$; $a = 0.5$; $d = 0.5$。

将逻辑微分的形式变换为[8]

$$u_{d2} = -c |y|^a |\dot{y}|^b \dot{y} \tag{5-60}$$

式中: $b = e_{d2} + d - 1$。

当 y 存在不确定性时($y \neq 0$),输出 u_{d2} 对输入 y 的敏感度函数:

$$S_y = \frac{\partial u_{d2}}{\partial y} = -ac |y|^{a-1} |\dot{y}|^b \dot{y} \mathrm{sgn}(y) \tag{5-61}$$

当 $\dot{y}$ 存在不确定性时($\dot{y} \neq 0$),输出 u_{d2} 对输入 $\dot{y}$ 的敏感度函数:

$$S_{\dot{y}} = \frac{\partial u_{d2}}{\partial \dot{y}} = -c |y|^a \left[|\dot{y}|^b + \dot{y} |\dot{y}|^{b-1} \mathrm{sgn}(\dot{y}) \right] \tag{5-62}$$

(1)当 $e_{d2} < 1$ 时,做出 u_{d2} 和 S_y、$S_{\dot{y}}$ 的曲面图,如图 5-18 和图 5-20 所示(为分析方便取 $c = 1$,此处取 $e_{d2} = 0.85$)。

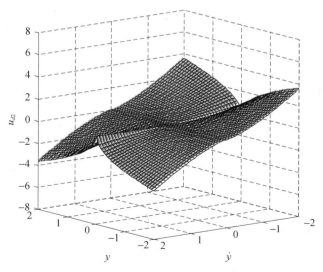

图 5-18 逻辑微分 II 的控制律曲面($e_{d2} < 1$)

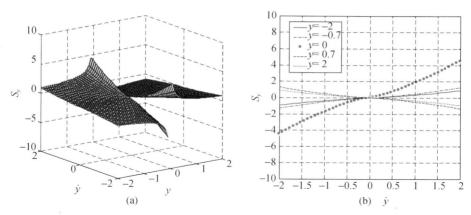

图 5 - 19 逻辑微分 II 对 y 的不确定性($e_{d2} < 1$)

(a)三维图;(b)y 取特定值时的截面图。

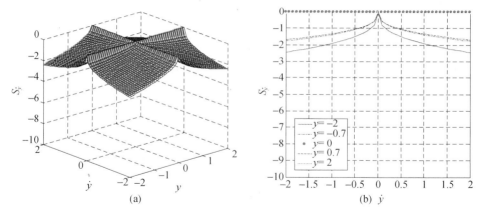

图 5 - 20 逻辑微分 II 对 $\dot{y}$ 的不确定性($e_{d2} < 1$)

(a)三维图;(b)y 取特定值时的截面图。

(2)当 $e_{d2} > 1$ 时,同样做出 u_{d2} 和 S_y、$S_{\dot{y}}$ 的曲面图(此处取 $e_{d2} = 1.85$):

(3)连续性讨论:

无论对 $e_{d2} < 1$ 还是 $e_{d2} > 1$,由于 S_y 定义域为 $y \neq 0$,所以其没有连续性,仅有

$$\lim_{\substack{y \to 0 \\ \dot{y} \to 0}} S_y = -ac \lim_{\substack{y \to 0 \\ \dot{y} \to 0}} |y|^{a-1} |\dot{y}|^b \dot{y} \mathrm{sgn}(y) = 0 \tag{5-63}$$

对 $S_{\dot{y}}$，其定义域为 $\dot{y} \neq 0$，所以不具有连续性，仅有

$$\lim_{\substack{y \to 0 \\ \dot{y} \to 0}} S_{\dot{y}} = -c \lim_{\substack{y \to 0 \\ \dot{y} \to 0}} |y|^a \left[|\dot{y}|^b + \dot{y} |\dot{y}|^{b-1} \mathrm{sgn}(\dot{y}) \right] = 0 \qquad (5-64)$$

（4）综合分析。

无论对逻辑微分 I，还是逻辑微分 II，由图 5-12 和图 5-15（逻辑微分 I）、图 5-18 和图 5-21（逻辑微分 II）的比较可以看出，控制律曲面与指数 e_d 的取值有很大关系：当指数 $e_d < 1$ 时，曲面变化相对平缓，逻辑微分控制律变化小，缓慢调节有利于提高精度，适合在平衡点附近的小幅调节；而当指数 $e_d > 1$ 时，控制律的变化速度大，因此能较快地提供速率负反馈，有利于增加系统阻尼，快速回到平衡位置。

同样地，不论哪种形式的逻辑微分，敏感度函数 S_y 和 $S_{\dot{y}}$ 也与控制律曲面有类似的变化趋势。因此，可以看出，逻辑微分中的指数 e_d 对控制律的变化快慢和逻辑微分的噪声抑制能力有重要影响。

敏感度函数 S_y： 当 $e_d \leq 1$ 时，由图 5-13、图 5-19 对比可以看出，两种逻辑微分对 y 的敏感度函数 S_y 具有不同的趋势。图 5-13 中，逻辑微分 I 的 S_y 曲面由不同的曲面拼接而成，但具有连续性，在坐标原点的邻域内函数值均为零，且变化平缓；但图 5-19 中，逻辑微分 II 的 S_y 曲面不具有连续性，并且函数值随 $\dot{y}$ 剧烈变化。当 $e_d > 1$ 时，由图 5-16、图 5-22 的比较，可以得出同样的结论。

敏感度函数 $S_{\dot{y}}$： 当 $e_d \leq 1$ 时，由图 5-14、图 5-20 的对比可以看出，两种逻辑微分对 $\dot{y}$ 的敏感度函数 $S_{\dot{y}}$ 形状不同，具有不同的表现。图 5-14 中，逻辑微分 I 曲面 $S_{\dot{y}}$ 在 $\dot{y} = 0$ 邻域内，取值无穷大（小）。而图 5-20 中，逻辑微分 II 的 $S_{\dot{y}}$ 曲面连续，且函数值都较小。当 $e_d > 1$ 时，对逻辑微分 I，如图 5-17 所示，$S_{\dot{y}}$ 的函数值随 $\dot{y}$ 变化剧烈，而随 y 变化相对平稳；对逻辑微分 II，如图 5-23 所示，$S_{\dot{y}}$ 的函数值随 y 和 $\dot{y}$ 变化都较剧烈，说明其对 y 和 $\dot{y}$ 的不确定性反应敏感。

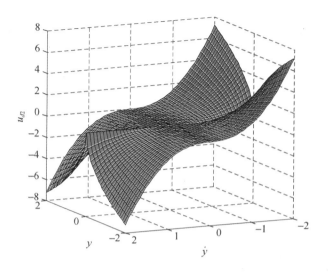

图 5 – 21　逻辑微分 Ⅱ 的控制律曲面（$e_{d2} > 1$）

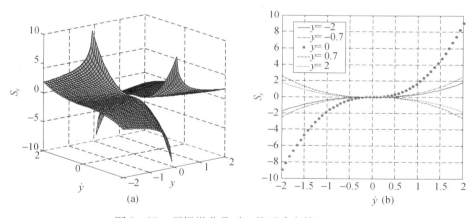

图 5 – 22　逻辑微分 Ⅱ 对 y 的不确定性（$e_{d2} > 1$）

（a）三维图；（b）y 取特定值时的截面图。

　　在讨论中发现，在某些情况下，会出现敏感度函数趋近于无穷大的现象，这可解释为当 $\dot{y}$ 趋于 0 时，$\dot{y}$ 很小，噪声带来的不确定性相对于 $\dot{y}$ 来说是不可以忽略的，信噪比过小，导致敏感度函数的极大，这种情况对于噪声不确定性的敏感度是不利的。

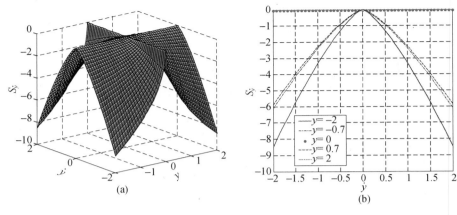

图 5 - 23　逻辑微分 II 对 $\dot{y}$ 的不确定性$(e_{d2} > 1)$

(a)三维图;(b)y 取特定值时的截面图。

根据敏感度函数的定义,如果希望逻辑微分能够对不确定性具有鲁棒性,那么在$(y, \dot{y})$的取值一定时,S_y 和 $S_{\dot{y}}$ 取值相对较小时为优。选取$(y, \dot{y}) \in [-2, 2]$的空间范围内,对逻辑微分 I 和逻辑微分 II 相比,敏感度函数取值最大值比较如表 5 - 1 所列。

表 5 - 1　敏感度函数最大值对比

敏感度函数	微分形式	$e_d < 1$	$e_d > 1$
$\max(|S_y|)$	逻辑微分 I	1.4444	2.8887
	逻辑微分 II	4.5063	9.0125
$\max(|S_{\dot{y}}|)$	逻辑微分 I	∞	4.9166
	逻辑微分 II	2.4334	8.4718

从表中可以得出以下结论:

① 除了当 $e_d < 1$ 时,由于逻辑微分 I 的 $S_{\dot{y}}$ 表达式中由于含有$|\dot{y}|^{e_{d1}-1}$、$|\dot{y}|^{e_{d1}-2}$项,导致在 $\dot{y} = 0$ 时趋于无穷大外,其他情况下,逻辑微分 II 的敏感度函数取值都比逻辑微分 I 的敏感度函数取值大 1.7 ~ 3.0 倍。因此从这个角度看,逻辑微分 I 在噪声抑制方面的效果优于逻辑微分 II。

② 对于两种形式的逻辑微分,敏感度函数 S_y 和 $S_{\dot{y}}$ 在 $e_d < 1$ 时的取值比 $e_d > 1$ 时的取值要小。因此,单纯从噪声抑制的角度看,在使用逻辑微分时,为了获得较好的噪声抑制效果,可选取参数为 $e_d < 1$。

3. 控制律改进

本节将对逻辑微分 II 控制律的参数选取方法进行适当改进,以增强其抑制噪声的能力,提高动态性能。

逻辑微分 II 控制律:

$$u_{d2} = -c\,|y|^a \cdot |\dot{y}|^{e_d + d - 1}\dot{y} \tag{5-65}$$

基于 5.3.2 节对于逻辑微分指数 e_d 的分析得到的结论,在过渡过程,我们希望指数 e_d 较大,可以使逻辑微分提供较大的负反馈,有利于动态过程快速进入稳态,挠性体振动也可以较快被抑制;而进入稳态过程后,为了抑制噪声等不确定性因素对姿态稳定性的干扰,希望 e_d 的值较小,此时逻辑微分具有取值较小的敏感度函数。因此,本节把 e_d 设计成变化的参数,在不同的响应阶段取不同的值,以求改善整个系统的性能。

依据上述原则,本节对逻辑微分 II 指数 e_d 的选取做如下改进:在过渡过程取 e_d 稍大,进入稳态后,取 e_d 较小。但是,参数的突变会引起控制律的剧烈变化,因此采用柔化跟踪曲线,使 e_d 变化平稳:

$$e_d(t) = e_{d\infty} - (e_{d\infty} - e_{d0})e^{-\sigma t} \tag{5-66}$$

式中:e_{d0}、$e_{d\infty}$ 分别为过渡过程阶段和稳态过程阶段指数的取值;σ 可以控制指数变化的速度。

下面分析当 a、d 为变量时,不同取值的 a、d 对敏感度函数 S_y、$S_{\dot{y}}$ 的影响。

设定输入的变化范围 $(y, \dot{y}) \in [-2, 2]$,当 a、d 在 $[0.1, 2]$ 范围内变化时,敏感度函数 S_y、$S_{\dot{y}}$ 此区域上的最大值 $\max(S_y)$ 和 $\max(S_{\dot{y}})$ 与变量 a、d 的关系如图 5-24 和图 5-25 曲线所示。

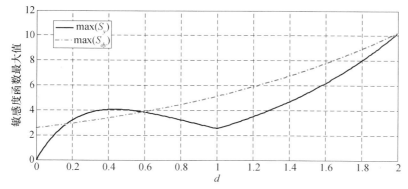

图 5-24　敏感度函数最大值随参数 d 的变化曲线

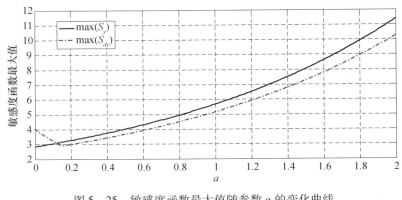

图 5 – 25　敏感度函数最大值随参数 a 的变化曲线

从敏感度函数值取小为优的原则,从图中可以看出,当 a 和 d 的值较小时,敏感度函数在确定区域内取得的最大值也都较小。因此,此处取 $a=0.1, d=0.1$。

经过改进后,逻辑微分 Ⅱ 变为

$$u_{d2} = -c \, |y|^{0.1} \, |\dot{y}|^{e_d(t)+0.1-1} \, \dot{y} \tag{5-67}$$

4.仿真与比较

为验证上文对逻辑微分噪声抑制能力分析得到的结论,本节以挠性航天器为受控对象进行数学仿真。控制目标是在大测量噪声环境下,实现姿态稳定,要求控制过程快,稳态精度高;能够抑制挠性体振动,避免激发挠性模态。

分别选取逻辑微分 Ⅰ 或逻辑微分 Ⅱ,与黄金分割自适应控制律和逻辑积分控制律构成单回路控制器(下文分别称为逻辑微分 Ⅰ 控制器和逻辑微分 Ⅱ 控制器),比较控制器的性能。另外,采用参考文献[8]中的双回路控制器进行比对。该双回路控制器通过内外两个环路,将逻辑微分 Ⅰ 和逻辑微分 Ⅱ 同时引入闭环控制系统。

仿真条件及要求:

(1)初始姿态角均为 0°,实现 2° 的姿态机动;

(2)仿真时间 $t=200\text{s}$;

(3)为了突出测量噪声对控制系统的影响,暂不考虑干扰力矩。

仿真内容:

分别在小噪声、较大噪声和大噪声三种情况下,对逻辑微分 Ⅰ 控制器、逻辑微分 Ⅱ 控制器和双回路控制器三种控制策略的噪声抑制能力进行仿真,对比其进行姿态控制和挠性振动抑制的性能。

　　1）小噪声情况下

　　设姿态敏感器测量噪声均方差为 0.02°，陀螺测量噪声为 0.00067°/s，对三个控制器在同样条件下进行仿真，结果如图 5-26~图 5-28 所示。

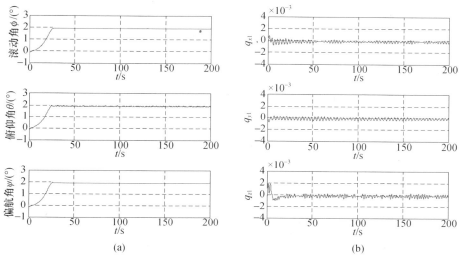

(a)　　　　　　　　　　　　　　　　(b)

图 5-26　逻辑微分 I 控制器抑制噪声能力

（a）三轴姿态角变化曲线；（b）挠性模态坐标变化曲线。

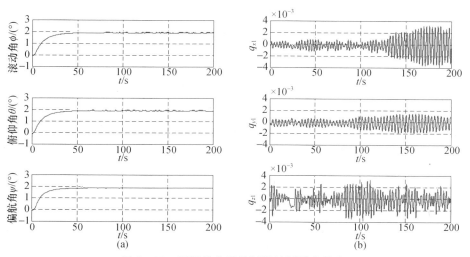

(a)　　　　　　　　　　　　　　　　(b)

图 5-27　逻辑微分 II 控制器抑制噪声能力

（a）三轴姿态角变化曲线；（b）挠性模态坐标变化曲线。

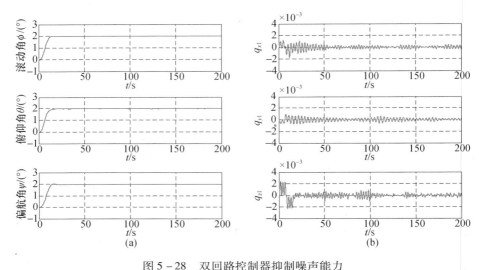

图 5-28　双回路控制器抑制噪声能力

（a）三轴姿态角变化曲线；（b）挠性模态坐标变化曲线。

各轴控制过程的稳态时间和稳态误差值如表 5-2 所列。

表 5-2　敏感器小噪声时控制效果对比

精度要求:0.05°		逻辑微分 I 控制器	逻辑微分 II 控制器	双回路 控制器
滚动轴	稳态时间/s	23.1250	42.0240	18.6430
	稳态误差/(°)	0.0043	0.0058	0.0032
俯仰轴	稳态时间/s	21.2580	40.5120	19.2150
	稳态误差/(°)	0.0045	0.0048	0.0040
偏航轴	稳态时间/s	23.2860	40.1790	20.6520
	稳态误差/(°)	0.0047	0.0073	0.0046

图 5-26、图 5-27、图 5-28 分别示出了三个控制器对挠性卫星的控制效果。从图中可以看出三个控制器在小噪声情况下控制效果都较满意,从表 5-2 中的数据得出,双回路控制器和逻辑微分 I 控制器在姿态控制快速性和挠性振动抑制方面都优于逻辑微分 II 控制器。

2）较大噪声情况下

设姿态敏感器的测量噪声均方差为 0.50°,陀螺的测量噪声均方差为 0.01675°/s,对逻辑微分 I 控制器和双回路控制器在同样条件下进行仿真,仿真结果如图 5 - 29 和图 5 - 30 所列。

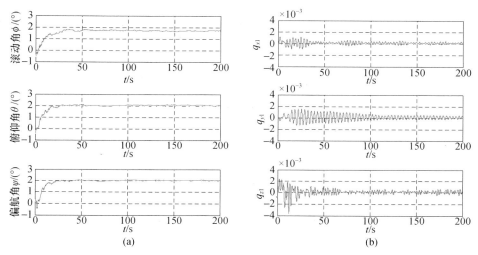

图 5 - 29 逻辑微分 I 控制器抑制噪声能力

（a）三轴姿态角变化曲线；（b）挠性模态坐标变化曲线。

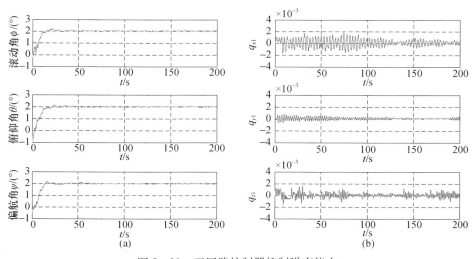

图 5 - 30 双回路控制器抑制噪声能力

（a）三轴姿态角变化曲线；（b）挠性模态坐标变化曲线

图 5 - 29、图 5 - 30 分别示出了逻辑微分 I 控制器和双回路控制器的控制效果，如表 5 - 3 所列。从图和表可以看出，两种控制策略对姿态控制和挠性

振动抑制的效果都较好,双回路控制器的控制过程稍快进入稳态,稳态时间较短,精度较高。

表 5 – 3   敏感器较大噪声时控制效果对比

精度要求:0.10°		逻辑微分 I 控制器	双回路控制器
滚动轴	稳态时间/s	25.8450	22.1320
	稳态误差/(°)	0.0179	0.0121
俯仰轴	稳态时间/s	24.8950	20.6380
	稳态误差/(°)	0.0412	0.0211
偏航轴	稳态时间/s	31.1720	24.6540
	稳态误差/(°)	0.0102	0.0092

在这种噪声环境下,逻辑微分 II 控制器已不能适应,仿真结果失控。经过仿真试验,逻辑微分 II 控制器对测量噪声的承受能力大约为:姿态敏感器测量噪声均方差 0.2° 以下,陀螺测量噪声均方差 0.013°/s 以下。

3) 大噪声情况下

设姿态敏感器的测量噪声均方差为 2.00°,陀螺的测量噪声为 0.067°/s,对逻辑微分 I 控制器和双回路控制器在同样条件下进行仿真,仿真结果如图 5 –31 和图 5 –32 所示。

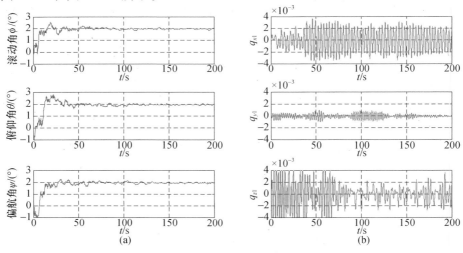

图 5 – 31   逻辑微分 I 控制器抑制噪声能力

(a) 三轴姿态角变化曲线;(b) 挠性模态坐标变化曲线。

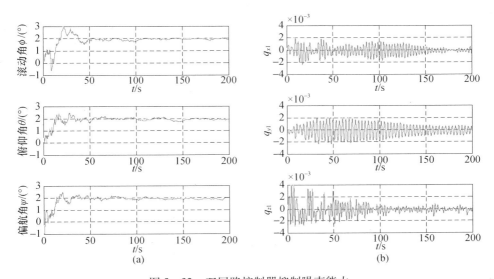

图 5 - 32　双回路控制器抑制噪声能力

(a)三轴姿态角变化曲线;(b)挠性模态坐标变化曲线。

图 5 - 31、图 5 - 32 分别为姿态敏感器测量噪声均方差为 2.00°,陀螺测量噪声均方差为 0.0670°/s 时,逻辑微分 I 控制器和双回路控制器对挠性卫星的控制效果,如表 5 - 4 所列。仿真结果显示,在姿态控制快速性方面,两种控制策略相当,在挠性振动抑制方面,双回路控制器明显优于逻辑微分 I 控制器。

表 5 - 4　敏感器大噪声时控制效果对比

精度要求:0.20°		逻辑微分 I 控制器	双回路控制器
滚动轴	稳态时间/s	92.0280	90.6400
	稳态误差/(°)	0.0421	0.0106
俯仰轴	稳态时间/s	97.3320	88.1490
	稳态误差/(°)	0.0308	0.0336
偏航轴	稳态时间/s	85.6320	78.2370
	稳态误差/(°)	0.0662	0.0521

经验证逻辑微分 I 控制器对噪声的承受能力为:敏感器测量噪声均方差 2.00°以下,陀螺测量噪声均方差 0.17°/s 以下,更大噪声环境下会导致控制器失控。

当测量噪声继续增大时,双回路控制器体现出优越性,仍能达到较好的控制效果。设姿态敏感器测量噪声均方差为 3.00°,陀螺测量噪声均方差为 0.100°/s 时,应用双回路控制器进行控制的仿真结果如图 5-33 所示。

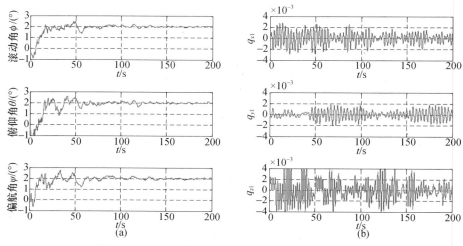

图 5-33　双回路控制器大噪声情况下抑制噪声能力

(a)三轴姿态角曲线;(b)挠性模态坐标曲线。

取仿真过程的最后 50s 进行局部放大,如图 5-34 所示。

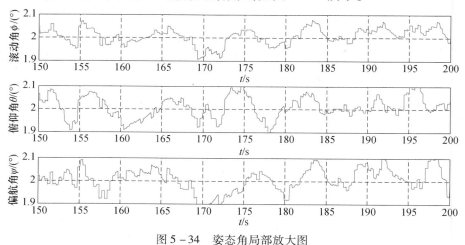

图 5-34　姿态角局部放大图

可以看到最后 50s 时间内,姿态角均在期望值 ±0.1° 范围内变化,双环控制器在大噪声环境下也基本可以满足控制精度的要求。

通过大量的仿真验证,双回路控制器对大噪声有比较好的抑制作用,当姿态敏感器的测量噪声均方差为 3.00° 以下时,均能保证较好的姿态稳定性和精度。三个控制器所能承受的测量噪声均方差最大值如表 5 – 5 所列。

表 5 – 5 三种控制器所能承受的测量噪声均方差最大值

	逻辑微分 II 控制器	逻辑微分 I 控制器	双回路控制器
姿态敏感器测量噪声/(°)	0.2	2.0	3.0
陀螺测量噪声/((°)/s)	0.013	0.17	0.31

综合以上几种典型测量噪声情况下的控制效果,可以得出结论:这几种控制器都具有一定的噪声抑制能力,双回路控制器在能抑制的噪声均方差幅值上明显优于逻辑微分 I 控制器和逻辑微分 II 控制器;在同等噪声均方差的环境下,双回路控制器的稳态时间及稳态精度比另两个控制器较好;逻辑微分 I 控制器比逻辑微分 II 控制器也相对较优。可见不同形式的逻辑微分对控制过程的快速性、稳态精度及测量噪声的抑制都具有重要影响。

4) 改进的逻辑微分对噪声的抑制效果

对于式(5 – 66)取逻辑微分 II 指数初值 $e_{d0} = 1.28$,终值 $e_{d\infty} = 0.85$,$\sigma = 0.005$。按照式(5 – 67)设计逻辑微分 II,改进的逻辑微分 II 控制器的仿真结果如下。

(1) 较大噪声情况下,改进的逻辑微分 II 控制器的控制效果:

当存在较大均方差噪声时(姿态敏感器的测量噪声均方差为 0.50°,陀螺的测量噪声均方差为 0.01675°/s),原有的逻辑微分 II 控制器已不能进行控制,而改进后的逻辑微分 II 控制器可以较好地抑制噪声,获得满意的控制效果,仿真结果如图 5 – 35 和图 5 – 36 所示。

仿真过程最后 50s 内姿态角的局部放大图如图 5 – 36 所示。

从仿真结果看出,改进后的逻辑微分 II 控制器在较大测量噪声环境下,可以达到较高的控制精度,控制效果较好。

(2) 同等噪声情况下,改进的和原有的逻辑微分 II 控制器的效果对比:

现设姿态敏感器测量噪声均方差 0.15°,陀螺测量噪声均方差 0.0067°/s,在同等测量噪声环境中,将原有逻辑微分 II 控制器和改进的逻辑微分 II 控制器的控制效果进行对比。

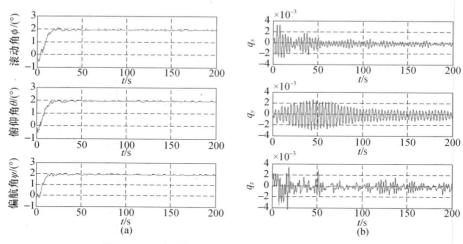

图 5-35　改进的逻辑微分 Ⅱ 控制器抑制噪声能力

（a）三轴姿态角变化曲线；（b）挠性模态坐标变化曲线。

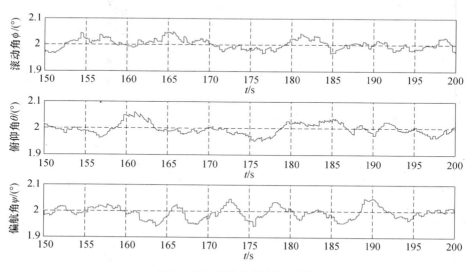

图 5-36　姿态角局部放大图

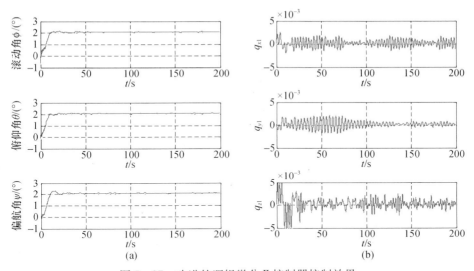

图 5 - 37　改进的逻辑微分 Ⅱ 控制器控制效果

（a）三轴姿态角曲线；（b）挠性模态坐标曲线。

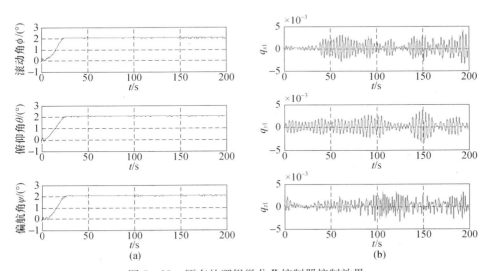

图 5 - 38　原有的逻辑微分 Ⅱ 控制器控制效果

（a）三轴姿态角曲线；（b）挠性模态坐标曲线。

图 5 - 37、图 5 - 38 分别为改进的逻辑微分 Ⅱ 控制器和原有的逻辑微分 Ⅱ 控制器的控制效果;图 5 - 39、图 5 - 40 分别为姿态角曲线和挠性模态坐标曲线最后 50s 内的局部放大图。稳态时间和稳态误差值如表 5 - 6 所列。从结果可以看出,改进的逻辑微分 Ⅱ 控制器在控制精度和挠性振动抑制方面都优于原有的逻辑微分 Ⅱ 控制器。

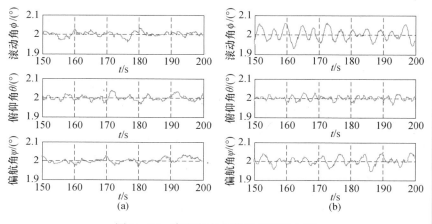

图 5 - 39　姿态角变化曲线局部放大图

(a)改进后的逻辑微分;(b)原有的逻辑微分。

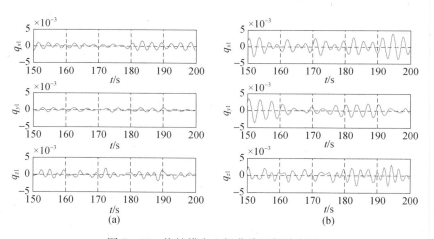

图 5 - 40　挠性模态坐标曲线局部放大图

(a)改进后的逻辑微分;(b)原有的逻辑微分。

表 5 - 6 原有的和改进的逻辑微分 Ⅱ 控制器效果对比

		原有逻辑微分Ⅱ	改进逻辑微分Ⅱ
滚动轴	稳态时间/s	23.6280	18.9560
	稳态误差/(°)	0.0066	0.0056
俯仰轴	稳态时间/s	24.3870	19.8070
	稳态误差/(°)	0.0060	0.0019
偏航轴	稳态时间/s	25.9050	22.8860
	稳态误差/(°)	0.0223	0.0105

结论:经过仿真验证,当姿态敏感器的测量噪声均方差为 0.9°,陀螺测量噪声均方差为 0.028°/s 时,逻辑微分 Ⅱ 控制器也可以达到较好的控制效果。

从仿真结果可以看出,改进后的逻辑微分不仅对较大均方差的噪声有一定的抑制能力,并且在同等噪声环境下,改进的逻辑微分 Ⅱ 相比原有的逻辑微分 Ⅱ,对系统性能有一定改善,减少了稳态时间,提高了精度,同时,对挠性体振动的抑制作用也有明显改善。

5.3.3 黄金分割与相平面相结合的控制方法

1. 相平面控制

相平面法是庞加莱(Poincare. H)在 1885 年首先提出来的一种求解一阶和二阶常微分方程的图解法。相平面控制方法是:将被控对象输出偏差及其变化率组成的相平面分成不同的区域,根据不同区域相轨迹的运动特点设计不同的控制律以实现控制目标。分区不同,控制律不同对应的相平面控制方法也不同。由于相平面控制对控制对象要求不严格,鲁棒性好,抗干扰能力强,因此在工业控制及航天器姿态控制中有很广泛的应用。

图 5 - 41 给出了一种姿态相平面控制的控制分区图[19],横坐标 θ 为姿态角估值,纵坐标 $\dot{\theta}$ 为姿态角速度估值。图中相平面被若干条开关线分成 14 个控制区。由于开关线关于原点 O 中心对称,所以以右半平面为例说明相平面控制参数和控制策略。

不失一般性,假设采用大、小两种推力的姿态控制发动机。记 T_N 为一个控制周期内的喷气长度,T_{min} 为最小喷气长度,T_{max} 为最大喷气长度。相平面控制参数包括:死区阈值 θ_D,大推力区阈值 θ_B,大推力控制参数 a_{c1},小推力控制

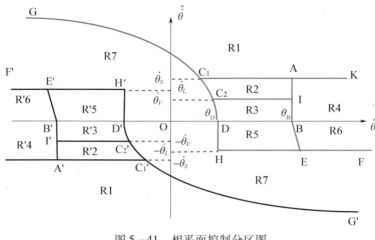

图 5 – 41　相平面控制分区图

参数 a_{c2}，步进区角速度最大值 $\dot{\theta}_V$，小推力区角速度最大值 $\dot{\theta}_S$，限速值 $\dot{\theta}_L$，步进区参数 k_j，步进区阈值 θ_v。又设计开关线 GC_1C_2D 满足方程 $\hat{\theta} + \dfrac{\dot{\hat{\theta}}^2}{2a_{c1}k_X} = \theta_D$，其中 k_X 也是一个控制参数。

　　图 5 – 41 所对应的喷气控制策略可设计为：在 R1 区（大推力全开区），大推力开，$T_N = T_{\max}$。在 R2 区（小推力全开区），小推力发动机开，$T_N = T_{\max}$。在 R3 区（小推力步进区），小推力发动机开，$T_N = T_{N1} + T_{N2}$，其中 $T_{N1} = \dfrac{|\dot{\hat{\theta}}|}{a_{c2}}$，$T_{N2} = K_j\dfrac{|\dot{\hat{\theta}}| - \theta_e}{a_{c2}}$。在 R4 区（大推力限速区），大推力发动机开，$T_N = \dfrac{|\dot{\hat{\theta}}| + \dot{\theta}_L}{a_1} + T_{\min}$。在 R5 区（抗外滑区），小推力发动机开，$T_N = T_{\min}$。在 R6 区（大推力限速区），大推力发动机开，$T_N = \dfrac{\dot{\theta}_L - |\dot{\hat{\theta}}|}{a_1} + T_{\min}$。在 R7 区（全关区），$T_N = 0$。

　　相平面控制的稳定性和性能取决于相平面控制参数。通常需要根据经验，反复试凑才能确定上述控制参数。下面以基于特征模型的黄金分割自适应控制理论为指导，给出一种相平面控制参数的设计方法。

2.黄金分割相平面自适应控制

针对式(5 – 23)所示形式的特征模型，对于三轴姿态控制，可设计制律：

$$u_{li}(k) = -\left[L_1\hat{\alpha}_{i1}y_i(k) + L_2\hat{\alpha}_{i2}y_i(k-1)\right]/\hat{\beta}_{i0} \qquad (5-68)$$

式中：$\hat{\alpha}_{ij}(k)$、$\hat{\beta}_{i0}(k)$（$i=1,2,3;j=1,2$）为特征参量估计值。

当 $L_1=1$，$L_2=1$ 时，式（5-68）所示的控制律为最小方差自适应控制律。当参数估计值等于真值时，最小方差自适应控制律可以保证闭环系统具有最好的控制性能；但当参数估计值不等于真值时，最小方差自适应控制律很容易造成系统发散。所以这种控制律在实际工程中很难应用。

当 $L_1=0.382$，$L_2=0.618$ 时，式（5-68）所示的控制律就是黄金分割自适应控制律。可以证明：在一定条件下，黄金分割自适应控制律可以保证在参数估计值未收敛于"真值"的情况下闭环系统的稳定性以及对未建模误差的鲁棒稳定性[5,8]，且在参数估计值收敛于"真值"后，闭环系统具有次优的性能。

受此启发，我们将黄金分割比也用于相平面控制参数计算，结合实际工程应用特点，提出了黄金分割相平面自适应控制方法。需要说明的是这里的自适应是指相平面开关线随特征参数自动调整，而非随参数估计值调整控制参数。

（1）根据系统延迟 ΔT_{delay} 和动态性能要求设计喷气控制律中的限速值 $\dot{\theta}_L$；设系统延迟为 ΔT_{delay}，大推力角加速度 a_{JL}，控制性能要求允许的角速度范围为 $[\dot{\theta}_{\min},\dot{\theta}_{\max}]$，则可以设计喷气控制律中限速值 $\dot{\theta}_L$，使其满足 $\dot{\theta}_L > \Delta T_{\text{delay}} a_{JL}$，且 $\dot{\theta}_L \in [\dot{\theta}_{\min},\dot{\theta}_{\max}]$。

（2）根据系统动态性能要求，并考虑步骤（1）设计的限速值 $\dot{\theta}_L$，设计喷气控制律中的步进区角速度最大值 $\dot{\theta}_V$ 和小推力区角速度最大值 $\dot{\theta}_S$；并根据测量误差 θ_{error} 和系统延迟 ΔT_{delay} 设计喷气控制律中的死区阈值 θ_D 和步进阈值 θ_V。

步进区角速度最大值 $\dot{\theta}_V$ 和小推力区角速度最大值 $\dot{\theta}_S$ 决定了 R2 和 R3 区的高度，其设计原则是在满足系统响应速度要求的前提下尽量抬高 R2 和 R3 区的高度以避免激发挠性振动。在此基础上，可以设计 $\dot{\theta}_V > \dot{\theta}_L$ 或 $\dot{\theta}_S > \dot{\theta}_L$，使得相轨线从左上半平面进入右半平面后，从 R7 区直接进入 R3 区，或者从 R7 区进入 R2 区后再进入 R3 区。

设测量误差为 θ_{error}，则可以设计喷气控制律中死区阈值 θ_D 使其满足 $\theta_D > \theta_{\text{error}} + \Delta T_{\text{delay}}\dot{\theta}_V$，$\dot{\theta}_V > \theta_{\text{error}}$。

（3）根据控制精度要求以及步骤（2）中确定的死区阈值 θ_D 设计喷气控制律中的大推力区阈值 θ_B。

设控制精度要求为 $\theta_{\mathrm{desired}}$，则可以设计喷气控制律中大推力区阈值 θ_B，使其在满足 $\theta_D < \theta_B < \theta_{\mathrm{desired}}$ 的前提下尽量大。

（4）根据黄金分割系数计算喷气控制律中小推力角加速度参数 $a_{c2} = \dot{\theta}_V /$ $(k_2 \Delta T)$，以及大推力角加速度参数 $a_{c1} = \dot{\theta}_L /(k_1 \Delta T)$。其中，$k_2 \in [0.5, 0.8]$，$k_1 \in [0.2, 0.5]$，$\Delta T$ 为采样控制周期，k_2 最优为 $\dfrac{\sqrt{5}-1}{2}$，k_1 最优为 $\dfrac{3-\sqrt{5}}{2}$。

（5）根据小推力角加速度参数 a_{c2} 计算喷气控制律中的步进区参数 k_j；根据大推力角加速度参数 a_{c1} 以及其他相平面参数计算喷气控制律中的抛物线系数 K_X；$k_j = (1 - k_2) a_{c2} \Delta T /(\theta_B - \theta_e)$，$K_X = \gamma a_{JL}/a_{c1}$，$\gamma$ 取值范围 $[1,6]$，θ_e 为略小于 θ_D 的常数。

如果将相平面的横轴和纵轴换成相对位置和相对速度，相平面控制方法也可应用于平移控制。在交会对接平移靠拢段，追踪器沿着对接走廊向目标器接近。随着纵向相对距离的减少，要求横向位置控制精度逐渐提高。这时可以选择纵向相对距离为特征参数，根据该特征参数对影响控制精度的相平面参数进行自适应调整，以实现控制目标。

5.3.4 逻辑微分与相平面相结合的控制方法

这里给出一种逻辑微分和相平面相结合的控制律设计方法。图 5-42 给出了一个轴（相对位置或相对姿态）的简化相平面示意图。如图 5-42 所示，相平面分 R0、R11、R12、R13、R14、R21、R22、R23、R24 九个区，这九个区的开关线相对原点中心对称。表 5-7 给出了右半平面的相平面开关线方程。表中 a_J 是该轴发动机推力加速度或角加速度，θ_c 为基于目标器对接面坐标系的相对位置或相对姿态角的导航输出，$\dot{\theta}_c$ 为基于目标器对接面坐标系的相对速度或相对姿态角速度的导航输出。相平面的开关线参数 θ_D、θ_B、$\dot{\theta}_s$、$\dot{\theta}_L$ 等根据对接初始条件等控制要求设计。与图 5-42 对应的控制律如下。

R11 区：$u_\theta = -u_{\max}$ 　　　　R21 区：$u_\theta = u_{\max}$

R12 区：$u_\theta = u_{d1} - k_{p1}\theta_c$ 　　　R22 区：$u_\theta = u_{d1} - k_{p1}\theta_c$

R13 区：$u_\theta = u_{d2} - k_{p2}\theta_c$ 　　　R23 区：$u_\theta = u_{d2} - k_{p2}\theta_c$

R14 区：$u_\theta = -k_{p3}\theta_c$ 　　　　R24 区：$u_\theta = -k_{p3}\theta_c$

R0 区：$u_\theta = 0$

对控制量进行限幅,如果 $u_\theta > u_{\max}$,$u_\theta = u_{\max}$;如果 $u_\theta < -u_{\max}$,$u_\theta = -u_{\max}$。

k_{p1}、k_{p2}、k_{p3} 为比例控制系数,通常取 $0 < k_{p3} < k_{p1}$,$0 < k_{p3} < k_{p2}$。u_{d1}、u_{d2} 为逻辑微分项。逻辑微分的一般表达式为 $u_d = -k_d(\theta_c, \dot{\theta}_c) f(\dot{\theta}_c)^{e_d(\theta_c, \dot{\theta}_c)}$,其中 $f(\dot{\theta}_c)$ 是 $\dot{\theta}_c$ 的函数,其作用是对 $\dot{\theta}_c$ 进行正规化处理,$k_d(\theta_c, \dot{\theta}_c)$ 和 $e_d(\theta_c, \dot{\theta}_c)$ 是 θ_c、$\dot{\theta}_c$ 的函数,$k_d(\theta_c, \dot{\theta}_c)$ 为等效增益,$e_d(\theta_c, \dot{\theta}_c)$ 决定 u_d 的波形。上述这些参数的设计要保证系统稳定。这种控制律设计的特点是可以保证系统超调小、过渡过程时间短。

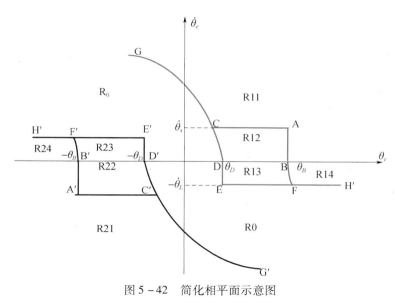

图 5-42 简化相平面示意图

表 5-7 右半平面的相平面开关线方程

右半平面	
线 段	方 程
GCD	$\theta_c + \dfrac{\dot{\theta}_c^2}{2a_J} = \theta_D$
BF	$\theta_c - \dfrac{\dot{\theta}_c^2}{2a_J} = \theta_B$
AB	$\theta_c = \theta_B$
DE	$\theta_c = \theta_D$

（续）

右半平面	
线　段	方　程
CA	$\dot{\theta}_c = \dot{\theta}_s$
EFH	$\dot{\theta}_c = -\dot{\theta}_L$

▶ 5.4　交会对接控制方案设计

　　正如引言所述,本节具体介绍交会对接控制器设计方案,包括追踪器变轨过程中的姿态稳定控制、平移靠扰段高精度相对位置和相对姿态的六自由度控制以及保持点的长时间相对位置控制。

✍ 5.4.1　变轨过程中的姿态稳定控制

　　采用喷气控制的追踪器交会对接闭环控制系统功能框图如图 5 – 43 所示。

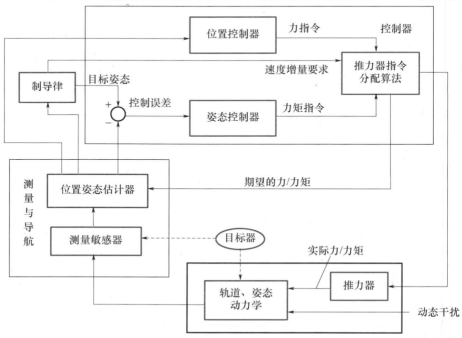

图 5 – 43　交会对接闭环控制系统功能框图

　　图中,轨道、姿态动力学既包括追踪器绝对轨道和姿态动力学,又包括追踪器相对于目标器的相对位置和姿态动力学,是控制系统中的被控对象。动态干扰除了包括轨道摄动、大气扰动等环境干扰力和力矩外,还包括发动机开机时产生的羽流干扰力和力矩。由于发动机开机和帆板转动的不确定性,导致羽流干扰力和力矩也具有不确定性。实际的控制系统,由于测量敏感器响应、信号传输、数据处理、制导、导航与控制律计算等都需要时间,因此从测量敏感器输出到推力器产生控制力和力矩的时间延迟在目前的技术条件下一般还比较大。

　　轨控过程中,采用 5.3.3 节给出的黄金分割相平面控制方法,可以保证在大延迟、大干扰情况下控制系统的稳定性。给出一组轨控过程中的追踪器姿态角和姿态角速度随时间变化曲线如图 5-44 和图 5-45 所示。图 5-46 和图 5-47 给出了交会对接接近段多次轨控过程中追踪器姿态角和姿态角速度随时间变化的曲线。结果表明控制方案有效。

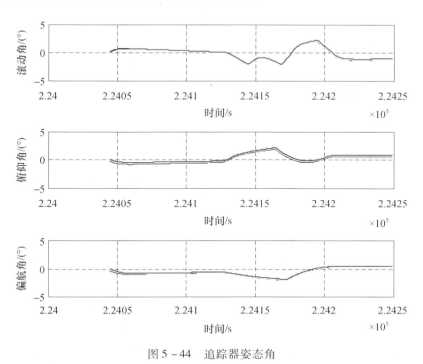

图 5-44　追踪器姿态角

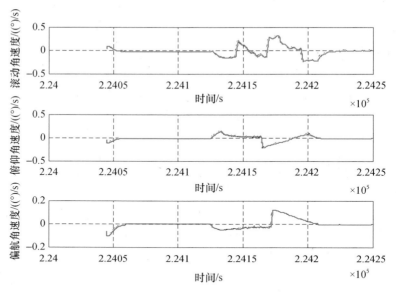

图 5 – 45　追踪器姿态角速度

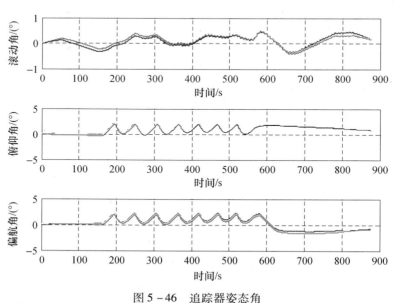

图 5 – 46　追踪器姿态角

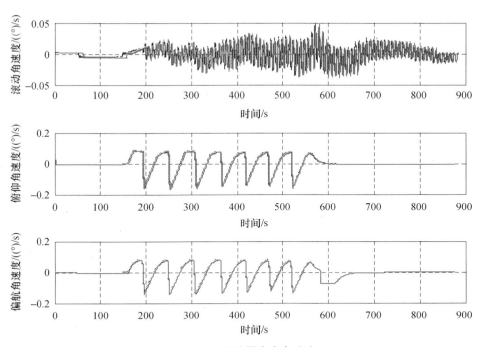

图 5 - 47　追踪器姿态角速度

✍ 5.4.2　高精度相对位置和相对姿态的六自由度控制

平移靠拢段的控制比较复杂,需要同时考虑相对位置和相对姿态的控制,并要克服姿态和轨道控制之间的耦合,控制的目标是满足对接初始条件。

对接初始条件定义为:两航天器对接机构首次机械接触时,追踪器对接面坐标系相对于目标器对接面坐标系的相对位置、相对速度、相对姿态和相对姿态角速度。

在对接机构接触前,控制应保证追踪器满足表 5 - 8 所列的对接的初始条件。

表 5 - 8　对接初始条件

项　目	指标要求
横向位移/m	$\sqrt{\Delta Y^2 + \Delta Z^2} < 0.15$
横向速度/(m/s)	$\sqrt{V_y{}^2 + V_z{}^2} \leqslant 0.1$

(续)

项　目	指标要求
轴向速度/(m/s)	$0.05 \leq \Delta V_x \leq 0.3$
俯仰角、偏航角/(°)	$\|\Delta\theta\|$、$\|\Delta\psi\| \leq 4$
俯仰角速度、偏航角速度/((°)/s)	$\|\omega_y\|$、$\|\omega_z\| \leq 0.8$
滚动角/(°)	$\|\Delta\phi\| \leq 4$
滚动角速度/((°)/s)	$\|\omega_x\| \leq 0.8$

根据基于目标器对接面坐标系的导航输出,即追踪器对接面坐标系相对于目标器对接面坐标系的相对位置和相对姿态的估计值,对追踪器对接面坐标系相对于目标器对接面坐标系的相对位置和相对姿态进行控制,控制采用六自由度控制,即三个轴的相对位置控制和三个轴的相对姿态控制。六个轴可采用相同的控制律,采用不同的控制参数。采用具有逻辑微分的黄金分割相平面自适应控制方法,在保证控制系统稳定的前提下可以保证有较高的控制精度。

图5-48和图5-49分别给出了平移靠拢段平面内和平面外相对位置随纵向相对距离的变化曲线,图5-50和图5-51分别给出了平移靠拢段追踪器姿态角和姿态角速度随时间的变化曲线,图5-52给出了对接接触时刻横向相对位置的打靶分布图。结果表明控制方案设计有效。

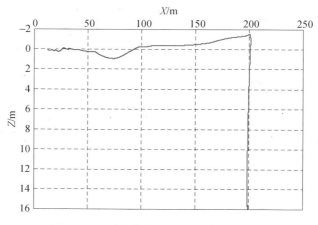

图5-48　平移靠拢段 $x-z$ 平面相对位置

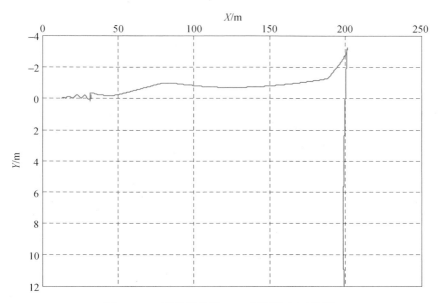

图 5 - 49　平移靠拢段 $x - y$ 平面外相对位置

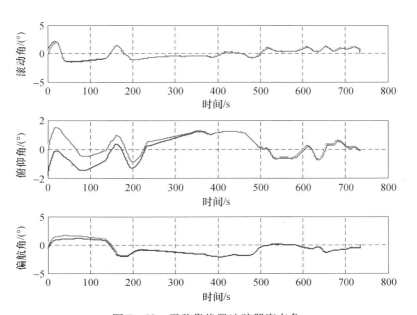

图 5 - 50　平移靠拢段追踪器姿态角

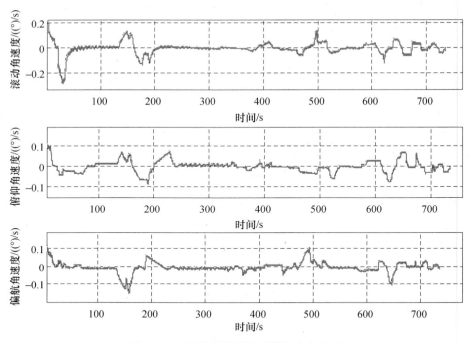

图 5-51　平移靠拢段追踪器姿态角速度

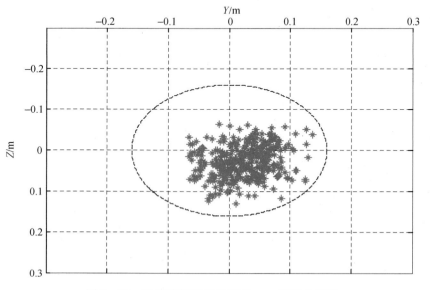

图 5-52　对接接触时相对位置 $y-z$ 打靶分布图

☑ 5.4.3　保持点的长时间相对位置控制

设计保持点相对位置控制参数时,需要考虑位置控制精度与推进剂消耗的平衡,下面按轨道面外和轨道面内分别讨论。

1. 轨道面外

轨道面外的相对运动动力学方程如下:

$$\ddot{y} + \omega_o^2 y = a_y$$

其轨迹变化趋势为

$$\begin{cases} y(t) = \dfrac{\dot{y}_0}{\omega_o}\sin(\omega_o t) + y_0\cos(\omega_o t) \\ \dot{y}(t) = \dot{y}_0\cos(\omega_o t) - y_0\omega_o\sin(\omega_o t) \end{cases}$$

即,轨道面外曲线的变化趋势是正弦曲线,与轨道面内不耦合,可以求出平面外最大的偏差为

$$\Delta y = \sqrt{{y_0}^2 + \left(\dfrac{\dot{y}_0}{\omega_o}\right)^2}$$

例如,位置 1σ 误差 $333\mathrm{km}$,速度 1σ 误差 $0.333\mathrm{m/s}$,则最大偏差约为 $450\mathrm{m}$。

对于位置较远的保持点,如 $5\mathrm{km}$,在一个轨道周期内,轨道面外如果不施加控制不会造成不安全问题,与位置保持的控制指标也较为接近,并且可以节省推进剂消耗。平面外不控的相平面轨迹如图 5-53。如果考虑更长时间的保持或更高的精度,轨道面外的控制最好在零位置附近进行控制,这样能节省推进剂消耗。

2. 轨道面内

轨道面内的相对运动动力学方程为

$$\begin{cases} \ddot{x} + 2\omega_o \dot{z} = a_x \\ \ddot{z} - 2\omega_o \dot{x} - 3\omega_o^2 z = a_z \end{cases}$$

可以看出, z 方向存在 $3\omega_o^2 z$ 的常值干扰项,经过一定时间的累积会达到较为可观的量级。这意味着控制参数设计时,如果想通过放宽位置保持误差来达到节省推进剂的目的,则可能会造成反效果。反而,在不造成频繁喷气的前提下,适当提高 z 方向控制精度,则能更加节省推进剂消耗。因此可以对 z 向相对位置采用相平面控制。轨道面内 z 向控制的相平面轨迹如图 5-54 所示。

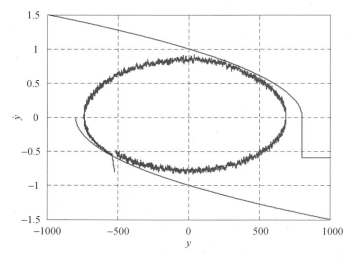

图 5-53 平面外控制的相平面轨迹

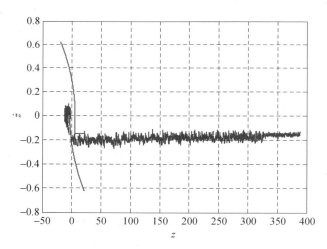

图 5-54 平面内 z 向控制的相平面轨迹

▶5.5 交会对接控制系统设计要点

控制系统是交会对接系统的核心部分,控制性能的好坏和稳定性直接影响交会对接任务的成败。设计交会对接控制系统时需要重点关注三个问题。

首先,对接初始条件是交会对接控制系统最重要的性能指标,该项指标要求取决于对接机构的几何尺寸和性能、要对接的两个航天器的质量和惯量特性,以及重要部件如帆板的抗冲击能力等。对接初始条件的实现与追踪器发动机推力大小、质量、惯量、帆板挠性、液体晃动等特性有关,还和要对接的两个航天器的几何尺寸、控制系统时间延迟、羽流干扰特性、导航精度以及控制律的设计有关。因此在交会对接控制系统设计时要求综合考虑各方面的因素,以使控制精度达到最高。其次,如果追踪器带有挠性太阳帆板或液体晃动严重、控制系统干扰力或干扰力矩大、而且控制系统的时间延迟大,那么就需要特别关注通过控制律的设计保证闭环控制系统的稳定性。最后,交会对接控制系统设计需要考虑在保证满足控制系统性能和稳定性要求的前提下,尽量减少推进剂的消耗。

参 考 文 献

[1] Charbonnel C. H_∞ controller design and μ-analysis: powerful tools for flexible satellite attitude control[C]. Toronto: in Proceedings of the AIAA Guidance, Navigation, and Control Conference, 2010.

[2] How J, Glaese R, Grocott S, et al. Finite element model – based robust controllers for the middeck active control experiment (MACE)[J]. IEEE Trans. Contr. Syst. Technol., 1996 5(1):110 – 118.

[3] Bukley A P. Hubble space telescope pointing control system design improvement study results [J]. Guid. Contr. Dyn. ,1995,18(2):194 – 199.

[4] Grocott S, How J, Miller D, et al. Robust control design and implementation on the middeck active control experiment. J. Guid. Contr. Dyn. , 1994,17(6):1163 – 1170.

[5] 吴宏鑫. 全系数自适应控制理论及其应用[M],北京:国防工业出版社,1990.

[6] 吴宏鑫,胡军,解永春. 基于特征模型的智能自适应控制[M]. 北京:中国科学技术出版社,2001.

[7] Yongchun Xie,Hongxin Wu. The application of the golden section in adaptive robust controller design[J]. Chinese Journal of Automation,1992,4(3):197 – 205.

[8] 解永春. 航天器鲁棒自适应控制方法及其应用研究[D]. 中国空间技术研究院北京控制工程研究所博士学位论文,1994.

[9] 解永春,吴宏鑫. 全系数自适应控制方法的鲁棒性[J]. 自动化学报,1997,23(2):151 – 159.

[10] 王勇. 基于特征模型自适应方法的一类最小相位非线性系统稳定性分析. 控制理论与应用[J]. 2012,29(9):1097 – 1107.

[11] Huang Jianfei, Kang Yu, Meng Bin, et al. Characteristic model based adaptive controller design and analysis for a class of SISO systems. Sci China Inf Sci, 2016,59(5):1 – 15.

[12] Jiang Tiantian, Wu Hongxin. Sampled – data feedback and stability for a class of uncertain nonlinear systems based on characteristic modeling method[J]. Sci China Inf Sci, 2016, 59:092205:1 – 15.

[13] Jiang Tiantian, Wu Hongxin. A framework for stability analysis of high – order nonlinear systems based on CMAC method[J]. Sci China Inf Sci, 2016,59:112201:1 – 20.

[14] 王勇. 基于特征模型的高超声速飞行器姿态控制研究[D]. 中国空间技术研究院工学博士学位论文,2012.

[15] Mikael Johansson. Piecewise linear control system[M]. Springer,2003.

[16] Kolonic F, Poljugan A, Petrovic I. Tensor product model transformation – based controller design for gantry crane control system – an application approach[J]. Acta Polytechnica Hungarica,2006,3(4):95 – 112.

[17] Jury E I. On the roots of a real polynominal inside the unit circle and a stability criterion for Linear discrete system[C]. 2th IFAC, paper 413. 1963.

[18] Yu X., Xie Y. Analysis and design of logical differential Control law[C]. Guadalajara:67th International Astronautical Congress,2016.

[19] 屠善澄. 卫星姿态动力学与控制[M]. 北京:宇航出版社,2001.

第 6 章
交会对接人工控制方法及方案设计

▶ 6.1 引言

 航天员人控系统是航天员在仪表照明分系统的配合下,完成追踪飞行器姿态、交会对接、返回和再入的控制任务,以及对自动控制过程进行监视的系统。人控系统的基本组成包括人控控制器、显示仪表与控制面板、舱窗、电视摄像机、姿态控制手柄、平移控制手柄、人控惯性测量单元、人控线路以及与自动控制系统共用的惯性测量单元、光学姿态敏感器(太阳敏感器、红外地球敏感器等)和执行部件(推进系统)。此外,人控系统还接入激光雷达的测量信息用以辅助航天员判断。人工控制系统组成如图 6-1 所示。

 一般情况下,航天员和上述设备位于追踪器一端,而与电视摄像机配套的靶标安装在目标器一端,航天员通过观察显示仪表上显示的目标器和/或靶标的图像,估计目标器相对于追踪飞行器的相对运动状态,进而操作手柄完成人控交会对接。

 另一种情况是,航天员、控制手柄、显示仪表和靶标位于目标器上,其他部件位于追踪器上。这种情况下摄像机拍摄的图像数据以及控制器产生的显示数据压缩后由通信机通过无线链路通道传至目标器的编码解码单元,提取出

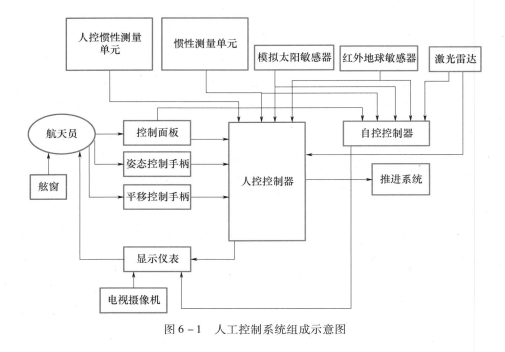

图 6-1　人工控制系统组成示意图

的显示数据直接送仪表显示器显示,压缩图像数据进行解压缩和图像信号转换后再送至仪表显示器显示。航天员根据图像和显示数据判断追踪器姿态和位置,操纵手柄和仪表面板发出控制指令,指令经编码后再由通信机通过无线链路通道传至追踪器,追踪器上的控制器根据收到的控制指令及自身采集的敏感器测量数据进行姿态轨道计算,并形成推进指令,控制姿控发动机或平移发动机,来完成人控交会对接。这种情况也称为遥操作交会对接。人控遥操作交会对接原理如图 6-2 所示。

　　在交会对接过程中,人控系统是最后平移靠拢段的一个辅助控制手段和备份手段。自控系统转入人控系统的情形一般有以下几种:①自控系统和人控系统均正常,需要开展人控交会对接试验;②自动控制系统失灵(如平移靠拢段的自主测量敏感器故障),地面要求转为人控系统;③航天员通过目视发现自动控制系统工作不正常,请示地面后,地面指示其转入人控。

　　考虑到以上任务需求,人控系统的设计原则如下:

　　(1)交会对接人控系统应尽可能地设计成一个相对独立的控制系统,在自动控制系统部件失效时,能起到自动控制系统的备份作用,相互间能可靠切

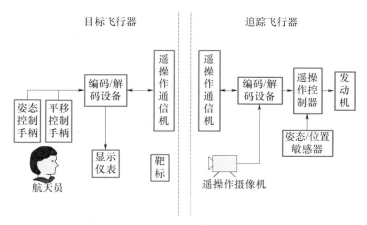

图 6 – 2　人控遥操作原理示意图

换,故障能隔离。

（2）交会对接人控系统配置要简单可靠,可以达到以最少的测量及执行部件完成交会对接任务且能够保证交会过程安全的目标。

（3）交会对接人控系统应考虑人的因素的特殊情况,如精神状态、训练疲劳、空间因素对人的影响,以及人反应的延迟等,航天员操作尽量少。

（4）交会对接人控系统应能够提供航天员完整可靠的显示信息。

本章基于人工控制系统的基本组成,着重介绍人控交会对接的导航、控制原理方法及方案设计,并给出相应的航天员人控交会对接操作方法。

6.2　测量原理与方案设计

6.2.1　人控交会对接敏感器

1.摄像机和靶标

电视摄像机(TV)和靶标是追踪飞行器与目标器人控交会对接的主要光学测量设备。TV 安装在追踪飞行器上,与其配套使用的靶标安装在目标器上。

TV 提供从追踪飞行器上观察目标器和靶标的图像,并传送到追踪飞行器的显示器上,如图 6 – 3 所示。

　　靶标一般由一个底盘和与底盘水平面有一定距离的十字标组成。根据图像在屏幕上的相对位置,以及十字标对于底盘的大小和位置,航天员可以对纵向距离、横向位置、相对姿态等相对状态进行估计。

　　国际空间站的靶标安装在对接口正中心,如图 6 - 4 所示[1],圆圈半径 76mm,十字架尺寸比圆圈略大,十字架向前伸出 305mm。

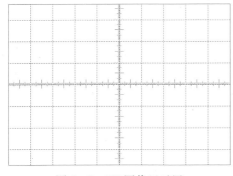

图 6 - 3　TV 图像显示屏

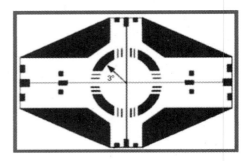

图 6 - 4　美国的手动对接靶标

　　俄罗斯手控系统的靶标安装在对接口附近。底盘为菱形,后改为圆形,如图 6 - 5 所示[2]。

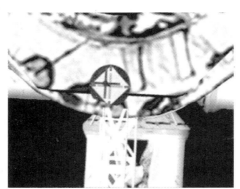

图 6 - 5　俄罗斯早期靶标

　　为配合"神舟"追踪器的手动交会对接,我国空间实验室上安装的靶标设计如图 6 - 6 所示。靶标背景圆盘涂成黑色,上面有白色的刻线,包括长的十字刻线和短的角度刻线。靶标十字架伸出背景圆盘一定的高度,十字架涂成白色。

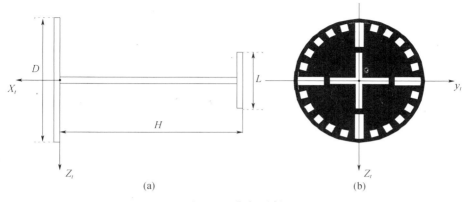

图 6 – 6　靶标示例

为后文描述方便,先给出两个坐标系如下:

靶标坐标系 $o_t x_t y_t z_t$,记为 $\{o_t\}$,其原点 o_t 为靶标的背景盘中心,$o_t x_t$ 轴与背景盘的盘面垂直,指向十字架伸出的反方向,$o_t y_t$ 轴在背景盘的盘面上,与十字架"一横"的中线平行,沿 $o_t x_t$ 轴方向看,指向右,$o_t z_t$ 轴与 $o_t x_t$、$o_t y_t$ 轴构成右手系。

TV 坐标系 $o_{TV} x_{TV} y_{TV} z_{TV}$,记为 $\{o_{TV}\}$,其原点 o_{TV} 为电视摄像机光心,$o_{TV} x_{TV}$ 轴为电视摄像机的主光轴,指向外,$o_{TV} y_{TV}$ 轴与 $o_{TV} x_{TV}$ 轴垂直,沿 $o_{TV} x_{TV}$ 轴方向看,指向右,$o_{TV} z_{TV}$ 轴与 $o_{TV} x_{TV}$、$o_{TV} y_{TV}$ 轴构成右手系。

为使航天员能利用电视摄像机和靶标进行人控交会对接的测量,满足正常情况下实现高精度测量、控制异常情况下进行安全判断的要求,需对靶标的几何尺寸、刻度,以及相机的视场、刻线进行设计。具体方法如下:

1)靶标几何尺寸设计

靶标背景圆盘直径 D 设计为目标器外轮廓最大直径的 $1/12 \sim 1/8$,靶标十字架与背景圆盘的纵向距离 H 设计为约 $1.5D$,靶标十字架长度 L 设计为 $0.45D$,宽度设计为 $0.05D$。

2)电视摄像机视场设计

根据对接走廊、对接初始条件、靶标几何尺寸、安装条件、测量精度要求设计电视摄像机的视场。

(1)确定设计条件。

对接走廊是以对接轴为对称轴,半张角为 γ_{AC} 的圆锥,圆锥的顶点由对接初始条件中的横向位移确定。

对接初始条件：横向位移 $\sqrt{\Delta y^2 + \Delta z^2} \leqslant R_{dock}$，相对滚动角 $|\Delta\varphi| \leqslant \varphi$，相对俯仰角 $|\Delta\theta| \leqslant \theta$，相对偏航角满足 $|\Delta\psi| \leqslant \psi$。

设靶标相对于目标器对接机构的三轴姿态安装偏差分别为 φ_{TA}、θ_{TA}、ψ_{TA}；电视摄像机相对于追踪器对接机构的三轴姿态安装偏差分别为 φ_{CA}、θ_{CA}、ψ_{CA}。

设电视摄像机在追踪器对接面坐标系下的安装位置为 $\begin{bmatrix} x_{TV} \\ y_{TV} \\ z_{TV} \end{bmatrix}_{|d_2|}$，安装矩阵为单位阵。靶标在目标器对接面坐标系下的安装位置为 $\begin{bmatrix} x_{target} \\ y_{target} \\ z_{target} \end{bmatrix}_{|d_1|}$，安装矩阵为单位阵。

要求电视摄像机与靶标正对安装，则 $y_{TV} = y_{target}$，$z_{TV} = z_{target}$。

（2）计算相对姿态。

根据对接初始条件要求，$C_{|d_2||d_1|} = C_y(\theta) C_x(\varphi) C_z(\psi)$

$C_{|O_t||O_{TV}|} = C_{|O_t||d_1|} C_{|d_1||d_2|} C_{|d_2||O_{TV}|}$

$$\approx \begin{bmatrix} 1 & \psi_{TA} & -\theta_{TA} \\ -\psi_{TA} & 1 & \varphi_{TA} \\ \theta_{TA} & -\varphi_{TA} & 1 \end{bmatrix} \begin{bmatrix} 1 & \psi & -\theta \\ -\psi & 1 & \varphi \\ \theta & -\varphi & 1 \end{bmatrix}^T \cdot \begin{bmatrix} 1 & \psi_{CA} & -\theta_{CA} \\ -\psi_{CA} & 1 & \varphi_{CA} \\ \theta_{CA} & -\varphi_{CA} & 1 \end{bmatrix}^T$$

$$= \begin{bmatrix} 1 & \psi_{TA} - \psi_{CA} - \psi & -(\theta_{TA} - \theta_{CA} - \theta) \\ -(\psi_{TA} - \psi_{CA} - \psi) & 1 & \varphi_{TA} - \varphi_{CA} - \varphi \\ \theta_{TA} - \theta_{CA} - \theta & -(\varphi_{TA} - \varphi_{CA} - \varphi) & 1 \end{bmatrix}$$

（3）计算相对位置。

当追踪器相对于目标器纵向相对距离为 R，横向距离在对接走廊边缘上（$\varphi = 0° \sim 360°$）时，靶标上的任意一点 $\begin{bmatrix} x_i \\ y_i \\ z_i \end{bmatrix}_{|O_t|}$ 相对于电视摄像机的位置坐标：

$$\begin{bmatrix} \Delta x \\ \Delta y \\ \Delta z \end{bmatrix}_{Body|O_t|/|O_{TV}|} = [O_{d_2}]_{|O_{TV}|} + C_{|O_{TV}||d_2|}[O_{d_1}]_{|d_2|} + C_{|O_{TV}||d_2|} C_{|d_2||d_1|}[O_{O_t}]_{|d_1|}$$

$$+ C_{|O_{TV}||d_2|} C_{|d_2||d_1|} C_{|d_1||O_t|}\begin{bmatrix} x_i \\ y_i \\ z_i \end{bmatrix}_{|O_t|}$$

$$\approx \begin{bmatrix} 1 & \psi_{CA} & -\theta_{CA} \\ -\psi_{CA} & 1 & \varphi_{CA} \\ \theta_{CA} & -\varphi_{CA} & 1 \end{bmatrix} \begin{bmatrix} -x_{TV} \\ -y_{TV} \\ -z_{TV} \end{bmatrix}$$

$$+ \begin{bmatrix} 1 & \psi_{CA} & -\theta_{CA} \\ -\psi_{CA} & 1 & \varphi_{CA} \\ \theta_{CA} & -\varphi_{CA} & 1 \end{bmatrix} C_{|d_2||d_1|} \begin{bmatrix} R \\ [R\tan\gamma_{AC} + R_{dock}]\cos\varphi \\ [R\tan\gamma_{AC} + R_{dock}]\sin\varphi \end{bmatrix}_{|d_1|}$$

$$+ \begin{bmatrix} 1 & \psi_{CA} & -\theta_{CA} \\ -\psi_{CA} & 1 & \varphi_{CA} \\ \theta_{CA} & -\varphi_{CA} & 1 \end{bmatrix} C_{|d_1||d_2|}^{T}$$

$$\cdot \left\{ \begin{bmatrix} x_{target} \\ y_{target} \\ z_{target} \end{bmatrix} + \begin{bmatrix} 1 & \psi_{TA} & -\theta_{TA} \\ -\psi_{TA} & 1 & \varphi_{TA} \\ \theta_{TA} & -\varphi_{TA} & 1 \end{bmatrix}^{T} \begin{bmatrix} x_i \\ y_i \\ z_i \end{bmatrix}_{|O_t|} \right\}$$

（4）确定视场大小。

对靶标上的边界点、纵向距离 R 在敏感器工作范围内进行遍历，根据 $\begin{bmatrix} \Delta x \\ \Delta y \\ \Delta z \end{bmatrix}_{Body|O_t|/|O_{TV}|}$ 和主光轴 $\begin{bmatrix} 1 \\ 0 \\ 0 \end{bmatrix}_{|O_{TV}|}$ 的夹角确定最大视场角。

3）靶标背景盘刻线设计

根据测量精度要求和关键点判读要求设计靶标背景盘上的刻线，如图6-6所示。背景盘与刻线和十字的颜色应形成强烈对比，以便于在轨的辨识，例如图6-6(b)中背景圆盘为黑色，刻线为白色。刻线的设计保证在对接时刻，从电视摄像机中看，靶标十字架的宽度与背景圆盘上的十字刻线同宽，且准确对接时，靶标十字架和背景圆盘上的十字刻线刚好相接。

4）电视摄像机图像叠加刻线的设计

根据像机视场的大小，考虑到图像的清晰程度，可以设计如图6-3所示的电视摄像机图像上叠加的刻线。刻度线的设计从直观性考虑，应尽量保证在关键点(如各停泊点、对接接触点)，图像中的目标器或者靶标背景圆盘的外轮廓线正好落在整刻度线上，以保证宇航员在关键点迅速判断此时追踪器的控制是否正常。

2. 激光雷达

激光雷达安装于追踪器上，测量示意图如图6-7所示。假设激光雷达测量坐标系和追踪器本体系重合,且激光雷达安装在追踪器的质心位置、应答机(角反射器)安装在目标器的质心位置。则激光雷达的测量输出为:目标器相对于追踪器的视线距离 ρ_r,目标器相对于追踪器的仰角 α_r 和目标器相对于追踪器的方位角 β_r。

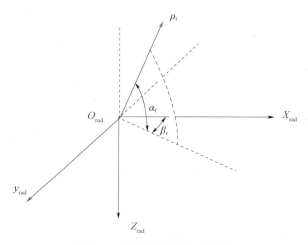

图 6-7　激光雷达测量示意图

利用激光雷达测量信息和追踪器的姿态信息,可以计算得到目标器质心相对于追踪器质心的相对位置在追踪器本体系中的表示:

$$
\begin{cases}
\rho_r = \sqrt{x_r^2 + y_r^2 + z_r^2} + v_{\rho_r} \\
\alpha_r = \arcsin(-z_r/\rho_r) + v_{\alpha_r} \\
\beta_r = \arctan(y_r/x_r) + v_{\beta_r}
\end{cases}
$$

通过上述测量信息,进行相关坐标系转换和相对导航计算,可以计算出两飞行器对接口之间的相对位置和相对速度,在仪表界面上显示给航天员观察,主要用于控制相对速度。

6.2.2　相对运动状态确定方法

人控交会对接相对运动状态的确定包括姿态确定、相对位置估计以及相对速度确定:姿态确定分为采用追踪飞行器对目标器定向的姿态确定、对地的姿态确定以及根据电视摄像机观察到的图像判断相对姿态的方法。位置估计根据电视摄像机的观察到的图像进行判断。相对速度的确定主要根据测距设备的测量信息,或者通过目标尺寸大小变化情况来估计。下面主要对航天员利用各种信息进行运动状态确定的方法进行详细介绍。

航天员人控交会对接时,可综合利用激光雷达的测量信息、电视摄像机观察得到的目标器和靶标的图像,以及其他可用信息来判断和确定两个飞行器之间的相对运动状态。当相对距离足够大时,目标器的全部图像显示在屏幕上,航天员通过完整的目标器的图像进行相对位置和相对姿态估计。随着距离的减少,目标器的一部分图像显示在屏幕上,这时只能尽可能地利用有效特征进行导航。在最后靠拢和对接段,只是距离对接口较近的一小部分可以看到,这时主要利用在目标器上安装的特制靶标,并保证在一定的相对距离和相对姿态范围内,该靶标的图像不会超出屏幕范围,即电视摄像机的视场,以进行对接。

1.相对运动参数的定义

人控交会对接的相对运动参数包括相对距离、交会速度、目标相对视线的角度(俯仰角和偏航角)、TV 相对视线的角度(俯仰角和偏航角)、目标相对于 TV 的滚动角和视线角速度,相关定义如下。

(1) 相对距离:相对距离指目标器对接面坐标系原点到追踪器对接面坐标系原点之间的距离。由于 TV 在追踪器上固定安装,焦距一定,靶标在目标器上固定安装,因此对接机构和对接靶标在 TV 上成像的大小与目标器对接面坐标系原点到追踪器对接面坐标系原点之间的距离存在确定的对应关系。

(2) 交会速度:相对距离随时间的变化率。

(3) 视线:TV 坐标系原点指向观察点的直线。在人控交会对接过程中,观察目标随距离不断调整,如在距离较远时,目标器几乎是一个亮点,则观察目标为整个目标器;随着距离的接近,对接机构清晰时,对接机构中心就成为观察目标;在靶标清晰时,靶标背景圆盘中心就成为观察目标。

(4) 目标相对视线的角度(俯仰角和偏航角):定义为目标器本体坐标系 x 轴相对于视线的角度偏差。远距离时即为目标器本体坐标系 x 轴相对于视线的角度偏差。近距离时为靶标坐标系 x 轴相对于视线的角度,即靶标伸出十字架的中心到靶标坐标系的原点的连线与视线的夹角,该夹角沿靶标坐标系 z 轴的投影定义偏航角,沿靶标坐标系 y 轴的投影定义为俯仰角。目标相对视线的角度主要是由追踪飞行器相对于目标器的横向位置偏差和目标器本身的姿态决定。在目标器姿态对地定向的情况下,目标相对视线的角度主要是由追踪飞行器相对于目标器的横向位置偏差引起的。这种目标相对视线的角度导致 TV 看到的目标器上靶标的图像中,靶标十字架与靶标的背景圆盘十字刻线的图像不重合。

(5) TV 相对视线的角度(俯仰角和偏航角):TV 坐标系的 x 轴相对于视线的角度,该夹角沿靶标坐标系 z 轴的投影定义偏航角,沿靶标坐标系 y 轴的投影定义为俯仰角。TV 相对视线的角度主要是由追踪飞行器本身的姿态决定。如果追踪飞行器沿视线定向,则即使追踪飞行器相对于目标器存在横向位置偏差,追踪飞行器相对视线的角度也为零,在这种情况下目标器的图像会一直处在显示器的中间位置。

(6) 目标相对于 TV 的滚动角:目标坐标系相对于 TV 坐标系沿 x 轴方向的转角。

2. 相对运动参数的估计

利用人控测量设备估计相对运动参数的方法如下:

(1) 相对距离:将目标器圆柱段、对接机构和对接靶标作为基准尺寸,通过它们在 TV 上成像的大小确定相对距离参数。激光雷达测量输出 ρ 反映相对距离信息,也可为航天员提供参考。

(2) 交会速度:根据在一定的时间内距离的变化量估算。激光雷达测量输出 $\dot\rho$ 反映相对速度信息,可为航天员提供参考。

(3) 目标相对视线的角度偏差:根据 TV 成像面上靶标十字架相对于靶标背景圆盘十字刻线的相对位置判定。俯仰角度偏差引起靶标十字架相对于靶标背景圆盘十字刻线的上下运动,目标器向上仰,十字架相对于背景圆盘十字刻线上偏,反之亦然;偏航角度偏差引起靶标十字架相对于靶标背景圆盘十字刻线的左右运动,目标器向左偏,十字架相对于背景圆盘十字刻线也向左偏,反之亦然。

(4) TV 相对视线的角度偏差:根据目标器或靶标在 TV 成像面上相对于显示器十字刻线上下移动的距离判定。俯仰角度偏差引起目标器或靶标图像在液晶显示器上的上下运动,追踪器向上仰,图像向下移,反之亦然;偏航角度偏差引起目标器或靶标图像的左右运动,追踪器向左偏,图像向右移,反之亦然。激光雷达测量输出 α 反映俯仰角偏差信息,激光雷达测量输出 β 反映偏航角偏差信息,可为航天员提供相应参考。

（5）相互滚动角:根据 TV 成像面上目标器、太阳帆板及靶标支架的水平线相对于成像面基准水平线的转角判定。对于追踪器而言,如果图像相对于显示屏十字刻线顺时针旋转,则目标器相对于追踪器顺时针旋转,而追踪器相对于目标器逆时针旋转;反之亦然。

（6）视线角速度:根据一定时间内,目标器沿视线角度偏差的变化量估算。

6.2.3　图像和数据显示

仪表照明和显示装置包括用于追踪器人控交会对接的综合显示屏、电视摄像机的显示屏、各种指示器、交会对接用照明灯等。交会对接控制系统各参数在综合显示屏上可以姿态图形、轨迹图、相对姿态位置图、数字、文字等方式显示。电视摄像机的图像在专用的显示屏上显示,显示时可根据需要把激光雷达测量得到的距离和距离变化率的数据叠加到传送来的 TV 图像上。

美国的 Apollo 载人登月的人机交互设计是早期较为成功的人机交互图像和数据显示范例[3]。人控专用部件包括显示器和键盘组件、姿态控制手柄、位置控制手柄、着陆点指示器、姿态指示器等。Apollo 系列登月舱主要靠人眼通过带有坐标框的舷窗（图 6 - 8(a)）作为瞄准装置来观察外着陆区地形。Apollo 的显示器和键盘组件如图 6 - 8(b)所示,用于航天员向控制计算机发出指令以及监视着陆过程的计算数据。姿态指示器如图 6 - 8(c)所示,可提供着陆器滚动、俯仰、偏航三轴的姿态角、姿态偏差以及姿态角速度的信息显示。

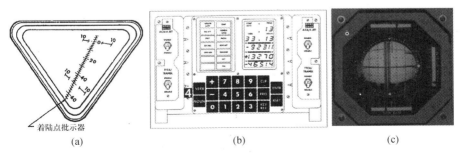

（a）　　　　　　　　　（b）　　　　　　　　　（c）

图 6 - 8　Apollo 仪表显示系统

(a)舷窗;(b)显示器和键盘组件;(c)姿态指示器。

各部件在舱内的整体布局如图 6-9 所示。

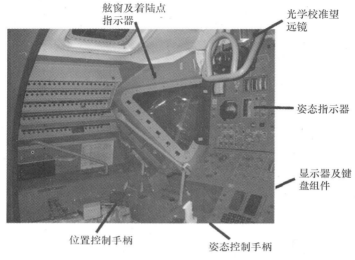

图 6-9　各部件在舱内的整布局

21 世纪初美国启动重返月球的星座计划,其中用于登月的 Altair 采用了更为丰富和复杂的显示页面,主要分为飞行主页面、落点重置页面和着陆轨迹显示页面三种[4]:①飞行主页面如图 6-10(a)所示,背景是经数据处理和渲染生成的实时月面地形图像,最上方是飞行阶段及时间显示,左侧是高度刻度及目前的高度指示,下方显示推进剂、姿态、雷达状态等信息;②落点重置页面如图 6-10(b)所示,在着陆区域的月面地形图上,叠加了三个推荐落点信息,其他数据同飞行主页面;③着陆轨迹显示页面如图 6-10(c)所示,中央显示预测着陆轨迹,及其着陆走廊的上下边界线,叠加了距目标点距离和高度数据,左侧刻度显示当前速度和加速度,其他与飞行主页面相同。

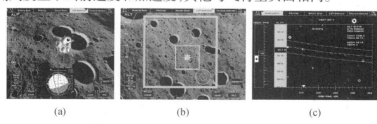

(a)　　　　　　　　　　(b)　　　　　　　　　　(c)

图 6-10　Altair 的图像和数据显示页面

(a)飞行主页面;(b)落点指示页面;(c)着陆轨迹显示页。

猎户座是美国新一代载人飞船,需执行与空间站的交会对接任务,其座舱如图 6 - 11 所示[1]。除操作手柄外,显示界面由三块彩色平板显示器组成,如图 6 - 12[1] 所示。中间屏幕显示相机拍摄图像,并在图像上叠加辅助驾驶工具,包括死区指示器、飞行路径标记、平移控制指示器、前馈控制器等,用于帮助航天员解耦姿态带来的位置误差信息,预测平移控制需要的控制输入、当前偏差情况导致的对接精度等。右侧显示器显示姿态信息及范围,左侧显示器显示交会对接相关的数据信息。

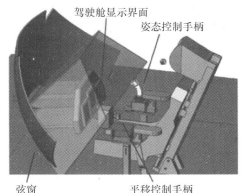

图 6 - 11　座舱示意图

图 6 - 12　猎户座图像和数据显示界面

▶6.3　控制方法与方案设计

6.3.1　控制手柄

1. 姿态控制手柄

姿态控制手柄是航天员直接控制追踪器姿态的主要工具,具备独立的三个自由度的输出,在一定的外力作用下可单独或同时绕两个或三个正交轴转动,并分别输出相应于所绕各个轴转角的电压。三轴输出的电压量用于控制追踪飞行器的俯仰、滚动和偏航姿态。

姿态控制手柄安装在航天员座椅的扶手支架上,从人机工效方面的要求来考虑,安装在航天员的右手位。

2.平移控制手柄

平移控制手柄是航天员直接控制追踪器平动的主要工具,具备独立的三个自由度的输出,可以单独或同时控制垂直和横向两轴运动,前后方向的运动单独控制。三轴输出用于控制追踪器质心的前后、垂直和横向运动。

平移控制手柄也安装在航天员座椅的扶手支架上,从人机工效方面的要求来考虑,安装在航天员的左手位,各轴的方向与追踪器本体坐标系一致。

6.3.2 相对运动控制方法

人控交会对接的控制任务是航天员根据电视摄像机观察到的目标器和靶标的图像,通过操纵姿态控制手柄和平移控制手柄控制追踪飞行器的运动,使追踪飞行器对接面坐标系相对于目标器对接面坐标系满足用相对位置、相对速度、相对姿态角和相对姿态角速度表示的对接初始条件。

人控交会对接通过姿态控制手柄和平移控制手柄实现,这里给出姿态控制手柄和平移控制手柄的输出到发动机力矩和推力的控制规律。

1.姿态控制规律

姿态控制需要陀螺的姿态角速度测量信息,姿态控制律如下:

(1)当姿态控制手柄有信号输出时,如果姿控手柄的输出与角速度测量值的差值的绝对值大于角速度阈值 δ,开启执行机构使该通道达到需要的角速度,否则关闭执行机构。

(2)当姿态控制手柄从有信号输出变为无信号输出时,开始通过角速度积分计算角度 φ,根据 φ 和陀螺的姿态角速度测量值 ω_i,利用相平面控制规律等方法,使角度和角速度满足控制精度要求。

以上控制规律假设目标器惯性定向,如果对地定向,则需考虑轨道角速度。

2.平移控制规律

对于轨道高度 400km 左右的近地圆轨道,轨道角速度 $\omega_o = \sqrt{\dfrac{\mu}{(R_e + H)^3}} = 0.0011\text{rad/s}$,其中地球半径 $R_e = 6378\text{km}$,地球引力常数 $\mu = GM = 3.986005 \times 10^5 \text{ km}^3/\text{s}^2$。追踪器相对于目标器的相对运动方程式(2-47)中 $y, z, \dot{x}, \dot{z}$ 在

最后平移靠拢段较小,即距离近、相对速度慢时,哥氏力和引力差引起的耦合项可以忽略,得到

$$
\begin{cases}
\ddot{x} = a_x = \dfrac{F_x}{m} \\[2mm]
\ddot{y} = a_y = \dfrac{F_y}{m} \\[2mm]
\ddot{z} = a_z = \dfrac{F_z}{m}
\end{cases}
$$

由此可见,追踪器和目标器的相对运动可以由牛顿第二定律近似描述,在目标器不变轨的情况下,追踪器相对于目标器的相对位置变化直接取决于追踪器在三轴上受到的推力引起的位置变化。

航天员作为控制器包含在整个闭环控制回路内,其控制目标是按照对接机构要求的对接速度,使得追踪器沿对接轴方向以一定的速度接近,在接近的过程中逐渐消除横向位置偏差,消除位置偏差后,尽量维持横向速度在零值附近。

航天员利用电视摄像机观察到的图像估计运动参数后,判断出追踪器和目标器的相对关系,向消除偏差的方向控制手柄,输出相应电压。可根据手柄输出的大小幅值进行分档,得到对应方向的发动机开机时间。

3. 大时延下的遥操作控制

如 6.1 节所述,遥操作交会对接相比于一般人控交会对接,增加了数据压缩打包、传输、解压显示的环节。因此,遥操作交会对接控制方案的重点是确定整个回路的时延,以及在大时延下控制方案的适应性和优化。

遥操作交会对接的闭环控制回路时延包括电视摄像机拍摄成像、图像压缩、图像及测量数据传输、图像解压缩、航天员判断及操作、手柄电压采集、控制指令传输、备份控制器计算以及推进执行时延等。按照信息传输方向分为前向、返向传输链路和执行链路。

(1) 前向传输链路时延环节主要有摄像机拍摄图像、压缩打包图像数据、通信机传输、图像解压、图像显示等。

(2) 返向传输链路时延环节主要有手柄动作、手柄信号打包、通信机传输、信号解压、输出指令等。

(3) 执行链路时延包括推进控制驱动器时延及推力时延。

大时延容易造成控制的不及时或过度,其控制参数的设计需充分考虑时延的

大小,增强闭环系统对时延的鲁棒性,具体可参考第 5 章。另外,也可以在显示页面叠加一些预测结果,起到前馈的作用,辅助航天员判断,从而避免控制的不及时或过度。例如,美国猎户座载人飞船[1]设计的飞行路径预示器用于预示按当前位置速度走到最终对接接触时,对接口中心可能的位置落点(图 6 - 13(a));平移指示器用于指示消除偏差所需的各方向控制操作次数(图 6 - 13(b))。这些都能为大时延情况下实现高精度人工控制操作提供便利。

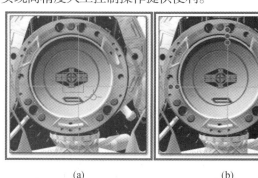

(a)   (b)

图 6 - 13　猎户座辅助驾驶工具
(a)飞行路径标记;(b)平移控制指示器。

▶ 6.4　操作方法

6.4.1　交会速度控制

　　航天员综合利用电视摄像机得到的图像信息和激光雷达的测量信息进行相对位置和相对速度的判断。距离和速度的自动测量比目测具有更高的精度。当有激光雷达的测量数据可用时,航天员可根据激光雷达提供的距离和速度信息,通过平移控制手柄接通和断开执行机构来控制交会速度。此外,控制 X 通道交会速度时,航天器还可根据基准尺寸的图像及其变化目测估计距离和交会速度。

6.4.2　横向位置和追踪器姿态控制

　　在距离较远时,航天员可通过观察目标器的图像来估算目标器沿视线的角度偏差和追踪器沿视线的角度偏差,然后对追踪器的姿态和横向位置偏差进行联合控制,控制的策略是通过姿态控制使目标器的图像尽量在视场中心,即追踪器相对于视线的角度偏差尽量小,然后通过平移控制减小目标器相对于视线的角度偏差,在减小目标器相对于视线的角度偏差的控制过程中追踪器相对于视线的角度偏差可能会增大,因此需要不断通过姿态控制的微调,以使追踪器相对于视线的角度偏差尽量小。

距离较近时,目标器沿视线的角度偏差反映了横向位置偏差。航天员通过观察对接靶标的图像来估算追踪器和目标器沿视线的角度偏差,然后进行控制。通过靶标上伸出的十字架相对于靶标背景圆盘上的十刻线之间的偏差来确定目标器沿视线的角度偏差。为修正该角度偏差,航天员应该横向移动追踪器质心直到十字架与十字刻线对准。对于不同的目标器沿视线的角度偏差,对接靶标的图像和为消除该角度偏差需要平移控制手柄偏移的方向,如图 6 - 14 所示。

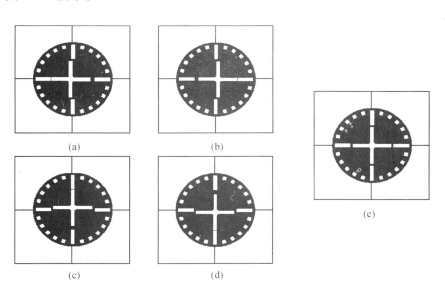

图 6 - 14　目标器沿视线有角度偏差时接靶标的图像和平移手柄

(a)平移手柄—向左;(b)平移手柄—向右;(c)平移手柄—向上;

(d)平移手柄—向下;(e)目标器沿视线无角度偏差情况。

随着追踪器与目标器的不断接近,可通过追踪器几何中心,对接机构几何中心,以及靶标上伸出的十字架中心相对于电视摄像机屏幕上十字刻线的位置来确定追踪器沿视线的角度偏差。相互滚动由对接靶标的对称轴和电视摄像机屏幕上十字刻线之间的不平行度决定。为了校正角度偏差航天员应该使追踪器绕质心旋转。

当完成靠拢后在距离 10m 左右,可通过悬停来精确地消除追踪器和目标器沿视线的角度偏差。依据校正完成情况,航天员选择必要的对接速度,此速度在接触时刻应该满足对接初始条件的要求。等待接触的过程中,如果出现角度偏差,航天员需要继续调整视线角速度。

6.4.3　仿真结果

采用仿真计算机、手柄电性件和交会对接视景仿真系统,通过设置各种交会对接仿真条件进行仿真试验,验证人控交会对接控制方案和控制策略。得到一组典型人控对接过程仿真结果如图 6-15 ~ 图 6-20 所示。

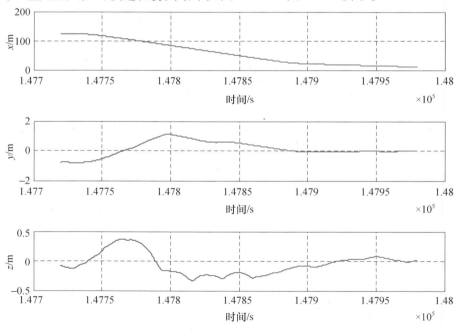

图 6-15　三轴相对位置

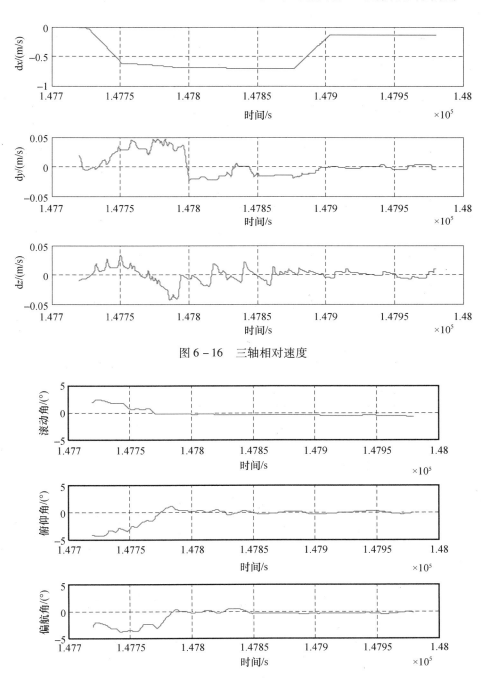

图 6 - 16 三轴相对速度

图 6 - 17 追踪器三轴姿态角

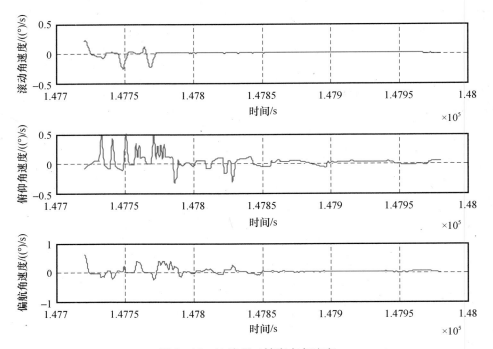

图 6-18 追踪器三轴姿态角速度

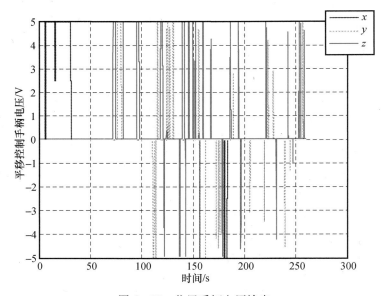

图 6-19 位置手柄电压输出

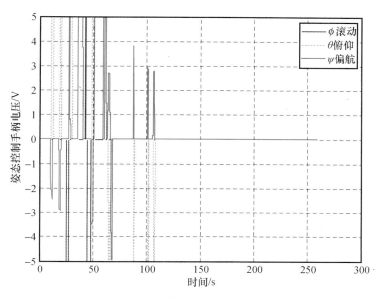

图 6-20 姿态手柄电压输出

追踪飞行器地面初始姿态和两航天器初始相对位置如表 6-1 和表 6-2 所列。

表 6-1 追踪器地面初始姿态

控制通道	初始值
滚动/(°)	2.00
俯仰/(°)	-4.00
偏航/(°)	-3.00
滚动角速度/((°)/s)	0.2
俯仰角速度/((°)/s)	-0.1
偏航角速度/((°)/s)	0.6

表 6-2 两航天器初始相对位置

控制通道	初始值
x/m	140.0
y/m	-0.880
z/m	-0.120

（续）

控制通道	初始值
dx/（m/s）	−0.00
dy/（m/s）	0.022
dz/（m/s）	−0.014

参 考 文 献

［1］Karl D. Bilimoria, Eric R. Mueller, Chad R. Frost. Handling qualities evaluation of piloting tools for spacecraft docking in earth orbit［J］. Journal of Space Craft and Rockets, 2011, 48（5）：846 − 855.

［2］杨进,姜国华,晁建刚. 基于靶标图像的航天员手控交会对接方法［J］. 宇航学报, 2010,31（5）:1398 − 1404.

［3］John L. Foodman. Apollo 13 Guidance, Navigation, and Control Challenges［C］. California: Space 2009 Conference & Exposition,2009.

［4］Robert L. Hirsh, Zarrin K. Chua. Developing a prototype ALHAT human system interface for landing［C］. Aerospace,IEEE Conference. 5 − 12 March,2011;1 − 14.

第7章
发动机配置及控制指令分配理论与设计

▶7.1 引言

本书第3～第5章介绍了交会对接的导航、制导与控制方法,而交会对接控制的最终实现还需依赖控制的执行机构。在空间交会对接等复杂的航天任务中[1-3],由于控制任务的多方面需要,往往配备包括动量交换控制和反作用控制系统(Reaction Control System,RCS)在内的多套控制系统,RCS由于其对各种飞行任务较强的适应性,成为了其中及其重要的分系统,其性能的好坏直接影响到整个航天器的使命[4]。

反作用控制系统即以发动机为执行机构的航天器控制系统。一般情况下,固定安装的单个发动机产生的控制量在本体系中的方向是固定的。航天器通过安装多个发动机组合使用,来实现任意的合控制力和力矩。而如何确定系统所需的发动机个数;如何选择发动机的规格(包括额定推力大小,最小开机时间等),如何安排各发动机的安装位置和倾角,统称为发动机的配置问题。在配置已定的条件下,根据控制律给出的控制力/力矩需求,从众多发动机中选出能实现控制律要求的发动机组合,并计算该组合中每台发动机的工作时长,即"开机/关机"时刻,则称为发动机的控制指令分配问题[5-6]。在每个控制周期,将控制律计算出的动量增量或/和角动量增量作为控制量,经过控制指令分配,转化为各发动机的工作时间,输出到执行机构,从而精确实现某个方向上所需的推力或力矩。控制指令分配在整个控制回路中的位置如图7-1所示。

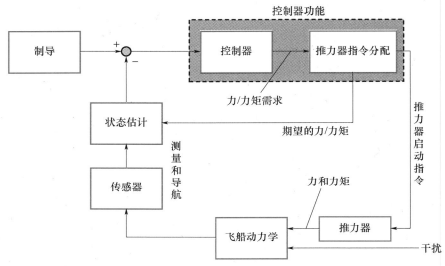

图7-1　控制指令分配在控制回路中的位置

对于对地观测卫星等以三轴姿态控制为主要任务的航天器来说,其发动机配置和控制指令分配方法较为简单,可按滚动、俯仰、偏航每个控制量方向独立地进行配置和控制指令分配。而对于空间交会对接任务来说,由于需要同时进行高精度的位置和姿态控制,其发动机配置一般数量较多且布局较为复杂,控制指令分配算法的好坏会直接影响控制的实现精度和推进剂的消耗量。

本章以空间交会对接为背景,针对复杂航天器和航天任务,研究其姿态轨道控制发动机的配置及控制指令分配问题。首先对交会对接的发动机配置设计情况和方法以及控制指令分配算法的现状进行介绍,然后给出发动机配置及控制指令分配问题的数学描述。考虑到发动机配置的性能最终是由控制指令分配算法体现,故先从控制指令分配问题入手,介绍几种工程及理论研究中常用的控制指令分配方法,并对其性能进行分析比较,给出工程中可用的综合设计方法。之后,结合交会对接任务对发动机配置的性能要求,基于控制指令分配策略分析发动机配置的性能,最后给出基于性能指标要求的发动机配置的设计方法。

7.1.1 典型发动机配置

下面介绍几种典型交会对接任务中追踪器的发动机配置。

1. "联盟"号

俄罗斯"联盟"号飞船是苏联最成熟的一种载人航天器,主要执行向"和平"号空间站和国际空间站运送宇航员的任务。"联盟"飞船共有 27 台发动机[7]:1 台轨控发动机,推力约 2940N,摇摆半锥角为 5°,用于远程导引段变轨脉冲的实施;26 台姿控发动机尾部配置 12 台,绕质心配置 14 台,分成不对称的主、备两路。主路有 14 台推力为 130N 的大姿控发动机和 6 台推力为 26N 的小姿控发动机;备路有 6 台推力为 26N 的小姿控发动机。大姿控发动机主要用于交会对接过程中的正推、反推及平移控制,小姿控发动机主要用于滚动、俯仰、偏航三轴姿态控制。

2. 阿波罗(Apollo)

Apollo 飞船分为服务舱、指令舱、登月舱三部分,其中登月舱具备作为主动飞行器在月球轨道执行与服务舱—指令舱交会对接任务的能力。Apollo 登月舱的反作用控制系统由 4 个 4 机组组成[8-9],每个机组中有两台发动机沿平行于 X 轴的方向一正一反安装,另外两台发动机喷气方向与 X 轴垂直,提供 Y 方向和 Z 方向的推力,如图 7-2 所示。这 16 台发动机每台可提供 445N 推力,管路分为两路,每路 8 台发动机,每个 4 机组中两台发动机是一路,另两台是另一路。

3. 航天飞机

美国的航天飞机曾多次与空间站交会对接,运送航天员的同时向国际空间站送去供给、备用零件以及科学试验仪器等。航天飞机轨道器的反作用控制系统由 2 台变轨发动机,38 台主发动机和 6 台小发动机组成[10-12]:变轨大发动机安装在尾部,推力为 26.7kN,俯仰方向摇摆半锥角为 15.9°,偏航方向摇摆半锥角为 6.5°;38 台主发动机用于三轴位置控制和三轴姿态控制,推力大小为 3.87kN,前端安装了 14 台(图 7-3(a)),提供 $\pm Y$、$\pm Z$ 和 $-X$ 方向推力,后端左侧和右侧分别安装了 12 台(图 7-3(a)),提供 $\pm Y$、$\pm Z$ 和 $+X$ 方向

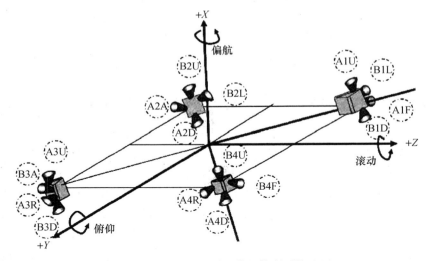

图7-2　Apollo登月舱反作用控制系统配置

推力;小发动机用于满足有效载荷的定向姿态控制需求,推力大小111N,前端、左后和右后各安装了2台。各发动机的安装及推力方向如图7-3(b)所示[10]。系统在1台发动机失效的情况下可继续完成任务,2台失效的情况下可保证安全。

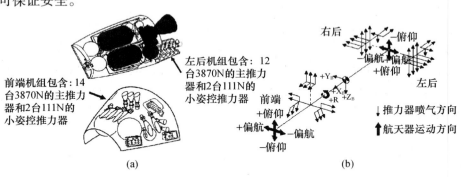

图7-3　航天飞机的发动机安装及喷气方向[12]

4.欧洲航天局货运飞船(Automated Transfer Vehicle,ATV)

欧洲航天局开发的ATV货运船用于为ISS补充燃料、运送物资和带走废弃物。ATV的主推进系统包括4台490N发动机,28台220N姿控发动机,发动机配置如图7-4(a)、(b)所示。4台490N轨控发动机用于自身变轨和国际空间站提升轨道,安装在推进舱底部。28 台 220N 姿控发动机中,推进舱后部安装了 20 台,用于 ATV 姿控、交会机动、对接前的制动、分离机动以及碰撞规避机动。这 20 台发动机分为 4 个 5 机组对称安装在推进舱外壁,每个机组中有 2 台发动机还用于制动,如图 7 - 4(c)、(d)所示。另外 8 台姿控发动机分 4 个 2 机组,对称安装在载荷舱的前锥段上,每个机组上含一台主份发动机和一台备份发动机,这些发动机用于增强飞行器的平移控制,如图 7 - 4 所示。整个推进系统可分为主份和备份两个对等的部分。任务开始时选择主份工作,一旦主份出现故障,立即整体切换到备份。

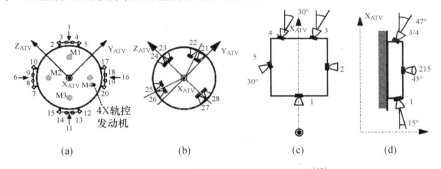

图 7 - 4　ATV 货运船发动机配置布局[13]

(a)推进舱姿控发动机;(b)前锥段姿控发动机;(c)前视图;(d)侧视图。

5. 日本货运飞船(H - Ⅱ Transfer Vehicle,HTV)

日本的 HTV 货运船也是一个无人的服务和运输工具,向 ISS 运送货物(但不运送推进剂),离轨时从 ISS 上装载废弃物再入大气层销毁[14]。HTV 的主推进系统包括 4 台 490N 发动机[15],28 台 110N 姿控发动机[16-19]。4 个 490N 的主发动机位于推进舱后部,用于轨道机动、离轨和防碰撞。28 台姿控发动机用于滚动、俯仰、偏航的姿态控制和交会过程中的平移控制、对接前的制动、分离机动以及碰撞规避机动。推进舱后部安装了 16 台发动机,分为 2 个 5 机组和 2 个 3 机组,如图 7 - 5(a)所示;前端货舱增压部分的外壁安装了 12 台发动机,分为 4 个 2 机组和 4 个 1 机组,如图 7 - 5(b)所示。

6. "神舟"飞船

"神舟"系列载人飞船(图 7 - 6)推进舱发动机主要用于完成整船三舱段飞行时的轨道和姿态控制以及返回前的制动和姿态控制,配置了 3 种 28 台发

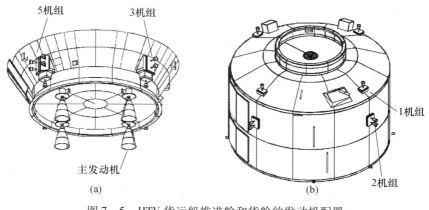

图 7 – 5   HTV 货运船推进舱和货舱的发动机配置

动机。4 台 2500N 轨控发动机用于变轨控制、返回前的制动以及大气层外应急救生控制时的制动或加速,8 台 150N 大姿控发动机和 16 台 25N 小姿控发动机,通过不同组合可以产生若干种不同大小的控制力矩进行姿态控制。28 台发动机采用简单的分组备份,分成完全对称的主路、备路,主路与备路的发动机种类、台数均相同。主、备路发动机可通过系统自锁阀进行整组切换。

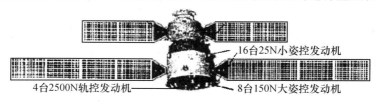

图 7 – 6   "神舟"飞船发动机配置[20]

执行交会对接任务的"神舟"8 号、9 号和 10 号飞船,其发动机配置在继承"神舟"飞船推进舱发动机配置的基础上,在质心附近增加了 8 台 117N 平移发动机和 4 台 150N 反推发动机。用于完成交会对接阶段的平移控制、姿态控制、分离机动以及碰撞规避。

7. 龙飞船

龙飞船也是向 ISS 运送货物的可重复使用货运飞船,于 2012 年成功实现与国际空间站的对接。龙飞船的推进系统有 18 台发动机[21],共同用于交会对接的姿态和平移控制,轨道机动以及离轨。18 台发动机分为两个 4 机组和两个 5 机组十字交叉安装在服务舱,如图 7 – 7[22]所示,与 Apollo 的配置有类似之处。

图 7 - 7　龙飞船发动机配置

8. 配置比较与分析

上述典型交会对接任务的发动机配置比较见表 7 - 1。

表 7 - 1　典型交会对接航天器的发动机配置比较

	联盟 TM 飞船	航天飞机	Apollo 登月舱	ATV	HTV	"神舟"飞船	龙飞船
轨控	1 ×2940N	2 ×26.7kN	1 ×46.7kN 1 ×15.5kN	4 ×490N	4 ×490N	4 ×2500N	
俯仰	4 ×26N	5 ×3.87kN 2 ×111N				4 ×25N	
偏航	4 ×26N	4 ×3.87kN 2 ×111N		16 ×220N 共用	20 ×110N 共用	4 ×25N	
滚动	4 ×26N	2 ×111N	16 ×445N 共用			8 ×25N	18 台共用
平移	8 ×130N （兼滚动）	22 ×3.87kN （兼滚动）				8 ×117N	
正推	4 ×130N	4 ×3.87kN		4 ×220N	4 ×110N	8 ×150N	
反推	2 ×130N	3 ×3.87kN		8 ×220N	4 ×110N	4 ×150N	
合计	27 台	46 台	18 台	32 台	32 台	40 台	18 台

从表中数据可以看出,交会对接任务的发动机配置个数较一般卫星多[23]。考虑到不同的任务规划和航天器的质量特性等,实现同样的交会对接功能,各航天器发动机大小的选择各不相同,配置方式也各不相同,表现出很强的灵活性。在控制指令分配算法的配合下,姿控和平移共用发动机能减少总的发动机个数,提高发动机使用效率,是未来的发展趋势。故对于交会对接任务来说,尤其需要对发动机配置及控制指令分配算法进行系统的理论研究。

7.1.2 控制指令分配方法简介

多执行器高冗余度系统的控制指令分配算法在飞机、船舶、潜艇等领域内早有相关研究。但其方法中所考虑的执行机构多为双向执行机构,即可以产生正负双向的控制量,而航天器发动机的控制指令分配问题的特殊性就在于,作为执行机构的发动机的单向性,即一台固定安装的发动机只能产生一个方向的控制量。目前针对航天器发动机的控制指令分配方法,总结起来可分为如下几类。

1. 查表法

它是早期乃至现在工程中仍在普遍使用的传统指令分配算法[24]。这种方法要求在进行发动机配置设计时,使得各轴的推力/力矩可由专门的发动机(组)产生,这样在进行控制指令分配时,对于控制器给出的推力/力矩需求,即可使用所谓的"检索表"来查找要用的发动机(组),然后将该方向控制力/力矩除以对应发动机组合所产生的总推力或总力矩,得到发动机(组)的工作时间,最后按照组内各发动机的工作时间比,得到每台发动机的工作时间[21,25,26],本书称为"解耦查表法"。这种方法有着较快的在线计算速度,给CPU造成的负载也较小。然而,对于发动机效率和精度来说,这些检索表仅能提供次优解。

文献[25]提出了一种改进的查表法。它通过将特性相近的发动机进行组合,使得每组在尽可能多的方向上提供比单台发动机更大的推力或力矩,从而增大了查表法的控制指令生成能力。但该方法实际上仍是将原六维问题进行了解耦和降维,得到的仍是次优解,且仅适用于二维问题。

近年来,欧空局在研发 ATV 的过程中提出了一种新的查表法[13,27-34]。

这种方法首先通过离线寻优,将每 6 个发动机分为一组,并计算出每个组合对应的配置逆阵,预先存入星载计算机中。当星上进行在线指令分配选定一组发动机后,就可以在逆矩阵表中找出对应的配置逆阵,然后根据逆阵与控制指令向量的乘积算出各发动机的工作时间。该方法的目标是希望用较短的在线计算时间获得最优的指令分配解,其关键在于发动机组合表的设计。该查表法已经在 ATV 上得到了应用,但其发动机的分组方法并未在文献中具体说明。

2. 伪逆算法

伪逆算法也是研究执行机构控制指令分配的文献中常提到的一种方法,尤其在飞机中应用最多,它通过引入发动机配置矩阵的莫尔逆来求解指令分配问题。但这种简单的矩阵相乘不能保证每台发动机工作时间的非负性。于是文献[35]通过对称的发动机配置来解决这个问题,即当解得的某发动机对应的工作时间小于零时,则将与它对称的反方向的发动机开相应的工作时间。而文献[36]则通过引入一个核空间向量 T_n 作为偏置量,来保证开机时间的非负性。由于该方法的 T_n 为固定值,很难满足每个发动机的约束条件,文献[37]通过给偏置量乘以一个变化的系数得到了动态偏置法,而文献[38]通过一个迭代过程来限制负解的产生,并使输出逼近控制指令的要求量。文献[39]提出了一种最小二乘分配法,将控制指令分为正、负两部分,分别求其逆阵。这种方法可以保证解得的开机时间恒为非负值,但其仅适用于控制力和力矩指令变化不是很大的情况。

伪逆法的优点在于算法的简单性,仅含矩阵和向量的乘法,无循环迭代,且便于对发动机配置的性能进行理论分析。文献[36]根据伪逆法的指令分配结果给出了关于发动机配置控制能力范围的一些解析表达。但这种算法始终还是将指令分配问题的解限定在解域中一个很小的范围内,无法进行真正意义上的寻优。

3. 线性/非线性规划算法

在复杂航天器的反作用控制系统中,发动机的数量往往远大于任务的维数($n \gg m$),使得该问题有无穷多解。这时如果我们希望解得的发动机开机时间满足某优化指标,则可在其解域中寻找到一个最佳解。以该优化指标作为目标函数,发动机的最优指令分配问题可描述为一个线性/非线性规划问题[36],根据线性/非线性规划相关理论,通过已有的经典算法来求解。

早在 1969 年,Crowford[5]就基于该简化的线性规划描述,用经典的单纯形法求解了指令分配问题,并给出了其几何意义。而文献[40]则从另一个侧面阐述了对发动机指令分配问题的线性规划求解过程的理解。文献[41]指令分配伪逆法的解作为线性规划法的迭代初值,以求加快迭代速度。文献[42]提出了指令分配问题的混合整数线性规划描述,并将其用于解决再入飞行器的控制指令分配问题。文献[43]还引入了多目标规划相关理论,建立了指令分配问题的新的线性规划模型,可以在控制量的实现程度与推进剂消耗量之间进行折中,得到这两个设计目标各种不同权重下的最优解。文献[44]和[45]在线性规划的基础上提出了指令分配的非线性规划算法。

规划法的优点在于它能求得指令分配问题的最优解,且算法的通用性和鲁棒性较强。Fehse[24]预言随着星载计算机处理能力的不断增强,该算法的固有灵活性将使其在大量的航天器上得到应用,并成为发动机控制的一般常用方法。但就目前的实际情况来说,规划法仍会对 CPU 造成较大的负担,其实时性和在轨计算量的大小仍有待进一步改进。

文献[46]将线性规划法与查表法相结合,提出了一种最优查表法,根据线性规划求解算法先离线求出最优推力器组合表,在线时根据控制指令输入,查表计算得到最优的推力器组合及发动机开机时间,解决了寻优与实时性之间的矛盾,将在后续章节中详细介绍。

4. 其他算法

文献[40]和[47]中提出了另一种次优的指令分配算法思想,即计算控制指令与每个可用的控制向量的点积。这组点积表征了发动机"推力矢量空间"中的各推力矢量与指令的接近程度。然后选择点积值最大的或超过某个值或某几个值的发动机开机。对于该方法来说,较多的发动机有利于精度的提高。但这种方法在选择发动机时也需要遍历,且得到的也只是近似解,尤其当发动机不够多时,精度和解的最优性都不高。文献[48]采用了伪逆法与线性规划法相结合的指令分配方案,先用伪逆法求解,当解得的推进剂消耗超过限定值时再由线性规划法在线迭代求解,当推进剂消耗值低于限定值时即停止迭代,从而避免了线性规划法在线计算速度慢的缺点,但得到的也仅是次优解。

⚗ 7.1.3 发动机配置设计方法简介

发动机配置的设计,一般是针对具体的航天任务来进行[36,38,49-52],且绝大多数采用沿主轴正交、对称和过质心安装的配置方式。其缺点是发动机的使用效率比较低,且为保证系统冗余度,会造成发动机数量过多。而非正交对称的发动机配置是一个复杂的问题,尤其是考虑到某些关于发动机的实际工程约束,如控制力矩和控制力的正交性[51,53-55],力和力臂的幅值有限,安装位置和倾角需避免羽流污染等情况。目前这方面的理论研究还较为欠缺。

文献[5]中给出了发动机配置的几何构型与系统冗余度的关系,指出完成 m 维控制任务所需的最少发动机数目为 $m+1$ 个,为发动机数量的选择提供的参考[47]中给出了一些空间站发动机布局设计中应予考虑的因素,并指出平移功能是对发动机布局的最高要求。文中还针对空间站的姿态控制给出了一种仅含 4 个发动机的最小发动机配置单元。文献[56]对一般的单向执行器系统,提出了均匀发动机配置的定义,以保证各个执行器单元在工作时具有相同的负载,并且重点讨论了具有最少执行器单元的最小均匀发动机配置的构造,还基于同向发动机配置,给出了特殊发动机配置阵形式下用 7 个发动机完成六维任务的发动机配置设计方法。文献[54]提出了复杂发动机配置控制能力分析的可行性分析法,可用于指导发动机配置设计。

对于发动机配置的优化设计问题,文献[5]提出了最小冗余结构的概念,即冗余度一定时不同维数的任务所需的最少发动机数目。文献[47]给出了一种考虑质心变动情况下鲁棒性最强的 8 台发动机布局,用于完成三维姿态控制问题。文献[38]和文献[57]则分别以安全裕度最大和推进剂消耗最小为优化目标,在各发动机安装位置已知的情况下,通过线性规划法对发动机的安装倾角进行了优化设计。文献[58]也针对一个较简单的平面布局发动机配置,讨论了如何优化发动机安装倾角,以达到最省推进剂的控制效果。对于控制指令在指令空间中是均匀分布的情况,文献[56]借助于循环矩阵的概念[59,60]给出了最小均匀发动机配置阵的设计方法,以保证推进剂消耗在统计意义下最小。但该最小均匀发动机配置只能应用于三维仅 4 台发动机的情况,而不能用于六维任务。文献[61]基于文献[54]的控制能力分析,提出了衡量复杂发动机配置控制能力的性能指标,并以此为优化目标对发动机配置进行了优化设计。

▶ 7.2 问题的数学描述

⊿ 7.2.1 发动机配置矩阵

　　航天器的发动机一般固定安装在与航天器质心有一定距离的地方,它们通过喷气排出工质而产生本体系三维空间的推力矢量 F,若其相对于航天器质心的位置矢量为 l,则该发动机产生的控制力矩可表示为 $T = l \times F$,如图 7-8 所示。可以看出,F 各分量的大小与发动机的额定推力大小及安装倾角有关,而 T 各分量的大小与发动机的推力大小以及安装的位置和倾角都有关。

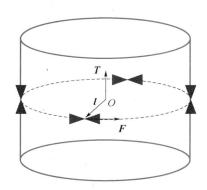

图 7-8　发动机安装示意图

　　设在航天器上固定安装了 n 台发动机,F_i 和 $T_i (i = 1, 2, \cdots, n)$ 分别表示第 i 台发动机产生的控制力和控制力矩矢量,l_i 表示第 i 台发动机在本体系中的位置矢量,则将第 i 台发动机产生的控制力和力矩作为列向量,可将该航天器 n 个发动机产生的控制量列为一个矩阵 A,如下

$$A = \begin{bmatrix} F_1 & F_2 & \cdots & F_n \\ T_1 & T_2 & \cdots & T_n \end{bmatrix} = \begin{bmatrix} F_1 & F_2 & \cdots & F_n \\ l_1 \times F_1 & l_2 \times F_2 & \cdots & l_n \times F_n \end{bmatrix}$$

　　矩阵 A 为该航天器发动机配置的配置矩阵。显然当发动机配置一定时 A 就确定了,它集中反映了发动机的配置信息:A 阵的列数反映了控制系统的发动机个数,F_i 的模值反映了各发动机额定推力大小,F_i 的矢量方向反映了发动机的安装倾角,F_i 和 T_i 共同反映了发动机的安装位置信息。

⊿ 7.2.2　控制指令分配的数学模型

已知发动机配置矩阵,则 n 个发动机作用在航天器本体上的合成动量增量和合成角动量增量矢量所组成的总控制量 $\boldsymbol{u}$ 可以表示为

$$\boldsymbol{u} = \begin{bmatrix} \boldsymbol{F}_1 & \boldsymbol{F}_2 & \cdots & \boldsymbol{F}_n \\ \boldsymbol{T}_1 & \boldsymbol{T}_2 & \cdots & \boldsymbol{T}_n \end{bmatrix} \begin{bmatrix} t_1 \\ t_2 \\ \vdots \\ t_n \end{bmatrix} = \boldsymbol{At} \tag{7-1}$$

其中,$\boldsymbol{t} = \begin{bmatrix} t_1 & t_2 & \cdots & t_n \end{bmatrix}^{\mathrm{T}}$,$t_i \geqslant 0$,为各发动机的开机时长。当任务的控制量为任意 m 维($m \leqslant 6$)时,记 $\boldsymbol{u} = \begin{bmatrix} u_1 & \cdots & u_m \end{bmatrix}^{\mathrm{T}} \in \boldsymbol{R}^m$,此时 $\boldsymbol{A}$ 为 $m \times n$ 维矩阵,其每一列代表一台发动机在这 m 个控制量方向上的分量。

由式(7-1)可以看出,指令分配问题的求解可描述为线性方程组的求解问题,即在 $\boldsymbol{u}$ 与 $\boldsymbol{A}$ 已知的条件下,求解各发动机的开机时长 t。根据线性方程组求解的相关理论可知:

(1) 当 $m > n$ 时,方程组无解,即当任务维数大于发动机个数时,无论选择怎样的发动机组合也无法实现某些方向上的控制指令。

(2) 当 $m = n$ 时,$\boldsymbol{A}^{-1}$ 非奇异则方程组有唯一解,但不能保证解的非负性,即对每条控制指令,可以得到一个发动机组合,但可能存在开机时长为负,没有物理意义的情况。

(3) 当 $m < n$ 时,方程组有无穷多解,对于任意控制指令可得到多种发动机组合方案供选择,并得到有物理意义的发动机开机时长。这时可以根据任务要求选择其中一组最合适的发动机组合。

因此,航天器一般装有多台($m \gg n$)发动机,以保证控制指令的正确执行。而从多个可行的组合方案中最终选定一个,就是发动机控制指令分配算法的内容。

▶ 7.3　控制指令分配理论与设计

当发动机沿航天器主轴正交对称安装时,其指令分配算法非常简单,因为发动机产生的推力/力矩矢量沿各控制量方向是解耦的,如图 7-9(a)所示的

二维问题的发动机布局。但实际上,发动机的安装受到很多条件的限制,如火箭整流罩包络,羽流污染等,使得发动机的配置在多数情况下呈现较为复杂的构型,如图 7-9(b)所示。任务维数越高,发动机个数越多,布局不规则,发动机产生的控制量各分量间的耦合也越强。例如 7.1.1 节中航天飞机以及欧洲航天局的 ATV 货运飞船等,都安装了各种推力等级的超过 30 台发动机,且有很多斜装的情况。因此对于交会对接这样要求控制精度极高的复杂航天任务来说,发动机控制指令分配算法的优劣显得尤为重要[62,63]。

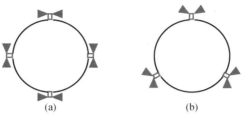

(a)   (b)

图 7-9   二维发动机配置示例

7.3.1   控制指令分配方法

本章主要对工程中常用的解耦查表法,理论研究中常用的规划寻优算法以及最优查表法进行详细介绍。诸如伪逆法等其他控制指令分配算法可参考文献[35-39,40,47,48]。

1.解耦查表法

1)原理

航天器上安装的每台发动机,根据其安装的位置和倾角,开机时可能同时产生多个方向的推力和力矩,即在各控制量方向上是耦合在一起的。解耦查表法进行指令分配的基本原理是根据具体的发动机配置,将所有发动机分为若干组,得到分组查找表,组内各发动机按一定的时间比工作,使每组仅负责产生一个控制量方向的作用力/力矩,而其他方向的控制量互相抵消。

2)发动机组合表的设计

工程中,一般在进行发动机配置设计时,会按照每个控制量方向尽量正交对称地安装发动机。这样,每个控制量方向上的发动机自然分为一组,通过对称安装等方式抵消掉不需要的力/力矩,从而能方便地使用解耦查表法进行控制指令分配。当然,由于安装误差等其他工程约束导致最终的安装仍会在一些控制量方向产生一定的干扰,但相对而言量级较小,对闭环控制影响不大。

3）在线算法

在线控制指令分配的方法是:将控制律得出的各方向控制量 $\boldsymbol{u} = [\,u_1\quad u_2\quad \cdots\quad u_m\,]^T$ 除以该方向上对应发动机组合的合力/力矩值,从而得到该组合的工作时间。然后根据组内各发动机的工作时间比得到每台发动机的工作时间。

另外,若控制量输入直接为根据控制周期得到的发动机开机时间(如相平面控制律的输出),则可直接将该开机时间赋予组合表内对应的发动机。

2. 规划寻优法

1）线性规划

（1）原理。

线性规划的数学模型包含决策变量、目标函数与约束条件三个组成要素[64]。它们与控制指令分配问题的数学描述之间的对应关系如下。

① 决策变量是能够决定规划问题结果的变量,对应控制指令分配问题数学描述中的待求解变量,即各发动机的工作时间 $t_i(i = 1,2,\cdots,n)$。由于是在一个控制周期内进行指令分配,因此 t_i 的取值范围为 $D_1 = \{x \mid 0 \leqslant x \leqslant T_{\max}\}$,其中上界 $T_{\max}$ 一般为控制周期,非负约束体现了发动机的单向性。

② 目标函数是规划问题的优化标准,它必须是决策变量的函数,寻优的目标是使得目标函数尽量小或尽量大。若指令分配要求使得推进剂消耗量尽量小,且推进剂消耗量是工作时间 $t_i(i = 1,2,\cdots,n)$ 的函数,则可以将其作为目标函数,即

$$\min_{t_i \in D_1} \text{goal} = \sum_{i=1}^{n} c_i t_i$$

其中,c_i 为第 i 台发动机单位工作时间消耗的推进剂量。

③ 约束条件规定了决策变量的变化范围。理想情况下,工作时间 $t_i(i = 1,2,\cdots,n)$ 须使得各发动机产生控制律要求的控制量。交会对接相对位置控制和相对姿态控制总共包含6个控制量,在追踪器本体系表达为 X、Y、Z 轴方向的动量增量和这三轴的角动量增量,即 $u_j(j = 1,2,\cdots,6)$。于是式(7-1)即为指令分配线性规划模型的等式约束条件。

综上所述,发动机的控制指令分配问题即可转化为如下线性规划问题(符号 s. t. 代表约束条件):

$$
\begin{cases}
\min \sum_{i=1}^{n} c_i t_i \\
\text{s. t.} \quad \boldsymbol{At} = \boldsymbol{u} \\
T_{\max} \geqslant \boldsymbol{t} \geqslant 0
\end{cases}
\tag{7-2}
$$

即在满足所有约束条件的情况下,寻找使得目标函数 $\sum_{i=1}^{n} c_i t_i$ 达到最小的 t_i($i = 1,2,\cdots,n$)值。该问题可以直接用求解线性规划问题的各种经典算法来求解,从而得到该控制周期内每个发动机的开机时长。

(2)在线算法。

线性规划法无需设计发动机组合查找表,只需装订发动机配置矩阵 $\boldsymbol{A}$ 以及权系数 $\boldsymbol{c}$,即可根据每个控制周期的控制律结果 $\boldsymbol{u}$,解算每个发动机的开机时长。具体解算方法,可采用单纯性法、内点法和椭球算法[64-68]等求解线性规划问题的经典算法,这里不再详细介绍。

2)多目标规划

(1)原理。

基于线性规划的方法只对推进剂消耗量进行寻优,而把实现要求的控制量作为约束。这使得该方法不能在这两个设计目标之间进行折中。其次,该方法没有考虑发动机最小工作时间的限制,以及该限制可能会带来的控制实现误差。

多目标规划方法可实现在多个设计目标之间的折中,从而解决上述问题。它的数学模型为

$$
\min_{d_j^+, d_j^- \geqslant 0} \text{goal} = \sum_{j=1}^{p} P_j^+ d_j^+ + P_j^- d_j^-
$$

$$
\text{s. t.}
\begin{cases}
f_j(x) + d_j^- - d_j^+ = \hat{f}_j \quad (j = 1,2,\cdots,p) \\
Ax \leqslant b \\
x \geqslant 0
\end{cases}
\tag{7-3}
$$

式中:$\hat{f}_j$ 为每个目标目的值;$f_j(x)$ 为实际值;P_j 为第 j 个目标偏差的权系数。与线性规划方法不同的是,式(7-3)引入了偏差变量 d_j^- 和 d_j^+,由式(7-3)知:

$$d_j^- - d_j^+ = \hat{f}_j - f_j(x)$$

① 若 $f_j(x) \geqslant \hat{f}_j$，则

$$d_j^- - d_j^+ \leqslant 0$$

此时当 $d_j^- = 0$ 时，能使得 $P_j^+ d_j^+ + P_j^- d_j^-$ 最小，因此有

$$d_j^+ = f_j(x) - \hat{f}_j \qquad (7-4)$$

即 d_j^+ 为 $f_j(x)$ 超过 $\hat{f}_j$ 部分的数量，故称 d_j^+ 为正偏差变量。

② 同理，若 $f_j(x) \leqslant \hat{f}_j$，则

$$d_j^- - d_j^+ \geqslant 0$$

此时有

$$d_j^- = \hat{f}_j - f_j(x) \qquad d_j^+ = 0$$

即 d_j^- 为 $f_j(x)$ 没达到 $\hat{f}_j$ 部分的数量，故称 d_j^- 为负偏差变量。

由上面的讨论可知，在任何条件下均满足：

$$d_j^+ + d_j^- = |f_j(x) - \hat{f}_j| \qquad (7-5)$$

即 d_j^- 与 d_j^+ 的和代表了实际值与目标值之间偏差的绝对值。

在实际问题中，根据不同的要求，偏差变量的使用方法有如下几种：

a. 希望 $f_j(x)$ 尽可能地接近 $\hat{f}_j$，即希望 $|f_j(x) - \hat{f}_j| \to \min$。由式（7-5），这种情况等价于 $d_j^+ + d_j^- \to \min$。在这种情况下，处理的办法是在目标函数中加上 $P_j(d_j^+ + d_j^-)$。

b. 希望 $f_j(x)$ 尽量超过 $\hat{f}_j$，即希望 $d_j^- \to \min$，则应在目标函数中加上 $P_j^- d_j^-$。

c. 希望 $f_j(x)$ 尽量不超过 $\hat{f}_j$，即希望 $d_j^+ \to \min$，则应在目标函数中加上 $P_j^+ d_j^+$。

下面应用多目标规划的思想来构造控制指令分配问题的数学模型。控制指令分配问题有两个设计目标：

a. 对于实现要求控制量的目标，目的值为控制律要求的控制量 $u_j(1 \leqslant j \leqslant 6)$，即

$$\hat{f}_j = u_j \qquad (j = 1, 2, \cdots, 6)$$

实际值为

$$f_j(x) = A_{j,1} t_1 + A_{j,2} t_2 + \cdots A_{j,n} t_n \qquad (j = 1, 2, \cdots, 6)$$

则式(7-3)的约束条件 $f_j(x) + d_j^- - d_j^+ = \hat{f}_j$ 变为

$$A_{j,1}t_1 + A_{j,2}t_2 + \cdots + A_{j,n}t_n + d_j^- - d_j^+ = u_j \quad (j = 1, 2, \cdots, 6) \quad (7-6)$$

由于希望 $f_j(x)$ 尽可能地接近 $\hat{f}_j$,应在目标函数中加入项 $P_j(d_j^+ + d_j^-)$。

b. 对于使得推进剂消耗量最小的目标,目的值为零,即希望所有发动机的工作时间都为零:

$$\hat{f}_{6+i} = 0 \quad (i = 1, 2, \cdots, n)$$

工作时间的实际值为

$$f_{6+i}(x) = t_i \quad (i = 1, 2, \cdots, n)$$

则约束条件为

$$t_i + d_{i+6}^- - d_{i+6}^+ = 0 \quad (i = 1, 2, \cdots, n) \quad (7-7)$$

由于希望 $f_{6+i}(x)$ 尽量不超过 $\hat{f}_{6+i}$,应在目标函数中加入项 $\sum\limits_{m=7}^{n+6} P_m d_m^+$。

综合上面的分析,得到指令分配问题的多目标规划模型为

$$\min_{d_m^+, d_m^- \geq 0} \text{goal} = \sum_{m=1}^{6} P_m(d_m^+ + d_m^-) + \sum_{m=7}^{n+6} P_m d_m^+$$

$$\text{s.t.} \begin{cases} A_{j,1}t_1 + A_{j,2}t_2 + \cdots + A_{j,n}t_n + d_j^- - d_j^+ = u_j \quad (j = 1, 2, \cdots, 6) \\ t_i + d_{i+6}^- - d_{i+6}^+ = 0 \quad (i = 1, 2, \cdots, n) \end{cases}$$

$$(7-8)$$

从约束条件式(7-6)可以看出,加入偏差变量 d_j^- 和 d_j^+ 后,不再要求发动机产生的动量增量和角动量增量严格等于要求的控制量,同时将它们之间的偏差反映在偏差变量中,从而能够将其与推进剂消耗量一起进行寻优。

对于约束条件式(7-7),由于 $t_i \geq 0$,由式(7-4)知,寻优结束后 $d_{i+6}^- = 0$,此时将 d_{i+6}^+ 移到等式右边得

$$t_i = d_{i+6}^+ \quad (7-9)$$

即偏差变量与工作时间相等。式(7-8)可简化为

$$\begin{cases} \min\limits_{d_j^+, d_j^-, \Delta t_i \geq 0} \text{goal} = \sum\limits_{j=1}^{6} P_j(d_j^+ + d_j^-) + \sum\limits_{i=1}^{n} c_i t_i \\ \text{s.t.} \quad A_{j,1}t_1 + A_{j,2}t_2 + \cdots + A_{j,N}t_N + d_j^- - d_j^+ = u_j \quad (j = 1, 2, \cdots, 6) \end{cases}$$

$$(7-10)$$

考虑发动机最短工作时间的限制。假定所有发动机的最短工作时间均为 t_{min}，令 $D_3 = \{x \mid T_{min} \leqslant x \leqslant T_{max}\}$，$D_4 = \{x \mid x = 0\}$，则 t_i 的取值范围为：$D_2 = D_3 \cup D_4$。加入该限制后，式（7 - 10）变为

$$\begin{cases} \min\limits_{\substack{d_j^+, d_j^- \geqslant 0 \\ t_i \in D_2}} z = \sum_{j=1}^{6} P_j(d_j^- + d_j^+) + \sum_{i=1}^{N} c_i t_i \\ \text{s. t.} \quad A_{j,1}t_1 + A_{j,2}t_2 + \cdots + A_{j,n}t_n + d_j^- - d_j^+ = u_j \quad (j = 1, 2, \cdots, 6) \end{cases}$$

$$(7 - 11)$$

通过调节权值 P_j 和 c_i，可以在控制量的实现程度和推进剂消耗量之间进行折中。t_i、d_j^- 和 d_j^+（$i = 1, \cdots, n; j = 1, \cdots, 6$）共同组成新的决策变量。

（2）在线算法。

由于式（7 - 11）包含非连续的取值范围：$t_i \in D_2$（$i = 1, \cdots, n$），$D_2 = D_3 \cup D_4$，其中 $D_3 = \{x \mid T_{min} \leqslant x \leqslant T_{max}\}$，$D_4 = \{x \mid x = 0\}$，因此不能直接用单纯形法进行求解。该范围可以分为 D_3 和 D_4 两个连续的部分，这与整数规划中决策变量取两个离散的整数值时的情况十分类似，可应用分枝定界法对指令分配问题式（7 - 11）进行求解，详细算法可参阅文献［64，65］。

3. 最优查表法

最优查表法将用到的线性规划单纯形法理论中的几个基本概念，包括松弛变量、人工变量、基本解、基本可行解、最优解、基变量、非基变量、基、入基变量、出基变量、基矩阵、单纯型表、右端项、枢轴列等，以及用单纯形表求解线性规划问题的基本过程和单纯形法的数学本质等，这里不再一一介绍，可参阅文献［64～66］。

1）原理

线性规划法求解指令分配问题，对于某些控制指令虽然解得的最优发动机开机时长不同，但开机的都是相同的发动机组合。这启发人们对于给定的发动机配置，是否存在由优化目标函数所决定的一种固定的最优发动机组合方式。找到这种新的最优发动机组合方式，即可建立一种全新的发动机组合表，从而通过在线查表快速求得指令分配问题的最优解。

7.3.1 节中给出了指令分配问题的一般线性规划描述，根据求解线性规划问题的经典单纯形法理论，在求解式（7 - 2）过程中，每个基本可行解 t 中包含 m 个基变量，它们的值通过 m 个约束方程解得，而剩余非基变量值为 0。于是

模型中的约束等式可写为如下形式：

$$\begin{bmatrix} \hat{A}_1 & \hat{A}_2 \end{bmatrix} \begin{bmatrix} \hat{t}_1 \\ \hat{t}_2 \end{bmatrix} = u$$

其中，$\hat{t}_1 \in R_+^m$，是 m 个基变量的值组成的向量。$\hat{t}_2 = \mathbf{0}^{n-m}$，是 $n-m$ 个值为零的非基变量组成的向量。$\hat{A}_1$ 为 m 个基变量对应的发动机配置阵 A 中的列组成的非奇异的 $m \times m$ 维子配置矩阵，即基矩阵。于是一个基本可行解即可通过下式简单求得

$$\hat{t}_1 = \hat{A}_1^{-1} u \qquad\qquad (7-12)$$

线性规划单纯形法的求解过程就是在每次迭代中，通过选择入基变量和出基变量，运用高斯消去法求解线性方程组，实现从当前的基本可行解移向一个更好的相邻基本可行解，从而最终得到最优解。该最优解中的 m 个基变量称为最优基，其余 $n-m$ 个非基变量值为 0。

这就是说，对于一个给定的控制指令 u，则有一个与其对应的最优基。如果能预先知道 u 所对应的最优基，即可跳过寻优迭代步骤，直接通过式(7-12)快速求得式(7-2)问题的最优解。即首先在离线的情况下，根据指令空间中所有可能的 u，预先求出发动机配置阵 A 的所有最优基，这样即是设计出了最优发动机组合表。然后在线指令分配时，根据设计好的最优发动机组合表，将控制器给出的实时控制指令 u 对号入座，选出对应的发动机组合，即可由式(7-12)快速求得 $\hat{t}_1$ 的值，即控制指令分配问题的最优解，实现计算速度与解的最优性的双赢。

下面根据式(7-2)的模型，结合线性规划单纯形法，分离线最优发动机组合表设计和在线控制指令分配算法两部分来介绍最优查表法。

2）发动机组合表的设计

我们所要求解的问题与式(7-2)所描述的标准线性规划问题的区别在于：①u 非确切已知；②所要求解的并不是变量 t 的值，而是最优解 t 中的基变量，即最优基。根据空间中所有 u 的各分量的不同正负和大小情况，对 u 进行分区，将每个分区的 u 所对应的出基变量都作为一个分枝记录下来，继续进行后续的迭代及最优性检验，从而可以得到指令空间中所有 u 所对应的全部最优基。据此对单纯形法进行修改，得到生成最优发动机组合表的代数算法步骤如下：

（1）初始化。

对式（7-2）中的 m 个等式约束分别引入人工变量 $r = [r_1 \quad \cdots \quad r_m]$，并修改目标函数化为如下形式：

$$\max(-Z_{\text{goal}})$$
$$\text{s. t.} \quad -Z_{\text{goal}} + c_{\text{exp}} t_{\text{exp}} = 0$$
$$A_{\text{exp}} t_{\text{exp}} = u$$
$$t_{\text{exp}} \geqslant 0$$

其中，$t_{\text{exp}} = [t \quad r]^{\text{T}}$，$c_{\text{exp}} = [c_0 \quad 0_{1 \times m}]$，$A_{\text{exp}} = [A \quad I_{m \times m}]$。选择原变量 t 作为初始非基变量，初始基变量为 $t_B = r^{\text{T}}$，初始基矩阵为 $\hat{A}_1 = B = I_{m \times m}$。这里需要说明的是，$c_0$ 是借助等式约束 $A_{\text{exp}} t_{\text{exp}} = u$ 消去目标函数中的基变量（人工变量），得到的非基变量的系数阵，即

$$c_{0j} = c_j - M \sum_{i=1}^{m} a_{ij}$$

其中，M 为一个相对于 c_j 很大的正常数，即前面提到的对人工变量所乘的权系数，例如，取 $\dfrac{M}{c_j} = 10^3$；a_{ij} 对应发动机配置阵 A 第 i 行第 j 列元素（$i = 1, \cdots, m$；$j = 1, \cdots, n$）。

（2）迭代。

步骤 1：确定入基变量。选择 c_{exp} 中拥有最大绝对值的负系数对应的变量作为入基变量。

步骤 2：确定出基变量。称该入基变量对应的 A_{exp} 中的列为枢轴列，选择枢轴列中所有严格为正的系数所在的行对应的基变量为出基变量。

步骤 3：根据步骤 1 和 2 确定的一个入基变量和一组出基变量，得到一组新的基变量 t_{Bk}，及其对应的一组新的基矩阵 B_k（$k = 1, \cdots, w, w$ 为出基变量的个数），根据单纯形法的矩阵理论[64]。可求得每组基变量和基矩阵对应的新目标函数系数阵以及新的约束等式的系数阵：

$$c'_{\text{exp}} = [c_B B_k^{-1} A + c_0 \quad c_B B_k^{-1}]$$
$$A'_{\text{exp}} = [B_k^{-1} A \quad B_k^{-1}]$$

其中，c_B 为 c_{exp} 中与新的基变量相对应的系数组成的系数阵。

（3）最优性检验。

判断由每组新的基变量求得的新的系数阵c'_{exp}，如果不存在负系数，则当前基本可行解为最优解，当前基变量即为一组最优基，停止该最优基对应分枝的计算；否则用c'_{exp}替换c_{exp}，回到（2）继续迭代以得到下一个基本可行解。

需要说明的是，由于线性规划模型要求约束的右端项非负，故当指令u中存在负值分量时，其标准化过程会对初始化步骤中的A以及c_{exp}产生影响。为了求出所有可能的最优基，应首先根据u中分量所有可能的正负组合情况，得到A阵所有可能的标准形式，再逐一按上述代数算法求解。由于任务维数$m \leqslant 6$，故A阵最多有$2^6 = 64$种形式，即上面的算法需针对不同A阵至多计算64次。由于最优发动机组合表的生成是离线进行的，故这种生成所有最优发动机组合的算法从计算量上来说是可行的。

以上通过对单纯形法的适当修改给出了在控制指令u非确切已知的离线情况下得到所有最优发动机组合的算法。该分组算法的本质就是针对所有可能方向上的的控制指令u，都用线性规划法预解一遍，得到全部的最优基。在整个代数迭代求解过程中，全部的已知信息就是发动机的配置矩阵A。下面通过一个二维算例来进一步揭示这种发动机分组算法的几何本质。

算例7.1：设配置有4个发动机的二维任务$u_{2d} = [u_x \quad u_y]^T$，其发动机配置矩阵为

$$A_{2d} = \begin{bmatrix} 200 & -200 & 60 & -60 \\ -100 & 100 & -150 & 150 \end{bmatrix}$$

4个发动机对应的推力矢量记为$J_1 \sim J_4$，分别对应A_{2d}的4个列向量，其在指令空间中可表示如图7-10所示。

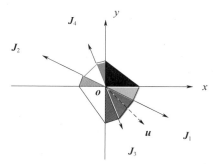

图7-10　二维指令空间发动机作用力矢量示意图

按照生成最优发动机组合的代数算法,取 $c = \begin{bmatrix} 1 & 1 & 1 & 1 \end{bmatrix}$,对该发动机配置阵 A_{2d} 进行求解,其整个迭代求解过程可概括为如图 7 – 11 的分枝图。初始基变量为引入的两个人工变量,记为 5 和 6,它们不是真实存在的发动机。根据 u_{2d} 各分量的不同正负和大小情况,迭代算法一步步分枝,走向不同的节点,即发动机组合,图上以发动机 1 ~ 4 的编号加括号表示。在每个分枝的终点得到一个最优基,即最优发动机组合。由分枝图最右侧的终点可知,该发动机配置阵 A 对应的所有最优发动机组合为

(2 3) (1 3) (1 4) (2 4)

结合图 7 – 10 和图 7 – 11 观察这些解的组合可发现,对于这个二维问题,4 个发动机矢量通过两两相邻矢量相组合将整个二维指令空间分成了 4 个互不重叠的区域,这 4 个发动机矢量分别为相邻区域的分界线。当控制指令 u_{2d} 落在某区域时,根据图 7 – 11 可查知,其对应的最优发动机组合就是形成该

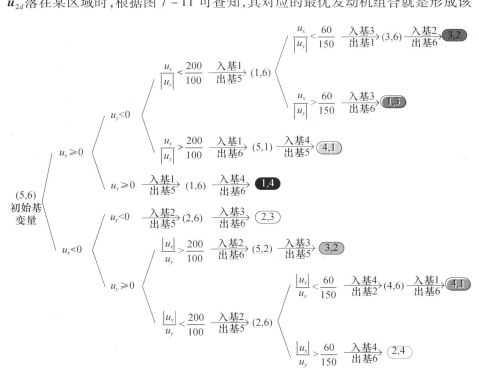

图 7 – 11 二维问题求解过程分枝图

区域的发动机矢量。推广到任意 m 维可以这样来理解:每个最优发动机组合由 m 个发动机组成,它们将 m 维指令空间分割为若干子区域,分割方式由式(7-2)中的目标函数决定,每个组合负责生成该区域范围内的 m 维指令。当指令 u 落在某区域时,其最优基即为形成该区域的几个发动机,即指令 u 所对应的最优发动机组合。这就是这种通过预解线性规划最优基来生成所有最优发动机组合的算法的几何本质,它也是线性规划单纯形法几何本质的一个反映。

3) 在线算法

首先需要在星载计算机上预先存储按前述算法离线计算得到的最优发动机组合总表,它应包括以下两个主要部分:①最优发动机组合表:即离线计算所得的全部最优发动机组合,每个组合包含 m 台发动机;②最优发动机组合逆阵表:发动机组合表中每个最优发动机组合构成的 $m \times m$ 维子发动机配置阵的逆矩阵组成的表。

根据存储的最优发动机组合总表,星上实时指令分配算法的具体步骤如下:

(1) 根据控制指令和最优发动机组合逆阵表,通过式(7-12),计算每个发动机组合中各发动机的开机时长。

(2) 选择各发动机开机时长皆为非负值的发动机组合,作为该控制指令对应的最优发动机组合。

(3) 根据选定的组合及计算得到的发动机工作时长得出组合内各发动机的开关机时刻。其他发动机不开机。

由于这种实时指令分配法的计算过程只有矩阵与向量相乘的运算,因此即使是遍历计算所有组合发动机的工作时长,其计算速度也比线性规划的迭代过程快,能够满足星上实时指令分配的要求。

该算法具有可行即最优的性质,即在线实时指令分配时只要通过式(7-12)逐组计算找到一个可行解,则该解就是式(7-2)指令分配问题的一个最优解[69]。该在线算法还具有同解性,即对于式(7-2)描述的指令分配问题,线性规划法和基于最优基的最优查表法是同解的。线性规划算法存在多个最优解时,最优查表法也会存在多个可行解,此时任取一个可行解即可。

4.偏差优化方法

上述各种指令分配方法所能产生的控制量都有一个范围,当控制律要求的控制量超出这个范围时,表现为在指令分配的结果中,有某些发动机的工作时间 Δt_i 不满足取值范围 $D_2 = D_3 \cup D_4$,其中 $D_3 = \{x \mid t_{\min} \leqslant x \leqslant T_{\max}\}$, $D_4 = \{x \mid x = 0\}$ 。本节给出该情况下的几种处理方法。

1)等比缩小法

等比缩小法对该情况的处理方法是在得到 t 后,首先进行第一步运算:

$$\bar{t} = t \times T_{\max} / \max\{T_{\max}, t_i(1 \leqslant i \leqslant n)\}$$

它的效果是当 $t_i(1 \leqslant i \leqslant n)$ 中的最大值大于 $T_{\max}$ 时,将所有 t_i 缩减同样的比例,使得其最大值恰好等于 $T_{\max}$ 。

然后进行第二步,对 $\bar{t}_i(1 \leqslant i \leqslant n)$,若存在 $\dfrac{t_{\min}}{2} \leqslant \bar{t}_i < t_{\min}$,则令 $\bar{t}_i = t_{\min}$;若存在 $0 < \bar{t}_i < \dfrac{t_{\min}}{2}$,则令 $\bar{t}_i = 0$ 。

上述方法很简单,但它没有利用已知的发动机配置信息,因此在大多数情况下,不能使得由工作时间限制引起的控制量偏差达到最优。

2)二维控制量偏差优化法

借鉴多目标规划方法的思想,引入偏差变量 $\boldsymbol{d} = [d_1 \quad d_2]^{\mathrm{T}}$,它代表了控制量偏差。令 $\boldsymbol{b}_a^*$ 为子问题要求的二维控制量, $\boldsymbol{A}_a^*$ 为由最优查表法选出的 2 台发动机在上述两个控制量方向的作用力矩阵,维数为 2×2 。 $\boldsymbol{t}_a^*$ 为这两组发动机的工作时间,维数为 2×1 。则实现要求控制量的目标表达为

$$\boldsymbol{A}_a^* \boldsymbol{t}_a^* + \boldsymbol{d} = \boldsymbol{b}_a^*$$

将 $\boldsymbol{d}$ 移到等式右边,然后在等式两边左乘 $\boldsymbol{A}_a^{*-1}$ 得

$$\boldsymbol{t}_a^* = \boldsymbol{A}_a^{*-1} \boldsymbol{b}_a^* - \boldsymbol{A}_a^{*-1} \boldsymbol{d} \qquad (7-13)$$

式(7-13)右边第一项可以看成是最优查表法的结果,而第二项可以看成是偏差变量对发动机工作时间的影响。

式(7-13)还可以写成:

$$\boldsymbol{t}_a^* = \boldsymbol{A}_a^{*-1}(\boldsymbol{b}_a^* - \boldsymbol{d})$$

可以看出,引入偏差变量的效果是对算法中要求的控制量进行调整,使得发动机能在要求的工作时间范围内将其实现。

由于希望控制量偏差尽量小,因此定义最优的偏差变量为:使得 $|d_1| + |d_2|$ 达到最小的偏差变量。

则偏差优化的目标为:根据式(7-13)求解 $\boldsymbol{d}=[\,d_1\quad d_2\,]^{\mathrm{T}}$ 的值使得 $\boldsymbol{t}_{\mathrm{a}}^*$ 中各元素满足 D_2,并在此基础上使得 $|d_1|+|d_2|$ 达到最小。

定义 $\begin{bmatrix} t_{x1} \\ t_{x2} \end{bmatrix} = \boldsymbol{A}_{\mathrm{a}}^{*-1}\boldsymbol{b}_{\mathrm{a}}^*$ 为最优查表法的结果。设 $\boldsymbol{A}_{\mathrm{a}}^* = \begin{bmatrix} a_{11} & a_{12} \\ a_{21} & a_{22} \end{bmatrix}$, $\boldsymbol{A}_{\mathrm{a}}^{*-1} = \begin{bmatrix} \bar{a}_{11} & \bar{a}_{12} \\ \bar{a}_{21} & \bar{a}_{22} \end{bmatrix}$, $\boldsymbol{t}_{\mathrm{a}}^* = \begin{bmatrix} t_{a1}^* \\ t_{a2}^* \end{bmatrix}$。则式(7-13)变为

$$\begin{bmatrix} t_{a1}^* \\ t_{a2}^* \end{bmatrix} = \begin{bmatrix} t_{x1} \\ t_{x2} \end{bmatrix} - \begin{bmatrix} \bar{a}_{11} & \bar{a}_{12} \\ \bar{a}_{21} & \bar{a}_{22} \end{bmatrix} \begin{bmatrix} d_1 \\ d_2 \end{bmatrix}$$

定义

$$\begin{bmatrix} t_{c1} \\ t_{c2} \end{bmatrix} = \begin{bmatrix} t_{a1}^* \\ t_{a2}^* \end{bmatrix} - \begin{bmatrix} t_{x1} \\ t_{x2} \end{bmatrix}$$

其中,t_{c1}、t_{c2} 为调整量。

7.3.2 性能分析

1.性能指标

发动机的控制指令分配算法较为多样,具体选择时需结合发动机配置的特点,考虑算法所能实现的控制能力,推进剂消耗情况,算法的在线计算复杂度,占用的存储空间等,综合现有工程条件和任务需求来进行选择。

控制能力一般包含两方面含义:一是所能合成的控制指令在方向上的完备性,二是在某一指令方向上所能生成的指令幅值的大小。好的控制指令分配算法能将发动机喷气产生的推力,尽可能多地用于所需控制指令方向,从而使得该方向上所能达到的控制量幅值更大。

推进剂消耗即发动机的使用效率。好的控制指令分配方法使得发动机的使用效率高,即发动机喷气多用于产生有效的控制力和力矩,则推进剂消耗少;反之,若发动机喷气一部分用于产生无用的干扰力/力矩,并且需要其他发动机喷气来抵消干扰,则推进剂消耗相对较大,发动机使用效率低。

算法复杂度主要是指控制指令分配算法在线解算各发动机的开机时间所需的计算时间。工程中应考虑目前星载计算机的实际计算能力,避免采用迭代次数过多,过于复杂的算法,以防出现解算时间超出控制周期的情

况。另一方面,复杂算法所引起的软件编码逻辑的复杂程度也是需要考虑的因素。

存储空间主要考虑控制指令分配算法所需提前装订的发动机组合表、发动机配置阵、逆阵表、权系数阵等相关数据所占的存储空间。一般算法所需的存储空间都不会太大,但使用最优查表法时,当任务维数大时,发动机组合庞多,可能占用较多的存储空间。

2. 仿真算例

下面对交会对接最后靠拢段的六自由度控制任务,分别用解耦查表法、线性规划法和六维最优查表法进行了发动机指令分配算法的仿真研究,对各种算法的性能进行比较。

1) 仿真初始条件

在目标器相对运动坐标系下,仿真初始条件为:

(1) 目标器轨道:高度为 400km 的圆轨道;

(2) 追踪器初始位置:$[50 \quad 0 \quad 0]$ m;

(3) 追踪器与目标器间的初始相对速度:$[-0.45 \quad -0.13 \quad -0.18]$ m/s;

(4) 追踪器初始姿态角和姿态角速度:0.5°,0.5°/s。

控制目标设为 $[0 \quad 0 \quad 0]$ m。相对位置和相对姿态采用相平面控制,任务维数 $m = 6$,闭环控制的控制周期取为 1s。控制执行机构为安装在追踪器上的 22 台发动机,其在本体系下产生的三轴推力 F_x、F_y 和 F_z 以及在滚动、俯仰、偏航方向产生的力矩 T_x、T_y 和 T_z 如表 7 - 2 所列。22 个发动机按顺序编号为 1~22,表中数据组成的 6×22 维的矩阵即为发动机的配置阵。

表 7 - 2　发动机在各方向的推力和力矩分量

编号	1	2	3	4	5	6	7	8	9	10	11
F_x	150	150	150	150	0	0	0	0	−150	−150	0
F_y	0	−50	0	50	0	0	120	−120	−100	100	0
F_z	50	0	−50	0	−120	120	0	0	0	0	−30
T_x	0	0	0	0	0	0	0	0	0	0	0
T_y	350	0	−350	0	−100	100	0	0	0	0	−100
T_z	0	350	0	−350	0	0	−100	100	−150	150	0

（续）

编号	12	13	14	15	16	17	18	19	20	21	22
F_x	0	0	0	0	0	0	0	0	0	0	0
F_y	0	30	30	0	0	−30	−30	0	0	0	0
F_z	−30	0	0	30	30	0	0	−60	60	60	−60
T_x	0	0	0	0	0	0	0	60	60	−60	−60
T_y	−100	0	0	100	100	0	0	−60	60	60	−60
T_z	0	−100	−100	0	0	100	100	0	0	0	0

2）发动机组合表设计

（1）解耦查表法的发动机分组。

解耦查表法将 22 台发动机按各控制分量方向分为 12 组，如表 7 - 3 所列。

表 7 - 3   解耦查表法的发动机分组表

作用量方向		作用量大小	发动机组合
F_x	+	300N	1 + 3 或 2 + 4
	−	300N	9 + 10
F_y	+	90N	7 + 17
	−	90N	8 + 13
F_z	+	90N	6 + 11
	−	90N	5 + 15
T_x	+	120N · m	19 + 20
	−	120N · m	21 + 22
T_y	+	100N · m	16
	−	100N · m	12
T_z	+	100N · m	18
	−	100N · m	14

可以看出 T_y 和 T_z 方向在产生需要的力矩的同时，会在 F_z 和 F_y 方向产生干扰力。

（2）线性规划法不需进行发动机分组，其进行指令分配所需的初始数据仅为发动机配置阵。

（3）最优查表法发动机分组。

由于 12、14、16 和 18 号发动机分别为 11、13、15 和 17 号发动机的备份，将相同的发动机两两合并看做一台发动机，得到含 18 个发动机的配置阵 A_{6d}，然后基于最优发动机分组法，取 $c_j = 1 (j = 1, \cdots, 18)$，按 7.3.1 节的所述的最优发动机组合表的代数生成算法，综合考虑了发动机在 6 个方向上的分量后，将这 18 个发动机分为了 248 个组合，限于篇幅关系列出部分组合见表 7-4。根据表中每个组合中的 6 台发动机即可得到 A_{6d} 中对应这 6 台发动机的子配置阵，进而得到所有组合对应的逆阵表，用于在线实时指令分配算法仿真计算。

表 7-4 六维最优发动机组合表

组合	1	2	3	4	5	6	7	⋯	242	243	244	245	246	247	248
发动机编号	1	1	1	1	1	1	1		18	18	18	11	5	8	8
	10	10	5	5	7	4	12		12	12	12	4	4	18	18
	14	9	14	14	10	7	10	⋯	7	3	3	7	7	11	3
	15	15	15	15	15	15	15		5	7	5	18	18	5	11
	5	5	8	5	9	5	9		11	11	11	12	12	14	14
	2	14	2	8	2	2	5		10	10	7	3	3	2	2

可以明显看出，解耦查表法按控制量方向分组，通过成对使用抵消干扰力/力矩使得各组合只解耦地产生一个方向的控制量；最优查表法则是按照发动机性能分组，每个组合能产生六维指令空间中 6 个方向上一定范围内的控制量。线性规划法的灵活性较强，不需要预先分组。

3）控制指令分配算法的性能比较

根据上述条件，对交会对接最后靠拢段分别用解耦查表法、线性规划法和六维最优查表法进行仿真，得到三种方法的控制量误差百分比[43]、发动机总工作时间、指令分配算法的总运算时间（Pentium4 CPU 3.40GHz，1GB 内存）如表 7-5 所列。

表 7-5 指令分配算法的性能比较

	控制量误差/%		发动机总工作时间/s	总计算时间/s
	动量增量误差	角动量增量误差		
解耦查表法	9.74	26.29	110.56	0.0123
最优查表法	0.23	0.97	82.09	0.0479
线性规划法	0.00	0.00	82.01	4.0589

（1）最优查表法与解耦查表法的比较。

从表 7-5 的数据可以看出，最优查表法的控制量误差明显小于解耦查表法。两种算法每个控制周期，在 6 个控制分量方向上的控制量误差分别如图 7-12 所示。造成控制量误差的主要因素是不同算法所能发挥出的发动机配置控制能力的差异。另外解耦查表法在 T_y 和 T_z 方向上产生控制力矩的同时，会对 F_z 和 F_y 方向产生干扰力，这也是解耦查表法控制量误差大的一个原因。

表 7-5 数据显示，最优查表法较解耦查表法来说，反映推进剂消耗的发动机总工作时间也有大幅下降。两种算法每个控制周期的发动机总工作时间如图 7-13 所示。最优查表法对应的工作时间曲线多数情况下位于解耦查表法曲线之下。这主要是由于在进行发动机分组时，解耦法的发动机组合为生成单一方向的力或力矩，将其他方向的分量进行了对消，而最优查表法所使用的发动机组合表将性能相近的发动机分为一组，从而能尽量减少对消，更充分地利用各发动机所产生的各方向控制量，节省推进剂消耗。

两种算法的在线计算速度在同一个量级，最优查表法略大。

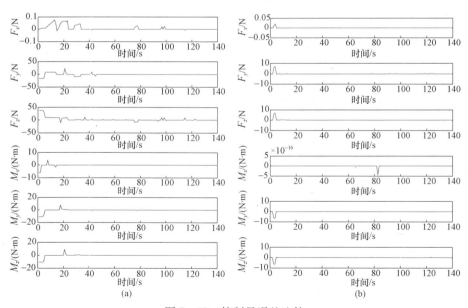

图 7-12　控制量误差比较

（a）解耦查表法；（b）最优查表法。

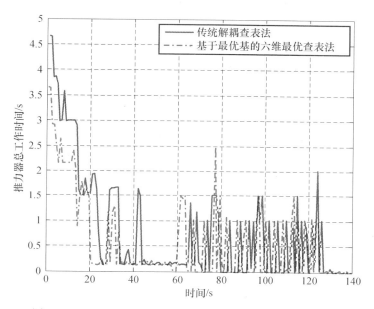

图 7 - 13　最优查表法与解耦查表法的发动机开机时长比较

（2）最优查表法与线性规划法的比较。

基于最优基的最优查表法的控制量误差比线性规划法稍大。两种算法每个控制周期，在 6 个控制分量方向上的控制量误差分别如图 7 - 14 所示。这是由于，最优查表法每个控制周期开 6 台发动机，某些控制周期的控制指令的幅值较大使得发动机工作时间超出了控制周期内的最大值，从而造成了控制量误差。而线性规划法对于这种情况，可寻优得到多于 6 台发动机开机的最优解，从而不会发生发动机工作时间超界的情况，故控制量误差小。

为验证不考虑发动机工作时间有限的约束条件，最优查表法与线性规划法在每个控制周期的同解性，在用最优查表法进行指令分配的仿真过程中，对每个控制周期控制指令，用线性规划法同步求解。图 7 - 15 给出了线性规划法与最优查表法每个控制周期得到的总工作时间之差，其量级在 10^{-9} s，从而验证了最优查表法与线性规划法的同解性，以及最优查表法解的最优性。

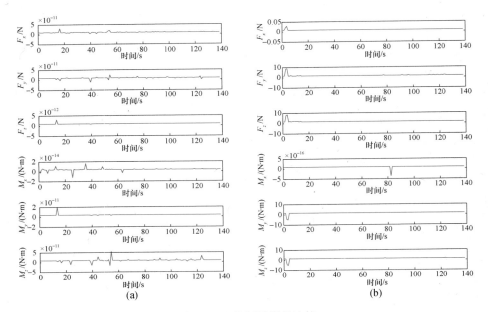

图 7 - 14　控制量误差比较

（a）线性规划法；（b）最优查表法。

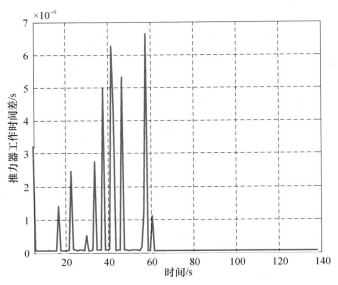

图 7 - 15　线性规划法与最优查表法每步发动机工作时间差

表7-5数据显示,最优查表法与线性规划法的发动机总工作时间相差不大,它们每个控制周期的发动机总工作时间如图7-16所示。对比图7-13可明显看出,相比于解耦查表法,最优查表法与线性规划法这两种算法的推进剂消耗总体趋势较为接近。

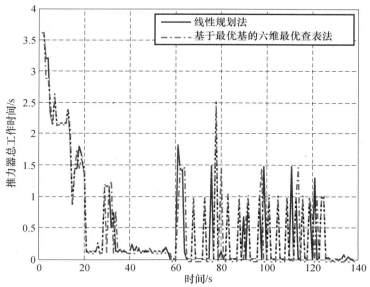

图7-16 最优查表法与线性规划法发动机开机时长比较

另外,从表7-5的数据还可以看出,最优查表法能极大提高在线计算速度,具有较高的工程可实现性。

3. 性能比较

从前面的分析可以看出:

1)解耦法

优点:控制指令分配算法非常简单、计算量很小。

缺点:①对发动机配置的要求很高,在一些确定的发动机配置条件下,可能无法进行有效的解耦;②固定了各发动机的功能以及工作时间比,使得无法根据控制量的情况灵活应用各发动机,因此不能充分发挥发动机配置应有的能力,且无法节省推进剂消耗量。

2)线性规划法

优点:通用性强,能灵活利用各发动机,发动机使用效率高、控制能力强;

缺点:迭代寻优算法,在线计算量大,发动机多时对星载 CPU 负担过重。

3)最优查表法

优点:具有线性规划法的优点,且计算量较小。

缺点:六维发动机最优组合表存储量庞大,但可通过适当降维、牺牲部分最优性来解决。

各种算法的性能总结如表 7 - 6 所列。

表 7 - 6　主要指令分配算法优缺点比较

	解耦查表法	规划寻优法	最优查表法
通用性	×	√	√
最优性	×	√	√
控制能力	×	√	√
复杂度	√	×	√
存储空间	√	√	×

解耦查表法的本质是将原六维控制指令分配问题降维化为 6 个一维子问题来求解,而规划寻优和最优查表法都能直接求解原六维问题,也可适用于任意维子问题。将六维控制指令分配问题降维,化为多个子问题后,子问题维数越接近 6,则解的优化程度越高,但求解过程越复杂;子问题维数越接近 1,则解的优化程度越低,但求解过程越简单。

7.3.3　控制指令分配算法综合设计

1. 设计流程

在具体工程设计中,需要结合不同发动机配置的不同特性,并结合星上计算能力和存储空间来考虑。故无法得到一种普遍适用的设计方法,但其总体思路可总结如下:

(1)分析发动机配置阵,找出相互间耦合干扰较强的分量方向。

(2)将这几个耦合强的分量方向组合,作为一个子问题,将原六维问题分解降维。

(3)对降维后的每个子问题,忽略发动机在其他方向的分量,列出每个子问题的发动机配置阵。

(4)根据每个子问题设计相应的控制指令分配算法。例如,对于一维子问题可采用解耦查表法,对于二维及以上子问题,可采用最优查表法。

（5）根据每个子问题的控制指令分配算法,设计相应的发动机组合表、在线指令分配算法,给出须预装订的数据表。

基于这种思想得到的一种解耦查表法与降维最优查表法的组合控制指令分配算法目前已在载人飞船交会对接方案设计中得到了应用,并取得了较好的效果。下面通过一个具体的算例来进一步说明控制指令分配法的综合设计过程和具体应用方法。

2. 仿真算例

沿用7.3.2节中的仿真初始条件,将其发动机配置中11、13、15和17号发动机去掉。考虑发动机台数较多,存储空间有限,不采用六维基于最优基的最优查表法,同时解耦查表法的发动机分组策略也不能如表7－3所列设计,因为发动机12、14、16和18可替代11、13、15和17号发动机继续生成 F_y 和 F_z 方向的力,考虑尽量不减弱平移的控制能力,则 T_y 和 T_z 方向的力矩就需要由别的发动机来负责。

1）分析发动机配置阵设计降维方案

观察发动机配置表7－2发现,1、2、3、4号发动机不仅能提供 F_x 方向的控制力,还在 T_y 和 T_z 的正负方向都有较大分量（350N·m）,能满足这两个方向上对控制量的需求,同时这几个发动机而在 F_y 和 F_z 方向的分量又相对较小。故考虑将 F_x、T_y 和 T_z 这三个方向组合,建立三维控制指令分配模型,通过最优查表法求解。而 F_y、F_z 和 T_x 方向为3个一维子问题,继续按解耦查表法进行指令分配。于是得到降维指令分配方案如表7－7所列。

表7－7　降维指令分配方案

降维子问题			使用的发动机
三维	$F_x + T_y + T_z$		1　2　3　4　9　10
一维	F_y	+	7 + 18
一维	F_y	−	8 + 14
一维	F_z	+	6 + 12
一维	F_z	−	5 + 16
一维	T_x	+	19 + 20
一维	T_x	−	21 + 22

2）建立三维指令分配模型

由表 7 - 7 知，完成 F_x、T_y 和 T_z 方向上的控制指令用到的发动机为 1 ~ 4 和 9 + 10。以每个发动机在 F_x、T_y 和 T_z 方向的分量为列向量，可列出三维 $F_x + T_y + T_z$ 问题对应的发动机配置矩阵

$$A_{\text{fxmymz}} = \begin{bmatrix} 150 & 150 & 150 & 150 & -300 \\ 350 & 0 & -350 & 0 & 0 \\ 0 & 350 & 0 & -350 & 0 \end{bmatrix}$$

于是该三维指令分配模型为

$$A_{\text{fxmymz}} t_{\text{fxmymz}} = u_{3d}$$

其中，$t_{\text{fxmymz}} = \begin{bmatrix} t_1 & t_2 & t_3 & t_4 & t_{9+10} \end{bmatrix}^{\text{T}} \in \boldsymbol{R}_+^5$，$u_{3d} = \begin{bmatrix} u_{Fx} & u_{My} & u_{Mz} \end{bmatrix}^{\text{T}}$。这里发动机 9 和 10 如果分开使用会给 F_y 及 F_z 方向带来较大干扰，增大耦合，故将它们组合作为一个推力矢量来处理，仅提供沿 F_x 负方向的推力。

3）三维子问题的最优发动机组合表设计

发动机 1 ~ 4 和 9 + 10 在三维空间的推力矢量分布（即 A_{fxmymz} 中的列向量）如图 7 - 17 所示。根据 3 所述的通用分组算法可得到对应该发动机配置阵的 6 台发动机组合如表 7 - 8 所列。

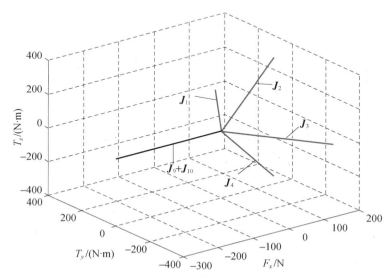

图 7 - 17　三维指令空间的推力矢量分布图

表 7-8　　$F_x + T_y + T_z$ 三维子问题的最优发动机组合表

	发动机编号
组合 1	（1　2　3）
组合 2	（1　2　9＋10）
组合 3	（1　2　4）
组合 4	（1　4　9＋10）
组合 5	（2　3　9＋10）
组合 6	（3　4　9＋10）

可以看出,得到的 6 台发动机组合完全包含了整个三维指令空间的所有方向,其中组合 1、2、5 构成了上半空间,而组合 3、4、6 则构成下半空间。故对于该三维空间内的任意控制指令来说定有非负可行解;各组合管辖的空间区域间没有交集,故对每个控制指令只有唯一可行解。

4)在线指令分配及算法性能比较

根据上述降维设计按 7.3.1 节的 3 所述流程对控制指令分配问题进行求解,同时设计六维最优查表法对同样的问题进行求解,得到两种最优查表法各项性能指标的对比结果如表 7-9 所列。

表 7-9　　指令分配算法的性能比较

	控制量误差/%		发动机总工作时间/s	计算时间/s	占用存储空间/B
	动量增量误差	角动量增量误差			
三维最优查表法	6.75	13.83	114.09	0.0254	890
六维最优查表法	0.36	1.75	83.13	0.0481	17712

六维最优查表法总体控制量偏差明显优于三维最优查表法,这主要是由于六维最优查表法能灵活运用各发动机在六维所有方向上的控制分量,所能实现的控制能力较大,出现发动机工作时间超界的情况较少。两种算法在 $F_x - T_y - T_z$ 方向上的控制能力范围如图 7-18 所示。

六维最优查表法更节省推进剂。六维最优查表法与三维最优查表法每个控制周期的发动机总工作时间如图 7-19 所示。可以看出,对于六维的轨道和姿态控制任务,从六维整体考虑,进行指令分配,才能得到全局最优解。

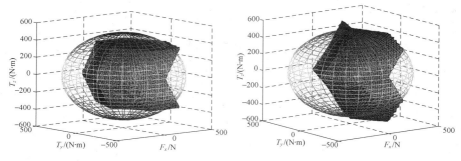

图 7 – 18　两种最优查表法在 $F_x - T_y - T_z$ 方向控制能力比较

（a）三维最优查表法；（b）六维最优查表法。

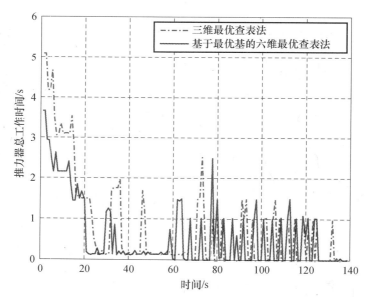

图 7 – 19　三维最优查表法与六维最优查表法发动机开机时长比较

三维最优查表法预计算数据存储所需的空间较六维最优查表法有大幅下降，从 17kB 减小到了不到 1kB。这是因为六维最优查表法的逆阵表包含 248 个 6×6 的方阵，而降维后的三维最优查表法只需存储 6 个 3×3 方阵，从而使得预计算数据存储所需占用的空间大幅缩减。

总之，仿真算例的结果与 7.3.2 节性能分析的结论一致，具体任务可按照 7.3.3 节的设计流程设计适合该发动机配置特性的控制指令分配算法。

▶ 7.4 发动机配置理论与设计

发动机配置的设计是一个需要反复迭代的过程,即需要在控制能力满足要求的初步可行发动机配置的基础上,结合具体航天任务的多次仿真结果,分析发动机配置的性能,找出发动机配置存在的问题,从而对发动机配置的参数进行进一步优化迭代,直到最终确定与任务最匹配的发动机配置。

因此,本节首先讨论任务对发动机配置性能的一般要求,在此基础上介绍发动机配置性能的分析方法,建立起基于性能指标的发动机配置设计问题的数学描述,初步探讨发动机配置参数设计和优化的理论方法。

☑ 7.4.1 性能要求

配置发动机的目的是为了在正常及某些故障情况下,根据控制器输出,提供满足航天任务需求的控制力及控制力矩,实现对航天器的控制。因此,对发动机配置的性能要求主要有控制能力、控制精度、效率、冗余度、羽流要求等。

1. 控制能力

发动机配置的控制能力要求主要体现为两方面:一是所能合成的控制指令在方向上的完备性;二是在各个控制指令方向上所能生成的控制指令幅值的大小,应能满足任务对克服干扰、实现要求的控制量的需求。对于交会对接任务来说,对控制能力的高要求主要体现在接近靠拢过程的六自由度控制阶段,即进行同时进行相对位置控制和相对姿态的控制。

由于发动机的配置确定了每个发动机在航天器本体系中所能产生的力和力矩的大小与方向,即指令空间中的一个矢量,故控制能力要求的实现需要对任务过程中的干扰进行分析,并通过选择合适大小的发动机及设计合理的布局来实现。图 7 - 20 以最简单的二维发动机配置为例来说明发动机配置布局与控制能力的关系。图 7 - 20(a)配置的 2 台发动机 J_1 和 J_2 只能产生沿 x 轴方向的作用力。在 y 轴方向添加 1 台发动机 J_3,如图 7 - 20(b)所示,则发动机配置能产生上半平面一定范围内的作用力。改变 J_1,J_2 两个推力矢量的方向如图 7 - 20(c)所示,此时该发动机配置则能产生整个 $x - y$ 平面内所有方向上一定范围内的作用力。当发动机推力大小变化导致矢量幅值改变时,控制能力范围也会随之改变,如图 7 - 20(d)所示。

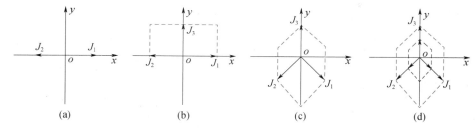

图 7 - 20 不同发动机配置的控制能力示意图

另一方面,控制指令分配方法也对发动机配置的控制能力有影响,参见 7.3.3 节。

2.控制精度

发动机配置的控制精度要求体现为每个控制量方向上的最小速度改变量。对于交会对接相对位置和相对姿态的六自由度控制来说,就是最小线速度增量和角速度增量。控制精度要求的提出主要依据位置和姿态控制任务的精度要求,如交会对接任务的对接初始条件等。控制精度要求的实现,就发动机层面来说,主要由发动机推力大小及最小开机时间决定,就发动机配置层面来说,发动机布局及控制指令分配方法会对该方向上的标称控制量大小产生影响。

3.效率

发动机配置的效率体现为发动机配置能以多低的推进剂代价抵消干扰,实现要求的控制量。发动机配置效率的高低与发动机的配置布局息息相关。

如图 7 - 21 所示的二维问题,若控制律给出的控制指令集中分布在沿 x 轴向的阴影区域内,则发动机 J 也沿 x 轴向将比沿其他方向(如 J' 方向)安装要节省推进剂消耗。因为 J 所消耗的绝大多数推进剂都用于实现 u,而 J' 消耗的推进剂除了实现 u 以外,还浪费了一部分用于产生不需要的 y 方向的控制量。

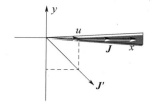

图 7 - 21 指令分布对推进剂消耗的影响

可见,影响推进剂消耗的因素主要有两个方面:① 控制律给出的控制指令在指令空间中的分布情况及大小;② 每个发动机的推力矢量在指令空间的分布情况及大小。第一个因素主要是由任务本身及控制算法决定的,而第二个因素则主要是由发动机配置本身决定的。如果控制指令的分布情况与发动机配置推力矢量的分布情况很"合拍",即两者的分布情况非常相似,则能避免无谓的浪费,提高发动机的使用效率,降低推进剂消耗。

4.冗余度

发动机配置的冗余度是由 Crawford 在 1969 年首先提出的[5],定义为系统仍能完成控制任务所允许的发动机失效的最大数目。发动机配置的冗余度要求可以根据具体控制任务分为多种层次,例如,姿态控制的冗余度要求、交会对接六自由度控制的冗余度要求、保证安全的冗余度要求等。

发动机配置的冗余度与配置布局直接相关。如图 7 – 22 中的二维发动机配置构型,图 7 – 22(a)中有 3 台发动机,其冗余度为 0,图 7 – 22(b)中有 6 台发动机,冗余度为 1,而同样也包括 6 台发动机的图 7 – 22(c),由于发动机安装位置不同,其冗余度为 0。关于发动机的数目、分布情况与冗余度的关系在文献[5]中有较为详细的介绍,这里不再赘述。

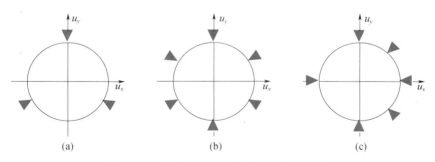

图 7 – 22　发动机配置方式对冗余度的影响

5.羽流冲击

一般航天器都带有太阳帆板,它对热、压力、污染非常敏感。而发动机喷气所产生的羽流如果打在帆板上,则会给帆板带来热、压力及污染的危险,并且也会对航天器本身产生干扰力和力矩的作用。因此,为尽量减小发动机羽流的影响,工程中一般会根据帆板的安装,对发动机的配置安装提出一定的约束条件。

⊲ 7.4.2　性能分析

由于控制精度要求结合发动机性能较易于判别,羽流要求根据帆板安装进行调整即可,故本书不做详细研究。而控制能力、效率和冗余度要求,与发动机的配置构型和控制指令分配算法息息相关,当发动机数量较多,构型复杂时较难分析。下面进一步给出分析方法。

1. 控制能力分析

发动机配置的控制能力分析应结合具体任务来进行。若发动机配置的控制能力能够满足控制任务的要求,则称该发动机配置可行。下面首先提出一些与发动机配置可行相关的定义,在此基础上给出发动机配置可行的别定理。

1) 配置可行性的相关定义

定义 7.1　控制域

对发动机配置阵 $A \in R^{m \times n}$,定义其控制域为

$$Z_c = \{u_c \mid u_c = At, t \in R_+^n, \parallel t \parallel_\infty \leqslant t_m\}$$

其中,t_m 为正常数,为发动机工作时间的最大上界。

物理意义:控制域是发动机配置阵 A 在整个 m 维任务空间 R^m 中所能生成的所有控制量的集合,它集中体现了发动机配置的控制能力,图 7-20(b)和(c)中虚线内包含的范围,显然不同的发动机配置阵 A 对应不同的控制域,$\parallel t \parallel_\infty \leqslant t_m$ 为对推力矢量长度的限制。

定义 7.2　指令域

对于一个 m 维任务,其指令域定义为

$$Z_u = \{x_u \mid \parallel x_u \parallel \leqslant \parallel v_{\max} \parallel, x_u \in R^m\}$$

其中,$v_{\max}$ 为对应控制律给出的幅值最大的控制指令矢量。

物理意义:指令域是指在 m 维任务执行过程中,由控制算法产生的所有 m 维控制指令矢量组成的集合。

定义 7.3　约束可行

一个配置有 n 台发动机的 m 维任务,发动机配置阵 $A \in R^{m \times n}$,若其控制域 Z_c 和指令域 Z_u 满足

$$Z_u \subseteq Z_c$$

则称该发动机配置阵 A 在推力矢量有界的约束下可行,简称发动机配置阵 A 约束可行。

物理意义:发动机配置阵 A 约束可行是指对控制律给出的任何控制指令都能通过该发动机配置来实现。例如对于图 7 - 20(b) 的发动机配置,当任务的指令域 Z_u 如图 7 - 23(a) 点划线所示包含在虚线表示的控制域 Z_c 之内时,该指令域内的任意指令都可通过这三个发动机的推力矢量来合成。

定义 7.4 无约束可行

对发动机配置阵 $A \in R^{m \times n}$,将定义 7.1 中对 t 的上界约束去掉,得到无上界约束的控制域

$$Z_{cn} = \{ u_{cn} \mid u_{cn} = At, t \in R_+^n \}$$

若其满足

$$Z_u \subseteq Z_{cn}$$

则称该发动机配置阵 A 无约束可行。

物理意义:无约束可行是假设推力矢量可无限大而得到的,它仅保证了任务给出的每个控制指令的方向都是可以用发动机配置阵 A 来实现的。例如,当任务指令域如图 7 - 23(b) 双点划线所示时,指令域中的部分控制指令超出了发动机配置控制域的矩形框(如 v_{max}),发动机配置能沿该指令方向通过 J_1 和 J_3 合成一个控制指令 u_{max},但无法达到和 v_{max} 一样的幅值。这种情况称为无约束可行。

定义 7.5 不可行

一个配置有 n 个发动机的 m 维任务,发动机配置阵 $A \in R^{m \times n}$,若 $\exists u \in Z_u$,使得 $u = At, t \in R_+^n$ 无解,则称该发动机配置阵 A 相对于该 m 维任务是不可行的。

物理意义:发动机配置不可行是指任务给出的某些控制指令方向是用现有发动机配置所不能实现的。例如当任务指令域如图 7 - 23(c) 双点划线所示时,在 y 轴负半平面的部分控制指令(如 v_{max}),是用这 3 个推力矢量无论怎样组合都无法合成的。这种情况我们称为发动机配置不可行,它表明该发动机配置对于该任务来说存在不能合成的控制指令方向。

2) 配置无约束可行的判定

发动机配置无约束可行的判定,实际上是判断发动机配置控制能力在方

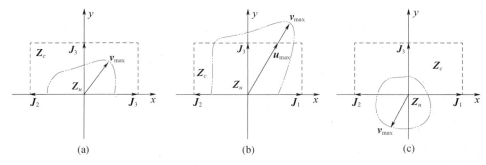

图 7 – 23　发动机配置的可行性示意图

（a）约束可行；（b）无约束可行；（c）不可行。

向上的完备性,目前已有一些可用的判定定理[5,56],结合这些判定定理以及定义 7.4 可直接得到判断发动机配置无约束可行的定理。

定理 7.1　发动机配置阵 A 无约束可行的充要条件是,A 行满秩且所有线性无关的 $n-1$ 个列向量张成的超平面两侧都包含 A 中的其他列向量。

定理 7.2　如果发动机配置阵 A 无约束可行,则 $\bar{A}=PA$ 无约束可行,其中 $P \in R^{m \times m}$ 满秩。

定义 7.6[56]　对于矩阵 $\bar{A} \in R^{m \times n}, n \geqslant 1$,如果约束不等式方程组

$$\bar{A}x < 0, \quad x \in R_+^j$$

有解,则称 $\bar{A}$ 可负,其中向量小于零是指其所有元素皆小于零。

定理 7.3　发动机配置矩阵 $[I_m \vdots \bar{A}] \in R^{m \times n}(n \geqslant m+1)$ 无约束可行的充要条件是 $\bar{A}$ 可负。

定理 7.2 和 7.3 将定理 7.1 中复杂的判别计算过程简化为判别发动机配置阵的非奇异变换阵的可负性问题,下面给出 $\bar{A}$ 可负的若干性质和判别条件:

引理 7.1[56]　如果矩阵 $\bar{A}$ 为负,则 $\bar{A}$ 不存在全为非负元素的行。

引理 7.2[56]　如果矩阵 $\bar{A}$ 中某列全为负,则 $\bar{A}$ 可负。

引理 7.3[56]　如果 $\bar{A}$ 可负,则 $P\bar{A}$ 可负,其中 $P \in R^{m \times m}$ 满秩且所有元素非负。

引理 7.4[56]　如果 $\bar{A}Q$ 可负,则 $\bar{A}$ 可负,其中 $Q \in R^{n \times n}$ 满秩且所有元素非负。

3）配置约束可行的判定

发动机配置约束可行的判定就是对于任务给定的指令域,判断无约束可行发动机配置的控制能力在幅值上是否足够。鉴于指令分配方式对发动机配置控制能力的影响,本节在以最优查表法为控制指令分配方法的条件下讨论发动机配置与控制能力的关系。

由约束可行的定义可知,欲判断发动机配置是否约束可行需知发动机配置控制域的范围,例如图 7 - 24 中的阴影部分所示。虽然复杂的发动机配置和指令分配算法使我们很难实现对控制域上界的精确解析描述,但在有界控制能力范围的上界中必然存在一个模值最小的控制指令,如图 7 - 24 中的 $u_{\min}$ 所示,称其为最小上界指令。它能在一定程度上反映发动机配置控制域的大小。

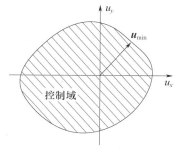

图 7 - 24　最小上界指令示意图

引理 7.5　发动机配置阵 $A \in R^{m \times n}$,若 A 无约束可行,则按最优发动机组合表生成算法得到的各发动机组合的子发动机配置阵 A_k 的逆阵 A_k^{-1} 存在（$k = 1, \cdots, s, s$ 为最优发动机组合的总个数）。

证明:由 A 无约束可行知,对 $\forall u \in Z_u$, $\exists t$ 使得 $u = At, t \in R_+^n$,于是 $t_c \overset{\text{def}}{=} \arg \min_t \| t \|_1$ 存在。所以根据 7.3.1 节所述的同解性,对 $\forall u \in Z_u$,按式(7 - 2)得到的最优查表法有最优解,即对 $\forall u \in Z_u \subseteq R^m$, $\exists k (k \in \{1, \cdots, s\})$,使得方程 $A_k t = u, t \in R_+^n$ 是一致的[70],故 A_k^{-1} 存在[71]。

引理 7.6　设矩阵 $W \in R^{m \times m}, u \in R^{m \times 1}$,则有

$$\| W \|_{2,\infty} \triangleq \max_{\| u \|_2 \neq 0} \frac{\| Wu \|_\infty}{\| u \|_2} = \max_i \left(\sum_{j=1}^n | w_{ij} |^2 \right)^{\frac{1}{2}}$$

其中,w_{ij} 为矩阵 W 第 i 行第 j 列元素。

证明:由矩阵论相关理论[73]知

$$\| W \|_{2,\infty} = \max_{\| u \|_2 \neq 0} \frac{\| Wu \|_\infty}{\| u \|_2} = \max_{\| u \|_2 = 1} \| Wu \|_\infty$$

设 $\| u \|_2 = 1$,则有

$$\| Wu \|_\infty = \max_i \left| \sum_{j=1}^n w_{ij} u_j \right| \leqslant \max_i \sum_{j=1}^n | w_{ij} u_j |$$

利用 holder 不等式

$$\sum_{i=1}^{n} |a_i b_i| \leqslant \left(\sum_{i=1}^{n} |a_i|^p\right)^{\frac{1}{p}} \left(\sum_{i=1}^{n} |b_i|^q\right)^{\frac{1}{q}}$$

取 $p = 2, q = 2$，于是有

$$\|\boldsymbol{W}\boldsymbol{u}\|_{\infty} \leqslant \max_i \left(\sum_{j=1}^{n} |w_{ij}|^2\right)^{\frac{1}{2}} \left(\sum_{j=1}^{n} |u_j|^2\right)^{\frac{1}{2}} = \max_i \left(\sum_{j=1}^{n} |w_{ij}|^2\right)^{\frac{1}{2}} \|\boldsymbol{u}\|_2$$

$$= \max_i \left(\sum_{j=1}^{n} |w_{ij}|^2\right)^{\frac{1}{2}}$$

因此有

$$\|\boldsymbol{W}\|_{2,\infty} \leqslant \max_i \left(\sum_{j=1}^{n} |w_{ij}|^2\right)^{\frac{1}{2}} \tag{7-14}$$

选取 $k \in \{1 \quad \cdots \quad m\}$，使其对应 $\boldsymbol{W}$ 中二范数最大的行向量 $\boldsymbol{w}_k$，即

$$\max_i \left(\sum_{j=1}^{n} |w_{ij}|^2\right)^{\frac{1}{2}} = \left(\sum_{j=1}^{n} |w_{kj}|^2\right)^{\frac{1}{2}}$$

取向量 $\boldsymbol{u}_0 = \dfrac{\boldsymbol{w}_k}{\|\boldsymbol{w}_k\|_2}$，它满足 $\|\boldsymbol{u}_0\|_2 = 1$，于是有

$$\boldsymbol{W}\boldsymbol{u}_0 = \left[\cdots \quad \sum_{j=1}^{n} w_{kj}u_{0j} \quad \cdots\right]^{\mathrm{T}} = \left[\cdots \quad \left(\sum_{j=1}^{n} |w_{kj}|^2\right)^{\frac{1}{2}} \quad \cdots\right]^{\mathrm{T}}$$

故有

$$\|\boldsymbol{W}\|_{2,\infty} = \max_{\|\boldsymbol{u}\|_2=1} \|\boldsymbol{W}\boldsymbol{u}\|_{\infty} \geqslant \|\boldsymbol{W}\boldsymbol{u}_0\|_{\infty} \geqslant \left(\sum_{j=1}^{n} |w_{kj}|^2\right)^{\frac{1}{2}}$$

$$= \max_i \left(\sum_{j=1}^{n} |w_{ij}|^2\right)^{\frac{1}{2}}$$

则有

$$\|\boldsymbol{W}\|_{2,\infty} \geqslant \max_i \left(\sum_{j=1}^{n} |w_{ij}|^2\right)^{\frac{1}{2}} \tag{7-15}$$

综合式(7-14)和式(7-15)可得

$$\|\boldsymbol{W}\|_{2,\infty} = \max_i \left(\sum_{j=1}^{n} |w_{ij}|^2\right)^{\frac{1}{2}}$$

即矩阵 $\boldsymbol{W}$ 的 $\|\boldsymbol{W}\|_{2,\infty}$ 范数为 $\boldsymbol{W}$ 的行向量二范数的最大值。

定理 7.4 发动机配置的最小上界指令

一个配置有 n 台发动机的 m 维任务，其发动机配置阵 $\boldsymbol{A} \in \boldsymbol{R}^{m \times n}$，设备发动

机工作时间上界的最大值为 t_m，即 $t_j \leqslant t_m (j = 1, \cdots, n)$。若 $\boldsymbol{A}$ 满足无约束可行，则用最优查表法进行指令分配，得到 s 个最优发动机组合，其 $m \times m$ 维子发动机配置阵依次记为 $\boldsymbol{A}_k (k = 1, \cdots, s)$，记 $\boldsymbol{W}_k = \boldsymbol{A}_k^{-1}$，令

$$\| \boldsymbol{u}_{kub} \| = \frac{t_m}{\max\limits_i \left(\sum\limits_{j=1}^{n} | w_{kij} |^2 \right)^{\frac{1}{2}}} \qquad (7-16)$$

$$\boldsymbol{u}_{kub} = \| \boldsymbol{u}_{kub} \| \frac{\boldsymbol{w}_{k\max}}{\| \boldsymbol{w}_{k\max} \|_2} \quad \left(\boldsymbol{w}_{k\max} = \arg \max\limits_{\boldsymbol{w}_{ki}} \left(\sum\limits_{j=1}^{n} | w_{kij} |^2 \right)^{\frac{1}{2}} \right)$$

其中，w_{kij} 为 $\boldsymbol{W}_k$ 的第 i 行 j 列元素；$\boldsymbol{w}_{k\max}$ 为 $\boldsymbol{W}_k$ 阵中二范数最大的行向量。

若根据该控制指令 $\boldsymbol{u}_{kub}$ 得到的发动机工作时间 $\boldsymbol{t}_{kc} = \boldsymbol{A}_k^{-1} \boldsymbol{u}_{kub} = \boldsymbol{W}_k \boldsymbol{u}_{kub}$ 满足

$$\boldsymbol{t}_{kci} \geqslant 0 \quad (i = 1, \cdots, m)$$

则 $\| \boldsymbol{u}_{kub} \|$ 即为发动机配置阵 $\boldsymbol{A}_k$ 对应的指令域子区域上界到原点的最小距离，$\boldsymbol{u}_{kub}$ 即为对应的最小上界控制指令矢量。

证明：根据式（7-2）及定理条件，用最优查表法进行指令分配解得的发动机工作时间应满足：

$$\begin{cases} \boldsymbol{t}_c \overset{\text{def}}{=} \arg \min\limits_{\boldsymbol{t}} \| \boldsymbol{t} \|_1 \\ \boldsymbol{A} \boldsymbol{t}_c = \boldsymbol{u} \\ 0 \leqslant t_{cj} \leqslant t_m \end{cases} \qquad (7-17)$$

其中，$\boldsymbol{t}_c = [t_{c1} \quad \cdots \quad t_{cn}]^{\mathrm{T}}$。对于由最优查表法得到的每个最优发动机组合，其对应控制域中的一个子区域：

$$\boldsymbol{Z}_{uk} = \{ \boldsymbol{u}_k \, | \, \boldsymbol{u}_k = \boldsymbol{A}_k \boldsymbol{t}_{ck}, \boldsymbol{t}_{ck} \in \boldsymbol{R}_+^n, \| \boldsymbol{t}_{ck} \|_\infty \leqslant t_m \}$$

该子区域的上边界到原点的最小距离可描述为

$$\begin{cases} \| \boldsymbol{u}_{kub} \| = \min\limits_{\boldsymbol{u}_k} \| \boldsymbol{u}_k \|_2 \\ \boldsymbol{A}_k \boldsymbol{t}_{ck} = \boldsymbol{u}_k \\ \| \boldsymbol{t}_{ck} \|_\infty = t_m \text{ 且 } \boldsymbol{t}_{ck} \in \boldsymbol{R}_+^n \end{cases}$$

其中，$\boldsymbol{t}_{ck}$ 为与 $\boldsymbol{A}_k$ 所对应的由式（7-17）得到的发动机工作时间解。

由 $\boldsymbol{A}$ 无约束可行及引理 7.5 可知 $\boldsymbol{W}_k = \boldsymbol{A}_k^{-1}$ 存在，故有 $\boldsymbol{t}_{ck} = \boldsymbol{A}_k^{-1} \boldsymbol{u}_k = \boldsymbol{W}_k \boldsymbol{u}_k$，于是上述模型可进一步化为

$$
\begin{cases}
\parallel \boldsymbol{u}_{kub} \parallel = \min_{\boldsymbol{u}_k} \parallel \boldsymbol{u}_k \parallel_2 \\[2mm]
\parallel \boldsymbol{W}_k \boldsymbol{u}_k \parallel_\infty = t_m \\[2mm]
\boldsymbol{t}_{kc} = \boldsymbol{W}_k \boldsymbol{u}_k \in \boldsymbol{R}_+^m
\end{cases}
\tag{7-18}
$$

故当满足条件 $\boldsymbol{t}_{kc} \in \boldsymbol{R}_+^m$ 时,式(7-18)的前两式等价于求合适的 $\boldsymbol{u} \in \boldsymbol{Z}_{uk}$,使得下面的比值能取最大值,记为 $\parallel \boldsymbol{W}_k \parallel_{2,\infty}$:

$$
\parallel \boldsymbol{W}_k \parallel_{2,\infty} = \max_{\parallel \boldsymbol{u}_k \parallel_2 \neq 0} \frac{\parallel \boldsymbol{W}_k \boldsymbol{u}_k \parallel_\infty}{\parallel \boldsymbol{u}_k \parallel_2}
$$

由引理7.6知 $\parallel \boldsymbol{W}_k \parallel_{2,\infty} = \max_i \left(\sum_{j=1}^n |w_{kij}|^2 \right)^{\frac{1}{2}}$,于是对该子控制域有

$$
\parallel \boldsymbol{u}_{kub} \parallel = \min_{\boldsymbol{u}_k} \parallel \boldsymbol{u}_k \parallel_2 = \frac{\parallel \boldsymbol{W}_k \boldsymbol{u}_k \parallel_\infty}{\parallel \boldsymbol{W}_k \parallel_{2,\infty}} = \frac{t_m}{\max_i \left(\sum_{j=1}^n |w_{kij}|^2 \right)^{\frac{1}{2}}}
$$

且由引理7.6可知,取得该最短距离的单位向量即为 $\boldsymbol{u}_0 = \dfrac{\boldsymbol{w}_{k\max}}{\parallel \boldsymbol{w}_{k\max} \parallel_2}$,它就是发动机配置控制能力最弱的方向。其对应的最小上界指令向量可表示为

$$
\boldsymbol{u}_{kub} = \parallel \boldsymbol{u}_{kub} \parallel \frac{\boldsymbol{w}_{k\max}}{\parallel \boldsymbol{w}_{k\max} \parallel_2}
\tag{7-19}
$$

此即为子发动机配置阵 $\boldsymbol{A}_k$ 在其对应的控制域空间内各个方向上所能生成的最大控制指令中的最小值。

定理7.5 发动机配置约束可行的充分条件

一个配置有 n 台发动机的 m 维任务,发动机配置阵 $\boldsymbol{A} \in \boldsymbol{R}^{m \times n}$。设该任务的指令域为

$$
\boldsymbol{Z}_u = \{ \boldsymbol{x}_u \mid \parallel \boldsymbol{x}_u \parallel \leqslant \parallel \boldsymbol{v}_{\max} \parallel, \boldsymbol{x}_u \in \boldsymbol{R}^m \}
$$

其发动机配置阵 $\boldsymbol{A}$ 对应的控制域为

$$
\boldsymbol{Z}_c = \{ \boldsymbol{u} \mid \boldsymbol{u} = \boldsymbol{A}\boldsymbol{t}, \boldsymbol{t} \in \boldsymbol{R}_+^n, \parallel \boldsymbol{t} \parallel_\infty \leqslant t_m \}
$$

根据最优查表法将 n 个发动机分为 s 个组合,设每个子发动机配置阵 $\boldsymbol{A}_k$ 对应的控制域上界到原点的最小距离为 $\parallel \boldsymbol{u}_{kub} \parallel$ $(k = 1, \cdots, s)$,令

$$
\parallel \boldsymbol{u}_{ub} \parallel_{\min} = \min_k \parallel \boldsymbol{u}_{kub} \parallel
$$

若 $\boldsymbol{A}$ 满足无约束可行,且有

$$\| \boldsymbol{v}_{\max} \| \leqslant \| \boldsymbol{u}_{ub} \|_{\min}$$

则该发动机配置约束可行。

证明：由 $\boldsymbol{A}$ 无约束可行知，对 $\forall \boldsymbol{u} \in \boldsymbol{Z}_u$，$\exists \boldsymbol{t} \in \boldsymbol{R}_+^n$ 使得 $\boldsymbol{u} = \boldsymbol{A}\boldsymbol{t}$。由于 $\| \boldsymbol{u} \| \leqslant \| \boldsymbol{v}_{\max} \|$，且 $\| \boldsymbol{v}_{\max} \| \leqslant \| \boldsymbol{u}_{ub} \|_{\min}$，故 $\| \boldsymbol{u} \| \leqslant \| \boldsymbol{u}_{ub} \|_{\min}$。即是说向量 $\boldsymbol{u}$ 在上界以内或者 $\boldsymbol{u}$ 为该最小上界指令向量，即 $\| \boldsymbol{t} \|_{\infty} \leqslant t_m$。于是可得，对 $\forall \boldsymbol{u} \in \boldsymbol{Z}_u$，$\exists \boldsymbol{t} \in \boldsymbol{R}_+^n$ 使得 $\boldsymbol{u} = \boldsymbol{A}\boldsymbol{t}$ 且 $\| \boldsymbol{t} \|_{\infty} \leqslant t_m$。即，对 $\forall \boldsymbol{u} \in \boldsymbol{Z}_u$，有 $\boldsymbol{u} \in \boldsymbol{Z}_c$。因此有 $\boldsymbol{Z}_u \subseteq \boldsymbol{Z}_c$。根据定义 7.3 该发动机配置约束可行。

定理 7.6　发动机配置约束可行的必要条件

一个配置有 n 台发动机的 m 维任务，发动机配置阵 $\boldsymbol{A} \in \boldsymbol{R}^{m \times n}$。其控制域和指令域定义同定理 7.5。设每个子发动机配置阵 $\boldsymbol{A}_k$ 对应的控制域上界到原点的最大距离为 $\| \boldsymbol{u}_{kub\max} \|$（$k = 1, \cdots, v$），令

$$\| \boldsymbol{u}_{ub} \|_{\max} = \max_k \| \boldsymbol{u}_{kub\max} \|$$

若发动机配置阵 $\boldsymbol{A}$ 约束可行，则有 $\| \boldsymbol{v}_{\max} \| \leqslant \| \boldsymbol{u}_{ub} \|_{\max}$。

证明：由 $\boldsymbol{A}$ 约束可行知 $\boldsymbol{Z}_u \subseteq \boldsymbol{Z}_c$，即对 $\boldsymbol{v}_{\max} \in \boldsymbol{Z}_u$，有 $\boldsymbol{v}_{\max} \in \boldsymbol{Z}_c$。故 $\exists \boldsymbol{t} \in \boldsymbol{R}_+^n$，且 $\| \boldsymbol{t} \|_{\infty} \leqslant t_m$，使得 $\boldsymbol{v}_{\max} = \boldsymbol{A}_k \boldsymbol{t}$，$k \in \{1, \cdots, s\}$。所以有，$\| \boldsymbol{v}_{\max} \| \leqslant \| \boldsymbol{u}_{kub\max} \| \leqslant \| \boldsymbol{u}_{ub} \|_{\max}$。故命题成立。

定理间关系小结：本节定理 7.4 指出了发动机配置控制能力最弱的方向及其大小，而定理 7.5 则是当控制律给出的最大控制指令都小于发动机配置指令域上界的这个最弱指令时，该发动机配置肯定是约束可行的。定理 7.6 又从另一个角度说明，若控制律给出的最大控制指令超出了发动机配置控制能力上界中的最大值，则该发动机配置必然不是约束可行的。

4）配置可行性分析的流程

本节将基于上节的理论，给出应用发动机配置可行性分析法分析发动机配置控制能力的具体流程。由前述引理和定理可知，发动机配置可行性分析法需要的已知条件为：①发动机配置阵 $\boldsymbol{A}$；②最优查表法的发动机分组（即 $\boldsymbol{A}_k$，$k = 1, 2, \cdots, v$）；③发动机工作时间上限 t_m；④任务可能给出的最大控制指令 $\| \boldsymbol{v}_{\max} \|$。在这些条件已知的情况下，发动机配置可行性的整个判别过程可概括为如图 7-25 所示的流程图，按照先判定无约束可行（虚线以上部分），再判断约束可行（虚线以下部分）来进行，即先判断控制能力的方向完备性，再判断其幅值的大小程度。

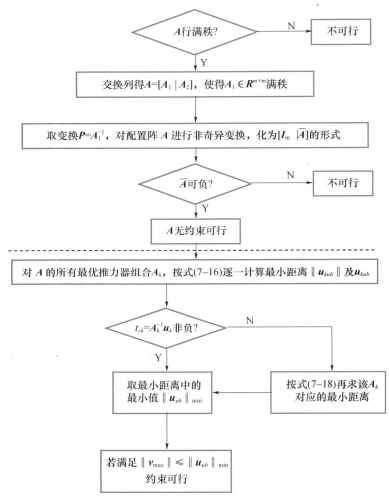

图 7-25 发动机配置可行性分析流程图

5）算例

假设一个配置有 4 台发动机的二维任务 $\boldsymbol{u}_{2d} = [\begin{matrix} u_x & u_y \end{matrix}]^\mathrm{T}$，其发动机配置阵如下：

$$\boldsymbol{A}_{2d} = \begin{bmatrix} 200 & -200 & 60 & -60 \\ -100 & 100 & -150 & 150 \end{bmatrix}$$

（1）无约束可行的判定。

可以看出 $\boldsymbol{A}_{2d}$ 行满秩,交换第 2 列和第 3 列得

$$\boldsymbol{A}_{2d} = [\boldsymbol{A}_q \;\vdots\; \boldsymbol{A}_h] = \begin{bmatrix} 200 & 60 & -200 & -60 \\ -100 & -150 & 100 & 150 \end{bmatrix}$$

其中,$\boldsymbol{A}_q$ 满秩。取变换阵

$$\boldsymbol{P}_{2d} = \boldsymbol{A}_q^{-1} = \begin{bmatrix} 0.0063 & 0.0025 \\ -0.0042 & -0.0083 \end{bmatrix}$$

将 $\boldsymbol{A}_{2d}$ 化为

$$\boldsymbol{P}_{2d}\boldsymbol{A}_{2d} = [\boldsymbol{I}_2 \;\vdots\; \overline{\boldsymbol{A}}_{2d}] = \begin{bmatrix} 1 & 0 & -1 & 0 \\ 0 & 1 & 0 & -1 \end{bmatrix}$$

由引理 7.2 知 $\overline{\boldsymbol{A}}_{2d}$ 可负,于是由定理 7.2 和 7.3 可判定发动机配置阵 $\boldsymbol{A}_{2d}$ 无约束可行。

（2）约束可行的判定。

根据最优发动机组合表生成算法,在式（7-2）中取 $\boldsymbol{c} = [1 \quad 1 \quad 1 \quad 1]$,可得到该发动机配置阵 $\boldsymbol{A}_{2d}$ 的全部最优发动机组合如下:

组合 1:($\boldsymbol{J}_1 \quad \boldsymbol{J}_4$)　　　　组合 2:($\boldsymbol{J}_2 \quad \boldsymbol{J}_4$)

组合 3:($\boldsymbol{J}_2 \quad \boldsymbol{J}_3$)　　　　组合 4:($\boldsymbol{J}_1 \quad \boldsymbol{J}_3$)

设发动机工作时间上界皆为 $t_m = 1\mathrm{s}$。

根据式（7-16）,以组合 1($\boldsymbol{J}_1 \quad \boldsymbol{J}_4$)为例计算如下:

$$\boldsymbol{A}_{2d1} = \begin{bmatrix} 200 & -60 \\ -100 & 150 \end{bmatrix}, \quad \boldsymbol{W}_{2d1} = \boldsymbol{A}_{2d1}^{-1} = \begin{bmatrix} 0.00625 & 0.00250 \\ 0.00417 & 0.00833 \end{bmatrix}$$

其两个行向量及其二范数分别为

$$\boldsymbol{w}_{11} = [0.00625 \quad 0.00250], \quad \|\boldsymbol{w}_{11}\|_2 = 0.0067$$

$$\boldsymbol{w}_{12} = [0.00417 \quad 0.00833], \quad \|\boldsymbol{w}_{12}\|_2 = 0.0093$$

取二范数最大的第二行,于是有

$$\|\boldsymbol{u}_{1ub}\| = \frac{t_m}{\max\limits_i \left(\sum\limits_{j=1}^{2} |w_{1ij}|^2\right)^{\frac{1}{2}}} = \frac{1}{0.0093} = 107.3313$$

$\boldsymbol{w}_{1max} = [0.00417 \quad 0.00833]^{\mathrm{T}}$,于是可得其对应的最小控制指令矢量为

$$\boldsymbol{u}_{1ub} = \|\boldsymbol{u}_{1ub}\| \frac{\boldsymbol{w}_{1max}}{\|\boldsymbol{w}_{1max}\|_2} = [48 \quad 96]^{\mathrm{T}}$$

验证 $\boldsymbol{t}_{1c} = \boldsymbol{A}_{2d1}^{-1}\boldsymbol{u}_{1ub} = [0.5400 \quad 1]^{\mathrm{T}} > 0$,故以上计算结果正确。

同理按图 7-25 的流程求出全部 4 个组合对应的最小上界指令及其幅值如表 7-10 所列。

表 7-10　各组合对应的最小上界指令及其幅值

组合	$(J_1 \quad J_4)$	$(J_2 \quad J_4)$	$(J_2 \quad J_3)$	$(J_1 \quad J_3)$
最小上界指令幅值 $\|\boldsymbol{u}_{kub}\|$	107.3313	161.5549	107.3313	161.5549
最小上界指令 $[u_x \quad u_y]$	[48　96]	[-60　150]	[-48　-96]	[60　-150]
对应发动机工作时间比例	(0.54　1)	(0　1)	(1　0.54)	(0　1)

（3）发动机配置控制能力信息。

① 由该发动机配置无约束可行可知其能实现 u_x-u_y 平面内任意方向的指令;

② 由发动机配置约束可行求得的指令域边界到原点的最小上界指令可知,该发动机配置控制能力上界的最小幅值为 $\|\boldsymbol{u}_{ub}\|_{\min} = \min\limits_{k=1}^{4} \|\boldsymbol{u}_{kub}\| = 107.33$,对应的两个最小上界指令分别为 [48　96] 和 [-48　-96],如图 7-26 中的虚线矢量 $\boldsymbol{u}_{ub\min}$ 及与其对称反向的矢量所示,它们指示了控制能力最弱的方向。

③ 当任务给出的最大控制指令的幅值不超过最小上界指令的幅值107.33,即在如图 7-26 所示的虚线圆内时,该发动机配置是约束可行的,即能实现任务给出的所有控制指令。

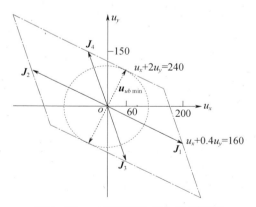

图 7-26　二维算例的指令域范围图

（4）对计算结果的验证。

观察图 7-26 可知,组合$(J_1 \quad J_4)$对应的指令域上界到原点的最短距离在上边界线 $u_x + 2u_y = 240$ 上,根据平面几何相关知识可得该边界线上的点到原点的距离可表示为

$$\| \boldsymbol{u}_{2d1} \| = \sqrt{u_x^2 + u_y^2} = \sqrt{240^2 - 960u_y + 5u_y^2}$$

令 $\| \boldsymbol{u}_{2d1} \|' = 0$,求得其极值为

$$u_x = 48 , \quad u_y = 96 , \quad \| \boldsymbol{u}_{1ub} \| = 107.3313$$

与矩阵范数的计算结果完全一致,从而验证了定理 7.4 的正确性。该最小上界指令矢量 $\boldsymbol{u}_{ubmin}$ 其实就是从原点到边界线 $u_x + 2u_y = 240$ 的垂线。

2. 效率分析

在 7.4.1 节中给出了效率的含义即执行控制指令的推进剂消耗,论述了发动机配置布局对效率的影响。为衡量比较不同发动机配置的效率性能,需要一个指标来反映不同发动机配置的推进剂消耗水平,即反映控制指令的空间分布与推力矢量空间分布的接近程度。

1）性能指标

引入平均推进剂消耗指标如下:

$$I_f = \frac{1}{S} \int_{\text{sphere}} K f_{\text{com}}(\varphi, \theta) fuel(\varphi, \theta) \, \mathrm{d}S \qquad (7-20)$$

式中:I_f 为单位球面上的积分;S 为单位球的表面积;K 为常值系数;$f_{\text{com}}(\varphi, \theta)$ 为反映指令分布情况的权重函数,如概率密度函数;$fuel(\varphi, \theta)$ 为通过指令分配算法得到最优推进剂消耗解,即按下式解得的目标函数值:

$$\begin{cases} \min fuel = \sum_{j=1}^{n} c_j t_j \\ \text{s. t. } \boldsymbol{At} = \boldsymbol{u}, \ t_j \geq 0 \end{cases} \qquad (7-21)$$

令 $\boldsymbol{u}_s = [\cos\theta\cos\varphi \quad \sin\theta\cos\varphi \quad \sin\varphi]^{\mathrm{T}}$,即单位球面上的点所对应的空间矢量,其中 $\varphi \in \left[-\frac{\pi}{2}, \frac{\pi}{2} \right]$,$\theta \in [-\pi, \pi]$,分别定义为矢量 $\boldsymbol{u}_s$ 的俯仰角和方位角。对于三维任务模型,式（7-21）中的 $\boldsymbol{u} = \boldsymbol{u}_s$。对于六维控制任务的情况,可将力和力矩分开,研究力时,令 $\boldsymbol{u} = [\boldsymbol{u}_s \quad \boldsymbol{0}]^{\mathrm{T}}$,而研究力矩时 $\boldsymbol{u} = [\boldsymbol{0} \quad \boldsymbol{u}_s]^{\mathrm{T}}$,其中 $\boldsymbol{0}$ 为 1×3 维零矩阵。

平均推进剂消耗指标 I_f 实际上是以整个单位球面上的向量作为控制指令集合,来计算实现集合中的所有控制指令所需的总推进剂消耗,然后再求其在单位面积上的平均值。而 $f_{com}(\varphi,\theta)$ 的作用是反映指令域在空间的分布情况。$f_{com}(\varphi,\theta)$ 权重函数的选择所应遵循的原则是:控制指令分布越密集的方向,对应权重越大。

2)计算方法

函数 $fuel(\varphi,\theta)$ 难以解析描述,可借助数值方法来求解平均推进剂消耗指标 I_f。我们可以从积分的定义出发,将单位球面分别沿经度和纬度 h 等分,如图 7-28 中的球体所示。在每个面积微元上取一点,得到指令空间原点指向该点的一个空间矢量,根据其俯仰角 φ 与方位角 θ 得到控制指令 $\boldsymbol{u}$,然后根据模型式(7-21)求得其对应的推进剂消耗 $fuel$,并根据指令分布权重函数 $f_{com}(\varphi,\theta)$,得到该 $fuel$ 对应的权值。最后按式(7-20)相乘并对所有面积微元上的推进剂消耗进行加和后除以单位球面积,即可得到平均推进剂消耗指标值。

3)算例

(1)初始条件。

设用于三轴姿态控制的发动机配置单元如图 7-27 所示[47],其在指令空间产生的力与力矩分量数据如表 7-11 所列。

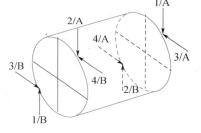

图 7-27 算例的发动机配置

表 7-11 各发动机在各方向上的控制分量

组号/发动机号		1/A	1/B	2/A	2/B	3/A	3/B	4/A	4/B
推力	F_x	0	0	0	0	0	0	0	0
	F_y	0	0	0	0	1	-1	-1	1
	F_z	-1	1	-1	1	0	0	0	0
力矩	T_x	1	1	1	1	-1	-1	-1	-1
	T_y	1	1	-1	-1	0	0	0	0
	T_z	0	0	0	0	1	1	-1	-1

在进行姿态控制时,该发动机配置以成对模式运行,产生三个方向上的纯力矩。下面分析该发动机配置在三维力矩控制指令空间中的推进剂消耗情况。

将每组推力和力矩矢量进行合成,消去力分量,得到该发动机配置在三维力矩空间中的发动机配置矩阵为

$$\boldsymbol{A}_M = \begin{bmatrix} 2 & 2 & -2 & -2 \\ 2 & -2 & 0 & 0 \\ 0 & 0 & 2 & -2 \end{bmatrix}$$

其列向量代表的四个力矩矢量 $\boldsymbol{J}_1 \sim \boldsymbol{J}_4$ 在空间中的分布情况如图 7 – 28 所示。于是根据基于最优基的最优查表法,可以得到其最优发动机组合如表 7 – 12 所列。

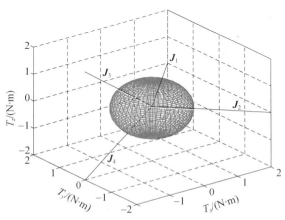

图 7 – 28　力矩矢量的空间分布

表 7 – 12　最优发动机组合表

组号	1	2	3	4
发动机号	(1　2　3)	(1　3　4)	(1　2　4)	(2　3　4)

（2）力矩控制指令的分布。

为方便说明问题,假设控制指令 $\boldsymbol{u}_{3d}$ 的空间分布情况随方位角 θ 的变化呈均匀分布,不妨取其密度函数作为指令分布权重函数,即

$$f_{\mathrm{com}}(\theta) = \begin{cases} 1/(\theta_b - \theta_a), & \theta_a \leq \theta \leq \theta_b \\ 0, & \text{其他} \end{cases}$$

（3）数值仿真参数。

仿真中的具体参数取值为: $h = 300, K = 1, c_j = 1$ $(j = 1,2,3,4)$。对指令分布权

重函数,取 $\theta_a = -5°, \theta_b = 5°$,即认为控制指令 $\boldsymbol{u}_{3d}$ 在沿 T_x 轴正向的方向上分布较集中。等分份数 h 不同,平均推进剂消耗指标的绝对数值有所差异,但在相同的等分份数情况下,不同发动机配置的平均推进剂消耗指标具有可比性。

(4)计算结果及分析。

根据上述初始条件及仿真方法,计算得到该发动机配置在该指令均匀分布情况下的平均推进剂消耗指标为:$I_f = 0.5019$。下面我们改变发动机配置参数,比较不同发动机配置对该性能指标的影响。

力矩矢量 $\boldsymbol{J}_2$ 在 $T_x - T_y$ 平面内,且与 T_x 正方向夹角为 $-45°$。于是可以在 $T_x - T_y$ 平面内改变 $\boldsymbol{J}_2$ 相对于 T_x 轴正方向的夹角,观察 $\boldsymbol{J}_2$ 矢量向 T_x 轴正方向靠近的过程中,平均推进剂消耗指标的变化情况。

设矢量 $\boldsymbol{J}_2$ 与 T_x 轴正方向的夹角为 ψ,改变后的发动机配置阵可写为

$$\boldsymbol{A}'_M = \begin{bmatrix} 2 & 2\cos\psi & -2 & -2 \\ 2 & 2\sin\psi & 0 & 0 \\ 0 & 0 & 2 & -2 \end{bmatrix}$$

考虑到发动机配置的可行性问题,ψ 的变化范围限定为 $\psi \in (-135°, 0°)$,数值计算得到 $\boldsymbol{J}_2$ 位于平面内不同位置时对应的 I_f 的变化曲线如图 7-29 所示。可以看出,在 $\boldsymbol{J}_2$ 由 $-135°$ 开始向 T_x 轴正方向靠拢的过程中,其对应的平均推进剂消耗指标 I_f 的值随之显著下降。

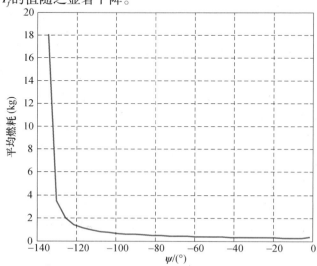

图 7-29 平均推进剂消耗随 ψ 的变化曲线

3.冗余度分析

按控制量方向解耦配置的发动机布局,其冗余(即备份发动机)的设计一般为在同一位置以同样的倾角多安装几台相同的发动机,或者将某部分发动机组合的布局绕某轴转动一定的角度来重复该布局。这种情况下,发动机配置的冗余度较易直观看出。但在复杂发动机配置的情况下,冗余度的计算也较为复杂。下面将基于 7.4.2 节中对于发动机配置无约束可行的判断定理,来给出复杂发动机配置情况下发动机系统冗余度的计算方法。

1)计算方法

1969 年,Crawford 在文献[5]中给出了二维控制平面情况下确定发动机配置冗余度的作图法。对于更高维数的情况,还给出了定理 7.7。

定理 7.7 发动机配置矩阵 $A \in \mathbf{R}^{m \times n}$,$A$ 的冗余度为 R 的充要条件是 A 行满秩,且所有线性无关的 $m-1$ 个列向量张成的超平面两侧都包含至少 $R+1$ 个 A 中的其他列向量。

该定理给出了判断发动机配置冗余度的一种通用方法,但其计算量较大(需对 $\dfrac{n!}{(m-1)!\ (n-m+1)!}$ 个超平面进行校验),且其计算过程也不能明确指出哪些发动机故障会导致控制系统无法完成任务。从冗余度的定义出发,结合无约束可行的概念,将冗余度的计算问题理解为判断发动机配置阵去掉某些列向量后得到的子发动机配置阵是否仍为无约束可行的问题。

定义 7.7[56] 将发动机配置阵 A 的某一列去掉后所形成的矩阵记为 $\tilde{A}_j$($j \in \{1, \cdots, n\}$),称为 A 的一个单失效矩阵。将 A 中某 r 列去掉后形成的矩阵称为 A 的一个 r 重失效矩阵。

对于一个可行的发动机配置阵,基于无约束可行的冗余度计算方法从单失效阵($r=1$)开始,其流程如图 7-30 所示。

该计算过程对发动机配置的冗余度从 1 开始试探,直到出现去掉某 r 个发动机后的失效发动机配置阵不可行为止,在计算过程中可以获知哪些发动机对该配置的冗余度来说较为关键,有利于配置设计的改进。

2)算例

假设一个二维发动机配置如图 7-31 所示,5 个发动机 $J_1 \sim J_5$ 以 72° 为间隔均匀分布,其发动机配置阵为

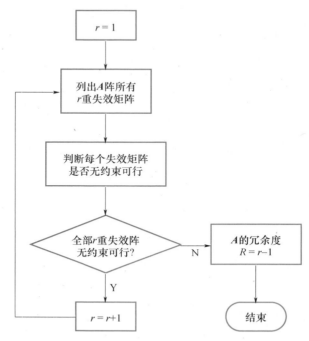

图 7 - 30　基于无约束可行的冗余度计算方法流程

$$\mathbf{A}_{2d} = \begin{bmatrix} \cos 90° & \cos 18° & \cos 54° & -\cos 54° & -\cos 18° \\ -\sin 90° & -\sin 18° & \sin 54° & \sin 54° & -\sin 18° \end{bmatrix}$$

$$= \begin{bmatrix} 0 & 0.9511 & 0.5878 & -0.5878 & -0.9511 \\ -1 & -0.3090 & 0.8090 & 0.8090 & -0.3090 \end{bmatrix}$$

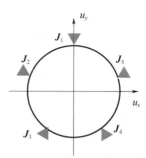

图 7 - 31　二维发动机配置算例

（1）单失效阵的无约束可行性。

按图 7 - 30 流程列出其所有单失效阵为

$$\tilde{A}_1 = \begin{bmatrix} 0.9511 & 0.5878 & -0.5878 & -0.9511 \\ -0.3090 & 0.8090 & 0.8090 & -0.3090 \end{bmatrix},$$

$$\tilde{A}_2 = \begin{bmatrix} 0 & 0.5878 & -0.5878 & -0.9511 \\ -1 & 0.8090 & 0.8090 & -0.3090 \end{bmatrix},$$

$$\tilde{A}_3 = \begin{bmatrix} 0 & 0.9511 & -0.5878 & -0.9511 \\ -1 & -0.3090 & 0.8090 & -0.3090 \end{bmatrix},$$

$$\tilde{A}_4 = \begin{bmatrix} 0 & 0.9511 & 0.5878 & -0.9511 \\ -1 & -0.3090 & 0.8090 & -0.3090 \end{bmatrix},$$

$$\tilde{A}_5 = \begin{bmatrix} 0 & 0.9511 & 0.5878 & -0.5878 \\ -1 & -0.3090 & 0.8090 & 0.8090 \end{bmatrix}$$

按前述方法判断可知这些单失效阵皆无约束可行。

（2）2 重失效阵的无约束可行性。

当相邻的两个发动机同时失效时, 例如

$$\tilde{A}_{12} = \begin{bmatrix} 0.5878 & -0.5878 & -0.9511 \\ 0.8090 & 0.8090 & -0.3090 \end{bmatrix}$$

取 $P_{2d} = \begin{bmatrix} 0.5878 & -0.5878 \\ 0.8090 & 0.8090 \end{bmatrix}$, 于是有 $\overline{A}_{12} = P_{2d}^{-1} \tilde{A}_{12} = \begin{bmatrix} 1 & 0 & -1 \\ 0 & 1 & 0.6181 \end{bmatrix}$, 由于

$\begin{bmatrix} -1 \\ 0.6181 \end{bmatrix}$ 不可负, 可知 $\tilde{A}_{12}$ 不可行。同理可得到 $\tilde{A}_{23}$、$\tilde{A}_{34}$、$\tilde{A}_{45}$ 和 $\tilde{A}_{51}$ 皆不可行。

当间隔的两个发动机同时失效时, 例如

$$\tilde{A}_{13} = \begin{bmatrix} 0.9511 & -0.5878 & -0.9511 \\ -0.3090 & 0.8090 & -0.3090 \end{bmatrix}$$

取 $P_{2d} = \begin{bmatrix} 0.9511 & -0.5878 \\ -0.3090 & 0.8090 \end{bmatrix}$, 于是有 $\overline{A}_{13} = P_{2d}^{-1} \tilde{A}_{13} = \begin{bmatrix} 1 & 0 & -1.6180 \\ 0 & 1 & -0.9999 \end{bmatrix}$, 由

于 $\begin{bmatrix} -1.6180 \\ -0.9999 \end{bmatrix}$ 可负, 可知 $\tilde{A}_{13}$ 仍然无约束可行。同理可得到 $\tilde{A}_{14}$、$\tilde{A}_{24}$、$\tilde{A}_{25}$ 和 $\tilde{A}_{35}$ 皆

无约束可行。

（3）冗余度计算结果。

由于原发动机配置阵 A_{2d} 存在不可行的 2 重失效阵,故其冗余度 $R = 1$。在两台发动机故障的情况下,当相邻两台发动机同时故障时,该发动机配置在控制方向上不完备,无法继续完成任务。

☑7.4.3　设计方法

1. 发动机个数的确定

首先我们必须思考的问题是,对于给定的 m 维任务及其对应的 m 维指令空间,应该配置几台发动机才能保证控制能力在方向上的完备性呢?

例如,对于图 7 – 32 所示三维任务的情况,显然仅用 3 台发动机是无法实现整个三维空间中的控制指令的。图 7 – 32(a)中沿 u_x、u_y、u_z 轴正方向安装的 3 台发动机,其能生成的指令只能在 $\{\boldsymbol{u}_{3d}\,|\,u_x \geqslant 0,\text{且 }u_y \geqslant 0,\text{且 }u_z \geqslant 0\}$ 象限内。传统的发动机配置设计方法会沿 3 个轴向正负方向都安装发动机,共 6 个,如图 7 – 32(b)所示,显然这样就可以生成三维空间中所有方向的控制指令了。然而,事实上只需 4 台发动机就可以生成三维指令空间中任意方向的指令,满足任务对控制能力在方向完备性上的要求,如图 7 – 32(c)所示。但并不是任意配置的 4 台发动机都能保证控制能力的方向完备性。如图 7 – 32(d)所示的 4 台发动机,显然无法生成 u_x 负半空间和 u_z 负半空间内的控制指令。

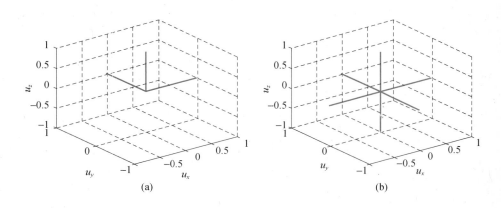

(a)　　　　　　　　　　(b)

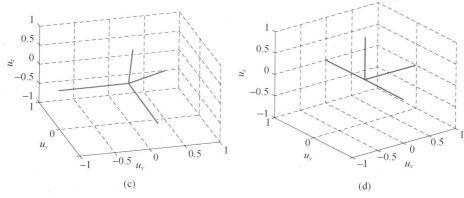

图 7 – 32　三维情况不同发动机个数对发动机配置可行性的影响

由 7.2.2 节分析可知,为保证控制指令分配问题有可行解,对于 m 维任务,其可行发动机配置的发动机个数至少应为 $m+1$ 个。Crowford[5] 给出了关于任务维数与发动机个数及冗余度的经典结论如下。

定理 7.8[5]　一个冗余度为 R 的 m 维任务,所需的发动机个数 n 为

$$n \geqslant m+1+2R$$

当上式取等号时,就称为最小冗余发动机配置。

由定理 7.8 可知,对于冗余度为 R 的 m 维任务,其可行发动机配置的发动机个数至少应为 $m+1+2R$ 个。当冗余度 $R=0$ 时,发动机配置的最少发动机个数就为 $m+1$ 个,本文称为相对于 m 维任务的最小发动机配置。

发动机个数越多则系统的冗余度可能越高,节省推进剂消耗的机率也就越高。但过多的发动机也会给系统造成负担,且使得发动机配置和指令分配算法变得复杂,应根据任务要求适当选取。

2.姿轨控独立配置设计

姿轨控独立配置设计是指成对对称安装发动机,使得每组发动机开机只在一个控制量方向上产生作用,而其他控制量方向上的作用恰好被抵消。

姿轨控独立的配置设计方法相对简单,其流程如图 7 – 33 所示。

图 7 – 33　姿轨控独立的配置设计方法流程

1）定位

定位是指确定大体的安装位置。工程中敏感器、载荷、太阳帆板等的安装以及运载包络等条件,都会对发动机的安装位置造成约束。实际中,发动机可用的安装包络是有限的,故可根据可用安装包络,以及控制任务需求,先确定发动机大体的安装区域。如对交会对接任务需对相对位置和相对姿态进行高精度控制,姿态控制发动机一般可选择头部或尾部,通过与质心的力臂产生需要的控制力矩,而位置控制发动机则可选在质心截面附近,或通过头尾组合配平来产生纯控制力,减少干扰力矩的产生。

2）选型

选型是指选择发动机的规格,主要关注额定推力大小以及最小开机时间等参数。一般来说,会有几种已有规格的发动机候选。这时,需要根据姿态和轨道控制对速度增量的要求以及对控制精度的要求,结合航天器自身的质量特性及大体的安装位置,来选择采用哪种或哪几种规格的发动机。

3）配平

配平是指给姿态和位置的每个控制量的正负双方向分别安装一组发动机,通过调整安装位置、倾角或开机时间比等方式,使该组发动机只在该方向上有作用量。例如,对交会对接位置控制来说,在质心附近安装了相应的发动机(图 7 – 34F_1),但由于跟质心仍有一段距离,则进行位置控制时会产生干扰力矩,这时可在更远处(如尾部)安装一小规格的发动机(如图 7 – 34F_2),使其通过较长的力臂产生同样的力矩与位置控制发动机的干扰力矩相抵消,同时控制力不会抵消太多。

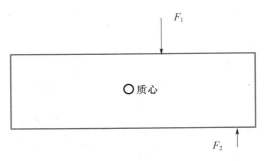

图 7 – 34　配平原理示意图

4）备份

备份即是增强发动机配置的冗余度。对姿轨控独立的配置设计来说冗余设计较为简单，只需在每个已有发动机旁边安装一台完全一样的发动机即可将冗余度增加一级。对于交会对接六维位置姿态控制任务来说，考虑正负双向则有 12 个控制量方向，每个控制量方向若想完全解耦则至少有 2 台发动机，共 24 台，若希望其冗余度为 1，则发动机增至 48 台。

5）分析

这里的分析主要是指发动机配置的干扰力/力矩分析。在完成初步配置后，需根据质心变化范围、惯量积、安装偏差、推力偏差、羽流干扰等，分析发动机开机后，对其他控制量方向可能造成的干扰量级，检验各方向的控制能力是否可以抵消干扰并留有足够的控制裕量。若出现控制能力不足的情况，则需返回前面的步骤，重新设计，直到各控制量方向的控制能力皆能满足要求为止。

从设计过程可以看出，对于交会对接这类六自由度控制任务来说，这种姿轨控独立的发动机配置设计会使得发动机的数量较多，并且通过抵消干扰来获得单一方向的控制量也会使得发动机的使用效率不高。

发动机安装约束使得大部分发动机的推力矢量不过质心，意味着其产生控制力的同时，必然产生某方向上的干扰力矩。故姿轨控联合的配置设计将有助于发动机使用效率的提高。

3. 姿轨控联合配置设计

姿轨控联合的配置设计无需发动机对称安装，发动机开机时可对若干个控制量方向同时产生要求的作用量。

关于满足控制能力要求的发动机配置设计问题，实际上就是如何构造满足可行性要求的发动机配置矩阵的问题，简称可行发动机配置设计，分为无约束可行发动机配置阵的构造和约束可行发动机配置阵的构造两种情况。

无约束可行发动机配置阵的构造就是选择合适的发动机安装位置和倾角，以保证该发动机配置阵能生成空间任意方向的指令；而约束可行发动机配置阵的构造则要综合考虑发动机的安装位置、倾角和额定推力大小，以保证发动机配置的控制能力范围在幅值上足够大。本节将主要讨论无约束可行发动机配置的设计问题，即关注发动机的指向及安装位置的合理设计。在无特殊说明的情况下,本节的"可行"均指"无约束可行"。

由于航天任务主要是三维任务(轨道控制或姿态控制)和六维任务(轨道和姿态同时控制),故本节分别介绍三维和六维可行发动机配置的设计方法。

1)三维发动机配置设计

图7-32说明不是所有的4发动机配置都能满足三维任务对指令在方向完备性上的要求。那么如何合理地配置4台发动机,才能使其发动机配置阵满足要求呢?本节将给出一种矩阵构造方法,使得构造出的发动机配置阵的控制能力能满足方向完备性要求。

(1)三维可行发动机配置阵的构造。

三维可行发动机配置的设计实质上就是构造一个 $3 \times n$ 的发动机配置矩阵,使其满足7.4.2节判定发动机配置阵无约束可行的定理。

定理7.9 设 $P \in R^{m \times m}$ 为满秩非负矩阵($p_{ij} \geq 0$),其逆阵记为 $A_1 = P^{-1}$。若 $A_2 \in R^{m \times (n-m)}$($n > m$)为可负矩阵,则发动机配置阵 $A = [A_1 \mid A_2]$ 为无约束可行发动机配置阵。

证明: 由已知得 A_1 为 $m \times m$ 维满秩方阵,P 为满秩非负矩阵。

将 A 阵左乘满秩阵 P,可得

$$A_p = [I_m \mid PA_2]$$

$\because P$ 为满秩非负矩阵且 A_2 为可负矩阵,由引理7.3可知 PA_2 也为可负矩阵。

$\therefore$ 根据定理7.3可知 A_p 无约束可行。

$\therefore$ 由定理7.2可知 $A = [A_1 \mid A_2]$ 无约束可行。

根据定理7.11很容易得到一般三维可行发动机配置阵的构造步骤如下:

① 确定发动机个数 n;

② 给出一个三维满秩非负方阵 P_{3d};

③ 求逆得到 $A_{3d1} = P_{3d}^{-1}$;

④ 给出一个可负矩阵 $A_{3d2} \in R^{3 \times (n-3)}$;

⑤ 由 $A_{3d} = [A_{3d1} \mid A_{3d2}]$ 得到三维无约束可行发动机配置阵 A_{3d}。

其中可负矩阵 A_{3d2} 可参考引理7.1~7.4来构造,如保证其中有一列元素全为负。

算例: 为设计一个含4台发动机的三维可行发动机配置阵,即 $m=3,n=4$。

可首先随机生成一个三维满秩非负方阵 $\boldsymbol{P}_{3d}$ 如下,并求其逆得到 $\boldsymbol{A}_{3d1}$ 阵:

$$\boldsymbol{P}_{3d} = \begin{bmatrix} 1.2919 & 0.8436 & 0.5465 \\ 0.0729 & 0.4978 & 0.8468 \\ 0.3306 & 1.4885 & 0.2463 \end{bmatrix}, \boldsymbol{A}_{3d1} = \boldsymbol{P}_{3d}^{-1} = \begin{bmatrix} 0.8892 & -0.4733 & -0.3457 \\ -0.2047 & -0.1075 & 0.8238 \\ 0.0483 & 1.2849 & -0.4545 \end{bmatrix}$$

随机生成一个 3×1 维 $\boldsymbol{A}_{3d2}$ 矩阵,并保证其中一列元素均为负值,如取 $\boldsymbol{A}_{3d2} = [-0.6630 \quad -0.8542 \quad -1.2013]^{\mathrm{T}}$。于是可以得到 3×4 维发动机配置阵:

$$\boldsymbol{A}_{3d} = [\boldsymbol{A}_{3d1} \quad \boldsymbol{A}_{3d2}] = \begin{bmatrix} 0.8892 & -0.4733 & -0.3457 & -0.6630 \\ -0.2047 & -0.1075 & 0.8238 & -0.8542 \\ 0.0483 & 1.2849 & -0.4545 & -1.2013 \end{bmatrix}$$

以其每个列向量作为一个三维指令矢量,画出它在三维指令空间的矢量分布如图 7 - 35 所示。可以看出该 4 台发动机配置确实能实现三维空间中任意方法的控制指令。同时也可按无约束可行的判定定理验证 $\boldsymbol{A}_{3d}$ 阵必为无约束可行发动机配置阵,从而说明了上述构造三维可行发动机配置阵步骤的正确性。由该发动机配置阵可进一步确定出实现该三维任务的 4 台发动机的合理安装位置和倾角。

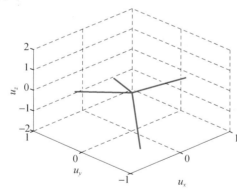

图 7 - 35 算例的三维发动机配置空间矢量分布图

(2) 特殊情况下的约束可行配置阵设计。

推论 7.1 对于发动机配置阵 $\boldsymbol{A}_{3d} = [\boldsymbol{A}_{3d1} \quad \boldsymbol{A}_{3d2}]$,$\boldsymbol{A}_{3d} \in \boldsymbol{R}^{3 \times n}$。若满足 $\boldsymbol{A}_{3d1} \in \boldsymbol{R}^{3 \times 3}$ 为满秩对角正矩阵(所有元素为正),且 $\boldsymbol{A}_{3d2} \in \boldsymbol{R}^{3 \times (n-3)}$ 为可负矩阵,则发动机配置阵 $\boldsymbol{A}_{3d}$ 为无约束可行发动机配置。

证明:取 $\boldsymbol{P}_{3d} \in \boldsymbol{R}^{3 \times 3}$ 为满秩对角正矩阵,由定理 7.9 可知推论 7.1 成立。

对于这种特殊形式的发动机配置阵，当 $n=4$，即取最小发动机配置时，可根据 7.4.2 节相关理论构造出约束可行的发动机配置阵。

引理 7.7 设最小发动机配置阵为

$$A_m = \begin{bmatrix} a_{m1} & 0 & 0 & -k_{m1} \\ 0 & a_{m2} & 0 & -k_{m2} \\ 0 & 0 & a_{m3} & -k_{m3} \end{bmatrix}$$

其中，$a_{mi}>0, k_{mi}>0, i=1,2,3$。其列向量代表的 4 个推力矢量分别记为 J_{m1}、J_{m2}、J_{m3} 和 J_{m4}，对应发动机依次编号为 1~4。则该发动机配置阵对应的最优发动机组合表为从 4 个发动机中任取 3 个的所有组合，即（1 2 3）、（1 2 4）、（1 3 4）、（2 3 4）。

证明： 由推论 7.1 知 A_m 无约束可行，故 A_m 的秩为 3，于是列向量 J_{m4} 可用 J_{m1}、J_{m2} 和 J_{m3} 表示如下：

$$J_{m4} = -\frac{k_{m1}}{a_{m1}}J_{m1} - \frac{k_{m2}}{a_{m2}}J_{m2} - \frac{k_{m3}}{a_{m3}}J_{m3} \tag{7-22}$$

根据最优组合表性质可知，三维任务的每个最优发动机组合必需包含 3 个发动机，于是用反证法证明如下。

假设最优发动机组合表不包含全部 4 个 3 发动机组合，不妨假设其不包含组合（1 2 3）。于是，在三维指令空间中 $\exists u_m = p_{m1}J_{m1} + p_{m2}J_{m2} + p_{m3}J_{m3}$，其中 $p_{mi}>0, i=1,2,3$。根据式（7-22）可将该指令 u_m 分别用其他几个 3 发动机组合表示如下：

$$u_m = \left(p_{m1} - \frac{p_{m3}a_{m3}k_{m1}}{a_{m1}k_{m3}}\right)J_{m1} + \left(p_{m2} - \frac{p_{m3}a_{m3}k_{m2}}{a_{m2}k_{m3}}\right)J_{m2} - \frac{p_{m3}a_{m3}}{k_{m3}}J_{m4}$$

$$u_m = \left(p_{m1} - \frac{p_{m2}a_{m2}k_{m1}}{a_{m1}k_{m2}}\right)J_{m1} + \left(p_{m3} - \frac{p_{m2}a_{m2}k_{m3}}{a_{m3}k_{m2}}\right)J_{m3} - \frac{p_{m2}a_{m2}}{k_{m2}}J_{m4}$$

$$u_m = \left(p_{m2} - \frac{p_{m1}a_{m1}k_{m2}}{a_{m2}k_{m1}}\right)J_{m2} + \left(p_{m3} - \frac{p_{m1}a_{m1}k_{m3}}{a_{m3}k_{m1}}\right)J_{m3} - \frac{p_{m1}a_{m1}}{k_{m1}}J_{m4}$$

由于 $a_{mi}>0, k_{mi}>0, p_{mi}>0 (i=1,2,3)$，由以上三式可明显看出采用除组合（1 2 3）之外的其他组合来合成 u_m 时，J_{m4} 发动机对应的工作时间必为负值。

∴ 若最优发动机组合表不包含组合（1 2 3），则该 u_m 无法实现，这与已知条件中的发动机配置无约束可行矛盾。

∴ 假设不成立,即最优发动机组合表中必包含组合(1 2 3)。

同理可证最优发动机组合表中必包含组合(1 2 4)、(1 3 4)、(2 3 4)。

∴ 原命题成立。

定理 7.10 令 $t_m > 0 (t_m \in \boldsymbol{R})$ 为发动机的工作时间上限,则有

$$\boldsymbol{A}_m = \begin{bmatrix} a_{m1} & 0 & 0 & -k_{m1} \\ 0 & a_{m2} & 0 & -k_{m2} \\ 0 & 0 & a_{m3} & -k_{m3} \end{bmatrix}$$

其中,$a_{mi} > 0, k_{mi} > 0 \ (i = 1, 2, 3)$ 的无约束可行发动机配置阵,其最小上界指令幅值为

$$\| \boldsymbol{u}_{ub} \|_{\min} = t_m \min_{\substack{i,j=1 \\ j \neq i}}^{3} \left\{ a_{mi}, k_{mi}, \frac{k_{mi} a_{mj}}{\sqrt{k_{mi}^2 + k_{mj}^2}} \right\} \tag{7-23}$$

证明: 由引理 7.4 知该发动机配置阵的所有发动机组合为(1 2 3)、(1 2 4)、(1 3 4)和(2 3 4)。下面对于每个组合按 7.4.2 节的方法计算其最小上界指令。

组合(1 2 3):

其子发动机配置阵及逆阵分别为

$$\boldsymbol{A}_{123} = \begin{bmatrix} a_{m1} & 0 & 0 \\ 0 & a_{m2} & 0 \\ 0 & 0 & a_{m3} \end{bmatrix} \qquad \boldsymbol{A}_{123}^{-1} = \begin{bmatrix} 1/a_{m1} & 0 & 0 \\ 0 & 1/a_{m2} & 0 \\ 0 & 0 & 1/a_{m3} \end{bmatrix}$$

由式(7-19)可求得该子区域的最小上界指令 $\boldsymbol{u}_{1ub} = t_m \begin{bmatrix} a_{m1} \\ 0 \\ 0 \end{bmatrix}$ 或 $t_m \begin{bmatrix} 0 \\ a_{m2} \\ 0 \end{bmatrix}$ 或

$t_m \begin{bmatrix} 0 \\ 0 \\ a_{m3} \end{bmatrix}$

显然 $\boldsymbol{t}_{1c} = \boldsymbol{A}_{123}^{-1} \boldsymbol{u}_{1ub} > 0$,故可知该子区域的最小上界指令模值为

$$\| \boldsymbol{u}_{1ub} \|_{\min} = t_m \min_{i=1}^{3} \{ a_{mi} \} \tag{7-24}$$

组合(1 2 4):

其子发动机配置阵及逆阵分别为

$$\boldsymbol{A}_{124} = \begin{bmatrix} a_{m1} & 0 & -k_{m1} \\ 0 & a_{m2} & -k_{m2} \\ 0 & 0 & -k_{m3} \end{bmatrix} \qquad \boldsymbol{A}_{124}^{-1} = \begin{bmatrix} 1/a_{m1} & 0 & -k_{m1}/k_{m3}a_{m1} \\ 0 & 1/a_{m2} & -k_{m2}/k_{m3}a_{m2} \\ 0 & 0 & -1/k_{m3} \end{bmatrix}$$

同理由式（7－19）可求得该子区域的最小上界指令

$$\boldsymbol{u}_{2ub} = t_m \begin{bmatrix} 0 & 0 & -k_{m3} \end{bmatrix}^{\mathrm{T}} \text{ 或}$$

$$\boldsymbol{u}_{2ub} = t_m \begin{bmatrix} k_{m3}^2 a_{m1}/(k_{m1}^2 + k_{m3}^2) & 0 & -k_{m1}k_{m3}a_{m1}/(k_{m1}^2 + k_{m3}^2) \end{bmatrix}^{\mathrm{T}} \text{ 或}$$

$$\boldsymbol{u}_{2ub} = t_m \begin{bmatrix} 0 & k_{m3}^2 a_{m2}/(k_{m2}^2 + k_{m3}^2) & -k_{m2}k_{m3}a_{m2}/(k_{m2}^2 + k_{m3}^2) \end{bmatrix}^{\mathrm{T}}$$

显然有 $\boldsymbol{t}_{2c} = \boldsymbol{A}_{124}^{-1} \boldsymbol{u}_{2ub} > 0$，故可知该子区域的最小上界指令模值为

$$\| \boldsymbol{u}_{2ub} \|_{\min} = t_m \min \left\{ \frac{k_{m3}a_{m1}}{\sqrt{k_{m1}^2 + k_{m3}^2}}, \frac{k_{m3}a_{m2}}{\sqrt{k_{m2}^2 + k_{m3}^2}}, k_{m3} \right\} \qquad (7-25)$$

组合（1　3　4）：

同理可得该子区域的最小上界指令模值为

$$\| \boldsymbol{u}_{3ub} \|_{\min} = t_m \min \left\{ \frac{k_{m2}a_{m1}}{\sqrt{k_{m1}^2 + k_{m2}^2}}, \frac{k_{m2}a_{m3}}{\sqrt{k_{m2}^2 + k_{m3}^2}}, k_{m2} \right\} \qquad (7-26)$$

组合（2　3　4）：

同理可得该子区域的最小上界指令模值为

$$\| \boldsymbol{u}_{4ub} \|_{\min} = t_m \min \left\{ \frac{k_{m1}a_{m2}}{\sqrt{k_{m1}^2 + k_{m2}^2}}, \frac{k_{m1}a_{m3}}{\sqrt{k_{m1}^2 + k_{m3}^2}}, k_{m1} \right\} \qquad (7-27)$$

综合式（7－24）～式（7－27），由定理7.5可知式（7－23）成立。

定理7.10 在一个特殊的无约束可行发动机配置的基础上，给出了用其矩阵元素表示的该发动机配置阵的最小上界指令。当控制律所能给出的最大控制指令幅值已知时，即可通过适当设计矩阵元素值的大小来获得约束可行的发动机配置阵，使得发动机配置阵的控制能力能在满足了方向完备性要求的同时也能满足控制指令对幅值大小的要求。

算例：假设已知 $t_m = 1\mathrm{s}$，三轴轨道控制律给出的控制指令幅值都在 $100\mathrm{N} \cdot \mathrm{m}$ 以内，则由定理7.10可知，需 $a_{mi} \geqslant 100\mathrm{N} \cdot \mathrm{m}, k_{mi} \geqslant 100\mathrm{N} \cdot \mathrm{m}, i = 1,2,3$。不妨令 $k_{mi} = 100\mathrm{N} \cdot \mathrm{m}$，则有 $\dfrac{k_{mi}a_{mj}}{\sqrt{k_{mi}^2 + k_{mj}^2}} = \dfrac{a_{mj}}{\sqrt{2}}$。于是有 $a_{mi} \geqslant 100\sqrt{2}\mathrm{N} \cdot \mathrm{m}$。取满足不等式条件的矩阵即可得到相对该任务的约束可行发动机配置阵。如取 $a_{mi} = 150\mathrm{N} \cdot \mathrm{m}$，

$k_{mi} = 100\text{N} \cdot \text{m}$,得到

$$\boldsymbol{A}_m = \begin{bmatrix} 150 & 0 & 0 & -100 \\ 0 & 150 & 0 & -100 \\ 0 & 0 & 150 & -100 \end{bmatrix}$$

可按 7.1.2 节算法计算得到该发动机配置阵的最小上界指令幅值为 $\| \boldsymbol{u}_{ub} \|_{\min} = 100\text{N} \cdot \text{m}$,而已知控制指令幅值都在 100N · m 以内,故由定理 7.5 可知该发动机配置约束可行,它不但满足了任务对控制能力方向完备性的要求,也满足了任务对发动机配置所能生成的指令在幅值大小的要求。

2)六维发动机配置设计

六维可行发动机配置设计的目的是,在轨道和姿态控制的六维指令空间中设计出由 n 个发动机构成的可行发动机配置,使其能生成六维空间中任意方向的指令,包括任意方向的纯推力和力偶。

(1)六维可行发动机配置阵的构造。

定理 7.9 已经给出了构造任意 $m \times n$ 维无约束可行发动机配置阵的一般性方法,同理很容易构造出 $6 \times n$ 维的可行发动机配置阵。但六维可行发动机配置阵的构造与三维的情况有一个重要的不同:六维可行发动机配置阵必须考虑力与力矩的正交性约束条件[56]。即若将六维可行发动机配置阵写为如下形式

$$\boldsymbol{A}_{6d} = \begin{bmatrix} \boldsymbol{F}_1 & \boldsymbol{F}_2 & \cdots & \boldsymbol{F}_n \\ \boldsymbol{T}_1 & \boldsymbol{T}_2 & \cdots & \boldsymbol{T}_n \end{bmatrix}$$

由 7.2.1 节可知 $\boldsymbol{T} \perp \boldsymbol{F}$,即 $\boldsymbol{F} \cdot \boldsymbol{T} = 0$,由此得到力与力矩的正交性约束条件式为

$$\boldsymbol{F}_j^{\text{T}} \boldsymbol{T}_j = 0 \quad (j = 1,\ 2,\ \cdots,\ n) \tag{7 - 28}$$

式中:$\boldsymbol{F}_j \in \boldsymbol{R}^{3 \times 1}$,$\boldsymbol{T}_i \in \boldsymbol{R}^{3 \times 1}$ 分别为每个发动机的推力矢量和力矩矢量。然而依据定理 7.9 构造出的六维可行发动机配置阵并不能保证满足该约束条件,即发动机配置阵的每一列所代表的发动机是不能物理实现的。故需对配置阵进一步调整,使其能满足式(7 - 28)的约束条件。

由定理 7.2 知,在 $\boldsymbol{A}_{6d}$ 可行的基础上,若 $\boldsymbol{Q}_{6d} \in \boldsymbol{R}^{6 \times 6}$ 为一满秩方阵,则 $\boldsymbol{Q}_{6d} \boldsymbol{A}_{6d}$ 亦可行。于是我们的思路是从可行但不满足正交条件的发动机配置阵 $\boldsymbol{A}$ 出发,求解一个满秩方阵 $\boldsymbol{Q}_{6d}$,使得 $\boldsymbol{Q}_{6d} \boldsymbol{A}_{6d}$ 满足正交条件,则 $\boldsymbol{Q}_{6d} \boldsymbol{A}_{6d}$ 即为所求的六维可行发动机配置阵。

设 $\boldsymbol{Q}_{6d} = \begin{bmatrix} \boldsymbol{q}_1 \\ \vdots \\ \boldsymbol{q}_6 \end{bmatrix}$,可行发动机配置阵 $\boldsymbol{A}_{6d} = [\, \boldsymbol{a}_1 \quad \cdots \quad \boldsymbol{a}_n \,]$ 。其中,$\boldsymbol{q}_i \in \boldsymbol{R}^{1 \times 6}$

$(i = 1, \cdots, 6)$ 为 $\boldsymbol{Q}_{6d}$ 阵的行向量;$\boldsymbol{a}_j \in \boldsymbol{R}^{6 \times 1}(j = 1, \cdots, n)$ 为 $\boldsymbol{A}_{6d}$ 阵的列向量。则有

$$
\boldsymbol{A}_f = \boldsymbol{Q}_{6d}\boldsymbol{A}_{6d} = \begin{bmatrix} q_1 \cdot a_1 & q_1 \cdot a_2 & \cdots & q_1 \cdot a_n \\ q_2 \cdot a_1 & q_2 \cdot a_2 & \cdots & q_2 \cdot a_n \\ \vdots & \vdots & \ddots & \vdots \\ q_6 \cdot a_1 & q_6 \cdot a_2 & \cdots & q_6 \cdot a_n \end{bmatrix}
$$

根据力与力矩的正交性约束条件式(7 - 28)得到方程组

$$
\begin{cases} (q_1 \cdot a_1)(q_4 \cdot a_1) + (q_2 \cdot a_1)(q_5 \cdot a_1) + (q_3 \cdot a_1)(q_6 \cdot a_1) = 0 \\ (q_1 \cdot a_2)(q_4 \cdot a_2) + (q_2 \cdot a_2)(q_5 \cdot a_2) + (q_3 \cdot a_2)(q_6 \cdot a_2) = 0 \\ \vdots \\ (q_1 \cdot a_n)(q_4 \cdot a_n) + (q_2 \cdot a_n)(q_5 \cdot a_n) + (q_3 \cdot a_n)(q_6 \cdot a_n) = 0 \end{cases}
$$

$$(7 - 29)$$

该方程组共有 n 个方程,未知数为 $\boldsymbol{Q}_{6d}$ 矩阵中的 36 个元素。一般来说,当发动机总个数少于 36 个时,该方程组总有无穷多组解,只要取其中任意一组满秩解即可求得一个满足正交条件的六维可行发动机配置阵 $\boldsymbol{A}_f$ 。而当发动机个数多于 36 个时,可将原可行发动机配置阵中的一部分元素,例如定理 7.9 中的 $\boldsymbol{A}_2$ 也设为未知量重新调整,从而保持方程组的多解性。

根据上述思想,可将满足正交条件的六维可行发动机配置阵的构造步骤总结如下:

① 确定发动机个数 n ;

② 构造一个六维满秩非负方阵 $\boldsymbol{P}_{6d}$;

③ 求其逆得到 $\boldsymbol{A}_{6d1} = \boldsymbol{P}_{6d}^{-1}$;

④ 构造一个可负矩阵 $\boldsymbol{A}_{6d2} \in \boldsymbol{R}^{6 \times (n-6)}$;

⑤ 由 $\boldsymbol{A}_{6d} = [\, \boldsymbol{A}_{6d1} \quad \boldsymbol{A}_{6d2} \,]$ 得到六维无约束可行发动机配置阵 $\boldsymbol{A}_{6d}$;

⑥ 根据 $\boldsymbol{A}_{6d}$ 中元素的值求解方程组(7 - 29);

⑦ 取一组满秩解得到六维满秩方阵 $\boldsymbol{Q}_{6d}$;

由 $\boldsymbol{Q}_{6d}\boldsymbol{A}_{6d}$ 得到满足正交条件式(7 - 28)的六维可行发动机配置阵 $\boldsymbol{A}_f$ 。

得到六维可行发动机配置阵后,由 $\boldsymbol{F}_i$ 可得到每个发动机的安装倾角信息,由 $\boldsymbol{F}_i$ 和 $\boldsymbol{T}_i$ 可得到每个发动机的安装位置信息,一般是多解,可根据工程约束确定较为合适的位置。

（2）算例。

假设一个六维任务的发动机配置包含 8 台发动机。根据上述的步骤,首先构造一个满秩非负方阵 $\boldsymbol{P}_{6d}$,并由 $\boldsymbol{P}_{6d}^{-1}$ 得到 $\boldsymbol{A}_{6d1}$ 阵如下:

$$\boldsymbol{P}_{6d} = \begin{bmatrix} 1 & 0 & 0 & 0.4 & 0 & 0 \\ 0 & 1 & 0 & 0 & 0.4 & 0 \\ 0 & 0 & 1 & 0 & 0 & 0.4 \\ 0 & 0 & 0 & 0.2 & 0 & 0 \\ 0 & 0 & 0 & 0 & 0.2 & 0 \\ 0 & 0 & 0 & 0 & 0 & 0.2 \end{bmatrix}, \boldsymbol{A}_{6d1} = \boldsymbol{P}_{6d}^{-1} = \begin{bmatrix} 1 & 0 & 0 & -2 & 0 & 0 \\ 0 & 1 & 0 & 0 & -2 & 0 \\ 0 & 0 & 1 & 0 & 0 & -2 \\ 0 & 0 & 0 & 5 & 0 & 0 \\ 0 & 0 & 0 & 0 & 5 & 0 \\ 0 & 0 & 0 & 0 & 0 & 5 \end{bmatrix}$$

构造一个 6×2 维可负矩阵

$$\boldsymbol{A}_{6d2} = \begin{bmatrix} -1 & -1 & -1 & -1 & -1 & -1 \\ -0.4326 & -1.6656 & 0.1253 & 0.2877 & -1.1465 & 1.1909 \end{bmatrix}^{\mathrm{T}}$$

其中,第一列全为负保证了 $\boldsymbol{A}_{6d2}$ 的可负性,第二列是一组随机生成值。

于是得到 6×8 维发动机配置阵 $\boldsymbol{A}_{6d} = [\boldsymbol{A}_{6d1} \mid \boldsymbol{A}_{6d2}]$,由定理 7.2 保证其可行性。

由 $\boldsymbol{A}_{6d}$ 阵元素根据方程组（7 - 29）解得一组可能的满秩解构成满秩阵

$$\boldsymbol{Q}_{6d} = \begin{bmatrix} 1 & 0 & 0 & 0 & 0 & 0 \\ 0 & 1 & 0 & 0 & 0 & 0 \\ 0 & 0 & 1 & 0 & 0 & 0 \\ 0 & 0 & 0 & 0 & -0.2816 & -0.2489 \\ 0 & 0 & 0 & 0.8948 & 0 & -0.2173 \\ 0 & 0 & 0 & -0.0668 & -0.0802 & 0 \end{bmatrix}$$

于是构造出最终的六维可行发动机配置阵

$$\boldsymbol{A}_f = \boldsymbol{Q}_{6d}\boldsymbol{A}_{6d} = \begin{bmatrix} 1 & 0 & 0 & -2 & 0 & 0 & -1 & 1.1892 \\ 0 & 1 & 0 & 0 & -2 & 0 & -1 & -0.0376 \\ 0 & 0 & 1 & 0 & 0 & -2 & -1 & 0.3273 \\ 0 & 0 & 0 & 0 & -2.0722 & -0.5218 & 0.5188 & 0.0016 \\ 0 & 0 & 0 & 4.3986 & 0 & -0.6023 & -0.7593 & 0.0662 \\ 0 & 0 & 0 & -0.5984 & -0.6039 & 0 & 0.2405 & 0.0016 \end{bmatrix}$$

$$= \begin{bmatrix} \boldsymbol{F}_1 & \cdots & \boldsymbol{F}_8 \\ \boldsymbol{M}_1 & \cdots & \boldsymbol{M}_8 \end{bmatrix}$$

定理 7.2 保证了 $\boldsymbol{A}_f$ 的可行性,并且可以验证 $\boldsymbol{A}_f$ 确实满足正交条件式(7 – 28)。进而可根据 $\boldsymbol{F}_i$ 和 $\boldsymbol{T}_i$ 得到每个发动机的安装位置和倾角信息,这里不再详述。

4.配置的优化设计

发动机配置设计是从设计到分析到再优化设计的不断循环过程中最终确定与任务最匹配的发动机配置。本节将介绍以性能指标为优化目标的发动机配置的优化设计方法。由于性能指标能在一定程度上反映出发动机配置在相应方面的性能,故若以其为优化目标函数,并将发动机配置参数化,建立起配置参数与性能指标间的关系,则可能通过寻优求解优化发动机配置的设计参数。

基于性能指标的发动机配置优化设计过程的一般思路如下:

(1)依据原始发动机配置阵的任务仿真结果,进行发动机配置性能分析,分析问题所在。

(2)依据相关性能指标,确定改进发动机配置性能的途径,将发动机配置合理参数化。

(3)以性能指标为优化目标,建立配置参数与性能指标间的数学关系,对发动机配置参数进行寻优求解。

(4)对新的发动机配置阵再次根据原任务要求进行仿真,验证优化设计的有效性。

1)问题描述及求解

根据上述思路,在对发动机配置合理参数化后,可以将基于性能指标的发动机配置优化设计问题描述如下。

$$\begin{cases} \max f_p(\boldsymbol{A}_c) \\ \boldsymbol{A}_c = \boldsymbol{A}_c(\xi_1, \cdots, \xi_i) \\ \xi \in [\xi_m, \xi_M] \end{cases} \quad (7-30)$$

式中:f_p 为性能指标,它的值与发动机的配置阵 $\boldsymbol{A}_c$ 有关。$\boldsymbol{A}_c(\xi_1, \cdots, \xi_i)$ 为将发动机配置参数化后得到的含参数的发动机配置阵,其中 $\xi = \begin{bmatrix} \xi_1 & \cdots & \xi_i \end{bmatrix}$($i$ 为参数个数)是与发动机配置有关的可变设计参数,如发动机的安装相位角、倾角等,是待求解变量。ξ_m 和ξ_M 分别为各参数的上界和下界。当希望性能指标取值尽量小时,目标函数应取为 $\max(-f_p)$。

式(7-30)描述的优化设计问题为非线性规划问题,可通过数值仿真来求出近似最优解。已有的成熟算法有序列二次规划法等,详细算法流程可参考文献[72]。

2) 增强配置控制能力的优化设计与仿真

发动机配置控制域上界的最小值,即最小上界指令在一定程度上体现了发动机配置整体的控制能力大小。当进行发动机配置设计时,在有限的条件下,一般希望设计出的发动机配置的控制能力能尽可能地强。此时,以最小上界指令模值尽量大作为优化目标,即模型式(7-30)中的目标函数取 $\max \| \boldsymbol{u}_{kub} \|_{\min}$。$\boldsymbol{A}_c$ 与 $\| \boldsymbol{u}_{kub} \|_{\min}$ 之间复杂的函数关系如图 7-36 所示。

图 7-36　发动机配置阵的参数与最小上界指令幅值的函数关系

下面将通过仿真算例来给出以控制能力尽量大为目标的发动机配置的优化设计方法和过程。

(1) 初始条件。

以 7.3.2 节仿真中的发动机配置阵为例,将相同的发动机两两合并看做一个发动机,得到含 18 个发动机的配置阵 $\boldsymbol{A}_{6d}$。该发动机配置根据基于最优基的最优查表法进行发动机分组,得到的部分组合列表见表 7-4。

假设在根据任务进行的仿真中,发现某些方向的控制指令进行指令分配后得到的工作时间达到了发动机工作时间的上界,即在这些方向上出现了控制能力不足的现象,如指令 $\boldsymbol{u}_{6d} = \begin{bmatrix} 0 & 0 & 75.60 & 90 & -10.80 & 0 \end{bmatrix}^{T}$,它通过指令分配算法选择发动机组合$(\boldsymbol{J}_3 \boldsymbol{J}_9 \boldsymbol{J}_{10} \boldsymbol{J}_{14} \boldsymbol{J}_{15} \boldsymbol{J}_{16})$进行指令分配,得到工作时间对应为$\boldsymbol{t}_{6d} = \begin{bmatrix} 0.2880 & 0.1440 & 0.1440 & 0 & 0 & 1.5000 \end{bmatrix}^{T}$s。发动机 $\boldsymbol{J}_{16}$的工作时长超过了 1s 的工作时间上限,可知发动机配置在 T_x 方向的控制能力不足。在不能改变发动机额定推力的情况下,可通过改变相关发动机的位置、倾角等参数,扩大其控制域范围,增强发动机配置的控制能力。

（2）发动机配置的参数化。

就本例来说，发动机配置在 T_x 方向的力矩主要由发动机 $J_{15} \sim J_{18}$ 来实现，其局部发动机配置示意图如图 7-37 所示。这几台发动机产生的 T_x 方向力矩的大小又与它们的安装位置和倾角有关，假设一个安装相位角参数 φ_1 和倾角参数 φ_2。

根据这两个参数，原发动机配置阵的第 15 列到第 18 列可参数化为

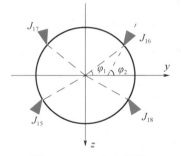

图 7-37　T_x 方向局部发动机配置示意图

$$A_{15\sim18} = \begin{bmatrix} 0 & 0 & 0 & 0 \\ 60\cos\varphi_2 & -60\cos\varphi_2 & 60\cos\varphi_2 & -60\cos\varphi_2 \\ -60\sin\varphi_2 & 60\sin\varphi_2 & 60\sin\varphi_2 & -60\sin\varphi_2 \\ 75\sin(\varphi_2-\varphi_1) & 75\sin(\varphi_2-\varphi_1) & -75\sin(\varphi_2-\varphi_1) & -75\sin(\varphi_2-\varphi_1) \\ -60\sin\varphi_2 & 60\sin\varphi_2 & 60\sin\varphi_2 & -60\sin\varphi_2 \\ -60\cos\varphi_2 & 60\cos\varphi_2 & -60\cos\varphi_2 & 60\cos\varphi_2 \end{bmatrix}$$

（3）优化设计与仿真结果分析。

将新的发动机配置阵，代入式（7-30）中寻优求解，得到最优解为

$$\varphi_1 = 90°, \varphi_2 = 0°$$

于是得到新的发动机配置阵及其对应的新的发动机组合表。这时再对同一指令 u_{6d} 进行指令分配，通过最优查表法选择发动机组合（$J_3\ J_6\ J_9\ J_{10}\ J_{17}\ J_{18}$），得到新的发动机工作时间对应为

$$t'_{6d} = [0.2394 \quad 0.7297 \quad 0.1197 \quad 0.1197 \quad 0.6000 \quad 0.6000]^T$$

不存在超界的工作时长，说明优化后的新发动机配置在该控制指令方向上的控制能力确实得到了提高。

优化前后的发动机配置阵对应的局部发动机配置图如图 7-38 所示。原发动机配置的最小上界指令模值 $\|u_{kub}\|_{\min}$ 和优化后的发动机配置的最小上界指令模值 $\|u_{kub}\|'_{\min}$ 分别为

$$\|u_{kub}\|_{\min} = 78.6893, \qquad \|u_{kub}\|'_{\min} = 94.4453$$

可见，对安装相位角和倾角进行优化后增大了发动机配置整体的最小上界指令模值，从而在一定区域内提升了发动机配置的控制能力。

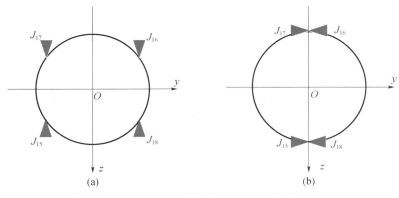

图 7 - 38　新旧局部发动机配置对比图

（a）原发动机配置图；（b）优化后的发动机配置图。

另外，从图 7 - 38 以及含参数的发动机配置阵可以看出，当满足 $\varphi_2 - \varphi_1 = 90°$ 时，发动机配置在 T_x 方向的作用量就能取得最大值，因为此时的力臂最长。故该算例的最优解并不唯一。图 7 - 39 显示了发动机配置的最小上界指令模值随这两个角度参数的改变而不断变化的情况。它同时也说明了仅进行安装位置和倾角的变化对控制能力影响的有限性。

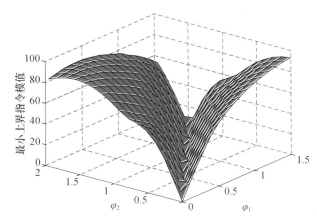

图 7 - 39　不同的 φ_1, φ_2 取值对应的最小上界指令模值变化图

3）增强发动机效率的优化设计与仿真

同理，对于 7.4.2 节提出的反映发动机配置推进剂消耗的性能指标——平均推进剂消耗，同样以其为目标函数，对发动机配置中的局部参数进行优化

设计,使得发动机配置推力/力矩的矢量分布能与控制指令的分布尽量接近,从而提高发动机的使用效率,节省推进剂消耗。此时,模型式(7-30)中的目标函数应取为 $\max(-I_f)$。$\boldsymbol{A}_c$ 与 I_f 之间复杂的函数关系如图 7-40 所示。

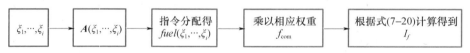

$$\xi_1,\cdots,\xi_i \longrightarrow A(\xi_1,\cdots,\xi_i) \longrightarrow \text{指令分配得} fuel(\xi_1,\cdots,\xi_i) \longrightarrow \text{乘以相应权重} f_{com} \longrightarrow \text{根据式(7-20)计算得到} I_f$$

图 7-40　发动机配置参数与平均推进剂消耗指标的函数关系

需要说明的是,指令分布情况描述的精准程度会影响设计的结果。鉴于航天任务的复杂性及在轨突发情况的可能性,地面多次仿真的统计结果可能仍无法反映在轨运行时控制指令的真实分布情况,但它仍能指示出欲改进推进剂消耗性能,发动机配置设计所应努力的方向。

下面通过一个具体的算例来说明增强发动机效率的优化设计方法。

（1）初始条件及分析。

我们沿用 7.3.2 节中的仿真初始条件,得到 22 台发动机在三维推力指令空间以及三维力矩指令空间的矢量分布如图 7-41 所示。用最优查表法对交会对接最后靠拢段进行多次仿真,得到在整个靠拢过程中控制力和力矩指令在空间的统计分布,大致如图 7-42 所示。

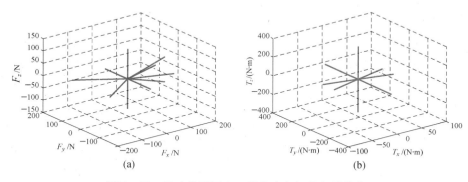

图 7-41　发动机配置在三维指令空间的矢量分布

(a)发动机配置的推力矢量分布；(b)发动机配置的力矩矢量分布。

观察图 7-42(a)容易看出,控制力指令在空间的分布有明显的倾向性,即在 $\{\boldsymbol{u}_F \mid u_{Fx} \leqslant 0,\ \text{且}\ u_{Fy} \geqslant 0,\ u_{Fz} \geqslant 0\}$ 这个象限内的控制力指令较多,尤其在某几个矢量方向上呈簇状聚集。另外,沿 y 轴负方向也有若干控制力指令分布,

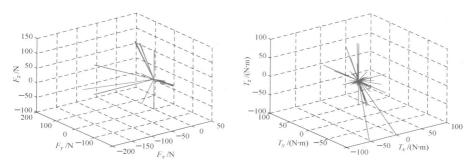

图 7 - 42 控制指令在三维指令空间的矢量分布

(a)控制力指令的空间分布;(b)控制力矩指令的空间分布。

而空间其他方向上控制力指令的分布很少。与之对应的图 7 - 41(a)的发动机配置推力矢量分布情况则是在 x 正方向的这半个空间中分布的推力矢量较多,与控制力指令的分布情况差距较大。控制力矩指令的分布(图 7 - 42(b))在空间各方向上的出现概率相对较均匀,与之对应的发动机配置的力矩矢量分布情况(图 7 - 41(b))也较均匀。综上所述,我们考虑改进发动机配置推力矢量的分布情况。

(2)指令分布权重函数的建立。

指令分布权重函数的建立很灵活,取决于变量的选取以及对精准程度的控制。比如本例中,我们可以根据统计数据中控制力指令各分量值的不同情况,将控制指令划分为几个区域,即如图 7 - 42(a)所示的几个控制力指令较集中的簇状区域。然后根据区域内指令的多少,按比例定出相应的权重。例如,指令分布权重函数如下:

$$f_{com}(F_x, F_y, F_z) = \begin{cases} 0.5185 & (-1 \leqslant F_x \leqslant 1, -1 \leqslant F_y \leqslant 1, 5 \leqslant F_z \leqslant 100) \\ 0.1728 & (0 \leqslant F_x \leqslant 1, 95 \leqslant F_y \leqslant 105, 95 \leqslant F_z \leqslant 105) \\ 0.1605 & (-150 \leqslant F_x \leqslant -145, -1 \leqslant F_y \leqslant 1, -1 \leqslant F_z \leqslant 1) \\ \vdots & \vdots \\ 0.0617 & (0 \leqslant F_x \leqslant 1, -100 \leqslant F_y \leqslant -55, 0 \leqslant F_z \leqslant 10) \\ 0.0247 & (-150 \leqslant F_x \leqslant -145, -1 \leqslant F_y \leqslant 1, 95 \leqslant F_z \leqslant 105) \\ 0.0123 & (-151 \leqslant F_x \leqslant -149, 60 \leqslant F_y \leqslant 65, -1 \leqslant F_z \leqslant 1) \end{cases}$$

其灵活性体现在每个权值所对应的控制力指令范围的大小。当控制指令分布情况数据可靠性较高时,可将范围缩小,以更精确接近数据的指令分布情况;当数据可靠性不够高,则可将范围扩大,以便得到一个大体的趋势,为参数设计做参考。

（3）发动机配置的参数化。

欲改变发动机配置推力矢量的分布情况,其发动机配置参数化的可选方案有很多,例如,改变某些发动机的倾角或位置;在所需象限内增加发动机等。为方便说明优化设计的一般思路,不妨选择在 $\{u_F \mid u_{Fx} \leq 0,$ 且 $u_{Fy} \geq 0, u_{Fz} \geq 0\}$ 象限内增加发动机。

假设欲增加的第 23 号发动机的额定推力与第 9 号和 10 号发动机相同,其安装位置为 $d_{23} = \begin{bmatrix} 3.375 & 0 & -1.25 \end{bmatrix}^{\mathrm{T}}$ (m)处,它与 x 轴正方向的夹角为 φ。为简单说明问题起见,仅设一个参变量 φ,将 23 号发动机的倾角变化限定在了 $x - z$ 平面内,图 7 - 43 给出了这几台发动机的配置图,于是可得其推力矢量与力矩矢量如下:

$$F_{23} = \begin{bmatrix} -180.3\cos\varphi & 0 & 180.3\sin\varphi \end{bmatrix}^{\mathrm{T}},$$

$$T_{23} = d_{23} \times F_{23} = \begin{bmatrix} 0 & 225.4\cos\varphi - 608.5\sin\varphi & 0 \end{bmatrix}^{\mathrm{T}}$$

将新增加的发动机的推力和力矩矢量其加入原 22 个发动机的配置阵中,即可得到新的由 23 个发动机构成的含参数 φ 的配置阵。

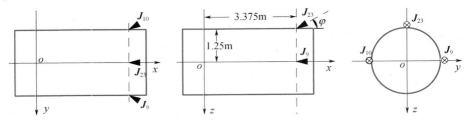

图 7 - 43　局部发动机配置图

（4）优化设计与仿真结果分析。

将含参数的发动机配置阵代入式(7 - 30),求解平均推进剂消耗指标最小时对应的 φ。考虑羽流污染和象限的限制,将 φ 的限定范围设为 $10° \sim 90°$。计算平均燃耗指标的过程采用最优查表法。参数取值情况为: $h = 400, K = 1000,$

$c_j = 1$ $(j = 1, \cdots, 23)$。得到优化结果为

$$I_{fmin} = 41.53 \qquad \varphi_{opt} = 90°$$

即新增加的发动机提供 $+z$ 方向推力时,平均推进剂消耗指标最小,推进剂消耗应该最省。这是可以理解的,因为从指令分布权重函数也可以看出,z 轴正方向分布的控制力指令较多,权重最大。

随着参数 φ 的变化可得到不同的发动机配置阵对应的平均推进剂消耗指标和靠拢过程的发动机总工作时间变化如图 7-44 所示。可以看出,平均推进剂消耗指标和总工作时间都随 φ 角的增大而逐渐减小。另外,平均推进剂消耗与总工作时间的变化基本同步,这也从另一个侧面验证了平均推进剂消耗指标对于指示不同发动机配置推进剂消耗差异的有效性。

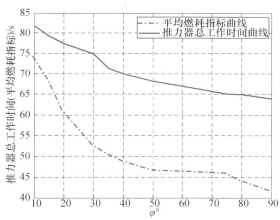

图 7-44　平均推进剂消耗指标和总工作时间随 φ 变化曲线

参考文献

[1] 林来兴. 空间交会对接技术[M]. 北京:国防工业出版社, 1995.
[2] 朱仁璋. 航天器交会对接技术[M]. 北京:国防工业出版社, 2007.
[3] 陈小前,袁建平,等. 航天器在轨服务技术[M]. 北京:中国宇航出版社, 2009.
[4] Elgersma M. etc. Space station attitude control using reaction control jets[C]. Tucson. A Z, USA: Proceedings of the 31st IEEE Conference on Decision and Control,1992.
[5] Bard S. Crawford. Configuration design and efficient operation of redundant multi-jet systems[C]. Princton,New Jersey:Proceedings of AIAA Guidance Control and Flight Mechanics

Conference，1969.

［6］Gerald A. Cook. Thruster select logic determination for attitude control of skylab by teleoperator retrieval system. AAS 79 - 003［C］.

［7］王敏，解永春，等. 交会对接发动机配置的比较研究［J］. 空间控制技术与应用，2012,38(3)：42 - 46.

［8］Chester A. Vaughan. Apollo reaction control systems［C］. Cleveland，Ohio：AIAA 4th Propulsion Joint Specialist Conference,1968.

［9］David B. Owen. Apollo Spacecraft Propulsion Systems Design Philosophies［C］. Anaheim，California：AIAA SPACE 2010 Conference & Exposition,2010.

［10］Nakano M M. Space Shuttle on - orbit flight control system. AIAA82 - 1576,1982.

［11］Blevins D R,Hohmann C W. Description of the space shuttle reaction control system［C］. Anaheim，California：AIAA/SAE 11th Propulsion Conference,1975.

［12］Carl Stechman R，Charity Lawson. Historical evolution of the space shuttle primary and vernier reaction control rocket engine designs［C］. Sacramento，California：42nd AIAA/ASME/SAE/ASEE Joint Propulsion Conference & Exhibit,2006.

［13］Silva N,Martel F,Delpy P. Automated transfer vehicle thrusters selection and management function. ESA：Proceedings of the 6th ESA International Conference on Spacecraft Guidance，Navigation and Control Systems，2006.

［14］Satoshi Ueda，Toru Kasai，Hirohiko Uematsu. HTV rendezvous technique and GN&C design evaluation based on 1st flight on - orbit operation result［C］. Toronto，Ontario Canada：AIAA/AAS Astrodynamics Specialist Conference，2010.

［15］Yosuke Tashiro，Shigeyasu Iihara,et al. The Development Results of Main Engine（HBT - 5）for HTV［C］. San Jose，CA：49th AIAA/ASME/SAE/ASEE Joint Propulsion Conference，2013.

［16］张艳丽. ATV、HTV 与 ISS 交会对接技术分析[J]. 载人航天，2010：1 - 8.

［17］Tanaka T. H - II transfer vehicle missions and capabilities［C］.50th International Astronautical Congress. Amsterdam,Netherlands,1999.

［18］Kawasaki. On - orbit demonstration and operations plan of the H - II transfer vehicle［C］. 51st International Astronautical Congress,Pio de Janeiro Brazil,2000.

［19］Takeshi Kamiya，Takafumi Matsuda，et al. HTV thermal control architecture and first flight results［C］. Barcelona，Spain：40th International Conference on Environmental Systems. AIAA 2010 - 6221.

［20］藏家亮. "神舟"号载人飞船推进分系统的研制[J]. 上海航天，2003，5：5 - 10.

［21］Elkman W. Trinh J，et al. EMI/EMC，lightning，radiation shielding verification approach for the Dragon COTS spacecraft：Part I［C］. IEEE International Symposium on Electromagnetic Compatibility（EMC），2011.

［22］ Dreyer, L. Latest developments on SpaceX′s Falcon 1 and Falcon 9 launch vehicles and Dragon spacecraft. Aerospace conference 2009 IEEE, 7 – 14 March, 2009.

［23］ 林波, 武云丽. 一类卫星推力器布局的多目标优化设计方法［J］. 空间控制技术与应用, 2010, 36（4）: 31 – 35.

［24］ Wigbert Fehse. Automated Rendezvous and Docking of Spacecraft［M］. New York: Cambridge University Press, 2003.

［25］ 陈玮. 交会对接姿轨控发动机指令分配及配置问题研究［D］. 北京: 中国空间技术研究院, 2007.

［26］ Surauer M, Bittner H, Fichter W, et al. Advanced attitude and orbit control concepts for 3 – axis – stabilized communication and application satellites［C］. Ottobrumm, Germany: IFAC Automatic Control in Aerospace, 1992.

［27］ Fabrega J, et al. ATV GNC during rendezvous［C］. ESA: Proceedings Third International Conference on Spacecraft Guidance, Navigation and Control Systems, 1996.

［28］ Gonnaud J L. ATV guidance, navigation and control for rendezvous with ISS［C］. ESA: Proceedings of the 4th ESA International Conference on Spacecraft Guidance, Navigation and Control Systems, 1999.

［29］ Frank Martel. Optimal simultaneous 6 axis command of a space vehicle with a precomputed thruster selection catalogue table［C］. ESA SP Proceedings of the 18th International Symposium on Space Flight Dynamics Munich, Germany, 2004.

［30］ 陈伟玉, 李立杰. 自动运输飞行器与国际空间站交会［J］. 飞行器测控学报, 2003, 22 (1): 91 – 94.

［31］ Schoeller M G, et al. Position control design and Validation applied to ATV during docking to ISS. ACA, 2004［C］.

［32］ Silva N, et al. Three Dof optimal thrusters selection and modulation for space vehicles［C］. IFAC Symposium on Automatic Control in Aerospace, 2004.

［33］ Ankersen F, et al. On optimization of spacecraft thruster management function［C］. Providence RIL, USA: AIAA Guidance, Navigation, and Control Conference and Exhibit, AIAA – 2004 – 5133.

［34］ G. Personne, etc. ATV GNC synthesis: overall design, operations and main performances. Proceedings of the 6th ESA International Conference on Spacecraft Guidance, Navigation and Control Systems, ESA SP – 606, 2006.

［35］ Marcel J. Sidi. Spacecraft dynamics and control［M］. England: Cambridge University Press, 1997.

［36］ Peter J. Wiktor. Minimum control authority plot: a tool for designing thruster systems［J］. Journal of Guidance, Control, and Dynamics, 1994, 17 (5): 998 – 1006.

［37］ Daniel Bindel. Six – dimensional thruster actuation and configuration design for spacecraft

［C］. AAS 07 － 021.

［38］ Jin H P, Wiktor P, DeBra D B. An optimal thruster configuration design and evaluation for Quick Step［J］. Control Eng. Practice, 1995, 3（8）: 1113 － 1118.

［39］ Denis Fertin, Wu Shufan. Analysis of design of Lisa pathfinder drag － free controllers. Memo TECECN/DF/S2 － 21/10/2004 ESA.

［40］ Bong Wie. Space Vehicle Dynamics and Control［M］. Reston, Virginia: American Institute of Aeronautics and Astronautics, Inc. ,1998.

［41］ 唐生勇,张世杰,陈闽,等. 交会对接航天器推力分配算法研究［J］. 宇航学报,2008, 29（4）:1120 － 1125.

［42］ Doman D B, et al. Control allocation of reaction control jets and aerodynamic surfaces for entry vehicles［J］. Journal of Guidance,Control and Dynamics,2009,32（1）:13 － 24.

［43］ 陈玮,解永春. 基于多目标规划的交会对接发动机指令分配方法［J］. 航天控制, 2007, 25（3）: 33 － 37.

［44］ Pablo A. Servidia, Ricardo Sanchez Pena. Spacecraft thruster control allocation problems ［J］. IEEE Transactions on Automatic Control. 2005, 50（2）: 245 － 249.

［45］ Pablo A. Servidia. Control allocation for gimballed/fixed thrusters［J］. Acta Astronautica, 2009, 66（3 － 4）: 587 － 594.

［46］ Wang Min, Xie Yongchun. Design of the optimal thruster combinations table for the real time control allocation of spacecraft thrusters［C］. Shanghai, China: Proc. of the 48th IEEE Conference on Decision and Control,2009.

［47］ Barrows D,Bedell H. 空间站轨道保持姿态控制. 辛培庚,译. AAS83 － 064［C］. 1983.

［48］ Damilano P,L de la Taille,Regnier P ,Vaillon L,et al. Step drag free control system. ［C］. Graz Austria,Oct 16 － 22,1993 44th Congress of the International Astronautical Federation, 1993.

［49］ Jackson M. Orion orbit reaction control assessment. AIAA Guidance, Navigation, and Control Conference and Exhibit, AIAA － 2007 － 6684.

［50］ Wiktor P. et al. Optimal Thruster Configurations for the GP － B Spacecraft［J］. Proc. of IF-AC Automatic Control in Aerospace, 1989: 203 － 208.

［51］ Bartenev V. A,Titov G. P,Rayevsky V A, et al. SESAT 卫星姿轨控子系统和天线指向 性能［J］. 弓建军, 曾海波,译. 控制工程, 2002, （2）: 42 － 56.

［52］ Stanford R. H. Constrained maneuver strategies for project Galileo［C］. Seattle, Washington:AIAA/AAS Astrodynamics Congerence,1984.

［53］ Ricardo S. Sanchez Pena, Roberto Alonso, Pablo A. Anigstein. Robust optimal solution to the attitude/force control problem［J］. IEEE Transactions on Aerospace and Electronic Systems, 2000, 36（3）: 784 － 791.

［54］ Wang Min, Xie Yongchun. Control capability analysis for complex spacecraft thruster configurations[J]. Science China Ser E - Technological Sciences,2010,53（8）：2089 - 2096.

[55] Pablo A. Servidia, Ricardo S. Sanchez Pena. Thruster Design for Position/Attitude Control of Spacecraft[J]. IEEE Transactions on Aerospace and Electronic Systems, 2002, 38（4）：1172 - 1179.

[56] 张兵. 反作用控制系统容错控制方法研究及应用[D]. 北京：中国空间技术研究院,1998.

[57] Hwang T W, et al. Upper - stage launch vehicle Servo controller design considering optimal thruster configuration[C]. AIAA Guidance, Navigation, and Control Conference and Exhibit,2003.

[58] 周凯,诗蕾. 交会发动机配置优化研究[C]. 全国第十三届空间及运动体控制技术学术年会论文集,2008.

[59] 江兆林,周章鑫. 循环矩阵[M]. 成都：成都科技大学出版社,1999.

[60] 徐仲,张凯院,陆全. Toeplitz矩阵类的快速算法[M]. 西安：西北工业大学出版社,1999.

[61] 王敏,解永春. 评价复杂推力器配置控制能力的一种性能指标及其在配置优化设计中的应用[J]. 空间控制技术与应用,2010,36(4)：36 - 41.

[62] Elgersma M. etc.. Space station RCS attitude control system. AIAA - 91 - 2661 - CP.

[63] Lee J. L. etc.. Space station attitude control system. 1992, IAF - 92.

[64] Hillier F S, Lieberman G J. 运筹学导论(第8版)[M]. 胡运权,译. 北京：清华大学出版社,2007.

[65] Hamdy A. Taha. Operations Research：An Introduction. Eighth Edition, Pearson Education, Inc. ,New York, Prentice Hall, 2007.

[66] W. L. Winston. 运筹学应用范例与解法[M]. 杨振凯,周红,易兵,等译. 北京：清华大学出版社,2006.

[67] Borgwardt K H. The Simplex Method. A Probabilistic Analysis[M]. New York：Springer,1988.

[68] Bunday B D. Basic Linear Programming[M]. London：Edward Arnold,1984.

[69] 王敏. 航天器姿轨控推力器的配置问题研究[D]. 北京：中国空间技术研究院,2010.

[70] Horn R A, Johnson C R. Matrix Analysis. England：Cambridge University Press,1985.

[71] 张贤达. 矩阵分析与应用[M]. 北京：清华大学出版社,2004.

[72] 李董辉,童小娇,万中. 数值最优化[M]. 北京：科学出版社,2005.

[73] 程云鹏. 矩阵论[M]. 西安：西北工业大学出版社,2002.

第 8 章
交会对接的安全性设计

▶**8.1　引言**

　　交会对接过程包括一系列的轨道机动和轨迹修正,使得追踪器逐步接近目标器,并最终对接在一起。完成交会对接任务必须满足很多限制条件,这就使得交会对接过程和任务很复杂[1]。

　　交会对接要实现两个航天器的对接,除系统和操作复杂度远大于单个飞行器外,对实时性、精度等都有很高的要求,任意微小的故障或偏差都可能导致任务的失败,甚至两个航天器发生碰撞。对于交会对接、特别是自主交会对接,交会对接任务和过程的安全性是一个非常重要的问题,安全设计是保证两航天器不发生碰撞的重要措施。

　　本章中的涉及到的两个名词安全轨迹设计和轨迹安全设计解释如下:①安全轨迹设计,是指设计安全的轨迹;②轨迹安全设计,是指针对特定的轨迹,通过被动轨迹分析和主动避碰保护保证轨迹的安全。

　　本章首先从理论角度探讨近距离交会中交会对接自由漂移轨迹的性质,进而给出一种基于长方形禁飞区约束特征点的交会对接安全轨迹设计方法,并针对交会对接的寻的段、接近段和绕飞段给出安全轨迹设计方法。然后讨论对现有交会对接轨迹安全性的判断和安全控制：①先从特征点性质出发，给出一种基于长方形禁飞区的轨迹安全判断方法；②再给出对轨迹安全的控制，先分析轨迹的被动安全性，如果轨迹不是被动安全，需要采用主动避碰措施避免两个航天器发生碰撞；③给出一种基于制导脉冲表征的安全带的轨迹安全判断和避碰策略。最后讨论交会任务中安全性设计以及轨迹安全外的交会对接安全设计，包括系统设计和飞行方案设计。

交会对接的安全性，特别是轨迹安全性，一般讨论的近距离即自主控制段的安全问题。在近距离段，采用 CW 方程描述相对运动有比较高的精度，所以本章的交会对接轨迹主要讨论的都是采用 CW 方程描述的轨迹安全问题，且主要讨论轨道平面内的轨迹安全问题。

▶8.2　基于长方形禁飞区的安全轨迹设计

◿8.2.1　自由漂移轨迹特性分析

本章所研究的轨迹安全是指在交会对接过程中，在获得进入禁飞区指令前或出现故障后，追踪器相对于目标器的相对运动轨迹在任何情况下不与以目标器为中心所定义的禁飞区相交。由于 CW 方程描述的自由漂移轨迹在轨道平面内的运动与轨道平面外的运动是解耦的，不失一般性，本章只研究轨道平面内的轨迹安全问题。禁飞区为中心建立在目标器质心的长方形，在 X 轴方向的长度为 $2a_s$，在 Z 轴方向的宽度为 $2b_s$[2]。

利用第 2 章介绍的 CW 方程来描述轨道平面内的相对运动，则有

$$\begin{cases} \ddot{x} + 2\omega_{oT}\dot{z} = a_x \\ \ddot{z} - 2\omega_{oT}\dot{x} - 3\omega_{oT}^2 z = a_z \end{cases} \tag{8-1}$$

式中：ω_{oT} 为目标器的轨道角速度。记 $\alpha_t = \omega_{oT}t$，当 $a_x = 0, a_z = 0$ 时，式(8-1)的解析解为

$$\begin{cases} x(\alpha_t) = x_0 + (6\sin\alpha_t - 6\alpha_t)z_0 + (-3\alpha_t + 4\sin\alpha_t)\dfrac{\dot{x}_0}{\omega_{oT}} - 2(1 - \cos\alpha_t)\dfrac{\dot{z}_0}{\omega_{oT}} \\ z(\alpha_t) = (4 - 3\cos\alpha_t)z_0 + 2(1 - \cos\alpha_t)\dfrac{\dot{x}_0}{\omega_{oT}} + \dfrac{\dot{z}_0}{\omega_{oT}}\sin\alpha_t \\ \dot{x}(\alpha_t) = (6\omega_{oT}\cos\alpha_t - 6\omega_{oT})z_0 + (-3 + 4\cos\alpha_t)\dot{x}_0 - 2\dot{z}_0\sin\alpha_t \\ \dot{z}(\alpha_t) = 3z_0\omega_{oT}\sin\alpha_t + 2\dot{x}_0\sin\alpha_t + \dot{z}_0\cos\alpha_t \end{cases} \tag{8-2}$$

其中 $x_0, z_0, \dot{x}_0, \dot{z}_0$ 轨迹的初始相对状态。记为

$$m = \frac{2\dot{x}_0}{\omega_{oT}} + 3z_0, \quad n = \frac{\dot{z}_0}{\omega_{oT}}, \quad a_1 = x_0 - \frac{2\dot{z}_0}{\omega_{oT}}, \quad a_2 = 2z_0 + \frac{\dot{x}_0}{\omega_{oT}}, \quad a_3 = \sqrt{m^2 + n^2}$$

$$(8-3)$$

则式(8-2)可写成

$$\begin{cases} x(\alpha_t) = a_1 - 3a_2\alpha_t + 2a_3\cos(\alpha_t + \varphi) \\ z(\alpha_t) = 2a_2 + a_3\sin(\alpha_t + \varphi) \\ \dot{x}(\alpha_t) = -3a_2\omega_{oT} - 2a_3\omega_{oT}\sin(\alpha_t + \varphi) \\ \dot{z}(\alpha_t) = a_3\omega_{oT}\cos(\alpha_t + \varphi) \end{cases} \qquad (8-4)$$

其中，

$$\sin\varphi = -\frac{m}{\sqrt{m^2 + n^2}} = -\frac{m}{a_3}, \quad \cos\varphi = \frac{n}{\sqrt{m^2 + n^2}} = \frac{n}{a_3} \qquad (8-5)$$

式(8-4)写成移动椭圆的形式为

$$\frac{(x - a_1 + 3a_2\alpha_t)^2}{(2a_3)^2} + \frac{(z - 2a_2)^2}{(a_3)^2} = 1 \qquad (8-6)$$

为了方便研究,对式(8-3)中的参数 n 做如下定义:

定义 8.1(径向特征速度) 定义参数 $n = \dot{z}_0 / \omega_{oT}$ 为径向特征速度,其中 $\dot{z}_0$ 为自由漂移轨迹的径向初始相对速度。

1. 由漂移方向确定的轨迹特性

由式(8-6)可知,自由漂移轨迹存在三种情况:当 $a_2 = 0$ 时,自由漂移轨迹为固定椭圆;当 $a_2 < 0$ 时,自由漂移轨迹沿 X 轴正方向移动;当 $a_2 > 0$ 时,如图 8-1 所示,自由漂移轨迹沿 X 轴负方向移动。

当 $a_2 \neq 0$ 时,自由漂移轨迹在一个轨道周期内存在最高点和最低点且只有一个开口,当 $a_2 < 0$ 时开口朝下,当 $a_2 > 0$ 时开口朝上。由式(8-6)可知:当 $a_2 < 0$ 时,移动椭圆径向方向的中心在 X 上方,$z(\alpha_t) = -b_s$ 的点决定了轨迹的安全性;当 $a_2 > 0$ 时,移动椭圆径向方向的中心在 X 轴下方,$z(\alpha_t) = b_s$ 的点决定了轨迹的安全性。

2. 由初始切向相对位置确定的轨迹特性

通过对自由漂移轨迹的分析发现,初始切向相对位置 x_0 会影响轨迹与禁飞区的初始位置关系。当 $x_0 > a_s$ 时,自由漂移轨迹的初始位置在禁飞区右侧;

当 $x_0 < -a_s$ 时自由漂移轨迹的初始位置在禁飞区左侧;当 $-a_s \leqslant x_0 \leqslant a_s$ 时,自由漂移轨迹的初始位置介于禁飞区在 X 轴方向的最小值和最大值之间。

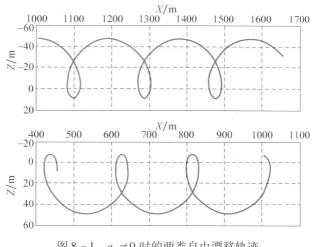

图 8-1　$a_2 \neq 0$ 时的两类自由漂移轨迹

x_0 与 a_2 相结合确定了轨迹与禁飞区的位置关系。例如,对于满足 $a_2 < 0$ 的自由漂轨迹,当 $x_0 > a_s$ 时自由漂移轨迹的初始位置在禁飞区右侧,可能不会越过禁飞区;而当 $x_0 < -a_s$ 时自由漂移轨迹肯定要越过禁飞区。

3. 三种特殊轨迹的性质

如图 8-2 和图 8-3 所示,存在三种特殊的轨迹,分别为切向相对速度恒不等于零的轨迹、恒在禁飞区下方的轨迹以及恒在禁飞区上方的轨迹。

图 8-2(a) 和图 8-2(b) 分别为 $a_2 > 0$ 和 $a_2 < 0$ 时的切向相对速度恒不等于零的特殊轨迹,由式(8-4)可知,对于这种轨迹当 $a_2 > 0$ 时满足 $3a_2 > 2a_3$,当 $a_2 < 0$ 时满足 $-3a_2 > 2a_3$,所以这种特殊轨迹满足 $|3a_2| > 2a_3$。图 8-3(a) 中的轨迹满足 $a_2 > 0$ 且 $2a_2 - a_3 > b_s$,图 8-3(b) 的轨迹满足 $a_2 < 0$ 且 $2a_2 + a_3 < -b_s$。分别定义这三种特殊轨迹满足的条件为条件 8.1、条件 8.2 和条件 8.3。

条件 8.1　利用式(8-1)和式(8-2)描述的在轨道平面内的自由漂移轨迹中,当轨迹的切向相对速度恒不等于零时,满足 $|3a_2| > 2a_3$。

条件 8.2　利用式(8-1)和式(8-2)描述的在轨道平面内的自由漂移轨迹中,当轨迹恒在禁飞区上方时,满足 $a_2 < 0$ 且 $2a_2 + a_3 < -b_s$。

条件 8.3　利用式(8-1)和式(8-2)描述的在轨道平面内的自由漂移轨

迹中,当轨迹恒在禁飞区下方时,满足 $a_2 > 0$ 且 $2a_2 - a_3 > b_s$。

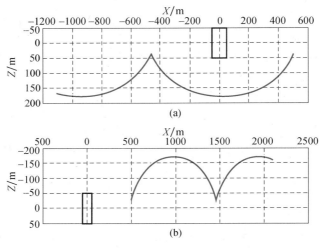

图 8 - 2　切向相对速度恒不等于零的轨迹

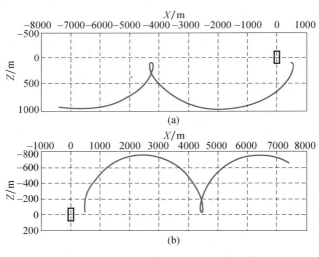

图 8 - 3　轨迹恒在禁飞区下(上)方的轨迹

4. 由极值点径向相对位置确定的轨迹特性

CW 方程描述的自由漂移轨迹有如下性质:

引理 8.1　利用式(8 - 1)和式(8 - 2)描述的在轨道平面内的自由漂移轨

迹中,当 $\dot{x}(\alpha_t) = 0$ 时,满足 $z(\alpha_t) = \dfrac{a_2}{2}$。

证明: 由式(8-4),当轨迹上的点满足 $\dot{x}(\alpha_t) = 0$ 时可以求得

$$\sin(\alpha_t + \varphi) = \frac{-3a_2}{2a_3} \tag{8-7}$$

把式(8-7)代入式(8-4)的第二个式子有

$$z(\alpha_t) = \frac{a_2}{2} \tag{8-8}$$

所以当 $\dot{x}(\alpha_t) = 0$ 时,$z(\alpha_t) = \dfrac{a_2}{2}$。

引理 8.1 表明自由漂移轨迹上满足 $\dot{x}(\alpha_t) = 0$ 的点,其径向相对位置满足 $z(\alpha_t) = a_2/2$。由条件 8.1,$\dot{x}(\alpha_t) = 0$ 存在的条件是 $|3a_2| \leqslant 2a_3$。根据引理 8.1 和条件 8.1,定义如下三类轨迹:

定义 8.2(第 I 类轨迹)　利用式(8-1)和式(8-2)描述的在轨道平面内的自由漂移轨迹中,称满足 $|3a_2| \leqslant 2a_3$ 且 $|a_2| \leqslant 2b_s$ 的轨迹为第 I 类轨迹。

定义 8.3(第 II 类轨迹)　利用式(8-1)和式(8-2)描述的在轨道平面内的自由漂移轨迹中,称满足 $|3a_2| \leqslant 2a_3$ 且 $|a_2| > 2b_s$ 的轨迹为第 II 类轨迹。

定义 8.4(第 III 类轨迹)　利用式(8-1)和式(8-2)描述的在轨道平面内的自由漂移轨迹中,称满足条件 8.1 的轨迹为第 III 类轨迹。

在本章所提到的极值点是指轨迹上切向相对速度 $|\dot{x}(\alpha_t)|$ 取最小值时的点。对于第 I 类轨迹和第 II 类轨迹,在极值点处满足 $\dot{x}(\alpha_t) = 0$。由式(8-4)可知,对于第 III 类轨迹,当 $a_2 < 0$ 时,极值点的相位角满足 $\alpha_t + \varphi = 2k\pi + \pi/2$($k$ 为整数);当 $a_2 > 0$ 时,极值点的相位角满足 $\alpha_t + \varphi = 2k\pi + 3\pi/2$($k$ 为整数)。

对于第 I 类轨迹,极值点的径向相对位置满足 $|z(\alpha_t)| = |a_2/2| < b_s$,介于 $-b_s \sim b_s$ 之间,极值点可能落入禁飞区内。对于第 II 类轨迹,极值点径向相对位置满足 $|z(\alpha_t)| = |a_2/2| > b_s$,极值点不会落入禁飞区。对于第 III 类轨迹,当 $a_2 < 0$ 时,极值点的相位角为 $\alpha_t + \varphi = 2k\pi + \pi/2$($k$ 为整数),可以求得 $z(\alpha_t) = 2a_2 + a_3$,$z(\alpha_t)$ 与 $-b_s$ 的关系决定了轨迹的安全性,这时 $z(\alpha_t)$ 可能大于 $-b_s$ 也可能小于 $-b_s$;类似地当 $a_2 > 0$ 时,极值点的相位角为 $\alpha_t + \varphi = 2k\pi + 3\pi/2$($k$ 为整数),有 $z(\alpha_t) = 2a_2 - a_3$,$z(\alpha_t)$ 与 b_s 的大小关系决定了轨迹的安全性,这时 $z(\alpha_t)$ 可能大于 b_s 也可能小于 b_s。

5. 自由漂移轨迹上的特征点和特征位置

1）特征点和特征位置

从自由漂移轨迹与禁飞区的位置关系可知，一些特殊点及其在 X 轴方向的相对位置决定了轨迹的安全性。这些特殊点满足两种条件：一种满足轨迹上切向相对速度的绝对值 $|\dot{x}(\alpha_t)|$ 取到最小值，另一种满足 $|z(\alpha_t)|=b_s$。我们把这些点统称特征点，并把其在 X 轴方向对应的相对位置称为特征位置。

定义 8.5（特征点） 利用式(8-1)和式(8-2)描述的在轨道平面内的自由漂移轨迹中，轨迹上切向相对速度的绝对值 $|\dot{x}(\alpha_t)|$ 取到最小值或满足 $|z(\alpha_t)|=b_s$ 的点称为特征点。

定义 8.6（特征位置） 特征点在 X 轴方向的相对位置称为特征位置。

2）安全轨迹设计中的特征点和特征位置

在安全轨迹设计中，需要分析第 I 类轨迹和第 II 类轨迹上的特征点及其对应的特征位置的性质，这些特征点满足两种情况：$\dot{x}(\alpha_t)=0$ 和 $|z(\alpha_t)|=b_s$。做如下定义。

定义 8.7（形式 I 特征点） 在第 I 类轨迹和第 II 类轨迹中，称轨迹上满足 $\dot{x}(\alpha_t)=0$ 的特征点为形式 I 特征点。

定义 8.8（形式 II 特征点） 在第 I 类轨迹和第 II 类轨迹中，称轨迹上满足 $|z(\alpha_t)|=b_s$ 的特征点为形式 II 特征点。

定义 8.9（形式 I 特征位置） 形式 I 特征点对应的特征位置称为形式 I 特征位置。

定义 8.10（形式 II 特征位置） 形式 II 特征点对应的特征位置称为形式 II 特征位置。

3）轨迹安全判断中的特征点和特征位置

在轨迹安全的判断中，需要对轨迹上极值点以及由极值点延伸得到的特征点进行分析，我们称这些特征点为极值型特征点。做如下定义。

定义 8.11（极值型特征点） 定义如下的特征点为极值型特征点：当轨迹上极值点的径向相对位置满足 $|z(\alpha_t)|\leqslant b_s$ 时，称该极值点为极值型特征点；当轨迹上极值点的径向相对位置满足 $|z(\alpha_t)|>b_s$ 时，若 $a_2>0$，则称满足 $z(\alpha_t)=b_s$ 的点为极值型特征点，若 $a_2<0$，则称满足 $z(\alpha_t)=-b_s$ 的点为极值型特征点。

下面分析第 Ⅰ 类轨迹、第 Ⅱ 类轨迹和第 Ⅲ 类轨迹中的极值型特征点。

对于 Ⅰ 类轨迹:极值点可能落入禁飞区,所以轨迹上的极值点为极值型特征点。对第 Ⅱ 类轨迹:极值点不可能落入禁飞区,这时应关心满足 $z(\alpha_t) = b_s$ 或 $z(\alpha_t) = -b_s$ 的特征点。由式(8 - 6)可知,当 $a_2 > 0$ 时,移动椭圆径向方向的中心在 X 轴下方,所以选择满足 $z(\alpha_t) = b_s$ 的特征点为极值型特征点;当 $a_2 < 0$ 时,移动椭圆径向方向的中心在 X 轴上方,所以选择满足 $z(\alpha_t) = -b_s$ 的特征点为极值型特征点。类似的对于第 Ⅲ 类轨迹:当 $a_2 < 0$ 时,在极值点处满足 $\alpha_t + \varphi = 2k\pi + \pi/2$($k$ 为整数)和 $z(\alpha_t) = 2a_2 + a_3$,则若 $z(\alpha_t) \geqslant -b_s$,该极值点为极值型特征点,若 $z(\alpha_t) < -b_s$,满足 $z(\alpha_t) = -b_s$ 时的特征点为极值型特征点;当 $a_2 > 0$ 时,在极值点处满足 $\alpha_t + \varphi = 2k\pi + 3\pi/2$($k$ 为整数)和 $z(\alpha_t) = 2a_2 - a_3$,则若 $z(\alpha_t) \leqslant b_s$,该极值点为极值型特征点,若 $z(\alpha_t) > b_s$,满足 $z(\alpha_t) = b_s$ 的点为极值型特征点。

在轨迹判断过程中,当从极值型特征点无法确定轨迹的安全性时,需要对相交型特征点进行分析,我们做如下定义:

定义 8.12(相交型特征点) 当自由漂移轨迹越过或包含禁飞区时,把径向相对位置满足 $|z(\alpha_t)| = b_s$ 的特征点称为相交型特征点。

从上面的分析可以看到极值型特征点中也存在满足 $|z(\alpha_t)| = b_s$ 的点,有些点同时是极值型特征点和相交型特征点。当 $a_2 < 0$ 时,对于第 Ⅱ 类轨迹,满足 $z(\alpha_t) = -b_s$ 的点既是极值型特征点也是相交型特征点;对于第 Ⅲ 类轨迹,当极值点的径向相对位置 $z(\alpha_t) < -b_s$ 时,满足 $z(\alpha_t) = -b_s$ 的点既是极值型特征点,也是相交型特征点。类似地当 $a_2 > 0$ 时,对于第 Ⅱ 类轨迹,满足 $z(\alpha_t) = b_s$ 的点既是极值型特征点,也是相交型特征点;对于第 Ⅲ 类轨迹,当极值点的径向相对位置 $z(\alpha_t) > b_s$ 时,满足 $z(\alpha_t) = b_s$ 的点既是极值型特征点,也是相交型特征点。

与安全轨迹设计中的特征点相比较可以看到:形式 Ⅰ 特征点和形式 Ⅱ 特征点只针对第 Ⅰ 类轨迹和第 Ⅱ 类轨迹,而极值型特征点和相交型特征点除针对上述两类轨迹外,对于第 Ⅲ 类轨迹也做了定义。对于第 Ⅰ 类轨迹和第 Ⅱ 类轨迹,相交型特征点属于形式 Ⅱ 特征点,而极值型特征点可能属于形式 Ⅰ 特征点,也可能属于形式 Ⅱ 特征点。

4)特征点和特征位置的性质

在下面的分析中,用 α 表示特征点对应的相位角,则有 $\alpha = \alpha_t + \varphi$ 和 $\alpha \geqslant \varphi$,

用 X_α 为特征点对应的特征位置,当轨迹不满足条件 8.1、条件 8.2 和条件 8.3 时,由式(8-4)可知特征点相位角的正弦值满足下面三个式子。当特征点满足 $\dot{x}(\alpha_t)=0$ 时,则有

$$\sin\alpha = \frac{-3a_2}{2a_3} \qquad (8-9)$$

当特征点满足 $z(\alpha_t)=b_s$ 时,则有

$$\sin\alpha = \frac{b_s - 2a_2}{a_3} \qquad (8-10)$$

当特征点满足 $z(\alpha_t)=-b_s$ 时,则有

$$\sin\alpha = \frac{-b_s - 2a_2}{a_3} \qquad (8-11)$$

对于确定的特征点,可以得到特征点对应的相位角所在的象限,则根据式(8-9)~ 式(8-11)这三个式子之一可以求得这些特征点的相位角。根据式(8-4)可以求得特征点对应的特征位置 X_α 为

$$X_\alpha = x_0 - 2n + 3a_2\varphi - 3a_2\alpha + 2a_3\cos\alpha \qquad (8-12)$$

显然当 $-a_s \leqslant X_\alpha \leqslant a_s$ 时自由漂移轨迹与禁飞区相交,轨迹是不安全的。要轨迹是安全的,则需要对某些特征点进行约束,在轨迹安全时,轨迹上的特征点应该满足 $X_\alpha > a_s$ 或 $X_\alpha < -a_s$。

8.2.2 安全轨迹设计的特征点及其性质

1. 安全轨迹设计的特征点

在 8.2.1 节中,针对不满足条件 8.1 的轨迹,定义了满足 $|a_2| \leqslant 2b_s$ 的第 Ⅰ 类轨迹和满足 $|a_2| > 2b_s$ 的第 Ⅱ 类轨迹。本节根据 a_2 的符号对第 Ⅰ 类轨迹和第 Ⅱ 类轨迹重新分成 5 种,分别满足 $0 < a_2 \leqslant 2b_s$,$a_2 > 2b_s$,$-2b_s \leqslant a_2 < 0$,$a_2 < -2b_s$ 和 $a_2 = 0$,并分别称为轨迹 Ⅰ、轨迹 Ⅱ、轨迹 Ⅲ、轨迹 Ⅳ和轨迹 Ⅴ。其中轨迹 Ⅰ、轨迹 Ⅲ 和轨迹 Ⅴ属于第 Ⅰ 类轨迹,轨迹 Ⅱ 和轨迹 Ⅳ属于第 Ⅱ 类轨迹。经过充分地研究,发现当 $x_0 > a_s$ 时,这 5 种轨迹存在如图 8-4 所示的便于安全设计的典型轨迹,本节将对这些典型的轨迹进行安全设计。

对于 $a_2 = 0$ 的轨迹 Ⅴ,其安全轨迹容易设计,先不做具体讨论。

对于 $a_2 \neq 0$ 的其他轨迹,要保证轨迹是安全的需要对轨迹 Ⅰ ~ Ⅳ中的一些特征点进行分析和约束。对于轨迹 Ⅰ,需要对相位角为 $\alpha_{I1}, \alpha_{I2}, \alpha_{I3}, \alpha_{I4}$ 的特

征点进行约束,当轨迹安全时满足 $X_{I1} > a_s$, $X_{I2} < -a_s$, $X_{I3} > a_s$, $X_{I4} < -a_s$。对于轨迹 II,需要对相位角为 α_{II1}, α_{II2} 的特征点进行约束,当轨迹安全时满足 $X_{II1} > a_s$, $X_{II2} < -a_s$。对于轨迹 III,需要对相位角为 α_{III} 的特征点进行约束,当轨迹安全时满足 $X_{III} > a_s$。对于轨迹 IV,需要对相位角为 α_{IV} 的特征点进行约束,当轨迹安全时满足 $X_{IV} > a_s$。

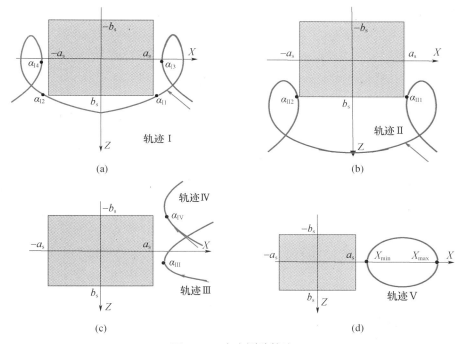

图 8 - 4　自由漂移轨迹

(a)轨迹 I 的自由漂移轨迹;(b)轨迹 II 的自由漂移轨迹;

(c)轨迹 III 和轨迹 IV 的自由漂移轨迹;(d)轨迹 V 的自由漂移轨迹。

由式(8 - 9)~式(8 - 11)以及图 8 - 4(a)~(c),通过分析可以获得特征点相位角所在的象限。α_{I1} 在第一或第四象限,α_{I2} 在第二或第三象限,α_{I3} 在第三象限,α_{I4} 在第四象限;α_{II1} 在第三象限,α_{II2} 在第四象限;α_{III} 在第二象限;α_{IV} 在第二象限。

图 8 - 4(a)~(c)中 8 个特征点对应的特征位置中:X_{I3}, X_{I4}, X_{III} 满足 $\dot{x}(\alpha_t) = 0$,属于形式 I 特征位置,X_{I1}, X_{I2}, X_{II1}, X_{II2}, X_{IV} 满足 $|z(\alpha_t)| = b_s$,属

于形式Ⅱ特征位置。表8-1给出轨迹Ⅰ～Ⅳ这四种轨迹安全时需要考虑的特征位置以及它们所对应的类型。

表8-1 轨迹Ⅰ～Ⅳ这四种轨迹对应的两类特征位置

特征位置　　　轨迹	轨迹Ⅰ	轨迹Ⅱ	轨迹Ⅲ	轨迹Ⅳ
形式Ⅰ特征位置	X_{I3}, X_{I4}	—	$X_{Ⅲ}$	—
形式Ⅱ特征位置	X_{II1}, X_{II2}	X_{II1}, X_{II2}	—	$X_{Ⅳ}$

本章所述的安全轨迹的设计方法需要研究特征位置随径向特征速度 n 的变化规律，并通过这些规律设计安全的轨迹。下面先推导由式(8-12)确定的 X_α 随 n 变化的一个引理，在此基础上分析形式Ⅰ特征位置和形式Ⅱ特征位置随 n 的变化规律。

由式(8-3)可知，对于一组确定的 $x_0, z_0, \dot{x}_0$，参数 a_2, m 是确定的，且当 n^2 减小时 a_3 也随之减小。当式(8-9)～式(8-11)等号右边的式子的绝对值等于1时，随着 n^2 的减小，可能得到满足条件8.1、条件8.2和条件8.3的特殊轨迹。当 $9a_2{}^2 - 4m^2 > 0$ 时会得到满足条件8.1的特殊轨迹；当 $(b_s + 2a_2)^2 - m^2 > 0$ 时会得到满足条件8.2的特殊轨迹；当 $(b_s - 2a_2)^2 - m^2 > 0$ 时会得到满足条件8.3的特殊轨迹。这三种特殊轨迹不存在形式Ⅰ特征点和形式Ⅱ特征点。满足式(8-9)～式(8-11)中等号右边的式子等于1时的轨迹是可能得到特殊轨迹的临界情况，这时特征点的相位角满足 $\cos\alpha = 0$，其对应的特征位置对 n 的导数不存在。

本节研究图8-4(a)～(c)中特征点对应的特征位置随径向特征速度 n 的变化规律，所讨论的轨迹不满足条件8.1、条件8.2和条件8.3，在分析和证明中只考虑式(8-9)～式(8-11)中等号右边的式子绝对值小于1的情况，有 $\cos\alpha \neq 0$。

2. 与特征点相关的引理

引理8.2 利用式(8-1)和式(8-2)描述的在轨道平面内的自由漂移轨迹中，当相位角 α 满足式(8-9)～式(8-11)中的任何一个式子时，其对应的特征位置为

$$X_\alpha = x_0 - 2n + 3a_2\varphi - 3a_2\alpha + 2a_3\cos\alpha \qquad (8-13)$$

对于一组确定的 $x_0, z_0, \dot{x}_0$，当式(8-9)～式(8-11)中等号右边式子的绝对值

小于 1 即 $\cos\alpha \neq 0$ 时, X_α 对 n 的导数满足

$$\frac{\mathrm{d}X_\alpha}{\mathrm{d}n} = 2\sin\alpha_0 \sin\varphi - 2 + \frac{2 - 2\sin\alpha_0 \sin\alpha}{\cos\alpha}\cos\varphi \qquad (8-14)$$

式中: α_0 满足 $\sin\alpha_0 = \dfrac{-3a_2}{2a_3}$。当 α 满足式(8-9)时,则有

$$\frac{\mathrm{d}X_\alpha}{\mathrm{d}n} = 2\cos(\alpha - \varphi) - 2 \qquad (8-15)$$

3. 特征点随径向特征速度变化的规律

图 8-4(a) ~ (c) 中的 8 个特征点对应的特征位置中, X_{13}, X_{14}, X_{III} 属于形式 I 特征位置, X_{11}, X_{12}, $X_{\mathrm{II}1}$, $X_{\mathrm{II}2}$, X_{IV} 属于形式 II 特征位置。形式 I 特征位置随 n 的变化规律比较简单,由定理 8.1 给出;形式 II 特征位置随 n 的变化规律对应于不同的特征点有不同的性质,且变化规律比较复杂,分别由定理 8.2 ~ 定理 8.6 给出。

在定理的证明中,出现了 φ, α, α_0 这三种相位角。自由漂移轨迹在整数个轨道周期即相位角改变 $2k\pi$(k 为整数)后,其相对状态 $x(\alpha_t)$, $z(\alpha_t)$, $\dot{x}(\alpha_t)$, $\dot{z}(\alpha_t)$ 只有 $x(\alpha_t)$ 发生变化,容易分析对于相位角相差 $2k\pi$(k 为整数)的两个特征点,其特征位置随 n 的变化规律是一样的。不失一般性,假设 φ, α, α_0 之间的差的绝对值小于 2π,且当 φ, α, α_0 都在第一或第四象限时,它们的差的绝对值小于 π;当 φ, α, α_0 都在第二或第三象限时,它们的差的绝对值小于 π。在 8.1.2 节中,记 $\alpha = \alpha_t + \varphi$,且有 $\alpha \geq \varphi$ 成立,在对定理 8.2 和定理 8.3 的证明过程中,考虑到特征点可能在不同的轨道周期内且 φ, α, α_0 之间的差的绝对值小于 2π,可能需要对初始切向位置转移整数个轨道周期,所以可能出现 $\alpha < \varphi$ 的情况。

定理 8.1　利用式(8-1)和式(8-2)描述的在轨道平面内的自由漂移轨迹中,对于一组确定的 x_0, z_0, $\dot{x}_0$, 形式 I 特征位置 X_α(X_α 代表 X_{13}, X_{14}, X_{III})随 n 的变化规律如下:

(1) 当 $\dot{x}_0 \neq 0$ 时, X_α 随 n 的增大而减小;

(2) 当 $\dot{x}_0 = 0$ 时,①若满足 $n > 0$ 时, X_{13}, X_{III} 随 n 的增大而减小;若满足 $n \leq 0$ 时, X_{13}, X_{III} 随 n 的增大不发生变化;②若满足 $n < 0$ 时, X_{14} 随 n 的增大而减小;若满足 $n \geq 0$ 时, X_{14} 随 n 的增大不发生变化。

形式 II 特征点对应的 X_α 随 n 的变化规律比较复杂,下面以轨迹 I 中的

X_{I1} 和轨迹 II 中的 X_{II1} 随 n 的变化规律为例进行分析证明,定理 8.2 给出 X_{I1} 随 n 的变化规律,定理 8.3 给出 X_{II1} 随 n 的变化规律。

定理 8.2 利用式(8-1)和式(8-2)描述的在轨道平面内的自由漂移轨迹中,对于一组确定的 $x_0,z_0,\dot{x}_0$,特征位置 X_{I1} 随 n 的变化如下:

(1)当 $n \leqslant 0$ 时,X_{I1} 随 n 的增大而减小;

(2)当 $n > 0,z_0 = b_s$ 时,X_{I1} 随 n 的增大不发生变化;

(3)当 $n > 0,z_0 > b_s$ 时,X_{I1} 随 n 的增大而减小;

(4)当 $n > 0,z_0 < b_s,\dot{x}_0 \leqslant 0$ 时,X_{I1} 随 n 的增大而增大;

(5)当 $n > 0,z_0 < b_s,\dot{x}_0 > 0$ 时,①若满足 $(b_s - 2a_2)^2 \geqslant m^2$ 时,X_{I1} 随 n 的增大而增大;②若满足 $(b_s - 2a_2)^2 < m^2$ 和 $a_2 + b_s - m \leqslant 0$ 时,X_{I1} 随 n 的增大而减小;③若满足 $(b_s - 2a_2)^2 < m^2$ 和 $a_2 + b_s - m > 0$ 时,X_{I1} 随 n 的变化不是单调的,随着 n 的增大 X_{I1} 先减小后增大。

证明:详细证明见参考文献[2]。

定理 8.3 利用式(8-1)和式(8-2)描述的在轨道平面内的自由漂移轨迹中,对于一组确定的 $x_0,z_0,\dot{x}_0$,特征位置 X_{II1} 随 n 的变化规律如下:

(1)当 $n \geqslant 0$ 时,X_{II1} 随 n 的增大而减小;

(2)当 $n < 0,z_0 = b_s$ 时,X_{II1} 随 n 的增大不发生变化;

(3)当 $n < 0,z_0 < b_s$ 时,X_{II1} 随 n 的增大而减小;

(4)当 $n < 0,z_0 > b_s,\dot{x}_0 \geqslant 0$ 时,X_{II1} 随 n 的增大而增大;

(5)当 $n < 0,z_0 > b_s,\dot{x}_0 < 0$ 时,①若满足 $(b_s - 2a_2)^2 \leqslant m^2$ 时,X_{II1} 随 n 的增大而减小;②若满足 $(b_s - 2a_2)^2 > m^2$ 和 $a_2 + b_s - m \leqslant 0$ 时,X_{II1} 随 n 的增大而增大;③若满足 $(b_s - 2a_2)^2 > m^2$ 和 $a_2 + b_s - m > 0$ 时,X_{II1} 随 n 的变化不是单调的,随着 n 的增大 X_{II1} 先减小后增大。

定理 8.4 利用式(8-1)和式(8-2)描述的在轨道平面内的自由漂移轨迹中,对于一组确定的 $x_0,z_0,\dot{x}_0$,特征位置 X_{I2} 随 n 的变化如下:

(1)当 $n \geqslant 0$ 时,X_{I2} 随 n 的增大而减小;

(2)当 $n < 0,z_0 = b_s$ 时,X_{I2} 随 n 的增大不发生变化;

(3)当 $n < 0,z_0 > b_s$ 时,X_{I2} 随 n 的增大而减小;

(4)当 $n < 0,z_0 < b_s,\dot{x}_0 \leqslant 0$ 时,X_{I2} 随 n 的增大而增大;

(5)当 $n < 0,z_0 < b_s,\dot{x}_0 > 0$ 时,①若满足 $(b_s - 2a_2)^2 \geqslant m^2$ 时,X_{I2} 随 n 的增

大而增大;②若满足 $(b_s - 2a_2)^2 < m^2$ 和 $a_2 + b_s - m \leqslant 0$ 时, X_{I2} 随 n 的增大而减小;③若满足 $(b_s - 2a_2)^2 < m^2$ 和 $a_2 + b_s - m > 0$ 时, X_{I2} 随 n 的变化不是单调的,随着 n 的增大 X_{I2} 先减小后增大。

定理 8.5 利用式(8−1)和式(8−2)描述的在轨道平面内的自由漂移轨迹中,对于一组确定的 $x_0, z_0, \dot{x}_0$,特征位置 X_{II2} 随 n 的变化如下:

(1)当 $n \leqslant 0$ 时, X_{II2} 随 n 的增大而减小;

(2)当 $n > 0, z_0 = b_s$ 时, X_{II2} 随 n 的增大不发生变化;

(3)当 $n > 0, z_0 < b_s$ 时, X_{II2} 随 n 的增大而减小;

(4)当 $n > 0, z_0 > b_s, \dot{x}_0 \geqslant 0$ 时, X_{II2} 随 n 的增大而增大;

(5)当 $n > 0, z_0 > b_s, \dot{x}_0 < 0$ 时,①若满足 $(b_s - 2a_2)^2 \leqslant m^2$ 时, X_{II2} 随 n 的增大而减小;②若满足 $(b_s - 2a_2)^2 > m^2$ 和 $a_2 + b_s - m \leqslant 0$ 时, X_{II2} 随 n 的增大而增大;③若满足 $(b_s - 2a_2)^2 > m^2$ 和 $a_2 + b_s - m > 0$ 时, X_{II2} 随 n 的变化不是单调的,随着 n 的增大 X_{II2} 先增大后减小。

定理 8.6 利用式(8−1)和式(8−2)描述的在轨道平面内的自由漂移轨迹中,对于一组确定的 $x_0, z_0, \dot{x}_0$,特征位置 X_{IV} 随 n 的变化如下:

(1)当 $n \geqslant 0$ 时, X_{IV} 随 n 的增大而减小;

(2)当 $n < 0, z_0 = b_s$ 时, X_{IV} 随 n 的增大不发生变化;

(3)当 $n < 0, z_0 > -b_s$ 时, X_{IV} 随 n 的增大而减小;

(4)当 $n < 0, z_0 < -b_s, \dot{x}_0 \leqslant 0$ 时, X_{IV} 随 n 的增大而增大;

(5)当 $n < 0, z_0 < -b_s, \dot{x}_0 > 0$ 时,①若满足 $(b_s + 2a_2)^2 \leqslant m^2$ 时, X_{IV} 随 n 的增大而减小;②若满足 $(b_s + 2a_2)^2 > m^2$ 和 $a_2 - b_s - m \geqslant 0$ 时, X_{IV} 随 n 的增大而增大;③若满足 $(b_s + 2a_2)^2 > m^2$ 和 $a_2 - b_s - m < 0$ 时, X_{IV} 随 n 的变化不是单调的,随着 n 的增大 X_{IV} 先减小后增大。

定理 8.1 ~ 定理 8.6 给出轨迹 I 、轨迹 II 、轨迹 III 和轨迹 IV 这四种自由漂移轨迹上特征点对应的特征位置 X_α 随 n 的变化规律,在此基础上可以进行安全轨迹的设计。

8.2.3 寻的段和接近段安全轨迹设计

8.2.1 节分析了轨迹 I ~ IV 中特征点对应的特征位置 X_α 在轨迹安全时应该满足的约束,并通过定理 8.1 ~ 定理 8.6 给出这些特征位置随 n 的变化规律。在此基础上,对于 x_0, z_0, $\dot{x}_0$ 确定的轨迹,可以通过求解非线性方程获得轨迹安全时对 $\dot{z}_0$ 的约束。

在交会对接过程中,对于初始位置在轨道平面内禁飞区外的原始轨迹,只要推力器允许,利用脉冲制导可以得到轨迹 Ⅰ ~ Ⅴ 中任意一种形式的安全轨迹,所以还需要研究轨迹Ⅴ安全时满足的约束。另外定理8.1 ~ 定理8.6是建立在不满足条件8.1、条件8.2和条件8.3以及 $\cos\alpha \neq 0$ 的基础上,在轨迹设计时还需要对上述特殊情况进行分析。

由于自由漂移轨迹随时间是周期性变化的,而特征位置 X_α 的变化规律在所有的周期内都是成立的,所以在安全轨迹的设计过程中,只需要考虑在禁飞区附近的特征点,当轨迹的初始位置离禁飞区比较远时需要对轨迹的初始切向相对位置进行处理。

在本节中先解决初始切向相对位置的处理问题,接着分别对轨迹 Ⅰ ~ Ⅳ、轨迹Ⅴ以及特殊轨迹进行安全轨迹设计,最后给出安全轨迹的设计步骤。最后针对寻的段、接近段设计安全轨迹。

1.初始切向相对位置的处理

从式(8-2)可以看出:自由漂移轨迹在整数个轨道周期后,其相对状态 $x(\alpha_t)$, $z(\alpha_t)$, $\dot{x}(\alpha_t)$, $\dot{z}(\alpha_t)$ 中只有 $x(\alpha_t)$ 发生变化,变为 $x(\alpha_t) - 6a_2\pi$。所以当初始的 x_0 比较大时,可以转移到离所关心的直线 $x = a_s$ 只相差一个轨道周期的位置,新的初始切向相对位置 x_0 满足 $a_s < x_0 < a_s + 6a_2\pi$。在寻的段和接近段轨迹设计时,由于轨迹与目标器比较近,不需要做初始切向相对位置的处理。

2.轨迹 Ⅰ ~ 轨迹Ⅳ的设计

利用定理8.1 ~ 定理8.6给出的特征位置的变化规律,通过求解非线性方程,可以求得 x_0, z_0, $\dot{x}_0$ 确定下轨迹安全时径向相对速度的约束,从而完成安全轨迹的设计。下面先求解形式Ⅰ特征点和形式Ⅱ特征点在轨迹安全时确定的径向相对速度约束,再分析轨迹 Ⅰ ~ Ⅳ轨迹安全时满足的径向相对速度约束。

1)形式Ⅰ特征点确定的径向相对速度约束

在接近过程中,形式Ⅰ特征点对应的特征位置 X_α 包括轨迹Ⅰ中的 X_{13}, X_{14} 和轨迹Ⅲ中的 $X_{\text{Ⅲ}}$。下面先以 $X_{\text{Ⅲ}}$ 为例进行分析求解。

(1)由定理8.1,当 $\dot{x}_0 \neq 0$ 时或当 $\dot{x}_0 = 0$ 且 $n > 0$ 时,$X_{\text{Ⅲ}}$ 随 n 的增大而减

小,轨迹安全时对 X_{III} 的约束满足 $X_{\text{III}} > a_{\text{s}}$,由式(8 - 12)可知当 $X_{\text{III}} = a_{\text{s}}$ 时可以得到

$$x_0 - 2n + 3a_2\varphi - 3a_2\alpha + 2a_3\cos\alpha = a_{\text{s}} \qquad (8-16)$$

其中 $\alpha = \alpha_{\text{III}}$,$\varphi$ 满足式(8 - 5),不妨假设 $\varphi \in [0, 2\pi)$。可知 α_{III} 在第二象限,有 $\sin\alpha_{\text{III}} = -3a_2/(2a_3)$,且 $\varphi \leqslant \alpha_{\text{III}} < 2\pi + \varphi$。式(8 - 16)是关于 n 的方程,等号左边的式子具有单调性,通过数值方法很容易求得解,记为 $n_{\text{III max}}$。

(2) 当 $\dot{x} = 0$ 且 $n \leqslant 0$ 时,X_{III} 随 n 的增大不发生变化,选择任意满足 $n \leqslant 0$ 的 $\dot{z}_0$,通过式(8 - 12)可以求得特征位置 X_{III},若 $X_{\text{III}} > a_{\text{s}}$ 则 $n \leqslant 0$ 为轨迹安全时的一个约束,否则轨迹是不安全的。综合①和②两点,当 $\dot{x} \neq 0$ 时,$\dot{z}_0 < \omega_{\text{oT}} n_{\text{III max}}$ 是轨迹安全时的一个约束;当 $\dot{x} = 0$ 时,若 $n \leqslant 0$ 时满足 $X_{\text{III}} > a_{\text{s}}$,则 $\dot{z}_0 < \omega_{\text{oT}} n_{\text{III max}}$ 是轨迹安全时的一个约束,否则 $0 < \dot{z}_0 < \omega_{\text{oT}} n_{\text{III max}}$ 是轨迹安全时的一个约束。

类似地根据定理 8.1,由式(8 - 12)和式(8 - 16)可以求得由 X_{I3} 确定的径向相对速度约束,这时式(8 - 16)中 $\alpha = \alpha_{\text{I3}}$;由式(8 - 12)和式(8 - 16)可以求得由 X_{I4} 确定的径向相对速度约束,这时式(8 - 16)中 $\alpha = \alpha_{\text{I4}}$,且由于轨迹安全时满足 $X_{\text{I4}} < -a_{\text{s}}$,式(8 - 16)等号右边的 a_{s} 应该改为 $-a_{\text{s}}$。

2) 形式 II 特征点确定的径向相对速度约束

在接近过程中,形式 II 特征点对应的特征位置 X_α 包含:轨迹 I 中的 X_{I1}、X_{I2},轨迹 II 中的 X_{II1}、X_{II2} 和轨迹 IV 中的 X_{IV}。下面先以 X_{II1} 为例进行分析求解,轨迹安全时对 X_{II1} 的约束为 $X_{\text{II1}} > a_{\text{s}}$,由式(8 - 12)可知当 $X_{\text{II1}} = a_{\text{s}}$ 时有

$$x_0 - 2n + 3a_2\varphi - 3a_2\alpha + 2a_3\cos\alpha = a_{\text{s}} \qquad (8-17)$$

式中:$\alpha = \alpha_{\text{II1}}$。由定理 8.3,式(8 - 17)等号左边随 n 的变化规律对应于不同的 z_0、$\dot{x}_0$ 是不一样的。对应于不同的 z_0、$\dot{x}_0$,式(8 - 17)的解的个数也不一样。

当 $z_0 < b_{\text{s}}$ 或 $z_0 > b_{\text{s}}$,$\dot{x}_0 < 0$,$(b_{\text{s}} - 2a_2)^2 \leqslant m^2$ 时,X_{III} 随 n 的增大单调减小,通过式(8 - 17)可求得唯一的解,记为 $n_{\text{III max}}$,则由 $X_{\text{III}} > a_{\text{s}}$ 可知,$\dot{z}_0 < \omega_{\text{oT}} n_{\text{III max}}$ 是轨迹安全时的一个约束。

当 $z_0 = b_{\text{s}}$ 时,①当 $n < 0$ 时,X_{III} 随 n 的增大不发生变化,选择任意满足 $n < 0$ 的 $\dot{z}_0$,通过式(8 - 12)可以求得特征位置 X_{II1},若 $X_{\text{II1}} > a_{\text{s}}$ 则轨迹是安全的,否则轨迹是不安全。②当 $n \geqslant 0$ 时,X_{I1} 随 n 的增大而减小,由式(8 - 17)可以求得临界的径向特征速度,记为 $n_{\text{II1 max}}$。综合①和②两点有:当 $n < 0$ 时,满足 $X_{\text{II1}} > a_{\text{s}}$,则 $\dot{z}_0 < \omega_{\text{oT}} n_{\text{II1 max}}$ 是轨迹安全时的一个约束,否则 $0 < \dot{z}_0 < \omega_{\text{oT}} n_{\text{III max}}$ 是

轨迹安全时的一个约束。

当 $z_0 > b_s, \dot{x}_0 \geqslant 0$ 或满足 $z_0 > b_s, \dot{x}_0 < 0, (b_s - 2a_2)^2 > m^2, a_2 + b_s - m \leqslant 0$ 时，①当 $n < 0$ 时，$X_{\mathrm{II}1}$ 随 n 的增大而增大，由式(8-2)、式(8-5)和式(8-10)容易分析当 $n \to -\infty$ 时 $X_{\mathrm{II}1}$ 的最小值为 x_0 且 $x_0 > a_s$，满足 $X_{\mathrm{II}1} > a_s$。②当 $n \geqslant 0$ 时，$X_{\mathrm{II}1}$ 随 n 的增大而减小，由式(8-17)可以求得临界的径向特征速度，记为 $n_{\mathrm{II}1\max}$。综合①和②可知，$\dot{z}_0 < \omega_{\mathrm{oT}} n_{\mathrm{II}1\max}$ 是轨迹安全时的一个约束。

当 $z_0 > b_s, \dot{x}_0 < 0, (b_s - 2a_2)^2 > m^2, a_2 + b_s - m > 0$ 时，①当 $n < 0$ 时，$X_{\mathrm{II}1}$ 随 n 的增大先减小后增大，可以求得在转折点时的径向特征速度满足 $n_0 = -\sqrt{\dfrac{(m + 2a_2 - b_s)(2m - 3a_2)^2}{4(a_2 + b_s - m)}}$，由式(8-12)计算这时的 $X_{\mathrm{II}1}$。若 $X_{\mathrm{II}1} > a_s$，则轨迹安全时对 $\dot{z}_0$ 无约束；若 $X_{\mathrm{II}1} = a_s$，则 $n < 0$ 且 $n \neq n_0$ 是轨迹安全时的一个约束；若 $X_{\mathrm{II}1} < a_s$，则分别在 $(-\infty, n_0)$、$(n_0, 0)$ 两个区间内求出满足条件式(8-17)的两个解 n_2、n_3 且 $n_2 < n_3$，则 $z_0 < \omega_{\mathrm{oT}} n_2$ 或 $\omega_{\mathrm{oT}} n_3 < z_0 < 0$ 是轨迹安全时满足的一个约束。②当 $n \geqslant 0$ 时，$X_{\mathrm{II}1}$ 随 n 的增大单调减小，通过式(8-17)可求得唯一的解，记为 n_1，则由 $X_{\mathrm{II}1} > a_s$ 可知 $0 \leqslant \dot{z}_0 < \omega_{\mathrm{oT}} n_1$ 是轨迹安全时的一个约束。综合①和②可以由 $n = n_0$ 时对应的特征位置 $X_{\mathrm{II}1}$ 与 a_s 的关系，得到轨迹安全时四种不同的径向相对速度约束。

类似地，对于特征位置为 X_{11}, X_{IV} 的特征点，根据定理 8.2 和定理 8.6 通过求解非线性式(8-17)可以获得轨迹安全时对径向相对速度的约束，在求解过程中式(8-17)中的 α 分别代表 $\alpha_{11}, \alpha_{\mathrm{IV}}$。对于特征位置为 $X_{12}, X_{\mathrm{II}2}$ 的特征点，轨迹安全时满足的约束为 $X_{12} < -a_s, X_{\mathrm{II}2} < -a_s$，类似地根据定理 8.4 和定理 8.5，将式(8-17)等号右边的 a_s 改为 $-a_s$，通过求解式(8-17)可以获得轨迹安全时对径向相对速度的约束，其中 α 分别代表 $\alpha_{12}, \alpha_{\mathrm{II}2}$。

3）轨迹 Ⅰ～Ⅴ 的轨迹安全和优化设计

对于轨迹 Ⅰ，轨迹安全时满足 $X_{11} > a_s, X_{12} < -a_s, X_{13} > a_s, X_{14} < -a_s$；从形式 Ⅰ 特征点求得轨迹安全时由 $X_{13} > a_s, X_{14} < -a_s$ 确定的径向相对速度约束，从形式 Ⅱ 特征点求得由 $X_{\mathrm{II}1} > a_s, X_{\mathrm{II}2} < -a_s$ 确定的径向相对速度约束；综合这两种约束，可以得到轨迹 Ⅰ 安全时的径向相对速度约束。对于轨迹 Ⅱ，轨迹安全时满足 $X_{\mathrm{II}1} > a_s, X_{\mathrm{II}2} < -a_s$，则通过对形式 Ⅱ 特征位置 $X_{\mathrm{II}1}, X_{\mathrm{II}2}$ 的分析可以求得轨迹 Ⅱ 安全时对径向相对速度的约束。对于轨迹 Ⅲ，轨迹安全时

满足 $X_{Ⅲ} > a_s$,则通过对形式 Ⅰ 特征位置 $X_{Ⅲ}$ 的分析可以求得轨迹 Ⅲ 安全时对径向相对速度的约束。对于轨迹 Ⅳ,轨迹安全时满足 $X_{Ⅳ} > a_s$,则通过形式 Ⅱ 特征位置 $X_{Ⅳ}$ 的分析可以求得轨迹 Ⅳ 安全时对径向相对速度的约束。

前面针对轨迹 Ⅰ ~ Ⅳ,在 $x_0, z_0, \dot{x}_0$ 确定时,通过对形式 Ⅰ 特征位置和形式 Ⅱ 特征位置的分析给出了轨迹安全时对径向相对速度的约束,从该约束中选择任意一个值作为轨迹的初始径向相对速度,可以得到安全的轨迹。通过比较制导脉冲的大小,选择合适的径向初始相对速度还可以得到燃料优化的安全轨迹。

从对径向相对速度约束的求解过程可以看到,对于确定的 $x_0, z_0, \dot{x}_0$,当所设计轨迹的径向相对速度满足安全约束时,轨迹是安全的,而当所设计轨迹的径向相对速度不满足安全约束时,轨迹是不安全的。所以对径向相对速度的约束,给出了确定的 $x_0, z_0, \dot{x}_0$ 下轨迹安全时的充分必要条件。有下面几个定理成立:

定理 8.7 利用式(8-1)和式(8-2)描述的在轨道平面内的自由漂移轨迹中,对于满足轨迹 Ⅰ 的一组确定的 $x_0, z_0, \dot{x}_0$,由 $X_{Ⅰ1} > a_s$ 确定的径向相对速度约束为 $\dot{z}_{Ⅰ1min} < \dot{z}_0 < \dot{z}_{Ⅰ1max}$,由 $X_{Ⅰ2} < -a_s$ 确定的径向相对速度约束为 $\dot{z}_{Ⅰ2min} < \dot{z}_0 < \dot{z}_{Ⅰ2max}$,由 $X_{Ⅰ3} > a_s$ 确定的径向相对速度约束为 $\dot{z}_{Ⅰ3min} < \dot{z}_0 < \dot{z}_{Ⅰ3max}$,由 $X_{Ⅰ4} < -a_s$ 确定的径向相对速度约束为 $\dot{z}_{Ⅰ4min} < \dot{z}_0 < \dot{z}_{Ⅰ4max}$,则这四个约束的交集 $\dot{z}_{Ⅰmin} < \dot{z}_0 < \dot{z}_{Ⅰmax}$ 是轨迹 Ⅰ 安全时的充分必要条件。

定理 8.8 利用式(8-1)和式(8-2)描述的在轨道平面内的自由漂移轨迹中,对于满足轨迹 Ⅱ 的一组确定的 $x_0, z_0, \dot{x}_0$,由 $X_{Ⅲ} > a_s$,确定的径向相对速度约束为 $\dot{z}_{Ⅱ1min} < \dot{z}_0 < \dot{z}_{Ⅱ1max}$,由 $X_{Ⅰ2} < -a_s$ 确定的径向相对速度约束为 $\dot{z}_{Ⅱ2min} < \dot{z}_0 < \dot{z}_{Ⅱ2max}$,则这两个约束的交集 $\dot{z}_{Ⅱmin} < \dot{z}_0 < \dot{z}_{Ⅱmax}$ 是轨迹 Ⅱ 安全时的充分必要条件。

定理 8.9 利用式(8-1)和式(8-2)描述的在轨道平面内的自由漂移轨迹中,对于满足轨迹 Ⅲ 的一组确定的 $x_0, z_0, \dot{x}_0$,由 $X_{Ⅲ} > a_s$ 确定的径向相对速度约束为 $\dot{z}_{Ⅲmin} < \dot{z}_0 < \dot{z}_{Ⅲmax}$ 是轨迹 Ⅲ 安全时的充分必要条件。

定理 8.10 利用式(8-1)和式(8-2)描述的在轨道平面内的自由漂移轨迹中,对于满足轨迹 Ⅳ 的一组确定的 $x_0, z_0, \dot{x}_0$,由 $X_{Ⅳ} > a_s$ 确定的径向相对速度约束为 $\dot{z}_{Ⅳmin} < \dot{z}_0 < \dot{z}_{Ⅳmax}$ 是轨迹 Ⅳ 安全时的充分必要条件。

3. 轨迹 V 的设计

对于轨迹 V, 满足 $a_2 = 0$, 要保证接近过程中椭圆自由漂移轨迹不与禁飞区相交, 只要 $X_{min} > a_s$ 即可, 而 $X_{min} = x_0 - 2n - 2a_3$。对于一组确定的 $x_0, z_0, \dot{x}_0$, 由 $x_0 - 2n - 2a_3 > a_s$ 容易得到当 n 满足式(8 - 18)时轨迹是安全的, 有

$$n < \frac{(x_0 - a_s)^2 - 4m^2}{4(x_0 - a_s)} \qquad (8-18)$$

记 $z_{0max} = \dfrac{(x_0 - a_s)^2 - 4m^2}{4(x_0 - a_s)} \omega_{oT}$, 则当 $\dot{z}_0$ 满足 $\dot{z}_0 < \dot{z}_{0max}$ 时, 自由漂移轨迹是安全的。

4. 特殊轨迹的设计

对于一组确定的 $x_0, z_0, \dot{x}_0$, 由式(8 - 3)可以求得 a_2, m。当 $9a_2^2 - 4m^2 > 0$ 时, 可能出现满足条件 8.1 的特殊轨迹; 当 $(b_s + 2a_2)^2 - m^2 > 0$ 时, 可能出现满足条件 8.2 的特殊轨迹; 当 $(b_s - 2a_2)^2 - m^2 > 0$ 时可能出现满足条件 8.3 的特殊轨迹, 所以需要对这三种特殊轨迹进行安全轨迹设计。另外在定理 8.1 ~ 定理 8.6 的证明中假设 $\cos\alpha \neq 0$, 所以还需要对满足 $\cos\alpha = 0$ 的轨迹进行安全轨迹设计。

1) 满足条件 8.1 特殊轨迹的安全轨迹设计

在本章的研究中, 把该情况的轨迹认为是不安全的。通过 $|-3a_2/(2a_3)| > 1$ 可以求得这些不安全的轨迹的径向特征速度满足:

$$|n| < \sqrt{9a_2^2 - 4m^2}/2 \qquad (8-19)$$

2) 满足条件 8.2 或条件 8.3 特殊轨迹的安全轨迹设计

当轨迹满足条件 8.2 时, 轨迹恒在禁飞区上方, 是安全的。根据 $2a_2 + a_3 < -b_s$ 可以求得这种轨迹安全时径向特征速度满足的约束为

$$|n| < \sqrt{(b_s + 2a_2)^2 - m^2} \qquad (8-20)$$

当轨迹满足条件 8.3 时, 轨迹恒在禁飞区下方, 是安全的。根据 $2a_2 - a_3 > b_s$ 可以求得这种轨迹安全时径向特征速度满足的约束为

$$|n| < \sqrt{(b_s - 2a_2)^2 - m^2} \qquad (8-21)$$

3) 满足 $\cos\alpha = 0$ 轨迹的安全轨迹设计

对于形式 I 特征点, 与对满足条件 8.1 特殊轨迹的处理一样, 把满足 $\cos\alpha = 0$

时的轨迹也认为是不安全的轨迹,且由 $|-3a_2/(2a_3)|=1$ 可以求得这时的径向特征速度满足:

$$|n| = \sqrt{9a_2^2 - 4m^2}/2 \qquad (8-22)$$

对于图 8-4(a)~(c)中的形式 Ⅱ 特征点,只有特征位置 $X_{Ⅱ1}, X_{Ⅱ2}, X_{Ⅳ}$ 对应的相位角可能满足 $\cos\alpha = 0$。对于 $X_{Ⅱ1}, X_{Ⅱ2}$,满足 $\cos\alpha = 0$ 的轨迹是满足条件 8.3 特殊轨迹的临界情况。对于一组确定的 $x_0, z_0, \dot{x}_0$,可以求得满足这种轨迹的径向特征速度为 $|n| = \sqrt{(b_s - 2a_2)^2 - m^2}$,求得这时的 $X_{Ⅱ1}, X_{Ⅱ2}$,若有 $X_{Ⅱ1} > a_s$, $X_{Ⅱ2} < -a_s$ 成立则轨迹是安全的,否则轨迹是不安全的。对于 $X_{Ⅳ}$,满足 $\cos\alpha = 0$ 的轨迹是满足条件 8.2 特殊轨迹的临界情况。对于一组确定的 $x_0, z_0, \dot{x}_0$,可以求得满足这种轨迹的径向特征速度为 $|n| = \sqrt{(b_s + 2a_2)^2 - m^2}$,求得这时的 $X_{Ⅳ}$,若有 $X_{Ⅳ} > a_s$ 成立则轨迹是安全的,否则轨迹是不安全的。

5.安全轨迹设计步骤

交会对接中安全轨迹的设计是在已知原始轨迹 $x_0, z_0, \dot{x}_{00}, \dot{z}_{00}$ 的基础上,通过制导脉冲 $\Delta V_x, \Delta V_z$ 得到的。在利用脉冲制导的安全轨迹设计中,新的安全轨迹的初始位置是无法改变的,为原始轨迹的初始相对位置,新轨迹的相对速度为 $\dot{x}_{00} + \Delta V_x, \dot{z}_{00} + \Delta V_z$。交会对接中安全轨迹的设计方法包含如下步骤。

(1) 根据原始轨迹的相对位置,充分考虑燃料消耗、摄动影响、导航和制导误差等因素,选择合适的切向初始相对速度 $\dot{x}_0$,则 $x_0, z_0, \dot{x}_0$ 是确定的。

(2) 由式(8-3)计算参数 a_2, m,由 a_2 确定轨迹类型、需要进行约束的特征点以及对应的特征位置。

(3) 若轨迹的初始位置离禁飞区较远时,需要进行初始切向相对位置处理。

(4) 根据 a_2, m, b_s,利用轨迹 Ⅰ~Ⅳ、轨迹 Ⅴ 以及特殊轨迹的安全轨迹设计方法,求出轨迹安全时应该满足的径向相对速度约束。从约束中选择任意一个值作为新轨迹的初始径向相对速度,则完成安全轨迹的设计。

(5) 在工程实际中进行安全轨迹设计时,由于存在模型误差、导航和控制误差以及环境摄动力的作用,由定理 8.1~定理 8.6 可以通过适当收缩径向相对速度约束的边界,保证所设计的轨迹具有一定的安全裕度,从而保证在存在模型误差、导航和控制误差、摄动影响下,轨迹仍然是安全的。

（6）当考虑轨迹优化时，可以从对 $\dot{z}_0$ 的约束中选择一个节省燃料的值作为轨迹的初始径向相对速度；进一步可以通过选择多组的 $\dot{x}_0$，求得相应的节省燃料的 $\dot{z}_0$，在比较 $\sqrt{\Delta V_x^2 + \Delta V_z^2}$ 大小的基础上，得到燃料优化的安全轨迹。

6. 寻的段安全轨迹设计

寻的段一般采用 Hohmann 轨迹，属于轨迹Ⅲ，设计安全轨迹，要考虑相位角为 $\alpha_{Ⅲ}$ 的特征点。标称的寻的段轨迹，轨道高度差 13.5km，迹向位置 36.808km，$\dot{x} = -23\text{m/s}$，$\dot{z} = 0$，施加的首末脉冲：3.77m/s，3.82m/s。标称的轨迹如图 8 – 5 所示。

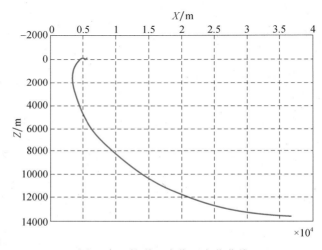

图 8 – 5　轨道面内位置变化曲线

标称轨迹特征点对应的特征位置 $X_{Ⅲ} = 3496\text{m}$。能保证轨迹是安全。

考虑初始条件，执行机构，加速度计存在误差时，遍历仿真寻的轨迹如图 8 – 6 ～图 8 – 7 所示。

有 $X_{Ⅲ} = X_{\min} = 1845.8\text{m}$，轨迹是安全的。

7. 接近段安全轨迹设计

接近段的轨迹一般是从 V-bar 轴上的一个点飞到离 V-bar 轴上离目标器更近的一个点，其飞行轨迹属于轨迹Ⅰ或轨迹Ⅱ。

对于接近段轨迹而言，不希望轨迹跑到目标器前方，所以考核轨迹的安全性只考虑后方轨迹的安全性，即考虑 $X_{Ⅰ3} > a_s$ 或 $X_{Ⅱ1} > a_s$。

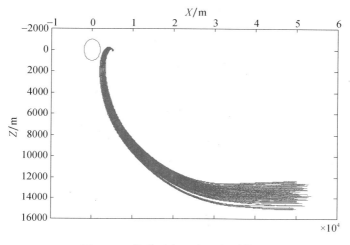

图 8 - 6　轨道面内 X 和 Z 相对位置

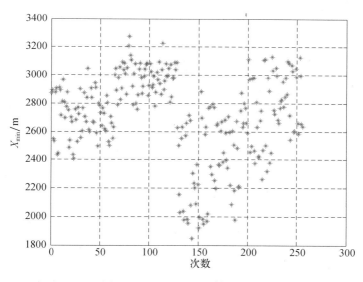

图 8 - 7　寻的过程 X 轴最小值

对于 4.8.1 节中介绍的 5000m ～ 400m 的接近轨迹,可以求得 $X_{min} = 288.868m$,轨迹不会与禁飞区相交,轨迹是安全的。

8.2.4 绕飞段安全轨迹设计

本节针对 $-V\text{-}bar \sim +V\text{-}bar$、$-V\text{-}bar \sim +R\text{-}bar$ 两种典型绕飞,给出了从目标器正后方任意稳定保持点 x_0 出发的一般性安全绕飞轨迹设计方法[3,4]。

采用外切于圆形禁飞区的长、宽分别为 $2a_s$,$2b_s$ 的长方形禁飞区,绕飞过程中要保证安全则要保证追踪器不进入长方形禁飞区。

1. 从 $-V\text{-}bar \sim +V\text{-}bar$ 绕飞

对于 $-V\text{-}bar \sim +V\text{-}bar$ 绕飞,临界安全绕飞轨迹恰好过禁飞区顶点 $A(a_s,b_s)$ 或 $B(-a_s,b_s)$,如图 8-8 所示。

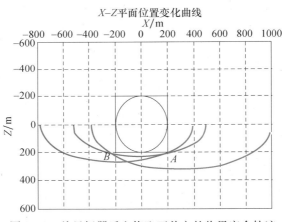

图 8-8 从目标器后方绕飞至前方的临界安全轨迹

1) 与安全轨迹设计相关的定理与安全约束条件

给出与安全绕飞轨迹相关的定理,如下。

定理 8.11 对于轨道面内的绕飞,设追踪器的绕飞起点为 $-V\text{-}bar$ 轴上的初始稳定保持点,即初始状态为 $(x_0,0,0,0)$,施加切向、径向速度增量 $\dot{x}_0$,$\dot{z}_0$ (其中 $\dot{z}_0 > 0$)后的绕飞轨迹为

$$
\begin{cases}
x = \left(x_0 - \dfrac{2\dot{z}_0}{\omega_{oT}} \right) + 2\left(\dfrac{2\dot{x}_0}{\omega_{oT}} \right)\sin(\omega_{oT}t) + 2\dfrac{\dot{z}_0}{\omega_{oT}}\cos(\omega_{oT}t) - (6\omega_{oT}z_0 + 3\dot{x}_0)t \\[3mm]
z = \dfrac{2\dot{x}_0}{\omega_{oT}} + \dfrac{\dot{z}_0}{\omega_{oT}}\sin(\omega_{oT}t) - \left(\dfrac{2\dot{x}_0}{\omega_{oT}} \right)\cos(\omega_{oT}t)
\end{cases}
$$

$$(8-23)$$

假设绕飞时间不超过一个轨道周期,将 $z = b_s$ 对应的时刻分别记为 $t_1, t_2(t_1 < t_2)$,对应 t_1, t_2 时刻轨迹上的点的 x 坐标分别记为 $x_1, x_2(x_1 > x_2)$。当切向速度增量 $\dot{x}_0$ 满足条件 $b\omega_{oT}/4 < \dot{x}_0 < 0$ 时,x_1 随径向速度增量 $\dot{z}$ 的增大而增大,x_2 随 $\dot{z}_0$ 的增大而减小。

具体证明见参考文献[4]。

安全约束条件:要保证 $-$V-bar $\sim$ $+$V-bar 安全绕飞,方程组(8-23)所描述的相对运动轨迹需要满足以下三个约束条件:

$$\begin{cases} z = b_s \\ x_1 \leqslant a_s \end{cases} \qquad (8-24)$$

$$\begin{cases} z = b_s \\ x_2 \leqslant -a_s \end{cases} \qquad (8-25)$$

$$\begin{cases} z_f = 0 \\ x_f \leqslant -a_s \end{cases} \qquad (8-26)$$

其中,x_f, z_f 为绕飞轨迹终点对应的 x, z 坐标;x_1, x_2 分别为方程组(8-23)中 $z = b_s$ 时对应的点的 x 坐标,且 $x_1 > x_2$。

2)$-$V-bar $\sim$ $+$V-bar 绕飞的安全绕飞轨迹设计

根据定理 8.11,对于 $-$V-bar $\sim$ $+$V-bar 绕飞,只需在 $b\omega_{oT}/4 < \dot{x}_0 < 0$ 范围内选择初始切向速度增量 $\dot{x}_0$ 的值,然后根据安全约束条件式(8-24)~式(8-26)求得保证安全绕飞的初始径向速度增量 $\dot{z}_0$ 的范围,再根据定理 8.11 中给出的 x_1, x_2 与 $\dot{z}_0$ 的关系可知,选择的初始径向速度增量 $\dot{z}_0$ 越大,点 (x_1, b_s)、(x_2, b_s) 分别距离禁飞区的顶点 A、B 越远,故可以综合考虑安全裕度的同时结合实际需要在求得的 $\dot{z}_0$ 的范围内对其进行选择即可。下面给出安全绕飞轨迹的设计方法:

(1)当任意给定初始稳定保持点 x_0 时,在 $b\omega_{oT}/4 < \dot{x}_0 < 0$ 范围内任意选择初始切向速度增量 $\dot{x}_0$;

(2)已知 $x_0, \dot{x}_0$ 的值后,根据式(8-24)~式(8-26)所示的安全约束条件可求得保证安全绕飞的初始径向速度增量 $\dot{z}_0$ 的范围;

(3)根据定理 8.11 中给出的 x_1, x_2 与 $\dot{z}_0$ 的关系,综合考虑安全裕度与实际需要对 $\dot{z}_0$ 进行选择。当 $x_0, \dot{x}_0, \dot{z}_0$ 三个值均已知后,绕飞轨迹便可确定,同时绕飞时间、绕飞终点均可确定。

2. 从 – V-bar ~ + R-bar 绕飞

对于 – V-bar ~ + R-bar 绕飞,临界安全绕飞轨迹恰好过长方形禁飞区的顶点 $A(a_s, b_s)$,如图 8 – 9 所示。

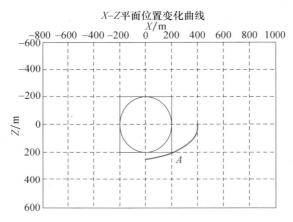

图 8 – 9   从目标器后方绕飞至下方的临界安全轨迹

1)与安全轨迹设计相关的定理与安全约束条件

对于 – V-bar ~ + R-bar 绕飞,同样满足式(8 – 23)描述的相对运动轨迹,$z = b_s$ 时对应的 x 为定理 8.11 中所述的 x_1。故定理 8.11 中给出的 x_1 与 $\dot{z}_0$ 之间的关系同样可以指导 – V-bar ~ + R-bar 的绕飞轨迹设计。

安全约束条件:要保证 – V-bar ~ + R-bar 安全绕飞,式(8 – 23)所描述的相对运动轨迹需要满足式以下两个约束条件:

$$\begin{cases} z = b_s \\ x_1 \geqslant a_s \end{cases} \tag{8 – 27}$$

$$\begin{cases} z_f \geqslant b_s \\ x_f = 0 \end{cases} \tag{8 – 28}$$

其中,x_1 为式(8 – 23)中 $z = b_s$ 时对应的 x 的最小值;x_f, z_f 为绕飞轨迹终点对应的 x, z 坐标。

2) – V-bar ~ + R-bar 绕飞的安全绕飞轨迹设计

根据定理 8.11,对于 – V-bar ~ + R-bar 绕飞,当任意给定初始稳定保持点时,只需在 $b\omega_{oT}/4 < \dot{x}_0 < 0$ 范围内选择初始切向速度增量 $\dot{x}_0$ 的值,然后根据式(8-27)和式(8-28)所示的安全约束条件求得保证安全绕飞的初始径向速度增量 $\dot{z}_0$ 的范围,再根据定理 8.11 中给出的 x_1 与 $\dot{z}_0$ 的关系可知,选择 $\dot{z}_0$ 的值越大,点 (x_1,b) 距离禁飞区的顶点越远,因此可以综合考虑安全裕度同时结合实际需求在求得 $\dot{z}_0$ 的范围内对其进行选择。下面给出安全绕飞轨迹的设计方法:

(1)当任意给定初始稳定保持点 x_0 时,在 $b\omega_{oT}/4 < \dot{x}_0 < 0$ 范围内任意选择初始切向速度增量 $\dot{x}_0$。

(2)已知 $x_0,\dot{x}_0$ 的值后,由安全约束条件式(8-27)可以得到保证安全绕飞的初始径向速度增量 $\dot{z}_0$ 的范围,由安全约束条件式(8-28)得到保证安全绕飞的 $\dot{z}_0$ 的另一范围,综合得出 $\dot{z}_0$ 的范围。

(3)然后根据定理 8.11 中给出的 x_1 与 $\dot{z}_0$ 的关系综合考虑安全裕度与实际需要选择 $\dot{z}_0$ 的值。当 $x_0,\dot{x}_0,\dot{z}_0$ 三个值均得到后,便可确定一条安全绕飞轨迹,同时绕飞时间、绕飞终点均可确定。

8.2.5 仿真算例

1. 寻的段和接近段轨迹 I 的仿真

在交会对接过程中,对于初始位置在轨道平面内禁飞区外的原始轨迹,在推力器允许的情况下,可以设计成轨迹 I ~ V 以及特殊轨迹中任意一类的安全轨迹。对于满足条件 8.2 和条件 8.3 的恒在禁飞区下(上)方的轨迹,其安全性容易保证。考虑实际的接近过程中,相对速度往往不会很大,假设 $\dot{z}_0$ 满足 $-1.5\text{m/s} \le \dot{z}_0 \le 1.5\text{m/s}$。禁飞区的参数取 $a_s = 50\text{m},b_s = 50\text{m}$,目标器的初始轨道根数为 $a = 6778\text{km},e = 0,i = 40.03°,\Omega = 200°,\omega = 150°,f = 0.8°$,参考系的轨道角速度为 $\omega_{oT} = 0.00113\text{rad/s}$。

以轨迹 I 为例进行安全轨迹设计,需要对特征位置为 $X_{11},X_{12},X_{13},X_{14}$ 的特征点进行约束,轨迹安全时特征位置满足 $X_{11} > a_s,X_{12} < -a_s,X_{13} > a_s$,$X_{14} < -a_s$。利用定理 8.1、定理 8.2 和定理 8.4 中特征位置的性质,通过求解非线性方程获得对径向相对速度的约束。

初始相对位置为 $x_0 = 607.1\text{m},z_0 = 40\text{m}$,选择 $\dot{x}_0 = -0.06\text{m/s}$。由式(8-3)可以得到 $a_2 = 26.9027,m = 13.8053$,且有 $z_0 < b_s,\dot{x}_0 < 0$。①该算例满足 $3a_2 > 2m$,

可能出现满足条件 8.1 和 $\cos\alpha = 0$ 的特殊轨迹,在 8.2.2 节中认为这些轨迹是不安全的。可以求得 $\omega_{oT}\sqrt{9a_2^2 - 4m^2}/2 = 0.0428\text{m/s}$,则当 $|\dot{z}_0| \leq 0.0428\text{m/s}$ 时,轨迹是不安全的。②对于形式 I 特征位置 X_{I3}, X_{I4},由定理 8.1 的第(1)条,通过求解非线性方程式(8-16)可以求得轨迹安全时对径向相对速度约束的边界值为 $\dot{z}_{I3\max} = 0.0729\text{m/s}$ 和 $\dot{z}_{I4\min} = -0.1669\text{m/s}$,则轨迹安全时由形式 I 特征位置确定的径向相对速度约束为 $\dot{z}_{I4\min} < \dot{z}_0 < \dot{z}_{I3\max}$。③对于形式 II 特征位置 X_{I1},由定理 8.2 的第(1)条,当 $n \leq 0$ 时,X_{I1} 随 n 的增大而减小,由式(8-17)可以求得临界的径向相对速度 $\dot{z}_{I1\max} = -0.0471\text{m/s}$;由定理 8.2 的第(4)条,当 $n > 0$ 时 X_{I1} 随 n 的增大而增大,由式(8-12)可以求得当 $\dot{z}_0 = 0.0428\text{m/s}$ 时,$X_{I1} = 83.93\text{m} > a_s$。对于形式 II 特征位置 X_{I2},由定理的 8.4 第(1)条,当 $n \geq 0$ 时 X_{I2} 随 n 的增大而减小,由式(8-12)可以求得当 $\dot{z}_0 = 0.0428\text{m/s}$ 时,$X_{I2} = -345.41\text{m} < -a_s$;由定理 8.4 的第(4)条,当 $n < 0$ 时 X_{I2} 随 n 的增大而增大,当 $\dot{z}_0 = -0.0428\text{m/s}$ 时,由式(8-12)可以求得 $X_{I2} = -391.04\text{m} < -a_s$。所以轨迹安全时由形式 II 特征位置 X_{I3}, X_{I4} 确定的径向相对速度约束为 $\dot{z}_0 < -0.0471\text{m/s}$ 或 $\dot{z}_0 > 0.0428\text{m/s}$。

综合①、②和③中的分析,该算例中轨迹安全时径向相对速度的约束满足 $-0.1669\text{m/s} < \dot{z}_0 < -0.0471\text{m/s}$ 或 $0.0428\text{m/s} < \dot{z}_0 < 0.0729\text{m/s}$。

先在 CW 方程描述的相对运动模型下进行验证,图 8-10 和图 8-11 分别为 $\dot{z}_0 = 0.0729\text{m/s}$ 和 $\dot{z}_0 = -0.1669\text{m/s}$ 时的自由漂移轨迹。

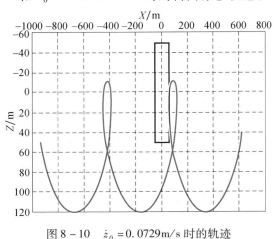

图 8-10 $\dot{z}_0 = 0.0729\text{m/s}$ 时的轨迹

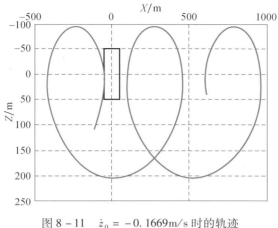

图 8 - 11　$\dot{z}_0 = -0.1669\text{m/s}$ 时的轨迹

图中长方形部分为禁飞区,图 8 - 10 中自由漂移轨迹与禁飞区相切于直线 $x = a_s$,图 8 - 11 中自由漂移轨迹与禁飞区相切于直线 $x = -a_s$。更多的以 CW 方程描述的相对运动的仿真表明,当 $-0.1669\text{m/s} < \dot{z}_0 < -0.0471\text{m/s}$ 或 $0.0428\text{m/s} < \dot{z}_0 < 0.0729\text{m/s}$ 时,自由漂移轨迹是安全的。仿真结果表明该安全轨迹的设计方法是有效的。

当利用带有 J_2, J_3, J_4 摄动影响的轨道模型进行仿真验证时,由于存在动力学模型误差和空间环境摄动力的影响等,所设计的安全轨迹在有些情况下可能是不安全的,这时可以通过收缩径向相对速度约束的范围设计安全的接近轨迹。图 8 - 12 给出 $\dot{z}_0 = -0.165\text{m/s}$ 时的自由漂移轨迹,图 8 - 13 给出满足 $-0.16\text{m/s} \leqslant \dot{z}_0 \leqslant -0.046\text{m/s}$ 或 $0.042\text{m/s} \leqslant \dot{z}_0 \leqslant 0.0728\text{m/s}$ 时遍历仿真的自由漂移轨迹。

当 $\dot{z}_0 = -0.165\text{m/s}$ 时,由于 $\dot{z}_{I4\min} < -0.165\text{m/s} < \dot{z}_{I3\max}$,新轨迹的径向速度满足安全约束要求,利用 CW 描述的模型进行仿真时轨迹是安全的。但是新轨迹的径向相对速度接近径向相对速度约束的边界 $\dot{z}_{I4\min}$,当利用带有 J_2, J_3, J_4 摄动影响的轨道模型进行仿真时,从图 8 - 12 可以看到轨迹是不安全的。通过收缩径向相对速度约束的边界,取新的约束为 $-0.16\text{m/s} \leqslant \dot{z}_0 \leqslant -0.046\text{m/s}$ 或 $0.042\text{m/s} \leqslant \dot{z}_0 \leqslant 0.0728\text{m/s}$ 时,从图 8 - 13 的遍历仿真可以看到,所有的轨迹是安全的。

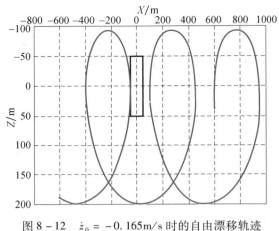

图 8 - 12 $\dot{z}_0 = -0.165\text{m/s}$ 时的自由漂移轨迹

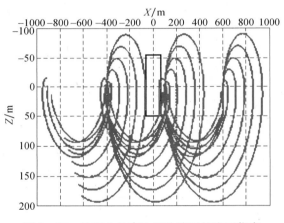

图 8 - 13 轨迹 I 约束边界收缩后的遍历仿真

对于带有 J_2, J_3, J_4 摄动影响的轨道上的相对运动,由于存在模型误差和空间环境摄动力的影响,可以通过收缩径向相对速度的约束边界,使得轨迹具有一定的安全裕度,从而保证在存在模型误差等影响下轨迹仍然是安全的,仿真结果验证了安全轨迹设计方法的适用性和通过收缩径向相对速度约束范围设计安全轨迹方法的有效性。

在工程设计中,除上述模型误差和 J_2, J_3, J_4 摄动影响外,还存在其他的摄动影响,以及制导和导航误差的影响,这些摄动和误差的大小一般是确定的。

类似地可以通过收缩径向相对速度约束的边界,使得所设计的轨迹具有一定的安全裕度,且在这些摄动和误差影响下轨迹仍然是安全的。

2. 从 – V-bar ~ + V-bar 绕飞仿真

以 – V-bar ~ + V-bar 绕飞仿真算例为例分析绕飞过程安全轨迹设计方法。选择禁飞区参数为 $a_s = b_s = 200$m。

分别以 – V-bar 轴上 $x_0 = 400$m、$x_0 = 1000$m 处的初始稳定保持点为绕飞起点进行安全绕飞轨迹设计与仿真验证。按照安全绕飞轨迹的设计方法:

(1)给定 $x_0 = 400$m 时,在 $\dot{x}_0 < b\omega_{oT}/4 = 0.056$m/s 范围内选 $\dot{x} = 0.05$m/s。

(2)已知 $x_0 = 400$m、$\dot{x}_0 = 0.05$m/s 后,根据约束条件式(8 – 24)、式(8 – 25)、式(8 – 26)可以得到 $\dot{z}_0$ 的范围 $\dot{z}_0 \geqslant 0.166$m/s。

(3)由定理 8.11 可知选择的 $\dot{z}_0$ 越大,点 (x_1, b_s)、(x_2, b_s) 分别距离禁飞区的顶点 A、B 越远,综合考虑安全裕量与实际需要对 $\dot{z}_0$ 进行选择,选 $\dot{z}_0 = 0.17$m/s 和 $\dot{z}_0 = 0.22$m/s。当 $x_0, \dot{x}_0, \dot{z}_0$ 三个值均得到后,便可确定绕飞轨迹,同时绕飞时间 t_a 和绕飞终点位置 x_f 便也可以确定。当 $\dot{z}_0 = 0.17$m/s 时,$t_a = 0.671T, x_f = -760$m;当 $\dot{z}_0 = 0.22$m/s 时,$t_a = 0.6377T, x_f = -909.1$m。仿真结果如图 8 – 14 所示。

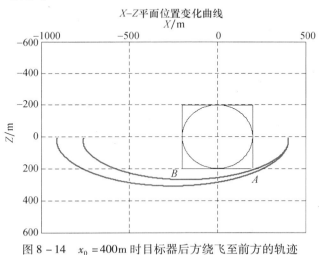

图 8 – 14 　$x_0 = 400$m 时目标器后方绕飞至前方的轨迹

同理,若从 $x_0 = 1000$m 处开始绕飞,按照安全绕飞轨迹的设计方法可得:$\dot{x}_0 = 0.05$m/s,$\dot{z}_0 \geqslant 0.2321$m/s,选 $\dot{z}_0 = 0.24$m/s 和 $\dot{z}_0 = 0.3$m/s。当 $\dot{z}_0 = $

$0.24\mathrm{m/s}$ 时,可以求得 $t_a = 0.6274T$,$x_f = -371.4\mathrm{m}$;当 $\dot{z}_0 = 0.3\mathrm{m/s}$ 时,可以求得 $t_a = 0.6041T$,$x_f = -564.4\mathrm{m}$。仿真结果如图 $8-15$ 所示。

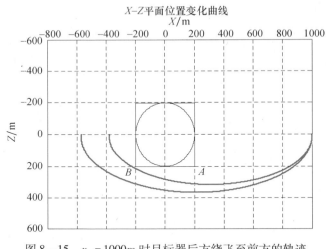

图 $8-15$　$x_0 = 1000\mathrm{m}$ 时目标器后方绕飞至前方的轨迹

由图 $8-14$、图 $8-15$ 的仿真结果可以看出:在 $\dot{x}_0 < b\omega_{oT}/4 = 0.056\mathrm{m/s}$ 范围内选定 $\dot{x}_0$ 的条件下,选择的初始径向速度增量 $\dot{z}_0$ 越大,点 (x_1,b_s)、(x_2,b_s) 分别距离禁飞区的顶点 A、B 越远,轨迹安全裕量越大,同时绕飞时间会减少。

8.3　基于长方形禁飞区的轨迹安全性判断

8.3.1　极值型特征点及其性质

1. $a_2 < 0$ **时的极值型特征点及其特征位置**

先考虑 $a_2 < 0$ 时的情况[2],如图 $8-16$。对于第 Ⅰ 类轨迹,由 8.2.1 节可知,图 $8-16$ 中相位角为 α_1,α_2 的极值点是轨迹的两个极值型特征点,且满足:

$$\sin\alpha_1 = \sin\alpha_2 = \frac{-3a_2}{2a_3} \qquad (8-29)$$

由式 $(8-9)$ 和图 $8-16$ 容易分析得到:α_1 在第一象限,α_2 在第二象限。对于确定的初始相对状态,α_1,α_2 可以由式(8-29)求得。

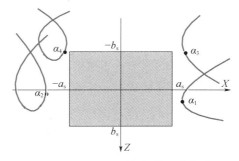

图 8-16　$a_2 < 0$ 时的极值型特征点

对于第 Ⅱ 类轨迹,如图 8-16,由 8.2.1 节可知当相位角为 α_3,α_4,且满足 $z(\alpha_t) = -b_s$ 的点是轨迹的两个极值型特征点,则有

$$\sin\alpha_3 = \sin\alpha_4 = \frac{-b_s - 2a_2}{a_3} \qquad (8-30)$$

由式(8-11)和图 8-16 可以分析得到:α_3 在第一象限,α_4 在第二象限。对于确定的初始相对状态,由式(8-30)可以求得 α_3,α_4。

对于满足条件 8.1 的第 Ⅲ 类轨迹,当 $a_2 < 0$ 时满足 $-3a_2 > 2a_3$。先由式(8-4)计算极值点 $\alpha_t + \varphi = \pi/2$ 时对应的 $z(\alpha_t)$,若 $z(\alpha_t) \geqslant -b_s$,则极值点为极值型特征点,记其对应的相位角为 α_1,α_2,且这两个相位角可以根据实际轨迹取 $2k\pi + \pi/2$(k 为整数)。若 $z(\alpha_t) < -b_s$,则对应的极值型特征点满足 $z(\alpha_t) = -b_s$,其相位角用 α_3,α_4 表示,且有 α_3 在第一或第四象限,α_4 在第二或第三象限,与第 Ⅱ 类轨迹一样,可以由式(8-30)求得 α_3,α_4。

上述三种轨迹中,在求出相位角 α($\alpha = \alpha_1$,α_2,α_3,α_4)后,由式(8-12)通过式(8-31)可以求得特征点对应的特征位置 X_α($X_\alpha = X_{\alpha 1}$,$X_{\alpha 2}$,$X_{\alpha 3}$,$X_{\alpha 4}$):

$$X_\alpha = x_0 - 2n + 3a_2\varphi - 3a_2\alpha + 2a_3\cos\alpha \qquad (8-31)$$

记 $X_{\alpha 1}$ 和 $X_{\alpha 3}$ 为 $X_{\min 0}$,$X_{\alpha 2}$ 和 $X_{\alpha 4}$ 为 $X_{\max 0}$,进一步可以求得轨迹在下一个轨道周期内极值型特征点对应的特征位置 $X_{\min 1} = X_{\min 0} - 6a_2\pi$。

2. $a_2 > 0$ 时的极值型特征点及其特征位置

$a_2 > 0$ 时轨迹的极值型特征点及其特征位置的求解与 $a_2 < 0$ 时类似,如图 8-17 所示。对于第 Ⅰ 类轨迹,轨迹的极值点为极值型特征点,其相位角为

α_1,α_2,且同样满足式(8-29),即有 $\sin\alpha_1 = \sin\alpha_2 = -3a_2/2a_3$,但是 α_1 在第三象限,α_2 在第四象限。对于第 II 类轨迹,极值型特征点满足 $z(\alpha_t) = b_s$,其相位角为 α_3,α_4,且满足

$$\sin\alpha_3 = \sin\alpha_4 = \frac{b_s - 2a_2}{a_3} \qquad (8-32)$$

式中:α_3 在第三象限;α_4 在第四象限。

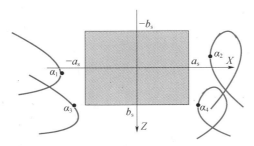

图 8-17 $a_2 > 0$ 时的极值型特征点

对于满足条件 8.1 的第 III 类轨迹,有 $3a_2 > 2a_3$。先由式(8-4)计算极值点 $\alpha_t + \varphi = 3\pi/2$ 时对应的 $z(\alpha_t)$,若 $z(\alpha_t) \leqslant b_s$,则极值点为极值型特征点,其相位角用 α_1,α_2 表示,且可以根据实际轨迹取 $2k\pi + 3\pi/2$(k 为整数)。若 $z(\alpha_t) > b_s$,则对应的极值型特征点满足 $z(\alpha_t) = b_s$,其相位角用 α_3,α_4 表示,且有 α_3 在第二或第三象限,α_4 在第一或第四象限,与第 II 类轨迹一样,可以由式(8-32)求得 α_3,α_4。

根据相位角的正弦值以及其所在的象限可以求出特征点的相位角,同样可以利用式(8-31)求得特征点对应的特征位置。并记 α_1 或 α_3 对应的特征位置为 X_{max0},α_2 或 α_4 对应的特征位置为 X_{min0},进一步可以求得轨迹在下一个轨道周期时极值型特征点对应的特征位置 $X_{max1} = X_{max0} - 6a_2\pi$。

8.3.2   相交型特征点及其性质

1. 相交问题判断

在禁飞区附近,在自由漂移轨迹穿越禁飞区的过程中,需要对相交型特征点进行判断来确定轨迹的安全性,这称为相交问题判断,有如下定义:

定义 8.13(相交问题判断)   对相交型特征点进行判断确定轨迹的安全

性的过程称为相交问题判断。

2. $a_2 < 0$ 时的相交型特征点及其特征位置

先考虑 $a_2 < 0$ 的情况,如图 $8-18$,相交型特征点满足 $|z(\alpha_t)| = b_s$。① 由式 $(8-10)$ 可知,相位角为 α_{j1},α_{j2} 的特征点满足 $\sin\alpha_{ji} = (b_s - 2a_2)/a_3 (i = 1,2)$;由于 $b_s - 2a_2 > 0$,由图 $8-18$ 可以分析得到:α_{j1} 在第一象限,α_{j2} 在第二象限;则当初始相对状态已知时,α_{j1},α_{j2} 容易求得。类似地由式 $(8-11)$,相位角为 α_{j3},α_{j4} 的特征点满足 $\sin\alpha_{ji} = (-b_s - 2a_2)/a_3 (i = 3,4)$,$\alpha_{j3}$ 在第二或第三象限,α_{j4} 在第一或第四象限。对于一组确定的初始相对状态,α_{j3},α_{j4} 只能在一个确定的象限内,在初始相对状态已知时可以求得 α_{j3},α_{j4}。

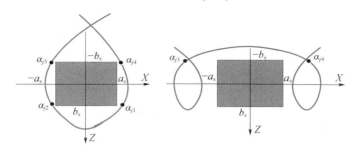

图 $8-18$ 相交问题判断

在求得相位角 $\alpha_{ji}(i = 1,2,3,4)$ 后,由式 $(8-12)$ 通过式 $(8-33)$ 可以求得这些相交型特征点对应的特征位置 $X_{ji}(i = 1,2,3,4)$:

$$X_{ji} = x_0 - 2n + 3a_2\varphi - 3a_2\alpha_{ji} + 2a_3\cos\alpha_{ji} \qquad (8-33)$$

式中:若任意的一个 X_{ji} 满足 $-a_s \leqslant X_{ji} \leqslant a_s$,则轨迹与禁飞区相交。

在相交问题判断之前,需要先确定自由漂移轨迹在越过禁飞区过程中包含禁飞区的圈数:

$$M = \text{Floor}(a_s - X_{\min0}) + 1 \qquad (8-34)$$

Floor 为取整函数,则进行 M 组的 4 个 $X_{ji}(i = 1,2,3,4)$ 的判断可确定轨迹的安全性。在判断过程中,在某些情况下只需对部分的 X_{ji} 进行判断就能确定轨迹的安全性。

3. $a_2 > 0$ 时的相交型特征点及其特征位置

$a_2 > 0$ 时的相交型特征点与 $a_2 < 0$ 时类似,同样有 $\sin\alpha_{ji} = (b_s - 2a_2)/a_3 (i = 1,2)$,$\sin\alpha_{ji} = (-b_s - 2a_2)/a_3 (i = 3,4)$ 成立,且特征位置 X_{ji} 同样可以由式 $(8-33)$

求得。但存在如下两点区别：①在求特征点相位角的过程中，相位角所在的象限不同，α_{j1} 在第一或第四象限，α_{j2} 在第二或第三象限，α_{j3} 在第三象限，α_{j4} 在第四象限；②在求解自由漂移轨迹包含禁飞区的圈数时，式（8 - 34）应该改为

$$M = \text{Floor}(-a_s - X_{\max 0}) + 1 \qquad (8 - 35)$$

8.3.3 轨迹安全性判断方法

按 a_2 的符号分三种情况分别进行轨迹安全的判断，分别为满足 $a_2 < 0$ 的向 X 轴正方向漂移轨迹的轨迹安全判断、满足 $a_2 > 0$ 的向 X 轴负方向漂移轨迹的轨迹安全判断和满足 $a_2 = 0$ 的固定椭圆轨迹的轨迹安全判断。

1. 沿 X 轴正方向漂移轨迹的安全性判断

当 $a_2 < 0$ 时，轨迹安全的判断步骤如下。

第一步：根据初始相对状态，由式（8 - 3）计算参数 $a_1, a_2, m, a_3, \varphi$。

第二步：判断是否满足 $2a_2 + a_3 < -b_s$，若成立则轨迹满足条件 8.2，轨迹恒在禁飞区上方，是安全的，则结束判断，否则转到第三步。

第三步：根据 x_0 的大小分 $x_0 > a_s$，$-a_s \leqslant x_0 \leqslant a_s$，$x_0 < -a_s$ 三种情况进行轨迹安全的判断。首先根据 8.3.1 节计算极值型特征点的特征位置 $X_{\min 0}$，$X_{\max 0}$，$X_{\min 1}$，利用这些特征位置判断轨迹的安全性，如果能直接从这三个特征位置确定轨迹的安全性，则结束判断；否则，需要通过第四步的相交问题判断确定轨迹的安全性。具体过程如下：

（1）$x_0 > a_s$ 时的轨迹安全判断。当 $-3a_2 > 2a_3$ 时，$\dot{x}(\alpha_t) > 0$ 恒成立，自由漂移轨迹往 X 轴正方向运动，恒满足 $x(\alpha_t) \geqslant x_0 > a_s$，轨迹是安全的。当 $-3a_2 \leqslant 2a_3$ 时，若 $X_{\min 0} > a_s$，轨迹是安全的；若 $-a_s \leqslant X_{\min 0} \leqslant a_s$，轨迹不安全；若 $X_{\min 0} < -a_s$，轨迹将越过禁飞区，需要通过相交问题判断来确定轨迹的安全性。

（2）$-a_s \leqslant x_0 \leqslant a_s$ 时的轨迹安全判断。根据 z_0 的初值分三种情况进行讨论。当 $-b_s \leqslant z_0 \leqslant b_s$ 时，初始位置在禁飞区内，自由漂移轨迹不安全。当 $z_0 > b_s$ 时，要使轨迹是安全的，首先必须满足 $X_{\min 0} < -a_s$，然后通过相交问题判断确定轨迹的安全性，其中在对 X_{j1} 的判断比其他的 X_{ji} 少一次。当 $z_0 < -b_s$ 时，根据 $X_{\min 0}$ 的特点分成三种情况进行判断，当 $-a_s \leqslant X_{\min 0} \leqslant a_s$ 时，轨迹进入禁飞区，是不安全的；当 $X_{\min 0} > a_s$ 时，通过相交问题判断中分析 X_{j4} 的值可确定轨迹

的安全性;当 $X_{min0} < -a_s$ 时,需要进行相交问题判断,其中 X_{j4} 要比其他的 X_{ji} 多一次判断。

(3) $x_0 < -a_s$ 时的轨迹安全判断。从式(8-4)看,经过整数个轨道周期后,即相位角的改变量为整数个 2π 时,相对状态 $x(\alpha_t),z(\alpha_t),\dot{x}(\alpha_t),\dot{z}(\alpha_t)$ 中只有 $x(\alpha_t)$ 发生变化。当 $x_0 - 6a_2\pi < -a_s$ 时,要进行初始切向相对位置的处理。新的初始切向相对位置为 $x_{00} = x_0 - 6Na_2\pi$(N 为正整数),且满足 $-a_s < x_{00} \leqslant -6a_2\pi - a_s$。这样把离禁飞区远的初始相对状态转化成在禁飞区附近的相对状态。

根据特征位置 $X_{min0}, X_{max0}, X_{min1}$ 进行轨迹安全的判断。若这三个值中任意一个落入禁飞区,则轨迹不安全,否则根据这三个特征位置把轨迹分成四类,如图8-19和图8-20所示。把满足 $X_{min0} > a_s$ 或 $X_{min0} < -a_s, X_{max0} > a_s, X_{min1} > a_s, \dot{x}_0 \leqslant 0$ 的轨迹称为轨迹 A;把满足 $X_{max0} < -a_s, X_{min1} > a_s$ 的轨迹称为轨迹 B,这两类轨迹只需要判断 X_{j3}, X_{j4} 两个特征位置就可以确定轨迹的安全性。把满足 $X_{min0} < -a_s, X_{max0} > a_s, X_{min1} > a_s, \dot{x}_0 > 0$ 或 $X_{max0} > a_s, X_{min1} < -a_s$ 的轨迹称为轨迹 C,把满足 $X_{max0} < -a_s, X_{min1} < -a_s$ 的轨迹称为轨迹 D,这两类轨迹需要通过相交问题判断来确定轨迹安全,其中 X_{j3}, X_{j4} 需要多判断一次。

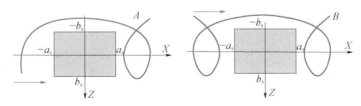

图 8 - 19   越过禁飞区的轨迹安全判断

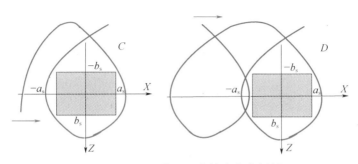

图 8 - 20   包含禁飞区的轨迹安全判断

第四：当从第三步无法确定轨迹的安全性时，需要进一步从相交问题判断来确定轨迹的安全性。先根据 x_0、z_0 和 X_{min0}，X_{max0}，X_{min1} 的特点确定轨迹的类型，然后根据 8.3.2 节通过相交问题判断来确定轨迹的安全性，判断由式（8-33）确定的 X_{ji} 是否介于 $-a_s$ 与 a_s 之间，若存在某一个的 X_{ji} 满足 $-a_s \leqslant X_{ji} \leqslant a_s$，则轨迹不安全，否则轨迹是安全的。

2.沿 X 轴负方向漂移轨迹的安全性判断

由上述分析可知，$a_2 > 0$ 时的轨迹与 $a_2 < 0$ 时的轨迹在一定条件下是中心对称的，可以把 $a_2 < 0$ 时的轨迹安全判断方法做适当修改后推广到 $a_2 > 0$ 时的轨迹安全判断上。下面给出 $a_2 > 0$ 时轨迹安全判断方法的步骤如下

第一：根据初始相对状态，由式（8-3）计算参数 a_1，a_2，m，a_3，φ。

第二：判断是否满足 $2a_2 + a_3 > b_s$，若成立，轨迹满足条件 8.3，恒在禁飞区下方，轨迹是安全的，结束判断，否则转到第三步。

第三：计算极值型特征点的相位角及其对应的特征位置，如图 8-17 所示，按 8.3.1 节中的方法可以求得极值型特征点对应的特征位置 X_{min0}，X_{max0}，X_{min1}，再分 $x_0 < -a_s$、$-a_s \leqslant x_0 \leqslant a_s$ 和 $x_0 > a_s$ 三种情况进行判断，若能确定轨迹的安全性，则结束判断，否则需要转到第四步通过相交问题判断确定轨迹的安全性。具体过程如下：

（1）$x_0 < -a_s$ 时的轨迹安全判断。当 $3a_2 > 2a_3$ 时，$\dot{x}(\alpha_t) < 0$ 恒成立，自由漂移轨迹沿 X 轴负方向漂移，恒有 $x(\alpha_t) \leqslant x_0 < -a_s$ 成立，轨迹是安全的。当 $3a_2 \leqslant 2a_3$ 时，若 $X_{max0} < -a_s$，轨迹是安全的；若 $-a_s \leqslant X_{max0} \leqslant a_s$，轨迹不安全；若 $X_{max0} > a_s$，轨迹将越过禁飞区，需要通过相交问题判断来确定轨迹的安全性。

（2）$-a_s \leqslant x_0 \leqslant a_s$ 时的轨迹安全判断。根据 z_0 的初始值分三种类型进行讨论。当 $-b_s \leqslant z_0 \leqslant b_s$ 时，初始位置在禁飞区内，自由漂移轨迹不安全。当 $z_0 < -b_s$ 时，要轨迹是安全的首先必须 $X_{max0} > a_s$，然后进行相交问题判断，其中在对 X_{j3} 的判断比其他的 X_{ji} 少一次。当 $z_0 > b_s$ 时，根据 X_{max0} 的特点分成三种情况进行判断，当 $-a_s \leqslant X_{max0} \leqslant a_s$ 时，轨迹进入禁飞区，是不安全的；当 $X_{max0} < -a_s$ 时，通过相交问题判断分析 X_{j2} 的值可以确定轨迹的安全性；当 $X_{max0} > a_s$ 时，需要通过相交问题判断确定轨迹的安全性，其中 X_{j2} 要比其他的 X_{ji} 多一次判断。

（3）$x_0 > a_s$ 时的轨迹安全判断。与 $a_2 < 0$，$x_0 < -a_s$ 时轨迹安全的判断类似，当自由漂移轨迹的初始位置离禁飞区远时首先需要把初始相对位置转移到离禁飞区只差一个轨道周期的位置，然后根据 X_{max0}，X_{min0}，X_{max1} 这三个极值型特征位置，把轨迹分成四类进行轨迹安全判断，如图 8-21 所示。其中轨迹 A 和轨迹 B 只需要通过 X_{j1}，X_{j2} 的判断就可以确定其安全性；轨迹 C 和轨迹 D 需要对所有的四个 X_{ji} 值进行判断，其中 X_{j1}，X_{j2} 要多判断一次。

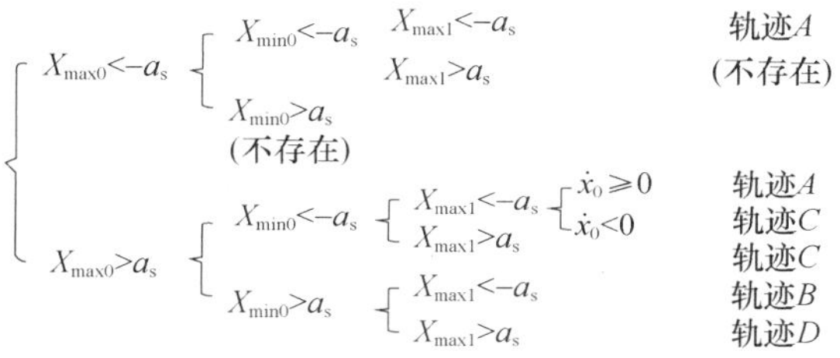

$$
\begin{cases}
X_{max0} < -a_s
\begin{cases}
X_{min0} < -a_s
\begin{cases}
X_{max1} < -a_s & \text{轨迹} A \\
X_{max1} > a_s & (\text{不存在})
\end{cases} \\
X_{min0} > a_s \\
(\text{不存在})
\end{cases} \\
X_{max0} > a_s
\begin{cases}
X_{min0} < -a_s
\begin{cases}
X_{max1} < -a_s
\begin{cases}
\dot{x}_0 \geq 0 & \text{轨迹} A \\
\dot{x}_0 < 0 & \text{轨迹} C
\end{cases} \\
X_{max1} > a_s & \text{轨迹} C
\end{cases} \\
X_{min0} > a_s
\begin{cases}
X_{max1} < -a_s & \text{轨迹} B \\
X_{max1} > a_s & \text{轨迹} D
\end{cases}
\end{cases}
\end{cases}
$$

图 8-21　$a_2 > 0$，$x_0 > a_s$ 的四类轨迹

第四：若从极值型特征点无法确定轨迹的安全性时，需要进一步根据 x_0、z_0 和 X_{min0}，X_{max0}，X_{min1} 的特点确定轨迹的类型，通过相交问题判断确定轨迹的安全性，判断由式（8-33）确定的 X_{ji} 是否介于 $-a_s$ 与 a_s 之间，若存在某一个的 X_{ji} 满足 $-a_s \leq X_{ji} \leq a_s$，则轨迹不安全，否则轨迹是安全的。

3. 固定椭圆轨迹的安全性判断

当 $a_2 = 0$ 时，轨迹是中心在 X 轴上的封闭椭圆。由式（8-4）可以求得其在 X 轴方向的最小值和最大值为

$$
\begin{cases}
X_{min} = a_1 - 2a_3 \\
X_{max} = a_1 + 2a_3
\end{cases}
\tag{8-36}
$$

式中：若 $X_{min} > a_s$ 或 $X_{max} < -a_s$ 成立，则轨迹安全；若 $-a_s \leq X_{min} \leq a_s$ 或 $-a_s \leq X_{max} \leq a_s$ 成立，则轨迹不安全；若 $X_{min} < -a_s$ 且 $X_{max} > a_s$ 成立，由式（8-6）可以求得 $x(\alpha_t) = a_s$ 和 $x(\alpha_t) = -a_s$ 时的 $z(\alpha_t)^2$，分别记为 Z_P_1 和 Z_P_2，则有

$$
\begin{cases}
Z\_P_1 = a_3{}^2 - (a_s - x_0)^2 / 4 \\
Z\_P_2 = a_3{}^2 - (a_s + x_0)^2 / 4
\end{cases}
\tag{8-37}
$$

式中：若 $Z\_P_1 > b_s{}^2$，$Z\_P_2 > b_s{}^2$ 成立则轨迹是安全的，否则轨迹不安全。

☑ 8.3.4 仿真算例

通过仿真来验证轨迹安全判断方法的正确性和有效性。在仿真中,对于任意给出的一组初始相对状态,通过本节提出的轨迹安全判断方法给出轨迹是否安全的结论。首先针对初始状态确定的轨迹给出具体的轨迹安全判断步骤,分别针对 $a_2 < 0$ 和 $a_2 > 0$ 的轨迹各自给出一个仿真算例。其次对部分相对运动状态不同的一组轨迹进行遍历仿真,通过本节提出的方法给出这些轨迹是否安全的结论,包括两组仿真,分别为切向相对位置不同时的一组轨迹安全判断的仿真算例,以及径向相对位置和切向相对速度都不同时的三组轨迹安全判断的仿真算例。最后给出利用本节方法给出的轨迹安全性判断结果与实际工程中轨迹的安全性不相符时,进行轨迹安全判断的仿真算例。在对轨迹安全判断的遍历仿真中,轨迹安全判断的结果以表格的形式出现,其中"1"表示不安全,"0"表示安全。

在仿真过程中,禁飞区参数取 $a_s = 50\text{m}$, $b_s = 50\text{m}$,目标器的初始轨道根数为 $a = 6778\text{km}$, $e = 0$, $i = 40.03°$, $\Omega = 200°$, $\omega = 150°$, $f = 0.8°$,参考坐标系的轨道角速度 $\omega_{oT} = 0.00113\text{rad/s}$。

每次仿真中的初始切向相对位置和初始径向相对速度都为 $x_0 = 100\text{m}$ 和 $\dot{z}_0 = 0\text{m/s}$。三组仿真中,径向相对位置分别为 $z_0 = -5\text{m}$, $z_0 = 0\text{m}$, $z_0 = 5\text{m}$。每组的 8 次仿真中第一次仿真的 $\dot{x}_0 = -0.02\text{m/s}$,从第二次仿真开始,每次仿真的 $\dot{x}_0$ 在前一次仿真的 $\dot{x}_0$ 上增加 0.005m/s,其他的初始相对状态不变。则轨迹安全的判断结果如表 8-2 ~ 表 8-4 所列。

表 8-2　$z_0 = -5\text{m}$ 时的轨迹安全判断结果

仿真次数	1	2	3	4	5	6	7	8
$\dot{x}_0 / (\text{m/s})$	-0.02	-0.015	-0.01	-0.005	0	0.005	0.01	0.015
a_2	-27.70	-28.27	-18.85	-14.43	-10	-5.58	-1.15	8.27
判断结果	0	0	0	0	0	0	0	1

表 8 – 3　$z_0 = 0$m 时的轨迹安全判断结果

仿真次数	1	2	3	4	5	6	7	8
$\dot{x}_0/(\text{m/s})$	– 0.02	– 0.015	– 0.01	– 0.005	0	0.005	0.01	0.015
a_2	– 17.70	– 18.27	– 8.85	– 4.42	0	4.42	8.85	18.27
判断结果	0	0	0	0	0	1	1	1

表 8 – 4　$z_0 = 5$m 时的轨迹安全判断结果

仿真次数	1	2	3	4	5	6	7	8
$\dot{x}_0/(\text{m/s})$	– 0.02	– 0.015	– 0.01	– 0.005	0	0.005	0.01	0.015
a_2	– 7.70	– 8.27	1.15	5.58	10	14.43	18.85	28.27
判断结果	0	0	1	1	1	1	1	0

从表 8 – 2 ~ 表 8 – 4 中，满足 $a_2 < 0$，$a_2 = 0$，$a_2 > 0$ 的三种轨迹都出现了，对每次的仿真中的轨迹分别用 CW 方程描述的相对运动模型和带有 $J_2, J_3,$ J_4 摄动影响的轨道运动模型进行验证，都可以看到轨迹安全的判断结果是正确的。

8.4　轨迹安全设计方法

8.4.1　被动轨迹安全设计

只考虑轨道面内轨迹的安全性，考虑发动机开机不足下轨迹的被动安全性。

1. 寻的段 Hohmann 变轨轨迹

寻的段标称轨迹：如 8.2.3 节和图 8 – 5，两个航天器轨道高度差 13.5km，迹向相对位置 36.808km，Hohmann 变轨的首末脉冲为 – 3.77m/s、3.82m/s。

几种由于推力不满足形成的轨迹，如图 8 – 22 所示。其中 0 – 0 表示第一个脉冲和第二脉冲都没有执行；0.5 – 0 表示第一个脉冲施加了一半，第二脉冲没有执行；1 – 0 表示第一个脉冲正常执行，第二脉冲没有执行；1 – 0 表示第一个脉冲正常执行，施加了一半；1 – 1 表示第一个脉冲和第二脉冲都正常执行。

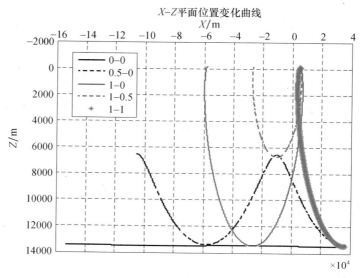

图 8 - 22　轨道面内位置变化

表 8 - 5 为寻的段 Hohmann 变轨轨迹的被动安全性分析。

表 8 - 5　寻的段 Hohmann 变轨轨迹的被动安全性分析

故障工况	飞行轨迹
0 - 0	两个脉冲都没实施,追踪器在目标器下方 13.5km 的圆轨道上飞行,且很快飞到目标器前方
0.5 - 0	第一个脉冲施加一半,第二个脉冲没有执行,追踪器在目标器下方 6.75km 的椭圆轨道上飞行,且很快飞到目标器前方
1 - 0	第一个脉冲正常执行,第二个脉冲没有实施,轨迹半个轨道周期到达 5000m 保持点,后绕到目标器前方
1 - 0.5	第一个脉冲正常执行,第二个脉冲施加了一半,轨迹半个轨道周期到达 5000m 保持点,后绕到目标器前方,比上一组算例,到前方的距离缩短了
1 - 1	两个脉冲都正常执行,一个轨道周期后,到达 5000m 保持点,并正常保持

从图 8 - 23 可以看到,除了第一个脉冲正常执行且第二个脉冲不正常执行外,都能保证轨迹是被动安全的。

其中第一个脉冲正常执行且第二个脉冲不正常执行,第二脉冲为 3.52m/s 时,正好碰撞。如图 8 - 23 所示。

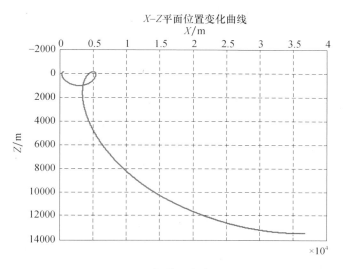

图 8 - 23　轨道面内位置变化

在实际飞行中,由于制导、导航和控制等存在误差,当第一个脉冲正常施加或施加的脉冲为标称脉冲附近时,如果第二个脉冲不正常执行,且执行脉冲为实际脉冲的 0.9 倍左右时,那么要做相应的处理措施。两个航天器发生碰撞的时间约在第二个脉冲施加后一个轨道周期时刻附近。

2. V-bar 方向推力作用下的轨迹

5km ~ 400m 接近轨迹中:初始位置在 5km 保持点,正常飞行过程中,在只有 V-bar 方向推力情况下,飞行时间为一个轨道周期,需要一个启动脉冲和一个制动脉冲。启动脉冲和制动脉冲分别为 0.2796m/s 和 - 0.2796m/s。标称的飞行轨迹如图 8 - 24 所示。

几种由于推力不满足形成的轨迹如图 8 - 25 所示。其中 0 - 0 表示第一个脉冲和第二脉冲都没有执行;0.5 - 0 表示第一个脉冲施加了一半,第二脉冲没有执行;0.7 - 0 表示第一个脉冲施加了 70% ,第二脉冲没有执行;1 - 0 表示第一个脉冲正常执行,第二个脉冲没有执行;1 - 0.5 表示第一个脉冲正常执行,第二个脉冲施加了一半;1 - 1 表示第一个脉冲和第二脉冲都正常执行。对轨迹的解释。如表 8 - 6 所列。

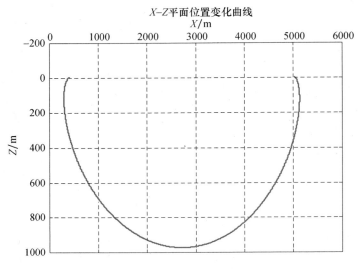

图 8 - 24 轨道面内位置变化

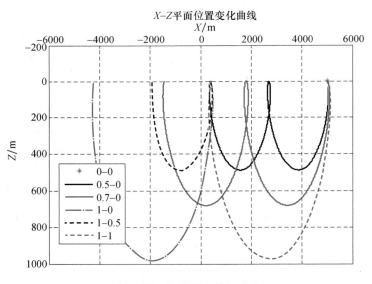

图 8 - 25 轨道面内位置变化

表 8 − 6　V-bar 方向推力作用下轨迹的被动安全性分析

故障工况	飞行轨迹
0 − 0	两个脉冲都没实施,追踪器在初始保持点保持位置不变
0.5 − 0	第一个脉冲施加一半,第二个脉冲没有实施,轨迹一个轨道周期后到达 V-bar 轴,2 个轨道周期后到达 400m 保持点
0.7 − 0	第一个脉冲施加 70%,第二个脉冲没有实施,轨迹一个轨道周期后到达 V-bar 轴,2 个轨道周期后到达目标器前方的 V-bar 轴位置上。
1 − 0	第一个脉冲正常执行,第二个脉冲没有实施,轨迹一个轨道周期到达 400m 保持点,2 个轨道周期后到达目标器前方的 V-bar 轴位置上。
1 − 0.5	第一个脉冲正常执行,第二个脉冲施加了一半,轨迹一个轨道周期到达 400m 保持点,2 个轨道周期后到达目标器前方的 V-bar 轴位置上。
1 − 1	两个脉冲都正常执行,一个轨道周期后,到达 400m 保持点,并做正常保持。

第一个脉冲没有正常施加,或第一个脉冲正常施加后第二个脉冲没正常施加都可能使得两个航天器碰撞,轨迹的被动安全性不好。

3. **R-bar 方向推力作用下的轨迹**

5km ~400m 接近轨迹中:初始位置在 5km 保持点,正常飞行过程中,在只有 R-bar 方向推力情况下,飞行时间为半个轨道周期,需要一个启动脉冲和一个制动脉冲。启动脉冲和制动脉冲分别为 1.3177m/s 和 1.3177m/s。标称的飞行轨迹如图 8 − 26 所示。

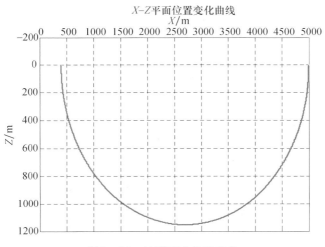

图 8 − 26　轨道面内位置变化

几种由于推力不满足形成的轨迹如图8-27所示。其中0-0表示第一个脉冲和第二脉冲都没有执行;0.5-0表示第一个脉冲施加了一半,第二脉冲没有执行;0.7-0表示第一个脉冲施加了70%,第二脉冲没有执行;1-0表示第一个脉冲正常执行,第二个脉冲没有执行;1-0.5表示第一个脉冲正常执行,第二个脉冲施加了一半;1-1表示第一个脉冲和第二脉冲都正常执行。

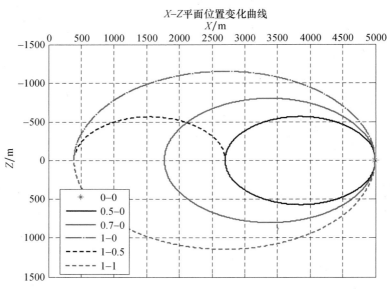

图8-27 轨道面内位置变化

表8-7为R-bar方向推力作用下轨迹的被动安全性分析。

表8-7 R-bar方向推力作用下轨迹的被动安全性分析

故障工况	飞行轨迹
0-0	两个脉冲都没实施,追踪器在保持点保持位置不变
0.5-0	第一个脉冲施加一半,第二个脉冲没有实施,轨迹是一个闭环椭圆,X轴最小距离为400~5000m之间的一半
0.7-0	第一个脉冲施加70%,第二个脉冲没有实施,轨迹是一个闭环椭圆,X轴最小距离在400~5000m
1-0	第一个脉冲正常执行,第二个脉冲没有实施,轨迹是一个闭环椭圆,半个轨道周期到达400保持点,一个轨道周期后回到初始的5000m保持点

（续）

故障工况	飞行轨迹
1 - 0.5	第一个脉冲正常执行,第二个脉冲施加了一半,半个轨道周期到达 400m 保持点,后往 5000m 方向漂移,一个轨道周期后回到 V-bar 轴上 400 ~ 5000m 之间的一半的位置上
1 - 1	两个脉冲都正常执行,半个轨道周期后,到达 400m 保持点,并做正常保持

从上面的分析看,这种轨迹的被动安全性非常好。

4.直线接近轨迹

平移靠拢段一般采用直线逼近的轨迹,在飞行过程中采用实时连续控制的六自由度控制方法。

分析直线逼近轨迹的被动安全性,是在当追踪器以某个特定速度向目标器靠近过程中,突然没有控制,观察失去控制后的轨迹安全性。如图 8 -28 所示。

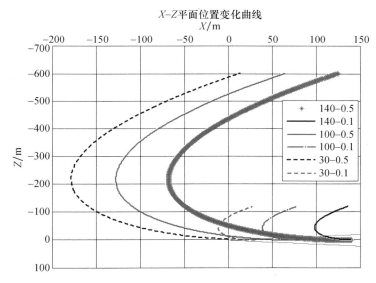

图 8 - 28　轨道面内位置变化

位置在 140m、100m、30m,速度分别为 0.5m/s、0.1m/s 时,可以看到轨迹往后上方漂移。两个航天器举例越近,接近的速度越大,轨迹越可能跑到目标器前方。

✍8.4.2 主动避撞设计

交会对接轨迹安全主动避碰策略一般是设计一个固定的脉冲,在故障情况下采用该脉冲实现主动航天器远离目标器,从而避免发生碰撞。

1. Z方向单脉冲撤离

如图8-29所示,利用长方形禁飞区来研究轨迹的安全问题,阴影部分为禁飞区,长为$2a$,宽为$2b$,安全的撤离轨迹要求轨迹在任意情况下不进入阴影禁飞区。撤离过程一般发生在离目标器比较近的距离内,可以用CW方程来描述。

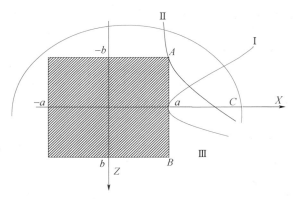

图8-29 脉冲机动后的自由飞行轨迹

我们研究从后方撤离的自由漂移轨迹,即$a_2 < 0$的情况。存在三种安全的撤离模式,第一种情况的最小值恒在直线$x = a$右边;第二种情况当$z > -b$时满足$x \geq a$;第三种曲线在禁飞区周围绕一圈(或多圈),但不与禁飞区相交。由于第三种曲线,比较复杂且难保证轨迹肯定是安全,在设计轨迹时一般不考虑这种情况,本书也只考虑前两种情况。图8-30中,曲线Ⅰ、Ⅱ分别是前两种曲线的极限情况。

在此基础上定义两类撤离模式:当$-2b < a_2 < 0$时,轨迹以曲线Ⅰ为极限,称为第Ⅰ类型撤离模式,其撤离轨迹称为第Ⅰ类轨迹;而当$a_2 \leqslant -2b$时,自由漂移轨迹以曲线Ⅱ为极限,称为第Ⅱ类型撤离模式,其撤离轨迹称为第Ⅱ轨迹。为研究问题方便假设$z_0 > -b$,本章研究的是$x_0 > a, z_0 > -b$时撤离轨迹的设计方法,下面首先给出两类自由漂移轨迹安全的充分必要条件。

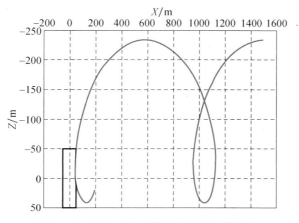

图 8-30　第 Ⅰ 类安全撤离轨迹的边界情况

通过分析两类曲线中最可能与禁飞区相交的两个点确定自由漂移轨迹的安全性。对于第 Ⅰ 类曲线,最可能与禁飞区相交的点为最小值点,满足 $\dot{x} = 0$,其相位角 α_{20} 满足 $\sin\alpha_{20} = -3a_2 / (2a_3)$。对于第 Ⅱ 类曲线,最可能与禁飞区相交的点满足 $z = -b$,其相位 α_2 满足 $\sin\alpha_2 = (-b - 2a_2)/a_3$,容易分析 α_{20},α_2 都在第二象限。下面通过两个定理给出这两类轨迹安全的充分必要条件。

定理 8.12　在利用 CW 方程描述的、禁飞区后方的撤离过程中,对于满足 $-2b < a_2 < 0$ 的第 Ⅰ 类轨迹及一组确定的初始状态 $x_0, z_0, \dot{x}_0$,存在确定的常数 $\dot{Z}_{\text{I max}}$,当 $\dot{z}_0 < \dot{Z}_{\text{I max}}$ 时,由此初始状态出发的自由漂移轨迹不会进入禁飞区,否则会进入禁飞区。

证明:见参考文献[6]。

定理 8.13　在利用 CW 方程描述的、禁飞区后方的撤离过程中,对于满足 $a_2 \leqslant -2b$ 的第 Ⅱ 类轨迹及一组确定的初始状态 $x_0, z_0, \dot{x}_0$,存在确定的常数 $\dot{Z}_{\text{II max}}$,当 $\dot{z}_0 < \dot{Z}_{\text{II max}}$ 时,由此初始状态出发的自由漂移轨迹不会进入禁飞区,否则会进入禁飞区。

证明:见参考文献[6]。

定理 8.12 和定理 8.13 给出了两类撤离模式下自由漂移轨迹安全的充分必要条件。下面根据这两个定理讨论具体的撤离方案。

撤离的主要任务是对确定的初始条件 $x_0 > a, z_0 > -b, \dot{x}_{00}, \dot{z}_{00}$,设计合适的

机动脉冲,使机动后自由漂移轨迹是安全的。根据前面的讨论,可以先选择自由漂移轨迹的初始速度 $\dot{x}_0$,进而得到相应的 $\dot{Z}_{max}$,根据实际情况选择合适的 $\dot{z}_0 < \dot{z}_{max}$,则可以求得机动脉冲为 $\Delta \dot{x} = \dot{x}_0 - \dot{x}_{00}$,$\Delta \dot{z} = \dot{z}_0 - \dot{z}_{00}$。可以通过几次的迭代选择,获得合适的 $\Delta \dot{x}, \Delta \dot{z}$,从而得到安全的撤离轨迹。下面通过两组撤离算例,验证轨迹安全定理的正确性和撤离方案的有效性。

考虑初始相对状态为 $x_0 = 200\,\mathrm{m}$,$z_0 = 20\,\mathrm{m}$,$\dot{x}_{00} = 0.05\,\mathrm{m/s}$,$\dot{z}_{00} = 0\,\mathrm{m/s}$ 的撤离问题,参考系的轨道角速度为 $\omega_{oT} = 0.00113\,\mathrm{rad/s}$,长方形禁飞区满足 $a = 50\,\mathrm{m}$,$b = 50\,\mathrm{m}$。首先要求 $a_2 < 0$,选择 $\dot{x}_0 = -0.1\,\mathrm{m/s}$,这时 $a_2 = -48.5$,自由漂移轨迹为第 I 类,可以求得 $\dot{z}_{max} = 0.0817\,\mathrm{m/s}$。显然当 $\dot{z}_0 = 0\,\mathrm{m/s}$ 在保证轨迹是安全的,且存在一定安全裕度的基础上能节省燃料。则机动脉冲为 $\Delta \dot{x} = -0.15\,\mathrm{m/s}$,$\Delta \dot{z} = 0\,\mathrm{m/s}$。

再考虑一组撤离问题,径向的初始相对位置为 $z_0 = -20\,\mathrm{m}$,其他的条件与上一组仿真相同,设计 $\dot{x}_0 = -0.1\,\mathrm{m/s}$,这时 $a_2 = -128.5 < -2b$,自由漂移轨迹属于第 II 类,可以求得 $\dot{z}_{max} = 0.1508\,\mathrm{m/s}$,同样在保证安全的基础上为节省燃料和保持一定的安全裕度取 $\dot{z}_0 = 0\,\mathrm{m/s}$。则机动脉冲为 $\Delta \dot{x} = -0.15\,\mathrm{m/s}$,$\Delta \dot{z} = 0\,\mathrm{m/s}$。

仿真的模型为 CW 方程。先验证 $\dot{z}_0 = \dot{z}_{max}$ 时自由漂移的情况,图 8-30、图 8-31 给出 $\dot{z}_0 = \dot{z}_{max}$ 两类自由漂移轨迹与禁飞区的关系。

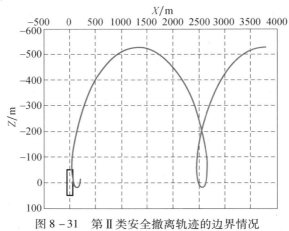

图 8-31　第 II 类安全撤离轨迹的边界情况

图 8-30 中的自由漂移轨迹与禁飞区右端相切,图 8-31 中的自由漂移轨迹与禁飞区的右上顶角相交。其他更多的仿真表明当 $\dot{z}_0 > \dot{z}_{max}$ 轨迹不安全,

当 $\dot{z}_0 < \dot{z}_{max}$ 自由漂移轨迹是安全的,定理 8.12、定理 8.13 给出了自由漂移轨迹安全的充分必要条件。

图 8 - 32、图 8 - 33 验证四个初始相对状态存在误差时的两类安全撤离问题,四个状态变量的最大误差分别如下

$$\pm 5m, \pm 5m, \pm 0.02m/s, \pm 0.02m/s$$

则经过脉冲机动后,自由漂移轨迹的初始相对状态也存在类似的偏差,图 8 - 32、图 8 - 33 给出了在上述偏差下的自由漂移轨迹的遍历仿真(相对位置每相隔 2m 仿真一次,相对速度每相隔 0.01m/s 仿真一次)。

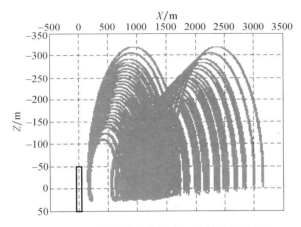

图 8 - 32　第 I 类安全撤离轨迹的遍历仿真

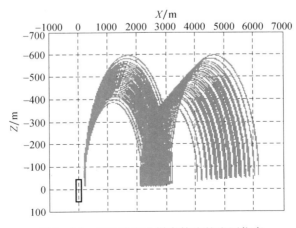

图 8 - 33　第 II 类安全撤离轨迹的遍历仿真

图 8 - 32 中 X 方向的最小值为 $X_{\min} = 115.8\text{m}$,图 8 - 33 中当 $z = -b$ 时,$X_{z2 = -b}$ 的最小值为 $X_{z2 = -b} = 143.3\text{m}$,可以看到在初始相对状态存在误差的情况下,所设计的轨迹由于考虑了安全的裕度,遍历仿真的所有轨迹都是安全的且存在一定的安全裕度,本文的撤离方案是有效的。

2. X 方向单脉冲撤离

一般的施加 X 轴方向的撤离脉冲能够最大程度地利用航天器的机动效果。

在从后方接近的交会对接任务中,当距离较远时,两个航天器碰撞概率较低一般采用施加 X 轴正向脉冲的策略,便于两个航天器远离后能重新组织接近。当两个航天器比较近时,保证两个航天器不碰撞是第一要求,一般采用施加 X 轴负向脉冲的策略。

1) 400m 外紧急撤离

400m 外做紧急撤离,由于两个航天器之间有一定的距离,可以施加正向的脉冲,使追踪器刚开始阶段接近目标器。该紧急撤离方案使得追踪器轨道高度高于目标器,轨迹往后上漂移,有利于故障排除后重新组织交会对接任务。图 8 - 34、图 8 - 35 给出在 5km 保持点附近施加撤离脉冲的遍历仿真图。

算例:在 5km 保持点施加撤离脉冲

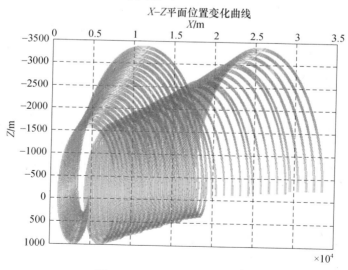

图 8 - 34　轨道面内位置变化

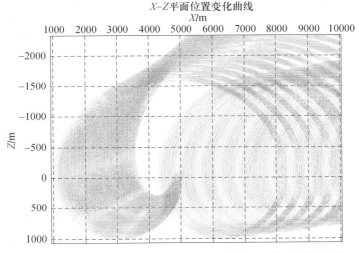

图 8 - 35　轨道面内位置变化(图 8 - 34 X 轴 5km 附近的放大图)

从图 8 - 34、8 - 35 可以看到追踪器逐步远离目标器,保证轨迹是安全的,且有利于交会对接任务的恢复。

2) 400m 内紧急撤离

400m 内紧急撤离,由于两个航天器距离比较近,保证两个航天器不发生碰撞是首要目标,施加使两个航天器分离的脉冲,同时降低追踪器轨道,追踪器从前下方远离目标器。图 8 - 36、8 - 37 给出 400m 保持点附近施加撤离脉冲的遍历仿真图。

算例:400m 处紧急撤离

从图 8 - 36、8 - 37 可以看到,通过降轨追踪器、迅速从下方绕过目标器、保证两个航天器不发生碰撞。

3) 平移靠拢段紧急撤离

平移靠拢段紧急撤离,由于两个航天器距离比较近,保证两个航天器不发生碰撞是首要目标,同时按禁飞区设计原则,紧急撤离轨迹最好在对接走廊,这要求紧急撤离脉冲足够大。同样施加使两个航天器分离的脉冲,同时降低追踪器轨道,追踪器从前下方远离目标器。图 8 - 38、图 8 - 39 给出 30m 保持点施加撤离脉冲的遍历仿真图。

算例:30m 处紧急撤离

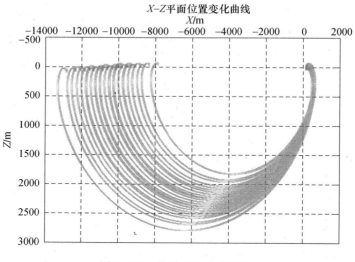

图 8 - 36　轨道面内位置变化

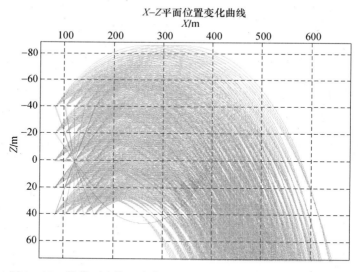

图 8 - 37　轨道面内位置变化(图 8 - 36 X 轴 400m 附近的放大图)

从图 8 - 38、8 - 39 看轨迹从对接走廊撤出保证两个航天器不发生碰撞。

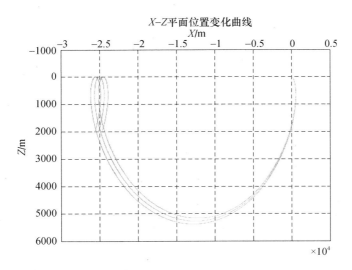

图 8 - 38　轨道面内位置变化

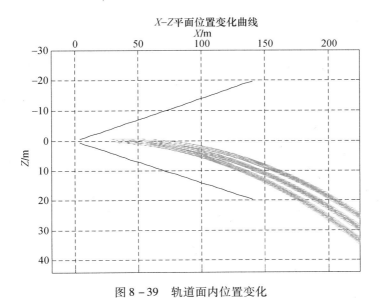

图 8 - 39　轨道面内位置变化

▷ **8.5 基于安全带的轨迹安全性判断和避撞策略**

✎ **8.5.1 轨迹的安全带**

研究近距离交会对接过程中的轨迹安全问题,其相对运动可以用 CW 方程来描述。

在交会对接的近距离段,追踪器一般是沿着设计好的轨迹接近目标器。以标称轨迹为中心建立安全带如图 8 – 40 所示。

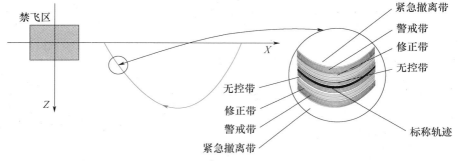

图 8 – 40 交会对接安全带示意图

在标称轨迹上方,以标称轨迹为起始点从里到外分别设置无控带、修正带、警戒带和紧急撤离带。类似的在标称轨迹下方,以标称轨迹为起始点从里到外同样分别设置了无控带、修正带、警戒带和紧急撤离带。

当交会对接轨迹在无控带时,不进行控制;当轨迹在修正带时,根据制导求得的结果对轨迹稍微做修正使得轨迹回归到无控带;当轨迹落在警戒带时,除对轨迹进行修正外还要预警,向地面发出警戒的指令;当轨迹落在紧急撤离带时,施加紧急撤离指令,避免两个航天器可能造成碰撞。

✎ **8.5.2 基于制导脉冲的轨迹安全带和制导策略**

1. CW 双脉冲制导

$$令\ \boldsymbol{\rho}(t) = \begin{bmatrix} x(t) \\ z(t) \end{bmatrix}, \qquad \dot{\boldsymbol{\rho}}(t) = \begin{bmatrix} \dot{x}(t) \\ \dot{z}(t) \end{bmatrix}$$

CW 方程的解为

$$\begin{bmatrix} \boldsymbol{\rho}(t_f) \\ \dot{\boldsymbol{\rho}}(t_f) \end{bmatrix} = \begin{bmatrix} A(t) & B(t) \\ C(t) & D(t) \end{bmatrix} \begin{bmatrix} \boldsymbol{\rho}(t_0) \\ \dot{\boldsymbol{\rho}}(t_0) \end{bmatrix} + \begin{bmatrix} B(t) \\ D(t) \end{bmatrix} \Delta v(t_0) + \begin{bmatrix} 0 \\ \Delta v(t_f) \end{bmatrix}$$

$$(8-38)$$

其中

$$A(t) = \begin{bmatrix} 1 & 6\sin(\omega_{oT}t) - 6\omega_{oT}t \\ 0 & 4 - 3\cos(\omega_{oT}t) \end{bmatrix},$$

$$B(t) = \begin{bmatrix} 4\sin(\omega_{oT}t)/\omega_{oT} - 3t & -2/\omega_{oT} + 2\cos(\omega_{oT}t)/\omega_{oT} \\ 2/\omega_{oT} - 2\cos(\omega_{oT}t)/\omega_{oT} & \sin(\omega_{oT}t)/\omega_{oT} \end{bmatrix}$$

$$C(t) = \begin{bmatrix} 0 & -6\omega_{oT} + 6\omega_{oT}\cos(\omega_{oT}t) \\ 0 & 3\omega_{oT}\sin(\omega_{oT}t) \end{bmatrix},$$

$$D(t) = \begin{bmatrix} 4\cos(\omega_{oT}t) - 3 & -2\sin(\omega_{oT}t) \\ 2\sin(\omega_{oT}t) & \cos(\omega_{oT}t) \end{bmatrix}。$$

已知初始位置和速度 $[\boldsymbol{\rho}(t_0) = [x_0 \quad z_0]^T, \dot{\boldsymbol{\rho}}(t_0) = [\dot{x}_0 \quad \dot{z}_0]^T$，双脉冲制导控制方法寻求分别作用于初始时刻和终止时刻的 2 个速度脉冲，使得在给定时间 $t = t_f - t_0$ 内，相对位置和速度达到 $[\boldsymbol{\rho}(t_f) = [x_f \quad z_f]^T, \dot{\boldsymbol{\rho}}(t_f) = [\dot{x}_f \quad \dot{z}_f]^T$。由式 (8-38)，当 $\tan(\omega_{oT}t/2) \neq 3/8\omega_{oT}t$ 时，矩阵 $B(\tau)$ 可逆，双脉冲控制有解

$$\Delta v(t_0) = B(t)^{-1}[\boldsymbol{\rho}(t_f) - A(t)\boldsymbol{\rho}(t_0)] - \dot{\boldsymbol{\rho}}(t_0)$$

$$(8-39)$$

$$\Delta v(t_f) = \dot{\boldsymbol{\rho}}(t_f) - C(t)\boldsymbol{\rho}(t_0) - D(t)\dot{\boldsymbol{\rho}}(t_0) - D(t)\Delta v(t_0)$$

展开可以求得

$$\begin{cases} \Delta \boldsymbol{v}(t_0) = \begin{bmatrix} \Delta V_x \\ \Delta V_z \end{bmatrix} = -\begin{bmatrix} \dot{x}_0 \\ \dot{z}_0 \end{bmatrix} \\ \quad + \dfrac{\omega_{oT}\begin{bmatrix} (x_f - x_0)\sin(\omega_{oT}t) + z_0(14\cos(\omega_{oT}t) + 6\omega_{oT}t\sin(\omega_{oT}t) - 14) + 2z_f(1 - \cos(\omega_{oT}t)) \\ 2(x_f - x_0)(\cos(\omega_{oT}t) - 1) + z_0(3\omega_{oT}t\cos(\omega_{oT}t) - 4\sin(\omega_{oT}t)) + z_f(4\sin(\omega_{oT}t) - 3\omega_{oT}t) \end{bmatrix}}{8 - 3\omega_{oT}t\sin(\omega_{oT}t) - 8\cos(\omega_{oT}t)} \\ \\ \Delta v(t_f) = \begin{bmatrix} \dot{x}_f \\ \dot{z}_f \end{bmatrix} \\ \quad - \dfrac{\omega_{oT}\begin{bmatrix} (x_f - x_0)\sin(\omega_{oT}t) + z_f(14\cos(\omega_{oT}t) + 6\omega_{oT}t\sin(\omega_{oT}t) - 14) + 2z_0(1 - \cos(\omega_{oT}t)) \\ 2(x_f - x_0)(1 - \cos(\omega_{oT}t)) + z_f(4\sin(\omega_{oT}t) - 3\omega_{oT}t\cos(\omega_{oT}t)) + z_0(3\omega_{oT}t - 4\sin(\omega_{oT}t)) \end{bmatrix}}{8 - 3\omega_{oT}t\sin(\omega_{oT}t) - 8\cos(\omega_{oT}t)} \end{cases}$$

$$(8-40)$$

式中:第一个脉冲两个分量记为 ΔV_x 和 ΔV_z。

2. 用制导脉冲表征的轨迹安全带

基于制导脉冲性质的误差带表达如下:

(1) 无控带:$|\Delta V_x| + |\Delta V_z| \leqslant V_1$;

(2) 修正带:$V_1 < |\Delta V_x| + |\Delta V_z| \leqslant V_2$;

(3) 警戒带:$V_2 < |\Delta V_x| + |\Delta V_z| \leqslant V_3$;

(4) 紧急撤离带:$|\Delta V_x| + |\Delta V_z| > V_3$。

其中,V_1,V_2,V_3 常数,是基于安全带轨迹安全设计的三个设计参数。

3. 制导脉冲的参数设计

1) CW 双脉冲制导最小交会时间分析

CW 两脉冲制导策略中,当转移时间使得分母 $8 - 3\omega_{oT}t\sin(\omega_{oT}t) - 8\cos(\omega_{oT}t)$ 在零附近时,求得的脉冲可能很大。式(8 - 40)第一式子转化可以得

$$
\begin{cases}
\Delta V_x = \dfrac{\omega_{oT}\left[\begin{array}{c}(x_f - x_0)\sin(\omega_{oT}t) + z_0(14\cos(\omega_{oT}t) + 6\omega_{oT}t\sin(\omega_{oT}t) - 14) \\ + 2z_f(1 - \cos(\omega_{oT}t))\end{array}\right]}{\sin\left(\dfrac{\omega_{oT}t}{2}\right)\left(16\sin\left(\dfrac{\omega_{oT}t}{2}\right) - 6\omega_{oT}t\right)} - \dot{x}_0 \\[6ex]
\Delta V_z = \dfrac{\omega_{oT}\left[\begin{array}{c}2(x_f - x_0)(\cos(\omega_{oT}t) - 1) + z_0(3\omega_{oT}t\cos(\omega_{oT}t) - 4\sin(\omega_{oT}t)) \\ + z_f(4\sin(\omega_{oT}t) - 3\omega_{oT}t)\end{array}\right]}{\sin\left(\dfrac{\omega_{oT}t}{2}\right)\left(16\sin\left(\dfrac{\omega_{oT}t}{2}\right) - 6\omega_{oT}t\right)} - \dot{z}_0
\end{cases}
$$

$$(8 - 41)$$

对于 ΔV_x,第一项的分母 $\sin\left(\dfrac{\omega_{oT}t}{2}\right)\left(16\sin\left(\dfrac{\omega_{oT}t}{2}\right) - 6\omega_{oT}t\right)$ 是 $\omega_{oT}t$ 的二阶无穷小,而分子在 $(x_f - x_0)$ 不为零时是 $\omega_{oT}t$ 一阶无穷小。对于 ΔV_z,分母同样是 $\omega_{oT}t$ 的二阶无穷小,而分子在 z_f 或 z_0 不为零时是 $\omega_{oT}t$ 的一阶无穷小。因此,在转移时间较小或接近零时,CW 制导的第一个脉冲 ΔV_x、ΔV_z 可能会比较大。

所以对于两脉冲 CW 制导,其转移时间不能太小。初步分析当转移时间等效于 $\omega_{oT}t = 0.0349$ 时,即转移时间等效的相位角约为 2° 时,分母约等于 0.0012 量级。对于 400km 附近的地球近圆轨道上,这相当于转移时间约为 30s。

2) 参数设计

式(8 - 41)进一步整理如下:

$$\begin{cases} \Delta V_x = -\dot{x}_0 + \gamma_1 (x_f - x_0) \omega_{oT} + \gamma_2 z_0 \omega_{oT} + \gamma_3 z_f \omega_{oT} \\ \Delta V_z = -\dot{z}_0 + \lambda_1 (x_f - x_0) \omega_{oT} + \lambda_2 z_0 \omega_{oT} + \lambda_3 z_f \omega_{oT} \end{cases} \qquad (8-42)$$

式中: $\gamma_1 = \dfrac{\sin(\omega_{oT} t)}{8 - 3\omega_{oT} t \sin(\omega_{oT} t) - 8\cos(\omega_{oT} t)}$, $\gamma_2 = \dfrac{14\cos(\omega_{oT} t) + 6\omega_{oT} t \sin(\omega_{oT} t) - 14}{8 - 3\omega_{oT} t \sin(\omega_{oT} t) - 8\cos(\omega_{oT} t)}$,

$\gamma_3 = \dfrac{2(1 - \cos(\omega_{oT} t))}{8 - 3\omega_{oT} t \sin(\omega_{oT} t) - 8\cos(\omega_{oT} t)}$, $\lambda_1 = \dfrac{2(\cos(\omega_{oT} t) - 1)}{8 - 3\omega_{oT} t \sin(\omega_{oT} t) - 8\cos(\omega_{oT} t)}$,

$\lambda_2 = \dfrac{3\omega_{oT} t \cos(\omega_{oT} t) - 4\sin(\omega_{oT} t)}{8 - 3\omega_{oT} t \sin(\omega_{oT} t) - 8\cos(\omega_{oT} t)}$, $\lambda_3 = \dfrac{4\sin(\omega_{oT} t) - 3\omega_{oT} t}{8 - 3\omega_{oT} t \sin(\omega_{oT} t) - 8\cos(\omega_{oT} t)}$。

对速度增量求最大约束有

$$\begin{cases} |\Delta V_x|_{\max} = |\dot{x}_0| + \gamma_{1\max} |(x_f - x_0) \omega_{oT}| + \gamma_{2\max} |z_0 \omega_{oT}| + \gamma_{3\max} |z_f \omega_{oT}| \\ |\Delta V_z|_{\max} = |\dot{z}_0| + \lambda_{1\max} |(x_f - x_0) \omega_{oT}| + \lambda_{2\max} |z_0 \omega_{oT}| + \lambda_{3\max} |z_f \omega_{oT}| \end{cases}$$

$$(8-43)$$

其中,在转移时间内,$|\gamma_1|$ 的最大值为 $\gamma_{1\max}$,$|\gamma_2|$ 的最大值为 $\gamma_{2\max}$,$|\gamma_3|$ 的最大值为 $\gamma_{3\max}$,$|\lambda_1|$ 的最大值为 $\lambda_{1\max}$,$|\lambda_2|$ 的最大值为 $\lambda_{2\max}$,$|\lambda_3|$ 的最大值为 $\lambda_{3\max}$。

则常数 V_1, V_2, V_3 满足

$$\begin{cases} V_1 = |\Delta V_x|_{\max} + |\Delta V_z|_{\max} + \delta_1 \\ V_2 = |\Delta V_x|_{\max} + |\Delta V_z|_{\max} + \delta_2 \\ V_3 = |\Delta V_x|_{\max} + |\Delta V_z|_{\max} + \delta_3 \end{cases} \qquad (8-44)$$

式中: δ_1 为考虑 CW 未建模误差、制导误差等因素,以及留点余量的值。$\delta_2 > \delta_1$, $\delta_3 > \delta_2$。δ_3 设计时应该使得 $|\Delta V_x| + |\Delta V_z| < V_3$ 的任何情况下,两个航天器不会发生碰撞。

8.5.3　仿真分析

以 5000m ~ 400m 接近为例仿真分析基于制导脉冲的交会对接轨迹安全带设计以及交会对接制导方案的设计。采用三种制导方案:

(1) 方案 1:每个控制周期都根据 CW 两脉冲制导的结果对轨迹进行修正。

(2) 方案 2:隔固定时间约 300s 进行一次轨迹修正。

(3) 方案 3:基于制导脉冲交会对接轨迹安全带的制导策略,设计 $V_1 = 0.1$,

$V_2 = 0.3$，$V_3 = 0.4$。当 $|\Delta V_x| + |\Delta V_z| \leqslant 0.1$ 时，不进行轨迹修正；当 $0.1 < |\Delta V_x| + |\Delta V_z| \leqslant 0.3$ 时，进行轨迹修正；当 $0.3 < |\Delta V_x| + |\Delta V_z| \leqslant 0.4$ 时，在进行轨迹修正同时向地面发警报信号；当 $|\Delta V_x| + |\Delta V_z| > 0.4$ 时，发出紧急撤离指令，实行紧急撤离。

正常飞行过程的轨迹如图 8-41 所示。

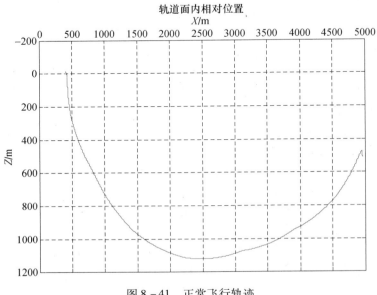

图 8-41　正常飞行轨迹

说明：初始位置在 5000m 附近，而不是 5000m 点处。

1. 燃料消耗分析

分析三种制导策略下，从 5000m 附近到 400m 时的燃料消耗，如表 8-8 所列。

表 8-8　三种制导策略的燃料消耗

方案	方案 1	方案 2	方案 3
燃料消耗/kg	399.3453	34.35	35.9060

可以看到基于安全带的制导策略燃料消耗与隔一定时间施加修正脉冲燃料消耗相当，两者都远小于实时控制且无速度增量限制的制导策略。

2.安全隐患预警和撤离

分析当出现故障,故障为速度导航信息存在比较大且通过滤波无法滤掉的随机噪声,对方案 2 和方案 3 的制导策略进行比较。

方案 2 无法识别已经出现故障,继续进行控制,能把追踪器导引到目标点,但留下安全隐患,且燃料消耗迅速增加,从 34.35kg 增加到 49.1778kg,如图 8－42 所示。

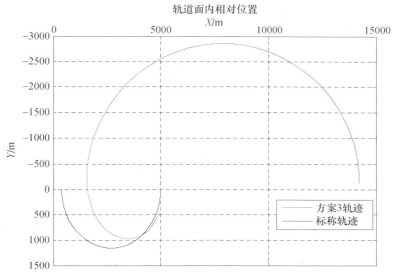

图 8－42　基于制导脉冲交会对接轨迹安全带的制导策略仿真

方案 3 能累积导航的误差,在不长的时间内能敏感到故障,并触发撤离指令,避免两个航天器可能发生碰撞。

▶ 8.6　交会对接任务安全性设计

这节主要介绍交会对接安全设计中,除安全轨迹设计、轨迹安全判断和轨迹安全设计外的其他内容。

8.6.1　系统设计

交会对接安全是建立在地面监控能及时发现,以及测量和执行机构都是正常、或备份功能正常的基础上的。

1. 地面监控和天基监控

交会对接应该尽可能地在地面测站,或中继卫星的监视和及时通信下进行。这就要求地面测站尽可能多覆盖,要求中继卫星尽可能地全球覆盖。这是为了保证:①能有效地监视每圈飞行状态(轨道信息等);②能有效地做好变轨准备,并对变轨效果进行评估;③在最后平移靠拢段和对接过程,希望能地面全程监督,以应对可能发生的故障。

2. 多重敏感器备份和信息融合

交会对接的自主控制段采用相对敏感器导航,把追踪器逐步导引到目标器附近,为了保证交会对接任务的安全和可靠,对相对敏感器有如下要求:①保证整个自主控制段有相对测量;②相对测量精度逐步提高;③各种敏感器作用范围交叉;④每一个飞行阶段,有多种敏感器备份使用;⑤敏感器使用策略上,融合多敏感器信息,提高相对导航可靠性。

3. 发动机配置

为了保证交会对接过程的安全,在发动机配置时,做到多重备份,同时有专门的紧急制动发动机保证具备近距离紧急制动避免碰撞的能力。

欧洲航天局开发的 ATV 货运船用于为 ISS 补充燃料、运送物资和带走废弃物。ATV 的主推进系统包括 4 台 490N 推力器,28 台 220N 姿控推力器,推力器配置如图 7-4 所示。4 台 490N 轨控推力器用于自身变轨和国际空间站提升轨道,安装在推进舱底部。28 台 220N 姿控推力器中,推进舱后部安装了 20 台,用于 ATV 姿控、交会机动、对接前的制动、分离机动以及碰撞规避机动。这 20 台推力器分为 4 个五机机组对称安装在推进舱外壁,每个机组上有 2 台推力器用于制动。另外 8 台姿控推力器分 4 个双机机组,对称安装在载荷舱的前锥段上,每个机组上含一台主份推力器和一台备份推力器,这些推力器用于增强飞行器的平移控制。整个推进系统可分为主份和备份两个对等的部分。任务开始时选择主份工作,一旦主份出现故障,立即整体切换到备份。

4. 故障触发和故障预案

在交会对接任务中,因为入轨轨道偏差、远程导引制导脉冲没有正常实施、自主控制段相对敏感器故障以及其他分系统故障,使得交会对接任务偏离正常的飞行方案和飞行程序,需要提前做好故障预案。

在运载火箭故障,使得追踪器出现入轨轨道过低或过高时,入轨后进行一次紧急轨道抬升或降低,以保证后续的飞行程序能尽可能与正常飞行程序一致,提高任务可靠性。

远距离导引段变轨未执行、变轨速度增量超差或变轨姿态超差,在平台状态正常时通过调整远程导引策略继续交会对接,其中发动机故障时变轨模块同时调整为备份变轨模块。调整时尽量按远距离导引终端时间点不变规划后续变轨,必须推迟的情况下,可选择推迟一圈、多圈及多天对接。

在近距离自主交会对接的不同阶段,根据两个航天器的距离、相对敏感器的特点、姿态控制特点等,应该尽可能的针对可能发生的故障设计对策,在距离很近时某些工况(如导航丢失)则触发紧急撤离。

8.6.2　飞行方案设计

1. 保持点设计

追踪器在接近目标器过程中,为了保证安全,自主控制段分成寻的段、接近段、最后平移和靠拢段。每个飞行段导航敏感器的测量精度由远及近逐步变高。在寻的段、接近段结束点设计了保持点,便于进行相对敏感器切换、监督和任务恢复等。在每个保持点附近,设计进入保持点保持模式的最大位置偏差(大限),以及从保持点进入下一个飞行模式的最大允许位置偏差(小限)。

2. 安全区设计

为了保证交会对接的安全,在目标飞行器周围定义一些参考区域对追踪器的运动进行约束。这些参考区域主要有目标飞行器接近椭球、目标飞行器禁飞区和对接走廊。如图 8-43 所示。在交会对接过程中,追踪器在到达接近椭球外的停泊点 P1 时,必须保证在任何扰动情况下追踪器都不进入目标飞行器接近椭球内。追踪器正常交会进入接近椭球后,除了允许追踪器沿目标飞行器的对接走廊向目标飞行器靠拢直至对接外,在任何情况下都不允许追踪器进入目标飞行器的禁飞区。

3. 不同飞行阶段的轨迹安全设计

以上从安全轨迹设计、轨迹安全判断和轨迹安全设计,以及系统设计、方案设计等角度保证轨迹的安全性。对于不同的飞行段,除上述介绍内容外,还有一些飞行段自身的特点。

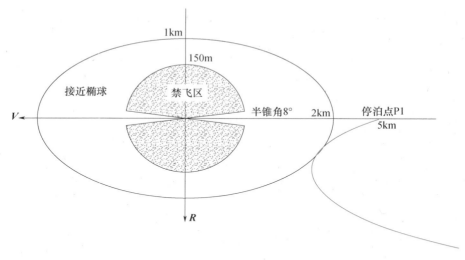

图 8-43　目标飞行器安全接近区域示意

　　寻的段一般是 Hohmann 轨迹,从 8.4.1 节分析看,发动机故障下的寻的轨迹是被动安全的。由于在寻的段,追踪器和目标器的距离比较远,星上不设计自主执行的主动安全策略。通过地面监视,如果出现异常情况,根据实际情况决定是否进行干预。

　　从 8.4.1 节分析,在 V – bar 轴上的接近轨迹,R – bar 方向的脉冲轨迹安全性比较好。从第 4 章的分析看,交会时间略小于半个轨道周期比较节省燃料。所以接近段的第一次接近(400m 接近)一般选择交会时间略小于半个轨道周期,其制导脉冲多数是 R – bar 方向,节省燃料且轨迹被动安全性好。在这个阶段,安全策略是尽量保证故障排除后容易恢复交会对接任务。

　　上述两个飞行段,主要采用 CW 制导策略,利用基于制导脉冲的安全带对交会对接轨迹进行监控,除可以及时发现故障外,还能较好的评估星上制导、导航和控制执行的效果。

　　接近段的第二次接近以及平移靠拢段,飞行轨迹都接近于直线逼近。由于两个航天器距离比较近,安全性第一重要,对任务的监控、安全的判断都比较苛刻。撤离方案以安全为主,尽可能地让两个航天器远离。

4. 平移靠拢段接近速度设计

从 8.4 节看,平移靠拢段的轨迹被动安全性很差,很难保证轨迹的被动安全性。从 8.2 节看,只要施加足够大 X 轴反向脉冲,能保证平移靠拢段轨迹的安全性,且撤离轨迹在对接走廊内。

平移靠拢段接近速度影响了这个飞行段的交会时间,如果速度较小,则必然增加交会时间。当两个航天器距离较远时,只要紧急撤离脉冲比接近速度大到足够抵消接近速度,且能满足撤离时轨迹在对接走廊内,则接近速度可以设计的足够大。

由于紧急撤离脉冲并不是真正的脉冲,依靠反推发动机实现,这需要在一定的时间内要保证飞行两个航天器不发生碰撞,这就要求接近速度足够小,即当两个航天器距离比较近的位置,接近速度要比较小。

综上,平移靠拢段一般分两个阶段,在距离较远的第一个阶段接近速度较快,在距离较近时接近速度较慢,以使得反推发动机能快速抵消接近速度同时产生撤离脉冲。

参 考 文 献

[1] 林来兴. 空间交会对接技术[M]. 北京:国防工业出版社,1995.
[2] 陈长青. 交会对接中轨迹安全和轨迹优化研究[D]. 北京控制工程研究所博士论文,2008.
[3] 辛优美. 空间交会对接绕飞段控制方法研究[D]. 北京控制工程研究所硕士论文,2005.
[4] 梁静静. 空间站交会对接相对运动特征与轨迹安全策略[D]. 北京控制工程研究所硕士论文,2014.
[5] 陈长青,解永春. 交会对接 V – bar 负向单脉冲撤离的轨迹安全性研究[J]. 宇航学报,2008,29(3):807 – 811.
[6] 解永春,陈长青. 一类禁飞区后方安全撤离轨迹的设计方法研究[J]. 空间控制技术与应用,2009,35(3):1 – 5.

第 9 章
交会对接地面仿真验证

▶ 9.1 引言

空间交会对接涉及 12 个自由度的运动,交会对接控制技术是复杂、大规模和多变量参数的控制技术。为设计高度可靠并具有容错和诊断功能的交会对接控制系统,必须进行充分的试验和验证,而交会对接地面仿真技术就是行之有效的主要途径之一。交会对接地面仿真技术可以实现对交会对接方案的验证,对敏感器性能的验证,对对接机构性能的验证,对导航、制导、控制策略的验证,对星载软件的验证,对故障处理和安全策略的验证以及对航天员手控对接的训练等[1]。

交会对接仿真可以借助于计算机或者在运动仿真器上进行。它们往往通过计算机与实际部件连接并和软件结合起来对系统动态过程(包括人的操作)进行仿真。由于远程导引多由地面导引进行,这方面技术目前已较为成熟,因此本章主要论述近距离自主控制段制导、导航与控制系统的地面仿真验证技术。

⊿ 9.1.1 仿真系统分类

按实现途径分,交会对接地面仿真技术主要有三种:数学仿真、半物理仿真和全物理仿真。

（1）数学仿真。以计算机数值计算为基础,不涉及交会对接任务中任何真实部件,可根据需要建立如航天器制导及控制策略模型、敏感器测量模型和对接机构动力学模型等多种交会对接任务仿真模型,具有易实现和投资相对较小等特点,是交会对接方案论证和任务规划阶段常用的一种仿真验证途径。

（2）半物理仿真。以多自由度运动模拟器为基础,在设计上将交会对接关键设备接入仿真回路,利用仿真计算机内的数学模型实现对航天器轨道/姿态动力学、发动机和常用敏感器的模拟,兼顾了物理仿真与数学仿真的优点且验证结果具有较高的可信度,是目前国内外交会对接领域单机敏感器和控制系统应用最广泛的一种地面仿真验证途径。

（3）全物理仿真。以气浮台为基础,包括利用移动气浮台全物理仿真及气浮与半实物的混合仿真。此种地面仿真验证一般应用气浮台的无摩擦力状态模拟航天器在空间轨道上的失重状态,以此作为航天器在轨的动力学物理模型,具有极高的仿真逼真度和验证结果可信度,几乎可替代某些实际飞行试验。但由于所用设备繁多且相当复杂,经费支出偏高,一般应用于对接机构等大型交会对接船载设备的地面仿真验证。

按照仿真的不同组织层次,地面交会对接仿真系统还可分为分系统级仿真和全任务联合仿真。

（1）分系统级仿真。各分系统根据不同的设计要求,各自进行的地面仿真。航天器系统的分系统包括结构机构、热控、电源、姿态与轨道控制、推进、测控、数据管理、总体电路等。

（2）全任务联合仿真。将飞行任务相关系统联合起来进行的仿真,模拟真实的飞行任务过程。在飞行任务中,除航天器系统外,还有火箭系统、发射场系统、测控通信系统等。

9.1.2　仿真技术发展概况

1. 国外交会对接仿真技术

1）数学仿真

在数学仿真方面,美国航空航天局（NASA）、日本宇宙航空研究开发机构

（NASDA）、欧洲航天局（ESA）以及德、法等国家都已建立了完整的交会对接数学仿真模型，进行了国际空间站各舱段、各种运载工具的一系列仿真试验，并已在成功发射的航天器的地面仿真中得以有效应用。在不断提高运算速度的基础上，通过在数学仿真的基础上使用三维视觉图像实时生成技术[2]，使仿真效果提高到了一个新的水平，尤其有利于航天员的训练。

2）半物理仿真

国外各航天大国和空间组织投入大量的人力、物力和财力研发了多种半物理仿真试验系统，对关键的近距离交会控制系统相关设计进行了大量地面仿真验证，较为典型的有美国的六自由度仿真器 TORET，法国的 12 自由度仿真器 DDTF，德国的近距离九自由度仿真器 EPOS 和日本的九自由度仿真器 RDOTS。

TORET 是航天飞机与空间站实时停靠和全自主交会对接仿真器。它由目标头部运动仿真器、对接机构、视觉导航敏感器及其目标硬件组成。它用气浮台（三自由度）和台子上的移动车（三自由度），以无线传输方式发射和接收遥操作所需的各种信息，以机器人臂模拟目标器运动。该仿真器系统能验证 GPS、交会雷达等最新敏感器，自主交会对接的新算法等新技术，完成从平移靠拢段到对接段的仿真验证。

DDTF 主要用于平移靠拢段到对接这一过程的动态闭路仿真。它由两个六自由度运动仿真器组成，每个运动仿真器可在运动台面上生成 6 个变量（三维位置和三轴转角）。该设备的运动仿真器采用力、力矩和反馈功能的计算机控制方式，既具备对几何学相对位置和相对姿态进行仿真的功能，又可对与目标星接触时的动力学进行仿真。

EPOS 可进行最后平移靠拢段两航天器从相距 12m 到对接机构接触为止的自动/人工控制系统半物理闭路仿真试验和近距离光学测量敏感器性能半物理仿真试验。目标运动模拟器为一个固定在地面具有 3 个转动模拟自由度的卧式机械转台，用于近距离光学测量敏感器配套合作目标标志器等设备的安装，如图 9 - 1（a）所示。追踪运动模拟器为一个安装在龙门吊上的立式机械转台，龙门吊具有 3 个平动自由度，机械转台配有一个 1.2m × 1.2m 的设备负载面并具有 3 个转动自由度，用于近距离光学测量敏感器的安装，如图 9 - 1（b）所示[3]。

(a)　　　　　　　　　　　　　　(b)

图 9 - 1　EPOS 目标运动模拟器和追踪运动模拟器

RDOTS 用于进行最后平移靠拢阶段两航天器从相距 7m 到十字交叉型"抓手 - 撞锁"式对接机构无接触闭合为止过程的自动控制系统半物理闭环仿真试验。图 9 - 2 为 RDOTS 半物理仿真试验系统。它由目标星安装架、追踪星安装架、单轴台架、制导和控制计算机、管理控制台和仿真计算机组成。目标星安装架由 7m 长的滚珠丝杠实现平移控制,其上安装了 6 个由电动机进行驱动的线性执行机构,仿真对接面的平动与转动。追踪星安装架为一个由 2 台电动机进行驱动的线性执行机构构成的双框架机构,可沿铅重轴(偏航)和水平轴(俯仰)转动,用于对对接面转动状态进行仿真模拟。目标星安装架和追踪星安装架各配备一个 1.5m² 的铝制负载面,用于目标星主动抓手式对接机构、追踪星撞锁式被动对接机构和近距离光学测量敏感器及配套合作目标标志器的安装。

图 9 - 2　RDOTS 半物理仿真试验系统

3) 全物理仿真

NASA 开发了 12 自由度交会对接全物理仿真[4]。仿真器采用气浮和伺服机械运动混合控制,气垫本身可进行水平位置变化,高度变化由伺服电动机控制,绕垂直轴转角由气垫控制,绕其余两轴姿态角的变化由旋转伺服电动机控制。这种全物理仿真器的优点是结果可信度非常高,但其造价高,技术要求严格。

2.我国交会对接仿真技术

我国在 20 世纪 90 年代开始对交会对接技术进行研究,同步开展了交会对接地面验证技术的深入研究。我国在交会对接技术研究过程中,不仅利用计算机技术建立了多种数学模型对交会对接的方案设计和任务规划进行了大量仿真验证,而且建立了交会对接半物理仿真验证系统。

20 世纪 90 年代是我国交会对接技术论证时期,建设了一套具有 6 个模拟自由度的近距离合作目标交会控制系统半物理仿真试验系统。该系统由一个固定在地面具有 3 个转动模拟自由度的机械转台和一套具有 3 个平动模拟自由度的直线导轨及其设备支架组成。三轴转台用于模拟追踪器与合作目标在轨的三轴相对转动运动,在其设备负载面上装有近距离光学测量敏感器。三轴直线导轨的设备支架上装有近距离光学测量敏感器配套的合作目标标志器,设备支架在三轴直线导轨上可模拟追踪器与合作目标在轨三轴相对平动运动。由于该试验系统缺乏对追踪器与合作目标在轨各自绝对转动运动的模拟,因此只能对合作目标交会控制系统的部分原理进行验证。

为满足对自主研制的合作目标交会控制系统进行地面物理仿真验证的实际需求,我国在总结早期六自由度半物理仿真试验系统应用经验的基础上,建立了一套九自由度近距离合作目标交会控制系统半物理仿真试验系统。为验证对接机构的性能,建立了对接机构气浮式动力学 10 自由度全物理地面仿真验证系统。利用这些具有国际先进水平的地面仿真验证系统,对交会对接的敏感器设计、对接机构设计和控制系统设计等关键技术,进行了大量严格的地面仿真验证。

本章主要对在我国交会对接地面验证技术发展过程中具有重要代表性的交会对接仿真验证系统的设计进行介绍,并给出了利用该系统对我国交会对接技术核心的自控/人控系统设计的仿真验证结果。

▶ 9.2 数学仿真

9.2.1 系统组成

数学仿真系统主要由三部分组成:数学模型、仿真软件和计算机设备(硬

件),其关键是数学模型和仿真软件,主要包括:

(1)目标器和追踪器的制导和控制策略,即控制器。

(2)敏感器数据生成、处理与转换。

(3)对接机构动力学。

(4)目标器和追踪器相对运动学和动力学(包括挠性结构和液体晃动的动力学模型)。

(5)执行机构模型。

(6)目标和追踪器轨道(包括运载火箭发射窗口和入轨状态)模型。

(7)地面测控网布局和遥测遥控信息的形成与处理。

(8)空间环境(包括摄动和干扰)模型。

(9)模拟地面监视和决策功能的仿真软件。

(10)仿真试验支持软件。例如图表、图形处理和操作软件、数据处理和硬拷贝软件。

(11)实用子程序库。例如星历表计算,仿真环境软件等。

自动交会对接制导、导航和控制系统的基本数学仿真验证框图如图9-3所示。目标和追踪器的动力学模型输出位置和姿态信息,经敏感器模型得到敏感器测量值,控制器根据敏感器输入的测量值计算控制量并输出到执行机构,执行机构根据控制量输入,输出力和力矩作用于目标和追踪器的动力学模型,从而形成闭环。

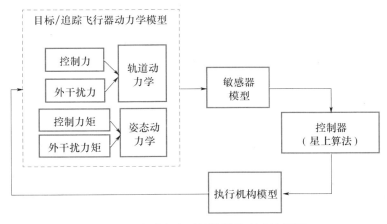

图9-3 自动交会对接数学仿真系统框图

人控交会对接控制数学仿真验证系统相对于自控稍有不同,人眼观察显示器作为相对导航敏感器,而人脑则作为控制器,通过操作手柄输出控制量到执行机构模型。具体系统框图如图9-4所示,主要包括仿真计算机、真实的平移控制手柄和姿态控制手柄。平移控制手柄和姿态控制手柄的控制信号通过插在仿真计算机上的A/D转换器进入计算机。仿真计算机根据平移控制和姿态控制信号选择开启相应的发动机(数学模型),根据发动机模型输出的力和力矩进行追踪器姿态和轨道动力学仿真计算;进而完成目标器和追踪器相对位置和相对姿态计算;与此同时仿真计算机同步生成通过电视摄像机看到的随相对位置和相对姿态变化的视景,并显示在仿真计算机显示器的电视摄像机窗口上,人根据电视摄像机的图像信息和其他相关数字信息,确定控制策略,转动平移控制和姿态控制手柄,控制飞船相对于目标器航天器的位置和姿态,最后达到与目标器交会对接的目的。

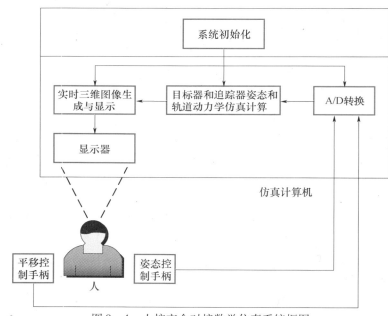

图9-4 人控交会对接数学仿真系统框图

9.2.2 误差源

交会对接数学仿真过程中需考虑的模型误差有如下几类:

1.动力学模型误差

交会对接目标和追踪器的动力学模型误差主要需考虑以下几种：

（1）质量和惯量特性偏差。目标器和追踪器在单体、组合体等各种特征飞行状态下，整船、各舱段在其本体质心坐标系下的质心位置偏差、惯性积偏差等。

（2）帆板柔性特性偏差。包括目标器、追踪器在单船、组合体等各种特征飞行状态下，帆板频率及柔性耦合系数的误差。

（3）环境干扰力和干扰力矩。姿态动力学模型考虑气动（大气密度可根据太阳活动情况设置）、重力梯度、太阳光压等干扰力矩；轨道动力学模型正常仿真引力模型考虑 11 阶带谐项，标称轨道联合仿真引力模型考虑 21 阶带谐项，考虑大气阻力模型（大气密度可根据太阳活动情况设置）。

（4）发动机羽流引起的干扰力和干扰力矩。在发动机羽流力效应分析提供的模型计算结果基础上乘一定的倍数。

2.敏感器模型误差

敏感器模型误差主要应考虑安装误差和性能误差。此外敏感器模型还要考虑敏感器视场、动态测量范围，阳光抑制角等。

敏感器的性能误差分三类，具体说明如下：

（1）标称误差：敏感器技术指标范围内的误差。

（2）拉偏误差：敏感器性能下降。

（3）故障：敏感器功能失效。

交会对接用到的主要敏感器模型误差需考虑的因素如下：

（1）红外地球敏感器模型误差。安装误差主要考虑红外地球敏感器光学基准与机械安装面之间的安装精度误差；性能误差主要考虑随机误差和输出信号与光学基准之间误差。

（2）IMU 模型误差。安装误差主要考虑机械基准与光学基准之间的误差以及每个陀螺及加速度计输入轴与光学基准之间的偏差角。性能误差主要考虑陀螺的常值漂移和随机漂移以及加计的零偏。

（3）数字太阳敏感器模型误差。依据技术指标考虑标称误差和故障情况。

（4）卫星导航设备模型误差。安装误差主要考虑天线安装精度；性能误差依据技术指标建立测量精度随相对距离变化的标称误差模型,并考虑动态性能、捕获时间等。

（5）微波雷达模型误差。安装误差需考虑微波雷达测量坐标系相对于追踪器对接面坐标系的三轴角度安装精度,微波雷达测量坐标系原点相对于追踪器对接面坐标系的三轴位置安装精度,微波应答机天线相对于目标器对接面坐标系的三轴角度安装精度,微波应答机天线相位中心相对于目标器对接面坐标系的三轴位置安装精度。性能误差依据技术指标建立测量精度随相对距离及视线角变化的标称误差模型,并考虑动态性能、捕获时间、多径效应等。

（6）激光雷达模型误差。安装误差需考虑激光雷达测量坐标系相对于追踪器对接面坐标系的三轴角度安装精度,激光雷达测量坐标系原点相对于追踪器对接面坐标系的三轴位置安装精度,合作目标反射器相对于目标器对接面坐标系的三轴角度安装精度和三轴位置安装精度。性能误差依据技术指标建立测量精度随相对距离及视线角变化的标称误差模型,并考虑动态性能、捕获时间、动态捕获条件、阳光抑制角等。

（7）成像式交会对接敏感器模型误差:安装精度需考虑相机相对于对接机构的三轴位置安装精度和三轴姿态安装精度,以及目标标志灯相对于目标器对接机构的三轴角度安装精度和三轴位置安装精度。性能误差依据技术指标建立测量精度随相对距离变化的标称误差模型,并考虑相机视场、合作目标视场、动态性能、阳光抑制角等。

3. 推力器模型误差

推力器的安装误差主要考虑发动机的推力轴线相对基准点的偏移量、相对安装坐标系的角偏差;性能误差主要考虑技术指标中的误差,包括推力大小的偏差、开机时延、开机不同步性等。

4. 控制系统时间延迟误差

控制系统时间延迟误差包括敏感器模型输出时延、控制律计算时延、推进输出时延等。

5. 定轨及轨道预报误差

测控系统提供的地面测定轨及轨道预报误差。

6. 入轨偏差

入轨偏差主要包括近地点高度偏差、轨道周期偏差、轨道倾角偏差、升交点精度偏差、近地点幅角偏差、入轨时间偏差等。

7. 目标器轨道偏差

目标器轨道偏差主要考虑远距离导引终端时的目标器轨道六根数偏差。

9.2.3　仿真要求

（1）对考核的误差项进行单项极限仿真，其他误差在指标范围内随机选取。

（2）最坏情况组合仿真，各项误差以单项极限误差引入，正偏差和负偏差可随机选取。

（3）对技术指标要求中的所有指标，包括使用范围进行考核。

9.2.4　仿真工况

1. 阶段仿真与全程仿真

阶段仿真是指根据交会对接过程的不同阶段逐一进行仿真，而全程仿真是指从入轨到对接乃至撤离的全过程的连续仿真。

1）阶段仿真

阶段仿真可针对每个阶段的特点，设置各种不同的初始条件，实现对该阶段设计方案鲁棒性的验证，多用于方案论证阶段。阶段仿真主要包括远程导引段、寻的段、接近段、平移靠拢段、组合体段、撤离段、人控 RVD 模式等。

远程导引段的仿真主要包括对正常在轨运行段姿态确定和姿态控制精度的仿真，变轨控制策略及轨控精度的仿真，变轨时姿态确定和姿态控制精度的仿真等。

寻的段的仿真应包括寻的过程的姿态确定及控制精度仿真，相对导航精度仿真，寻的变轨的制导精度仿真，位置保持控制仿真等。仿真工况的设置注意遍历远导终端误差，考虑不同导航策略对制导精度的影响，考虑不同相对测量敏感器丢失、重捕甚至故障的情况等。

接近段的仿真包括接近过程的姿态确定与姿态控制精度仿真，相对导航精度仿真，位置保持控制仿真，不同导航策略切换的仿真，撤退模式安全性仿真等。工况设置注意事项同上。

平移靠拢段的仿真包括相对姿态确定与姿态控制精度仿真、相对导航精度仿真,相对位置控制精度仿真、不同导航策略切换的仿真、撤退模式安全性仿真等。工况设置注意事项同上。

组合体段的仿真应包括相对导航仿真、标定仿真、组合体姿态控制仿真、分离仿真等。

2)全程仿真

全程仿真主要验证交会对接全程设计的连续性、衔接性、模式切换的合理性等。可进行从入轨到撤离的任务全程仿真,也可针对自主交会对接功能进行从寻的到对接的连贯仿真等。

2. 正常情况与故障情况仿真

正常情况仿真又分为一般工况和恶劣工况。一般工况是指动力学模型、敏感器模型、发动机模型、羽流干扰模型等的误差都取标称值及技术指标规定的变化范围,用以考察正常情况下的控制性能;而恶劣工况是指上述模型误差都乘以一定的放大系数,来进行极限情况下的仿真,用以检验控制方法的适应性。

故障情况仿真是在存在敏感器故障、执行机构故障等情况下进行的仿真,主要用以检验各种故障应对策略设计的有效性,以及确保对接过程的安全性。

3. 单次仿真和打靶仿真

单次仿真是指对某一工况某一初始条件进行的一次仿真,而打靶仿真是针对某一工况多组初始条件重复进行的多次仿真。单次仿真主要关注仿真过程曲线,多用于方案设计阶段,验证设计的正确性,而打靶仿真主要关注一定概率分布下的结果,即方案的适应性、鲁棒性。

4. 小结

具体进行仿真工况设计时应考虑各种误差源,囊括上述各种工况进行仿真,如在每个阶段仿真或全程仿真中应考虑各种误差,分别进行正常情况与故障情况的仿真,并且对每种情况进行单次仿真和打靶仿真。

9.2.5 模拟器

为配合交会对接飞控任务的实施,构建演练环境中的飞控目标,对目标器和追踪器的状态以及交会对接过程进行模拟,一般需研制系统级的交会对接地面数学仿真系统,以便与航天员系统、火箭系统、测控通信系统、三维可视显示系统等联合构成交会对接任务飞行控制演练环境。这种系统级的全任务大型数学仿真系统称为模拟器。本节以模拟器为例,介绍交会对接数学仿真系统的设计。

1. 系统构成

交会对接模拟器包括追踪器模拟器和目标器模拟器两大部分,分别由仿真主控模块、GNC 控制模块、动力学仿真模块、敏感器仿真模块、执行机构仿真模块、空间环境仿真模块、遥测遥控模块、数据库模块等构成。其中,仿真主控模块位于仿真主控机中,动力学模块和空间环境仿真模块位于动力学仿真机中,敏感器仿真模块、GNC 控制模块、执行机构仿真模块装在 GNC 主控计算机中,其闭环运行过程与图 9-3 类似。模拟器的组成及连接关系示意图如图 9-5 所示,各仿真机可通过以太网等形式进行连接。

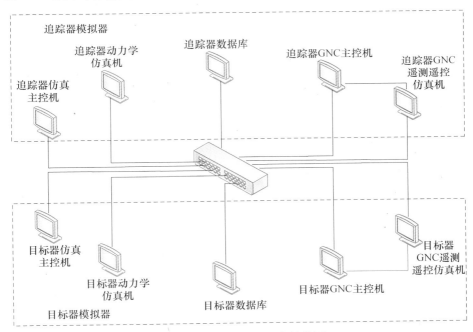

图 9-5　模拟器网络拓扑结构图

1) 仿真主控模块

仿真主控模块负责对仿真系统的通信数据和事件的解包,对外接口的数据通信,对仿真的驱动和激励,即在规定的时间内接收各种指令和数据,完成必要的计算任务,并将需要的数据送出。

仿真主控模块又分为三个子模块:数据处理子模块、通信子模块和运行调度子模块。主控模块的各子模块采用独立线程的方式实现,三个子模块的调用逻辑如图9-6所示。

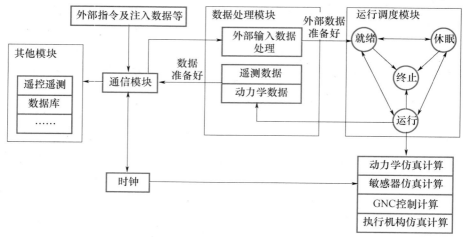

图9-6 三个子模块调用逻辑图

(1)通信子模块。

根据通信协议,通信子模块需要响应时钟同步信号、控制指令、外部注入数据等。通信子模块将接收到的数据包(包括指令)提交给数据处理子模块,触发外部数据准备好事件;在接到运行调度子模块数据发送事件激励后,从输出数据中采集数据处理子模块处理好的数据,将数据按照通信协议规定的格式发送至其他模块。

(2)数据处理子模块。

数据子模块受运行调度子模块和通信子模块的事件激励,执行以下操作:

① 按照通信协议将数据打包放入输出数据队列,触发发送数据;

② 从输入数据队列中接收数据,按照通信协议解包,数据处理完毕后将数据放入输入数据队列。

③ 运行调度子模块。

运行调度子模块控制仿真的运行,负责调度其他模块的线程,响应主控模块指令,执行仿真器工作状态转换,转发数据或飞控指令至 GNC 控制模块等。

运行调度子模块还需要按照标准的仿真流程调度 GNC 应用程序模块、敏感器仿真模块、执行机构仿真模块以及空间环境模块对应的线程。

2）GNC 控制模块

GNC 控制模块根据现有的任务星上应用软件计算公式编制,提供目标器、追踪器和组合体运行状态下的所有任务处理,产生相关的输出数据,按照星上标准方式处理指令、注入、遥控遥测接口,保证接口和处理流程的覆盖性。GNC 控制模块受运行调度子模块的事件激励,对启动、加速、跳时、停止等模拟器控制模式提供处理接口,提供故障注入接口。

3）动力学仿真模块

动力学仿真模块主要包括目标器、追踪器、组合体的姿态动力学、轨道动力学仿真模块,提供姿态、轨道仿真接口,可以对姿态和轨道进行设置。

输入:三轴控制力、控制力矩、扰动。

输出:目标器和追踪器的位置、速度,姿态角、姿态角速度,太阳方位等。

动力学模型包括:

（1）目标器动力学模型;

（2）追踪器动力学模型;

（3）组合体动力学模型;

（4）扰动模型:帆板展开等造成的扰动。

为了与真实轨道相接近,轨道计算应尽量采用高精度的轨道动力学,考虑的摄动包括地球非球形引力摄动、太阳引力摄动、月球引力摄动、大气摄动、太阳光压摄动等;考虑执行机构输出的合力作用,体现姿态、轨道控制对轨道的影响。

姿态动力学模型根据目标器和追踪器运行状态,提供单体/组合体状态下相应的动力学模型,考虑帆板的挠性动力学。

由于追踪器 GNC 仿真系统需要模拟相对测量信息,因此需要将动力学模型产生的 J2000 坐标系下历元、位置、速度、姿态（四元素）等信息送 GNC 仿真系统。

4）敏感器仿真模块

敏感器仿真模块根据目标器、追踪器、组合体的姿态和轨道动力学模拟的输出,针对每个敏感器提供数学仿真模型形式的子模块。敏感器仿真模块具备工作状态设置以及故障设置功能。

敏感器仿真模块包括：IMU 模块、太阳敏感器模块、红外地球敏感器模块、星敏感器模块、微波雷达敏感器模块、微波雷达应答机模块、成像式交会对接敏感器模块、光学敏感器目标标志器模块、GPS 测量模块、激光雷达敏感器模块、激光雷达合作目标模块等。输入动力学模块的历元、位置、速度、姿态（四元数）等参数，输出各敏感器的测量信息，并考虑输出延迟以及各项误差。

5）执行机构仿真模块

执行机构仿真模块主要包括发动机子模块、控制力矩陀螺子模块、磁力矩器子模块、太阳帆板驱动机构子模块。控制量由 GNC 控制模块产生，根据实际工作特性模拟执行机构的工作。

执行机构仿真模块具备工作状态设置以及故障设置功能，考虑输出延迟以及各项误差。

6）空间环境仿真模块

空间环境仿真模块根据目标器、追踪器、组合体运行轨道和姿态进行大气阻力干扰、重力梯度干扰、剩磁干扰、光压干扰等的计算，进行大气模型仿真、太阳、地球星历仿真。

7）遥测遥控模块

遥测遥控模块包括遥控上行模块、遥测下行模块、遥测遥控显示和数据服务模块。

遥控上行模块主要功能为接收测控仿真机发送的指令转发至 GNC 主控机，并将所有的指令信息发送至数据服务器。

遥控下行模块主要功能为接收 GNC 主控机遥测数据，将其解码后转发至测控仿真机和服务器。

显示和数据服务模块将接收的测控仿真机指令和 GNC 主控机遥测数据根据协议进行解码，然后在遥测遥控工作站上显示出来，以便进行数据监视。

8）数据库模块

数据库模块主要负责对多种数据源的数据接收、存储、回放、查询和绘图，提供数据分析服务。数据服务器包括接收保存数据模块、数据回放模块、数据查询和绘图数据模块以及数据信息处理模块。

2. 接口设计

在模拟器中，接口设计主要是指设计各模块间的数据输入输出关系。各模块间的大体数据流向如图 9－7 所示。

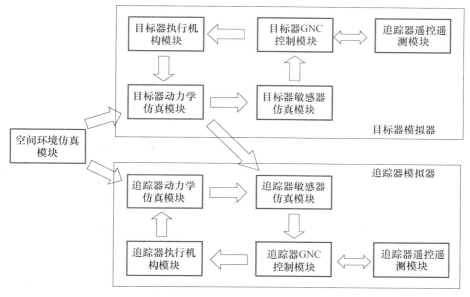

图 9－7　模块间数据流关系

空间环境仿真模块向动力学模块提供的输出数据包括环境干扰力、环境干扰力矩。

动力学模块向敏感器模块提供的输出数据主要包括时间信息、轨道信息、绝对及相对位置与速度信息、绝对及相对姿态与角速度信息等。

敏感器模块向 GNC 控制模块输出的数据主要包括速度增量及角速度增量信息、姿态测量信息、太阳方位信息、相对位置和相对姿态测量信息等。

GNC 控制模块向执行机构模块输出的数据主要包括：发动机开机及开机时长信息、帆板控制角速度信息等。

执行机构模块向动力学模块输出的数据主要包括控制力信息、控制力矩信息。

GNC 控制模块与遥控遥测模块间的数据交换包括遥控遥测模块发送给 GNC 控制模块的控制指令信息、注入数据信息等；GNC 控制模块发送给遥控遥测模块的遥测量数值信息。

9.3 半物理仿真

9.3.1 九自由度半物理仿真验证系统

我国目前最大的交会对接九自由度半物理仿真试验系统,主要用于最后平移靠拢阶段两航天器从相距60m左右到对接机构接触为止全过程的自动/人工控制系统半物理闭环仿真试验和近距离光学测量敏感器性能半物理仿真验证试验。

交会对接九自由度半物理仿真验证系统由试验总控单元、三自由度姿态转台、六自由度姿态位置转台、动力学及转台控制单元、激光雷达、激光雷达靶标、成像式交会对接敏感器、成像式交会对接敏感器合作目标、自控交会对接控制器、人控电视摄像机、人控电视摄像机靶标、人控位置手柄、人控姿态手柄、人控电视摄像机图像显示器、人控指令单元和人控交会对接控制律单元组成。该系统将最为关键的外部导航敏感器——激光雷达、激光雷达靶标、成像式交会对接敏感器、成像式交会对接敏感器合作目标、人控电视摄像机和人控电视摄像机靶标作为真实部件置于控制系统回路中,而其他的常规敏感器、执行机构以及目标飞行器和追踪飞行器的姿态轨道动力学则采用成熟的数学模型代替,在降低研制费用的同时可对不同的控制律进行更真实有效的地面试验验证(图9-8)。

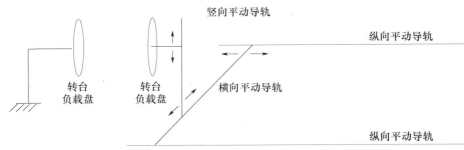

图9-8 三自由度姿态转台和六自由度姿态位置转台结构示意图

1.运动状态模拟

如图9-8所示,交会对接九自由度半物理仿真试验系统在设计上利用一个固定于地面的具有 3 个姿态自由度的立式高精度转台作为目标器运动模拟器,一个具有 3 个姿态自由度和 3 个位置自由度,配有高水平度和平行度位置移动导轨的立式高精度转台作为追踪器运动模拟器。

目标器运动模拟器用于对目标器在轨三轴绝对姿态运动状态进行模拟,其内框姿态轴和中框姿态轴的运动范围均为 ±30°,外框姿态轴的运动范围为 ±170°。追踪器运动模拟器用于对追踪器在轨三轴绝对姿态运动状态和目标器与追踪器在轨三轴相对位置运动状态进行模拟,其内框姿态轴、中框姿态轴和外框姿态轴的运动范围与目标器运动模拟器的设计相同,纵向导轨运动范围为 0 ~ 60m,横向导轨运动范围为 ±4m,竖向导轨运动范围为 ±2m。

以上目标器运动模拟器和追踪器运动模拟器共计 9 个模拟自由度的设计,解决了交会对接控制系统仿真验证试验原理性和测试覆盖性需求的问题。图 9 - 9 为运动模拟器实物图。

图 9 - 9 运动模拟器实物图

2.参试船载设备及接口

交会对接九自由度半物理仿真验证系统将成像式交会对接敏感器、成像式交会对接敏感器合作目标、人控 TV 电视摄像机、人控 TV 电视摄像机靶标、激光雷达、激光雷达合作目标、船载自动控制计算机、船载人工控制计算机、人控图像显示器和人控手柄作为交会对接控制系统关键船载设备接入仿真验证回路。

如图 9 - 10[5] 所示,成像式交会对接敏感器、人控 TV 电视摄像机和激光雷达利用安装支架按照追踪器设计的相对位置关系安装在追踪器运动模拟器负载面上,成像式交会对接敏感器合作目标、人控 TV 电视摄像机靶标和激光雷达合作目标利用安装支架按照目标器设计的相对位置关系安装在目标器运动模拟器负载面上。船载常规敏感器(如红外地球敏感器、陀螺和加速度计等)、推力器和航天器轨道/姿态动力学采用数学模型,与转台控制模型共同置于仿真计算机中。人控 TV 电视摄像机、人控图像显示器、船载人工控制计算机和人控手柄之间使用电缆连接,硬件接口、通信协议和时延与工程设计状态一致。船载自动控制计算机、船载人工控制计算机、成像式交会对接敏感器、激光

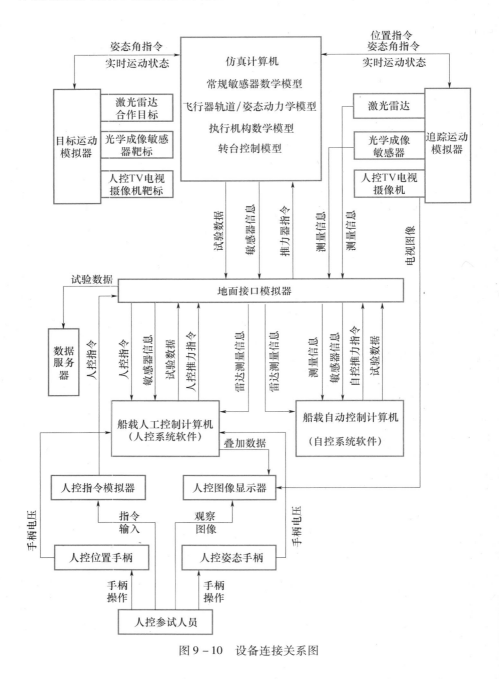

图 9-10 设备连接关系图

雷达、人控指令模拟器、仿真计算机和数据服务器之间通过地面接口模拟器实现数据交互,试验过程中产生的试验数据实时存储在数据服务器中。

为了保证交会对接九自由度半物理仿真验证系统的实时性,仿真计算机对目标器运动模拟器和追踪器运动模拟器的控制周期均设计为 5ms。

3. 仿真模型

1)执行机构模型

(1)姿控发动机模型。

忽略推力器的开启和关闭延迟,仿真中可采用如下的简单模型:

$$F_{\text{atti}}(t) = F_{\text{0atti}}\left[\varepsilon(t) - \varepsilon(t - T_w)\right]$$

其中,$F_{\text{atti}}(t)$ 为姿控推力器的实际输出;F_{0atti} 为姿控发动机的标称推力大小;$\varepsilon(\,\cdot\,)$ 为阶跃函数,T_w 为喷气指令脉冲的时间宽度。

(2)轨控发动机模型。

忽略推力器的开启和关闭延迟,仿真时可采用如下的简单模型:

$$F_{\text{obt}}(t) = (1 + \Delta) F_{\text{0obt}}$$

其中,$F_{\text{obt}}(t)$ 为轨控发动机的实际输出;F_{0obt} 为轨控发动机的标称推力大小;Δ 为轨控发动机的推力控制精度。

2)动力学与运动学模型

航天器轨道/姿态动力学模型利用接入仿真验证回路中关键测量设备的测量数据,解算航天器在轨轨道/姿态的运动状态和运动模拟器的驱动数据,以 5ms 控制周期驱动目标器运动模拟器和追踪器运动模拟器进行连续模拟运动。动力学模型的真实性和准确性将直接影响仿真验证过程的逼真度和验证结果的可信度。

(1)轨道动力学模型

$$\ddot{r} = -\frac{\mu}{r^3} \cdot r + F_u + F_\varepsilon$$

其中,μ 为地心引力常数;$\dfrac{\mu}{r^3} \cdot r$ 为地球中心引力加速度;F_u 为航天器推进系统产生的控制力;F_ε 为其他外部摄动力。

(2)姿态动力学模型。

采用中心刚体加柔性附件的柔性动力学模型见 2.3.2 节。图 9 – 11 为动力学及转台控制单元组成图。

3）转台控制量计算模型

（1）根据试验工况确定三自由度姿态转台的转角控制量 $\varphi_T, \theta_T, \psi_T$。

（2）根据转台安装数据和(1)中计算的三自由度姿态转台转角控制量计算目标动力学坐标系与转台控制坐标系之间的相对姿态和相对位置关系。

设计算得到的目标飞船动力学坐标系与转台控制坐标系之间的方向余弦阵为 $\boldsymbol{C}_{ZT}$，位置关系为 $\boldsymbol{A}_{ZT} = \begin{bmatrix} x_{ZT}, y_{ZT}, z_{ZT} \end{bmatrix}$。

| 目标飞船轨道姿态动力学 |
| 追踪飞船轨道姿态动力学 |
| 常规敏感器测量模型 |
| 执行机构数学模型 |
| 转台控制模型 |

图 9 – 11　动力学及转台控制单元组成图

（3）根据(2)中计算得到的转换关系,由动力学输出值可计算得到六自由度姿态位置转台的控制量,具体计算方法如下:

设动力学模型输出的目标飞船动力学坐标系与追踪飞船动力学坐标系之间的方向余弦阵为 $\boldsymbol{C}_{CT}$，位置关系为 $\boldsymbol{A}_{CT} = \begin{bmatrix} x_{CT}, y_{CT}, z_{CT} \end{bmatrix}$,则有 $\boldsymbol{C}_{ZC} = \boldsymbol{C}_{ZT}\boldsymbol{C}_{CT}^{\mathrm{T}}$,$\boldsymbol{A}_{ZC} = \boldsymbol{A}_{ZT} + \boldsymbol{C}_{ZT}\boldsymbol{A}_{CT}$,得到六自由度姿态位置转台的控制量为 $\boldsymbol{C}_{ZC}$ 对应的姿态角 $\varphi_C, \theta_C, \psi_C, \boldsymbol{A}_{ZC} = \begin{bmatrix} x_{ZC}, y_{ZC}, z_{ZC} \end{bmatrix}$。

4. 仿真验证流程

仿真验证回路中的交会对接控制系统关键船载设备加电进入正常工作状态后,仿真计算机依据试验初始条件解算目标器运动模拟器和追踪器运动模拟器的初始化数据。目标器运动模拟器和追踪器运动模拟器在仿真计算机同时控制下运动到试验初始化状态过程中,实时将运行状态数据返回仿真计算机。仿真计算机判断目标器运动模拟器和追踪器运动模拟器同时到达试验初始化状态时,启动航天器轨道/姿态动力学模型开始解算,验证试验以交会对接自动控制模式正式开始。

目标器运动模拟器和追踪器运动模拟器在仿真计算机驱动下进行连续模拟运动过程中,船载自动控制计算机在采样周期内分别接收成像式交会对接敏感器对成像式交会对接敏感器靶标的实时测量信息、激光雷达对激光雷达合作目标的实时测量信息和仿真计算机依据航天器轨道/姿态动力学模型解算数据生成的常规敏感器测量信息,解算推力器自动控制指令。仿真计算机通过地面接口模拟器接收推进器自动控制指令,解算追踪器和目标器轨道和姿态动力学变化数据,更新常规敏感器测量信息,生成目标器运动模拟器和追踪器运动模拟器的驱动数据。更新的常规敏感器测量信息通过地面接口模拟器回传给船载自动控制计算机,与成像式交会对接敏感器和激光雷达实时测量数据一同作为下一时刻推力器自动控制指令解算的输入数据。

在交会对接自动控制模式仿真验证过程中,可依据试验需求,由人控参试人员按照交会对接飞行手册对人控指令模拟器进行操作,将交会对接自动控制模式切换为交会对接人工控制模式。船载人工控制计算机在采样周期内分别接收激光雷达对激光雷达合作目标的测量信息、人控参试人员对人控指令模拟器和人控手柄进行操作产生的人控指令和手柄电压信号及仿真计算机依据航天器轨道/姿态动力学模型解算数据生成的常规敏感器测量信息,解算人控图像叠加数据和推进器人工控制指令。人控图像显示器接收人控 TV 电视摄像机对人控 TV 电视摄像机靶标的实时拍摄图像和人控图像叠加数据,合成人控交会对接图像。人控参试人员观察人控交会对接图像,判断目标器运动模拟器与追踪器运动模拟器之间的相对运动状态。仿真计算机通过地面接口模拟器接收推进器人工控制指令,更新常规敏感器测量信息,生成目标器运动模拟器和追踪器运动模拟器的驱动数据。更新的常规敏感器测量信息通过地面接口模拟器回传给船载人工控制计算机,与人控指令、手柄电压信号和激光雷达实时测量数据一同作为下一时刻推力器人工控制指令解算的输入数据。

仿真计算机依据动力学模型解算数据,判断目标器运动模拟器与追踪器运动模拟器之间相对运动状态满足试验结束条件时,停止动力学模型解算,控制目标器运动模拟器和追踪器运动模拟器减速运动直至静止,试验结束。数据服务器中存储的数据可作为对交会对接控制系统的设计进行评估的依据。

9.3.2 自控半物理仿真验证

我国交会对接技术首次在轨工程实践之前,利用交会对接九自由度半物理仿真验证系统对自控/人控系统设计的正确性、合理性和有效性进行了上千次的地面仿真验证,接受了包括航天员在内各类技术人员的仿真验证任务,获取了大量宝贵的工程验证数据,为我国交会对接控制系统设计的改进提供了重要基础数据,为"神舟"八号、"神舟"九号飞船与"天宫"一号目标器首次在轨自控/人控交会对接任务的圆满成功奠定了坚实基础。

图 9 - 12 ~ 图 9 - 15 给出了一组典型工况下自控交会对接的仿真验证曲线。

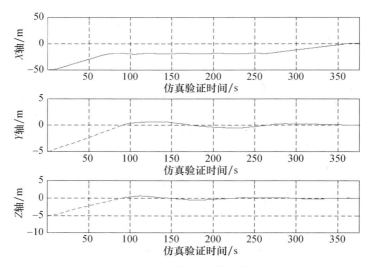

图 9 - 12   自控相对位置曲线

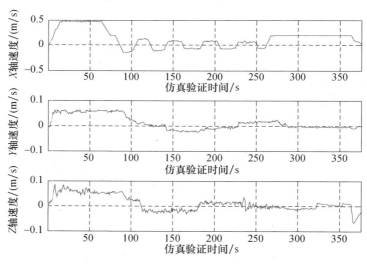

图 9 - 13   自控相对速度曲线

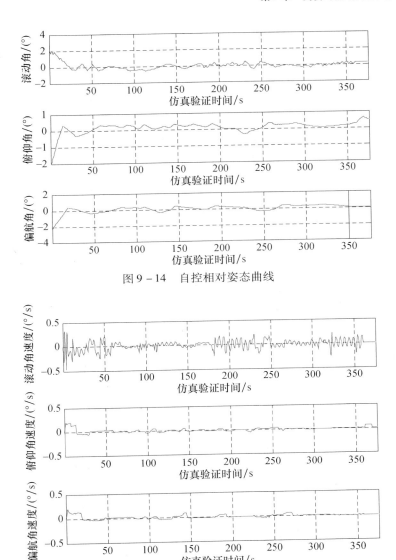

图 9 - 14　自控相对姿态曲线

图 9 - 15　自控相对姿态角速度曲线

☑ 9.3.3　人控半物理仿真验证

图 9 - 16 ~ 图 9 - 19 给出了一组典型工况下人控交会对接的仿真验证曲线，图 9 - 20 为人控图像显示器实时图像。

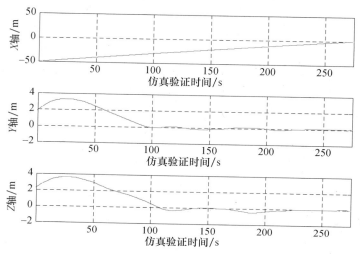

图 9 - 16　人控相对位置曲线

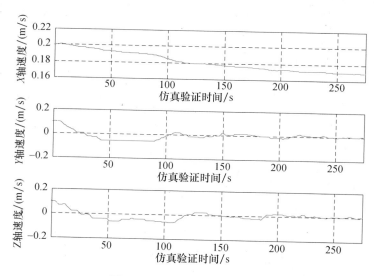

图 9 - 17　人控相对速度曲线

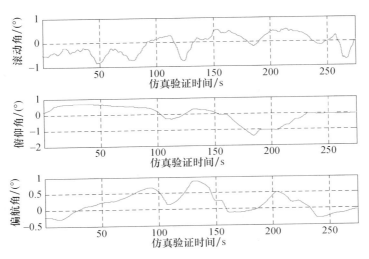

图 9 - 18　人控相对姿态曲线

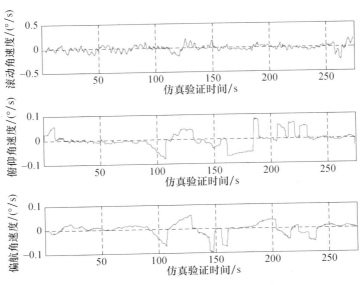

图 9 - 19　人控相对姿态角速度曲线

图 9 - 20　人控图像显示器实时图像

参 考 文 献

[1] 张新邦,刘慎钊. 航天器交会对接仿真技术[C]. 四川,绵阳:2007 全国仿真技术学术会议论文集,2007.

[2] Robert L. Hirsh,Zarrin K. Chua,et al. Developing a prototype ALHAT Human system interface for landing [C]. Aerospace Conference, 2011 IEEE Bigsky, MT, USA March 5 - 12,2011.

[3] Boge T,Wimmer T,Ma O,et al. EPOS – using robotics for RVD simulation of on – orbit servicing missions[C]. Toronto:Canada. AIAA Modeling and Simulation Technologies Conference,2010.

[4] 王存恩,于家源. 尽快建成我国交会对接仿真设备的必要性和紧迫感[C]. 广西:北海:2003 全国仿真技术学术会议论文集,2003.

[5] 石磊,管乐鑫,王京海,等. 交会对接地面验证技术[J]. 中国科学:技术科学 2014,44(1):27 - 33

第 10 章
交会对接在轨飞行验证

▶ 10.1 引言

中国从 20 世纪末开始进行空间交会对接技术的研发工作,经过十余年的基础理论分析与工程设计研究,取得了一系列突破性的研究成果。2011 年 11 月、2012 年 6 月、2013 年 6 月中国相继发射的"神舟"八号、"神舟"九号、"神舟"十号无人和载人飞船分别与"天宫"一号成功地进行了 4 次自动交会对接和 2 次手动交会对接,标志着中国已全面突破空间交会对接技术,并成为世界上第 3 个独立掌握空间交会对接技术的国家。

在"神舟"飞船与"天宫"一号的交会对接任务中,"神舟"飞船作为追踪器,"天宫"一号作为目标器。"神舟"飞船所配置的控制系统是交会对接任务中的关键环节,负责完成与"天宫"一号交会对接的自动控制任务和在航天员操纵下的手动控制任务。"神舟"飞船所配置控制系统的设计立足于中国航天技术基础,通过对动力学和运动学特性以及相对控制等基础原理进行深入研究,并结合我国航天控制技术研制的特点,设计提出了一套特色鲜明、性能先进的交会对接控制方案。

▶ 10.2　"神舟"飞船交会对接自动控制系统

本节介绍"神舟"飞船交会对接自动控制系统设计相关内容,主要包括系统组成、飞行阶段、导航方案、制导方案、控制方案、精度分析、地面仿真和在轨飞行验证结果[1,2]。

⊿ 10.2.1　系统组成与飞行阶段

1.系统组成

"神舟"飞船交会对接 GNC 系统由敏感器、控制器、执行机构与飞船本体动力学和运动学一起构成闭环控制回路,如图 10 – 1 所示。其组成部件包括以下内容。

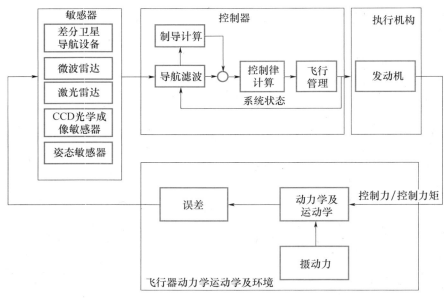

图 10 – 1　神舟飞船交会对接 GNC 系统闭环控制回路

1）惯性测量单元

惯性测量单元包括液浮 IMU 组件(4 个陀螺和 4 个加速度计)、挠性 IMU 组件(3 个小量程陀螺和 1 个大量程陀螺,以及 4 个加速度计),高精度加速度计 3 个。

2）姿态测量敏感器

姿态测量敏感器包括 3 个红外地球敏感器,3 个数字式太阳敏感器,4 个模拟式太阳敏感器和 2 个 0 - 1 太阳敏感器。

3）相对测量敏感器

相对测量敏感器包括 1 个微波雷达、1 个激光雷达、2 台近场 CCD 光学成像敏感器、2 台远场 CCD 光学成像敏感器。

4）控制器

控制器包括星载计算以及控制系统软件。

5）接口装置

接口装置包括轨道舱数据综合线路、返回舱接口装置和推进舱接口装置。

6）执行机构

执行机构包括推进舱和返回舱喷气执行机构、太阳帆板驱动机构,它们依靠接口装置与控制器相连。而推进舱喷气执行机构具体又包括轨控发动机、平移发动机和姿控发动机。

此外自动控制系统能通过测控系统接收地面遥控指令和注入数据以及向地面下传控制分系统遥测信息,还可接收数管分系统的程控指令和总线指令以及空 - 空通信机的信息。系统具有独立管理和控制功能的软件,控制系统的软件包括系统软件和应用软件。

2. 飞行阶段

"神舟"飞船与"天宫"的交会对接从距离上讲是一个由远及近的过程,从精度上讲是一个由粗到精的过程。根据任务要求、轨道设计、地面测控站的配置、飞船上交会对接测量部件的性能以及交会对接的安全性要求,自动交会对接过程可划分为以下 4 个阶段:交会段、对接段、组合体运行段、撤离段。交会段又分为远程导引段和自主控制段。远程导引段的变轨通过地面控制实施。自主控制段的交会对接任务依靠船上制导、导航与控制系统自主完成。自主控制段又分为寻的段、接近段、平移靠拢段。自主控制段设计了 5km、400m、140m、30m 四个停泊点,用于交会对接敏感器切换和交会对接状态检查。具体各飞行阶段示意图如图 10 - 2 所示。

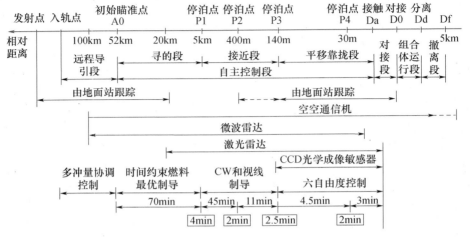

图 10 - 2　神舟飞船自动交会对接飞行阶段示意图

1）远程导引段

远程导引阶段的主要任务是由地面测量飞船和目标器的轨道数据,在地面测控网的导引下,飞船经过 5 次变轨机动,完成半长轴调整、相对相位调整、轨道倾角和升交点误差修正,从初始轨道变为与目标器共面、且其高度略低于目标器的近圆轨道。

2）寻的段

寻的段的主要任务是飞船根据船上相对导航敏感器的输出数据自主完成相对导航计算、制导律计算和控制量计算,自主完成轨道控制。经过若干次轨道控制后,飞船进入与目标器相同的轨道上,即与目标器共面、且高度与目标器相同,但在目标器后面 5km 处。除了是寻的段的终点外,5km 保持点还可作为远距离绕飞的停泊点。

3）接近段

接近段的任务是捕获对接走廊。对接走廊是以目标器对接轴为中心的一个圆锥,半锥角 8°。接近段安排了 400m 和 140m 处的两个保持点。400m 保持点可作为近距离绕飞的停泊点。

4）平移靠拢段

平移靠拢段的任务是为对接提供初始条件。平移靠拢段安排了 30m 处的一个停泊点。在该停泊点可进行 CCD 光学成像敏感器远近场像机切换,并进行对接前最后的状态检查。

5）对接段和组合体运行段

从"神舟"飞船与目标器对接机构首次接触开始，至对接机构将两个航天器连接为一个整体并完成锁紧为对接段。在对接段，对接机构主要依靠初始接触时刻的纵向速度产生的能量进行对接，一般不需要主动控制。

6）组合体飞行段

从对接机构完成锁紧起，经两个航天器组合飞行，至"神舟"飞船与目标器分离为组合体运行段。在组合体运行段，通常依靠"神舟"飞船或目标器一方进行轨道和姿态控制，控制一方通常选择为两个航天器中较大的一个。

7）撤离段

从"神舟"飞船与目标器分离完成开始，到"神舟"飞船自主控制撤离到安全距离为止称为撤离段。这里的安全距离能够保证"神舟"飞船在执行大冲量机动变轨或再入时不会影响到目标器。

10.2.2 导航、制导与控制方案设计

1. 导航方案设计

1）相对测量敏感器配置及使用原则

交会对接任务中的导航主要是针对合作目标的相对导航，为此配置的相对测量敏感器主要包括：

（1）微波雷达。微波雷达可以在相对距离几百千米到几十米的范围内，测量目标器和追踪器间的相对距离、相对距离变化率、方位角和仰角。

（2）激光雷达。激光雷达可以在相对距离几十千米至几米的范围内，测量两航天器间的相对距离、相对距离变化率、视线角和视线角的变化率。

（3）光学成像敏感器。光学成像敏感器可以在相对距离140m至对接的范围内，测量两航天器间的相对位置和相对姿态角。

由于自动交会对接自主控制段的距离跨度大，其中不同飞行阶段需要的导航信息不同、对导航精度的要求也不同，同时考虑到测量系统的可靠性和冗余度，只用目前已有的任何一种相对测量敏感器都难以满足上述要求。因此在交会对接自主控制的不同飞行阶段，分别使用基于不同相对测量敏感器的自主导航方案，同时每个阶段可使用的相对测量敏感器有多个，可互相冗余

备份。

2）导航算法

导航信息的获取就是综合利用所获得的与运动状态有关的信息，通过一定的滤波估计方法，计算得到所需相对运动状态的估计值。设计高可靠和高精度的相对导航滤波器是整个相对导航算法的核心。

由于"天宫"的运行轨道为近地近圆轨道，当"神舟"飞船与"天宫"相对距离较近时（通常为数十千米以内），其相对运动可以利用线性化的相对动力学模型，即式（2－47）所示的 CW 方程进行描述。CW 方程的模型误差与相对距离成正相关，可将 CW 方程作为滤波器设计中的状态方程，将模型误差等效为过程噪声。

当采用微波雷达或激光雷达进行相对测量时，可以得到相对距离、视线仰角和方位角以及对应的速度等测量信息。若直接利用微波雷达或激光雷达所提供的测量输出构成测量方程，该测量方程是非线性的，为简化设计可将微波雷达或激光雷达所测得到相对距离和视线角进行转换，得到相对导航坐标系中的相对位置，并以此作为相对测量信息采用卡尔曼滤波进行滤波器的设计。

当采用光学成像敏感器进行近距离相对导航解算时，光学成像敏感器所提供的测量信息为像机与其对应目标标志器之间的相对位置和相对姿态，以及对应的相对速度和相对姿态角速度。根据敏感器安装位置和方位，将该测量值转换至相对导航坐标系下，以此作为间接测量量进行滤波器设计，此时卡尔曼滤波中的测量方程就变成了线性方程。

以上已经指出，实际工程中为简化相对导航算法，通常采用线性相对动力学模型作为状态方程，并设法利用处理后的间接测量量作为测量信息以使得测量方程为线性方程，从而可针对线性随机系统，利用卡尔曼滤波设计相应的导航滤波器。由于对于线性定常系统，当随机噪声为高斯白噪声时，滤波器增益具有稳态值，并可通过求解黎卡提方程直接求解得到滤波增益，所以在不追求动态收敛过程的估计性能时，还可直接采用固定增益滤波器进行估计解算。

2. 制导方案设计

在"神舟"飞船与"天宫"交会对接任务中的寻的段和接近段，分别采用了多脉冲最优制导、CW 制导和视线制导相结合的制导方案进行相对轨道机动控制。

寻的段多脉冲最优制导的制导脉冲个数的确定要综合考虑制导精度要求、制导脉冲实施后导航数据的收敛时间、推进剂消耗等因素。此外，制导方案的设计要重点考虑设计的制导脉冲不需要大的姿态机动，以保证相对测量敏感器对目标的测量始终在敏感器视场范围内。

接近段综合考虑制导精度、推进剂消耗和制导稳定性，提出了 CW 制导和视线制导相结合的制导策略。该制导策略根据转移时间和相对位置进行 CW 制导到视线制导的切换。采用视线制导可以提高制导精度，减小在接近段末端的相对速度，有利于保证交会对接的安全性，但燃料消耗大。因此在满足制导精度和安全性要求的前提下，缩短视线制导的时间可大大节省推进剂消耗。

3. 控制方案设计

在交会对接过程中，追踪器需要通过发动机开机频繁进行轨道和姿态机动，导致推进剂消耗，从而造成追踪器质量特性和惯量特性不断变化；轨道和姿态机动还会激发太阳帆板挠性振动，这种帆板挠性振动特性本身存在不确定性；发动机开机产生的物质流（羽流）打在太阳帆板上会对追踪器产生随帆板转角变化的干扰力和干扰力矩；此外在相对距离较近时相对姿态和相对位置的控制存在耦合，控制系统存在时间延迟等，这都使得交会对接的精确控制成为一个难题。尤其在平移靠拢段，由于需要同时对相对位置和相对姿态进行控制，以确保两航天器接触时能够满足对接机构捕获所要求的初始条件，姿轨耦合影响尤其显著。

针对"神舟"飞船的太阳帆板挠性振动大、控制系统延时大、姿态和轨道控制相互耦合、发动机羽流干扰严重等情况下的平移靠拢段的六自由度控制问题，以基于特征模型的智能自适应控制为理论指导，提出了具有逻辑微分的黄金分割相平面自适应控制方法（详见第 5 章）。该方法的主要特征之一是相平面开关线随相对距离自适应动态调整，解决了自主交会对接过程中六自由度控制稳定性和控制精度的矛盾，并使得推进剂消耗也大大降低。

图 10 - 3 给出了相对位置控制的相平面自适应控制分区图。在交会对接靠拢段，相平面关键参数死区阈值 θ_D 与大推力区阈值 θ_B 随纵向相对距离分别按式（10 - 1）和式（10 - 2）自适应调整。

$$\theta_D = \theta_{Dfinal} + (\theta_{Dinitial} - \theta_{Dfinal}) \frac{(|X| - X_{final})}{(X_{initial} - X_{final})} \qquad (10-1)$$

$$\theta_B = \theta_{Bfinal} + (\theta_{Binitial} - \theta_{Bfinal}) \frac{(|X| - X_{final})}{(X_{initial} - X_{final})} \qquad (10-2)$$

式中：$\theta_{Dinitial}$ 为靠拢段初始位置死区阀值；θ_{Dfinal} 为终端位置死区阀值；$\theta_{Binitial}$ 为初始位置大推力区阀值；θ_{Bfinal} 为终端位置大推力区阀值；$X_{initial}$ 为初始位置纵向相对距离的绝对值；X_{final} 为终端位置纵向相对距离的绝对值；X 为纵向相对距离。图 10 - 3 中，开关线 GC_1C_2DH、AIBE 以及 $G'C_1'C_2'D'H'$、$A'I'B'E'$ 随 θ_D 和 θ_B 的自适应调整而变化。

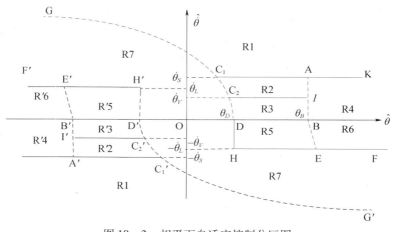

图 10 - 3 相平面自适应控制分区图

本方法具有控制精度高、燃料消耗小、鲁棒性好、抗干扰能力强等优点，解决了挠性强且不确定性大、控制系统时延大、干扰严重的航天器强鲁棒与高精度的控制难题。

10.2.3 导航、制导及控制精度分析

1.相对导航精度分析

交会对接的相对导航信息来源于相对测量敏感器提供的测量数据，测量数据进入控制系统后需要进行一定的数据处理和转换，以得到控制所需的导航数据。因此交会对接的相对导航误差，除了测量敏感器本身的测量误差外，还包括如下误差：①敏感器的安装误差；②姿态测量误差；③载人飞船和"天

宫"的测定轨误差等。

以一种相对测量敏感器为例,表 10 - 1 给出了最坏情况下通过分析计算得到的相对导航误差。

表 10 - 1　一种最坏情况下的导航误差分析结果

相对距离/m	RVD 系下的导航误差		
	x/m	y/m	z/m
50000	831. 214	891. 348	699. 3648
20000	333. 0831	356. 5637	278. 927
10000	183. 5643	196. 1285	153. 4356
5000	77. 1223	80. 445	66. 7403
400	6. 4473	6. 5591	5. 5484
100	2. 4336	2. 4852	2. 104

2. 制导精度分析

在"神舟"飞船自动交会对接飞行过程中,特别是在寻的段和接近段,相对测量敏感器的视场约束以及飞行过程的安全性约束都对制导精度提出了较高要求,同时高精度的制导也能为下一个交会对接飞行阶段创造良好的初始条件。

在制导误差分析过程中,需要考虑的误差源有:①导航误差;②制导模型误差;③载人飞船和"天宫"的测定轨误差;④姿态偏差;⑤发动机执行偏差;⑥加速度计测量误差等。

以采用其中一种相对测量敏感器的寻的段 CW 制导为例,表 10 - 2 给出了寻的段 5km 处的制导精度打靶分析结果。

表 10 - 2　一种寻的段 5km 处的制导误差打靶统计结果

制导坐标系	x/m	y/m	z/m	$dx/(m/s)$	$dy/(m/s)$	$dz/(m/s)$
均值	114. 810	2. 637	9. 934	0. 699	0. 009	0. 705
均方根	104. 865	59. 634	121. 31 ·	0. 213	0. 096	0. 208

3. 接触时刻控制精度分析

在交会对接平移靠拢段,特别是两航天器对接机构接触时,对相对位置和相对姿态控制精度的要求最高,这也是交会对接飞行任务前,地面分析和仿真验证的重要内容之一。

影响平移靠拢段相对位置和相对姿态控制精度的因素有:①相对导航误

差;②陀螺和加速度计的测量误差;③控制系统延时;④发动机执行偏差;⑤姿态控制和轨道控制耦合;⑥太阳帆板与飞船本体的耦合作用;⑦发动机开机时的羽流力效应等。

表 10-3 给出了最坏组合情况下两航天器对接机构接触时 375 次的打靶仿真结果。

表 10-3 接触时的打靶统计结果

最大横向位移/m	最大横向速度/(m/s)	最大姿态角/(°)	最大姿态角速度/(°/s)
0.148	0.043	0.929	0.509

10.2.4 在轨验证

2011 年 11 月、2012 年 6 月、2013 年 6 月相继发射的"神舟"八号、"神舟"九号、"神舟"十号无人和载人飞船分别与"天宫"一号进行了 4 次自动交会对接,均取得了圆满成功。由于在轨敏感器状态、测定轨精度均优于地面分析条件,同时飞行任务中利用标定结果对敏感器测量误差和安装误差进行了在轨补偿,因此实际飞行结果优于地面理论计算和仿真分析。寻的段 5km 处的制导精度见表 10-4。

表 10-4 "神舟"飞船在轨寻的段 5km 处的制导精度

	x/m	y/m	z/m
"神舟"八号	101.06	3.54	45.01
"神舟"九号	71.98	5.57	11.26
"神舟"十号	83.18	6.13	13.29

"神舟"飞船与"天宫"一号在轨 4 次自动交会对接在对接机构接触时的最大控制误差:横向位置偏差小于 5cm,横向速度偏差小于 1.8cm/s,相对姿态角偏差小于 0.3°,相对角速度偏差小于 0.4°/s。

10.2.5 小结

"神舟"飞船交会对接自动控制系统具有如下特点:①采用冗余备份的相对测量敏感器,结合实际测量敏感器的输出特点,基于卡尔曼滤波理论设计导航滤波算法;②基于 CW 方程和视线坐标系下的相对运动方程,考虑初始条件等不确定性设计交会对接不同阶段的制导律;③以基于特征模型的自适应控制理论为指导,考虑太阳帆板挠性、控制系统延时、姿态和轨道控制耦合、发动机羽流干扰等设计鲁棒性和适应性强的控制律;④根据交会对接安全性要求合理选择交会对接不同阶段的切换点位置,并根据相对轨迹运动特点合理设计安全控制策略。"神舟"八号、"神舟"九号、"神舟"十号无人和载人飞船与"天宫"一号交会对接的圆满成功表明"神舟"飞船交会对接控制系统设计的正确性、合理性和有效性,同时所取得的技术成果为后续空间站组建、在轨服务、月球采样返回、载人深空探测等航天任务奠定了重要的技术基础。

10.3　"神舟"飞船交会对接人工控制系统

"神舟"飞船交会对接自动控制系统和人工控制系统是相互独立的两个控制系统,相互间故障能隔离,在 140m 以内自动控制系统部件失效时,能起到自动控制系统的备份作用。另外当需要进行手动交会对接试验时,也可以直接将控制权切给人控系统。

"神舟"飞船人工控制系统的功能定位为:①交会对接自动控制系统(如光学成像敏感器故障),自动控制系统要求转为人控,继续完成后续对接任务;②自动控制系统未报警,但航天员通过目视发现自动控制系统工作不正常,请示地面后,地面指令转入人控;或者地面指令要求转为人控试验。

本节介绍"神舟"飞船交会对接人工控制系统设计相关内容,主要包括系统组成、相对状态确定、控制方法、操作方法及首次在轨验证情况[3-5]。

10.3.1　交会对接人控系统组成

交会对接人控系统组成如图 10 - 4 所示,由测量部件、控制部件、执行部件和仪表显示设备组成。

测量部件包括:(1)人控专用测量设备包括人控惯性测量单元和电视摄像机(TV)。人控交会对接使用两台 TV,其中一台为宽视场 TV,另一台为窄视场 TV,前者用于目标丢失情况下搜索目标,后者用于正常情况下的人控交会对接。每个 TV 都包括一个摄像机头部和一个线路盒。(2)与自控系统共用的部分测量部件,包括陀螺、红外地球敏感器和激光雷达等,其中陀螺和红外地球敏感器用于姿态确定,激光雷达测量信息用于为航天员仪表显示相对距离和相对速度信息。

控制部件包括 GNC 系统人控线路、姿态控制手柄、位置控制手柄和仪表系统的人控指令发送设备等。

执行部件包括姿态轨道控制发动机等控制设备。

仪表显示设备主要为航天员显示姿态角、姿态角速度、相对距离、相对速度及其它相关信息。

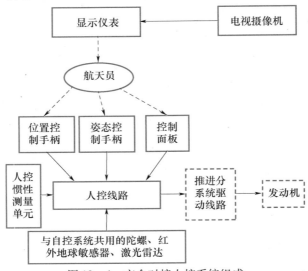

图 10 - 4 交会对接人控系统组成

10.3.2 人控交会对接相对状态判断

纵向相对位置:将"天宫"上安装的对接靶标或对接机构作为基准尺寸,通过它们在电视摄像机上成像的大小确定。

上下相对位置:利用靶标伸出十字架与底座十字刻线的图像的相对位置关系判断确定。若靶标伸出十字架的黑色十字图像在底座十字刻线的上方,则飞船在"天宫"的下方;反之,飞船在"天宫"的上方。

左右相对位置:原理同上下相对位置的判断。若靶标伸出十字架的黑色十字图像在底座十字刻线的左方,则飞船在"天宫"的右方;反之,飞船在"天宫"的左方。

交会速度:根据在一定时间内距离的变化量估算。

10.3.3　人控交会对接控制方法

1.位置控制

根据 CW 方程,在平移靠拢段 $y,z,\dot{x},\dot{z}$ 较小,因此轴间与 w_{oT} 相关的耦合项可以忽略,"神舟"飞船相对于"天宫"的相对位置运动可以用牛顿第二定律近似描述。在"天宫"不变轨的情况下,飞船相对于"天宫"的相对位置变化直接取决于"神舟"飞船三轴受到的推力。

航天员利用电视摄像机观察到的图像估计运动参数后,判断出飞船和"天宫"的相对关系,利用平移手柄控制飞船。

2.姿态控制

为减轻航天员负担,"神舟"飞船的人控交会对接以自动控制为主、航天员为辅完成飞船的姿态控制,即姿态控制主要是利用陀螺的姿态角速度测量信息进行自动控制,必要时航天员可以通过姿态手柄控制飞船。常采用的自动控制方法有 PID 控制、相平面控制等方法。在控制器设计过程中,需保证帆板挠性不被激起,姿态控制过程中姿态稳定,为航天员提供稳定的操作平台。

10.3.4　人控交会对接操作方法

航天员观察电视摄像机屏幕,采用位置和姿态协调控制的方法,当"天宫"作为目标器的全部图像显示在屏幕上时,转步骤(1),否则随着距离的减小,目标器的一部分图像显示在屏幕上,靶标的图像清晰,转步骤(2),当根据靶标图像底盘图像的大小判定相对距离达到几米时,可以进行位置停泊保持,转步骤(3)。

(1) 保持飞船向目标器运动,首先结合陀螺测量信息对飞船的姿态进行视线定向控制,消除飞船相对于视线的偏差,使得目标器的图像位于电视摄像机的视场中心;若目标器的图像处在电视摄像机视场中心的上方,则操作姿态手柄控制飞船向上抬头;若目标器的图像处在电视摄像机视场中心的下方,则操作姿态手柄控制飞船向下低头;若目标器的图像处在电视摄像机视场中心的左侧,则操作姿态手柄控制飞船向左扭头;若目标器的图像处在电视摄像机视场中心的右侧,则操作姿态手柄控制飞船向右扭头;若目标器左右太阳帆板的图像相对于电视摄像机屏幕上的十字刻线有顺时针旋转,则操作姿态手柄控制飞船顺时针旋转;若目标器左右太阳帆板的图像相对于电视摄像机屏幕上的十字刻线有逆时针旋转,则操作姿态手柄控制飞船逆时针旋转;完成飞船的姿态视线定向控制后,目标器的图像位于电视摄像机的视场中心,但由于相对速度会使目标器的图像逐渐偏离视场中心,这时若目标器的图像向上移动,则操作位置手柄控制飞船向上运动;若目标器的图像向下移动,则操作位置手柄控制飞船向下运动;若目标器的图像向左移动,则操作位置手柄控制飞船向左运动;若目标器的图像向右移动,则操作位置手柄控制飞船向右运动。

(2) 保持飞船向目标器运动,对飞船的姿态进行视线定向控制,消除飞船相对于视线的偏差,使得靶标的图像位于电视摄像机的视场中心。进行视线定向控制的操作方法与步骤(1)中以目标器的图像位置为判断依据进行视线定向的操作方法相同,但是要以靶标背景底盘十字刻线图像与电视摄像机视场中心的关系为判断依据进行手柄操作。同时,观察靶标十字架与靶标背景底盘十字刻线的相对位置,若靶标十字架相对于靶标背景底盘十字刻线上偏,则操作位置手柄控制飞船向上运动;若靶标十字架相对于靶标背景底盘十字刻线下偏,则操作位置手柄控制飞船向下运动;若靶标十字架相对于靶标背景底盘十字刻线左偏,则操作位置手柄控制飞船向左运动;若靶标十字架相对于靶标背景底盘十字刻线右偏,则操作位置手柄控制飞船向右运动。

(3) 消除相对运动中前向和后向运动速度,同时利用步骤(2)中同样的方法消除姿态和横向位置偏差,使飞船停泊在几米的位置并保持,使靶标稳定处在电视摄像机的屏幕中心处,且十字架图像和靶标背景底盘十字刻线的图像重合后,再对飞船施加向前的推力一段时间,施加推力的时间由飞船质量、推力大小和对接要求速度决定,使飞船以恒定的速度接近并碰撞目标器,在接近的过程中,利用步骤(2)对姿态和横向位置偏差进行微调,确保靶标稳定处在电视摄像机的屏幕中心且十字架图像和靶标背景底盘十字刻线的图像重合。

10.3.5 在轨验证

1. 飞行任务简介

2012 年 06 月 16 日"神舟"九号飞船准时发射。在"神舟"九号飞船和"天宫"一号进行 5km 保持的时候,由航天员对人控系统进行加电。此后,人控开始相对导航,但控制权仍由自控系统掌握,在后续自控系统完成对接的过程中,航天员通过仪表面板可以对自控的状态进行监视。第 30 圈由自控系统完成"神舟"九号任务的一次对接后,由"天宫"一号对组合体进行控制,并完成组合体转正飞,飞船被锁紧在天宫的前头,处于倒飞状态,为人控二次对接任务做准备。

在组合体飞行第 6 天,"神舟"九号飞船和"天宫"一号完成一次分离,由自控系统撤离至 400m 保持点再接近至 140m 保持点,将控制权交给人控系统,航天员首先对位置手柄和姿态手柄分别进行了试操作,随后以较高的精度完成了我国首次人控交会对接,即"神舟"九号任务的二次对接。

2. 人控交会对接结果分析

2012 年 6 月 24 日 12 点 38 分 02 秒,控制权交给人控系统,航天员开始位置和姿态手柄的试操作,先对位置手柄进行了三轴正负向的操作,后对姿态手柄进行了三轴正负向的操作,遥测数据及图像显示,位置手柄和姿态手柄工作正常。得到地面允许后,航天员开始人控交会对接,驾驶飞船逐渐逼近"天宫"一号,2012 年 6 月 24 日 12 点 48 分 25 秒,对接机构给出对接环接触信号,人控系统正推发动机开机,对接环顺利捕获,并在 12 点 55 分 15 对接机构对接锁锁紧。

图 10 – 5 为"神舟"九号飞船和"天宫"一号人控交会对接在轨任务对接环接触时的靶标图像。通过详细分析遥测数据,得出以下结论:

(1)经数据分析,接触时的相对轴向速度、横向位置总误差、横向合成速度、三轴姿态角、三轴姿态角速度均远远优于技术指标要求。

(2)GNC 分系统在收到接触信号

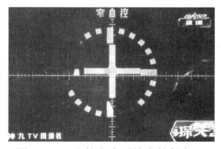

图 10 – 5　人控交会对接在轨任务对接环接触时的靶标图像

后,开正推发动机,直到收到捕获信号;依据接触时的数据和正推发动机开机时间,以及对接机构未经强制校正即完成对接机构锁紧这几方面看,人控交会对接的控制精度达到国际先进水平。

(3)人控交会对接过程中,航天员多次操作位置手柄,以消除横向位置误差,对接时横向误差较小,人控系统正确响应位置手柄电压。

(4)人控交会对接过程中,飞船对地姿态角、姿态角速度,均满足任务要求;姿态控制以自动控制为主。

(5)人控宽视场和窄视场电视摄像机切换正常,在人控交会对接过程中采用窄视场电视摄像机进行工作,十字靶标清晰。

⊿10.3.6　小结

"神舟"九号飞船交会对接人控系统完成了首次载人交会对接的全部人工控制任务。飞行试验结果表明,"神舟"飞船交会对接人控系统提出的一整套关于人控交会对接相对状态的测量参数定义、估计方法、位置姿态协调控制及操作方法正确,简单可行,在轨实现的交会对接控制指标达到了国际先进水平。本项技术为后续空间站的研制奠定了良好的技术基础。

▶ 10.4　展望

在相当的时期内,交会对接主要应用于维持载人空间站/空间实验室的正常运行;近年来,随着人类空间探索活动的深入开展,各国已经开始着力研制针对诸如空间在轨服务、空间安全等新任务的交会对接技术;不单局限于地球和月球轨道,人类已经将探索的触角投向了更为浩瀚的深空,火星探测、小行星探测任务也已进入工程实践阶段,在这类任务中,交会对接将是实现取样返回所必需的关键技术。

参 考 文 献

[1] 解永春,张昊,胡军,等. 神舟飞船交会对接自动控制系统设计[J]. 中国科学(技术科学),2014,44(1):12 – 19.

[2] 胡军,解永春,张昊,等. 神舟八号飞船交会对接制导、导航与控制系统及其飞行结果评价[J]. 空间控制技术与应用,2011(6):1 – 5.

[3] 胡海霞,解永春,胡军. 神舟飞船交会对接人工控制系统设计[J]. 中国科学(技术科学),2014,44(1):34 – 40.

[4] 胡海霞,解永春. 人控交会对接控制方法研究[J]. 中国空间科学技术,2006,26(5):10 – 16.

[5] 胡海霞,解永春. 国外航天器人控交会对接系统研究及分析[J]. 控制工程,2005(1):21 – 25.

内 容 简 介

本书详细介绍了航天器交会对接所涉及的制导、导航和控制技术的原理与方法,内容主要包括:航天器姿态、轨道以及与相对运动相关的运动学和动力学建模;交会对接导航方法及导航方案设计;交会对接制导方法及制导方案设计;交会对接自动控制方法及方案设计;交会对接人工控制方法和方案设计;发动机配置及控制指令分配理论与设计;交会对接的安全性设计;交会对接地面仿真验证;交会对接制导、导航与控制技术在轨飞行验证。

本书可作为从事航天器相对运动控制研究和工程设计人员的参考用书,也可作为高等院校相关专业的研究生教材。

In this book, Theory and Techniques of Guidance, Navigation and Control for Spacecraft Rendezvous and Docking are presented in detail. The contents of this book are as follows: kinematics and dynamics of spacecraft attitude, orbit and relative motion, the navigation technique and navigation scheme design for RVD, the guidance laws and guidance scheme design for RVD, the control laws and control scheme design for RVD, the manual control technique and scheme design for RVD, the technique of thruster configuration and control allocation, the technique and scheme design of trajectory safety for RVD, the test for RVD using simulation system, the application of GNC in real flight.

This book can be intended for researchers and engineers in the field of spacecraft relative motion. Also, this book can be used as a textbook for graduate courses.